| 现代通信网络技术丛书 |

CELLULAR INTERNET OF THINGS

OF THINGS

From Massive Deployments to Critical 5G Applications

Second Edition

蜂窝物联网

从大规模商业部署到5G关键应用

（原书第2版）

[瑞典] 奥洛夫·利贝格　莫滕·桑德伯格　[美] 王怡彬 　　　　著
　　　 (Olof Liberg)　　(Mårten Sundberg)　　　(Y. –P. Eric Wang)

[瑞典] 约翰·伯格曼　　约阿希姆·萨克斯　　古斯塔夫·维克斯特勒姆
　　　 (Johan Bergman)　 (Joachim Sachs)　　　 (Gustav Wikström)

齐志强 王春萌 党彦平 陈昭华　译

机械工业出版社
China Machine Press

图书在版编目（CIP）数据

蜂窝物联网：从大规模商业部署到 5G 关键应用：原书第 2 版 /（瑞典）奥洛夫·利贝格（Olof Liberg）
等著；齐志强等译. -- 北京：机械工业出版社，2021.3
（现代通信网络技术丛书）
书名原文：Cellular Internet of Things: From Massive Deployments to Critical 5G Applications,
　　　　　Second Edition
ISBN 978-7-111-67723-9

I. ①蜂…　II. ①奥…　②齐…　III. ①物联网 – 研究　IV. ① TP393.4 ② TP18

中国版本图书馆 CIP 数据核字（2021）第 040824 号

注意

本书涉及领域的知识和实践标准在不断变化。新的研究和经验拓展我们的理解，因此须对研究方法、专业实践或医疗方法
做出调整。从业者和研究人员必须始终依靠自身经验和知识来评估和使用本书中提到的所有信息、方法、化合物或本书中描述
的实验。在使用这些信息或方法时，他们应注意自身和他人的安全，包括注意他们负有专业责任的当事人的安全。在法律允许
的最大范围内，爱思唯尔、译文的原文作者、原文编辑及原文内容提供者均不对因产品责任、疏忽或其他人身或财产伤害及 /
或损失承担责任，亦不对由于使用或操作文中提到的方法、产品、说明或思想而导致的人身或财产伤害及 / 或损失承担责任。

蜂窝物联网
从大规模商业部署到 5G 关键应用（原书第 2 版）

出版发行：机械工业出版社（北京市西城区百万庄大街 22 号　邮政编码：100037）
责任编辑：王春华　冯秀泳　　　　　　　　责任校对：殷　虹
印　　刷：三河市东方印刷有限公司　　　　版　　次：2021 年 4 月第 1 版第 1 次印刷
开　　本：186mm×240mm　1/16　　　　　印　　张：29.5
书　　号：ISBN 978-7-111-67723-9　　　　定　　价：149.00 元

客服电话：（010）88361066　88379833　68326294　　　　投稿热线：（010）88379604
华章网站：www.hzbook.com　　　　　　　　　　　　　　　读者信箱：hzit@hzbook.com

推 荐 序

2020 年新年伊始，新冠肺炎肆虐全球，给社会经济造成重大打击，餐饮、零售、电影、文娱乃至工业制造、交通运输等众多行业都面临着巨大的考验。面对新冠疫情，最有效的方式就是减少人与人、人与物之间的接触，通过远程方式进行信息沟通。5G 和政府主导的新一轮基础设施建设珠联璧合，将带来新一轮的生态繁荣，为物联网、人工智能和大数据的发展提供坚实的基础。随着 5G 和新基站的建设，蜂窝物联网产业链必将加速推进，从业者在研发、工程建设、性能优化和运维中需要清晰明了、无歧义地掌握协议规定和参数设置方式，熟知蜂窝物联网的发展脉络和不同技术之间的差异，因而需要一本清晰准确的技术工具书。

本书是爱立信瑞典研发团队最新出版的蜂窝物联网专著，作者均为爱立信瑞典高级研发专家，多年从事 3GPP 通信规范制定和产品研发工作，拥有多项专利和大量的技术专著。本书英文版出版后，我在不同场合听闻多人热情推荐和讨论它。本书的独特之处是以逻辑清晰、通俗易懂的方式详细解析多种蜂窝物联网技术的协议规范、性能评估以及不同版本的差异和演进，全面阐释了物联网技术的系统性实现，并对未来的新技术进行了展望。对于从事蜂窝物联网网络、终端和应用的研发、调试、优化等工作的相关人员，本书是一本不可多得的工具书，通过本书读者能够快速、准确、深入地理解蜂窝物联网技术的细节、优势和特点。

物联网（Internet of Things，IoT）被认为是继计算机、互联网和移动通信网络之后的第三次信息技术革命，其广阔的应用前景受到了世界各国的高度关注。物联网不是一个新的概念，广义上讲，它最早出现在比尔·盖茨 1995 年出版的《未来之路》以及后来的 LPWAN 技术中。但直到 2005 年，国际电信联盟（ITU）在《互联网报告 2005：物联网》中才正式提出了"物联网"的概念。从那时起，基于蜂窝技术的物联网，从 3GPP Release 13 开始，经历了 Release 14 和 Release 15，如今终于开花结果。尤其是伴随着 5G 在全球范围内的广泛部署，物联网以其领先的兼容性，从 4G LTE 向 5G 平滑演进，必将大规模应用于各个垂直行业和各个领域，获得长足发展。物联网技术是蓬勃发展的技术，在信息技术发展和物联网应用的推进中，人类对外在物质世界的感知信息都将被纳入一个融合了现在和未来的各种网络的物联网之中。毋庸置疑，人和物正紧密地联系在物联网中。

无线通信技术从 2G 的数字化开始，物理层技术深奥而繁多，但每一代都通过不断创新产生了不同的新技术来满足不断增强的移动数据通信需求，因此物理层才是无线通信技术的核心所在。展望下个十年，还将从 5G 迈向 6G，随着应用范围的扩展，应用层肯定会出现更多变化，甚至体系的升级，作为基础的无线技术也要靠不断演进来进步。本书提供了全面而详细的物理层解读，是了解物联网无线技术以及 5G 技术的宝典。

本书中文版由爱立信中国研发团队的专家精心翻译，翻译团队成员长期从事蜂窝物联网研发工作，其工作涵盖核心网、接入网、产品研发和应用创新等不同领域，因而保障了译文的准确。翻译团队与原作者积极沟通，本着严谨细致的态度，以内容准确、语言易懂作为原则，反复打磨文稿，因而有了这本高质量的技术工具书呈现给读者。

彭俊江

爱立信（中国）通信有限公司 CTO

译 者 序

从 20 世纪末被提出起，物联网就为人们描绘了一个万物互联的社会。但由于技术的限制，尤其是通信技术的制约，物联网的发展并非一帆风顺。虽然各种连接技术不断涌现，也曾出现过一些小规模的应用实例，但始终无法实现全连接的美好愿景，信息孤岛现象仍然广泛存在。

作为新一代的移动通信技术，5G 从设计之初就不限于仅为智能手机或平板电脑等设备提供增强的移动宽带服务，还面向广泛存在于垂直行业的物联网应用进行了优化和增强，其中包括用于连接海量设备或传感器的大规模机器类通信，以及用于连接控制系统并提供超可靠低时延通信（URLLC）的关键机器类通信。本书以 3GPP 相关规范为基础，在对规范进行解读的同时，也从多个方面对蜂窝物联网的应用场景、无线连接技术的特点及其他辅助支撑技术进行了详尽介绍和分析，以便让读者对物联网领域的 5G 技术有全面且深入的了解。

本书作者 Olof Liberg、Mårten Sundberg、Y. -P. Eric Wang、Johan Bergman、Joachim Sachs 和 Gustav Wikström 均是爱立信公司在移动通信领域的技术专家，他们在物联网相关技术标准化和预研方面拥有丰富的经验，并将这些宝贵经验融入本书呈现给读者。

本书翻译期间正值新冠肺炎爆发，在移动受到限制的情况下，网络几乎成为人们获取信息和资源的唯一途径。在经历了种种不便后，人们愈发感觉到连接的重要，物联网的发展成为大势所趋。

作为在移动通信领域工作多年的"老兵"，在翻译过程中我们尽力既忠于原著，又符合中文的阅读习惯。由于水平有限，书中难免有疏漏之处，希望在后续版本中能够进行修订。

在本书的翻译过程中华章的各位编辑给予了悉心指导和帮助，从而保证了本书的顺利出版，在此对他们表示衷心的感谢。

随着网络规范和产品的逐渐成熟，5G 网络已经开始大规模商用部署，可以预见：5G 与垂直行业将会紧密融合并且更加深远地影响人们的生活，为我们的工作和生活带来更大的便利，同时也会大大提升生产效率，加速推动传统产业的转型升级。让我们一起期待！

齐志强　王春萌　党彦平　陈昭华

前　言

全球范围内联网设备数目急剧增加，以万物互联为愿景的物联网正在改变着信息和通信技术行业。为了进一步促进物联网的发展，第三代合作伙伴项目（Third Generation Partnership Project，3GPP）在其 Release 13、14、15 中提出了众多关键技术：扩展覆盖 GSM 物联网（Extended Coverage GSM Internet of Things，EC-GSM-IoT）、LTE 机器类通信（LTE for Machine-Type Communications，LTE-M）、窄带物联网（Narrowband Internet of Things，NB-IoT）以及超可靠低时延通信（Ultra-Reliable and Low Latency Communications，URLLC）。这些技术可以为大规模的物联网设备提供蜂窝通信服务，并能在连接密度、能源效率、可达性、可靠性和时延等方面提供严格的性能保障。

这些新技术共同定义了蜂窝物联网（Cellular Internet of Things，CIoT）概念，本书[⊖]将对这些技术进行介绍并详细描述其特点。在第 1 章对本书进行简介后，第 2 章介绍 3GPP 和 MultiFire 联盟（MFA）等标准化组织。第 2 章还对 3GPP 为支持物联网技术而在 2G、3G 和 4G 方面开展的早期工作进行概述，并介绍 3GPP 在 5G 新空口（New Radio，NR）方面的工作进展。附录 A、附录 B 以及第 3 到 6 章则专注于 3GPP 在支持大规模机器类通信（massive Machine-Type Communication，mMTC）的相关技术方面成功开展的工作。其中，附录 A 和第 3、5 章介绍物理层设计以及分别针对 EC-GSM-IoT、LTE-M 和 NB-IoT 的特定流程。附录 B 和第 4、6 章则详细评估这三种技术的性能，并与 5G mMTC 性能需求进行比较。第 7 到 10 章对 LTE 和 5G NR URLLC 的设计细节和性能进行描述，其中性能评估部分在可靠性和时延方面对评估结果和 5G 认可的关键机器类通信（critical Machine-Type Communication，cMTC）性能需求进行比较。第 11 章则对 3GPP Release 15 中关于 LTE 无人机通信的性能增强部分进行讨论。

附录 C 和附录 D 将关注点从与 3GPP 技术相关的授权频谱转移到工作在非授权频谱上的无线物联网系统。其中附录 C 描述广为流行的短距和长距无线技术，二者主要用来提供物联网的连接性。附录 D 列举 MFA 在将 LTE-M 和 NB-IoT 应用于非授权频谱方面所完成的工作。

第 12 章对之前章节和附录中的技术描述和性能评估进行总结，对如何选择满足 mMTC 和 cMTC 市场需求的最优物联网系统，该章也为读者提供了建议。第 13 章对物联网技术的

⊖　本书的附录 A ～ D，可以访问华章图书官网 http://www.hzbook.com，通过注册并登录个人账号下载。——编辑注

总体形势进行介绍。结果表明无线连接性只是物联网系统中众多关键技术之一。第 13 章还讨论了用于物联网和工业物联网的互联网技术。第 14 章对本书进行总结并展望未来，还讨论了在 5G 持续演进的过程中蜂窝通信行业如何调整关注方向。

致　谢

我们要对所有为本书中提及的无线物联网技术的发展做出贡献的爱立信同事表示感谢。没有他们的努力，本书无法顺利完成。另外，我们要特别感谢 Johan Sköld、John Diachina、Björn Hofström、Zhipeng Lin、Ulf Händel、Nicklas Johansson、Xingqin Lin、Uesaka Kazuyoshi、Sofia Ek、Andreas Höglund、Björn Nordström、Emre Yavuz、Håkan Palm、Mattias Frenne、Oskar Mauritz、Tuomas Tirronen、Santhan Thangarasa、Anders Wallén、Magnus Åström、Martin van der Zee、Bela Rathonyi、Anna Larmo、Johan Torsner、Erika Tejedor、Ansuman Adhikary、Yutao Sui、Jonas Kronander、Gerardo Agni Medina Acosta、Chenguang Lu、Henrik Rydén、Mai-Anh Phan、David Sugirtharaj、Emma Wittenmark、Laetitia Falconetti、Florent Munier、Niklas Andgart、Majid Gerami、Talha Khan、Vijaya Yajnanarayana、Helka-Liina Maattanen、Ari Keränen、Vlasios Tsiatsis、Viktor Berggren、Torsten Dudda、Piergiuseppe Di Marco 和 Janne Peisa，他们在审核和改进本书内容方面提供了帮助。

特别感谢同事 Kittipong Kittichokechai、Alexey Shapin、Osama AlSaadeh 和 Ikram Ashraf 在仿真和数据分析方面给予的慷慨帮助。

此外，我们还要感谢从事 3GPP 标准化工作的同事在 EC-GSM-IoT、LTE-M、NB-IoT 和 URLLC 成功标准化方面做出的突出贡献。这里特别感谢 Alberto Rico-Alvarino、Chao Luo、Gus Vos、Matthew Webb 和 Rapeepat Ratasuk 帮助审核本书的技术细节。

最后，要对我们的家人表示感谢：Ellen、Hugo 和 Flora；Matilda；Katharina、Benno、Antonia 和 Josefine；Wan-Ling、David、Brian、Kuo-Hsiung 和 Ching-Chih；Minka、Olof 和 Dag。在完成本书的漫长过程中，他们给予我们极大的支持和鼓励。

作者简介

奥洛夫·利贝格（Olof Liberg）现任爱立信网络业务部门主管研究员。在瑞典、美国、德国和瑞士结束学习后，他从乌普萨拉大学获得了商业与经济学学士学位和工程物理学硕士学位。他于2008年加入爱立信，负责机器类通信和物联网蜂窝系统的设计与标准化。多年来，他积极参与多个标准化组织的工作，如3GPP、ETSI和MulteFire联盟。在担任3GPP TSG GERAN及其工作组WG1的主席期间，他负责用于物联网的新无线接入技术的研究，并最终形成EC-GSM-IoT和NB-IoT规范。

莫滕·桑德伯格（Mårten Sundberg）现任爱立信网络业务部门研究员，曾任GSM无线接入技术资深专家。从乌普萨拉大学获得工程物理学硕士学位后，他于2005年加入爱立信。作为EC-GSM-IoT的3GPP工作项报告起草人，他负责GSM中物联网专属新特性的标准化技术工作。2016年，作为引入缩短TTI和更短处理时间等工作项的起草人，他开始负责LTE的URLLC相关工作。除了活跃在3GPP标准化组织之中，他还在ETSI中工作数年，负责协调欧洲内部的无线需求。

王怡彬（Y. -P. Eric Wang）现任爱立信研究院主任研究员。他拥有密歇根大学安娜堡分校的电子工程博士学位。在2001和2002年，他是IEEE国际车载技术协会（IEEE Vehicular Technology Society）执行委员会成员并担任该协会的秘书。在2003到2007年，他担任《IEEE车载技术汇刊》（*IEEE Transactions on Vehicular Technology*）的副主编。现在，他担任爱立信研究院物联网连接领域技术主管。他是2006年爱立信年度发明者奖项的共同获得者。他拥有150多项美国专利并发表了50多篇IEEE论文。

约翰·伯格曼（Johan Bergman）现任爱立信网络业务部门主管研究员。他拥有瑞典查尔姆斯理工大学工程物理学硕士学位。他于1997年加入爱立信，最初负责3G蜂窝系统的基带接收机算法设计。从2005年起，他一直负责3GPP TSG RAN工作组WG1的3G/4G物理层标准化工作。作为Release 13、14、15和16中LTE机器类通信的3GPP TSG RAN工作项的报告起草人，他负责基于LTE的物联网专属新特性的标准化技术工作。他还是2017年爱立信年度发明者奖项的共同获得者。

约阿希姆·萨克斯（Joachim Sachs）现任爱立信研究院主任研究员。在德国、挪威、法国和英国结束学习后，他从德国亚琛工业大学（RWTH）获得了电子工程专业毕业证书，并从柏林工业大学获得博士学位。他于1997年加入爱立信并一直从事无线通信系统领域的多种主题研究，此外他还为3G、4G和5G的标准化做出了贡献。自1995年起，他一直活跃于 IEEE 和德国电气工程师协会的信息技术协会，如今他是通信网络技术委员会的联合主席。2009 年，他是美国斯坦福大学的访问学者。

古斯塔夫·维克斯特勒姆（Gustav Wikström）现任爱立信研究院无线网络架构和协议领域的研究负责人。他拥有实验粒子物理学背景，在隆德、乌普萨拉和雷恩等地结束硕士阶段的工程物理学领域学习后，于 2009 年获得斯德哥尔摩大学的博士学位。在日内瓦结束博士后学习之后，他于 2011 年加入爱立信。他一直在推动网络性能工具和研究的演进，以及 IEEE 的 WLAN 增强。直到 2018 年，他一直是 LTE 和 NR 中时延和可靠性改进（URLLC）的推动者。

目　　录

推荐序

译者序

前言

致谢

作者简介

第1章　物联网 ··············· 1

1.1　简介 ····················· 1

1.2　物联网通信技术 ············ 2

　　1.2.1　蜂窝物联网 ··········· 3

　　1.2.2　非授权频谱技术 ········ 5

1.3　本书概述 ················· 6

第2章　全球蜂窝物联网标准 ··········· 8

2.1　3GPP ···················· 8

2.2　蜂窝系统架构 ·············· 10

　　2.2.1　网络架构 ············ 10

　　2.2.2　无线协议架构 ········· 12

2.3　从机器类通信到蜂窝物联网 ··· 14

　　2.3.1　接入级别和过载控制 ···· 14

　　2.3.2　小数据传输 ··········· 16

　　2.3.3　设备节能 ············ 17

　　2.3.4　基于 LTE 的低成本 MTC 设备
　　　　　研究 ················ 21

　　2.3.5　超低复杂度和低吞吐量物联网的
　　　　　蜂窝系统支持研究 ······ 23

　　2.3.6　LTE 时延降低技术研究 ··· 24

2.4　5G 演进 ·················· 24

　　2.4.1　IMT-2020 ·············· 24

　　2.4.2　3GPP 5G ·············· 25

2.5　MFA 标准组织 ············· 31

第3章　LTE-M ················ 34

3.1　背景 ····················· 34

　　3.1.1　3GPP 标准 ············ 34

　　3.1.2　无线接入设计原则 ······ 36

3.2　物理层 ··················· 39

　　3.2.1　物理资源 ············ 39

　　3.2.2　传输方案 ············ 40

　　3.2.3　设备类型和能力 ······· 44

　　3.2.4　下行物理层信道和信号 ·· 47

　　3.2.5　上行物理层信道和信号 ·· 65

3.3　空闲模式和连接模式过程 ···· 76

　　3.3.1　空闲模式过程 ········· 76

　　3.3.2　连接模式过程 ········· 91

　　3.3.3　空闲模式与连接模式的共同
　　　　　过程 ················ 105

3.4　NR 与 LTE-M 共存 ·········· 112

第4章　LTE-M 性能 ············ 118

4.1　性能目标 ················· 118

4.2　覆盖 ····················· 119

4.3　数据速率 ················· 121

　　4.3.1　下行数据速率 ········· 121

　　4.3.2　上行数据速率 ········· 123

4.4　时延 ····················· 124

4.5　电池寿命 ················· 127

4.6　容量 ····················· 128

4.7　设备复杂度 ······················· *131*

第 5 章　NB-IoT ····················· *134*

5.1　背景 ······························· *134*

　5.1.1　3GPP 标准 ·················· *134*

　5.1.2　无线接入设计原则 ········· *136*

5.2　物理层 ···························· *142*

　5.2.1　物理资源 ·················· *142*

　5.2.2　传输方案 ·················· *147*

　5.2.3　设备类型和能力 ········· *149*

　5.2.4　下行物理信道和信号 ···· *150*

　5.2.5　上行物理信道和信号 ···· *168*

　5.2.6　基带信号的生成 ········· *182*

　5.2.7　传输间隙 ·················· *185*

　5.2.8　TDD ······················· *187*

5.3　空闲模式和连接模式过程 ····· *193*

　5.3.1　空闲模式过程 ············ *193*

　5.3.2　连接模式过程 ············ *213*

5.4　NR 与 NB-IoT 共存 ············ *229*

　5.4.1　NR 和 NB-IoT 为相邻载波 ·· *232*

　5.4.2　NB-IoT 在 NR 的保护频段内 ·· *233*

　5.4.3　NR 资源块内部署 NB-IoT ·· *234*

第 6 章　NB-IoT 性能 ············· *237*

6.1　性能目标 ························· *237*

6.2　覆盖和数据速率 ················· *238*

　6.2.1　评估假设 ·················· *238*

　6.2.2　下行覆盖性能 ············ *241*

　6.2.3　上行覆盖性能 ············ *246*

6.3　峰值数据速率 ··················· *249*

　6.3.1　Release 13 Cat-NB1 设备 ········· *249*

　6.3.2　Cat-NB2 设备配置一个 HARQ 进程 ·························· *251*

　6.3.3　设备配置两个同时活跃的 HARQ 进程 ···················· *252*

6.4　时延 ······························· *253*

6.4.1　评估假设 ···················· *253*

6.4.2　时延性能 ···················· *255*

6.5　电池寿命 ························· *255*

　6.5.1　评估假设 ·················· *255*

　6.5.2　电池寿命性能 ············ *257*

6.6　容量 ······························· *257*

　6.6.1　评估假设 ·················· *258*

　6.6.2　容量性能 ·················· *258*

　6.6.3　时延性能 ·················· *260*

6.7　定位 ······························· *261*

6.8　设备复杂度 ······················· *262*

6.9　NB-IoT 符合 5G 性能需求 ········· *263*

　6.9.1　5G mMTC 评估假设的差异 ·· *264*

　6.9.2　5G mMTC 性能评估 ········· *264*

第 7 章　LTE URLLC ················· *268*

7.1　背景 ······························· *268*

7.2　物理层 ···························· *269*

　7.2.1　无线接入设计原则 ········· *269*

　7.2.2　物理资源 ·················· *270*

　7.2.3　下行物理信道和信号 ···· *272*

　7.2.4　上行物理信道和信号 ···· *287*

　7.2.5　时间提前量和处理时间 ·· *296*

7.3　空闲模式和连接模式过程 ····· *299*

　7.3.1　空闲模式过程 ············ *299*

　7.3.2　连接模式过程 ············ *300*

第 8 章　LTE URLLC 性能 ········· *315*

8.1　性能目标 ························· *315*

　8.1.1　用户面时延 ·············· *315*

　8.1.2　控制面时延 ·············· *316*

　8.1.3　可靠性 ···················· *316*

8.2　仿真框架 ························· *316*

8.3　评估 ······························· *318*

　8.3.1　用户面时延 ·············· *318*

　8.3.2　控制面时延 ·············· *321*

8.3.3 可靠性 ·········· 322

第9章 NR URLLC ········· 328

9.1 背景 ············ 328

9.1.1 5G 系统 ········· 328

9.1.2 URLLC ········· 329

9.1.3 NR——LTE 的继承者 ····· 329

9.1.4 在当前网中引入 NR URLLC 330

9.1.5 无线接入设计原则 ····· 331

9.2 物理层 ··········· 333

9.2.1 频段 ·········· 333

9.2.2 物理层参数集 ······ 333

9.2.3 传输方案 ······· 335

9.2.4 下行物理信道和信号 ··· 342

9.2.5 上行物理信道和信号 ··· 352

9.3 空闲模式和连接模式过程 ··· 359

9.3.1 NR 协议栈 ······· 359

9.3.2 空闲模式过程 ······ 360

9.3.3 连接模式过程 ······ 361

第10章 NR URLLC 性能 ······· 369

10.1 性能目标 ········· 369

10.1.1 用户面时延 ······ 369

10.1.2 控制面时延 ······ 370

10.1.3 可靠性 ········ 370

10.2 评估 ··········· 370

10.2.1 时延 ········· 370

10.2.2 可靠性 ········ 377

10.2.3 频谱效率 ······· 387

10.3 服务覆盖 ········· 389

10.3.1 广域服务举例:配电站保护 ···· 389

10.3.2 区域服务举例:工厂自动化
潜力 ··········· 393

第11章 无人机的 LTE 连接性增强 ··· 399

11.1 性能目标 ········· 399

11.2 传播信道特性 ········ 400

11.3 挑战 ··········· 403

11.4 3GPP Release 15 中引入的 LTE
增强 ·········· 405

11.4.1 干扰和飞行模式检测 ···· 405

11.4.2 用于移动性增强的飞行路径
信息 ·········· 406

11.4.3 基于订阅的 UAV 识别 ····· 406

11.4.4 上行功率控制增强 ····· 407

11.4.5 UE 能力指示 ······· 408

第12章 物联网技术选择 ······· 409

12.1 蜂窝物联网与非蜂窝物联网 ··· 409

12.2 蜂窝物联网技术选择 ····· 411

12.2.1 大规模物联网的蜂窝技术 ····· 411

12.2.2 关键物联网的蜂窝技术 ···· 418

12.3 选择哪种蜂窝物联网技术 ··· 421

12.3.1 移动网络运营商的观点 ··· 421

12.3.2 物联网服务提供商的观点 ····· 424

第13章 物联网的技术驱动力 ····· 426

13.1 设备、计算和输入 / 输出技术 ····· 427

13.2 通信技术 ········· 427

13.3 物联网中的互联网技术 ···· 428

13.3.1 一般功能 ······· 428

13.3.2 高级服务功能和算法 ···· 434

13.4 工业物联网 ········ 436

第14章 5G 与未来 ········· 444

附录 A EC-GSM-IoT(在线)

附录 B EC-GSM-IoT 性能(在线)

附录 C 非授权频谱的物联网技术(在线)

附录 D MulteFire 联盟物联网技术(在线)

技术缩略语表 ············ 448

第 1 章

物 联 网

摘 要

本章对全书的整体内容进行了介绍，其中包含对 mMTC 和 cMTC 用例的介绍，这两类用例涵盖了大量的应用案例。在涉及这些应用案例的讨论中，本章主要考虑了与 mMTC 和 cMTC 相关的服务需求，例如可达性和可靠性。另外，基于 3GPP 定义的 EC-GSM-IoT、NB-IoT、LTE-M 和 URLLC 等技术，本章还介绍了蜂窝物联网的概念。本章最后则对 3GPP 相关技术进行了展望，并对在非授权频谱中提供物联网连接性的一系列解决方案进行了讨论。

1.1 简介

作为整个社会（工业、消费者及公共部门）技术性转型的一部分，物联网已经成为硬件进程管理中数字化转型的关键推动力，在提供了卓越洞察力的同时也允许有更多高效的管理进程。物联网技术使得人类可以将电子设备嵌入真实世界的物体中并创造出智能对象，通过感知或者动作与真实世界进行交互，并构建一个包含智能对象、应用程序以及服务器的网络。

图 1.1 描述了一个物联网系统。图的左侧是硬件设备，例如机器、照明设备和电表等。图的右侧则是与真实世界进行交互的应用程序。其中应用程序有很多种。例如硬件设备为监控城市街道车流的传感器，而应用程序则可以在交通控制中心监控整个城市的车流状况。如果硬件设备包含可由执行器激活的交通信号灯，则应用程序可基于观测到的车流状况来控制单个交通信号灯的红绿变化周期。这里展示一个数字化转型的简单例子：一个由具有固定配置的信号灯组成的交通基础设施转变为一个智能交通系统，从而可以基于收集到的系统状态信息来做出智能决策并执行。这些应用程序运行在数字域上，其中包含基于模型（例如街道地图）而创建的真实系统（例如城市中的街道），该系统的状态会根据交通传感器捕获的信息进行更新。交通基础设施（交通信号灯）的管理和配置在交通控制中心进行，随后决策将通过调整信号灯变色周期的方式反馈到真实世界。

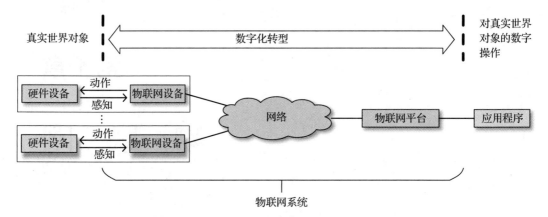

图 1.1   提供连接性和服务的物联网系统以及真实世界的数字表示

物联网系统正是上述服务得以实现的推动者。物联网设备与硬件设备相连，并通过传感器和执行器与真实世界进行交互。物联网系统则将这些设备与应用程序相连，使得应用程序能够通过执行器来控制与物联网设备相连的硬件设备。物联网平台可以提供常用功能，例如设备识别和寻址、安全功能以及物联网设备管理。作为本书的关注点，物联网的连接性则为许多不同种类的服务提供了一个通用的平台，如图 1.2 所示。

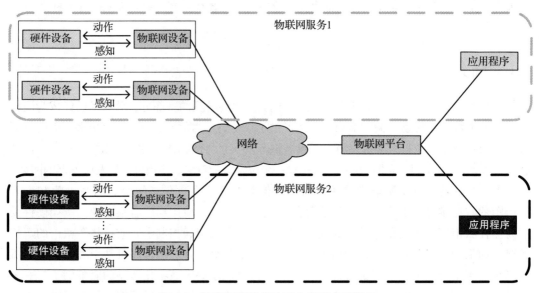

图 1.2   物联网系统作为平台启用多种服务

1.2   物联网通信技术

在过去的 20 年中，大量通信技术的涌现对物联网技术的发展产生了深远影响，尤其是将设备与应用程序连接起来的机器对机器（Machine-To-Machine，M2M）通信解决方案。大多数 M2M 通信解决方案的创建都是以目标为导向，其设计目的是满足某个特定的应用程序和通信需求，例如为照明远程控制、婴儿监控以及各种电器提供连接。对于这些系统，整个通信栈的设计均基于单一目的。广义而言，即便在一个环境中存在大量处于连接状态的设备和对象，该系统仍基于 M2M 技术孤岛，通常不存在端到端 IP 连接且没有专属网络协议。图 1.3 左半部分描述的正是此类系统，这与图 1.3 右半部分展示的物联网愿景并不相同。在该愿景中，电子设备和智能对象基于通用和可互操作的 IP 连接框架相互连接，在最大限度上推动了物联网发展。

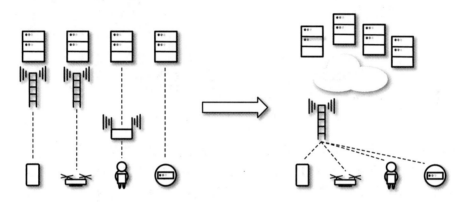

图 1.3　从 M2M 孤岛演进到物联网

1.2.1　蜂窝物联网

近年来，3GPP 对其蜂窝技术不断演进，旨在服务于各种各样的物联网用例。第二、三、四代蜂窝通信系统已经为物联网提供了早期连接能力，但是 3GPP 自从 Release 13 以来就意在提供蜂窝物联网连接能力。蜂窝网络的 3GPP 规范正在尝试处理新兴蜂窝物联网用例的需求，只为确保技术标准的演进能够满足未来市场需求。很明显物联网用例的范围不能被局限于一系列蜂窝物联网需求。在 5G 蜂窝系统的标准化进程中，三个需求类型被定义为亟须解决（见图 1.4）[1]。其中的两个需求聚焦于机器类通信（Machine-Type Communication，MTC），实质上是为了解决物联网问题。

mMTC 被定义为处理大量简单设备之间的通信问题，其数据传输量小且不频繁。假定 mMTC 设备能够大规模部署，因此对于连接大量设备的可扩展性必不可少，而且不管设备在何处，系统必须支持通过网络来与其取得联络。部署的普遍性与限制部署及运营成本的需求联合起来，要求超低复杂度的物联网设备必须支持多年运行且无须更换电池。mMTC 用例包括计量和监测的公共事业设备、编队管理、汽车行业的远程信息处理和传感器共享，或者制造业的仓储管理、资产追踪和物流管理。3GPP 指定 EC-GSM-IoT、NB-IoT 和 LTE-M 技术用于支持 mMTC。这些解决方案将在附录 A、附录 B 第 3 ～ 6 章进行详细介绍。

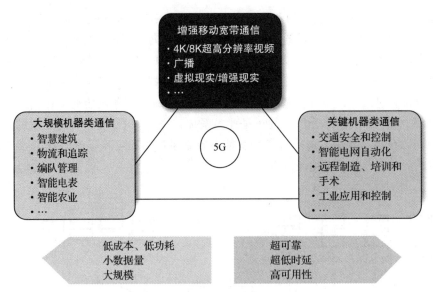

图 1.4　5G 需求

cMTC 被定义为对高可靠性、高可用性以及超低时延有需求的物联网用例，其应用案例遍布多个领域。在汽车行业，远程驾驶就属于该类应用，另外还包括实时传感器共享、自动驾驶、协作演习以及协作安全。其他应用类型还包括智能电网中的远程保护和分布式自动化、制造业中的自动驾驶车辆以及智能矿山中的远程车辆和设备控制。cMTC 的需求类型在 3GPP 标准化中也被称作 URLLC。在本书中，对于支持 cMTC 用例的技术，我们统称为 URLLC。第 7～10 章中将对 LTE 和 NR 的 URLLC 设计细节及性能进行介绍。在性能评估部分，对所达到的性能与 cMTC 的 5G 性能需求在可靠性和时延方面进行对比。结果表明 LTE 和 NR 的 URLLC 满足了所有最低需求，其中 NR 技术在频谱效率、最小时延和部署复杂度方面更有优势。

然而 mMTC 和 cMTC 的分类方法相当粗泛且不能适用于所有的物联网用例。为了更好地定义特定用例对设备和网络的要求，ICT 行业领头者爱立信提出了一种新颖的蜂窝物联网分类方式，即将其分为大规模物联网、宽带物联网、关键物联网以及工业自动化物联网，如参考文献 [2] 和图 1.5 所示。

大规模物联网和关键物联网分别相当于 mMTC 和 cMTC。宽带物联网则覆盖了在标准化中目前为止未明确归类的蜂窝物联网特性。它应用于包含类似设备的大规模物联网，主要关注电池有效管理、设备复杂性和广域可用性，但是额外需要很高的传输速率。为此电池使用和设备复杂度需要结合起来以满足其高吞吐量需求。例如自动或半自动汽车的高精度地图传输、大型软件更新、计算机视觉系统、增强现实或混合现实系统、高级可穿戴设备、空中或地面车辆等。无人机通信是一种重要的宽带物联网用例，近年来其重要性不断攀升并且有潜力带来极大的经济和社会效益。无人机被广泛地应用于辅助搜索、救援，以及灾中或灾后的搜寻任务。第 11 章介绍 3GPP 将 LTE 用于无人机通信时所完成的工作。

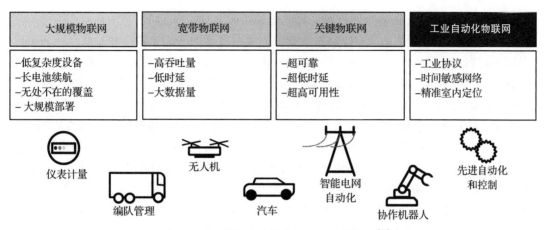

图 1.5　爱立信提出的蜂窝物联网分类标准[2]

工业自动化物联网涵盖了工业领域，特别是工业自动化领域所需要的蜂窝物联网特性。这些特性均是典型的附加功能特性，而非新颖的性能需求。通常明确本地化的解决方案才会需要这些特性，比如工厂内的蜂窝物联网系统。工业自动化物联网的一个例子就是非公共网络解决方案，主要用于提供先进局域网服务的本地以太网传输和时间敏感网络的优化。其他用例还包括由蜂窝系统的主时钟向终端设备提供的精准时间同步或超精准定位。第 12 章在讨论工业物联网概念时对工业自动化物联网进行了展望。

1.2.2　非授权频谱技术

3GPP 蜂窝通信技术并不是处理物联网业务的唯一解决方案。众所周知的蓝牙和 Wi-Fi 也可以作为 MTC 业务的载体。各类蜂窝通信技术与蓝牙和 Wi-Fi 技术的区别在于，传统上，前者的目的是为授权频谱服务，而后两者则属于非授权频谱范畴，也就是所谓的免授权频段。

授权频谱对应的是由国家或地区权力机构批准的分配给私有企业的一段公共频谱空间。这些企业通常是为公众提供蜂窝连接服务的移动网络运营商。就最好的情况而言，授权频段在全球范围内可用，对面向全球范围的技术具有相当重要的意义。GSM 之所以取得巨大成功，很大程度上是因为 GSM 900 MHz 频段在全球大部分区域均可用。然而，授权频谱通常意味着高成本。

另一方面，非授权频谱对应的是一段公共频谱空间，因此没有授权费用。希望使用这段公共频谱的设备制造商必须满足一系列国家或地区的规定，以适配在这段频谱上部署的技术。标识在国际电信联盟（International Telecommunication Union，ITU）无线规范[3] 5.150 条款中的工业、科学和医疗（Industrial，Scientific，Medical，ISM）频段，则是最流行的免授权频段之一。对于某些频段，区域性的使用差异仍然存在，例如 900 MHz 附近的频率范围并不像 2.4 GHz 频段一样全球通用。总之，免授权频段相关规定的目的在于限制对于在该频段内外工作的其他技术的有害干扰。

蓝牙、Wi-Fi 以及其他相关技术，如低能耗蓝牙、ZigBee 和 Wi-Fi Halow，通常都工作在 ISM 频段，以提供至少与蜂窝技术相关的短距离通信。蓝牙是一种无线个人局域网（Wireless Personal Area Network，WPAN）技术，而 Wi-Fi 则可以在无线局域网（Wireless Local Area Network，WLAN）中提供移动性支持。近年来，出现了一系列新兴的低功率广域网（Low-Power Wide-Area Network，LPWAN）技术，其设计目的是满足与 ISM 频段相关的规定与需求。但不同于无线个人局域网和无线局域网的是，这些技术提供的是远距离连接性支持，因而可以为 WPAN 和 WLAN 系统无法保证有效覆盖的无线设备提供服务。

附录 C 对最重要的非授权频谱规章进行了回顾，并介绍一些流行且有前景的非授权频谱技术。附录 D 则描述 MFA 指定的基于 3GPP 的物联网系统。MFA 是一个标准化组织，负责研发在非授权频谱和共享频谱上工作的无线技术。MFA 以 3GPP 技术为基准，并增加了在非授权频谱上工作所需的改动。

1.3   本书概述

全书内容共分为 14 章。第 2 章介绍 3GPP 和 MFA 标准化组织，以及 3GPP 为支持物联网而在 2G、3G 以及 4G 方面所做的早期工作，最后则对 3GPP 在 5G 技术方面的最新工作进行介绍。

附录 A、附录 B 和第 3～6 章完全专注于 3GPP 为支持 mMTC 所做的工作。其中附录 A 和第 3、5 章描述 EC-GSM-IoT、LTE-M 和 NB-IoT 的物理层设计以及高层和低层过程。附录 B 和第 4、6 章则详细评估这三种技术的性能。对于 LTE-M 和 NB-IoT，性能评估结果表明，系统在所有方面均满足了 3GPP 和国际电信联盟无线电通信组（International Telecommunication Union Radiocommunication sector，ITU-R）定义的 5G 对于 mMTC 服务的需求。

第 7～10 章对 LTE 和 NR URLLC 的设计细节和性能进行介绍，其中性能评估部分在可靠性和时延方面对评估结果和 5G 认可的 cMTC 性能需求进行比较。结果表明，LTE 和 NR 在可靠性和时延方面均满足 ITU-R 规定的与 cMTC 相关的 5G 需求。在设计方面，NR 比 LTE 更为灵活，并且能提供更好的性能。

第 11 章讨论 3GPP Release 15 为支持无人机通信而引入的 LTE 性能增强部分，并描述 LTE 如何有效支持无人机系统所需的可靠指令控制通信。

附录 C 和附录 D 将注意力从与 3GPP 相关的授权频谱转移到非授权频谱。附录 C 描述广为流行的短距和长距无线技术，这些技术可以在非授权频谱上提供物联网连接服务。附录 D 展示 MFA 为在非授权频谱上应用 LTE-M 和 NB-IoT 技术所做的工作。本书中，我们将这些技术称为 LTE-M-U 和 NB-IoT-U，其中 U 表示非授权。

第 12 章对之前章节和附录中的技术描述和性能评估进行总结，并对如何选择满足 mMTC 和 cMTC 需求的物联网系统进行深入分析。该指导意见正是基于本书中各系统的技术能力和性能而得出的。

第 13 章描述物联网的总体形势。可以看出，无线连接性只是物联网系统中众多关键技术之一。该章还讨论了物联网传输协议和物联网应用框架。

第 14 章对全书进行总结并展望未来，还讨论了在 5G 演进过程中蜂窝行业如何调整关注方向。

本书大纲如图 1.6 所示。

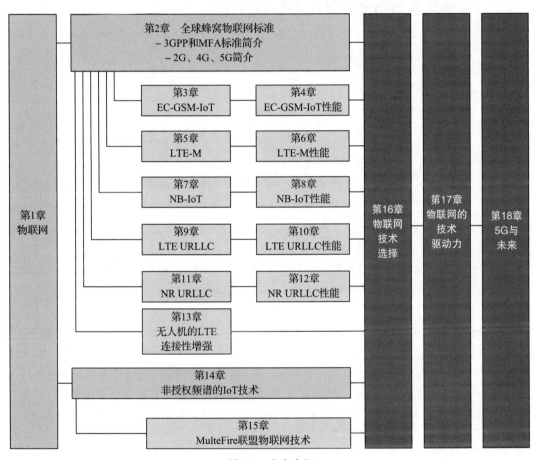

图 1.6　本书大纲

参考文献

[1] ITU-R. Report ITU-R M.2410, Minimum requirements related to technical performance for IMT-2020 radio interfaces(s), 2017.

[2] Ericsson. Cellular IoT evolution for industry digitalization, 2018. Website, [Online]. Available at: https://www.ericsson.com/en/white-papers/cellular-iot-evolution-for-industry-digitalization.

[3] ITU. Radio regulations, articles, 2012.

第2章

全球蜂窝物联网标准

摘 要

本章首先介绍 3GPP 组织，包括其工作方式、组织架构以及它与世界上最大的区域性标准开发组织（SDO）之间的联系。

在对 3GPP 蜂窝系统架构进行综述后，本章介绍 3GPP 在蜂窝物联网方面的工作。其中包括了对 3GPP 在 mMTC 领域做出的工作的总结。本章还讨论节电模式（Power Saving Mode，PSM）和扩展不连续接收（extended Discontinuous Reception，eDRX）特性，以及 EC-GSM-IoT、NB-IoT 和 LTE-M 的可行性研究。

为了介绍在 cMTC 方面所做的工作，本章还提到了 3GPP Release 14 在 LTE 时延降低技术方面进行的可行性研究。该研究触发了多项 LTE 时延降低和可靠性增加等相关特性的标准化过程。

在 5G 新空口（New Radio，NR）系统的设计中，对于 cMTC 的支持是一项支柱型特性。为了将 5G cMTC 工作引入相关背景，本章对 NR 进行了综述。其中包括 Release 14 的 NR 研究项目、Release 15 的标准化工作以及将 NR 和 LTE 改进为 IMT-2020 系统所做的工作。

最后，本章对 MFA 及其在非授权频谱上运行 mMTC 无线系统的相关工作进行了介绍。MFA 对 3GPP 技术进行修改，使其满足在非授权频谱上进行部署的区域性法规和需求。

2.1 3GPP

3GPP 是一个全球范围内的标准化论坛，负责 GSM、UMTS、LTE 以及 5G NR 等技术的演进和维护。该项目由代表欧洲、美国、中国、韩国、日本以及印度的 7 个区域性标准开发组织协作完成。3GPP 自 1998 年开始运行，以版本（Release）周期性发布的形式进行工作，在 2019 年已经开始讨论 Release 16。

一个发布的版本包含一系列工作项，其中的每一项都标志性地支持一种特性，在每个 Release 周期结束时，通过技术规范（TS）的形式将这些特性提供给蜂窝通信行业使用。一项特性的生成细分为四个阶段，其中第一阶段包含服务需求，第二阶段是高层特性描述，第三阶段介绍了实现该特性所需的细节描述，第四也是最后阶段则包含了性能需求和一致性测试流程，以确保该特性的合理实现。每项特性都用 3GPP 技术规范的一个独立 Release 来表示，并与该特性所在的 Release 相对应。在每个 Release 周期的最后，用于特性开发的标准 Release 将被冻结并正式发布。在下一个 Release 中，每一个技术规范都会创建一个新的 Release，并且根据与当前 Release 相关的新特性进行编辑。每个 Release 都包含范围广泛的技术特性，用来在 GSM、UMTS、LTE 和 NR 之间提供功能性支持，也包括提供四者互联功能。在每个 Release 中，需要进一步确保的是，GSM、UMTS、LTE 和 NR 可以在同一地理区域内共存。也就是说，例如将 NR 引入某个频段，必须保证对已有的 GSM、UMTS 和 LTE 运行没有消极影响。

所有技术的工作分布在多个技术规范组（TSG）中，其中每个技术规范组都有数个工作组（WG）支持，而每个工作组中均拥有代表行业中不同公司的技术专家。3GPP 组织架构主要基于三个技术规范组：

- TSG 服务和系统（Service and System Aspects，SA）
- TSG 核心网和终端（Core Network (CN) and Terminal，CT）
- TSG 无线接入网（Radio Access Network，RAN）

TSG SA 负责系统和业务及服务需求，也就是第一阶段的需求。TSG CT 负责核心网、终端以及技术规范。TSG RAN 负责无线接入网的设计和维护。因此，例如 TSG CT 负责 4G 演进分组核心网（Evolved Packet Core，EPC）和 5G 核心网（5G Core Network，5GC）上，而 TSG RAN 则分别负责对应的 LTE 和 NR 无线接口。

3GPP 的总体项目管理工作是由项目协调组（Project Coordination Group，PCG）来负责，例如最终任命 TSG 主席的权力、采用新的工作项，以及批准与外部重要机构如 ITU 的通信。在 PCG 之上是 7 个标准开发组织（Standardization Development Organization，SDO）：ARIB（日本）、CCSA（中国）、ETSI（欧洲）、ATIS（美国）、TTA（韩国）、TTC（日本）和 TSDSI（印度）。在 3GPP 内部，这些标准开发组织被称作合作伙伴组织，其拥有创建和终止 TSG 的最高权力，并负责 3GPP 的整体愿景。

Release 13 中与 EC-GSM-IoT、NB-IoT 以及 LTE-M 相关的 mMTC 规范是由 TSG GERAN 和 TSG RAN 领导的。TSG GERAN 当时负责 GSM 和 GSM 演进的增强数据速率（Enhanced Data Rates for GSM Evolution，EDGE）技术，并通过可行性研究发起了针对 EC-GSM-IoT 和 NB-IoT 的相关工作，最终生成了技术报告（Technical Report，TR）45.820："Cellular System Support for Ultra-Low Complexity and Low Throughput Internet of Things"[1]。对于 3GPP 而言，在开始一个新特性的标准化工作之前，对该特性进行可行性分析并将结果记录进技术报告是非常普遍的行为。在这种情况下，报告推荐继续进行关于 EC-GSM-IoT 和 NB-IoT 的规范工作项。当 TSG GERAN 承担了 EC-GSM-IoT 工作项

时，关于 NB-IoT 的工作项就移交给了 TSG RAN。TSG RAN 同时也承担了与 LTE-M 相关的工作项，正如 NB-IoT 一样也是 LTE 系列标准的一部分。

在 3GPP Release 13 之后，也就是完成了 EC-GSM-IoT 标准化工作之后，TSG GERAN 与其工作组 GERAN1、GERAN2 和 GERAN3 全部关闭，其职责全部转移到了 TSG RAN 与其工作组 RAN5 和 RAN6。因此，除了负责 UMTS、LTE 和 NR 开发外，TSG RAN 还负责 NB-IoT 和 GSM，其中也包括 EC-GSM-IoT。

图 2.1 对 Release 16 期间的 3GPP 组织架构进行了概述，展示了 4 种级别：包括区域标准开发组织的组织合作伙伴（Organizational Partners，OP）、PCG、3 个 TSG 以及每个 TSG 中的 WG。

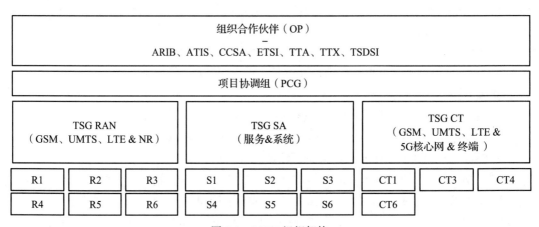

图 2.1   3GPP 组织架构

2.2   蜂窝系统架构

2.2.1   网络架构

3GPP 规定的蜂窝系统架构分为了 RAN 和 CN 两部分。RAN 将设备通过无线接口接入网络，也就是所谓的接入层（Access Stratum，AS）。而 CN 则将 RAN 和外部网络连接在一起。这个外部网络可以是公网，例如因特网或私人企业网络。无线接口和 CN 的整体目的是在外部网络和蜂窝系统服务的设备之间提供有效的数据传输。

尽管该架构随着时间不断演进，但与 GSM/EDGE 和 LTE 架构相比仍能发现类似的组件和功能模块。图 2.2 则展示了 LTE 和 GSM/EDGE 的核心网及无线接入网中一系列关键的节点和接口。

对于 LTE，无线接入网被称为 E-UTRAN 或 LTE，而核心网则被称为 EPC。E-UTRAN 和 EPC 合起来叫作 EPS。在 EPC 中，P-GW 提供与外部分组数据网络的连接。S-GW 则将用户数据分组从 P-GW 路由到 LTE 基站（eNodeB，eNB），eNB 又会把这些数据通过

LTE 无线接口 Uu 传输到终端用户设备。P-GW 和设备之间建立的连接被称作 EPS 承载，该承载与特定的服务质量（Quality-of-Service，QoS）需求相关。这些需求对应比如数据传输速率和服务所期望的时延需求。

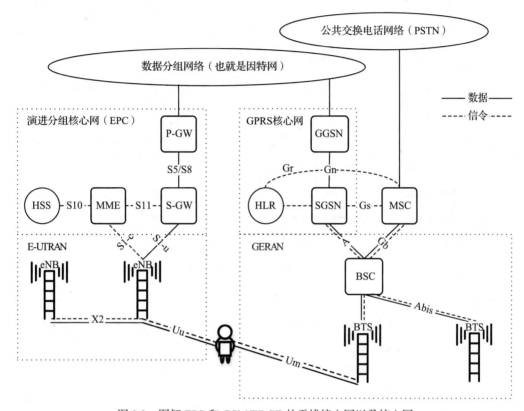

图 2.2　图解 EPS 和 GSM/EDGE 的无线接入网以及核心网

　　数据和控制信令是通过用户面和控制面的概念而分开的。负责空闲状态追踪的 MME 通过控制面与 eNB 相连。MME 同时还处理用户鉴权，并连接到 HSS 数据库。另外它将 EPS 承载映射到了通过 LTE 无线接口提供所需 QoS 的无线承载。

　　在 GPRS 核心网中，GGSN 扮演联系外部分组数据网络的角色。SGSN 与 MME 角色类似，负责处理空闲状态功能以及通过 HLR 进行鉴权，其中 HLR 负责记录用户信息。另外 SGSN 也负责将用户数据路由到无线网络。在 LTE 网络中，eNB 是 RAN 中的单独功能节点。对于 GSM/EDGE 无线接入网（GSM/EDGE Radio Access Network，GERAN），eNB 的功能被分散到 BSC 和 BTS 中。GSM/EDGE 和 EPS 架构的一个最基本的不同是除了分组交换域之外，GSM/EDGE 还支持分组交换域，用于处理语音呼叫。而 EPS 仅工作在分组交换域上。MSC 是 GSM 的核心网节点，用来将传统的 PSTN 连接到 GERAN。本书将全部关注于分组交换域。

　　2.4 节将对 NR 和 5G 核心网的整体架构进行介绍。

2.2.2　无线协议架构

理解 3GPP 无线协议栈及其对图 2.2 中所含节点和接口的适用性有助于理解整个系统架构。图 2.3 描述了 LTE 无线接口协议栈，其中包含了从设备角度可见的控制面层和用户面层。

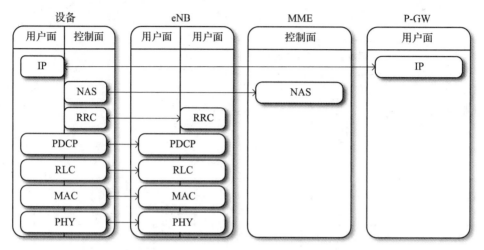

图 2.3　从设备角度观察可见的 LTE 控制面和用户面协议及接口

在用户面协议栈中，IP 层是最高层，负责承载应用数据并在 P-GW 终止。IP 显然并非无线协议，提及它是为了介绍设备和 P-GW 之间的接口。IP 分组包通过 GTP 协议在 P-GW、S-GW 和 eNB 间进行传输。

非接入（Non-Access Stratum，NAS）层和无线资源控制（Radio Resource Control，RRC）层是控制面协议独有的。在 eNB 和 MME 之间，存在一个基于消息的 IP 传输协议 SCTP 来承载 NAS 消息，提供 eNB 和 MME 之间的可靠消息传输。

原本 NAS 协议是完全用于信令支持的，比如将设备连接到网络并进行鉴权。自 Release 13 起，NAS 也可以用来承载用户数据。这项对于基本架构的修改是作为"Control plane CIoT EPS optimization"[9]的一部分引入的，并将在 2.3.5 节进行讨论。非常值得注意的是，在设备和 MME 之间传输的控制面 NAS 消息对于 eNB 是透明的。

RRC 负责处理小区的整体配置，包括分组数据汇聚协议（Packet Data Convergence Protocol，PDCP）层、无线链路控制（Radio Link Control，RLC）层、媒体接入控制（Medium Access Control，MAC）层和物理（Physical Layer，PHY）层。同时 RRC 还负责包含连接建立、重配置、切换以及释放在内的连接控制功能。在 3.3.1.2 节中描述的系统信息消息（System Information Message）就是 RRC 信息的一个很好的例子。

PDCP、RLC、MAC 和 PHY 层是控制面和用户面层共同拥有的。PDCP 对到达的 IP 包进行健壮性包头压缩（Robust Header Compression，RoHC）处理，并对通过接入层发送的用户数据进行完整性保护和控制面以及用户面加密。它相当于设备在 RRC 连接状态下的一个移动性锚点。在两个小区执行切换时，PDCP 负责缓存或在必要时重传收到的数据包。PDCP 将数据包发送给 RLC 后，RLC 负责已建立连接的第一层级重传，确保收到的 RLC 分组包能够按顺序送达 PDCP 层。

RLC 层负责将 PDCP 协议数据单元（PDU）串联和分割为 RLC 服务数据单元（Service Data Unit，SDU）。RLC SDU 将被映射为 RLC PDU，然后发送到 MAC 层。每一个 RLC PDU 都与一个无线承载和逻辑信道相关联。无线承载类型有两种，分别是 SRB 和 DRB。SRB 是通过控制面来发送的，并承载着包括广播控制信道、公共控制信道和专用控制信道在内的逻辑信道。DRB 则通过用户面来发送，并与专用业务信道相关联。这种由承载和逻辑信道提供的差异性，使得网络能够应用合适的接入层配置，从而为不同类型的信令和数据服务提供所需的 QoS。

根据指定和配置好的优先级，MAC 层通过 MAC 控制单元对承载和逻辑信道进行复用。MAC 控制单元是用来传达与某个连接相关的信息，比如数据缓存状态报告。MAC 同时还负责无线接入流程和混合 ARQ（Hybrid ARQ，HARQ）重传。MAC PDU 随后被转发到物理层，物理层的基本功能和服务包括编码、解码、调制和解调。

图 2.4 展示了数据如何通过协议栈进行传输。每一层都会在 SDU 上附加一个报头来形成 PDU，另外物理层还会在传输块上附加一个 CRC 校验部分。

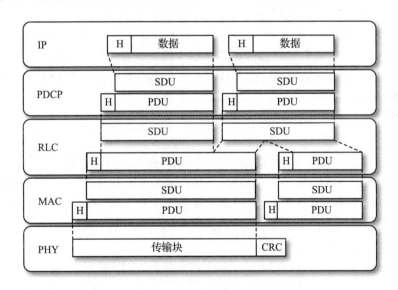

图 2.4　LTE 数据流

GPRS 协议同样也包括 RRC、PDCP、RLC、MAC 和 PHY 层。尽管 GPRS 和 LTE 都使用了相同的命名规则，但需要了解的是不同层的功能都进行了演进。设备和 SGSN 之间的 GPRS NAS 信令是通过 LLC 和 SNDCP 协议定义的。LLC 负责加密和完整性保护，而 SNDCP 负责 RoHC。LTE PDCP 能够提供压缩和接入层安全功能，与 GPRS PDCP 所提供的功能类似。作为比较，需要记住的是，PDCP 终止于 E-UTRAN，而 LLC 和 SNDCP 则终止于 GPRS 核心网。

2.3 从机器类通信到蜂窝物联网

2.3.1 接入级别和过载控制

本节展示了从早期的 Release 99 到 Release 14 这段时间内，3GPP 在 MTC 领域为 GSM 和 LTE 所做的早期工作。UMTS 并不在本章讨论范围内，但是有兴趣的读者应该注意到所呈现的 LTE 特性也可以被 UMTS 支持。

在 2007 年发布的 Release 8 中，负责 3GPP 系统架构的 TSG SA WG1 发布了技术报告 TR 22.868 "Study on Facilitating Machine to Machine Communication in 3GPP Systems"[2]。其中强调了包含测量和健康在内的用例。由于还在继续 5G 标准化工作，3GPP 对这些用例仍有强烈的兴趣。对于机器类通信应用所需的大规模设备处理、设备寻址以及安全保障等领域，3GPP 技术报告 TR 22.868 可以提供有用的参考。

在 3GPP 中，在启动关于一项指定特性的工作之前，TSG SA 通常会先通过一组常规服务需求和架构考虑。在这种情况下，SA WG1 还会在 Release 10 中触发一系列不同阶段的活动，表示为 "Network Improvement for Machine-Type Communications"[3]。该项工作的重点是提供处理海量设备的功能，包括保护现有网络不会发生过载，这种过载情况在拥有海量设备的网络中很可能出现。对于 GSM/EDGE，过载控制特性扩展接入限制（Extended Access Barring，EAB）[4] 和隐式拒绝（Implicit Reject，IR）[5] 就是在这些 Release 10 的部分活动中规定的。

在 Release 99（即支持 GSM/EDGE 的首个 3GPP Release）中，支持接入等级限制（Access Class Barring，ACB）特性就已经提出。接入等级限制允许网络无视设备已注册的 PLMN 标识而对不同接入等级的设备进行限制。基于各自国际移动用户识别码（International Mobile Subscriber Identity，IMSI）的最后一位数字，每个设备被伪随机地配置为属于 1 到 10 个接入等级。此外，还定义了 5 个特殊的接入等级，设备也可属于其中一种。GSM 网络会在其系统信息中周期性地广播一个位图，该位图可以作为随机接入信道控制参数（Random Access Channel Control Parameters）的一部分，用来指示在所有 15 个接入等级中是否有设备被禁止接入。尽管如此，与对所有设备都适用的接入等级限制相反的是，扩展接入限制只适用于配置过该特性的设备。同时它允许网络进行特定 PLMN 和特定域的设备限制，也就是分组交换域和电路交换域。对于 GSM/EDGE，数据服务属于分组交换域，而语音服务属于电路交换域。在 GSM/EDGE 中，系统信息消息 21 在网络中进行广播，其中就包含扩展接入限制信息。一旦网络在多个运营商或多个指定的 PLMN 之间共享，扩展接入限制可以按照每个 PLMN 来进行配置。一个网络中最多可以支持 4 个附加的 PLMN。

系统信息消息 22 包含了那些附加 PLMN 的网络共享信息，另外视需要可以为每个 PLMN 配置各自的扩展接入限制信息[5]。

当大量设备同时接入一个网络时，拥塞就可能发生，此时接入等级限制和扩展接入限制可以帮助无线接入网和核心网避免拥塞。10 个普通接入等级允许接入等级限制和扩展接入限制将限制的最小粒度控制在 10%。因为接入等级限制和扩展接入限制都是通过系统信息控制的，对于设备检测系统信息更新的时间和获取最新限制信息的时间，这些机制都有一个内在的反应时间来与之关联。

GSM 隐式拒绝特性为下行公共控制信道上发送的一些消息引入了一个隐式拒绝标志位。在接入网络之前，如果一个设备配置了低接入优先级（Low Access Priority）[6]，它就需要解码在下行公共控制信道上的一个消息，并读取其中的隐式拒绝标志位。在 NAS 接口上，低接入优先级是通过设备属性信息元素[7]来承载的。而在接入层上，该信息则由分组资源请求消息（Packet Resource Request Message）[6]承载。如果隐式拒绝标志位设为 1，则设备将不被允许接入 GSM 网络，并且需要在定时器超时后才能进行新的接入尝试。由于不需要读取系统信息消息，隐式拒绝机制的速度比基于接入等级限制和扩展接入限制的机制更快，这是一个潜在的优势。当给定下行公共控制信道消息中的隐式拒绝标志位设为 1 时，所有试图接入系统的设备将在收到该消息后被拒绝接入。通过在下行公共控制信道上发送的每个消息中周期性地设置该标志位，就可以实现对部分设备的接入限制。例如，将每个 10 s 间隔内第 1 s 发送的所有下行公共控制信道消息中的该标志位设为 1，则可以对全部设备的 10% 实现限制接入。一个支持隐式拒绝特性的设备也可能进行扩展接入限制配置。

对于 LTE，接入等级限制功能在其第一个发布版本 3GPP Release 8 中就已经包含，而在 Release 10[8]中则引入了低优先级指示参数。其中，在 NAS 信令中定义了一个 NAS 低优先级指示参数[15]，并且在从设备发送给基站的无线 RRC 连接请求消息中引入了一个指示延迟容忍接入的建立原因参数[9]。这两个指示参数支持延迟容忍 MTC 设备的拥塞控制。如果 RRC 连接请求消息指示接入是由一个延迟容忍设备发起的，则拥塞状态下基站可以选择拒绝该设备的请求并通过 RRC 连接拒绝消息要求该设备在进行下次尝试前等待一段时间，时长由配置好的扩展等待定时器决定。

在 Release 11 中，MTC 的工作继续集中在改进 MTC 系统的工作项上[10]。TSG RAN 将扩展接入限制引入 LTE 规范中，此外还定义了一个新的系统信息块（System Information Block）SIB14 来承载扩展接入限制相关的信息[9]。为了更快地更新 SIB14 消息，寻呼消息中设置了一个状态标志位来指示 SIB14 的更新。对于 TSG GERAN，支持限制 10 个不同的接入等级。在网络共享时，正如 GSM/EDGE 中一样，每个共享网络的 PLMN 都可以收到一个单独的接入等级位图。如果一个设备设置了低优先级指示参数，则需要支持扩展接入限制。

表 2.1 总结了在不同的 Release 中为支持过载控制而设计的 GSM/EDGE 和 LTE 3GPP

特性。需要注意的是，自从 3GPP 承担了 GSM/EDGE 的演进和维护，ETSI 就从 3GPP Release 99 开始承担了 GSM/EDGE 的规范工作。例如，在 3GPP Release 99 之前，接入等级限制就已经是 GSM/EDGE 的一部分。需要注意的是，在 Release 99 之后，3GPP 的 Release 编号就从 Release 4 开始计数。

表 2.1   Release 13 之前与 MTC 过载控制相关的 3GPP 特性

Release	GSM	LTE
99	接入等级限制	—
8	—	接入等级限制
10	扩展接入等级限制 隐式拒绝 低优先级和接入延迟容忍指示	低优先级和接入延迟容忍指示
11	—	扩展接入等级限制

2.3.2 小数据传输

在 Release 12 中，工作项"Machine-Type Communications and other mobile data applications communications"[11]触发了一系列活动，这些活动均不在之前版本的研究范围内，并且很大程度上都专注于管理海量设备。在最终生成的技术报告 TR 23.887"Study on Machine-Type Communications (MTC) and other mobile data applications communications enhancements"[12]中，一些解决方案可以有效地处理小数据传输，另外还有一些解决方案可以优化那些依赖电源设备的能量消耗。

MTC 设备很大程度上都会发送和接收小数据包，特别是从应用层角度观察。例如，对于远程控制的街道照明设备，开关灯泡是其主要行为。在需要提供开关指示的应用层小载荷之上，需要增加来自高层协议（如用户数据报协议和 IP 协议以及无线接口协议）的开销来形成一个完整的协议栈。对于高达几百字节的数据包而言，从应用层之外其他层到达的协议开销是无线接口上所传输数据的一个重要部分。对于一个拥有典型小数据传输业务类型的设备而言，为了优化其功率消耗，减小该项开销值得关注。除了在协议栈中逐层累加的开销外，很重要的是要确保多个过程能够合理安排，避免多余的控制面信令消耗无线资源并增加设备功耗。图 2.5 展示了一个由终端发起的数据传输相关 LTE 消息流概述，其中在 UE 和 eNB 之间只有一个单独的上行连接。从图中的信令流可以清楚地看出，在上下行数据包发送之前会有多个信令消息进行交互。

在所有支持小数据传输的解决方案中，RRC 恢复过程是最具有前景的方案之一[9]。它的目标是优化或者减少在 LTE 连接建立过程中信令消息的数目。从图 2.5 可以看出，连接建立过程中的一部分流程已经变得多余，其中包括安全模式命令以及 RRC 连接重配置消息。该解决方案的关键之处在于恢复在之前连接过程中已经建立过的配置。可能的优化之处就是控制与测量配置相关的 RRC 信令。这种简化被期望短数据传输的 MTC 证明是合理的。对于这些设备，相比占据主要流量的长数据传输，测量报告并没有那么重要。在3GPP Release 13 中，该解决方案与"Control plane CIoT EPS Optimization"[9]一同被指定为流程化 LTE 建立过程的两个替代方案，为频繁小型数据传输创造便利条件[13]。对于第4 章和第 6 章分别提到的 LTE-M 和 NB-IoT 技术，这两个解决方案可以优化时延和功率消耗，因此至关重要。

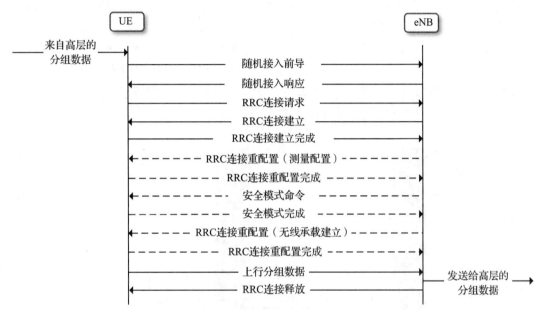

图 2.5　与单上行和单下行数据包传输相关的 LTE 消息流程。RRC 恢复过程解决
　　　　方案中去除了虚箭头指示的消息[9]

2.3.3　设备节能

3GPP Release 12 关于 MTC 的研究以及其他移动数据应用通信增强技术引入了两个重要的解决方案来优化设备功耗，也就是 PSM 和 eDRX。PSM 被指定用于 GSM/EDGE 和LTE，当设备进入该状态时，其功率消耗将降到最低限度[14]。当进入 PSM 时，设备将不再监听寻呼消息，对于终端终止（Mobile Terminated，MT）的服务，设备将频繁地进入不可达状态。从功效角度看，该举措要优于典型的空闲模式行为，因为在典型的空闲模式中，设备仍然会执行消耗功率的任务，例如邻小区测量，并且通过监听寻呼消息来保持可达性。当设备中的高层协议触发终端发起的接入时，例如上行数据传输或周期性追踪区域更新（Tracking Area Update，TAU）/路由区域更新（Routing Area Update，RAU），该设备将离开 PSM 状态。在终端发起的接入和相关数据传输完成后，使用 PSM 的设备将启动一个激活定时器。在此定时器超时之前，终端终止业务将通过寻呼信道达到该设备。当激活定时器超时后，该设备将重新进入 PSM，因而对于下一个终端发起的事件，设备将保持不可达

状态。为了满足终端终止业务的可达性需求，使用 PSM 的 GSM/EDGE 设备可以被配置为执行周期性的路由区域更新，并且配置一个从数秒到甚至一年的周期[7]。对于一个 LTE 设备，同样的行为也可通过配置周期性的追踪区域更新定时器来实现[15]。与简单的关闭设备相比，PSM 的优点是设备可以通过路由区域更新和追踪区域更新来支持之前提到的终端终止业务的可达性。在 PSM 状态下，设备始终保持注册在网络中，并可能保持其高层配置。就此而言，由终端发起事件引起设备跳出 PSM 时，该设备并不需要先附着到网络，否则将在之前成功关机后紧接着开机。这样做就减少了信令开销，并优化了设备功耗。

图 2.6 描述了当激活定时器在运行时，根据空闲模式的 DRX 周期，配置了 PSM 的设备在执行周期性路由区域更新和读取寻呼消息时的相关操作。根据图 2.6 中的描述，路由区域更新的功率消耗明显比读取寻呼消息高。在激活定时器有效时间内，设备处于空闲模式并按照要求进行相应操作。在定时器超时后，设备将再次进入高能效的 PSM。

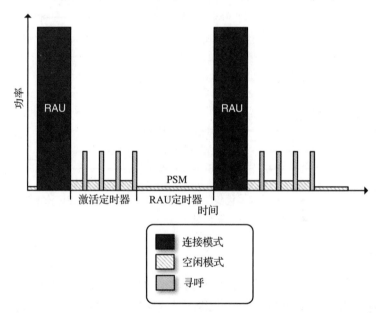

图 2.6　当被唤醒执行周期性路由区域更新时，设备在连接状态、空闲状态和
　　　 PSM 之间进行转换的流程描述

在 Release 13 中，eDRX 被规定用于 GSM 和 LTE。其基本原理是扩展之前标准化过的 DRX 周期，以允许设备在寻呼间隔花费更多时间待在 PSM，从而最小化能量消耗。eDRX 优于 PSM 的地方在于设备需要对终端终止服务保持周期性的可见，而不需要先执行路由或追踪区域更新来触发有限时间内的下行可达性。" Study on power saving for Machine-Type Communication (MTC) devices "[16] 就考虑采用 eDRX 或 PSM 用于设备功耗方案。该研究的特点是在使用 5 瓦时电池的条件下，探索了使用 PSM 和 eDRX 对设备电池寿命的影响。更具体地说，该研究在一些触发间隔和可达性周期内预测了设备的电

池寿命。当一个终端终止的数据传输开始时，应用层要求设备发送报告，这就是一种触发情形。在接收到请求后，假定设备会发送请求的报告作为回应。触发间隔就定义为两个相邻终端终止事件之间的间隔。另一方面，可达性周期定义为网络通过寻呼信道找到设备的时机周期。例如，考虑一种告警状态，可能平均每年只触发一次，但是当这种情况发生时，应用层服务器应该将该需求视为实时性需求。就此例而言，如果设备可以生成告警状态，网络则可以通过发送寻呼请求消息和接收对应的寻呼响应消息来验证该设备的互操作性。一旦互操作性得到验证，网络可以发送应用层消息，用于报告任何可能存在的告警状态。

图 2.7 介绍了正常覆盖下 GSM/EDGE 设备在使用 PSM 或 eDRX 时的电池寿命估计情况。在进行周期性路由区域更新时，设备实现了 PSM 服务的可达性，从而启动了一个网络可达性的周期，并持续到激活定时器超时。对于 eDRX 和 PSM，二者都假定在读取寻呼或执行路由区域更新前，设备必须确认服务小区标识和测量服务小区的信号强度。这样做是为了验证服务小区在信号强度上仍保持适当的状态。图 2.7 中所描述的结果，如确认小区标识、估计服务小区信号强度、读取寻呼消息、执行追踪区域更新和最终发送报告等消耗的能量都是由研究报告 " Study on power saving for MTC devices " [16] 中的可用结果提供的。从图 2.7 可以看出 eDRX 和 PSM 对可达性周期和触发间隔的依赖关系。对于 eDRX，可以看出其对触发间隔有很强的依赖性。这背后的原因就是发送报告的代价超过了被寻呼的代价。需要记住的是，可达性周期与寻呼间隔相对应。对于 PSM，此例中执行路由区域更新的代价与发送实际报告的代价量级类似，因此可达性周期就成了主导因素，而对触发间隔的依赖就变得没那么明显。对于图 2.7 中显示的给定触发间隔而言，在要求较低可达性的条件下，eDRX 性能超过了 PSM，而在可达性要求类似或者宽松于实际触发间隔的条件时，PSM 的性能更优。

在最终的规定中，GSM/EDGE eDRX 的周期可以高达 13 312 个 51 复帧或者大致 52 分钟。之所以没有进一步延长 eDRX 周期的动机是期望可达性超过 1 个小时的设备可能会使用 PSM 并保持可观的电池寿命，正如图 2.7 中所示。eDRX 也可以与原有 2.1 s 的最大 DRX 周期相比较，如果支持分离寻呼周期特性[17]，则该周期可以被扩展为 15.3 s。

对于 GSM/EDGE，3GPP 跳过了 PSM 和 eDRX，并指定了一种新的模式叫作功率有效管理（Power Efficient Operation，PEO）[18]。在功率有效管理中，设备需要支持 PSM 或者 eDRX，来与宽松的空闲模式行为相结合。例如，一个支持功率有效管理的设备只需要在其额定寻呼时机或在终端发起的事件发生不久之前验证其服务小区是否合适。在缩减邻小区集合中执行的测量只会在一些限定条件下被触发，比如当设备检测到服务小区已经变化或服务小区的信号强度已经严重下降。功率有效管理主要面向的是依赖电池能源的设备，同时设备功耗的优先级比移动性和时延要高，但可能会受到缩减空闲模式行为的负面影响。功率有效管理的目的不是驻留在最好的小区上，而是确保设备的服务小区能够提供足够好的所需服务。

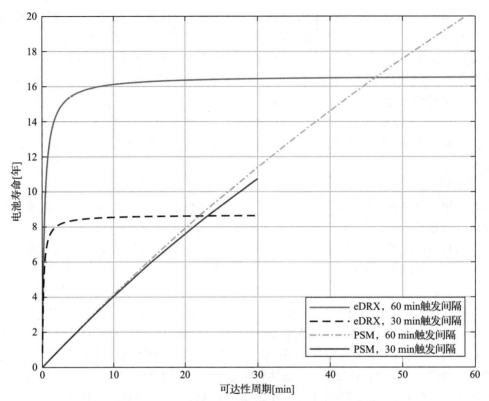

图 2.7　GSM 网络中的 PSM 和 eDRX 功耗比较[16]

　　对于 LTE，Release 13 规定了空闲模式的 eDRX 周期范围在 1 ～ 256 个超帧之间。由于一个超帧对应 1024 个无线帧或者 10.24 s，256 个超帧则对应大致 43.5 min。作为对比，Release 13 之前最大的 LTE 空闲模式 DRX 周期长度等于 256 帧，也就是 2.56 s。

　　除了空闲模式 DRX 外，LTE 还支持连接模式 DRX，来降低对下行分配和上行授权时读取下行物理控制信道（Physical Downlink Control Channel，PDCCH）的要求。在 Release 13 中，LTE 连接模式 DRX 周期由 2.56 s 被扩展为 10.24 s[9]。

　　表 2.2 总结了 GSM 和 LTE 在使用空闲模式 DRX、连接模式 DRX 或 PSM 时，最高可配置的终端终止可达性周期。对于 PSM，一个假设条件是终端终止可达性的周期是通过周期性路由区域更新或追踪区域更新的配置来达成的。

　　通常，对于 LTE 而言，eDRX 在频繁可达性周期上对 PSM 的优势不如 GSM/EDGE 明显。其中的原因是典型的 GSM/EDGE 设备使用 33 dBm 的输出功率，而

表 2.2　GSM 和 LTE 在使用空闲模式 DRX、连接模式 DRX 或 PSM 时，最高可配置的终端终止可达性周期

	GSM	LTE
空闲模式 eDRX	约 52 min	约 43 min
连接模式 eDRX	—	10.24 s
PSM	1 年（路由区域更新）	1 年（追踪区域更新）

LTE 设备通常使用 23 dBm 的输出功率。这就意味着对于 GSM/EDGE，传输和与接收寻呼相关的路由区域更新或追踪区域更新所付出的代价要比 LTE 高得多。

　　表 2.3 总结了在本节中讨论过的特性，以及在 Release 12 和 13 中为优化移动终端功率消耗而详细说明的特性。

　　附录 A 和第 3、5 章将进一步讨论如何设计服务小区和邻区的宽松监测、

表 2.3　3GPP Release 12 和 13 中与设备功率节省相关的特性

Release	GSM	LTE
12	节电模式	节电模式
13	扩展 DRX 功率有效管理	扩展 DRX

PSM、寻呼、空闲和连接模式下的 DRX 和 eDRX 等概念以用于 EC-GSM-IoT、LTE-M 和 NB-IoT。在表 2.2 中还可以看出，DRX 周期可以被扩展用于 NB-IoT 来支持低功率消耗和延长设备电池寿命。

2.3.4　基于 LTE 的低成本 MTC 设备研究

　　LTE 使用设备等级概念，也就是 UE 等级（User Equipment Categories，CAT）来表示不同类型设备的能力和性能。随着 LTE 规范的演进，设备等级的个数也相应增加。在 Release 12 之前，在首个 LTE 版本中提出的 CAT1 被认为是最基本的设备等级。由于一开始设计 CAT1 的目的是支持下行 10 Mbps 和上行 5 Mbps 速率的移动宽带服务，与低端 MTC 领域的 GPRS 相比，CAT1 仍然过于复杂。为了改变这种状况，3GPP TSG RAN 在 Release 12 中启动了名为 "Study on Provision of low-cost MTC UEs based on LTE" [19] 的研究项，旨在研究能够提供降低设备复杂度并改善覆盖的解决方案，本书中称其为 LTE-M 研究项。

　　在 LTE-M 的研究项中，提到了一些为了降低 LTE 调制解调器的射频及基带部分复杂度和成本的解决方案。其结论是，通过减少发送和接收的带宽和峰值速率，再加上采用单射频接收链和半双工操作，可以使得 LTE 设备调制解调器的成本与 EGPRS 调制解调器的成本类似。减小最大可支持发送和接收带宽，并采用单射频接收链可以降低射频和基带的复杂度，因为射频滤波器成本、模数转换和数模转换的采样率以及基带所需操作数目均有所降低。峰值速率的降低可以帮助减少解调和解码部分的基带复杂度。由 CAT1 支持的全双工改为半双工使得射频前端的双工滤波器可以被低成本的开关代替。减小发送功率可以降低对射频前端功率放大器的要求，并可能通过将功率放大器集成到芯片上来降低设备复杂度和生产成本，因而同样可以被考虑。表 2.4 总结了在 LTE-M 研究项中记录的个体成本降低技术，并指出了每项技术对于覆盖的预计影响。参考表 4.12 中对多个成本降低技术的联合成本估计，并不是所有情况都会用到成本控制。其对下行覆盖的主要影响是由使用单射频接收链而造成的，也就是使用一根接收天线，而不是两根。如果上行使用一个较小的发射功率，则会导致相应的上行覆盖受损。将最大信号带宽减小为 1.4 MHz 可能会因为频率分集程度减小而引起覆盖受损。然而，使用跳频可以部分弥补该缺陷。

表 2.4   LTE 调制解调器成本降低方法概述[19]

目标	调制解调器成本降低比例	覆盖影响
全双工限制为半双工	7%～10%	无
通过限制最大传输块大小（TBS）为 1000 比特来减小峰值速率	10.5%～21%	无
将射频和基带的发送及接收带宽减小为 1.4 MHz	39%	由于频率分集受损导致了 1～3 dB 下行链路覆盖损失
限制射频前端来支持单接收分支	24%～29%	由于接收分集受损导致了 4 dB 下行链路覆盖损失
减小发射功率来支持功率放大器集成	10%～12%	上行链路覆盖损失与发射功率减小成比例

除了研究降低设备复杂度的方法外，LTE-M 研究项[19]还对现有 LTE 覆盖进行了分析，并展示了将其改善为 20 dB 的方法。表 2.5 就对频分双工 LTE 的最大耦合损耗（MCL）进行了总结，其计算方法如下：

$$\text{MCL} = P_{\text{TX}} - (\text{SNR} + 10 \log_{10} (k \cdot T \cdot \text{BW}) + \text{NF}) \tag{2.1}$$

其中 P_{TX} 为输出发射功率，SNR 为信噪比，BW 为信号带宽，NF 为接收机噪声系数（Noise Figure），T 为环境温度 290 K，k 为玻尔兹曼常数。

表 2.5   LTE 最大耦合损耗性能概述[19]

性能 / 参数 物理信道	下行覆盖				上行覆盖		
	PSS/SSS	PBCH	PDCCH 格式 1A	PDSCH	PRACH	PUCCH 格式 1A	PUSCH
数据速率 [kbps]	—	—	—	20	—	—	20
带宽 [kHz]	1080	1080	4320	360	1080	180	360
功率 [dBm]	36.8	36.8	42.8	32	23	23	23
噪声系数 [dB]	9	9	9	9	5	5	5
发射 / 接收天线数	2TX/2RX	2TX/2RX	2TX/2RX	2TX/2RX	1TX/2RX	1TX/2RX	1TX/2RX
信噪比 [dB]	−7.8	−7.5	−4.7	−4	−10	−7.8	−4.3
最大耦合损耗 [dB]	149.3	149	146.1	145.4	141.7	147.2	140.7

假定 eNB 支持两个发射天线和两个接收天线。参考 LTE 设备则配置了单个发射天线和两个接收天线。在设定下行传输模式 2 的情况下，也就是下行发送分集[20]，通过仿真可以计算出结果。可以看出上行物理共享信道（Physical Uplink Shared Channel，PUSCH）将 LTE 覆盖限制在最大耦合损耗为 140.7 dB。

LTE-M 研究项[19]初始的目的是为低成本 MTC 设备提供 20 dB 的额外覆盖，即最大耦合损耗为 160.7 dB。在研究了通过子帧捆绑、HARQ 重传和重复等技术将表 2.5 中每个信道的覆盖扩展到 160.7 dB 的可行性之后，结论是对于基于 LTE 的低复杂度 MTC 设备，改善覆盖为 15 dB 并得到 155.7 dB 的最大耦合损耗是一个合适的初始目标。

LTE-M 研究项还触发了 3GPP Release 12 的工作项[21]，引入了一个低复杂度 LTE 设备类型（Cat-0）。此外还触发了 Release 13 的工作项[22]，其中为低端 MTC 应用的低复杂度引入了一个 LTE-M 设备类型（Cat-M1），以及扩展 LTE 和 LTE-M 设备所需的功能。第 3 章和第 4 章详细描述了 LTE-M 的设计和性能，同时也是这两个工作项以及 Release 14 和 15 中另外两个工作项的研究结论。

2.3.5　超低复杂度和低吞吐量物联网的蜂窝系统支持研究

在 3GPP Release 13 中，研究项 "Cellular System Support for Ultra-Low Complexity and Low Throughput Internet of Things"[1]，本章中称其为蜂窝物联网研究项，由 3GPP TSG GERAN 发起。它与 LTE-M 研究项有很多共同之处[19]，但在需求方面以及对 GSM 的后向兼容解决方案和非后向兼容无线接入技术方面有更深入研究。该项工作吸引了很多人的兴趣，3GPP 技术报告 TR 45.820 "Cellular system support for ultra-low complexity and low throughput IoT" 选取了该工作的一些结果，其中包括多项基于 GSM/EDGE 和 LTE 的解决方案，以及一些非后向兼容解决方案，也称为从零开始（Clean Slate）解决方案。

正如 LTE-M 研究项以改善覆盖为目标，与 GPRS 相比，此次目标为 20 dB。表 2.6 展示了 3GPP 计算的 GPRS 参考覆盖。该结果是基于 3GPP 技术规范（Technical Specification，TS）TS 45.005 "Radio transmission and reception"[23] 中的最小 GSM/EDGE 误块率性能需求。对于下行，在设备噪声系数为 9 dB 时，假定有效设备接收机灵敏度为 –102 dBm。当噪声系数调整为适用于物联网设备的 5 dB 时，GPRS 参考灵敏度最终为 –106 dBm。对于上行，在设备噪声系数为 5 dB 时，3GPP 技术规范 TS 45.005 指定的有效 GPRS 单天线基站灵敏度为 –104 dBm。假设一个现代的基站支持 3 dB 的噪声系数，则上行参考灵敏度最终也为 –106 dBm。为了使得该结果适用于支持接收分集的基站，上行参考性能中加入了一个 5 dB 的处理增益。

表 2.6　GPRS 最大耦合损耗性能概述[8]

#	上下行方向	DL	UL
1	功率 [dBm]	43	33
2	热噪声 [dBm/Hz]	–174	–174
3	噪声系数 [dB]	5	3
4	带宽 [kHz]	180	180
5	噪声功率 [dBm] = (2) + (3) + $10\log_{10}((4))$	–116.4	–108.7
6	基于 3GPP TS 45.005 的单天线接收机灵敏度 [dBm]	–102 @ 噪声系数 9 dB	–104@ 噪声系数 5 dB
7	基于 3GPP TR 45.820 的单天线接收机灵敏度 [dBm]	–106 @ 噪声系数 5 dB	–106@ 噪声系数 3 dB
8	信号干扰加噪声比 [dB] = (7) – (5)	10.4	12.4
9	接收处理增益 [dB]	0	5
10	最大耦合损耗 [dB] = (1) – ((8) – (10))	149	144

由于限制了上行性能，因此导致 GPRS 最大耦合损耗最终为 144 dB。由于蜂窝物联网研究项的目标是在 GPRS 基础上提供 20 dB 的覆盖改善指标，这就导致了一个严格的最大耦合损耗需求 164 dB。蜂窝物联网研究同时指定了严格的性能指标，如支持数据速率、时延、电池寿命、系统容量和设备复杂度。

在蜂窝物联网研究项完结之后，3GPP Release 13 开始了关于 EC-GSM-IoT[24] 和 NB-IoT[25] 的标准化工作。附录 A、附录 B 和第 5、6 章详细描述了如何设计 EC-GSM-IoT 和 NB-IoT 来满足蜂窝物联网研究项的所有目标。

当比较 EC-GSM-IoT、NB-IoT 和 LTE-M 的初始目标覆盖时，值得注意的是，表 2.5 和表 2.6 基于不同的假设，使得直接比较 LTE-M 的目标最大耦合损耗（155.7 dB）以及 EC-GSM-IoT 和 LTE-M 的目标最大耦合损耗（164 dB）变得更困难。表 2.5 假设基站噪声系数为 5 dB，而表 2.6 使用的噪声系数为 3 dB。如果这些假设都成立，则最终 LTE 参考最大耦合损耗为 142.7 dB，而 LTE-M 的初始最大耦合损耗目标为 157.7 dB。如果假定 LTE-M 覆盖目标能满足 20 dBm 的 LTE-M 设备，但是所有 LTE-M 覆盖增强技术对 23 dBm 的 LTE-M 设备也可用，则 LTE-M 的覆盖目标和 164 dB 目标之间的差距将缩小为 3.3 dB。附录 B 和第 4、6 章分别介绍了 EC-GSM-IoT、LTE-M 和 NB-IoT 的实际覆盖性能。

2.3.6　LTE 时延降低技术研究

在 3GPP Release 14 中，完成了"Study on Latency reduction techniques for LTE"研究[26]。该研究启动工作来降低 LTE 支持 cMTC 时的时延。直到 Release 14，3GPP 在物联网领域的关注点一直在大规模物联网上，但是此后 3GPP 将精力集中于两个并行的蜂窝物联网技术：大规模物联网和关键物联网。

时延降低研究主要关注优化连接模式的进程。作为该研究的一部分，缩短半静态调度上行授权周期可以降低上行传输时延。缩短最小传输时间间隔（Transmission Time Interval，TTI）为 1 ms，以及减小设备处理时间也被考虑作为时延改进方案的候选技术。这项研究最终构成了 LTE 关键物联网的规范工作，并实现在 3GPP Release 14 和 15 中，细节将在第 7 章中进行介绍。如第 9 章和第 10 章中所述，从 Release 15 开始，NR 也对关键物联网进行了支持。

2.4　5G 演进

2.4.1　IMT-2020

大约每隔 10 年，新的一代蜂窝通信系统就会被研究出来。2G 将蜂窝通信带入了数字域。3G 在蜂窝中引入了移动宽带服务，而 4G 则让用户进入了智能手机时代。这种演进的每一步都由国际电信联盟来安排。它定义了一个通信系统能够成为其中的一代而需要满足的要求和品质。

2017 年，ITU-R 定义了 5G 工作的基本框架，并发布在报告"Minimum requirements related to technical performance for IMT-2020 radio interfaces(s)"[27] 中。其中展示了与所谓的国际移动通信 – 2020（International Mobile Telecommunication-2020，IMT-2020）系统相关的用例和需求。在业外人眼中，IMT-2020 也被称为 5G。IMT-2020 旨在支持三种主要用例：

- 大规模机器类通信

- 关键机器类通信
- 增强移动宽带

本书的内容包括大规模机器类通信和关键机器类通信，其中关键机器类通信也可被称为 URLLC。本书中将使用术语 cMTC 代表关键性用例，并在讨论支持 cMTC 的服务和应用时代替 URLLC。

每一个用例都需要定义一系列需求来满足 5G 系统要求。对于 mMTC，需要满足的 5G 需求被称为连接密度。它定义了一系列部署场景，其中要为每平方公里内 1 000 000 个设备提供连接服务。

对于 cMTC，IMT-2020 的需求定义为时延和可靠性。其中时延需求分为用户面时延和控制面时延。对于用户面时延，一个 32 字节分组数据的成功传输允许 1 ms 的时延。而可靠性需求规定，一个数据分组应该以 99.999% 的概率成功送达。对于控制面时延，在没有相关可靠性需求的情况下，从空闲模式到开始上行数据传输的转换允许 20 ms 的时延。表 2.7 总结了 IMT-2020 对于 mMTC 和 cMTC 的需求。

表 2.7　IMT-2020 mMTC 和 cMTC 性能需求[27]

mMTC 连接密度	cMTC 时延	cMTC 可靠性
1 000 000 设备数 / 平方公里	用户面：1 ms 控制面：20 ms	99.999%

2.4.2　3GPP 5G

2.4.2.1　5G 可行性研究

3GPP 在 Release 14 起始就接受了研发 5G 系统（5G System，5GS）的挑战。延续了 2.1 节中介绍的常规流程，该项工作从一系列可行性研究开始。研究 "Study on Scenarios and Requirements for Next Generation Access Technologies" [28] 展示了 3GPP 对于 5G 无线接口 NR 的需求。这些需求建立在 IMT-2020 需求集合的基础上，并对其进行了扩展。表 2.8 展示了 3GPP 5G 在连接密度、覆盖、时延和设备电池寿命方面为 mMTC 制定的需求。其中覆盖、时延和电池寿命等需求已经在 2.3.5 节中的蜂窝物联网研究中介绍过。第 4 章和第 6 章对这些需求进行了详细讨论。

表 2.8　3GPP 5G mMTC 性能需求

连接密度	覆盖	时延	设备电池寿命
1000.0000 设备数 / 平方公里	164 dB	10 s	10 年

对于 cMTC，这些需求类型与 IMT-2020 中规定的相匹配。然而，3GPP 超越 ITU 提出了比 IMT-2020 更严格的时延需求。表 2.9 展示了 3GPP 的 cMTC 需求。对于时延，定义了一对包含用户

表 2.9　3GPP cMTC 性能需求

类型	时延	可靠性
用户面	0.5 ms	—
用户面	1 ms	99.999%
控制面	10 ms	—

面和控制面的需求，但没有相关的可靠性需求。而可靠性需求则与一个 1 ms 的用户面时延相关联。第 8 章和第 10 章讨论了针对这些需求的细节解释。

关于下一代接入技术的场景和需求研究同样规定了一系列操作需求，其中值得注意的一项需求是对高达 100 GHz 的频率提供支持。通过这项需求，3GPP 到目前为止扩展了 4G 所支持的频率范围，在增加容量的同时启用了增强移动宽带通信服务。在研究 "Study on channel model for frequencies from 0.5 to 100 GHz"[29]中，为了评估 NR 能力，3GPP 定义了新的信道模型用于该扩展频率范围。最终，在研究"Study on NR Access Technology Physical layer aspects"[30]中，为了满足 IMT-2020 和 3GPP 的 5G 需求集合，3GPP 考虑了多种无线技术的可行性。

在 Release 15 中，研究"Study on sclf-evaluation toward IMT-2020"[31]被启动。它收集了 3GPP NR 和 LTE 中与 IMT-2020 需求相关的评估场景集合下的性能。以这项工作的结果为基础，3GPP 向 ITU 提交了 5G 正式文件。评估的性能包括 mMTC 连接密度，以及 cMTC 的时延和可靠性。这些评估结果在第 4、6、8、10 章中进行详细介绍。

2.4.2.2　5G 网络架构

在 3GPP Release 15 中，5G 的标准化工作被启动。3GPP 的 5G 系统被定义为 5GC 和下一代无线接入网络（Next-Generation RAN，NG-RAN）。NG-RAN 包含了 LTE Release 15 和 NR 技术的内容，这就意味着 LTE 和 NR 都能连接到 5GC。连接到 5GC 为设备提供 NR 服务的基站被称为 gNodeB（generalized NodeB，gNB）。而提供 LTE 服务的基站则被称为 eNB。在 Release 15 中，5GC 并不支持蜂窝物联网优化技术，其中包括 PSM 和 eDRX，二者使设备与 LTE-M 或 NB-IoT 的连接变得有意义。Release 16 已经开始处理这些所需的增强技术来为物联网的 5GC 做准备。

在 5GC 网络中，接入和移动管理功能（Access and Mobility Management Function，AMF）提供了鉴权、追踪和空闲模式设备可达性等功能。用户面功能将 5G 系统和外部分组数据网络连接起来，并将 IP 分组路由到基站[32]。图 2.8 对 5G 网络架构进行了描述。

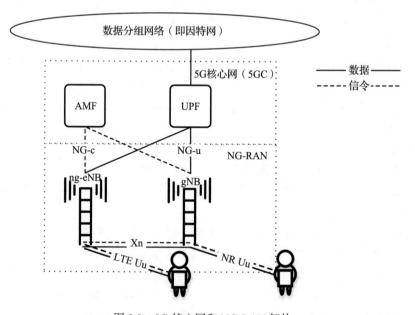

图 2.8　5G 核心网和 NG-RAN 架构

　　5G 系统在其首个 Release（即 Release 13）中支持多种架构选项[33]。在独立组网架构（Standalone Architecture，SA）中，NR 系统独立运行，gNB 负责控制面信令和用户面数据传输，如图 2.8 右侧所示。

　　一个高度相关的备选配置被定义为非独立组网架构（Non-Standalone Architecture，NSA）选项，该架构的基础是 E-UTRAN 和 NR 双连接（Dual Connectivity，DC）[34]。在图 2.9 所示的此架构中，拥有一个主要 eNB 的 LTE 主小区通过 S1 接口承载着来自移动管理实体（Mobility Management Entity，MME）的 EPC 控制面信令，并视需要承载用户面数据。NR 从小区由 en-gNB 服务，且由主小区进行配置，可以通过 S1-u 接口来承载来自服务网关（Serving GateWay，S-GW）的用户数据，达到增加更多带宽和容量的目的。这种安排旨在为 NR 的初始部署阶段创造便利，在该阶段中系统的总体覆盖区域将不断扩大。在 E-UTRAN 和 NR 双连接解决方案中，LTE 打算支持用户面和控制面的连续覆盖。NR 可以被看作是在覆盖允许的情况下，对提高用户面性能（如低时延、高数据速率以及更高整体容量）的一种补充方案。

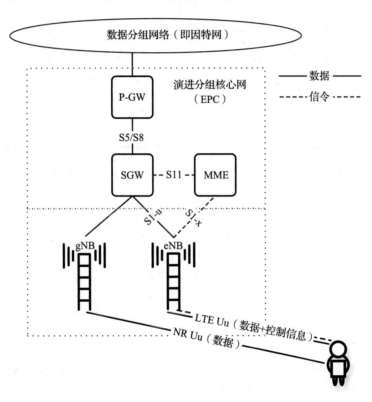

图 2.9　非独立组网架构

2.4.2.3　5G 无线协议架构

　　NG-RAN 无线协议栈分为控制面和用户面两部分。图 2.10 描述了设备通过 NR 接入

gNB 时，从设备角度观察到的无线协议栈及其与 5GC 的接口。与图 2.3 所示的 LTE 无线协议栈相比，服务数据适配协议（Service Data Adaptation Protocol，SDAP）被加入了用户面协议栈中。SDAP 负责 QoS 处理，根据 QoS 流将数据分组包映射到无线承载。QoS 流与所需分组延迟预算和分组错误率等属性相关联。一个 SDAP 报头会被加入 IP 分组，其中包含一个 QoS 流标识（QoS Flow Identifier，QFI）。

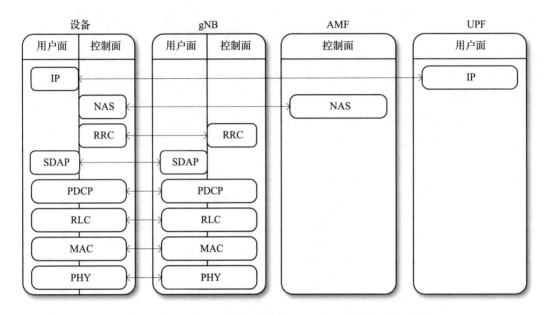

图 2.10　NR 控制面和用户面协议，以及从设备角度观察到的接口

　　由 RRC、PDCP、RLC 和 MAC 层提供的整体功能与 LTE 所提供的基本类似。但是同样存在一些关键性的修改，比如提供了低时延和高可靠性的高要求，为 cMTC 用例提供了便利。第 9 章讨论了支持 cMTC 用例的 NR URLLC。

　　2.4.2.4 节对 NR 物理层进行了高阶概述，而 2.4.2.5 节则介绍了支持 NR、LTE-M 和 NB-IoT 共存的特定机制。

2.4.2.4　NR 物理层

2.4.2.4.1　调制

　　NR 物理层与 LTE 类似，其定义的基础是正交频分复用（Orthogonal Frequency Division Multiplexing，OFDM）调制。LTE 下行支持基于循环前缀（Cyclic Prefix，CP）的 OFDM（CP-OFDM），上行则支持单载波频分多址（Single Carrier Frequency Division Multiple Access，SC-FDMA），也称为 DFT-Spread-OFDM。NR 在上下行方向上都支持 CP-OFDM，而只有上行可以支持 SC-FDMA。对于上行，CP-OFDM 旨在获取高吞吐量，比如通过使用调制多天线（multiple input multiple output，MIMO）传输方式，而 SC-FDMA 则为覆盖

受限场景提供了较低的峰均功率比（Peak to Average Powcr Ratio，PAPR）。

　　NR 波形调制支持多种调制方案，其中包括 PI/2-BPSK，QPSK，16QAM，64QAM 和 256QAM。

2.4.2.4.2　参数集

　　LTE 支持 15 kHz 的基本子载波间隔，而 NR 对其数据和控制信道支持 15、30、60 和 120 kHz 等多种子载波间隔。另外同步信号和物理广播信道（Physical Broadcast CHannel，PBCH）还支持 240 kHz 选项。由于 NR 支持高频段会导致较高水平的本地振子相位噪声和多普勒扩展，而较高的子载波间隔可以提高系统的健壮性，这也是 NR 子载波间隔扩展的动机。大的子载波间隔还可以减小传输时间间隔来支持更短的时延，而低时延正是 cMTC 的一项基本特性。

　　对于 15 kHz 的子载波间隔，常规 CP 类似 LTE，其长度均为 4.7 μs。对于 30、60、120 和 240 kHz 选项，NR 常规 CP 长度根据子载波间隔的增加以 15 kHz 选项为基础按比例减小，如图 2.11 所示。最小所需的 CP 长度是由期望的信道时延扩展所决定。因此信道时延扩展给 CP 长度设定了一个直接的下限，对于一个给定的可接受的 CP 开销设定了一个可接受的子载波间隔上限。为了支持更长子载波间隔的灵活应用，60 kHz 选项除了支持 1.2 μs 的常规 CP 长度外，还支持 4.2 μs 的扩展 CP 长度。

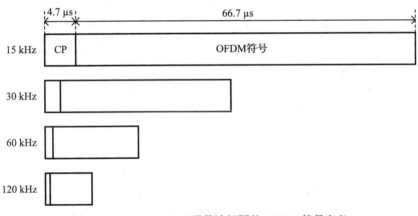

图 2.11　15 ～ 120 kHz 子载波间隔的 OFDM 符号定义

　　值得一提的是，时延扩展预计和载波频率是相互独立的。但是对于宏小区，在一般使用低频段的室外部署场景中，时延扩展通常比使用高频段的室内小小区更高。拥有较长 CP 长度的 15 kHz 和 30 kHz 子载波间隔选项更适合提供宏小区覆盖，而拥有更短 CP 长度的长子载波间隔更适合低时延扩展的小小区类型部署。显然此原则也有例外，一旦 CP 覆盖了目标部署场景中预期的时延扩展，则长子载波间隔更加有用。

2.4.2.4.3　时频资源

　　LTE 支持从 450 kHz 到 5.9 GHz 的一长串频段。有两段频谱被指定用于 NR，其中第一段覆盖了 6 GHz 以下，第二段毫米波段则从 24 GHz 开始直到 52.6 GHz 结束。15、30、60 kHz 子载波间隔供低频段使用，而 60 kHz 和 120 kHz 则用于更高频段。

在较低频段，NR 支持的频谱带宽可高达 100 MHz，且在毫米波频段可支持最高 400 MHz 带宽。这些频段可以分为多个部分，每一个都是可以单独配置参数集的部分带宽（BandWidth Part，BWP）。由于系统拥有潜在的巨大带宽，一个设备并不需要像在 LTE 中一样支持全部系统带宽，相反它能支持其中一个 BWP，但 LTE-M 是例外。BWP 自适应支持接收和发送带宽、频域位置以及使用的参数集的自适应。这样可以降低设备复杂度、节省设备功率以及使用服务优化的参数集。

NR 频率栅格是由物理资源块（Physical Resource Block，PRB）来定义的，而对于 LTE 则是 12 个子载波。一个 PRB 的绝对频率宽度与所配置的子载波参数集成比例。

同样，帧结构与所选择的参数集相独立。基本的无线帧长度为 10 ms，并包含 10 个 1 ms 的子帧。对于 15 kHz 参数集，每个子帧包含一个时隙。对于常规 CP，该时隙定义为 14 个 OFDM 符号，而对于扩展 CP，为 12 个 OFDM 符号。随着参数集量级的增加，时隙长度相应减小，而每个子帧的时隙数相应增加。

在 NR 中，最小的调度格式不再是一个子帧。微时隙的概念允许下行可以调度 2、4、7 个 OFDM 符号，来支持包含 cMTC 在内的低时延服务。在上行方向上，微时隙可以是任意长度。

与 LTE 相同的是，NR 支持频分复用（Frequency Division Multiplexing，FDM）和时分复用（Time Division Multiplexing，TDM）模式。与 LTE 不同的是，在时分复用频段上，子帧的调度可以被灵活地配置为上行或下行业务。这样可以适应动态变化的业务模式。

2.4.2.4.4 初始接入和波束管理

NR 的初始接入建立在 LTE 概念基础上。与 LTE 相同的是，NR 使用主同步信号（Primary Synchronization Signal，PSS）和辅同步信号（Secondary Synchronization Signal，SSS）来捕获物理小区标识和小区的下行帧同步。NR PBCH 承载着主信息块，其中包含最重要的系统信息，如系统帧号、系统信息调度细节和小区限制指示。

PSS，SSS 和 PBCH 的组合被称为同步信号（Synchronization Signal，SS）/ 物理广播信道（Physical Broadcast CHannel，PBCH）数据块。SS/PBCH 数据块涵盖 240 个子载波和 4 个 OFDM 符号。不同于 LTE 中 PSS、SSS 和 PBCH 位于系统带宽中心的固定位置，NR 支持灵活的 SS/PBCH 数据块位置。为了避免设备的盲解码，用于初始小区接入的 SS/PBCH 数据块格式与一个默认的参数集相关联，该参数集与 NR 频段相对应。

用于初始小区捕获的 SS/PBCH 数据块以默认的 20 ms 周期来发送。在 20 ms 内，会有多个重复的 SS/PBCH 被发送。对于毫米波频段，无线传播损耗面临高信号衰减的挑战。当一个单独的宽带波束被用来覆盖低频段的一个完整小区时，对于毫米波频段而言是不够的。在初始接入时，NR 使用波束赋形结合波束扫描来克服高频段信道情况带来的困难。每一个重复的 SS/PBCH 数据块都是用一个指向特定空间方向的窄波束来发送的。所有重复的 SS/PBCH 数据块一同组成了覆盖服务小区全部空间维度的波束集合。

同样，NR 物理随机接入信道（Physical Random Access CHannel，PRACH）专用的上行时频资源与一系列窄空间波束相关联。在确定了哪一个 SS/PBCH 和发送波束提供了最好的覆盖后，设备选择与一个接收波束相关联的 PRACH 时频资源，该接收波束的空间覆盖特性与所选 SS/PBCH 的发射波束类似。

PRACH 序列一共有两种。第一种类似基于 Zadoff Chu 码的 LTE PRACH，该 Zadoff Chu 码长度为 839，而第二种则基于长度为 139 的 Zadoff Chu 码。对于长 Zadoff Chu 序列，共有四种不同的 PRACH 格式被定义，支持半径约为 15 ～ 120 km 的小区。前三个格式沿用了 LTE PRACH 的子载波间隔 1.25 kHz。第四种格式为迎合高速场景则基于 5 kHz 的子载波间隔。对于短序列，共有 9 种不同的格式被定义，其子载波间隔包括 15、30、60 和 120 kHz，主要用于高频段。

2.4.2.4.5　控制和数据信道

NR 在下行支持下行物理控制信道（Physical Downlink Control CHannel，PDCCH）和下行物理共享信道（Physical Downlink Shared CHannel，PDSCH）。在上行则支持分组上行控制信道（Packet Uplink Control CHannel，PUCCH）和分组上行共享信道（Packet Uplink Shared CHannel，PUSCH）。这些信道的功能都是受 LTE 对应的物理信道所启发，并与之密切相关。需要注意的是，与 LTE 相反，PDCCH 带宽不需要覆盖整个系统带宽。PUCCH 的频域位置也很灵活，并不像 LTE 一样局限于系统带宽的边缘。

NR 支持低密度奇偶校验（Low-Density Parity-Check，LDPC）编码、极化编码（Polar coding）和 Reed-Muller 块编码。LDPC 编码用于 NR 数据信道，能为大传输块（Transport Block Size，TBS）提供不错的性能。极化码能为用于 NR 控制和广播信道的短块提供不错的性能，此外最短的控制信息则使用 Reed-Muller 码。

NR 高度重视 MIMO 技术，并在下行和上行分别最多支持 8 层和 4 层 MIMO。另外还支持单用户 MIMO、多用户 MIMO 以及波束赋形。波束赋形对于高频段极为重要，它可以用来克服毫米波频段带来的高衰减。

2.4.2.5　NR 和 LTE 共存

为了支持从 LTE 到 NR 的逐步频谱重耕，并且在 NR 载波内保持 NB-IoT 和 LTE-M，NR 和 LTE 之间的共存非常重要。NR 已经表明将支持最关键的 LTE 频段。另外，在 NR 载波内预留 LTE 和 NB-IoT 传输专用的 NR 时频资源也会被支持。NR PDSCH 将在这些预留资源附近进行速率匹配。NR 和 LTE 共存的话题将在第 3 章和第 5 章进行详细描述。

2.5　MFA 标准组织

MFA 是一个建立于 2015 年的标准化组织，其使命是推动 3GPP 技术在非授权频谱上的应用。它的首套规范基于 3GPP Release 13 "License Assisted Access" 和 3GPP Release

14 "Enhanced License Assisted Access" 特性，位于 MFA Release 1.0 中，并于 2017 年正式发布。MFA 规范以 3GPP 规范为基础，并增加了所需的修改来支持不同区域内的非授权频谱管理。

MFA 的主要技术工作是由一系列工作组（Working Group，WG）来开展的，在组织架构上这些工作组位于单独的技术规范组（Technical Specification Group，TSG）。其中无线工作组（Radio WG）是最大的工作组，它主要关注无线协议栈中的低层协议。最小性能规范工作组（Minimum performance specification WG）则负责定义 MFA 的无线需求。端到端架构工作组（End-to-end architecture WG）主要关注架构方面和高层规范。

除了 TSG 外，MFA 还包含工业工作组（Industry WG）和认证组（Certification group）。工业工作组负责服务需求的识别并关注工业应用。总之 MFA 的目的是特别关注工业用例。认证组负责定义 MFA 设备认证所需的测试规范。

在 2019 年发布的 Release 1.1 中，MFA 定义了支持 LTE-M 和 NB-IoT 在非授权频谱上运行的版本，MFA 规范称其为 eMTC-U 和 NB-IoT-U。在本书接下来的内容中，eMTC-U 将被称为 LTE-M-U。这些新技术都将在附录 D 中进行详细描述。

参考文献

[1] Third Generation Partnership Project, Technical Report 45.820, v13.0.0. Cellular System Support for Ultra-Low Complexity and Low Throughput Internet of Things, 2016.
[2] Third Generation Partnership Project, Technical Report 22.868, v8.0.0. Study on Facilitating Machine to Machine Communication in 3GPP Systems, 2016.
[3] Third Generation Partnership Project, TSG SA WG2. SP-100863. Update to Network Improvements for Machine Type Communication, 3GPP TSG SA, Meeting #50, 2010.
[4] Third Generation Partnership Project, Technical Specification 22.011, v14.0.0. Service Accessibility, 2016.
[5] Third Generation Partnership Project, Technical Specification 44.018, v14.00. Mobile Radio Interface Layer 3 Specification, Radio Resource Control (RRC) Protocol, 2016.
[6] Third Generation Partnership Project, Technical Specification 23.060, v14.0.0. General Packet Radio Service (GPRS), Service Description, Stage 2, 2016.
[7] Third Generation Partnership Project, Technical Specification 24.008, v14.0.0. Mobile Radio Interface Layer 3 Specification; Core Network Protocols, Stage 3, 2016.
[8] Third Generation Partnership Project, Technical Specification 23.401, v14.0.0. General Packet Radio Service (GPRS) Enhancements for Evolved Universal Terrestrial Radio Access Network (E-UTRAN) Access, 2016.
[9] Third Generation Partnership Project, Technical Specification 36.331, v14.0.0. Evolved Universal Terrestrial Radio Access (E-UTRA), Radio Resource Control (RRC), Protocol Specification, 2016.
[10] Third Generation Partnership Project, TSG SA WG3, SP-120848. System Improvements for Machine Type Communication, 3GPP TSG SA Meeting #58, 2012.
[11] Third Generation Partnership Project, TSG SA WG3, SP-130327. Work Item for Machine-Type and Other Mobile Data Applications Communications Enhancements, 3GPP TSG SA Meeting #60, 2013.
[12] Third Generation Partnership Project, Technical Report 23.887, v12.0.0. Study on Machine-Type Communications (MTC) and Other Mobile Data Applications Communications Enhancements, 2016.
[13] Third Generation Partnership Project, Technical Specification 36.300, v14.0.0. Evolved Universal Terrestrial Radio Access (E-UTRA) and Evolved Universal Terrestrial Radio Access Network (E-UTRAN), Overall Description, Stage 2, 2016.
[14] Third Generation Partnership Project, Technical Specification 23.682, v14.0.0. Architecture Enhancements to Facilitate Communications with Packet Data Networks and Applications, 2016.

[15] Third Generation Partnership Project, Technical Specification 24.301, v14.0.0. Non Access-Stratum (NAS) Protocol for Evolved Packet System (EPS), Stage 3, 2016.

[16] Third Generation Partnership Project, Technical Report 43.869. GERAN Study on Power Saving for MTC Devices, 2016.

[17] Third Generation Partnership Project, Technical Specification 45.002, v14.0.0. Multiplexing and Multiple Access on the Radio Path, 2016.

[18] Third Generation Partnership Project, Technical Specification 43.064, v14.0.0. General Packet Radio Service (GPRS). Overall Description of the GPRS Radio Interface Stage 2, 2016.

[19] Third Generation Partnership Project, Technical Report 36.888, v12.0.0. Study on Provision of Low-Cost Machine-Type Communications (MTC) User Equipment's (UEs) Based on LTE, 2013.

[20] Third Generation Partnership Project, Technical Report 36.211, v15.0.0. Evolved Universal Terrestrial Radio Access (E-UTRA); Physical channels and modulation, 2018.

[21] Vodafone Group, et al. RP-140522 Revised Work Item on Low Cost & Enhanced Coverage MTC UE for LTE, 3GPP RAN Meeting #63, 2014.

[22] Ericsson, et al. RP-141660, Further LTE Physical Layer Enhancements for MTC, 3GPP RAN Meeting #65, 2014.

[23] Third Generation Partnership Project, Technical Specification 45.005, v14.0.0. Radio Transmission and Reception, 2016.

[24] Ericsson, et al. GP-151039, New Work Item on Extended Coverage GSM (EC-GSM) for Support of Cellular Internet of Things, 3GPP TSG GERAN, Meeting #67, 2015.

[25] Qualcomm Incorporated, et al. RP-151621, Narrowband IOT, 3GPP TSG RAN Meeting #60, 2015.

[26] Third Generation Partnership Project, Technical Report 36.881, v14.0.0. Study on latency reduction techniques for LTE, 2018.

[27] ITU-R. Report ITU-R M.2410, Minimum requirements related to technical performance for IMT-2020 radio interfaces(s), 2017.

[28] Third Generation Partnership Project, Technical Report 38.913, v15.0.0. Study on Scenarios and Requirements for Next Generation Access Technologies, 2018.

[29] Third Generation Partnership Project, Technical Report 38.901, v15.0.0. Study on channel model for frequencies from 0.5 to 100 GHz, 2018.

[30] Third Generation Partnership Project, Technical Report 38.802, v15.0.0. Study on New Radio Access Technology Physical layer aspects, 2018.

[31] Third Generation Partnership Project, Technical Report 37.910, v15.0.0. Study on self-evaluation towards IMT-2020, 2018.

[32] Third Generation Partnership Project, Technical Specification 38.300, v15.0.0. NR; NR and NG-RAN overall description, 2018.

[33] NTT DOCOMO. INC. RP-181378 WI Summary of New Radio Access Technology, 3GPP TSG RAN Meeting #80, 2017.

[34] Third Generation Partnership Project, Technical specification 37.340, v15.0.0. NR; Multi-connectivity, Overall description, Stage 2, 2018.

第3章

LTE-M

摘 要

本章将详细阐述 LTE-M 技术，重点介绍如何在网络设计中实现 LTE-M 的目标，即低成本、广覆盖、电池寿命长、海量连接，并且满足物联网的中、低端应用对于网络性能和功能方面的需求。

3.1 节描述 3GPP 规范中引入 LTE-M 的背景、技术规范和设计原则。3.2 节描述 LTE-M 的物理信道，重点阐述物理信道的设计中是如何考虑达成 LTE-M 目标。3.3 节介绍 LTE-M 的空闲模式和连接模式，包括从小区初始选择到数据传输的所有活动。空闲模式包括小区初始选择、系统信息获取、寻呼、随机接入和多播的过程。小区初始选择是指初次开机或者尝试捕获新的小区驻扎。连接模式包括资源调度、功率控制、移动性和定位的过程。也将介绍 3GPP Release 13 中引入的基本功能，以及 Release 14 和 15 的持续改进。3.4 节介绍 LTE-M 与 5G NR 如何共存。第 4 章将阐述 LTE-M 的性能，以及满足 5G mMTC 的性能要求的程度。

3.1 背景

本节将介绍 LTE-M 进入 3GPP 规范的背景，以及 LTE-M 的设计原则。这些设计原则是为了在实现设备低复杂度、低成本要求的同时，也保证物联网（IoT）海量连接、足够的峰值速率、移动性的需求，从而满足更多的应用需求，例如语音业务。LTE-M 在保证高度的灵活性前提下，与普通的 LTE 共存。

3.1.1 3GPP 标准

LTE-M 通过扩展 LTE 功能，实现对 MTC 和 IoT 的支持。这种扩展思想最初出现在 3GPP 的研究项 " Study on provision of low-cost MTC User Equipments based on LTE " [1]

中，在本书中称之为 LTE-M 研究项。

自从 LTE-M 的研究成果发布后，目前许多 3GPP 相关的工作内容已经完成，即在 Release 12 的初始版本工作项引入，在 Release 13 工作项中进行更全面的定义。

- Release 12 工作项："Low cost and enhanced coverage MTC UE for LTE"[2]，也称为 MTC 工作项，其引入了 LTE 设备 category 0 (Cat-0) 的定义。
- Release 13 工作项："Further LTE Physical Layer Enhancements for MTC"[3]，也称为 eMTC 工作项，其引入了覆盖增强（Coverage Enhancement，CE）的模式 A 和模式 B，以及 LTE 设备 category M1(Cat-M1) 的定义。

当讨论 Cat-M 系列的设备和 CE 模式时，也就是指 LTE-M。所有 Cat-M 的功能和 CE 模式，如功耗降低技术——省电模式（PSM）和扩展不连续接收（eDRX），都是指 LTE-M。根据这个定义，所有能够支持 CE 模式的 LTE 设备（包括 Cat-0），都被认为是 LTE-M 设备。如果不支持 CE 模式，则不能视为 LTE-M 的设备。Cat_M 设备强制支持 CE 模式 A，并始终被视为 LTE-M 设备。

LTE-M 网络已经大量部署，相关的生态系统已经建立。GSM 协会（GSMA）是全球移动网络运营商的组织，持续跟踪 LTE-M 商业部署的状态。根据 GSMA 的数据[4]，从 2016 年 3 月完成 Release 13 LTE-M 冻结起，截至 2019 年 6 月，超过 30 个 LTE-M 网络在 25 个市场推出。在设备方面，全球移动通信系统协会（GSMA）在 2018 年发表了一份研究报告[5]称：截至 2018 年 8 月，共有 101 个模组支持 LTE-M，其中 48 个同时也支持 NB-IoT。

Release 13 以低成本设备和广覆盖的设计为 LTE-M 奠定了基础，而 LTE-M 标准在 Release 14 和 Release 15 中得到了持续的演进。

- Release 14 工作项 "Further Enhanced MTC for LTE"[6]，也称为 feMTC 工作项，其在诸多方面进行了改进，包括数据速率、VoLTE 支持、定位、多播，以及新的 LTE 设备类型 M2 (Cat-M2)。
- Release 15 工作项 "Even Further Enhanced MTC for LTE"[7]，也称为 efeMTC 工作项。其在诸多方面进行了改进：降低时延，减少功耗、提升频谱效率、新应用示例等。

表 3.1 是 3GPP Release 14 和 15 引入的 LTE-M 增强功能的汇总，以及本书对应章节的索引。所有 Release 14 和 15 的新功能，都可以通过软件 / 固件升级在现存 LTE 网络设备上实现。在一些情况下，也可以通过现有终端设备的软件 / 固件升级实现对新功能的支持。

表 3.1 3GPP Release 14 和 15 引入的 LTE-M 新功能

Release 14 (2017)	节	Release 15 (2018)	节
支持更高速率		**新应用场景的支持**	
• 新设备类型 M2	3.2.3	• 支持更高的设备移动速度	3.3.2.5
• Cat-M1 更高的上行峰值速率	3.2.3	• 更低的设备功率等级	3.1.2.1
• CE 模式更宽的带宽	3.2.2.3	**降低时延**	

(续)

Release 14 (2017)	节	Release 15 (2018)	节
● FDD 更多的下行 HARQ 处理	3.3.2.1.1	● 重新同步信号	3.2.4.2.2
● HD-FDD 的 ACK/NACK 绑定	3.3.2.1.1	● MIB/SIB 性能提升	3.3.1.2.1
● 快速频率调整	3.2.4.1	● 系统信息更新指示	3.3.1.2.3
VoLTE 增强		**降低的功率消耗**	
● PUSCH 新重复因子	3.2.5.4	● 唤醒信号	3.2.4.5
● 调制方式限制	3.2.5.4	● 及早数据传输	3.3.1.7.3
● 动态 ACK/NACK 延迟	3.3.2.1.1	● 上行数据的 ACK/NACK 反馈	3.3.2.1.2
覆盖提升		● 小区重选的松散监测	3.3.2.5
● SRS 覆盖增强	3.2.5.3.2	**提升频谱效率**	
● 更大的 PUCCH 重复因子	3.2.5.5	● 支持下行 64QAM	3.2.4.7
● 上行发射天线选择	3.2.5.4	● 大范围的 CQI 表	3.3.2.2
		● 上行子 PRB 分配	3.2.5.4
支持多播	3.3.1.9	● 灵活起始 PRB 位置	3.3.2.1
提高定位功能	3.3.2.6	● CRS 静音	3.2.4.3.1
移动性增强	3.3.2.5	**接入控制增强**	3.3.1.8

在 Release 15 中，3GPP 基于为 mMTC 用例定义的 5G 性能指标要求评估了 LTE-M。如第 4 章所示，LTE-M 能够达到且优于所有的性能要求，并且满足所有 5G mMTC 的相关质量要求。3.4 节也会介绍，LTE-M 能够与 Release 15 中引入的 5G NR 空中接口有效地共存。

3.1.2 无线接入设计原则

3.1.2.1 低成本与低复杂度

在 LTE-M 的研究项[1]中，通过多种降低成本的技术，持续降低 LTE 设备的成本，从而使 LTE 对比使用 GSM/GPRS 技术的低端 MTC 场景更具吸引力。据估计，LTE-M 的模组的制造成本只有最简单的 LTE 模组（单频段 Cat-1 模组）的 1/3。

研究发现以下是最有效的降低成本技术：

● 降低峰值速率
● 单路接收天线
● 半双工模式
● 缩减带宽
● 降低最大发射功率

首先，在 Release 12 中引入 LTE Cat-0 的设备。从而将 Cat-1 和其他高阶的设备类型的峰值速率（最低用户速率为下行 10 Mbps、上行 5 Mbps）、最少双路接收天线、双工模式，降低为 Cat-0 的低用户峰值速率（上、下行为 1 Mbps）、单路接收天线、可选的半双工频分双工（Half-Duplex Frequency-Division Duplex，HD-FDD）。

其次，Release 13 引入 Cat-M1 的设备，在所有 Release 12 中 Cat-0 降低成本技术的基础上，将带宽从 20 MHz 缩减为 1.4 MHz，并可选地允许更低的设备发射功率等级，即把最大发射功率由 23 dBm 降为 20 dBm。Release 15 中引入更低的发射功率等级，即 14 dBm，实现低功耗、体积小的器件。详见 3.2.3 节。

随着 Release 13 引入的降低成本技术，Cat-M1 模组的材料成本估计可以达到 eGPRS 模组的成本水平。关于 LTE-M 的成本估计，参见 4.7 节。

3.1.2.2 覆盖增强

LTE-M 研究项也研究了覆盖增强模式（CE）[1]，目标是提供 20 dB 的覆盖增强能力，从而改善恶劣无线环境（例如地下室的自来水表等）的覆盖效果。

研究也发现，增加重发次数是最有效的覆盖发射技术。事实上，大多数物联网应用对于数据速率和时延的要求都比较宽松，通过重传和重复方式增强覆盖更为有效。研究表明，通过该技术可以实现 20 dB 的覆盖提升。

Release 13 制定了两种 CE 模式：CE 模式 A，对于数据信道支持最大 32 个重复；CE 模式 B，支持最大 2048 个重复。评估显示，20 dB 的覆盖增强可以通过 CE 模式 B 实现。更为详细的 LTE-M 覆盖和数据速率的估算，参见 4.2 节和 4.3 节。

在本书中，我们将支持 CE 模式的 LTE 设备称为 LTE-M 设备。这些设备可能是低成本的 Cat-M 设备，也可能是支持 CE 模式的更高类型 LTE 设备。有关 CE 的详细信息，请参阅 3.2.2.3 节。

3.1.2.3 电池使用寿命

电池使用寿命可达数年，甚至有望超过十年，主要得益于 Release 12 引入的 PSM 功能和 Release 13 引入的 eDRX 功能。LTE-M 和其他 3GPP 接入技术也支持这些特性。

这些技术主要是将设备中接收机和发射机的任何不必要的"开启"时间降至最低，从而降低功耗。相比普通的 LTE 设备，LTE-M 设备即使在"开启"状态下，也进一步减少发射和接收的带宽。

PSM 和 eDRX 在本书 2.2.3 节、3.3.1.4 节和 3.3.1.5 节有详细描述。关于 LTE-M 电池寿命的评估，见 4.5 节。

3.1.2.4 海量连接

在 Release 10 和 11 中，关于 LTE 海量设备管理手段已经有所提升，例如在本书 2.2.1 中讨论的接入等级限制（ACB）和过载控制。随后有更多的增强，如在 2.2.2 节介绍的无线资源控制的挂起 / 恢复模式，即只要设备没有离开原驻留小区，就能在非激活状态的一段时间内，就可以快速恢复 RRC 连接，减少信令交互。

更多关于 LTE-M 容量的估算，见 4.6 节。

3.1.2.5   灵活部署

LTE-M 可以部署在大范围的频段,支持的频段见表 3.2。同时,LTE-M 支持对称频段的 FDD 和非对称频段的 TDD 模式部署。而且,在每个 Release 中,都有新的频段加入。即使最简单的 LTE-M 设备(如 Cat-M)仅支持缩减后的带宽 1.4MHz,其余的 LTE-M 均支持在 LTE 的各种系统带宽上进行部署(1.4 MHz、3 MHz、5 MHz、10 MHz、15 MHz、和 20 MHz)。

3.1.2.6   与 LTE 共存

LTE-M 扩展 LTE 物理层的特性,增强对 MTC 的支持。LTE-M 建立在 LTE 现有解决方案的基础上。

LTE-M 和 LTE 在上、下行调制技术上完全相同,即下行采用 OFDM,上行采用 SC-FDMA,并且有相同参数集(信道栅格、子载波间隔、循环前缀长度、物理层资源组、帧结构等),也就是意味着 LTE-M 和 LTE 的重发机制相关联。类似于 LTE 网络中 LTE 智能手机和模组可以共存,LTE-M 和 LTE 也是动态共享网络频率和资源。

如果运营商已经拥有足够大 LTE 的带宽,那么 LTE-M 也可以使用相同的带宽。LTE 载波的上、下行资源也可以给全部由 LTE 与 LTE-M 动态共享。当然,可以将时延不敏感的 LTE-M 业务,推迟到 LTE 用户较少的时段,从而减少 LTE-M 对于 LTE 业务量的影响。

表 3.2   Release 15 中定义的 Cat-M1/M2 频段[9]

频段	双工模式	上行 [MHz]	下行 [MHz]
1	FDD	1920 ~ 1980	2110 ~ 2170
2	FDD	1850 ~ 1910	1930 ~ 1990
3	FDD	1710 ~ 1785	1805 ~ 1880
4	FDD	1710 ~ 1755	2110 ~ 2155
5	FDD	824 ~ 849	869 ~ 894
7	FDD	2500 ~ 2570	2620 ~ 2690
8	FDD	880 ~ 915	925 ~ 960
11	FDD	1427.9 ~ 1447.9	1475.9 ~ 1495.9
12	FDD	699 ~ 716	729 ~ 746
13	FDD	777 ~ 787	746 ~ 756
14	FDD	788 ~ 798	758 ~ 768
18	FDD	815 ~ 830	860 ~ 875
19	FDD	830 ~ 845	875 ~ 890
20	FDD	832 ~ 862	791 ~ 821
21	FDD	1447.9 ~ 1462.9	1495.9 ~ 1510.9
25	FDD	1850 ~ 1915	1930 ~ 1995
26	FDD	814 ~ 849	859 ~ 894
27	FDD	807 ~ 824	852 ~ 869
28	FDD	703 ~ 748	758 ~ 803

（续）

频段	双工模式	上行 [MHz]	下行 [MHz]
31	FDD	452.5～457.5	462.5～467.5
39	TDD	1880～1920	1880～1920
40	TDD	2300～2400	2300～2400
41	TDD	2496～2690	2496～2690
66	FDD	1710～1780	2110～2200
71	FDD	636～698	617～652
72	FDD	451～456	461～466
73	FDD	450～455	460～465
74	FDD	1427～1470	1475～1518
85	FDD	698～716	728～746

3.2　物理层

本节将会介绍 LTE-M 物理层的机制，重点介绍 LTE-M 物理层的信号和信道的设计是如何满足 LTE-M 的目标，即低成本、深度覆盖、长电池寿命、单一小区的海量连接，以及中低端物联网应用的功能和性能要求。

3.2.1　物理资源

3.2.1.1　信道栅格

LTE-M 支持多个频段（支持的频段见表 3.2）部署，并且与 LTE 网络的系统带宽相同（1.4 MHz、3 MHz、5 MHz、10 MHz、15 MHz、20 MHz），信道栅格定义了允许的载波频率。

LTE-M 沿用 LTE 的物理信号，如主同步信号（PSS）、辅同步信号（SSS）、携带主信息块（MIB）的物理广播信道（PBCH）的主要部分。这些物理信号分配在 LTE 频率的中心位置，且中心频率与 100 kHz 信道栅格对齐。LTE 和 LTE-M 中心频率可以从 EARFCN 绝对射频信道号推导出来。更多同步信号和过程的详细信息，见 3.2.4.2 节和 3.3.1.1 节。

当 LTE-M 设备运行在所谓的窄带或者宽带模式时，中心频率也可以与 LTE 的 100 kHz 信道栅格不对齐。关于 LTE-M 的窄带或者宽带模式，请参见 3.2.2.2 节。

3.2.1.2　帧结构

图 3.1 给出了 LTE 和 LTE-M 接入层完整的帧结构。一个最高级别的超帧周期包含 1024 个超帧；每个超帧包含 1024 个帧；每个帧包含 10 个子帧；每个子帧分为两个 0.5 ms 的时隙，参见图中描述。在正常 CP 长度模式时，一个时隙包括 7 个 OFDM 的符号；在扩展 CP 长度模式时，一个时隙包括 6 个 OFDM 的符号。正常 CP 长度模式适用于最大传播时延在 4.7 μs 以内的无线环境；扩展 CP 模式可以支持最大传播时延 16.7 μs 以内的无线环境。本书基于正常 CP 长度进行阐述，因为它比扩展 CP 模式更为常见。

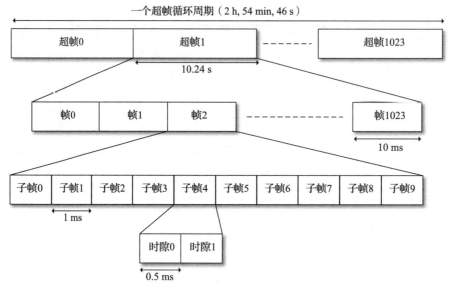

图 3.1   LTE 和 LTE-M 的帧结构

每个子帧都由系统超帧号（H-SFN）、系统帧号（SFN）和子帧号（SN）唯一标识，其中 H-SFN 和 SFN 的取值范围都是 0 ~ 1024，SN 取值范围是 0 ~ 9。

3.2.1.3   物理层资源组

一个 PRB 跨越 12 子载波，共计 180 kHz 带宽，其中每个子载波占用 15 kHz 的带宽。当采用全 PRB 资源进行传输时，最小时间频率资源的调度单位是一个 PRB 对，对应两个时隙。因此对于正常 CP 长度模式（每个时隙 7 个 OFDM 的符号），共 14 个 OFDM 的符号，占用 12 个子载波。如图 3.2 所示。

Release 15 在上行引入子 PRB（sub-PRB）传输模式，以及资源单元（RU）定义，参见 3.2.5.4.5 节的表 3.16。

在物理层规范中，更小的时间 – 频率资源单位是资源要素（RE），只包含一个 OFDM 符号，其占用一个子载波。

3.2.2   传输方案

LTE-M 基本的上、下行传输机制与 LTE 相同，即下行采用 OFDM，上行采用 SC-FDMA，上下行都是 15 kHz

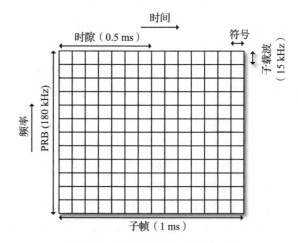

图 3.2   LTE 和 LTE-M 的 PRB 对

的子载波带宽[10]。在下行，系统频段中心保留了直流子载波。支持正常 CP 长度和扩展 CP 长度；下行传输模式也支持四天线端口的波束赋形（更多下行 TM 的信息，见 3.2.4.7 节）

3.2.2.1　双工模式

LTE-M 既支持频分复用（FDD）模式，也支持时分复用（TDD）模式。对于 FDD 模式，上、下行采用不同的频率。如果设备支持全双工的 FDD（FD-FDD），那么就可以同时进行接收和发射；如果设备只支持半双工的 FDD（HD-FDD)），那么就必须进行接收和发射的交替切换。HD-FDD 的操作模式称为 HD-FDD 模式 A，该设备会在上行发射时，下行停止接收。在 HD-FDD 模式 A，上、下行的接收和发射快速切换由两个不同的本地振荡器交替工作来实现。但为了进一步的降低成本，LTE-M 设备（以及 LTE 设备 Cat-0）引入了 HD-FDD 模式 B[5-6]，其上、下行频率由同一个本地振荡器生成。为了保证频率调整所需要的时间，在上、下行切换时，会加入一个保护子帧。

在 TDD 模式中，上、下行链路共用一个载波频率进行传输，上行链路子帧取决于特定小区的上行 / 下行配置，如表 3.3 所示。下行到上行的切换发生时间是上行链路保护间隔内的特殊子帧，即表中的 "S"。保护间隔之前的符号用于下行传输，保护间隔后的符号用于上行传输。保护间隔在特殊子帧中的位置和长度由特定小区的特殊子帧配置决定。感兴趣的读者，请参阅文献 [10]。

LTE-M 设备可以支持 FD-FDD、HD-FDD 运行模式 B、TDD 或这些双工模式的任何组合。这意味着，无论是对称频段或者非对称频段（见表 3.2 关于支持频段列表），LTE-M 都可以部署，而且全双工和半双工设备都可以支持，从而允许设备在复杂性和性能之间取得平衡。

3.2.2.2　窄带和宽带模式

LTE 频率带宽为 {1.4, 3, 5, 10, 15, 20}MHz，其中也包含了保护带宽。如果剔除保护带宽，最大带宽 20MHz 情况时，实际有效带宽是 18 MHz，即 100 个 PRB。普通 LTE 设备能够在整个系统带宽上发送和接收。

表 3.3　LTE 和 LTE-M 的 TDD UL-DL 配置

UL-DL 配置	子帧号									
	0	1	2	3	4	5	6	7	8	9
0	DL	S	UL	UL	UL	DL	S	UL	UL	UL
1	DL	S	UL	UL	DL	DL	S	UL	UL	DL
2	DL	S	UL	DL	DL	DL	S	UL	DL	DL
3	DL	S	UL	UL	UL	DL	DL	DL	DL	DL
4	DL	S	UL	UL	DL	DL	DL	DL	DL	DL
5	DL	S	UL	DL	DL	DL	DL	DL	DL	DL
6	DL	S	UL	UL	UL	DL	S	UL	UL	DL

LTE-M 引入低成本设备，这些设备通过减少工作带宽来降低成本。在标准规范中将这些设备称为带宽减小的低复杂度（BL）设备。最简单的 LTE-M 设备是在 Release 13 中引入的，它支持最大的信道带宽为 6 个 PRB[11]。在多数情况下，LTE-M 设备的传输被限制在 6 个 PRB。而这些 PRB 按照不重叠的原则，以 6 个 PRB 为一组，切分为不重叠的窄带。图 3.3 是 15 MHz 系统带宽时的情况。

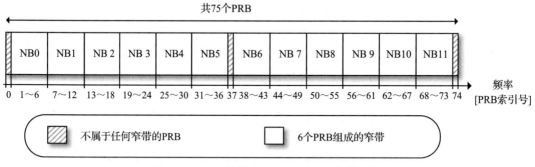

图 3.3   LTE 系统带宽（15 MHz）的窄带分布

除了最小的 1.4 MHz 系统频段，其他系统频段在切分为 6 个 PRB 一组的窄带时，总有一些 PRB 剩余。对于有奇数个 PRB 的系统带宽，将频段中心点的 PRB 保留，不归任何一组窄带。如果还有剩余的 PRB，均匀地分配在系统频段的边缘，即分别在最高、最低的 PRB 位置[10]。窄带数量和不属于任何窄带的 PRB 的信息见表 3.4。

表 3.4   LTE-M 的窄带与宽带

含保护带的 LTE 系统带宽 [MHz]	系统带宽中 PRB 总数量	窄带数量	不归属任何 PRB 的窄带	宽带数量（Release 14 引入）
1.4	6	1	无	1
3	15	2	3（两边各 1 个，中心 1 个）	1
5	25	4	1（中心位置）	1
10	50	8	2（两边各 1 个）	2
15	75	12	3（两边各 1 个，中心 1 个）	3
20	100	16	4（两边各 2 个）	4

Release 13 规定，不属于任何窄带的 PRB，不能承载 LTE-M 的 MTC 下行物理链路控制信道（MPDCCH）、下行物理共享信道（PDSCH）和上行物理共享信道（PUSCH），但可以在其他物理信道 / 信号上承载 LTE-M，也可以被普通 LTE 使用。

Release 14 为了在 PDSCH 和 PUSCH 数据信道上提供更大的传输块（TBS），引入了多于 6 个 PRB 的较大的信道带宽（见 3.2.2.3 节），激发了非重叠宽带的定义，即每个宽带最多由 4 个相邻的不重叠窄带组成。对于较小的系统带宽（1.4 MHz、3 MHz、5 MHz），宽带包含整个系统的带宽。奇数的系统带宽（3 MHz、5 MHz、15 MHz）的宽带也包含中心 PRB。不同系统带宽的宽频参见表 3.4 最右边一栏。

在 Release 15 中，对于 6 PRB 的窄带设备，在 PDSCH 和 PUSCH 信道上采用了更灵活的 PRB 起始位置，提升了频域的调度灵活性。随着这种灵活性的增加，最大的好处就是允许 LTE-M 数据传输与其他的 LTE 和 LTE-M 传输更有效地多路复用（见 3.3.2.1 节）。也就意味着，资源分配可以是任何连续的 6 个 PRB，而不仅局限于一个窄带。所以，尽管控制信道 MPDCCH 仍然需要按照窄带的模式分配资源，但业务信道已经没有这种在 Release 13 中的限制。

窄带或宽带的中心频率都没有必要与 LTE 100 kHz 信道栅格保持一致（同时，LTE-M 设备的中心频率也不需要与窄带或者宽带的中心频率保持一致）。然而，如 3.2.1 节所阐述，关于小区搜索与基本系统信息（SI）获取的信号和信道，如 PSS、SSS 和 PBCH（见 3.2.4 节），仍然在 LTE 系统带宽的中心点（在 DC 子载波附近），并且与 100 kHz 信道栅格对齐[9]。

为了确保设备的频率分集效果（带宽较小），LTE-M 中多数物理信道和消息都支持跳频（见 3.3.3.2 节）。

3.2.2.3　覆盖增强模式

LTE-M 支持多种覆盖增强技术，最典型的就是物理信号和信道的重复发送。覆盖增强的动机主要有两方面。

首先，低成本 LTE-M 设备使用多种简化方式降低设备的复杂度，例如单天线、低最大发射功率。这些简化也带来性能的下降，即比 LTE 更弱的覆盖。所以，需要通过其他覆盖增强技术继续进行补偿。

其次，一些 LTE-M 设备部署在非常苛刻的覆盖环境下，例如公共水表可能安装在地下室。这意味着 LTE-M 仅仅提供与 LTE 相同的覆盖可能不足以满足需求，而是需要能够比 LTE 提供更强的覆盖。

为了提升覆盖，LTE-M 引入了两种 CE 模式：CE 模式 A 能够补偿由于 LTE-M 设备简化、降低成本所导致的覆盖损失，并且能够比正常 LTE 覆盖提供额外的覆盖增强；而 CE 模式 B 则是提供更进一步的提升，满足更具挑战性的深度覆盖需求。CE 模式 A 通过少量的重复传输实现适度的覆盖增强，CE 模式 B 则是通过大量的重复传输实现覆盖大幅增强。如果一个设备支持 CE 模式 B，那么它也支持 CE 模式 A。

低成本的 LTE-M 设备（Cat-M1 和 Cat-M2）强制要求支持 CE 模式 A，而 CE 模式 B 则是可选项。低成本设备至少在两种 CE 模式中的一种模式运行。总之，CE 模式支持低成本 LTE-M 的高效运行，例如，CE 模式下的资源分配，也是按照 3.2.2.2 节中介绍的窄带和宽带模式。

较高等级的 LTE 设备（Cat-0、Cat-1 等）可以选择支持 CE 模式，既可以是只支持 CE 模式 A，也可以是 CE 模式 A 和 B 两种都支持。通常在 LTE 正常覆盖范围内，这些设备并不会使用 CE 模式，这样充分利用 LTE 的高性能，获取高速率和低时延。

从 Release 14 开始，CE 模式的最大业务信道带宽可以超过 6 个 PRB，参见表 3.5。这将有助于 LTE-M 设备获得更高的速率，从而满足更多的应用场景。从表中可以看出，LTE-M 设备类别 M2 的最大数据信道带宽为 5 MHz（见 3.2.3 节），支持普通 LTE 设备的覆盖增强的最大数据信道带宽可达到 20 MIIz。在 CE 模式 B 中，因为发射功率有限，上行最大信道带宽限制为 1.4 MHz（见表 3.5）。原因是使用 CE 模式 B 时，无线环境通常是功率受限的场景，所以并不该占用更大的上行带宽。

表 3.5　Release 14 定义的 LTE-M 最大信道带宽

CE 模式的业务信道带宽能力 [MHz]	引入版本	相关的 Cat-M 设备	CE 模式 A		CE 模式 B	
			下行 [MHz]	上行 [MHz]	下行 [MHz]	上行 [MHz]
1.4	Release 13	Cat-M1	1.4	1.4	1.4	1.4
5	Release 14	Cat-M2	5	5	5	1.4
20	Release 14	—	20	5	20	1.4

如前所述，普通 LTE 设备可以支持 CE 模式 A，或者同时支持模式 A 和模式 B。此外，从 Release 14 开始，也支持 CE 模式下的最大信道带宽的指示（1.4 MHz、5 MHz、20 MHz）。如果一个设备标识指明所支持的系统带宽，那么也必须支持小于此系统带宽的带宽模式。

设备使用的业务信道带宽，由基站决定。一般来说，普通 LTE 设备只有在需要通过 CE 模式增强覆盖的时候，才会被配置成 CE 模式。不过，即使覆盖良好的 LTE 设备，也可以启用 CE 模式，通过占用较小的带宽来省电。因此，Release 14 引入了一个辅助信令，设备通过该信令向基站申请 CE 模式以及最大的带宽，基站将考虑设备的要求，以决定设备 CE 模式和最大带宽的配置。

3.2.3　设备类型和能力

LTE-M 定义了两个低成本设备类型：类型 M1 (Cat-M1) 和类型 M2 (Cat-M2)。Cat-M1 在 Release 13 中引入，而 Cat-M2 在 Release14 中引入。它们的区别见表 3.6[11]。此外，所有普通 LTE 设备类型，也能够实现支持 CE 模式 A 或 B（见 3.2.2.3 节）。

LTE-M 设备类型 Cat-M1，适合于低数据速率的机器类连接（MTC）的应用场景。许多公用计费应用场景都属于这一类。对于这类应用场景，GSM/GPRS 支持的数据速率是完全足够的。Cat-M1 的目标是实现类似于 EGPRS 设备的复杂性和成本。Cat-M1 设备下行能具有更高的瞬时物理层峰值速率，并在上行达到 1 Mbps。在 Release 13 中，把 MAC 层的调度时延也考虑在内，Cat-M1 设备支持 FD-FDD，其 MAC 层的峰值速率下行达到 800 kbps，上行达到 1 Mbps，而且 Cat-M1 也支持 HD-FDD，其 MAC 层的峰值速率下行达到 300 kbps，上行达到 375 kbps。在 Release 14 中，引入了多种数据速率提升方案，将

Cat-M1 的 MAC 层的峰值速率下行提升至 FD-FDD 中的 1 Mbps 和 HD-FDD 中的 588 kbps（见 3.3.2.1.1 节）。

表 3.6 包含一列"支持超大上行 TBS 的 Cat-M1"。在下行重负荷的 TDD 配置中，上行比下行支持更大的 TBS，有助于平衡上、下行峰值速率。而且，可以在基本不增加设备的复杂性的情况下实现。因此，Release 14 为 Cat-M1 引入了 2984 bit 的最大上行 TBS，而不是 1000 bit 的 TBS。更大的上行 TBS 是一个可选的设备功能，支持任何双工模式。如果 FD-FDD 中使用新的最大 TBS，可使 Cat-M1 的上行 MAC 层峰值速率从 1 Mbps 提升到 3 Mbps。

表 3.6   Cat-M1 和 Cat-M2 物理层参数

设备类型	Cat-M1	支持超大上行 TBS 的 Cat-M1	Cat-M2
引入版本	Release 13	Release 14	Release 14
最大信道带宽 [MHz]	1.4	1.4	5
最大上行 TBS [bit]	1000	2984	6968
最大下行 TBS [bit]	1000	1000	4008
解码使用的软信道总比特数	25 344	25 344	73 152
层 2 缓冲总尺寸 [bit]	20 000	40 000	100 000
半双工 FDD 模式（见 3.2.2.1 节）	类型 B	类型 B	类型 B

物联网应用的范围很广，对低设备成本和长电池续航时间都有要求。如果支持的数据速率更高，更接近于 3G 设备或 LTE Cat-1 设备，LTE-M 将会非常有吸引力。一个重要应用场景是可穿戴设备，如智能手表。因此，一个新的 LTE-M 设备类型（Cat-M2）在 Release 14 中引入，带宽从 Cat-M1 设备支持的 1.4 MHz 提升至 5 MHz。此外，上行（PUSCH）和下行（PDSCH）数据传输最大的带宽为 24 个 PRB（宽带），而不是 Cat-M 的 6 个 PRB（窄带）。

下行的最大 TBS 为 4008 bit，上行的最大 TBS 为 6968 bit，这使得 Cat-M2 瞬时物理层峰值速率分别是下行约 4 Mbps 和上行约 7 Mbps。此外，上行链路的最大 TBS 比下行链路的大的原因是，有助于在某些下行负荷重的 TDD 配置中平衡下行和上行峰值速率（见表 3.3 中的 UL-DL 配置 #2）。如前所述，与增加下行 TBS 相比，增加上行 TBS 通常对设备复杂性的影响较小。此外，解码器复杂度的增加（以需要存储的软信道位数表示）并不严重，得益于使用了有限的缓冲速率匹配[12]。

控制信道（MPDCCH、SIB 等）的最大信道带宽仍然是 6 个 PRB，因为控制信道的数据速率不需要增加。因此，为了支持 Cat-M2，现有的 LTE-M 网络的升级工作量很小，因为大多数物理信道与 Release 13 完全相同。注意，如果 LTE-M 网络没有升级，Cat-M2 只能作为 Cat-M1 设备使用，因为 Cat-M2 向后兼容 Cat-M1。只有基站配置了激活的 Cat-M2 功能，Cat-M2 设备才能使用。

LTE-M 设备（Cat-M1、Cat-M2 或支持 CE 模式的普通 LTE 设备）有指示位，可以标识出对各种设备能力的支持[11]。这些设备能力的指示在表 3.7 中列出（注意，这是简化信息，即实际的 RRC 信令与表中所示不完全一样）。在大多数情况下，LTE-M 设备和 LTE-M 网络是否支持这些新功能是可选的。如果设备支持某个特性，则将此信息报告给网络侧，但最终由网络决定如何配置设备。表 3.1 列出 Release 14 和 15 的新功能，大部分都能通过支持能力指示位将设备能力报告给网络侧，对应的信令也会将最终配置参数从网络侧推送给设备。

表 3.7　LTE-M 设备能力的主要项（简化信息）

Release	设备能力	参数值	节
13/14	设备功率等级 [dBm]	14、20 或 23	3.1.2.1
13	支持 CE 模式 A（M1 和 M2 必须支持）	是或否	3.2.2.3
13	支持 CE 模式 B	是或否	3.2.2.3
13	CE 模式 A 时，支持下行 TM6	是或否	3.2.4.7
13	CE 模式 A 时，支持下行 TM9	是或否	3.2.4.7
13	CE 模式 B 时，支持下行 TM9	是或否	3.2.4.7
13	支持跳频（单播业务）	是或否	3.3.3.2
13	支持基本的 OTDOA 定位	是或否	3.3.2.6
14	支持增强的 OTDOA 定位	是或否	3.3.2.6
14	支持 1.4 MHz 或 5 MH 的多播	未指示	3.3.1.9
14	支持 Cat-M1 的超大上行 TBS	是或否	3.2.3
14	CE 的最大业务信道带宽 [MHz]	1.4、5 或 20	3.2.2.3
14	支持 FDD 的 10 个下行 HARQ 处理	是或否	3.3.2.1.1
14	支持 HD-FDD 的 HARQ-ACK 绑定	是或否	3.3.2.1.1
14	支持更快的频率重新调整（符号数量）	0、1 或 2	3.2.4.1
14	支持额外的 PUSCH 重复因子和 PUSCH/PDSCH 调制方式限制	是或否	3.2.5.4
14	支持动态 HARQ-ACK 延迟	是或否	3.3.2.1.1
14	支持 SRS 重复	是或否	3.2.5.3.2
14	支持 PUCCH 重复因子	是或否	3.2.5.5
14	支持闭环发射天线选择	是或否	3.2.5.4
15	支持重新同步信号	未指示	3.2.4.2.2
15	支持唤醒信号	是或否	3.2.4.5
15	eDRX 模式时，唤醒型号的最小间隔 [ms]	40、240、1000 或 2000	3.2.4.5
15	支持主叫的提前数据发射	是或否	3.3.1.7.3
15	支持宽松的小区重选择监测	是或否	3.3.2.5
15	支持 CRS 静音	是或否	3.2.4.3.1
15	支持下行 64QAM 发射	是或否	3.2.4.7
15	支持可选的 CQI 表	是或否	3.3.2.2
15	支持上行数据的 HARQ 反馈	是或否	3.3.2.1.2
15	支持 PUSCH 子 PRB 分配	是或否	3.2.5.4
15	CE 模式 A 时，灵活的 PDSCH PRB 起始位置	是或否	3.3.2.1.1

（续）

Release	设备能力	参数值	节
15	CE 模式 B 时，灵活的 PDSCH PRB 起始位置	是或否	3.3.2.1.1
15	CE 模式 A 时，灵活的 PUSCH PRB 起始位置	是或否	3.3.2.1.2
15	CE 模式 B 时，灵活的 PUSCH PRB 起始位置	是或否	3.3.2.1.2

3.2.4　下行物理层信道和信号

　　LTE-M 支持的下行链路信道和信号如图 3.4 所示。物理层通过 MAC 层[13]的传输信道向更高层提供数据传输服务。下行控制信息（DCI）不是传输信道，在图中用虚线表示。MAC 层则通过使用逻辑信道提供数据传输服务[14]。有关高层的更多信息，参见 3.3 节。

　　在本节中，我们将重点介绍下行物理信道和信号。PSS、SSS 和 PBCH 都是周期性地在 LTE 载波中心频率进行传输。MPDCCH 和 PDSCH 以窄带模式传输（见 3.2.2.2 节）。下行参考信号（RS）通过所有 PRB 传输。

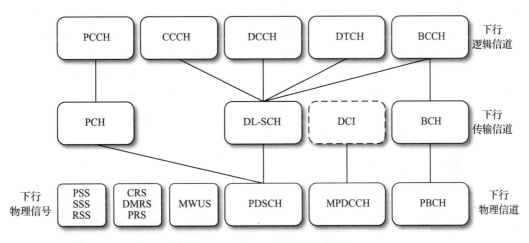

图 3.4　LTE-M 下行信道和信号

3.2.4.1　下行子帧

　　小区特定的子帧位图将会通过系统消息广播（见 3.3.1.2 节），指示出可用于 LTE-M 传输的下行子帧。位图的长度为 10 bit 或 40 bit，指示出 1 或 4 帧内相应子帧的位置。例如，网络可以指出哪些子帧已被占用，LTE-M 不可用，如定位参考信号（PRS）、多媒体多播业务（MBMS）、单频网络（MBSFN）所在的子帧。当然，这由网络设置决定。

　　图 3.5 的示例是 10 bit 长度的 LTE-M 子帧位图，指出 #5 和 #7 不可用。假设下行链路（MPDCCH 或 PDSCH）从 #4 子帧开始发送数据，且重复次数设置为 4，如果所有的子帧都可用，那么重复的数据 R1、R2、R3 和 R4 分别占用 #4、#5、#6 和 #7 子帧，但由于 #5 和 #7 不可用，那么占用的子帧是 #4、#6、#8 和 #9。

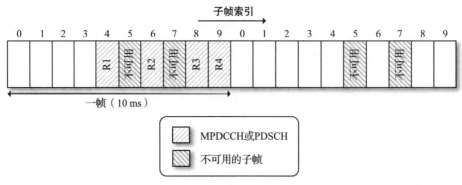

图 3.5 LTE-M 子帧位图示例

LTE-M 的下行子帧结构，沿用了部分 LTE 下行子帧 RE 结构。如图 3.6 所示，LTE 下行子帧包含 LTE 的控制域和数据域。LTE 的控制域占用子帧前部的 OFDM 符号，LTE 数据域占用剩余的 OFDM 符号。LTE 中，PDSCH 数据被映射到 LTE 数据域，而一些控制信道则映射到 LTE 控制域，如物理控制格式指示信道、物理下行控制信道（PDCCH），以及物理 HARQ 指示信道（PHICH）。这些控制信道都是宽频信道，会扩展到整个 LTE 的系统频段，最大可达 20 MHz。

因为 LTE-M 设备只能够工作在窄频，而 LTE 控制信道工作在宽频，所以 LTE 的控制信道不能用于 LTE-M。因此，LTE-M 引入了新的窄带控制信道（MPDCCH），其映射在 LTE 的数据域，而不是控制域，避免 LTE 与 LTE-M 的冲突，即 LTE-M 的控制信道和业务信道都映射到 LTE 的数据域。（MPDCCH 与增强的下行物理控制信道（EPDCCH）都是在 LTE Release 11 中引入的，我们将在 3.2.4.6 节中看到，MPDCCH 设计实际上是基于 EPDCCH 设计的）。

MPDCCH/PDSCH 传输的 LTE-M 起始符号位置，是小区单独设定的且在系统信息中广播（见 3.3.1.2 节）。如果 LTE 的控制信道负载只占用 LTE 控制区域一个符号，可以配置 LTE-M 启动符号在靠前位置；如果 LTE 控制信道负载占用 LTE 控制区域多个符号，可以在靠后位置配置 LTE-M 起始符号，从而避免 LTE 和 LTE-M 传输的冲突。LTE-M 的起始符号可以配置在子帧的第 2、3、4 个符号位。只有系统带宽为 1.4 MHz 时，LTE-M 的起始符号可以配置在子帧的第 3、4、5 个符号位[15]。在图 3.6 的示例中，起始符号在第 4 个符号位。在 TDD 中的第 1 和 6 子帧，

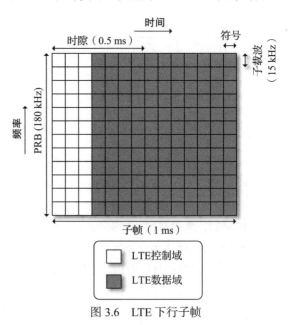

图 3.6 LTE 下行子帧

LTE-M 的起始符号不能晚于第 3 个符号位（因为 PSS/SSS 的位置，参见 3.2.4.2 节）。

当 LTE-M 从一个下行窄带的第一子帧调整到另外一个下行窄带的第二子帧（或 TDD 中，从上行窄带链路转换到中心频率不同的下行窄带链路）时，允许设备有窄带调整保护间隔，即不接收第二个子帧的前两个 OFDM 的符号位[10]，这意味着有一部分或者全部的保护间隔与 LTE 控制域重叠，从而把 LTE-M 传输的影响降到最小。在上行方向，有一个类似的非常小的调整间隙（见 3.2.5.1 节）。

在 Release 14 中，设备频率调整可以更为快速（下行和上行），所以保护间隔可能小于两个符号。设备可以指示它需要一个符号作为保护间隔，或者不需要保护间隔。后者主要用于具备 CE 模式功能的普通 LTE 设备，这些设备本来就具备在整个 LTE 系统带宽接收和传输的能力，所以在不同窄带之间进行调整时不需要进行复杂的频率转换。更快的频率调整，也意味着传输信号的截短程度有所降低，有更多的传输时间可用，提高了链路性能。

3.2.4.2 同步信号

3.2.4.2.1 PSS 和 SSS

FDD的子帧位置	PSS和SSS都是#0和#5
TDD的子帧位置	PSS是#1和#6，SSS是#0和#5
子帧周期	PSS和SSS都是5 ms
序列周期	PSS是10 ms，SSS是5 ms
子载波带宽	15 kHz
带宽	62个子载波（不包括直流子载波）
频率位置	LTE系统带宽中心

LTE-M 设备依赖 LTE 主同步信号（PSS）和辅同步信号（SSS）来获取小区的载波频率、帧定时、CP 长度、双工模式，以及物理小区标识（PCID）。有关小区选择过程的详细信息，包括时域和频域同步，以及小区识别，参见 3.3.1.1 节。

即使在覆盖较差的区域，LTE-M 也可以直接使用 LTE 的信号进行同步。因为 PSS 和 SSS 是周期性广播，LTE-M 设备可以在多个帧接收到同步信号，从而达到同步信号重复发送的类似覆盖增益，所以不需要增加同步信号重复，避免在覆盖良好区域的同步时延。（代价是增加采集时延）。

LTE 共有 504 个 PCID，分为 168 组，每组 3 个 PCID。通常，同组的 3 个 PCID 会分配给同一个基站的三个相邻小区。而同组的三个 PCID 映射到三个 PSS 序列。PSS 以 5 ms 的间隔周期发送，设备能够在半帧的时间间隔内获取同步信号。每个 PSS 序列对应 168 个 SSS 序列，而 SSS 与 PCID 组对应。与 PSS 一样，SSS 也是每 5 ms 传输一次，使得设备能够获取 PCID 和帧同步信号。相同的 SSS 序列每 10 ms 重复一次。（注：SSS 分为 SSS1 和 SSS2 发送，内容不同，但都可以解调出 SSS。所以相同的 SSS1 或者 SSS2 是 10ms 重复一次，但 SSS 发送周期是 5 ms。）只要间隔的距离足够远，在不造成混淆的情况下，

PCID 可以复用。所以也不会产生由于 PCID 数量不足而导致小区数量受限的情况。

图 3.7 和图 3.8 分别显示了 FDD 和 TDD 的小区 PSS/SSS 资源映射位置。在 FDD 情况下，PSS 映射到时隙 0 和时隙 10 中的最后一个 OFDM 符号，而 SSS 映射到 PSS 之前的符号。在 TDD 情况下，PSS 映射到子帧 1 和子帧 6 的第 3 个 OFDM 符号上，SSS 被映射到 PSS 的三个 OFDM 符号之前的符号上[10]。所以，可以从同步信号中检测双工模式（FDD 或 TDD），其实通常不需要判断，因为给定的频段一般只支持一种双工模式[9]。当然，PSS/SSS 符号的精确位置也会受到 CP 长度的影响，所以通过解调 PSS/SSS，也可以判断是正常 CP，还是扩展 CP。

如图 3.7 和图 3.8 所示，PSS 和 SSS 被映射到 LTE 中心载波的 62 个子载波上（在 LTE 载波的 DC 子载波周围）。所以，即使是最小 LTE-M 设备带宽 1.4 MHz（72 个子载波），PSS/SSS 也是完全适合的。除了 1.4 MHz 系统带宽，PSS/SSS 不需要跟任何一种窄带对齐（见 3.2.2.2 节）。这意味着，在接收 PSS/SSS 时，LTE-M 设备可能需要进行频率调整（见 3.2.4.1 节）。

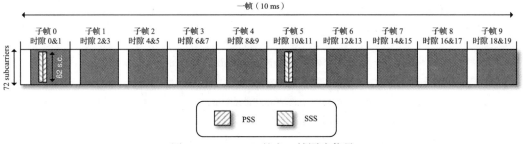

图 3.7   LTE FDD 的主、辅同步信号

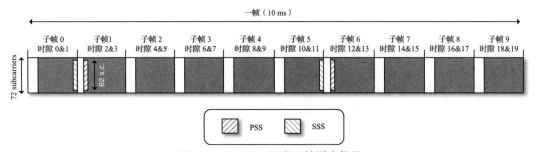

图 3.8   LTE TDD 的主、辅同步信号

3.2.4.2.2   RSS

子帧	可配置的起始帧
基本的传输时间间隙（TTI）	8 ms、16 ms、32 ms、40 ms
周期	160 ms、320 ms、640 ms、1280 ms
子载波间隔	15 kHz
带宽	2 PRB
频率位置	任何相邻的2个PRB

3GPP Release 15 引入了重新同步信号（ReSynchronization Signal，RSS）。当设备重新向一个小区获取时间和频率同步时，该信号可以节约设备的功耗。RSS 信号在基站侧是可选功能，在设备侧也可以决定是否使用。如果 RSS 在基站发送，发送频度会低于 PSS/SSS，只是每个 RSS 包含更多的能量，能够减少设备在时间和频率同步时的功耗。对于处于覆盖较差环境的低移动性的设备，RSS 可以显著降低重新同步时间。例如：RSS 可以将重新同步时间从获取 PSS/SSS 的 1 s 左右，降低到 40 ms。设备仍然需要通过 PSS/SSS 获取小区的初始同步，然而一旦设备接收到包含 RSS 配置的 SI，设备将使用 RSS 进行同步。RSS 的稀疏特性，还允许设备通过 MIB 解码跳过 SFN 获取。

RSS 序列依赖于 PCID 和系统消息未变的标志位。此标志位允许设备去检测 RSS，从而判断系统消息是否已经改变。如果改变，设备需要监测 MIB 或者 SIB1。相比监测 RSS，后者会使设备有更多的功耗（更多详细信息见 3.3.1.2.3 节）。

在频域，RSS 被映射到两个相邻的 PRB 对，不支持跳频。在时域中，RSS 在配置的时间内，会被映射到每个子帧中的最后 11 个 OFDM 符号。RSS 基序列由基于 PCID 的伪随机序列生成，该伪随机序列的长度为一个子帧，并扩展为多个子帧。扩展到多子帧的方法是：将基序列或其共轭序列映射至二进制码，从而实现达到 RSS 长度的多子帧。此外，RSS 会被 CRS 打孔（见 3.2.4.3.1 节）。在子帧中，RSS 资源映射关系与图 3.14 所示的 MWUS（见 3.2.4.5 节）资源映射关系类似。

在唤醒的接收设备中，RSS 可以单独使用，也可以与 MWUS（见 3.2.4.5 节）一起使用，在 3.3.1.4 节有进一步的讨论。RSS 带宽足够小，只有 2 个 PRB (360 kHz)，所以可以在接收设备中以相对较低的采样率实现。设备可能会有比较多的频率错误（例如，在长时间休眠之后），那么在时间和频率上的错误就需要被检测，因此低复杂度设备需要执行 RSS 检测。此外，RSS 的重复发送机制，结合之前时、频域纠错结果，也可以降低 RSS 接收的复杂度。

RSS 的配置包括频率位置、周期性、时间偏移、持续时间以及潜在的功率增强。网络可以选择 LTE 系统带宽内任意两个相邻的 PRB 去分配给 RSS。RSS 周期可以选择 160 ms、320 ms、640 ms 或 1280 ms。RSS 起始帧是相对 SFN # 0 的时间偏移量。当周期为 160 ms 和 320 ms 时，任何帧都可以配置为起始帧；当周期为 640 ms 和 1280 ms 时，允许的时间偏移分别限制为第二、四帧。持续时长可以是 8 ms、16 ms、32 ms 或者 40 ms。最后，RSS 可以配置功率提升功能，增益可选 0 dB、3 dB、4.8 dB 或者 6 dB。如果 RSS 在 6 PRB 上而不是 2 个 PRB 上发射，那么功率提升并不会增强 RSS 的发射功率。

如果 RSS 占用的 PRB 对与任何携带 PSS、SSS、PBCH 或 PDSCH 的 PRB 对在子帧内重叠，那么 RSS 子帧将被丢弃（不发射）。原因是需要考虑向下兼容，因为 Release 15 以前的设备并不知道 RSS 的存在。

3.2.4.3　下行参考信号

3.2.4.3.1　CRS

子帧	任何
子载波间隔	15 kHz
带宽	全系统带宽（Release 15支持CRS静音）
频率位置	受影响的PRB，见图3.9

　　下行参考信号（RS）是由基站发送的预定义信号，目的是允许设备估计下行链路传播状况，从而能够解调物理信道[10]，并测量下行参考信号的信号强度与质量[16]。即使在相对较高的移动速度下，设备的物理层也能正常解调和测量，参见 3.3.2.5 节。

　　小区特定参考信号（CRS）可用于解调 PBCH 或 PDSCH，而 PBCH 或 PDSCH 可以从 1 个、2 个或 4 个逻辑天线端口发射，其天线端口号的范围是 0 ~ 3。通常情况下，一个逻辑天线端口对应一个物理天线。如图 3.9 所示，在每个小区中，除非 CRS 静音功能启用，否则不同天线端口的 CRS 被映射到每个子帧的每个 PRB 和每个子帧（非 MBSFN）的 RE。如图 3.9 所示的例子，CRS 可以根据 PCID 值将频率向上移动一个或多个子载波。

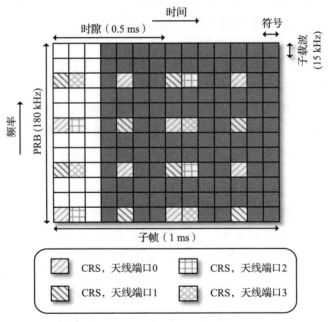

图 3.9　LTE 和 LTE-M 中的小区特定 CRS

　　CRS 静音功能是在 Release 15 中引入的，它使基站能够在 Cat-M 设备不需要解调或者测量时，关闭一些 CRS 的发射。在某种程度上，支持该功能的 Cat-M 设备，可以假设基站在向它传输数据期间会发射 CRS，也可以进一步假设 CRS 始终在系统带宽的中心区域发射，并且也会在每个第 10 或 20 子帧在整个系统频段发射（更多信息见文献 [9，17]）。该功能有助于减少相邻小区的小区间干扰，从而改善下行的吞吐量，同时也适用于 NR 共存的场景（见 3.4 节）。

3.2.4.3.2　DMRS

子帧	任何
子载波间隔	15 kHz
带宽	与相关的MPDCCH/PDSCH相同
频率位置	受影响的PRB，见图3.10

下行解调参考信号（DMRS）的作用是支持 PDSCH 或 MPDCCH 解码，每个设备单独配置，且与 PCID 无关。（除非是在 MPDCCH 公共搜索空间的情况下，即 DMRS 序列初始化与 PCID 相关，见 3.3.3.1 节）。DRMS 与相关的 PDSCH 或 MPDCCH 在相同的逻辑天线端口上发射。如果逻辑天线端口映射到多个物理天线端口，可以通过波束赋形提升覆盖和容量。DMRS 可以从多达 4 个逻辑天线端口传输到不同的设备，PDSCH 端口编号为 7 ～ 10，MPDCCH 端口编号为 107 ～ 110，到 RE 的映射关系如图 3.10 所示。CRS 也会发射，只是在图 3.10 中没有显示。如图，天线端口 7 和 8 的 DMRS 被映射到相同的 RE 集合，但通过不同的正交掩码区别，天线端口 9 和 10 的 DMRS 也是如此。因此，在四种不同天线端口的 DMRS 可以被设备区分、识别。

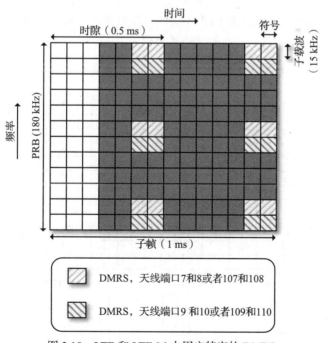

图 3.10　LTE 和 LTE-M 中用户特定的 DMRS

3.2.4.3.3 PRS

子帧	由LPP信令配置
基本的传输时间间隙（TTI）	1 ms
重复	1 ms、2 ms、4 ms、6 ms（Release 14增加支持10 ms、20 ms、40 ms、80 ms、160 ms）
周期	160 ms、320 ms、640 ms、1280 ms（Release 14增加支持10 ms、20 ms、40 ms、80 ms）
子载波间隔	15 kHz
带宽	1.4 MHz、3 MHz、5 MHz、10 MHz、15 MHz、20 MHz
频率位置	LTE系统带宽的中心
跳频	可以配置为2个或者4个位置（在中心的位置加上1个或3个窄带位置）

定位参考信号（PRS）用于观测到达时间差（OTDOA）的多层定位方法，接收设备根据来自不同时钟同步的基站的 PRS 信号的到达时间的差值，进行定位（计算关于 LTE-M 定位方法的描述见 3.3.2.5 节）。

PRS 是广播信号。设备通过 LTE 定位协议（LPP）[18]，从定位服务器——演进的移动定位服务中心（E-SMLC）获取 PRS 的配置，即 E-SMLC 与基站通过 LPPa 协议协商 PRS 的配置[19]。

PRS 子帧中的资源映射如图 3.11 所示。PRS 子帧的 PRS 符号是伪随机序列，每个符号被正交相移键控（QPSK）调制。伪随机序列与小区相关，且在不同 PRS 子帧中会发生随机变化。资源映射模式可以在频率维度上下移动，可以创建 6 个不同的正交映射模式。这些正交映射模式可用于同步网络的相邻小区，以避免小区间的干扰。小区的映射模式由可配置的 PRS 标识决定，其默认值等于小区标识（CID）。

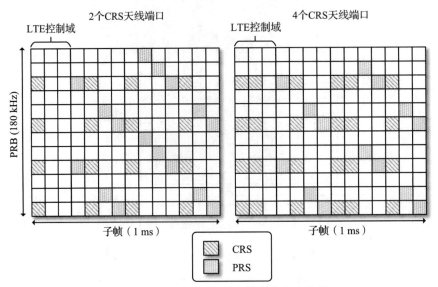

图 3.11　LTE 和 LTE-M 中的定位参考信号

Release 14 中引入了 OTDOA 增强，作用是增强时域和频域 PRS 的配置灵活性。因为低成本的 LTE-M 设备的接收带宽较小（对于 Cat-M1 是 1.4 MHz，对于 Cat-M2 是 5 MHz），这些设备对于 PRS 映射在时域较长时间的增益，比频域宽频段的增益更大。因此，Release 14 中引入新的配置 PRS 的方式，即在每个 PRS 上采用更长的传输时间，或者更频繁地发送 PRB（相关可用的参数值见本节开始部分的表）。

在 Release 14 中，也引入了 PRS 跳频功能（可选），使得窄带 LTE-M 设备获得频率分集增益（PRS 跳频的配置见表 3.35）。

此外，Release 14 允许一个小区配置多个 PRS，例如：第 1 个 PRS 配置为 20 MHz 的带宽，但周期较短，适合普通 LTE 设备；第 2 个 PRS 配置为 5 MHz 带宽，周期较长，适合 Cat-M2 设备；第 3 个 PRS 配置为 1.4 MHz 带宽，周期更长，适合 Cat-M1 设备。能够接收所有这些 PRS 信号（或部分 PRS 信号）的设备，可以利用多个 PRS 信号提高定位性能。

Release 14 的 PRS 新配置允许 LTE-M 设备达到与普通 LTE 设备相同的定位精度。小区中的精确 PRS 配置依赖 PRS 负荷和定位精度之间的平衡。

3.2.4.4 PBCH

FDD 中的子帧	核心部分在第 0 子帧，重复在第 9 子帧
TDD 中的子帧	核心部分在第 0 子帧，重复在第 5 子帧
基本的传输时间间隙（TTI）	40 ms
重复	核心部分，0 次或 4 次重复
子载波间隔	15 kHz
带宽	72 个子载波（不含直流子载波）
频率位置	LTE 系统带宽中心

物理广播信道（Physical Broadcast CHannel，PBCH）用于提供在网络中运行的设备所必需的 MIB 信息（详见 3.3.1.1.3 节）。

在 LTE 系统带宽中，PBCH 被映射到中心 72 个子载波。LTE-M 的 PBCH 核心部分仍是复用 LTE 的 PBCH，但 LTE-M 规范增加了 PBCH 重复，目的是提高覆盖。除了最小的系统带宽（1.4 MHz）外，所有的系统带宽都可以激活 PBCH 重复，取决于系统是否激活小区的 PBCH 重复功能。通常，只在需要增强深度覆盖的小区激活该功能。

PBCH 的 TTI 是 40 ms，而传输块（TBS）是 24 bit。从一个 TTI 到下一个 TTI，MIB 的内容是变化的，但通常是可以预测的变化。因此，可以在连续两个 40 ms 周期内通过累积 PBCH 的信号，提高接收性能（见 3.3.1.1.3 节）。

一个 16 bit 的循环冗余校验（CRC）附着在传输块上。CRC 由一个位序列标识，与 CRS 在基站的天线端口号相关（见 3.2.4.3 节）。这意味着通过 PBCH 译码，设备可以知道

CRS 所发射的天线端口号[20]。

同时，24 bit 的传输块和 16 bit 的 CRC 组成 40 bit 的传输单元，也应用在 LTE 咬尾卷积码（TBCC）的编码中，并且通过码率匹配，生成 1920 bit 编码。编码被小区级的特定序列进行加扰（通过随机化降低相邻小区的干扰），再被切分为 4 段，分布在 4 个连续帧中。每段长度为 480 位，映射到 240 个 QPSK 符号，分布在 72 个子载波。发射分集可以在 PBCH 中应用，在 2 个天线端口的情况下，采用空频分块编码（SFBC）方式，在 4 个天线端口的情况下，采用 SFBC 和频率交替发射分集（FSTD）的组合发射的方式[10]。

PBCH 的核心部分总是在每帧的第 0 子帧上占用 4 个 OFDM 符号进行发射。当 PBCH 重复被激活时，在 FDD 网络中，将会在第 0 和第 9 子帧发送，在 TDD 网络中，在第 0 和第 5 子帧发送（见图 3.12 和图 3.13）。注意，图中放大的部分只是 72 个子帧中的前 12 子帧的示例。在 PBCH 的重复中，PBCH 核心部分的 4 个 OFDM 符号，每一个都有 4 个拷贝，因此，OFDM 符号的重复因子是 5。如果复制的 OFDM 符号包含 CRS，那么 CRS 也被复制。在 FDD 网络中，通过 PBCH 在第 0 和第 9 子帧的重复，也可以进行邻道相干判断，例如用于频率估算。在 TDD 网络中，PBCH 在第 0 和第 5 子帧的重复与 UL-DL 配置无关，因为这些子帧在所有的 UL-DL 配置中都是下行子帧（见表 3.3）。

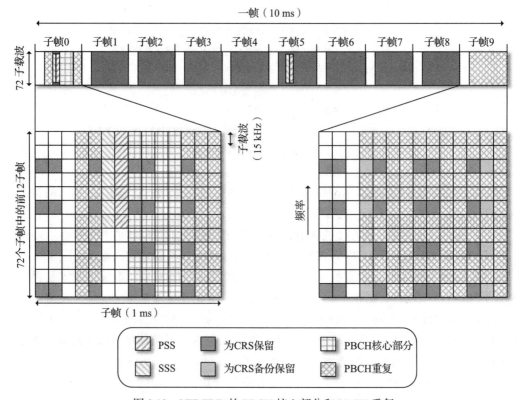

图 3.12　LTE FDD 的 PBCH 核心部分和 PBCH 重复

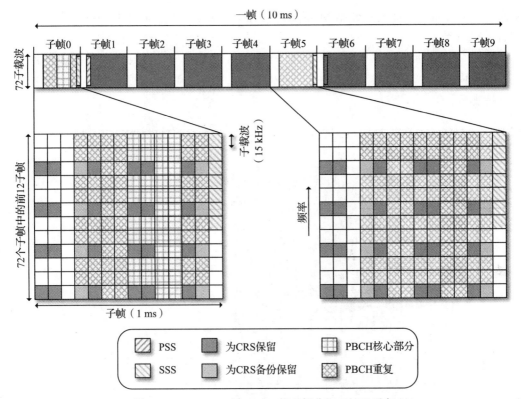

图 3.13　LTE FDD 的 PBCH 核心部分和 PBCH 重复

3.2.4.5　MWUS

子帧	可配置
基本TTI	1 ms
重复	$R_{max}/4$、$R_{max}/8$、$R_{max}/16$、$R_{max}/32$ R_{max}：MPDCCH用于寻呼的最大重复数
子载波间隔	15 kHz
带宽	2 PRBs
频率位置	任何相邻的2个PRB

　　Release 15 中引入 MTC 唤醒信号（MTC Wake-Up Signal，MWUS），目标是延长设备的电池寿命。LTE-M 设备大部分时间处于空闲模式，在此期间，它定期唤醒以监视寻呼时机（PO），以确定是否有该设备的寻呼信息。详细的寻呼流程见 3.3.1.4 节。目前，寻呼指示是使用 DCI 格式 6-2 在 MPDCCH 中传送，占 10 ～ 13 个 bit（见表 3.23）。大多数情况下，在寻呼时机并没有寻呼指示发送。所以设备唤醒后，通常会发现没有对应的寻呼指示。通过提供 1 个 bit 的 MWUS，可以避免设备唤醒后监测寻呼时机，可以立刻返回休眠

状态，从而省电。下面重点介绍 MWUS 的物理层。关于寻呼流程中唤醒的信令流程，请查看 3.3.1.4 节。

在一个子帧中，MWUS 的资源映射图请参见图 3.14。在频域，MWUS 映射到 6 个 PRB 窄带内的 2 个 PRB 对（最低的 2 个 PRB 对、2 个中心 PRB 对或 2 个最高的 PRB 对），不支持跳频。

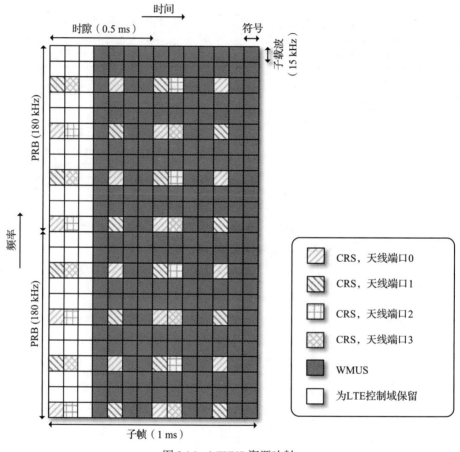

图 3.14　MWUS 资源映射

在时域中，MWUS 被映射到一个子帧中的最后 11 个 OFDM 符号，并且通过子帧重复保证足够的覆盖。MWUS 的重复次数 R_{MWUS}，可以配置为 MPDCCH 的最大重发次数 R_{max} 的 1/4、1/8、1/16 或 1/32（见 3.2.4.6 节、3.3.1.4 节和 3.3.3.1 节）。

长度为 132 的 MWUS 序列映射在两个 PRB 对的每一个上。MWUS 序列由扩展的 131 长度的 Zadoff-Chu（ZC）序列生成，映射到 PRB 对上。而 ZC 码则是通过伪随机序列进行加扰，扩展到整个 MWUS 发射，而且当 R_{MWUS} 超过 1（计算之后的数值）时，每个子帧都不同。如图 3.14 所示，最终 MWUS 会被 CRS 打孔。

LTE-M 的 MWUS 序列与 NB-IoT 的 NWUS 原理相同（见 5.2.4.8 节），只是 LTE-M 的 MWUS 映射到 2 个 PRB 对，而 NB-IoT 的 NWUS 只映射到 1 个 PRB 对。相比接收整个 MPDCCH 窄带的 6 个 PRB（1.08 MHz）的采样速率，只占用 2 个 PRB（360 kHz）的 MWUS 可以使用更低的采样速率，更加高效地执行接收机的唤醒。

如果在一个子帧中，MWUS 所占用的 PRB 对与携带 PSS、SSS、RSS、PBCH 的 PRB 对重叠，或者与任何携带系统信息 PDSCH 的 PRB 对重叠，那么 MWUS 子帧将被丢弃。这是出于考虑向下兼容旧设备，因为不是所有的设备都支持 MWUS。

3.2.4.6　MPDCCH

子帧	任何
基本TTI	1 ms
重复	1、2、4、8、16、32、64、128、256
子载波间隔	15 kHz
带宽	2、4或6 PRB
频率位置	在一个窄带内
跳频	如果配置了，在2个或者4个窄带之间跳频

MTC 下行物理控制信道（MPDCCH）用于携带下行控制信息（DCI）。LTE-M 设备需要监测 MPDCCH，获取以下信息[20]：

- 上行功率控制命令（DCI 格式 3/3A，见 3.3.2.4 节）
- 上行授权信息（DCI 格式 6-0A/6-0B，见表 3.28）
- 下行调度信息（DCI 格式 6-1A/6-1B，见表 3.25）
- 寻呼消息指示或者系统信息更新（DCI 格式 6-2，见表 3.23）
- 启动随机接入过程的指令（DCI 格式 6-1A/6-1B，见 3.3.2.3 节）
- 多播控制信道变更通知（DCI 格式 6-1A/6-1B/6-2，在 Release 14 中引入，见 3.3.1.9 节）
- 正向 HARQ-ACK 反馈（DCI 格式 6-0A/6-0B，在 Release 15 中引入，见 3.3.2.1.2 节）

MPDCCH 是基于 Release 11 引入的 LTE EPDCCH 进行设计的，这意味着每个 PRB 对的 RE 会被切分为 16 个增强资源组（EREG），其中每 EREG 包含 9 个 RE，见图 3.15，其中 EREG #0 是高亮显示的。此外，EREG 能够被进一步合并进增强控制信道单元（ECCE）。在正常 CP 长度的正常子帧中，每个 ECCE 包含 4 个 EREG，即 36 个 RE。

MPDCCH 可以占用 2、4、6 个 PRB 对。有两种方式分配 PRB 对，一种是固定型，一种是分散型。在固定型中，每个 ECCE 包含的 EREG 都占用相同的 PRB 对，而在分散型中，则每个 ECCE 包含的 EREG 都占用不同的 PRB 对[10]。分散型有利于频率分集，固定型有利于波束赋形。MPDCCH 需要与其他传输信道在同一个窄带上复用（例如，PDSCH）。

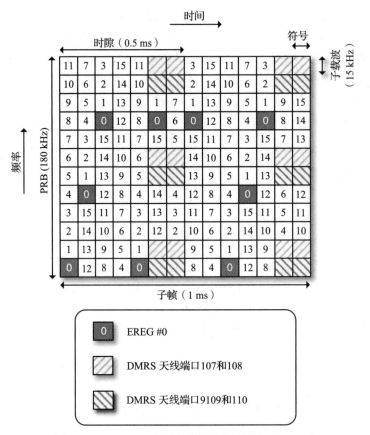

图 3.15   MPDCCH 占用的增强资源要素组（EREG）

　　为了实现更好的覆盖，根据 MPDCCH 的 ECCE 聚合等级，可以进一步进行聚合，将多个 ECCE 聚合到一个 MPDCCH 内。在正常 CP 长度的正常子帧中，支持 2、4、8、16 或 24 个 ECCE 聚合，其中最高聚合等级对应于 6 个 PRB 对中所有 RE 的聚合。设备根据 MPDCCH 搜索空间，尝试解码多个 MPDCCH 候选者，在 3.3.3.1 节有详细讨论。

　　MPDCCH 携带 DCI 以及相关的 16 bit CRC。CRC 被采用无线网络临时标识（RNTI）的序列作为掩码。RNTI 标识一个或者多个设备，当然设备也可以识别 RNTI。请查看 3.3.3.1 节中的表 3.32。在添加 CRC 并完成 RNTI 掩码处理之后，通过 TBCC 编码，再进行码率匹配，会生成一个长度与 MPDCCH 可用编码位数相同的码字。可用位数需要考虑到 MPDCCH 聚合等级、调制方案（QPSK）和不可用于 MPDCCH 的 RE 等，比如在 LTE-M 子帧中起始符号之前的 RE（见 3.2.4.1 节），或者被 CRS 和 DMRS 占用的 RE（见 3.2.4.3 节）。MPDCCH 和相关的 DMRS 都被一个扰码序列进行加扰，此扰码序列可以是小区级（通用的 RNTI），也可以是用户级（专用的 RNTI）（关于 MPDCCH 搜索空间、RNTI、DCI 格式之间的映射关系，以及空闲模式和连接模式的配置，参见 3.3.3.1 节中的表 3.32）。

通过重复最多256次的子帧，进一步的 MPDCCH 覆盖增强超出了最高的 ECCE 聚合等级。对于 CE 模式 B，为了简化频率误差估计和降低接收机的合并重复的难度（I/Q 采样级），扰码序列在多子帧上重复发送（在 FDD 中是 4 个子帧的间隔，在 TDD 中是 10 个子帧的间隔）。此外，设备可以假设，任何预编码矩阵（用于波束形成）都在 SI 中指示的若干个子帧上保持不变（见 3.3.3.2 节）。

3.2.4.7 PDSCH

子帧	任何
基本TTI	1 ms
重复	CE模式A：最大32。CE模式B：最大2048
子载波间隔	15 kHz
带宽	CE模式A：1~6 PRB。CE模式B：4或6 PRB（Release 14支持额外的带宽）
频率位置	在一个窄带内（Release 15支持更灵活的位置）
跳频	如果配置了，在2个或者4个窄带之间跳频

下行物理共享信道（PDSCH）主要用于发送单播数据。来自高层的数据包被分割成一个或多个传输块（TB），PDSCH 每次传输一个 TB。有关 PDSCH 调度的信息，请参阅 3.3.2.1.1 节。

PDSCH 还用于广播消息的发送，如系统信息（见 3.3.1.2 节）、寻呼消息（见 3.3.1.4 节）、随机接入消息（见 3.3.1.6 节）。

本节将首先介绍 Release 13 的功能，然后再介绍 Release 14 和 15 对 PDSCH 的增强。Release 14 和 15 主要对连接模式的单播传输进行了增强，而广播传输仍然遵循 Release 13 规范。

表 3.8 显示了在 Release 13 的 CE 模式 A 和 CE 模式 B 中的 PDSCH 的调制和编码方案（MCS）和 TBS。因为低成本的 LTE-M 设备 Cat-M1 的 TBS 限制是最大 1000 bit，如果 TBS 值大于 1000 bit，对于 Cat-M1 设备将不会生效，只会对支持 CE 模式 A 的更高类别设备生效（关于 CE 模式和设备等级信息，见 3.2.2.3 节和 3.2.3 节）。

表 3.8 LTE-M 中的 PDSCH 调制和编码方案、传输块尺寸（支持 1.4 MHz 的信道带宽，表中不涉及 Release 14 调制方式限制以及支持 64 QAM 的 Release 15 功能）

MCS 索引	调制方式	TBS 索引	CE 模式 A 的传输块尺寸 # PRB 对						CE 模式 B 的传输块尺寸 # PRB 对	
			1	2	3	4	5	6	4	6
0	QPSK	0	16	32	56	88	120	152	88	152
1	QPSK	1	24	56	88	144	176	208	144	208
2	QPSK	2	32	72	144	176	208	256	176	256

（续）

MCS 索引	调制方式	TBS 索引	CE 模式 A 的传输块尺寸						CE 模式 B 的传输块尺寸	
			# PRB 对						# PRB 对	
			1	2	3	4	5	6	4	6
3	QPSK	3	40	104	176	208	256	328	208	328
4	QPSK	4	56	120	208	256	328	408	256	408
5	QPSK	5	72	144	224	328	424	504	328	504
6	QPSK	6	328	176	256	392	504	600	392	600
7	QPSK	7	104	224	328	472	584	712	472	712
8	QPSK	8	120	256	392	536	680	808	536	808
9	QPSK	9	136	296	456	616	776	936	616	936
10	16QAM	9	136	296	456	616	776	936	未使用	
11	16QAM	10	144	328	504	680	872	1032		
12	16QAM	11	176	376	584	776	1000	1192		
13	16QAM	12	208	440	680	904	1128	1352		
14	16QAM	13	224	488	744	1000	1256	1544		
15	16QAM	14	256	552	840	1128	1416	1736		

当 PDSCH 用于广播时，其调制方式只能限制为 QPSK，而且采用特殊的 TBS（见 3.3.1 节）。

TB 后附加一个 24 bit 的 CRC。信道编码采用 1/3 码率的 LTE 标准卷积码、4 个冗余版本（RV）、速率匹配和交织[12]。PDSCH 不会映射到 LTE-M 起始符号之前的 RE（见 3.2.4.1 节），也不会映射到被 RS 占用的 RE（见 3.2.4.3 节）。

Release 13 的 CE 模式 A，PDSCH 采用 QPSK 或 16QAM 调制，并映射到一个窄带的 1 至 6 个 PRB 对；在 CE 模式 B，PDSCH 采用 QPSK，并映射到一个窄带的 4 或 6 个 PRB 对。调制方式的限制，对于低成本 LTE-M 设备有宽松的解码精度要求，而不像至少支持 64 QAM 的普通 LTE 设备那么严苛。

CE 可以支持最大 2048 次子帧重复。每个小区的最大重复次数，可以在小区级针对 CE 模式 A 和 CE 模式 B 分别进行配置（见表 3.10 和表 3.11）。

LTE-M 从 LTE 中继承了 PDSCH 的发射模式：

- TM1：单天线发射（支持 CE 模式 A 和 CE 模式 B）
- TM2：发射分集（支持 CE 模式 A 和 CE 模式 B）
- TM6：基于码本的闭环预编码（只支持 CE 模式 A）
- TM9：非基于码本的预编码（支持 CE 模式 A 和 CE 模式 B）

在两个天线端口的情况下，TM2 基于空频块编码（SFBC）；在四个天线端口的情况下，基于 SFBC 与频率交替发射分集（FSTD）的结合[10]。关于 TM6 和 TM9 的预编码矩阵的反馈，以及其他反馈（下行信道质量指示和 HARQ 反馈），将在 3.2.5.5 节和 3.3.2.2 节讨论。因为大部分低成本的 LTE-M 都有单个接收天线，不支持 MIMO。

PDSCH 解调时，对于 TM1/TM2/TM6 使用 CRS，对于 TM9 使用 DMRS（见 3.2.4.3 节）。PDSCH 由 PCID 和 RNTI 生成的扰码序列加扰。对于 CE 模式 B，为了简化频率误差估计和降低接收机的合并重复的难度（I/Q 采样级），相同的扰码序列和相同的 RV 在多子帧上重复发送（在 FDD 中是 4 个子帧，在 TDD 中是 10 个子帧）。此外，该设备可以假设，任何预编码矩阵（用于波束形成）在 SI 指示的多个子帧期间保持不变（见 3.3.3.2 节）。

在 Release 14 中，允许在连接模式下将 PDSCH 的调制方式限制为 QPSK。可以看到，在 Release 13 中的 TBS 和标准调制方案的组合（见表 3.8）中，当激活重复时，并非一直是最佳的组合。在表中，当应该选择 16QAM 时，如果调制方式限制为 QPSK，则性能有时会更好。如果设备配置这个功能，当 PDSCH 被调度为重复时，PDSCH 调制方式都会限制为 QPSK。PDSCH 调制方式限制通过 Release 14 的两个新功能的功能指示和配置参数进行设置。这两个功能为 PUSCH 调制方式限制和 PUSCH 新重复因子，详细描述见 3.2.5.4 节。

Release 14 也允许 PDSCH 在 CE 模式 A 和 CE 模式 B（也适合 PUSCH 在 CE 模式 A）占用的更大的最大信道带宽大于 6 个 PRB，见表 3.5。如果 PDSCH 最大信道带宽为 5 MHz，就支持最大下行 TBS 为 4008 bit（Cat-M2 或者更高级别支持 CE 模式的设备）；如果 PDSCH 最大信道带宽为 20 MHz，就支持最大下行 TBS 为 27376 bit。相关的资源分配方式见表 3.26。

在 CE 模式 A 无重发的情况下，在发射 PDSCH 时，在 Release 15 中引入了下行 64QAM 支持，从而提高频谱利用率。激活此功能时，MCS 和 TBS 配置如表 3.9 所示，而 MCS 从 4 bit 扩展为 5 bit（见 3.3.2.1.1 节）。然而，并不能增加设备的峰值速率，因为 TBS 仍然会受设备类型所对应的最大 TBS 的限制。关于 64QAM 支持的信道质量指示（CQI），参见 3.3.2.2 节。

表 3.9　Release 15 开启 64QAM 支持后，LTE-M 中的 PDSCH 调制与编码方案、传输块尺寸

MCS 索引	调制方式	TBS 索引	CE 模式 A					
			# PRB 对					
			1	2	3	4	5	6
0	QPSK	0	16	32	56	88	120	152
1	QPSK	1	24	56	88	144	176	208
2	QPSK	2	32	72	144	176	208	256
3	QPSK	3	40	104	176	208	256	328
4	QPSK	4	56	120	208	256	328	408
5	QPSK	5	72	144	224	328	424	504
6	QPSK	6	328	176	256	392	504	600
7	QPSK	7	104	224	328	472	584	712

（续）

MCS 索引	调制方式	TBS 索引	CE 模式 A					
			# PRB 对					
			1	2	3	4	5	6
8	QPSK	8	120	256	392	536	680	808
9	QPSK	9	136	296	456	616	776	936
10	16QAM	9	136	296	456	616	776	936
11	16QAM	10	144	328	504	680	872	1032
12	16QAM	11	176	376	584	776	1000	1192
13	16QAM	12	208	440	680	904	1128	1352
14	16QAM	13	224	488	744	1000	1256	1544
15	16QAM	14	256	552	840	1128	1416	1736
16	16QAM	15	280	600	904	1224	1544	1800
17	64QAM	15	280	600	904	1224	1544	1800
18	64QAM	16	328	632	968	1288	1608	1928
19	64QAM	17	336	696	1064	1416	1800	2152
20	64QAM	18	376	776	1160	1544	1992	2344
21	64QAM	19	408	840	1288	1736	2152	2600
22	64QAM	20	440	904	1384	1864	2344	2792
23	64QAM	21	488	1000	1480	1992	2472	2984
24	64QAM	22	520	1064	1608	2152	2664	3240
25	64QAM	23	552	1128	1736	2280	2856	3496
26	64QAM	24	584	1192	1800	2408	2984	3624
27	64QAM	25	616	1256	1864	2536	3112	3752
28	64QAM	26	712	1480	2216	2984	3752	4392
29	QPSK	Reserved	TBS 来自前一个指示 TB 的 DCI					
30	16QAM	Reserved	TBS 来自前一个指示 TB 的 DCI					
31	64QAM	Reserved	TBS 来自前一个指示 TB 的 DCI					

表 3.10   CE 模式 A 的 PDSCH/PUSCH 重复因子

CE 模式 A 的广播的最大重复数（为 PDSCH 和 PUSCH 分别配置）	PDSCH 重复因子，可从 MPDCCH 的 DCI 选择	重复因子，可从 MPDCCH 的 DCI 选择	
		Release 14 中新 PUSCH 重复因子没有配置	Release 14 中新 PUSCH 重复因子已配置
无广播值（默认）	1, 2, 4, 8	1, 2, 4, 8	1, 2, 4, 8, 12, 16, 24, 32
16	1, 4, 8, 16	1, 4, 8, 16	1, 2, 4, 8, 12, 16, 24, 32
32	1, 4, 16, 32	1, 4, 16, 32	1, 2, 4, 8, 12, 16, 24, 32

表 3.11   CE 模式 B 的 PDSCH/PUSCH 重复因子

CE 模式 B 的广播的最大重复数（为 PDSCH 和 PUSCH 分别配置）	PDSCH/PUSCH 重复因子，可从 MPDCCH 的 DCI 选择
无广播值（默认）	4, 8, 16, 32, 64, 128, 256, 512
192	1, 4, 8, 16, 32, 64, 128, 192

（续）

CE 模式 B 的广播的最大重复数 （为 PDSCH 和 PUSCH 分别配置）	PDSCH/PUSCH 重复因子， 可从 MPDCCH 的 DCI 选择
256	4, 8, 16, 32, 64, 128, 192, 256
384	4, 16, 32, 64, 128, 192, 256, 384
512	4, 16, 64, 128, 192, 256, 384, 512
768	8, 32, 128, 192, 256, 384, 512, 768
1024	4, 8, 16, 64, 128, 256, 512, 1024
1536	4, 16, 64, 256, 512, 768, 1024, 1536
2048	4, 16, 64, 128, 256, 512, 1024, 2048

3.2.5　上行物理层信道和信号

LTE-M 支持的上行信道如图 3.16 所示。物理层通过 MAC 层[13]的传输信道，向更高层提供数据传输服务。上行控制信息（UCI）不是传输信道，所以在图中用虚线表示。而 MAC 层通过逻辑信道提供数据传输服务[14]。有关高层的更多信息，请参阅 3.3 节。

本节重点介绍上行物理信道。因为需要适配 LTE 的上行传输方案（即 SC-FDMA），传输需要在频域保持连续。为了使 LTE 或 LTE-M 的用户上行数据在 PUSCH 得到最大可能的连续分配，通常将上行物理随机接入信道（PRACH）和上行物理控制信道（PUCCH）分配在系统带宽的边缘。上行 RS 并没有出现在图 3.16 中，但通常与 PUSCH 或者 PUCCH 一起发送，也可能分开发送以测量无线信道。

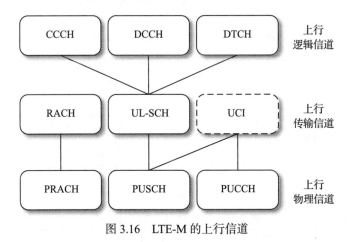

图 3.16　LTE-M 的上行信道

3.2.5.1　上行子帧

小区特定的子帧位图将会通过系统消息（SI）广播（见 3.3.1.2 节），以指示哪些上行子帧可用于 LTE-M 传输。对于 FDD 上行，10 bit 长度的位图对应一帧中的上行子帧；对于 TDD 上行，10 bit 或者 40 bit 长度的位图对应 1 帧或 4 帧中的子帧。例如，这个位图可以促进 LTE 小区中所谓的动态 TDD 分配。通常，所有的上行子帧都设置为可用状态。

当 LTE-M 设备需要从一个上行窄带的第一个子帧，调整到另外一个上行窄带的第二个子帧时，设备需要通过在两个 SC-FDMA 符号时间内保持静默来创建一个窄带调整的保护间隔[10]。如果两个子帧都携带 PUSCH 或者都携带 PUCCH，那么保护间隔将会占用第一个子帧的最后一个符号和第二个子帧的第一个符号；如果这两个子帧分别携带 PUCCH 和 PUSCH，通过占用最多两个 PUSCH 的符号，来避免占用 PUCCH。其原因是 PUSCH 比 PUCCH 有更健壮的信道编码和重发机制。下行也有类似的保护间隔机制，参见 3.2.4.1 节。在 Release 14 中，允许设备报告其支持快速频率调整（在上行和下行），那么保护间隔可以小于两个符号（见 3.2.4.1 节）。

如果需要为探测参考信号（SRS）传输在上行子帧的最后一个符号中留出空间，那么 PUSCH/PUCCH 需要采取缩短格式（见 3.2.5.3 节）。

3.2.5.2 PRACH

子帧	任何
基本TTI	1 ms、2 ms、3 ms
重复	1、2、4、8、16、32、64、128
子载波间隔	1.25 kHz
带宽	839子载波（约1.05 MHz）
频率位置	任何
跳频	如果配置了，在2个频率位置之间

随机接入物理信道（PRACH）用于设备的初始连接，也使得基站能够估算出上行的传输时间。更多信息，参见空闲模式和连接模式的随机接入过程（见 3.3.1.6 节和 3.3.2.3 节）。

PRACH 信号的到达时间能够反映出基站和设备之间的往返传播时延。图 3.17 展示出 LTE PRACH 前导码的结构。

LTE-M 复用了 LTE PRACH 的格式，见表 3.12，其中 T_s 是基本的 LTE 时间单元 $1/(15\,000 \times 2048)$ s。

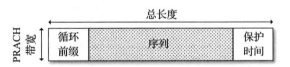

图 3.17 LTE PRACH 前导码结构

表 3.12 LTE-M 的 PRACH 格式

PRACH 格式	CP 长度	序列长度 [ms]	总长	由保护间隔推导的小区范围	FDD PRACH 配置	TDD PRACH 配置
0	3168 T_s ≈ 0.10 ms	0.8	1 ms	15 km	0～15	0～19
1	21 024 T_s ≈ 0.68 ms	0.8	2 ms	78 km	16～31	20～29
2	6240 T_s ≈ 0.20 ms	1.6	2 ms	30 km	32～47	30～39
3	21 024 T_s ≈ 0.68 ms	1.6	3 ms	108 km	48～63	40～47

LTE 中的 PRACH 配置是小区级的，所以映射至子帧结构的信号上也有多种映射关系（PRACH 配置参见文献 [10] 的 3.7.1 节）。在时间上，可以是松散的，也可是密集的。如图 3.18 所示，对于 PRACH 格式 0，如果 FDD PRACH 选择配置 2，那么间隔是 20 个子帧，如果 FDD PRACH 选择配置 14，那么会占用每个子帧。设备可以在任何时机，使用任何一个 PRACH 前导码序列（最大 64 个），在任何 PRACH 对应的位置进行接入尝试。

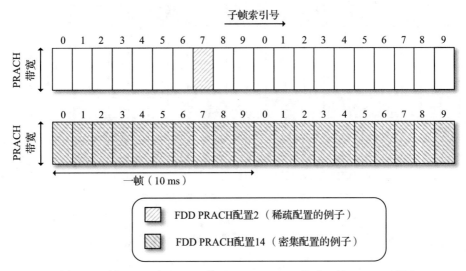

图 3.18　例：LTE 和 LTE-M 关于 FDD PRACH 格式 0 的 PRACH 配置

如图 3.17 所示，LTE-M 引入了 PRACH 覆盖增强，即基本 PRACH 前导码进行 128 次重复。这些重复映射至 PRACH 子帧，在 PRACH 配置中设定。

在支持 CE 模式 B 的小区中，最多可以设定四种 PRACH CE 等级；只支持 CE 模式 A 的小区，最多设定两种 PRACH CE 等级。网络可以通过配置不同 PRACH 频率，用于不同的 PRACH CE 等级：

- 频域：通过为不同的 PRACH CE 等级设置差异化的 PRACH 频率，网络划分 PRACH CE 等级的 PRACH 资源。
- 时域：通过为不同的 PRACH CE 等级设置差异化的 PRACH 配置和 PRACH CE 等级启动子帧周期，网络划分 PRACH CE 等级的 PRACH 资源。
- 序列域：通过为不同的 PRACH CE 等级设置不重叠的 PRACH 前导码序列组，网络划分 PRACH CE 等级的 PRACH 资源。

图 3.19 是一个详细示例，即 4 种 PRACH CE 等级是如何在频域和时域进行复用的。为了简化，例子中对于 4 个 PRACH CE 等级均采用较小的重复因子（1、2、4 和 8），采用密集式 PRACH 配置 14（见图 3.18）。当 PRACH 的 CE 等级为 0 时，设备使用 PRACH

自有频率，在任何子帧上发送 1 ms 的 PRACH；当 PRACH 的 CE 等级为 1、2 和 3 时，分时共享第二个 PRACH 频率。

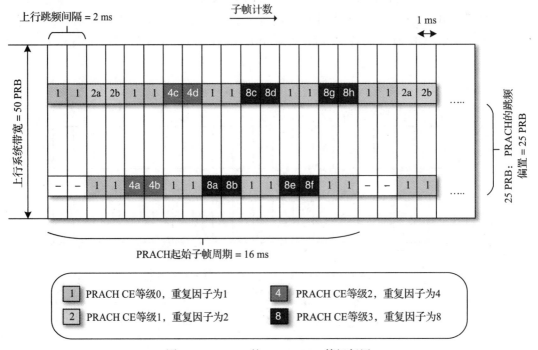

图 3.19   LTE-M 的 PRACH CE 等级复用

在上述例子中，表面看所有 4 种 PRACH CE 等级都同时占用了两个频率，实际上它们都使用跳频，且跳频偏置为系统带宽的一半（如系统带宽为 50 个 PRB，跳频偏置为 25 个 PRB），所以导致两个 PRACH 频率在每个跳频周期内互相切换（例如，每 2 ms，因为这是配置的上行链路跳频间隔）。更多跳频相关信息，参考 3.3.3.2 节。

在上述例子中，PRACH CE 等级 1、2 和 3 的时间复用，是通过配置 PRACH 起始子帧周期实现的，其中周期长度为 16 ms。当 PRACH 起始子帧周期按照 PRACH CE 等级配置时，各等级的 PRACH 的起始位置都不同。从 PRACH 子帧的开始位置计算，每个 PRACH 等级都有一个延迟因子：对于 PRACH CE 等级 1，延迟 2 ms；对于 PRACH CE 等级 2，延迟 4 ms；对于 PRACH CE 等级 3，延迟 8 ms。当设备接入 PRACH CE 等级 1 时，在 2a 和 2b 的子帧上发送 2 ms 的 PRACH；当设备接入 PRACH CE 等级 2 时，它在 4a 至 4d 的子帧发送 4 ms 的 PRACH；当设备接入 PRACH CE 等级 3 时，它在 8a 至 8h 的子帧上发送 8 ms 的 PRACH。

当然，应该注意到，上面例子并没有采用不同的 PRACH 配置，或者不同的 PRACH 前导码序列组。所以，实际上还有上述例子未包含的更多种配置方式。

3.2.5.3　上行参考信号

3.2.5.3.1　DMRS

子帧	任何
子载波间隔	15 kHz
带宽	与相关的PUSCH/PUCCH相同
频率位置	与相关的PUSCH/PUCCH相同

　　上行参考信号（RS）[10]是由设备发送的预定义信号，用于基站评估上行传播信道，从而能够解调上行物理信道，并进行上行参考信号的信号强度与质量的测量，以及发出时间提前量（TA）命令。图 3.20 阐述了 LTE-M 上行参考信号。

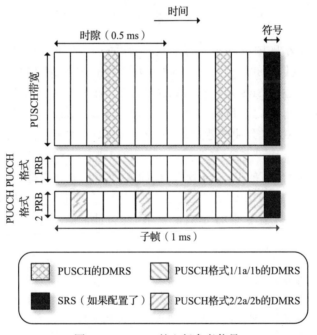

图 3.20　LTE-M 的上行参考信号

　　用于 PUSCH 和 PUCCH 解调的上行解调参考信号（DMRS），在表 3.13 所指示的上行子帧的每个时隙的 SC-FDMA 符号上发送。DMRS 的带宽与相关 PUSCH 或 PUCCH 的信道带宽相同。PUCCH 的信道带宽始终是 1 个 PRB，而 PUSCH 信道带宽是可变的（详见 3.2.5.4 节）。

　　多个 PUCCH 可以在同一个时频资源复用，是通过循环时间偏置产生的多个正交 DMRS 序列实现的，并且当 PUCCH 格式为 1/1a/1b 时，在循环时间偏置上叠加正交掩码。

表 3.13   LTE-M 的上行 DMRS 位置

物理信道	DMRS 在每个时隙中的位置（起始于 0 的 SC-FDMA 符号索引）	
	正常的 CP 长度（每时隙 7 个符号）	扩展的 CP 长度（每时隙 6 个符号）
PUSCH	3	2
PUCCH 格式 1/1a/1b	2, 3, 4	2, 3
PUCCH 格式 2	1, 5	3
PUCCH 格式 2a/2b	1, 5	N/A

3.2.5.3.2   SRS

子帧	任何
子载波间隔	15 kHz
带宽	4 PRB
频率位置	可配置

网络可以在一个小区中将部分上行子帧的最后一个 SC-FDMA 符号用于探测参考信号（SRS）传输。在受影响的子帧上，设备将使用缩短的 PUSCH 和 PUCCH 格式，从而给 SRS 留出空间。周期性的 SRS 是通过 RRC 配置的，而非周期性的 SRS 由 DCI 信道上发送的 SRS 请求触发（见表 3.25 和表 3.28）。CE 模式 A 支持周期性与非周期性的 SRS；而 CE 模式 B 不支持 SRS，但会使用缩短的 PUSCH 和 PUCCH 格式，从而避免与其他设备的 SRS 形成冲突。

在 Release 13 中，所有的 LTE-M 物理信道通过重复的方式支持 CE 模式，但并不是都支持 SRS。Release 14 在 TDD 模式下（见 3.2.2.1 节），允许部分上行特殊子帧发送 SRS 的重复。这也能够通过充分利用 TDD 中上、下行互惠特性，提升上、下行链路的自适应性。

3.2.5.4   PUSCH

子帧	任何
基本TTI	1 ms（全PRB发送）或者 2/4/8 ms（Release 15的部分PRB发送）
重复	CE模式A：最大32。CE模式B：最大2048
子载波间隔	15 kHz
带宽	CE模式A：1～6 PRB。CE模式B：1或2 PRB（Release 14和 Release 15支持额外的带宽）
频率位置	在一个窄带内（Release 15支持更灵活的位置）
跳频	如果配置了，在2个窄带之间跳频

上行物理共享信道（PUSCH）主要用于发送单播数据。来自高层的数据包被分割成一个或多个传输块（TB），PUSCH 每次发送一个 TB。有关 PUSCH 调度的信息，请参阅 3.3.2.1.2 节。

PUSCH 也可以用作 UCI 的传输，即当 PUSCH 和 PUCCH 发生冲突时（见 3.2.5.5 节），

或者当 DCI 中存在 CSI 请求时（见表 3.28），触发非周期性 CSI（见表 3.30）。

在本节将首先介绍 Release 13 的功能，然后再介绍 Release 14 和 15 在 PUSCH 方面的演进。

表 3.14 显示了 Release 13 的 CE 模式 A 和 CE 模式 B 中的 PUSCH 的 MCS 和 TBS。因为低成本的 LTE-M 设备 Cat-M1 的 TBS 限制是最大 1000 bit，如果 TBS 值大于 1000 bit，对于 Cat-M1 设备不会生效，只对支持 CE 模式 A 的更高类别设备生效（关于 CE 模式和设备类型的信息，参见 3.2.2.3 节和 3.2.3 节）。

表 3.14　LTE-M 中 PUSCH 调制与编码方案和传输块尺寸（表中未激活 Release 14 的较大上行 TBS 功能和 Release 15 的子 PRB 分配功能）

调制方式	MCS 索引号	TBS 索引号	CE 模式 A 的传输块尺寸						CE 模式 B 的传输块尺寸	
			# PRB 对						# PRB 对	
			1	2	3	4	5	6	1	2
0	QPSK	0	16	32	56	88	120	152	56	152
1	QPSK	1	24	56	88	144	176	208	88	208
2	QPSK	2	32	72	144	176	208	256	144	256
3	QPSK	3	40	104	176	208	256	328	176	328
4	QPSK	4	56	120	208	256	328	408	208	408
5	QPSK	5	72	144	224	328	424	504	224	504
6	QPSK	6	328	176	256	392	504	600	256	600
7	QPSK	7	104	224	328	472	584	712	328	712
8	QPSK	8	120	256	392	536	680	808	392	808
9	QPSK	9	136	296	456	616	776	936	456	936
10	QPSK	10	144	328	504	680	872	1032	504	1032
11	16QAM	10	144	328	504	680	872	1032	未使用	
12	16QAM	11	176	376	584	776	1000	1192		
13	16QAM	12	208	440	680	904	1128	1352		
14	16QAM	13	224	488	744	1000	1256	1544		
15	16QAM	14	256	552	840	1128	1416	1736		

TB 后边附着一个 24 bit 的 CRC。信道编码采用 1/3 码率的 LTE 标准卷积码、4 个冗余版本（RV）、速率匹配和交织[20]。PUSCH 被映射到未被 DRMS 占用的 SC-FDMA 符号（见 3.2.5.3 节）。

在 Release 13 中的 CE 模式 A 下，PUSCH 采用 QPSK 或 16QAM 调制，并映射到一个窄带中的任何 1 至 6 个 PRS 对。在 CE 模式 B 下，PUSCH 采用 QPSK，并映射到一个窄带的 1 或 2 个 PRS 对。

CE 支持最多可达 2048 次的子帧重复，从而增强覆盖范围。每个小区的最大重复次数，可以在小区级针对 CE 模式 A 和 CE 模式 B 分别进行配置（见表 3.10 和表 3.11）。支持 CE 模式 B 的 HD-FDD 设备能够要求，网络在长时间的 PUSCH 传输时，周期性地插入上行传输的空隙，通常是每 256 ms 插入一个 40 ms 的空隙[10]。在空隙时间，设备通过测量下行 RS 进行频率和时间的校准。

PUSCH 由 PCID 和 RNTI 生成的扰码序列加扰。对于 CE 模式 B，为了降低频率误差估计和接收机的合并重复的难度（I/Q 采样级），扰码序列和相同的 RV 是在多子帧上重复发送的（在 FDD 中是 4 个子帧，在 TDD 中是 5 个子帧）。

为了更高效地支持时延敏感的调度，Release 14 允许扩展 PUSCH 重复因子的范围。在 Release 13 中，重复因子并不考虑支持时延敏感的业务，如 CE 模式 A 的 VoLTE。在 VoLTE 呼叫中，语音帧间隔为 20 ms。如果语音帧绑定的功能没有激活，需要在上、下行每 20 ms 各发送一次 TB；如果激活了语音帧绑定功能，那么每个 TB 就可以承载更多的语音帧（如 2 个或者 3 个），那么 TB 可以更大，但发射次数减少（如每 40 ms 或 60 ms 发送一次）。新范围是 {1, 2, 4, 8, 12, 16, 24, 32}，其中 12 和 24 是 Release 14 引入的。此外，所有的值都可以用 DCI 中的 3 个 bit 表示。例如，PUSCH 重复次数在 DCI 设置，而不需要再依赖任何上层的参数（参考表 3.10 中的 "CE 模式 A 的广播的最大重复数"）。

Release 14 允许把 PUSCH 的调制方式限制为 QPSK。因为在激活重复后，会发现 TBS 和调制方式的标准组合（见表 3.14）很难达到最优状态。尤其是某些情况下，按照表 3.14 应该选择 16QAM，如果选择 QPSK，链路性能反而更好。在上行，QPSK 比 16QAM 有更好的峰均功率比（PAPR），所以允许更高的发射功率。当设备配置了该功能时，在 DCI 有 1 bit 的指示位，取代默认的调制方式 MCS 指示。PUSCH 的调制方式和新的 PUSCH 重复因子都与一个单独的指示位和配置参数进行绑定，也与 Release 14 的另外一个新功能相关（PDSCH 调制方式限制），见 3.2.4.7 节。

对于 Cat-M1 的 CE 模式 A，Release 14 也引入新功能——较大上行 TBS，相关背景参见 3.2.3 节。该功能启用后，MSC 和 TBS 配置请参见表 3.15。

表 3.15　LTE-M 中 PUSCH 调制与编码方案、传输块尺寸（激活 Release 14 的较大上行 TBS 功能）

| MCS 索引 | 调制方式 | TBS 索引 | CE 模式 A 的传输块尺寸 | | | | | |
| | | | #PRB 对 | | | | | |
			1	2	3	4	5	6
0	QPSK	0	16	32	56	88	120	152
1	QPSK	2	32	72	144	176	208	256
2	QPSK	4	56	120	208	256	328	408
3	QPSK	5	72	144	224	328	424	504
4	QPSK	6	328	176	256	392	504	600
5	QPSK	8	120	256	392	536	680	808
6	QPSK	10	144	328	504	680	872	1032
7	16QAM	10	144	328	504	680	872	1032
8	16QAM	12	208	440	680	904	1128	1352

（续）

MCS 索引	调制方式	TBS 索引	CE 模式 A 的传输块尺寸					
			#PRB 对					
			1	2	3	4	5	6
9	16QAM	14	256	552	840	1128	1416	1736
10	16QAM	16	328	632	968	1288	1608	1928
11	16QAM	17	336	696	1064	1416	1800	2152
12	16QAM	18	376	776	1160	1544	1992	2344
13	16QAM	19	408	840	1288	1736	2152	2600
14	16QAM	20	440	904	1384	1864	2344	2792
15	16QAM	21	488	1000	1480	1992	2472	2984

　　针对 CE 模式 A，Release 14 引入 PUSCH 的新功能，允许 PUSCH 更大的最大信道带宽大于 6 PRB（以及 PDSCH 的 CE 模式 A 和模式 B），见表 3.5。在配置了 5 MHz 的最大信道带宽的设备上，PUSCH 能够支持的最大上行 TBS 为 6968 bit（与 Cat-M2 设备的最大上行 TBS 适配）。相关资源分配，参见 3.3.2.1.2 节。

　　针对 CE 模式 A，Release 14 还引入设备发射天线选择的新功能。对于支持此功能的设备（高类别的 LTE 设备），基站可以通过 DCI 格式 6-0A 指示设备应该使用哪个天线发送。如果两个天线所处的无线环境有差异，通过发射天线选择可以选择更好的天线进行发送，从而获得更高的增益。

　　针对 CE 模式 A 和 CE 模式 B 的 PUSCH，Release 15 引入子 PRB 分配的新功能。该功能允许 PUSCH 的资源分配单位小于 1 个 PRB，从而增加系统容量，因为显著地吸收了覆盖受限用户，而不是那些带宽受限的用户。新 PUSCH 分配大小是 1/2 PRB（6 个子载波）和 1/4 PRB（3 个子载波），使用 QPSK 调制方式。在 1/4 PRB 情况下，也可以使用新的 $\pi/2$-BPSK 调制方式，在两个相邻的子载波上交替，但不使用第三个子载波（具体的子载波位置与 PCID 奇偶有关，使得小区间干扰更加随机化）。DMRS 在两个子载波之间交替。新的调制方式可以获得 0 dB 的峰均功率比，从而有利于上行覆盖和设备的功耗。码率匹配在时域的资源单元（RU）上执行，长度设置参照表 3.16（在规范中，没有明确地将 1 个子帧称为资源单元，但是为了完整起见，这里将它包含在表 3.17 中）。RU 的最大重复传输次数，受到最大总发射次数的限制，其中在 CE 模式 A 是 32 个子帧，在 CE 模式 B 是 2048 个子帧。子 PRB 对应的 TBS 值见表 3.17。

表 3.16　Release 15 中 PUSCH 资源单元长度

资源分配尺寸	调制方式	资源单元（RU）长度
1 个或多个 PRB（如 Release 13/14）	QPSK 或 16QAM	1 个子帧
6 个子载波	QPSK	2 个子帧
3 个子载波	QPSK	4 个子帧
3 个子载波中的 2 个	$\pi/2$-BPSK	8 个子帧

表 3.17　LTE-M 中 PUSCH 调制和编码方案、传输块尺寸（激活 Release 15 的子 PRB 功能）

MCS 索引	调制方式	传输块尺寸				
		CE 模式 A			CE 模式 B	
		1 RU	2 RU	4 RU	2 RU	4 RU
0	QPSK 或 π/2-BPSK	32	88	328	88	328
1	QPSK 或 π/2-BPSK	56	144	408	144	408
2	QPSK 或 π/2-BPSK	72	176	504	176	504
3	QPSK 或 π/2-BPSK	104	208	600	208	600
4	QPSK 或 π/2-BPSK	120	224	712	224	712
5	QPSK 或 π/2-BPSK	144	256	808	256	808
6	QPSK 或 π/2-BPSK	176	328	936	328	936
7	QPSK 或 π/2-BPSK	224	392	1000	392	1000

3.2.5.5　PUCCH

子帧	任何
基本TTI	1 ms
CE模式A的重复	1, 2, 4, 8
CE模式B的重复	4, 8, 16, 32（Release 14也支持64和128）
子载波间隔	15 kHz
带宽	1 PRB
频率位置	任何PRB
跳频	在2个PRB位置之间

上行物理控制信道（PUCCH）用于传输上行控制信息（UCI）:

- 上行调度请求（SR）
- 下行 HARQ 的反馈（ACK 或 NACK）
- 下行信道状态信息（CSI）

PUCCH 被映射至可配置的 PUCCH 域，位置是与 LTE 系统中心频率距离相等的两个 PRB，通常是选择靠近系统带宽边缘的 PRB。PUCCH 域的两个 PRB 可以在子帧间采用跳频方式（见图 3.25 和图 3.26，以及 3.3.3.2 节）。PUCCH 被映射到没有被 DMRS 使用的 SC-FDMA 符号上。在 Release 13，覆盖增强允许最大重复 32 次（Release 14 最大是 128 次）。

LTE-M 支持的 PUCCH 格式在表 3.18 中列出。如果设备处于连接模式，且有一个周期性 PUCCH 资源用于调度请求（SR），那么在需要时就能通过 SR 请求上行链路许可，否则只能依赖随机接入过程。在 PDSCH 传输被调度后，携带 HARQ 反馈（ACK 或 NACK）的 PUCCH 资源也就分配了。Release 14 的新功能——HARQ-ACK 绑定，允许一个 ACK 或 NACK 对最多 4 个下行 TB 进行反馈（见 3.3.2.1.1 节）。信道状态信息（CSI）报告见 3.3.2.2 节。

表 3.18   LTE-M 的 PUCCH 格式

PUCCH 格式	描述	调制方式	备注
1	调度请求	开关键控（OOK）	支持 CE 模式 A 和 B
1a	1-bit HARQ 反馈	BPSK	支持 CE 模式 A 和 B
1b	针对 TDD 的 2-bit HARQ 反馈	QPSK	只支持 CE 模式 A
2	10-bit CSI 报告	QPSK	只支持 CE 模式 A
2a	10-bit CSI 报告 + 1-bit HARQ 反馈	QPSK + BPSK	只支持 CE 模式 A
2b	10-bit CSI 报告 + 针对 TDD 的 2-bit HARQ 反馈	QPSK + QPSK	只支持 CE 模式 A

通常，PUCCH 格式 1/1a/1b 和 PUCCH 格式 2/2a/2b 映射至不同的 PUCCH 区域，即需要至少 2 个 PUCCH 区域，共 2+2=4 个 PRB 位置。然而，如果系统带宽太窄，另外一种可能是 PUCCH 格式 1/1a/1b 和 PUCCH 格式 2/2a/2b 都各自分配在系统带宽的边缘的一个 PRB 上，它们在两个 PRB 上跳频，但不会同时映射到同一个 PRB 上。在这种情况下，PUCCH 只会占用很少的 PRB，大部分 PRB 用于 PUSCH 的传输。

原则上，最多 36 个 PUCCH 格式 1/1a/1b 可以复用在一个时频资源上，通过不同的多个循环时间偏置和正交掩码进行区分；并且，最多 12 个 PUCCH 格式 2/2a/2b，可以复用在一个时频资源上，通过不同的多个循环时间偏置进行区分（见 3.2.5.3 节）。然而，考虑到实际的无线传播条件，通常只能使用一半的循环时间偏置，例如在 PUCCH 格式 1/1a/1b 是 18 个，在 PUCCH 格式 2/2a/2b 是 6 个。

携带 SR 和 CSI 的 PUCCH 资源通过用户级的 RRC 信令被半静态地配置。对于 HARQ 反馈的 PUCCH 资源分配更为复杂，因为用户级的半静态连接资源消耗太多，所以改为由半静态连接和动态信息共同决定，动态信息包括 MPDCCH PRB 组配置的半静态 PUCCH 资源起始偏置，以及三个 MPDCCH PRB 组的动态偏置。第一个动态偏置，来自携带 DCI 的 MDPCCH（见 3.2.4.6 节）所占用的第一个 ECCE 的索引号；第二个动态偏置是由 DCI 中的 2 bit 指示（0、−1、−2 或 +2），避免与其他用户在 PUCCH 上冲突；第三个偏置的配置是本设备 MPDCCH 传输或者 TDD（详情见文献 [15] 的 8.1 节）。

连接模式的 PUCCH 重复次数是由设备进行配置的。在 CE 模式 A 下，PUCCH 重复次数范围是 {1, 2, 4, 8}，都支持 PUCCH 格式 1/1a/1b 和 PUCCH 格式 2/2a/2b。对于 CE 模式 B 的 PUCCH 格式 1/1a/1b，PUCCH 可能的重复次数为：在 Release 13 中是 {4, 8, 16, 32}，在 Release 14 中是 {4, 8, 16, 32, 64, 128}。类似范围对于携带特定 HARQ 反馈的 PUCCH 也适用，该特定 HARQ 反馈是指在随机接入过程中，对携带消息 4 的 PDSCH 的反馈（见 3.3.1.6 节），但该值是通过系统信息块 2（SIB2）进行广播的。

在一个设备上，不能同时发送多于一个 PUSCH 或者 PUCCH。如果设备被调度为同时在一个子帧上传输 PUSCH 和 UCI，并且 PUSCH 和 PUCCH 都没有重复，那么 UCI 会复用在 PUSCH 上，但如果 PUSCH 或 PUCCH 有重复，那么 PUSCH 在对应的子帧就会丢弃。如果设备在一个子帧上调度 2 个或 2 个以上 HARQ 反馈、SR 和周期性 CSI，并且

PUCCH 没有重复，那么就复用在 PUSCH 上，如果 PUCCH 有重复传输，那么只允许高优先级的 UCI 发送，其中 HARQ 反馈优先级最高，周期性 CSI 优先级最低。

3.3 空闲模式和连接模式过程

本节将描述 LTE-M 物理层过程和上层协议，包括从初始小区选择、建立连接，到链路控制的所有活动。本节用到的物理层相关名词，请参阅 3.2 节。

空闲模式的过程包括初始小区选择、系统消息（SI）获取、小区重选、寻呼和多播。从空闲模式进入连接模式，包括随机接入和接入控制。连接模式包括调度、重发、功率控制、移动性报告和定位。空闲模式和连接模式分别在 3.3.1 节和 3.3.2 节阐述。空闲模式和连接模式共有的其他物理层过程在 3.3.3 节描述。

LTE-M 无线协议栈是从 LTE[13] 继承的（详见 2.2 节）。主要变化是在物理层，但上层协议也有一些变化。控制面的变化在 3.3.1 节中介绍，用户面的变化在 3.3.2 节介绍。物理信道、传输信道和逻辑信道的映射关系，参见图 3.4 和图 3.16。

3.3.1 空闲模式过程

空闲模式过程的第一步就是小区选择。一旦选择了一个小区，在小区与设备之间的交互传输就使用一个 16 bit 的无线网络临时标识（RNTI）[14] 进行寻址。有关 LTE-M 设备在空闲模式侦听的 RNTI，参见 3.3.3.1 节的表 3.32。

3.3.1.1 小区选择

小区选择的主要目的是识别、同步、判断小区是否适合。LTE-M 小区选择过程（在很大程度上遵循 LTE 小区选择过程）如下：

1. 搜索 PSS，作用是识别 LTE 小区，在频域与 LTE 载波同步，在时域与半帧定时同步。
2. 与 SSS 同步，作用是识别帧定时、PCID、CP 长度和双工模式（FDD 或 TDD）。
3. 获取 MIB，作用是识别 SFN、下行链路系统带宽、LTE-M 特定 SIB1 的调度信息和 SI 未变化的标志位（自 Release 15 起）。
4. 获取 SIB1，作用是识别 H-SFN、公共陆地移动网络（PLMN）标识、跟踪区域、小区 ID、UL-DL 配置（TDD 时）和其他 SI 消息的调度信息，并为小区的适宜性验证做好准备。

详细描述见下面几节。

3.3.1.1.1 时间与频率的同步

初始小区选择旨在通过 PSS 进行时间同步，以及获得载波频率偏差估计。如图 3.7 和图 3.8 所示，PSS 在下行载波中心的 62 个子载波上，每 5 ms 发送一次。假设前提是，设备的载波频率与 100 kHz 的信道栅格是对齐的，即载波频率是按照 100 kHz 的整数倍进行搜索的。低成本设备的初始振荡器的误差可能高达 20 ppm。例如，900 MHz 载波的频率误差是 18 kHz。这意味着，在初始小区选择时，时间和频率都有很大的不确定性，即相比小区重选或者非初始小区选择，初始小区选择花费的时间明显较长（小区选择见3.3.1.3 节）。

通过时间同步到 PSS，设备检测到 5 ms（半帧）的定时。PSS 同步的获取，是通过接收三个预定义的 PSS 序列的关联。随后的 PSS 传输中，时间和频率的同步通过一个联合步骤完成。更多同步相关信息，见 3.2.4.2 节。

Release 15 引入 EARFCN 预配置的新功能。该功能提供给设备一个 EARFCN 的列表（见 3.2.1.1 节），以及每个 EARFCN 应用的地理范围，从而加速小区初始捕获过程[21]。该信息存储在 SIM 卡中。设备可以自行决定是否使用以及如何使用该信息。这个新功能支持 LTE-M 和 NB-IoT。

Release 15 也引入重新同步信号（RSS），虽不能用于对小区的初始同步，但可在维持或重新获取时间和频率同步时使用（详见 3.2.4.2.2 节）

3.3.1.1.2　小区识别和初始帧同步

与 PSS 相同，SSS 信号也是在下行载波中心的 62 个子载波上，以 5 ms 周期发送。如3.2.4.2 节所述，SSS 也被用于获取帧定时。PSS 和 SSS 的序列一起可以识别出小区的物理标识（PCID）。PSS 和 SSS 在帧中的位置，也可以用于识别双工模式（FDD 或 TDD），以及 CP 长度（正常或者扩展）。

3.3.1.1.3　MIB 获取

在获取 PCID 之后，设备就知道 CRS 在资源块中的位置，因为 CRS RE 与子载波的映射关系是由 PCID 决定的。随后，设备可以解调和解码 PBCH，其中携带主信息块（MIB）。更多 PBCH 的信息，参见 3.2.4.4 节。MIB 中携带的最重要的信息之一是 SFN 中最重要的 8 bit。因为 SFN 长度为 10 bit，所以 SFN 的 8 个 MSB 每 4 帧（40 ms）变化一次。因此，PBCH 的 TTI 是 40 ms。一个 MIB 被编码到 1 个 PBCH 编码块里，包含 4 个编码子块。PBCH 在每帧的第 0 子帧传输，并且每个 PBCH 子帧携带一个编码子块。编码子块支持覆盖增强的重复（见 3.2.4.4 节）。最初，设备并不知道在一个特定帧中传输哪些子块。因此，在初始小区选择时，设备按照四种可能去解调 MIB，这就是盲解调。此外，为了正确解调 MIB CRC，设备需要判断出基站 CRS 传输使用的天线端口数量（1、2或 4）。能够解调出正确的 CRC，才意味着 MIB 的成功解调。所以，设备需要获取的信息如下：

- CRS 传输的天线端口数量
- 系统帧号（SFN）
- 下行系统带宽
- LTE-M 特定 SIB1 的调度信息
- 系统信息未改变的标识（Release 15 引入，见 3.3.1.2.3 节）

通常，系统带宽在上、下行是相同的，但原则上可以不同。下行的系统带宽在 MIB

中指示，上行系统带宽在 SIB2 中指示，见 3.3.1.2.2 节。表 3.4 是所有支持的系统带宽列表。

LTE-M 特定 SIB1 的调度信息，是小区支持 LTE-M 的标志。随后，LTE-M 特定 SIB1 缩写为 SIB1（但是，在标准规范中，它被称为 SIB1-BR，其中 BR 代表带宽减少）。

MIB 的 SFN 域每 40 ms 就改变一次，但 MIB 的其他域大部分不会频繁地改变（若有的话）。因此，MIB 内容从一个 TTI 改变至另外一个 TTI，是可预测的。基于这种机制，通过累积两个以上连续 40 ms 周期的 PBCH 传输，就能获得更好的接收性能。在 Release 15 引入更严格要求，在读取小区全球标识（CGI）时，必须累积两个 40ms 周期的 PBCH（见 3.3.1.2.1 节）。

3.3.1.1.4 CID 和 H-SFN 的获取

在获取包含 SIB1 调度信息的 MIB 后，设备能够定位和解调 SIB1。我们将在 3.3.1.2.1 节详细描述设备是如何获取 SIB1 消息的。从小区搜索的角度来看，SIB1 中携带了系统帧号（H-SFN）、公共陆地移动网络（PLMN）标识、跟踪区域（TA）和小区标识（CID）。不同于 PCID，CID 在 PLMN 中是唯一的。在获取 SIB1 之后，设备就能与帧结构（见图 3.1）完全同步。基于 SIB1 的信息，设备判断是否此小区适合驻扎，以及设备是否能够尝试去附着到网络。简而言之，如果 PLMN 可用、小区没有设置为接入禁止，并且信号强度超过最低要求，那么该小区被认为是适合驻扎的小区。对于 CE 模式 A 和 CE 模式 B，信号强度的最低要求是不同的。

图 3.21 说明设备如何在初始小区搜索过程中获取完整的帧信息。

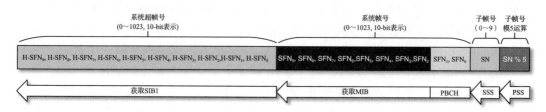

图 3.21　LTE-M 设备在初始小区搜索阶段获取完整的时间信息

在完成初始小区搜索之后，要求设备在时间和频率上有足够精度，满足空闲模式和连接模式的发射与接收的稳定性。

3.3.1.2　系统信息获取

当设备选择合适的小区驻扎后，需要获取所有的系统信息（SI）。表 3.19 列出所有支持的 SIB 类型[13]。设备在驻扎小区和接入小区时所需的系统消息，都包含在 SIB1 和 SIB2 中。其他 SIB 消息是否在小区内广播，依赖于网络配置。LTE-M 从 LTE 中继承了 SIB 消息，而一些 LTE-M 不支持的 LTE 功能，没有包含在表 3.19。有兴趣的读者，请参阅文献 [23] 了解有关 SIB 的更多详细信息。

表 3.19　LTE-M 中 SIB 的类型

SIB	内容
SIB1	当设备被允许接入小区时，用于评估的相关信息，以及其他 SIB 的调度信息（见 3.3.1.2.1 节）
SIB2	公共信道和共享信道的配置信息
SIB3	小区的重选信息，主要与服务小区相关
SIB4	服务小区的频率信息，以及用于小区重选的同频邻区相关信息
SIB5	其他频率信息，以及用于小区重选的异频邻区信息
SIB6	UMTS 3G 的频率信息，以及用于 UMTS 3G 小区重选的邻区信息
SIB7	用于小区重选的 GSM 的频率信息
SIB8	CDMA2000 的频率信息，以及用于 CDMA2000 小区重选的邻区信息
SIB9	家庭基站（femto）的名字
SIB10	地震与海啸预警系统（ETWS）主通知
SIB11	地震与海啸预警系统（ETWS）辅通知
SIB12	商用移动警报系统警告通知
SIB14	扩展接入限制的信息（见 3.3.1.8 节）
SIB15	多播的信息（Release 14 引入，见 3.3.1.9 节）
SIB16	GPS 时间或国际协调同步时间的信息
SIB17	E-UTRAN 和 WLAN 之间的话务分流信息
SIB20	多播信息（Release 14 引入，见 3.3.1.9 节）

虽然 LTE-M 复用了 LTE 的 SIB 定义，但 LTE-M 的 SI 与普通 LTE 的 SI 是分开发送的。主要的原因是 LTE 的 SI 传输调度是通过 LTE 的 PDCCH，并且可以调度至 PDSCH 的任何 PRB 对，所以 SI 占用了太大的信道带宽，LTE-M 的窄带宽设备无法处理。因此 LTE-M 无法接收 LTE 的普通 SI。LTE-M 的 SI 在 PDSCH 发射，与 PDCCH 没有关系。标准[14]定义了由 SI-RNTI 生成的加扰序列对 LTE-M 的 SI 进行加扰。

3.3.1.2.1　系统消息块 1

SIB1 包含了设备驻扎和接入小区的所有评估信息，以及其他 SIB 消息的调度信息。LTE-M 的 SIB1 在规范中的名称是 SIB1-BR，其中 BR 代表带宽减少（bandwidth-reduced），为了简洁，简写为 SIB1。

接入小区的所有评估信息有：PLMN 标识、TA 标识、小区限制消息、小区保留信息、最低 RSRP 和 RSRQ 门限。小区选择和重选在 3.3.1.1 节和 3.3.1.3 节中描述。

其他 SIB 消息的调度信息在 3.3.1.2.2 节中阐述。此外，SIB1 通常携带下行传输调度的关键信息，包括 H-SFN、UL-DL 配置（TDD 时）、LTE-M 下行链路子帧位图、LTE-M 起始符号。更多关于时序方面的信息，参考 3.2.1.2 节、3.2.2.1 节和 3.2.4.1 节。

MIB 消息中有 5 bit 用来传输 SIB1 的调度信息[15]。如果该值为 0，则说明该 LTE 小区不支持 LTE-M 设备，否则，SIB1 的重复次数和 TBS 按照表 3.20 设置。

按照一个 80 ms 长模式在 PDSCH 上传输一个 SIB1 传输块，以能被 8 整除的 SFN 为起始帧[10]。如表 3.20 所示，PDSCH 在 80 ms 的时间段内重复 4、8 或 16 个子帧（除了系统带宽小于 5 MHz 的情况，因为其只支持 4 次重复）。准确地说，SIB1 在哪个子帧发射，由 PCID 和双工模式决定，见表 3.21。PCID 有助于小区间 SIB1 的互相干扰的随机化。

表 3.20　LTE-M 的传输块尺寸和与 SIB1 相关的 PDSCH 重复次数

MIB 中的 SIB1 调度信息	SIB1 传输块尺寸（bit）	80 ms 周期内的 PDSCH 重复次数
0	LTE-M 在该小区不支持	
1	208	4
2		8
3		16
4	256	4
5		8
6		16
7	328	4
8		8
9		16
10	504	4
11		8
12		16
13	712	4
14		8
15		16
16	936	4
17		8
18		16
19 ～ 31	保留值	

表 3.21　用于 SIB1 传输的子帧

系统带宽 [MHz]	80 ms 内 PDSCH 重复次数	PCID	携带 SIB1 的子帧（FDD）	携带 SIB1 的子帧（TDD）
<5	4	偶数	偶数帧的第 4 子帧	奇数帧的第 5 子帧
		奇数	奇数帧的第 4 子帧	奇数帧的第 5 子帧
≥ 5	4	偶数	偶数帧的第 4 子帧	奇数帧的第 5 子帧
		奇数	奇数帧的第 4 子帧	奇数帧的第 0 子帧
	8	偶数	每帧的第 4 子帧	每帧的第 5 子帧
		奇数	每帧的第 9 子帧	每帧的第 0 子帧
	16	偶数	每帧的第 4 和第 9 子帧	每帧的第 0 和第 5 子帧
		奇数	每帧的第 0 和第 9 子帧	每帧的第 0 和第 5 子帧

在 SIB1 中发送的 LTE-M 下行链路子帧位图对 SIB1 传输本身没有影响。类似地，SIB1 信令的 LTE-M 起始符号也不会传输 SIB1。相反，携带 SIB1 的 PDSCH 的起始符号总是在子帧中的第四个 OFDM 符号位置，只有当系统带宽为 1.4 MHz 时，才会在子帧的第五个 OFDM 符号位置[15]。

SIB1 通过 QPSK 调制后，在 PDSCH 上传输，占用所有 6 个 PRB 对窄带，通过 RV 循环重复。SIB1 的频率位置和跳频方式都是固定的，如 3.3.3.2 节。如果调度导致 SIB1 和其他 MPDCCH/PDSCH 发射产生冲突，那么优先发射 SIB1 消息，丢弃在相同窄带相同子帧上产生冲突的其他 MPDCCH/PDSCH 发射。

至少在 5.12 s 的修改期间，SIB1 信息是不变的，除非是特殊的罕见情况，如地震与海啸预警系统（ETWS）或商用移动警报系统（CMAS）的通知，或者 ACB 信息变更时的通知（见 3.3.1.8 节）。在实际网络中，SI 更新周期远远长于 5.12 s。为了读取 CGI，Release 15 引入了更严格的读取延迟要求，需要基于两个 40 ms 周期内的 PBCH 累积（见 3.3.1.1.3 节），其假设前提就是 MIB 和 SIB1 并不会经常变化。这使得在信噪比低至 −15 dB 的情况下[24]，Cat-M1 的 CGI 识别时间能够从 5120 ms 降到 3200 ms。

3.3.1.2.2　系统消息块 2 ~ 20

SIB1 包含了其他 SIB 的调度信息，如表 3.19 所列。除 SIB1 之外的所有 SIB 消息，都在 SI 消息中携带，每个 SI 消息携带一个或者多个 SIB[23]。每个 SI 消息都有几个参数配置：SI 周期、TBS 和初始的窄带。SI 周期的取值范围是 {8, 16, 32, 64, 128, 256, 512} 帧，TBS 的取值范围是 {152, 208, 256, 328, 408, 504, 600, 712, 808, 936}bit。每个 SI 消息也可以配置一个 SI 值标签（见 3.3.1.2.3 节）。

SI 消息在特定的、周期的和非重叠的时间域窗口（称为可配置长度的 SI 窗口）中定期广播。时间域窗口长度的取值范围是 {1, 2, 5, 10, 15, 20, 40, 60, 80, 120, 160, 200}ms，其中最小的值继承自 LTE，可能 LTE-M 并不适用。如果第 n 个 SI 消息的周期是 T_n 帧，那么该 SI 消息就在第 n 个 SI 窗口发送，该 SI 窗口位置是在 SFN 能被 T_n 整除的帧之后。这样设计目的是，即使这些 SI 消息周期相同，也把不同 SI 消息映射到不同的 SI 窗口。

此外，为了支持覆盖扩展，SI 消息在各自的 SI 窗口中重复。重复模式可以是 { 每帧，每第二帧，每第四帧，每第八帧 } 贯穿 SI 窗口。所有的 SI 消息都有相同的重复模式。

每个 SI 消息通过 QPSK 调制后，在 PDSCH 上传输，占所有 6 个 PRB 对的窄带，通过 RV 循环重复。支持跳频，参见 3.3.3.2 节。如果调度导致 SI 消息和窄带中 SIB1 之外的其他 MPDCCH/PDSCH 发射产生冲突，那么优先发射 SI 消息，丢弃在相同窄带相同子帧上产生冲突的其他 MPDCCH/PDSCH 发射[15]。

SI 消息在一个设定的周期内是不变的，该周期通过参数设置，范围是小区寻呼循环周期的 {2, 4, 8, 16, 64} 倍。实际上，SI 更新的间隔通常比该周期长。

3.3.1.2.3　SI 更新

当网络修改小区的 SI 时，它可以通过 SI 值标签[23]通知设备。SI 值标签是 SIB1 中的一个 5 bit 字段，每次 SI 发生变化时，该字段都会改变。另外一种可能是，每个 SI 消息都携带一个 SI 值标签，从而使得设备只需要重新获取 SI 消息中改变的部分，也不是全部 SI 消息，因此可以节约设备电量。这种 SI 值标签是 2 bit 的字段。

当 SI 发生改变后，网络也可以直接通知设备，其方式是，通过用于寻呼 DCI 中的直接指示（direct indication）[20]。8 bit 直接指示的含义，请参见表 3.22[23]。寻呼和 eDRX 将在 3.3.1.4 节中介绍。

表 3.22   SI 更新通知（通过 LTE-M 寻呼消息的 DCI 中的直接指示位）

位	含义
1	SI 更新通知（针对未配置 eDRX 的设备）
2	SIB10/11 更新通知
3	SIB12 更新通知
4	SIB14 更新通知
5	SI 更新通知（配置 eDRX 的设备）
6	保留
7	保留
8	保留

一些 SI 更新（例如周期性的时间信息和接入限制等）不会引起 SI 值标签变化或者 SI 更新通知。另外，如果设备的 eDRX 周期比 SI 修改周期长，设备在尝试建立连接或接收寻呼之前，就会验证保存的 SI 是否有效。

LTE-M 设备在 3 小时或者 24 小时内（依赖网络配置），都会认为获取到的 SI 信息是有效的[23]。如果 SI 过期，设备在接入网络之前会重新获取 SI。每次从连接模式转到空闲模式，LTE-M 设备都会验证 SI 的有效性。

Release 15 在 MIB 中引入了一个标志位，表示 SI 没有改变，这个标志位可以减少设备为了读取 SI 值标签而重新获取 SIB1 的需要（见 3.3.1.1.3 节）。如果在过去 3 或 24 小时内（依赖网络配置）SIB1 和 SI 没有改变，该标志位就被置为 True。此外，如果也是在 Release 15 中引入的重同步信号（RSS）在小区发射，设备可以跳过 MIB 重新获取，因为对应的标志位也在 RSS 中传输（见 3.2.4.2.2 节）。

3.3.1.3   小区重选

在选择一个小区后，设备需要通过 RSRP 和 RSRQ 构成的标准 S，来评估服务小区。如果服务小区不再满足标准，设备将开始测量邻区。如果邻区的 RSRP 和 RSRQ 强于服务小区，那么就会触发小区重选。SIB3 中会通知设备一个滞后值，从而避免乒乓重选[23]。

如果网络和设备都支持 CE 模式 B，并且设备没有被网络限制为仅允许使用 CE 模式 B，那么 CE 模式 A 和 B 应用不同的无线信号强度标准，CE 模式 B 下可以选择更低的 RSRP 或 RSRQ 标准，低于 CE 模式 A 的重选标准。

如果设备的无线环境良好，服务小区能够提供足够高的 RSRP 和 RSRQ，不满足触发小区选择 / 维持的测量条件 S 时，可以选择不进行邻区测量，从而节约设备的电量。启动邻区测量的 RSRP 和 RSRQ 的阈值通过 SIB3 发送至设备，针对同频邻区和异频邻区的阈值不同。小区重选机制，除了确保设备驻留在最佳服务小区，也确保空闲模式的移动性。

Release 15 引入一种对相邻小区进行松散测量的可能性，对于在弱覆盖区域的设备，可以使用更松散的邻区测量机制。该功能激活后，在完成正常的邻区测量后的 5 分钟内，设备暂停邻区测量，最长挂起时间为 24 小时，以此循环。只有检测到服务小区 RSRP 降低，且降低幅度大于某个迟滞值，才会在 5 分钟的窗口期进行正常邻区测量。该功能可以避免处于弱覆盖的固定位置设备浪费电量去频繁进行无效的邻区测量，而实际该设备已经驻扎在该位置最强的小区了。

3.3.1.4   寻呼、DRX 和 eDRX

空闲模式下，设备监测下行周期性寻呼时机（Paging Occasion，PO）在一个下行窄带寻呼，侦听是否网络在试图联系设备。寻呼信号中可能会包含对应一个小区内多个设备的多个寻呼消息。当设备在其对应窄带寻呼的寻呼时机上接收到寻呼信号时，会判断该寻呼消息是否属于该设备。如果符合，那么设备通过随机接入过程与小区建立连接（见 3.3.1.6 节）。设备的寻呼标识通常是系统架构演进归时移动用户标识（S-TMSI），偶尔也是用国际移动用户识别码（IMSI）。

寻呼监测与电池寿命和下行数据的时延密切相关，折中解决方法是 DRX 和或 eDRX。在空闲模式和连接模式，最大 DRX 周期是 256 帧（2.56 s）；eDRX 在空闲模式最大是 256 超帧（约 44 min），在连接模式最大是 1024 帧（10.24 s）。在每个 eDRX 周期之后是寻呼时间窗口（PTW），长度是从 128 帧至 2048 帧（20.48 s），所以下行可达性通过配置的 DRX 循环决定。图 5.49 展示了这些机制，需要注意的是 LTE-M 和 NB-IoT 的最大参数是不同的。寻呼时机由 DRX/eDRX 配置和设备标识共同决定（DRX 使用 IMSI，eDRX 使用 S-TMSI）。

每个小区中用于寻呼的窄带数是可配置的，且每个设备对应的窄带是通过设备 IMSI 决定的，也支持跳频（见 3.3.3.2 节）。

监测的物理信道是 MPDCCH，也支持使用 CSS 的 MPDCCH 重复（见 3.3.3.1 节）。MPDCCH 携带采用 DCI 格式 6-2 的 DCI。该 DCI 格式既可以作为直接指示字段（见表 3.22），也可以作为调度信息，指示写到寻呼消息的 PDSCH（见表 3.23）。按照标准规定[14]，DCI 的 CRC 由寻呼 RNTI（P-RNTI）加扰。

表 3.23   LTE-M 中用于寻呼和直接指示的 DCI 格式 6-2

信息	大小 [bit]	设置值
标志位（寻呼 / 直接指示）	1	寻呼 / 直接指示（如果该标志位指示直接指示，那么 DCI 的剩余内容遵守表 3.22 规定）
PDSCH 窄带	1 ～ 4	系统带宽中的任何窄带
PDSCH TBS	3	{40, 56, 72, 120, 136, 144, 176, 208}bit
PDSCH 重复次数	3	与 DCI 中"MPDCCH 重复次数"相关： 00: {1, 2, 4, 8, 16, 32, 64, 128} 01: {4, 8, 16, 32, 64, 128, 192, 256} 10: {32, 64, 128, 192, 256, 384, 512, 768} 11: {192, 256, 384, 512, 768, 1024, 1536, 2048}

（续）

信息	大小 [bit]	设置值
MPDCCH 重复次数	2	与 SIB2 参数最大重复次数 R_{max} 相关： $R_{max} = 1$：{1} $R_{max} = 2$：{1, 2} $R_{max} = 4$：{1, 2, 4} $R_{max} = 8$：{1, 2, 4, 8} $R_{max} = 16$：{1, 4, 8, 16} $R_{max} = 32$：{1, 4, 16, 32} $R_{max} = 64$：{2, 8, 32, 64} $R_{max} = 128$：{2, 16, 64, 128} $R_{max} = 256$：{2, 16, 64, 256}

当 DCI 调度 PDSCH 时，该 PDSCH 使用 QPSK 调制方式，占所有 6 个 PRB 对的窄带传输[15]。PDSCH 重复方式与下行单播传输模式相同（见 3.3.2.1.1 节）。每个传输块可以携带的寻呼消息数量，与设备标识的大小有关。每个寻呼消息尺寸是 25 ～ 61 个 bit，即最大 TBS（208 bit）可以携带 3 ～ 8 个寻呼消息。

当核心网络的 MME 需要寻呼一个 LTE-M 设备时，会通知有关的基站这是一个 LTE-M 设备，所以需要使用正确的格式（DCI 格式 6-2、MPDCCH 等），发送寻呼消息。MME 还可以提供寻呼覆盖增强，即估算 MPDCCH 所需重复次数[26]，范围是 1 到 256。在这种情况下，MME 需要保留该设备在上次连接该小区时的历史信息[23]。例如，如果一个设备是地下室的固定抄表设备，合理的寻呼策略是，在上次接入的小区内立刻通过 MPDCCH 重复，提升寻呼成功率。然而，如果设备是移动的且在空闲模式不会报告 MME 已经发生了小区重选，那么该功能不能有效地产生作用[13]。对于那些弱覆盖区域的频繁移动的物联网应用场景，很难找到合适的寻呼策略，因为在多个小区通过大量的寻呼重复是不合理的。在这种情况下，依靠设备的主叫业务，帮助网络掌握设备状态，并提升下行数据的传输到达率。一个相关的例子就是设备触发的 TA 更新。

为了进一步提升电池寿命，Release 15 引入了 MTC 唤醒信号（MTC Wake-Up Signal，MWUS），见 3.2.4.5 节。MWUS 指示出相关的寻呼时机是否包含寻呼消息，从而节约设备电量。这只是 1 bit 的信息（指示是否包含寻呼消息），整体传输时间远低于采用 DCI 格式 6-2 的 MPDCCH。MWUS 重复数 R_{MWUS} 的设置范围是（1/4、1/8、1/16 或 1/32），其含义是最大寻呼 MPDCCH 重复次数 R_{max} 的多少分之一（限制条件是，R_{MWUS} 的值不能小于 1）。所以 MWUS 允许设备快速返回睡眠状态，使得可节约能耗。

MWUS 和寻呼时机（MPDCCH 开始位置）之间的时间间隔是可以配置的。当激活 DRX 或 eDRX 时，"短时间间隔"可以配置为 40 ms、80 ms、160 ms、240 ms；而 eDRX 时，也可以配置为 1 s 或 2 s 的"长时间间隔"。较长的时间间隔是为了方便具备唤醒接收机的设备，可以降低 MWUS 检测的要求，因为，这种情况下，一个低复杂度的解调器和普通的接收器就可以支持检测 MWUS。

当 MWUS 与 eDRX 一起应用时，可以将进一步配置 MWUS 与多个寻呼时机相关，获得更大的能量节约。这种情况下，当设备检测 MWUS 时，它将能够在设定寻呼时机期间（配置范围为 1、2 或 4）保持唤醒状态。这也允许 MWUS 使用一个（或一部分）寻呼时间窗（类似于图 5.50 所示的 NB-IoT 的协同机制）。

MWUS 也可以与 Release 15 引入的重同步信号（RSS）配合使用。因为只有寻呼消息发送时 MWUS 才会发射，为了可靠的 MWUS 检测性能，设备可能需要接收 MWUS 之外的其他信号，并维持充足的时间、频率的同步水平。RSS 重同步信号是相对密集的同步信号，按照已知模式发射，非常适合低复杂度唤醒接收机（见 3.2.4.2.2 节）。

3.3.1.5　节电模式

前面章节描述的 DRX 和 eDRX 机制，允许 IoT 应用程序按照几秒或者几分钟的间隔，利用寻呼消息联络被叫（MT）的 IoT 设备，从而降低设备耗电。对于那些 IoT 应用程序需要半个小时，甚至更长时间联络一次设备，可以采用节电模式（PSM），进一步降低功耗。在主叫时，设备可以在上行链路完全没有延迟。节电模式是 3GPP 独立功能，在所有的 3GPP 无线接入技术中都有应用。更多信息，参见 2.2.3 节和 5.3.1.5 节。

3.3.1.6　空闲模式的随机接入

LTE-M 中的随机接入过程与 LTE 一致[14]。在网络同步之后，确认该小区没有处于禁止接入状态（见 3.3.1.8 节），然后从 SIB2 中读取 PRACH 配置信息，设备就可以发送一个 PRACH 前导码去接入网络（见 3.2.5.2 节）。随机接入过程如图 3.22 所示，同时，当设备响应寻呼消息时，也使用相同流程。在连接模式下的随机接入过程，参见 3.3.2.3 节。

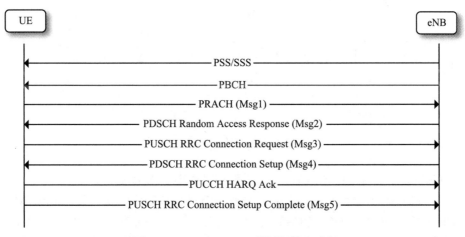

图 3.22　LTE 和 LTE-M 的随机接入过程

如果基站检测到 PRACH 前导码，将会发回一个随机接入响应（Random Access Response, RAR），也称为 Message 2。RAR 包含上行时间提前量（TA）命令。RAR 也包含可供设备发送连接建立请求的无线资源调度信息，称为 Message 3。在 Message 3 中，设备将其身份标识包含进 RRC 消息。某些情况下，设备也在 Message 3 消息中包括缓冲信息，方便随后的上行调度。在 Message 4 中，网络发射一个连接建立 / 恢复的消息，以及冲突解决机制（如果多个设备在第一步时使用同一个前导码发送，造成冲突）。设备最终通过一个连接建立 / 恢复完成的消息，结束随机接入过程。设备可在此消息的 MAC 层直接传送上行数据，从而降低数据传输的时延。

LTE-M 支持在 2.3.2 节介绍的普通 RRC 连接建立过程，消息流程参见图 2.5，时延分析参见 4.4 节。对于那些极少发送数据的应用场景，Release 13 和 15 进一步引入三种优化过程以减少连接建立的信令（RRC 挂起 / 恢复、基于 NAS 的数据传输和及早数据传输），详见 3.3.1.7 节。

在发射初始 PRACH 之前，设备需要根据覆盖等级，判断合适的 PRACH 资源配置。小区可以最多配置三个 RSRP 阈值，用于设备根据覆盖等级选择对应的 PRACH 资源。PRACH 资源配置由 SIB2 消息传送。如图 3.23 中的例子，在配置了 3 个 RSRP 阈值时，由 4 个 PRACH 资源分别对应 4 个 PRACH CE 等级。设备执行基于 CRS 的 RSRP 测量，并且按照测量结果选择一个 PRACH CE 等级。PRACH CE 等级越高，PRACH 重复次数越大。如果设备没有接收 RAR 消息，设备将会持续尝试，直到收到 RAR 消息，或者达到最大尝试次数。在普通 LTE 中，使用了 PRACH 前导码的功率爬升的方式，而在 LTE-M 中，设备通过多次尝试失败而进入下一个 PRACH CE 等级（每次尝试都会增加 PRACH 的重复次数）的方式，进行功率爬升。

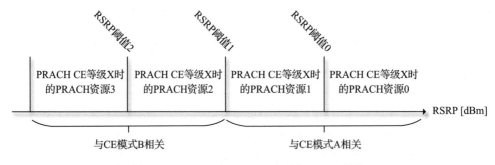

图 3.23　LTE-M 中 PRACH 配置与 RSRP 阈值

在 PRACH 前导码传输完成后，为了潜在的 MPDCCH 传输，设备在下行链路监测 RAR 窗口，目的是调度针对一个或多个设备的 PDSCH 传输块，其包含 56 bit RAR 消息。MPDCCH 使用 Type-2 MPDCCH CSS，参见 3.3.3.1 节。DCI CRC 由随机接入 RNTI（RA-RNTI）加扰，其中 RA-RNTI 由规范中预定义的 PRACH 发射时间决定[14]。RAR 消息包含临时小区 RNTI（TC-RNTI）和一个 RAR 授权，并且这都是用于 PUSCH 的初始 Message 3 的调度。对于 Message 3 的潜在 PUSCH HARQ 重发和所有对于 Message 4 的 PDSCH HARQ 发射或者重发，也是通过 MPDCCH(Type-2 MPDCCH CSS，携带 TC-RNTI) 发射。对于 Message 4 的 HARQ-ACK 反馈，也是在 PUCCH 发射的。所以，随机接入过程使用了五个物理信道（Message 1 的 PRACH、Message 2 的 MPDCCH + PDSCH、Message 3 的 PUSCH + MPDCCH 和 Message 4 的 MPDCCH + PDSCH + PUCCH）。

严格地讲，设备在进入连接模式之后，CE 模式 A 和 B 才会生效（见 3.2.2.3 节）。然而，PRACH CE 等级与 CE 模式的关系在图 3.23 中已经列举。这意味着，如果 PRACH 前导码被 PRACH CE 等级 0 或者 1 成功接收，那么对于 CE 模式 A，消息（RAR、Message 3 和 Message 4）将使用 DCI 格式和 SIB 参数进行传输（例如，最大重复次数、跳频间隔）。类似，对于 CE 模式 B，如果 PRACH 前导码被 PRACH CE 等级 2 或者 3 成功接收，随后的消息将使用 DCI 格式和 SIB 参数传输。3.3.2.1.1 节描述的连接模式是下行调度，是为了 RAR 和 Message 4 有更大扩展可用；3.3.2.1.2 节描述的上行调度则是为了 Message 3 有更大的扩展可以使用。

然而，相比连接模式的单播通信，还是有所不同。RAR 被限制为仅使用 QPSK 调制模式，且不支持 HARQ 重传，并且初始 Message 3 发射的调度是通过一个 RAR 中的授权域，而不是 MPDCCH。RAR 授权包含 PUSCH 授权，其中包括窄带索引号，以及窄带中的资源分配和 TBS（典型值为 56 bit、72 bit、88 bit），还有 MPDCCH 窄带，其中携带 Message 3 和 Message 4 的 HARQ 重传。更多 RAR 授权域信息，参见 4.2 节[15]。

3.3.1.7   连接建立

LTE-M 支持在 2.3.2 节介绍的普通 RRC 连接建立过程，消息流程参见图 2.5，时延分析参见 4.4 节。对于那些极少发送数据的场景，Release 13 和 15 进一步引入三种优化过程以减少连接建立的信令，这将在本节进行描述。

3.3.1.7.1   RRC 恢复

第一种减少信令的方法就是 RRC 挂起 / 恢复过程，或者 RRC 恢复过程。这是 CIoT EPS 用户面优化的一部分。它允许设备恢复之前的挂起的一个连接，包括 PDCP 状态、接入层安全和 RRC 配置。这省略了接入层安全和无线接口配置的协商，包括在连接建立时通过空中接口携带数据的数据无线承载。它也支持 PDCP 从恢复连接的第一个数据传输中更有效利用健壮性包头压缩（RoHC）。

此功能基于一个识别挂起连接的恢复标识。当一个连接在挂起时，此标识通过 RRC Connection Release 消息从网络发送给设备。当设备请求恢复连接时，将该标识通过 RRC Connection resume request 消息发至网络。图 3.24 详细地描述了整个过程。

RRC 恢复过程，允许上行数据与 Message 5 中已经携带的 RRC 信令复用。在 MAC 层，是携带用户数据的 RLC 数据包单元和控制信令两者进行复用。

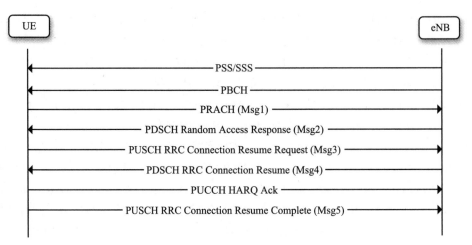

图 3.24   RRC 恢复过程

3.3.1.7.2   非接入层的数据

第二种减少信令的方法就是通过 NAS 的数据传输（Data over NAS，DoNAS），这是 CIoT EPS 控制面优化的一部分。在 Message 5 的 RRC Connection setup complete 消息，经由一个 NAS 容器，通过控制面传输上行用户数据。这种方法主要是为 NB-IoT 设计的，但也支持 LTE-M。更多细节，参见 5.3.1.7.2 节。

3.3.1.7.3   及早数据传输

如上所述，上、下行链路数据可以最早在 Message 5 和 Message 6 中分别发送。这留下进一步增强的空间。Release 15 中引入一个新功能——及早数据传输（Early Data Transmission，EDT），它允许设备在 Message 3 中传输数据。在这种情况下，设备可以在空闲模式下发送数据，而不用进入连接模式。

EDT 被限定为支持较小的数据负荷。上行 EDT 支持的 TBS 范围是：CE 模式 A 中的 {328, 408, 504, 600, 712, 808, 936, 1000}bit，CE 模式 B 中的 {328, 408, 456, 504, 600, 712, 808, 936}bit。这些 TBS 值并不是非常大，但显然大于正常的 Message 3（典型范围是 56 ~ 88 bit，与 RRC Connection Request 消息或 RRC Connection Resume Request 消息一致）。系统消息中已经指示了每个 PRACH CE 等级对应的最大 TBS。因此，只有在发送数据尺寸小于允许的最大 TBS 时，设备才可以使用 EDT。一个设备通过使用随机接入消息的 PRACH 前导码，指出使用 EDT 的意向，而该前导码是从一组按照 PRACH CE 等级预先设定的前导码集合中选取的。在这种情况下，基于 PRACH 前导码的检测，基站知道设备尝试通过 EDT 传输上行数据，而且能够在 Message 2 中为 Message 3 上行授权。基站也可以选择允许设备使用小于最大配置的 TBS。并且，设备也可以根据数据缓冲的状态，为 Message 3 选择一个 TBS。假设使用最大的 TBS，Message 2 指示出设备需要使用多少个子帧重复来满足 Message 3 发射；但如果设备选择了较小的 TBS，那么也就等比例地缩小了重复次数，这有助于减少功耗。

因为设备选择的 TBS 需要在基站侧基于一些可能的 TBS 假设进行 TBS 盲解码。所以，基站可以决定是否允许设备选择 TBS（按照 PRACH CE 等级），以及设备可以选择的最大 TBS（1、2 或 4）。频域（PRB）资源分配是根据 Message 2 中的上行授权指示，与设备使用的最大 TBS 或者较小的 TBS 无关，调制方式都是固定为 QPSK。所以，基站在解码过程中不需要基于多种调制方式的假设进行解调。

此外，如果一个 Message 3 所需携带的用户数据大于普通 Message 3 的资源，那么，基站非常有可能通过 Message 2 消息指示拒绝 EDT 请求的消息，然后设备应该退回正常随机接入的过程。在这种情况下，设备发送正常的 Message 3，而不是用于 EDT 的 Message 3。

EDT 也支持 Message 4 的下行数据传输。这可以用于提供 Message 3 的上行传输和可能的附加数据的一个应用层确认。

在 Release 15 中，为了优化 CIoT EPS 用户面和控制面的过程，允许主叫业务采用 EDT。用户面优化是基于 RRC 恢复过程的，并且使用 Message 3 中的 RRC Connection Resume Request。如果连接被挂起或者释放后，马上有上行数据发送，那么 RRC Connection Release 消息携带的 Message 4 将下发数据。对于控制面，为 Message 3 和 4 定义了一对 RRC 消息，都包括携带数据的 NAS 容器。

3.3.1.8　接入控制

LTE-M 支持接入等级限制（ACB）和扩展接入等级限制（EAB），详见 2.2.1 节。SIB1 包含调度 SIB14 的信息，也携带扩展接入等级限制信息。在 SIB1 中缺少 SIB14 的调度信息，意味着限制并未激活；如果存在 SIB14 的调度信息，设备则知道限制已经激活。基站可以在任何时间通过修改 SIB14 调度信息来改变是否进行限制。

弱覆盖区域的设备需要较高的重复因子，用于配置专用物理信道。当网络负荷较高时，应该限制弱覆盖区域的设备，把有限的资源留给覆盖良好区域的设备。Release 15 引入 PRACH CE 等级相关的限制，目的是阻止低于覆盖阈值的设备接入网络。SIB14 将 RSRP 阈值通知给设备。如果设备测量到的 RSRP 低于阈值，该设备将被禁止接入网络。设备应该回退，然后等待一段时间再尝试接入网络。

3.3.1.9　多播

对于 IoT 应用，支持多播是非常有用，因为可以针对大量设备进行有效的软件和固件的升级。然而，由于 LTE-M 窄带的属性，导致不能支持 LTE 多媒体多播服务的单频网络功能，因为该功能需要信道带宽与 LTE 系统带宽相同。

Release 14 引入 LTE-M 多播传输，采用多媒体多播服务（MBMS）框架，其形式是单小区点对多点（SC-PTM）传输。这种基于 SC-PTM 功能的解决方案，是 Release 13 为普通 LTE 设备引入的，它遵守 LTE 的 MBMS 架构，其中广播 / 多播服务中心（BM-SC）和

MBMS 网关是特定的 MBMS 节点，如图 3.25 所示。

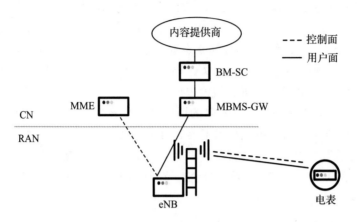

图 3.25　MBMS 架构

Release 14 引入了针对 LTE-M 和 NB-IoT 的 SC-PTM 支持，并且两种网络技术的相关标准化工作是联合进行的，因为目标是相同的（为了扩展 Release 13 的 SC-PTM，从而支持窄带模式和覆盖增强），所以，尽管它们在物理层使用不同的物理信道，但两者的 SC-PTM 解决方案非常类似。NB-IoT 的 SC-PTM 在 5.3.1.11 节介绍，在图 5.55 中展示的内容，也适用于 LTE-M SC-PTM。

LTE-M（也包括 NB-IoT）的 SC-PTM 仅支持空闲模式。新 SIB20 包含单小区多播控制信道（SC-MCCH）的调度信息，并且 SC-MCCH 也包含每个多播服务的单小区多播业务信道（SC-MTCH）的调度信息。SC-MTCH 的信道最大带宽可以是 1.4 MHz 或 5 MHz，对应的最大 TBS 分别是 1000 bit 和 4008 bit（对应 Cat-M1 和 Cat-M2 的最大能力）。SC-MCCH 和 SC-MTCH 都是在 PDSCH 上发射，由 MPDCCH 进行调度。这里没有重发机制，但 MPDCCH 和 PDSCH 都可以通过重复来提升覆盖。

表 3.24 列出用于 SC-PTM 的 MPDCCH 搜索空间、RNTI 和 DCI 格式。同时，列出的 DCI 格式，也被用于调度 SC-MCCH 或 SC-MTCH，包括一个 DCI 域，用于指示 SC-MCCH 更新通知，这也意味着设备在 SC-MCCH 没有被改变之前，不需要浪费功率去重新获取 SC-MCCH。MPDCCH 搜索空间的配置将在 3.3.3.1 节中继续讨论，跳频的配置方式将在 3.3.3.2 节讨论。

表 3.24　LTE-M 中 SC-PTM 的 MPDCCH 搜索空间、RNTI 和 DCI 格式

模式	MPDCCH 搜索空间	RNTI	使用	DCI 格式
空闲	—	SI-RNTI	系统信息广播	—
	Type-1A common	SC-RNTI	SC-MCCH 调度	6-2
	Type-2A common	G-RNTI	SC-MTCH 调度	6-1A, 6-1B

3.3.2　连接模式过程

设备和基站之间的交互，大部分是基于 16 bit 的 RNTI 进行寻址[14]。LTE-M 设备在连接模式中监测的 RNTI 请参见表 3.32 和本书的相关章节。

3.3.2.1　调度

本节将描述下行和上行传输的调度过程。当基站需要动态调度一个设备时，会发送一个 DCI，其中包括资源分配（在时域和频域）、调制方式和编码方式，以及支持 HARQ 重传方案所需的信息。DCI 由 MPDCCH 承载，并在设备监测的 MPDCCH 搜索空间中传输（见 3.3.3.1 节）。并且，DCI 有一个 CRC，它是用设备的 C-RNTI 进行加扰的，因此只有对应设备才能解码，而其他设备无法成功解码。

本节描述下行和上行动态调度，以及半永久调度（SPS）。

3.3.2.1.1　下行动态调度

为了实现低复杂度的设备，LTE-M 采用以下调度原则：

- 子帧间调度（即 DCI 和预定的数据传输不会在同一子帧发送）具有宽松的处理时间要求。
- 可选项：HD-FDD 允许设备的发送接收模式在不同时间进行切换。

图 3.26 中的示例为不重复的 LTE-M 下行链路调度，且 MPDCCH 和 PDSCH 在同一下行窄带中同时调度，而在上行方向，HARQ-ACK 反馈在 PUCCH 传输。在普通的 LTE 中，PDCCH 或 EPDCCH 携带的 DCI，与 PDSCH 携带的数据在同一个下行子帧中传输，但 LTE-M 采用延迟 2 ms 的交叉子帧调度，如图显示，1 ms 是从载有 DCI 的 MPDCCH 的结束至后续 PDSCH 的启动之间的间隔。除此之外，时间关系也与普通 LTE 类似，3 ms 的间隔设置，是从 PDSCH 的结束至携带 HARQ-ACK 反馈的 PUCCH 的启动，并且在 HARQ 重新传输相同的数据之前再加入一次 3 ms 的间隔。由于额外 2 ms 的调度延迟，下行 HARQ RTT 从 4 + 4 = 8 ms 增加到 2 + 4 + 4 = 10 ms。下行 HARQ 进程的最大数量取决于双工模式和 CE 模式，如表 3.25 所示。在这个例子中，HD-FDD 设备不能更频繁地调度，因为它们不能同时发送和接收数据，而且还需要在上、下行链路加入保护子帧。有关 10 ms RTT 对（半双工、全双工）FDD 下行峰值速率影响的讨论，请参阅 4.3 节和本节后面的部分。

基站在 CE 模式 A 和 B 中，分别使用 DCI 格式 6-1A 和 6-1B 动态地调度 PDSCH。表 3.25 显示这些 DCI 格式[20]携带的信息。有些字段是 LTE-M 专属的，有些则继承了普通 LTE DCI 格式。CE 模式 B 的 DCI 格式尽可能紧凑，因为设备在下行弱覆盖环境，可能产生大量的重复，以确保覆盖或资源消耗方面更合理高效。两种 DCI 格式都包含重要的字段，如 PDSCH 的 MCS、PDSCH 资源块分配、PDSCH 重复次数和携带 DCI 的 MPDCCH

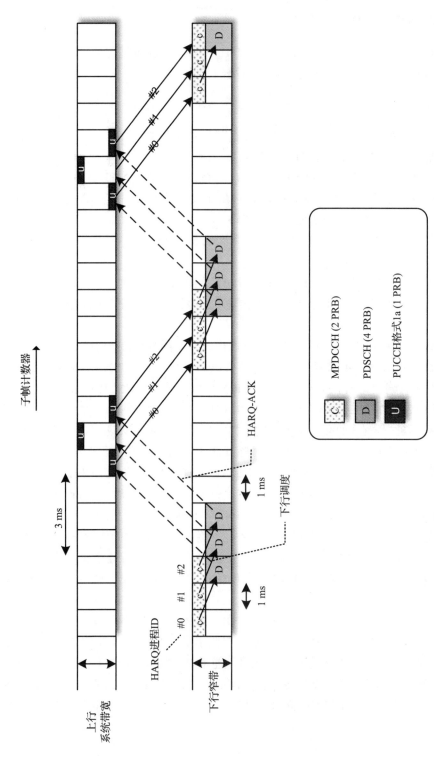

图 3.26 LTE-M 下行调度示例：无重复情况下 MPDCCH 和 PDSCH 传输（同一下行窄带）

重复次数。在计算 PDSCII 传输的起始了帧时，需要 MPDCCH 重复次数的信息。如 3.3.1.6 节所述，当这些 DCI 格式用于调度 RAR 时，一些字段被保留或重新使用（详细定义请参考文献 [20]）。

表 3.25   Release 13 CE 模式 A 和 B 时，调度 PDSCH 的 DCI 格式 6-1A 和 6-1B

信息	DCI 格式 6-1A		DCI 格式 6-1B	
	大小 [bit]	设置值	大小 [bit]	设置值
格式 6-0/6-1 差异	1	1	1	1
跳频标志	1	见 3.3.3.2 节	—	—
MCS	—	—	4	见表 3.8
资源块分配	0～4	窄带索引号	0～4	窄带索引号
	5	0～20：分配 1～6 PRB 对	1	0：4 PRB 对（#0, …, #3）
		21～31：Release 13 中未使用		1：6 PRB 对（#0, …, #5）
MCS	4	见表 3.8	—	—
PDSCH 重复次数	2	见表 3.10	3	见表 3.11
HARQ 进程数量	3～4	FDD：0～7。TDD：0～15	1	0～1
新的数据指示	1	开关位	1	开关位
冗余版本	2	0～3	—	—
PUCCH 功率控制	2	见 3.3.2.4 节	—	—
下行分配索引	2	TDD 的特定域	—	—
天线端口与扰码 ID	2	TM9 的特定域	—	—
SRS 请求	1	见 3.2.5.3 节	—	—
预编码信息	2 或 4	TM6 的特定域	—	—
PMI 确认	1	TM6 的特定域	—	—
HARQ-ACK 资源偏置	2	见 3.2.5.5 节	2	见 3.2.5.5 节
MPDCCH 重复次数	2	见表 3.33	2	见表 3.33

图 3.27 显示了一个 LTE-M 下行链路调度示例，其中一些重复用于增强传输的覆盖范围。携带 DCI 的 MPDCCH 在 4 个子帧中进行重复；携带数据的 PDSCH 在 8 个子帧中重复；携带 HARQ-ACK 反馈的 PUCCH 在 4 个子帧中进行重复。以上都是基于所有子帧都可用的假设（见 3.2.4.1 节和 3.2.5.1 节）。注意，上述例子是充分考虑了将 PDSCH 在 MPDCCH 之外的窄带上进行调度的可能性。此外，MPDCCH 和 PDSCH 都在 Release 13 的 CE 模式支持的最大信道带宽下被传输，即 1 个窄带（6 个 PRB）。从覆盖的角度来看，这也非常有利。因为小区载波的总下行传输功率通常是均匀地分布在系统带宽中的所有 PRB，下行信道带宽大通常也意味着更大的可用传输功率。

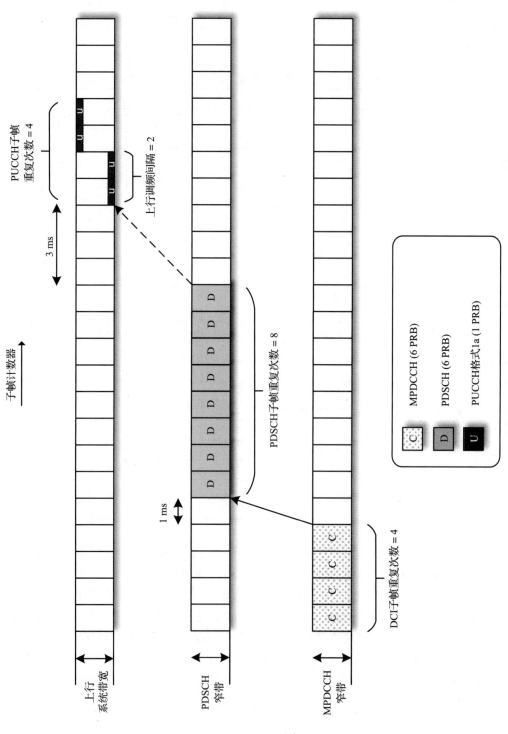

图 3.27 在 MPDCCH 与 PDSCH 有重复传输的情况下的 LTE-M 下行调度示例（在不同下行窄带中）

代表 PDSCH 重复次数的 DCI 字段是 2 bit 或 3 bit 的值，见表 3.10 和表 3.11；代表 MPDCCH 重复次数的 DCI 字段按表 3.33 解释。在 3.2.5.5 节中讨论了 PUCCH 重复的配置。在图 3.27 的例子中，假设一个 2 ms 的上行跳频间隔。跳频在 3.3.3.2 节中讨论。在 CE 模式 A 中，可以通过周期性或非周期性的 CSI 报告来辅助基站对 PDSCH 的调度进行决策，在 3.3.2.2 节详细描述。

Release 14 为 PDSCH 和 PUSCH 引入了几个更大的最大信道带宽选项，如 3.2.2.3 节和 3.2.4.7 节所述。在 Release 13 中，LTE-M 所有的物理信道带宽都不大于 6 个 PRB。表 3.26 显示了相关的 PDSCH 资源分配方法（详细信息请参阅文献 [15] 的 5.1.6 节）。每个资源分配方法，都考虑了足够的调度灵活性以获得更大的带宽，而不是增加 DCI 尺寸。

表 3.26　CE 模式 A 和 B 的 PDSCH 资源分配方式

最大 PDSCH 信道带宽	CE 模式 A	CE 模式 B
1.4 MHz	DCI 中携带窄带索引号，并且可以在窄带内的任何地方分配 1～6 个相邻的 PRB	DCI 中携带窄带索引号，并且可以在窄带内的任何地方分配前 4 个或全部 6 个 PRB
5 MHz	DCI 中的窄带索引号用于指示起始窄带位置。在起始窄带内的任何地方，都可以分配 1～6 个连续的 PRB。一个 3 bit 的位图指示起始窄带内的分配，该位图也适用于随后 3 个窄带中的一个或多个的分配（即，在起始窄带中使用的分配，在其他启用的窄带中重用）	DCI 中最多 2 bit 用来指示宽带索引（见 3.2.2.2 节）。对于指定的宽带，一个 4 bit 的位图指示分配的窄带，最多 4 个。在指示的窄带内的所有 PRB 都被分配
20 MHz	DCI 中的 1 bit 指示：DCI 的其余部分解释为上述 5 MHz 方式，或解释为 RBG 位图。其中 RBG 大小为 6 个 PRB（10～15 MHz 系统带宽）或 9 个 PRB（20 MHZ 系统带宽）	类似 5 MHz，3 bit 的位图用于指示宽带索引组。前 4 个值分别指示 4 个；后 4 个值，分别指示 2 个最低的宽带、2 个最高的宽带、3 个最低的宽带和所有的 4 个宽带

Release 14 引入了支持最多 10 个 FDD 中的下行 HARQ 进程的可能性。如 3.3.2.1.1 节和 4.3 节所述，HARQ RTT 与 HARQ 进程的数量之间存在关系。LTE-M 继承了 LTE 的下行 HARQ 进程数（8 个进程），尽管 LTE-M 的 RTT 略大于 LTE 的（LTE-M 的 RTT 为 10 ms，LTE 的 RTT 为 8 ms）。这意味着在 Release 13 的 FD-FDD 中的 CE 模式 A 中，下行数据可以被分配在 8 个连续的子帧中，但是在下行数据传输可继续之前有 2 ms 的间隔。因此，支持 10 个下行进程的 FD-FDD 设备将能够在每个子帧中接收最大的下行 TBS。这可以在不增加存储在设备解码器的软信道比特数的情况下完成，因为当使用相对较高的码率时，只有在良好的信道条件下，才有可能分配最大数量的进程。（见文献 [12] 中关于有限缓冲区率匹配的描述）。在 FD-FDD 中，这将使 Cat-M1 的下行 MAC 层峰值速率从 800 kbps 增加到 1 Mbps。所以，DCI 格式 6-1A 的 HARQ 进程号字段从 3 bit 增加到 4 bit 位，以能够表示 10 个进程。

Release 14 还支持 HD-FDD 中的 HARQ-ACK 绑定。Release 13 的每个下行数据传输都与一个 HARQ-ACK 反馈在上行链路中的传输有关，如 3.2.5.5 节所述。由于 Release 13 的 LTE-M 上行链路不支持单子帧传输多个 HARQ-ACK 反馈，HD-FDD 状态的设备在上行发射 HARQ-ACK 反馈的时间与实际下行数据接收的时间一样长（在非重复情况下）。在图

3.26 中可以看出，HD-FDD 设备在实际下行数据接收时，不能占用超过 10 个子帧中的 3 个子帧。一个支持 HARQ-ACK 绑定的设备，将能够传输至多三个连续的 HARQ-ACK 绑定，其中每个 HARQ-ACK 绑定最多包含 4 个下行数据子帧的确认，如图 3.28 所示。如果不支持 HARQ-ACK 绑定，只能接收携带 HARQ-ACK 的连续 3 个子帧。如果设备还支持上述的 10 个下行 HARQ 进程，那么 3 个 HARQ-ACK 绑定最多可以确认 10 个连续下行数据子帧。在上述例子中，HARQ-ACK 绑定是背靠背地发送，然后相应的 HARQ-ACK 反馈也是背靠背地发送。如果一个 HARQ-ACK 绑定中的所有下行 TBS 都被成功解码，那么每个 HARQ-ACK 绑定中只有一个 HARQ-ACK 位，设备将发送 ACK，否则它将发送 NACK，这意味着整个 HARQ-ACK 绑定对应的数据将由基站重新发送。这意味着，HARQ-ACK 绑定适用于处于良好的无线环境（在一个典型的小区里较为常见）的大部分设备。因此，支持 HARQ-ACK 绑定和 10 个下行进程的 Cat-M1 设备，可以在 HD-FDD 的 17 个子帧中接收 10 个，所以，其下行的 MAC 层峰值速率接近翻倍，从 300 kbps 到 588 kbps。

Release 14 进一步引入了动态 HARQ-ACK 延迟（dynamic HARQ-ACK delay），允许基站通过 DCI 的一个新的 3 bit 字段，来控制 PDSCH 传输结束和相关的 PUCCH 或 PUSCH 的 HARQ-ACK 反馈开始之间的延迟。在 Release 13 中，对于 LTE-M 的 FDD，此延迟被固定为 4 ms，如图 3.21 和图 3.22 所示。由于具有宽松的定时关系，高效的 VoLTE 调度变得容易，特别是在 HD-FDD 中。这个特性，可以视为 HARQ-ACK 绑定特性的一个子集。DCI 的 3 bit 字段如何解释，将取决于 RRC 配置。要么是 {4, 5, 6, 7, 8, 9, 10, 11} 子帧，要么是 {4, 5, 7, 9, 11, 13, 15, 17} 子帧，前一个范围适用于最多 4 MPDCCH 重复的 VoLTE 调度，后一个范围适用于超过 4 MPDCCH 重复的 VoLTE 调度。

Release 14 还引入了 PDSCH 调制方式限制，当有重复的 PDSCH 发送时，将调制方式限制在 QPSK（更多细节参见 3.2.4.7 节）。

针对支持 CE 模式 A 中最大 1.4 MHz PDSCH 信道带宽的设备，Release 15 引入下行 64QAM 支持，如 3.2.4.7 节所述。MCS 字段从 4 bit 扩展到 5 bit，占用 DCI 格式 6-1A 的跳频标志。如果设备配置为激活 64QAM，且 DCI 指明 PDSCH 没有重复，那么跳频标志被解释为 5 bit MCS 的 MSB。

Release 15 还引入了 PDSCH（和 PUSCH）的灵活 PRB 起始位置的资源分配，适用于最大 1.4 MHz 信道带宽的设备的 CE 模式 A 和 B。以 PDSCH 为例，其主要目的是针对基于窄带的 LTE-M 用户和基于资源块组（RBG）的 LTE 用户，基站易于在系统带宽内高效地打包传输。窄带和 RBG 通常不会对齐，所以此新功能期望两者在下行链路中对齐。在 PUSCH 的情况下，其主要目的是将 LTE-M 传输尽可能靠近载波边缘，同时靠近 PUCCH 或 PRACH 资源。跳频与此功能一起用于下行和上行，但它仍然是 Release 13 LTE-M 的跳频模式，而不是 LTE 的跳频。表 3.27 总结了灵活 PRB 起始位置的新功能。从表中可以看出，在 CE 模式 A 时，通过 DCI 指示进行配置，但在 CE 模式 B，通过 RRC 进行配置（避免增加 DCI 大小以及降低 MPDCCH 覆盖率）。

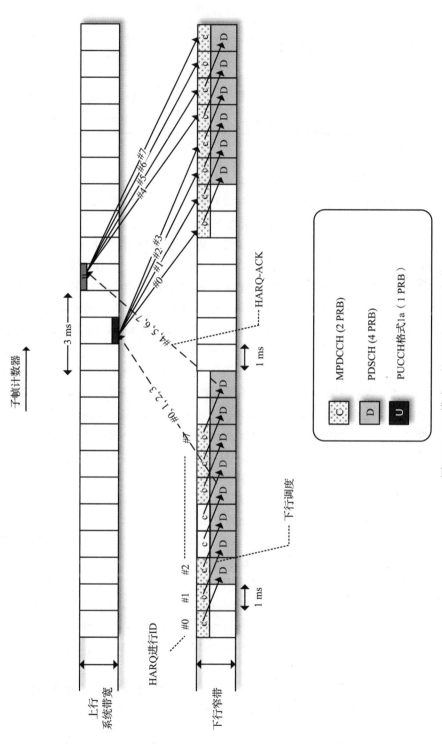

图 3.28   CE 模式 A 的 HARQ-ACK 绑定

表 3.27　CE 模式 A 中，针对 PDSCH 和 PUSCH 的灵活 PRB 起始位置 (最大系统带宽 1.4 MHz)

	CE 模式 A	CE 模式 B
PDSCH	基于 DCI 的灵活资源分配，通过专用 RRC 信令激活。然后，DCI 资源块指派区域中未使用的值，被用于指示多个 RGB 对齐资源分配	专用 RRC 信令用于调整窄带，使其与 RBG 对齐
PUSCH	基于 DCI 的灵活资源分配，通过专用 RRC 信令激活。然后 DCI 可以在 LTE 系统带宽的任意位置分配最多 6 个连续的 PRB，而不限于窄带边界	专用 RRC 信号用于配置固定窄带偏移，偏移范围为 −1、+1、+2 或 +3 PRB。

3.3.2.1.2　上行动态调度

如果处于连接模式的设备需要传输数据，但没有 PUSCH 资源，则可以按照 3.2.5.5 节的描述，通过在 PUCCH 上传输调度请求 (SR) 来申请 PUSCH 资源。如果设备也没有可用的 PUCCH 资源，它将使用 3.3.2.3 节中介绍的随机接入过程。

图 3.29 给出了一个 LTE-M 上行链路调度示例 (非重复的情况)。与 LTE 类似，通过 MPDCCH 的 DCI 调度一个 PUSCH。在 MPDCCH 传输结束和 PUSCH 传输开始之间有 3 ms 的间隔。与 LTE 不同的是，上行 HARQ 方案在 LTE-M 中是异步的，而在 LTE 中是同步的，在 PHICH 信道上传输 HARQ 反馈。这意味着，LTE-M 的 HARQ 重发总是通过 MPDCCH 上的 DCI 调度，即 LTE-M 中没有 PHICH。除此之外，LTE-M 的 HARQ 机制与 LTE 类似 (即上行 HARQ 和下行 HARQ 都包含)。上行 HARQ 进程的最大数目取决于 CE 模式，见表 3.28。

基站在 CE 模式 A 和 B 中，分别使用 DCI 格式 6-0A 和 6-0B 进行上行 PUSCH 的动态调度。表 3.28 显示相关的 DCI 格式[20]中携带的信息。许多方面与前一节中描述的 PDSCH 示例类似。例如，有字段分别表示 PUSCH 和 MPDCCH 的重复次数，还有字段表示 PUSCH 窄带。在 CE 模式 B 时，与下行还是有一个非常明显的差异：PUSCH 总是分配非常少的 PRB 对 (1 或 2 个 PRB 对)，而 PDSCH 总是分配较多的 PRB 对 (4 或 6 个 PRB 对)。与下行不同，上行信道带宽的增加可能增加发射功率，因为设备可能已经在以最大的功率进行发射，更大带宽可能只是带宽的浪费。

在 6.1 节中为 LTE-M 定义的上行资源分配类型[15]：

- **上行资源分配类型 0** (Release 13 引入)：当设备采用最大 1.4 MHz 的 PUSCH 信道带宽时，在 CE 模式 A 中分配 1 ~ 6 个连续 PRB。
- **上行资源分配类型 2** (Release 13 引入)：在 CE 模式 B 中分配 1 ~ 2 个连续 PRB。
- **上行资源分配类型 4** (Release 14 中引入)：当设备采用最大 5 MHz 的 PUSCH 信道带宽时，在 CE 模式 A 中分配 9 ~ 24 个连续的 PRB (以 3 个 PRB 为单位)。
- **上行资源分配类型 5** (Release 15 中引入)：在 CE 模式 A 和 B 中分配 2 ~ 6 个连续的子载波 (即 PRB 分配)。

Release 14 在 CE 模式 A 中引入支持 Cat-M1 的更大上行链路 TBS 的新功能，背景在 3.2.3 节中进行了描述。当该新功能配置好后，可以按照表 3.15 解释 DCI 格式 6-0A 中的 MCS 字段。

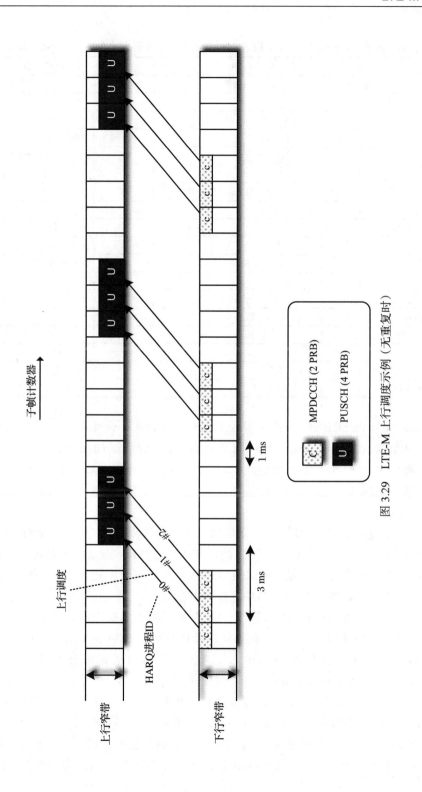

图 3.29　LTE-M 上行调度示例（无重复时）

表 3.28   用于 Release 13 中 CE 模式 A 和 B 中 PUSCH 调度的 DCI 格式 6-0A 和 6-0B

信息	DCI 格式 6-0A		DCI 格式 6-0B	
	大小 [bit]	设置值	大小 [bit]	设置值
格式 6-0/6-1 的差异	1	0	1	0
跳频标志	1	见 3.3.3.2 节	—	—
资源块分配	0～4	窄带索引号	0～4	窄带索引号
	5	0～20：分配 1～6 个 PRB 对	3	0～5：一个 PRB 对的索引号
				6：2 个 PRB 对（#0 和 #1）
		21～31：Release 13 中未使用		7：2 个 PRB 对（#2 和 #3）
MCS	4	见表 3.14	4	见表 3.14
PUSCH 重复次数	2	见表 3.10	3	见表 3.11
HARQ 进程数	3	0～7	1	0～1
新数据指示	1	新数据的开关位	1	新数据的开关位
冗余版本	2	0～3	—	—
PUSCH 功率控制	2	见 3.3.2.4 节	—	—
上行索引号	2	TDD 特定字段	—	—
下行分配索引号	2	TDD 特定字段	—	—
CSI 请求	1	见 3.3.2.2 节	—	—
SRS 请求	1	见 3.2.5.3 节	—	—
MPDCCH 重复次数	2	见 3.3.3.1 节	2	见 3.3.3.1 节

  Release 14 为 PUSCH 和 PDSCH 引入了几个更大的最大信道带宽选项，如 3.2.2.3 节和第 3.2.5.4 节所述。在 Release 13 中，LTE-M 所有物理信道的信道带宽都不大于 6 个 PRB。当设备在 CE 模式 A 中采用最大 5 MHz PUSCH 带宽时，普通 DCI 格式 6-0A 仍用于分配 1～6 个 PRB，此外，DCI 中以前保留的资源块字段，以 3 个 PRB 的粒度，分配 9 至 24 个 PRB。

  Release 14 引入了 PUSCH 调制方案限制，允许将其限制为 QPSK。通过 DCI 中一个新的 1 bit 字段指示，对于指定的 MCS，调制方式是 QPSK，还是默认方式。该新功能与新 PUSCH 重复因子绑定在一起，可以使用 DCI 中的另一个 1 bit 字段以更细的粒度动态地选择。以上两个新功能在 3.2.5.4 节中进行了描述。

  Release 14 中还引入了在 CE 模式 A 中对设备发射天线选择的支持，如 3.2.5.4 节所述。基站是通过掩码选择天线，而该掩码是采用 DCI 格式 6-0A 的 CRC。

  Release 15 为 PDSCH 和 PUSCH 引入了灵活起始 PRB 的资源分配（针对 CE 模式 A 和 B）。两种情况都在 3.3.2.1.1 节和表 3.27 中进行了描述。

  Release 15 还引入了 PUSCH 子 PRB 分配（针对 CE 模式 A 和 B），详见 3.2.5.4 节。在 CE 模式 A 中，DCI 扩展为一个 2 bit 字段，用于表示 RU 数量。如果值是 "00"，那么 DCI 的其余部分将按照之前的 Release 解释，否则，DCI 表示子 PRB 分配的 RU 数量（1、2 或 4）。在 CE 模式 B，DCI 扩展 1 bit 的标志，用于指示 DCI 是采用早期 Release 模式，还是按照子 PRB 分配模式。对于后一种情况，这 1 bit 的字段用来表示 RU 数量（2 或 4）。在 CE 模式 A 中，DCI 可以指示一个窄带，以及在此窄带中的 PRB 位置（0、1、2、3、4、5）和一组 PRB 内的子载波。但在 CE 模式 B 中，DCI 仅指示一个窄带和一组 PRB 内的子载，而由 RRC 配置窄带内的 PRB 位置（0、1、2、3、4 或 5），目的是保持 DCI 较小的状态。在 CE 模式 A 和 B 中，MCS 索引字段从 4 bit 减少到 3 bit（见表 3.17），并且根据表 3.29 使用 10 个值表示 PRB 中分配的子载波集。

表 3.29　Release 15 中 CE 模式 A 和 B 的 PUSCH 子 PRB 分配选项

资源分配域	资源分配尺寸	调制方式	分配的子载波组
0	3 个子载波中的 2 个	π/2-BPSK	{0, 1}，在 PCID 为偶数的小区 {1, 2}，在 PCID 为奇数的小区
1	3 个子载波中的 2 个	π/2-BPSK	{3, 4}，在 PCID 为偶数的小区 {4, 5}，在 PCID 为奇数的小区
2	3 个子载波中的 2 个	π/2-BPSK	{6, 7}，在 PCID 为偶数的小区 {7, 8}，在 PCID 为奇数的小区
3	3 个子载波中的 2 个	π/2-BPSK	{9, 10}，在 PCID 为偶数的小区 {10, 11}，在 PCID 为奇数的小区
4	3 个子载波	QPSK	{0, 1, 2}
5	3 个子载波	QPSK	{3, 4, 5}
6	3 个子载波	QPSK	{6, 7, 8}
7	3 个子载波	QPSK	{9, 10, 11}
8	6 个子载波	QPSK	{0, 1, 2, 3, 4, 5}
9	6 个子载波	QPSK	{6, 7, 8, 9, 10, 11}

　　Release15 还引入了一种可能性，通过 DCI 格式 6-0A/6-0B 发送一个主动 HARQ-ACK 反馈，这使得基站能够针对 FD-FDD 和 TDD 设备，在 CE 模式 A 或 B 中提前终止 PUSCH 传输。如果基站能够在已调度的 PUSCH 传输结束之前解码上行数据，没有理由让设备浪费时间和功率继续发射。所以基站既可以在 DCI 中发送一个明确的 HARQ-ACK，然后设备就停止发送（这是通过将 DCI 格式 6-0A 中的"资源块分配"字段或 DCI 格式 6-0B 中的"MCS"字段设置为全"1"来完成的）；也可以通过在 DCI 中发送普通上行授权，暗含 HARQ-ACK，那么设备停止原有发送，并按照普通上行授权中指示进行上行传输。HD-FDD 设备不能支持 PUSCH 传输的提前终止，因为它们在执行上行传输时不能监视下行。然而，HARQ-ACK 还支持提前终止 MPDCCH 监控，从而节省设备的能量。HARQ-ACK 在一个连接被释放时也可以使用，目的是通知设备已经收到最后的 RLC ACK 消息，设备无须继续监测 MPDCCH 以等待重发请求（直到计时器超时，设备都需要如此执行），然后能够进入空闲模式。HD-FDD、FD-FDD 和 TDD 设备均支持这种提前终止 MPDCCH 监控的特性。

3.3.2.1.3　半永久调度

　　除前面描述的动态调度之外，LTE-M 还支持上、下行链路的半永久调度（SPS），其方式与 LTE[14] 类似，但只支持 CE 模式 A，不支持 CE 模式 B。在 LTE 中，SPS 主要由 VoIP 业务驱动，其中需要周期性地调度语音帧，并且避免与动态调度相关的物理控制信道开销。对于 LTE-M 设备，除了 VoIP 业务，周期性的传感器报告也是 SPS 的驱动力。

在配置 SPS 时，设备被分配一个较高层的 SPS-C-RNTI 和时间间隔。可以通过 DCI，以 SPS-C-RNTI 寻址方式针对特定设备激活或停用 SPS。激活的 DCI 中，将周期性的固定资源分配信息（包括频率资源、MCS、重复次数等）都通过 SPS-C-RNTI 发送到特定的设备。SPSC-RNTI 也用于调度潜在的 HARQ 重发。注意，如果需要，动态调度可以在任何时候取消 SPS。

3.3.2.2　信道质量报告

CE 模式 A 支持来自设备的下行信道状态信息（CSI）报告，以帮助基站的调度决策。既支持 RRC 配置的 PUCCH 周期性报告（见 3.2.5.5 节），也支持 DCI 触发的 PUSCH 周期性报告（见 3.2.5.4 节和表 3.28）。LTE-M 支持的 CSI 模式见表 3.30[15]。

表 3.30　LTE-M 的下行 CSI 模式

CSI 模式	描述	触发	物理信道	备注
1-0	TM1/TM2/TM9 中的宽带 CQI	周期性	PUCCH 格式 2/2a/2b	仅支持 CE 模式 A
1-1	TM6/TM9 中的宽带 CQI 和 PMI	周期性	PUCCH 格式 2/2a/2b	仅支持 CE 模式 A
2-0	TM1/TM2/TM6/TM9 中的子频段 CQI	非周期性	PUSCH	仅支持 CE 模式 A

信道质量信息（CQI）报告反映了设备的建议，即当为第一次 HARQ 传输设定 10% 的误块率时，建议 PDSCH 采用什么 MCS。预编码矩阵指示（PMI）报告是设备关于在 PDSCH TM6 和 TM9 中使用何种预编码矩阵的建议（2 bit 或 4 bit，取决于天线端口的数量），见 3.2.4.7 节。对于 PDSCH 的 TM9，可以使用闭环或开环波束赋形，在开环时不需要 PMI 报告。在 LTE-M 中，CQI 和 PMI 报告是基于设备检测的窄带范围内的 CRS 测量，用于 MPDCCH 监测。宽带 CQI 报告反映了所有窄带的质量监控状况（平均值），而子频段 CQI 报告还包含一个单独的 CQI 报告，反映其中质量最好的一个窄带的状况。这些信息可以帮助基站的调度决策。

表 3.31　LTE-M 的下行 CQI 表

CQI 索引号	Release 13 CQI 表			Release 15 CQI 表（含 64QAM）			Release 15 可选 CQI 表		
	调制方式	码率 ×1024 ×R_{CSI}	效率 ×R_{CSI}	调制方式	码率 ×1024	效率	调制方式	码率 ×1024	重复
0	超出范围			超出范围			超出范围		
1	QPSK	40	0.0781	QPSK	40	0.0781	QPSK	56	32
2	QPSK	78	0.1523	QPSK	78	0.1523	QPSK	207	16
3	QPSK	120	0.2344	QPSK	120	0.2344	QPSK	266	4

（续）

CQI 索引号	Release 13 CQI 表			Release 15 CQI 表（含 64QAM）			Release 15 可选 CQI 表		
	调制方式	码率 × 1024 × R_{CSI}	效率 × R_{CSI}	调制方式	码率 × 1024	效率	调制方式	码率 × 1024	重复
4	QPSK	193	0.3770	QPSK	193	0.3770	QPSK	195	2
5	QPSK	308	0.6016	QPSK	308	0.6016	QPSK	142	1
6	QPSK	449	0.8770	QPSK	449	0.8770	QPSK	266	1
7	QPSK	602	1.1758	QPSK	602	1.1758	QPSK	453	1
8	16QAM	378	1.4766	16QAM	378	1.4766	QPSK	637	1
9	16QAM	490	1.9141	16QAM	490	1.9141	16QAM	423	1
10	16QAM	616	2.4063	16QAM	616	2.4063	16QAM	557	1
11	保留			64QAM	466	2.7305	16QAM	696	1
12	保留			64QAM	567	3.3223	16QAM	845	1
13	保留			64QAM	666	3.9023	64QAM	651	1
14	保留			64QAM	772	4.5234	64QAM	780	1
15	保留			64QAM	873	5.1152	64QAM	888	1

　　表 3.31 显示了 Release 15 中 LTE-M 支持的三个 CQI 表。4 bit CQI 索引号对应于推荐的调制方式、码率和每个符号的有用比特数（效率或重复次数）。最左边的一列显示了 Release 13 的 CQI 表，它是根据设备的覆盖情况进行校准的。其中，设备使用 CSI 参考资源的子帧数（R_{CSI}）参数，而 R_{CSI} 是一个 RRC 配置参数，范围是 {1, 2, 4, 8, 16, 32} 字帧。基站将为该设备配置一个 R_{CSI}，该 R_{CSI} 大致与 PDSCH 传输所需的重复次数相匹配。Release 15 引入了两个新的 CQI 表来支持下行 64QAM 特性（见 3.2.4.7 节）。对中间列的 CQI 表进行了优化以获得更好的覆盖率，并假设 R_{CSI} 为 1 个子帧，而最右边是一个可选的 CQI 表，它的信噪比范围更大。可选 CQI 表也适用于不支持 64QAM 的 LTE-M 设备，但在这种情况下，报告的 CQI 索引号最高只是 12，即 16QAM 的最高 CQI 值。相比其他 CQI 表，可选 CQI 表有更大的颗粒度。这意味着，它可能适用于信道条件变化较大的设备，因为这些设备可能需要频繁地通过 RRC 重新配置 R_{CSI} 参数来调整 CQI 报告范围。

3.3.2.3　连接模式的随机接入

　　当获得上行 TA 命令或上行授权时，设备能够在连接模式下启动随机接入过程。然后设备执行基于竞争的随机接入，类似于空闲模式随机接入的 RAR 和随机接入 Message 3（见 3.3.1.6 节）。但是，与空闲模式不同，Message 3 不包含 RRC 消息，而且由于设备已经被分配了 C-RNTI（设备会在 Message 3 中提供），因此在本例中，第 4 步中的竞争解决会使用 C-RNTI，而不是 TC-RNTI。

　　基站还可以向设备发送 MPDCCH 指令，命令 CE 模式 A 或 B 的设备启动随机接入过程。当切换到另外一个小区或下行数据传输在挂起一段时间之后进行恢复时，这是非常有用的。因为基站希望设备重新获得上行时间校准,以便快速实现对下行数据传输的上行响应。DCI 格式 6-1A 或 6-1B 的调整版本用于传送该指令。并且该指令也指示初始 PRACH 的 CE 级别。与在 LTE 中一样,在 MPDCCH 中指定一个专用的 PRACH 前导码索引号,以便允许无竞争随机接入,并且在这种情况下,不需要冲突解决机制,并且随机接入过程已经在接收 RAR 时结束。如果该指令中没有 PRACH 前导码的索引号,则按照与连接模式随机接入相同的方式,由设备触发执行基于竞争的随机接入。

3.3.2.4 功率控制

关于 PUSCH/PUCCH 的闭环功率控制(TPC)命令,可以通过 DCI 格式 6-0A/6-1A(见 3.3.2.1.1 节和 3.3.2.1.2 节)发送给 CE 模式 A 的 LTE-M 设备,也可以使用 DCI 格式 3/3A,利用 TPC-PUSCH-RNTI 或 TPC-PUCCH-RNTI 寻址方式,在 Type-0 MPDCCH CSS 发送(见 3.3.3.1 节)。一个单独的采用 DCI 格式 3/3A 的 DCI,可以携带多个设备的功率控制命令。标准支持多种功率控制命令,但最常用的一个使用 2 bit 命令来控制传输功率的变化值,如 {–1, 0, +1, +3} dB。LTE-M 与 LTE 中的功率控制类似。

然而,在 CE 模式 B 下的 LTE-M 设备通常处于较差的覆盖状况,因此将始终采用最大功率进行发射。类似地,在随机接入过程中,当一个设备达到最高的 PRACH 的 CE 等级(PRACH CE 等级 3)时,在 PRACH 传输过程中总是以最大功率进行发射。

3.3.2.5 移动性支持

除了 3.3.1.1 节和 3.3.1.3 节中描述的空闲模式下的小区选择和小区重选外,LTE-M 设备还支持连接模式移动性管理,如切换、RRC 重定向、RRC 重建、测量报告等,与 LTE 设备类似[13]。

与普通 LTE 设备不同,低成本、缩减带宽的 LTE-M 设备需要测量间隔,不仅在连接模式的异频测量时需要,在同频测量时也需要。因为 LTE-M 设备需要把窄带接收机重新调整到系统带宽中心的 72 个子载波,去接收 PSS/SSS(用于获取并维持时间和频率同步,以及识别小区)。设备还需要执行无线资源管理(RRM)测量,如 RSRP,也需要把频率调整到系统带宽的中心位置。

在 Release 13 中,LTE-M 支持在连接模式下的同频 RSRP 测量,而在 Release 14 中,在空闲和连接模式下引入同频 RSRP/RSRQ 测量和异频 RSRP/RSRQ 测量,实现完整的移动性支持。这些测量对于移动和实时场景(如可穿戴设备和语音服务)非常重要。

LTE-M 标准最初是针对低移动性设备的应用场景开发的,然而,LTE-M 物理层足够健壮,能够在较高的移动速度下保持良好的链路质量。因为这对于许多物联网应用很有吸引力,所以 Release 15 为 CE 模式 A 引入了更高移动速度的增强性能请求。这些请求的假设是设备能够满足在 1 GHz 频段支持至少 240 km/h 的速度,在 2 GHz 频段支持至少 120 km/h 的速度。

在连接模式下,设备通过无线链路监测来确定是否与服务小区同步。判断依据是比较 CRS 测量阈值，即 Qin 和 Qout，分别对应 2% 和 10% 的 MPDCCH 传输误块率[17]。评估是按照一定评估周期进行的。如果在一段时间内（T310 定时器超时），评估结果失步超过一定次数（参数 N310 决定），该设备将认为无线链路失败，并关闭其发射，以避免造成不必要的干扰。该设备可以通过小区选择，找到更好的小区并重新建立连接。在 Release 14 中，无线链路监测得到了进一步的改进，引入了两个新的报告事件，称为 earlyQin 和 earlyQout，它们比 Qin 和 Qout 事件更早触发，从而使网络有更多的时间对无线资源进行相应的调整。

3.3.2.6　定位

除了基于小区标识（CID）的定位外，LTE-M 还支持 LTE 定位技术增强小区标识（Enhanced Cell IDentity，E-CID）和观测到达时间差（Observed Time Difference Of Arrival，OTDOA）。从协议的角度来看，E-CID 和 OTDOA 已经在 Release 13 中得到了支持，但是直到 Release 14 才为 LTE-M 设备引入了对 E-CID 和 OTDOA 的完整测量要求。关于 E-CID 和 OTDOA 定位技术背后的一般原则的描述，请参见 5.3.2.6 节（该节涉及 NB-IoT，但这些原则同样适用于 LTE-M）。

Release 14 进一步引入在时域和频域的相关 PRS 配置的 OTDOA 增强（见 3.2.4.3.3 节）。在 Release14 中，新 PRS 配置允许 LTE-M 设备达到与普通 LTE 设备相当的定位精度。小区中 PRS 精确配置取决于所需的 PRS 开销和定位精度之间的平衡。

Release 15 引入了新的 PRS 测量间隙模式，使设备能够在连接模式下的测量间隙进行 OTDOA 定位测量，且测量时间可以超过 6 个子帧，这有助于在弱覆盖环境中定位。

3.3.3　空闲模式与连接模式的共同过程

3.3.3.1　MPDCCH 搜索空间

MPDCCH 的传输机会以搜索空间的形式定义（在 3.2.4.6 节中描述）。每个设备监视一个 MPDCCH 搜索空间，准备接收针对该设备 RNTI 的 DCI 数据。一个 MPDCCH 搜索空间通常包含盲解码候选序列，其中差异是 MPDCCH 重复次数不同。

Release 13 支持以下 MPDCCH 搜索空间[15]：

1. Type-1 公共搜索空间（Type1-CSS）：在空闲模式，由设备在寻呼时机监视。

2. Type-2 公共搜索空间（Type2-CSS）：在空闲和连接模式，由设备在随机接入过程监视。

3. 用户特定的搜索空间（UE-specific Search Space，USS）：在连接模式，设备检视用户特定的搜索空间。这是上、下行数据传输的调度中经常会出现的。

4. Type-0 公共搜索空间（Type0-CSS）：在连接模式的 CE 模式 A，由设备监视。它可以用于功率控制命令，也可以在用户特定的搜索空间失败后，成为备用方式。

Release 14 多播引入了以下额外的 MPDCCH 搜索空间（见 3.3.1.9 节）：

1. Type-1A 公共搜索空间（Type1A-CSS）：在空闲模式，由设备在多播控制信道（SC-MCCH）的传输时进行监视。它主要基于 Type1-CSS 设计。

2. Type-2A 公共搜索空间（Type2A-CSS）：在空闲模式，由设备在多播业务信道（SC-MTCH）的传输时进行监视。它主要基于 Type2-CSS 设计。

MPDCCH 搜索空间由以下关键参数[23]定义：

1. MPDCCH 窄带索引号表示系统带宽内的一个窄带。每个系统带宽的窄带总数如表 3.4 所示。

2. MPDCCH PRB 对的数量的范围是 {2, 4, 6}。对于 Type1-CSS 和 Type2-CSS, MPDCCH PRB 对数固定为 6。

3. MPDCCH 资源块分配指示 PRB 对的位置。如果 PRB 对的数量是 6（对于 Type1-CSS 和 Type2-CSS 情况总是如此），那么就不需要此参数，因为窄带内的所有 PRB 对都包含在资源块分配中。

4. 最大 MPDCCH 重复因子（R_{max}）表示在搜索空间中候选对象最大的重复因子。参数范围是 {1, 2, 4, 8, 16, 32, 64, 128, 256}。

5. 相关的 MPDCCH 起始子帧的周期性（G）用于确定搜索空间起始子帧的周期性。对于 FDD 时，范围是 {1, 1.5, 2, 2.5, 4, 5, 8, 10}；对于 TDD，范围是 {1, 2, 4, 5, 8, 10, 20}。以子帧计算的绝对 MPDCCH 起始子帧周期性（T）为 $T = R_{max} G$。

Type1-CSS 和 Type2-CSS 的配置参数由 SIB2 发送，而 USS 和 Type0-CSS 的配置参数在用户 RRC 中发送。所以，在 CE 模式 A，设备同时监视 USS 和 Type0-CSS。而在 CE 模式 B 或空闲模式，设备一次只能监测一个搜索空间。

关于搜索空间的详细信息见表 3.32[15]。

表 3.32　LTE-M 设备监视的 MPDCCH 搜索空间、RNTI 和 DCI 格式

模式	MPDCCH 搜索空间	RNTI	使用	DCI 格式	节
空闲	—	SI-RNTI	系统消息广播	—	3.3.1.2
	Type-1 公共	P-RNTI	寻呼与系统消息更新通知	6-2	3.3.1.4
	Type-2 公共	RA-RNTI	随机接入响应	6-1A, 6-1B	3.3.1.6
		TC-RNTI	随机接入 Message 3 的 HARQ 重传	6-0A, 6-0B	3.3.1.6
		TC-RNTI	Message 4 的随机接入冲突解决	6-1A, 6-1B	3.3.1.6
	Type-1A 公共	SC-RNTI	SC-MCCH 调度	6-2	3.3.1.9
	Type-2A 公共	G-RNTI	SC-MTCH 调度	6-1A, 6-1B	3.3.1.9
连接	特定 UE	C-RNTI	随机接入命令	6-1A, 6-1B	3.3.2.3
		C-RNTI	下行动态调度	6-1A, 6-1B	3.3.2.1.1
		C-RNTI	上行动态调度	6-0A, 6-0B	3.3.2.1.2
		SPS-C-RNTI	下行半永久调度	6-1A	3.3.2.1.3
		SPS-C-RNTI	上行半永久调度	6-0A	3.3.2.1.3

（续）

模式	MPDCCH 搜索空间	RNTI	使用	DCI 格式	节
连接	Type-0 公共（仅 CE 模式 A）	C-RNTI	随机接入命令	6-1A	3.3.2.3
		C-RNTI	下行动态调度	6-1A	3.3.2.1.1
		C-RNTI	上行动态调度	6-0A	3.3.2.1.2
		SPS-C-RNTI	上行半永久调度	6-0A	3.3.2.1.3
		TPC-PUCCH-RNTI	PUCCH 功率控制	3, 3A	3.3.2.4
		TPC-PUSCH-RNTI	PUSCH 功率控制	3, 3A	3.3.2.4
	Type-2 公共	RA-RNTI	随机接入响应	6-1A, 6-1B	3.3.2.3
		TC-RNTI	随机接入 Message 3 的 HARQ 重传	6-0A, 6-0B	3.3.2.3
		C-RNTI	随机接入冲突解决	6-0A, 6-0B, 6-1A, 6-1B	3.3.2.3

在 MPDCCH 搜索空间中，不同的候选对象可以具有不同的 ECCE 聚合等级和不同的重复因子（R）。如 3.2.4.6 节所述，在具有正常 CP 长度的正常子帧中，支持 2、4、8、16或 24 个 ECCE 的聚合。在最小的 ECCE 聚合等级（即 2），在一个 PRB 对中可用的 ECCE有一半是聚合的；在最高的 ECCE 聚合等级（即 24），一个窄带内所有可用的 ECCE 是聚合的。根据表 3.33，可用的重复级别 R_1、R_2、R_3 和 R_4 取决于 R_{max}。有关搜索空间定义的详细信息，请参阅文献 [15] 中的 7.1.5 节。

表 3.33 MPDCCH 搜索空间重复等级

R_{max}	Type1-CSS 的重复等级				Type0-CSS 和 Type2-CSS 的重复等级			
	R_1	R_2	R_3	R_4	R_1	R_2	R_3	R_4
256	2	16	64	256	32	64	128	256
128	2	16	64	128	16	32	64	128
64	2	8	32	64	8	16	32	64
32	1	4	16	32	4	8	16	32
16	1	4	8	16	2	4	8	16
8	1	2	4	8	1	2	4	8
4	1	2	4	—	1	2	4	—
2	1	2	—	—	1	2	—	—
1	1	—	—	—	1	—	—	—

图 3.30 显示了一个 MPDCCH 搜索空间的例子，其中 $R_{max} = 4$ 和 $G = 1.5$。在这个搜索空间中，一个 MPDCCH 在子帧中可以按照无重复（$R = 1$）进行调度，标记为 A、B、C和 D，或者按照两次重复（$R = 2$）进行调度，标记为 AB 和 CD，或者按照四次重复（$R = 4$）进行调度，标记为 $ABCD$。如果一个 MPDCCH 是根据方式 A 传输的，那么方式 AB 和$ABCD$ 在同一 T 时间段内被阻塞，但是方式 B、C、D 和 CD 仍然可以在同一个 T 时间段

内使用。连续搜索空间之间的 2 个子帧（$T - R_{max} = 2$）不包含在搜索空间中（如无特殊需求，设备在此期间进入休眠状态，除非它有其他原因在这些子帧期间保持唤醒状态）。

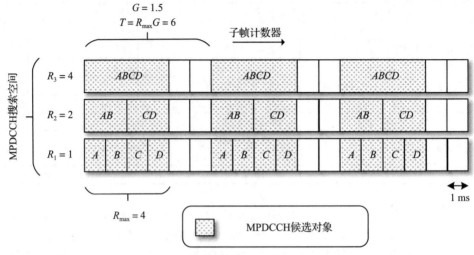

图 3.30　USS、Type0-CSS 和 Type2-CSS 的 MPDCCH 搜索空间示例

　　图 3.31 显示了 Type1-CSS（用于寻呼的 CSS）的 MPDCCH 搜索空间示例。可以看到，搜索空间中的所有候选对象都从相同的子帧开始。

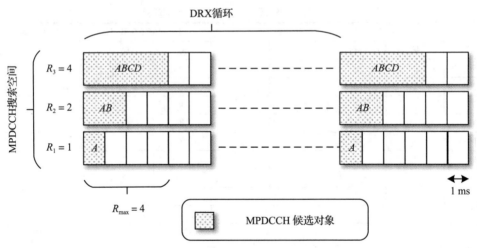

图 3.31　Type1-CSS 的 MPDCCH 搜索空间示例

　　这使得处于良好覆盖区域的设备，在检测到在搜索空间的第一个子帧中没有传输信号时，就可以进入睡眠状态（如例中的 A）。如果图 3.30 中的搜索空间也用于寻呼，那么设备将不得不保持更长时间的清醒状态，因为基站可以选择在 B、C 或 D 中发送寻呼。

3.3.3.2 跳频

LTE-M 传输被限制在窄带内，但除 PSS/SSS、PBCH、RSS、MWUS 和 SRS 外的所有物理信道和信号，均可通过不同窄带之间的跳频，获得频率分集的增益。如 3.2.4.2 节和 3.2.4.4 节所述，与普通 LTE 类似，PSS/SSS 和 PBCH 始终位于系统带宽的中心。如果小区支持 RSS 或 MWUS，则 SIB2 中的配置信息包括它们的频率位置（见 3.2.4.2.2 节和 3.2.4.5 节）。

表 3.34 列出了 LTE-M 中跳频的时间间隔和频率偏移量的小区级配置参数。时间间隔表示频率以多长时间的间隔进行频率调整，偏移量表示频域内的调整量。时间间隔是同步的，因此不同设备的跳频可以同时进行，不会因为跳帧产生干扰。跳频发生在 3.2.4.1 节和 3.2.5.1 节所述的频率重调的保护期。MPDCCH/PDSCH 的跳频间隔参数具有双重用途，因为它还指示了在此期间，MPDCCH/PDSCH 预编码保持不变（如 3.2.4.6 节和 3.2.4.7 节所述）。

表 3.34   LTE-M 跳频的小区级时间间隔和频率偏移量

参数	在 FDD 中的取值范围	在 TDD 中的取值范围	发送信令
MPDCCH/PDSCH 的跳频窄带数量	2, 4	2, 4	SIB1
MPDCCH/PDSCH 跳频间隔 [ms]（在 CE 模式 A 和 PRACH CE 等级 0 和 1 的随机访问过程中）	1, 2, 4, 8	1, 5, 10, 20	SIB1
MPDCCH/PDSCH 跳频间隔 [ms]（在 CE 模式 B 和 PRACH CE 等级 2 和 3 的随机访问过程中）	2, 4, 8, 16	5, 10, 20, 40	SIB1
PUCCH/PUSCH 跳频间隔 [ms]（在 CE 模式 A 和 PRACH CE 等级 0 和 1 的随机访问过程中）	1, 2, 4, 8	1, 5, 10, 20	SIB2
PUCCH/PUSCH 跳频间隔 [ms]（在 CE 模式 B 和 PRACH CE 等级 2 和 3 的随机访问过程中）	2, 4, 8, 16	5, 10, 20, 40	SIB2
MPDCCH/PDSCH 的跳频偏移量 [窄带]	1 ～ 16	1 ～ 16	SIB1
PUSCH 的跳频偏移量 [窄带]	1 ～ 16	1 ～ 16	SIB2
PRACH 的跳频偏移量 [窄带]	0 ～ 94	0 ～ 94	SIB2

对于 SIB1 和 PUCCH，跳频在 LTE-M 规范中是固定的，但是对于所有其他类型的传输，是否使用跳频取决于网络配置。表 3.35 列出了不同类型 LTE-M 传输的跳频激活方法。

表 3.35   LTE-M 小区的跳频激活方法

传输类型	物理信道	跳频激活模式
SIB1	PDSCH	SIB1 传输的窄带数严格依赖于由 MIB 消息激活的下行系统带宽： 1.4 MHz：无跳频。 3 MHz、5 MHz、10 MHz：2 个窄带间跳频。 15 MHz、20 MHz：4 个窄带间跳频

（续）

传输类型	物理信道	跳频激活模式
系统消息	PDSCH	由 SIB1 消息里的一个公共 bit 激活
寻呼	MPDCCH, PDSCH	
随机接入前导码	PRACH	由 SIB2 中的一个 bit 激活，该 bit 按照不同 PRACH 的 CE 等级设置
随机接入响应和随机接入的 Message 3 和 4	MPDCCH, PDSCH, PUSCH, PUCCH	由 SIB2 中的一个 bit 激活
单播的下行数据传输	MPDCCH, PDSCH	由用户的 RRC 信令中的一个 bit 激活
		在 CE 模式 A，跳频可以被 DCI 格式 6-1A 的一个 bit 关闭
单播的上行数据传输	MPDCCH, PUSCH	由用户的 RRC 信令中的一个 bit 激活
		在 CE 模式 A，跳频可以被 DCI 格式 6-0A 的一个 bit 关闭
HARQ-ACK, SR, CSI	PUCCH	一直处于激活状态
多播控制信道	MPDCCH, PDSCH	由 SIB20 的一个参数激活，该参数也指示是否跳频应该遵循 SIB2 的跳频参数（对于 CE 模式 A 或 B）
多播业务信道	MPDCCH, PDSCH	由 SC-MTCH 的一个参数激活，并且另外一个参数也指示是否跳频应该遵循 SIB2 的跳频参数（对于 CE 模式 A 或 B）。如果在 CE 模式 A，它可以进一步由 DCI 格式 6-1A 的跳频 bit 关闭
定位参考信号	PRS	如果 PRS 带宽为 6 个 PRB，可以在 LTE 定位协议的 2 个或 4 个频率位置之间配置 PRS 的跳频。第一个频率位置在 LTE 系统带宽的中心，其他频率位置在可配置的窄带内

当在下行跳频时，SIB1 的一个参数控制是否在 2 到 4 个窄带之间跳频（见表 3.34）。携带 SIB1 的 PDSCH 占用跳频的窄带数量，在规范中是固定的（见表 3.35）。SIB1 的跳频模式开始位置是 SFN 被 8 整除的帧。对应的窄带，取决于 PCID。并且，跳频总是在 2 到 4 个窄带中进行，所以它们会避开系统频段的两个中心窄带，防止与中心的 72 个子载波冲突（PSS、SSS、PBCH 区域）。

当在上行链路中使用跳频时，总是在两个频率位置之间执行跳频。PUCCH 始终激活跳频，并且跳频在两个 PRB 位置之间执行，且 PRB 位置相对于 LTE 系统带宽的中心频率是对称的。需要注意的是，只有 PUCCH 传输时间大于上行跳频间隔时间，才能通过一次或多次跳频获得频率分集增益，否则 PUCCH 传输时间太短，只占用 1 个或 2 个 PRB 位置，在执行跳频之前已经完成传输。图 3.32 给出了一个上行跳频的例子：上行跳频间隔为 2 ms，一个重复因子为 4 的 PUCCH 传输，一个重复因子为 8 的 PUSCH 传输，以及两个窄带的 PUSCH 跳频偏移量。

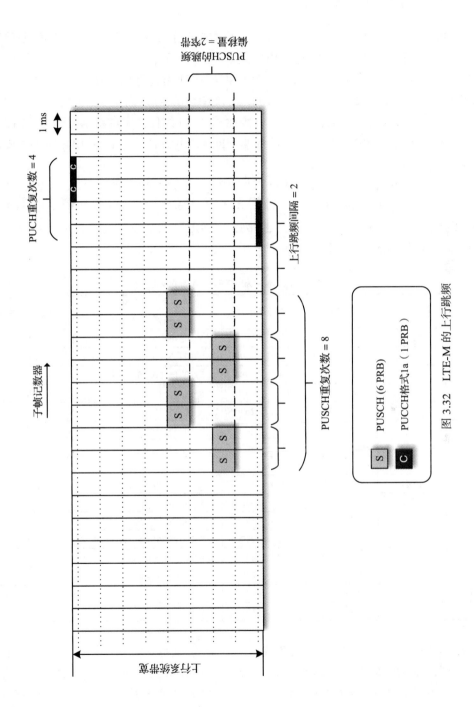

图 3.32　LTE-M 的上行跳频

3.4   NR 与 LTE-M 共存

3GPP Release 15 引入 NR 接入技术，相比 LTE，在数据速率、时延、部署灵活性和节能方面具有显著的优势（NR 的详细描述见 2.4 节和文献 [27]）。NR 旨在提高移动宽带和 URLLC 的性能（见第 9 章），而 LPWA 物联网期望利用现有的 3GPP 技术（如 LTE-M 和 NB-IoT）得到充分解决。事实证明，LTE-M 和 NB-IoT 可以满足 5G 大规模 MTC 的要求（分别参见第 4 章和第 6 章的性能评估），因此符合 5G 组件技术的要求。因此，LTE-M 和 NB-IoT 在从 LTE 向 NR 演进后，也能够与 NR 有效共存。本节讨论 LTE-M 与 NR 共存，5.4 节讨论 NR 与 NB-IoT 共存。

LTE 频 段 1、2、3、4、5、7、8、11、12、13、14、18、19、20、21、25、26、27、28、31、39、40、41、66、71、72、73、74 和 85 均支持 LTE-M（频段范围见表 3.3）。其中许多频段也是 NR 的频段[28]。表 3.36 列出了 NR 和 LTE-M 所定义的所有频段，因此，这些频段可以用于部署 NR 和 LTE-M。

表 3.36   NR 和 LTE-M 共存的频段

频段	双工模式	上行 [MHz]	下行 [MHz]	15 kHz 子载波间隔下 NR 信道带宽 [MHz]	NR 信道栅格 [kHz]
1	FDD	1920 ~ 1980	2110 ~ 2170	5, 10, 15, 20	100
2	FDD	1850 ~ 1910	1930 ~ 1990	5, 10, 15, 20	100
3	FDD	1710 ~ 1785	1805 ~ 1880	5, 10, 15, 20, 25, 30	100
5	FDD	824 ~ 849	869 ~ 894	5, 10, 15, 20	100
7	FDD	2500 ~ 2570	2620 ~ 2690	5, 10, 15, 20	100
8	FDD	880 ~ 915	925 ~ 960	5, 10, 15, 20	100
12	FDD	699 ~ 716	729 ~ 746	5, 10, 15	100
20	FDD	832 ~ 862	791 ~ 821	5, 10, 15, 20	100
25	FDD	1850 ~ 1915	1930 ~ 1995	5, 10, 15, 20	100
28	FDD	703 ~ 748	758 ~ 803	5, 10, 15, 20	100
39	TDD	1880 ~ 1920	1880 ~ 1920	5, 10, 15, 20, 25, 30, 40	100
40	TDD	2300 ~ 2400	2300 ~ 2400	5, 10, 15, 20, 25, 30, 40, 50	100
41	TDD	2496 ~ 2690	2496 ~ 2690	10, 15, 20, 40, 50	15 或 30
66	FDD	1710 ~ 1780	2110 ~ 2200	5, 10, 15, 20, 40	100
71	FDD	636 ~ 698	617 ~ 652	5, 10, 15, 20	100
74	FDD	1427 ~ 1470	1475 ~ 1518	5, 10, 15, 20	100

LTE-M 是 LTE 的扩展，因此可以在 LTE 载波内无缝运行，如 3.1.2.6 节所述。在本节中会看到，在 LTE-M 和 NR 支持的几种机制中，LTE-M 几乎可以同样在 NR 载波内无缝运行。需要注意的是，在 NR 共存情况下，LTE-M 系统带宽可以小于 NR 系统带宽（这与 LTE 共存情况不同，LTE-M 系统带宽始终与 LTE 系统带宽相同）。

　　LTE-M 和 NR 之间的时频资源划分取决于基站，可以是完全静态的，也可以是更加动态的。图 3.33 为静态资源共享图，其中一小部分可用频谱被分配给 LTE-M，不用于NR，其余频谱用于 NR。该部分对应于 LTE-M 系统带宽中的 PRB 数量（见表 3.4），即它最小为 6 个 PRB，并且只占用一个 LTE-M 窄带，从而降低对 NR 可用资源的影响。如果预估的 LTE-M 流量相对较小，通过静态资源分配的方式为 LTE-M 配置较小的系统带宽。

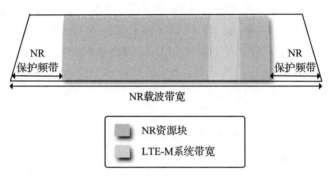

图 3.33　LTE-M 和 NR 的静态资源共享

　　图 3.34 展示了一种更灵活的资源共享方式，其中大部分可用资源作为 NR 和 LTE-M的公共资源池，由基站动态地将资源从资源池分配到 NR 和 LTE-M 设备上。共享部分对应于 LTE-M 系统带宽中配置的 PRB 数量。如表 3.4 所示，LTE-M 系统的带宽可以为 6 到100 个 PRB，可以包含少到 1 个窄带，也可以包含多到 16 个窄带。更加动态的资源共享，需要通过资源池方式提供更高效的资源利用，但需要更复杂的基站支持。本节将描述静态或动态资源共享的标准机制。

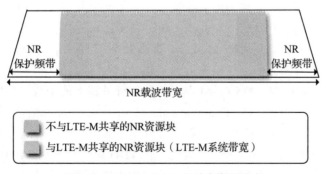

图 3.34　LTE-M 和 NR 的动态资源共享

　　为了确保 LTE-M 早期设备能够在不知道 NR 特定操作的情况下工作，LTE-M 设备必须能够在初始小区选择过程中就识别出 LTE-M 小区（见 3.3.1.1 节）。为了实现这一点，LTE-M 载波的中心位置需要配置一个 100 kHz 的信道栅格（见 3.2.1.1 节）。此外，由于

PSS、SSS 和 PBCH 是 LTE-M 设备在小区搜索过程中需要使用的信号，需要对它们进行预留。

同样，为了确保 NR 设备能够工作，无论是否 LTE-M 在同一频段共存，NR 载波需要按照表 3.36 所示的 NR 信道栅格进行配置。在大多数情况下，NR 信道栅格为 100 kHz。此外，NR 同步信号块（SSB）需要预留，因为在小区搜索期间 NR 设备需要使用 SSB。

同时尽量减小 NR 与 LTE-M 之间的干扰，保证 NR 和 LTE-M 在同一频段部署时对它们性能的影响可以忽略不计。与 LTE 和 LTE-M 不同，NR 支持多种子载波配置。如果 NR 载波的子载波间隔与 LTE-M 相同，即 15 kHz 的子载波间隔，则应将 NR 和 LTE-M 子载波在相同的子载波栅格上对齐，使 NR 和 LTE-M 的子载波的频率相差 15 kHz 的整数倍。这样，如果 NR 和 LTE-M 网络是同步的，NR 子载波和 LTE-M 子载波是相互正交的。如果 NR 载波的子载波间隔不是 15 kHz，则在 NR 和 LTE-M 之间需要一个保护带，以确保最小的子载波间干扰。

可以看出，在 NR 子载波间隔为 15 kHz 和载波栅格为 100 kHz 的情况下，NR 信道栅格相关的 NR 子载波每隔 20 个（即每 300 kHz）就会与 LTE-M 信道栅格位置[29]重合。三分之一的 LTE-M 信道栅格满足这一条件。如果根据这种关系选择载波位置，则在下行链路中实现 NR 和 LTE-M 之间的子载波栅格对齐（但不需要在上行链路中实现，这将在下面讨论）。

LTE-M 与 LTE 类似，但与 NR 不同，在下行链路系统带宽的中心有一个未使用的直流子载波（见 3.2.2 节）。然而，上行链路中没有直流子载波。因此，LTE-M 下行链路的系统带宽比 LTE-M 上行链路系统带宽要多一个子载波，比 NR 系统带宽也多一个子载波，如图 3.35 所示。为了在上行链路中实现子载波栅格对齐，需要考虑直流子载波。在 LTE-M 中，信道栅格指向 LTE 下行系统带宽中心的未使用的直流子载波，而 NR 信道栅格指向 NR 载波中心附近的普通 NR 子载波。对于有 N 个资源块的 NR 载波，无论是下行还是上行，都有 12 N 个子载波，索引号从 0 到 $12N-1$，对应的信道栅格映射到子载波 $6n$[27]。对于有 M 个资源块的 LTE-M 载波，那么共有 $12M+1$ 下行子载波（包括直流子载波），索引号从 0 到 12 M。信道栅格映射到子载波 $6M$，但只有 $12M$ 上行子载波（无直流子载波）。为了同时实现 NR 和 LTE-M 在下行和上行链路上的子载波栅格对齐，NR 支持可配置的上行半子载波移位（Configurable uplink half-subcarrier shift）。当基站激活小区中的该功能时，半子载波（+7.5 kHz）的频率移位用于 NR 上行。Release 15 在 NR FDD 中支持该功能，但在 NR TDD 中不支持。因此，在 TDD 频带的 NR 和 LTE-M 共存时，不能使用该功能需要依靠 NR 和 LTE-M 之间的一个足够大的频率保护带。

需要注意的是，由于直流子载波，NR 和 LTE-M 的资源块可能无法完全对齐。所以，当无法完全对齐时，为了适应 M 个 LTE-M 资源块，NR 需要保留 $M+1$ 个资源块。

利用 NR 和 LTE-M 中的资源预留机制，可以避免 NR 和 LTE-M 传输之间的冲突。

LTE-M 基站可以通过 LTE-M 下行子帧位图和 LTE-M 起始符号（见 3.2.4.1 节）来限

制小区内 LTE-M 传输。LTE-M 下行子帧位图可用于保护周期性的 NR 传输，如 NR SSB。而起始符号需要配置得足够大，以避免在下行子帧开始时与 NR PDCCH 传输发生冲突。类似地，LTE-M 上行子帧位图（见 3.2.5.1 节）可用于保护潜在的周期性的 NR 上行资源。

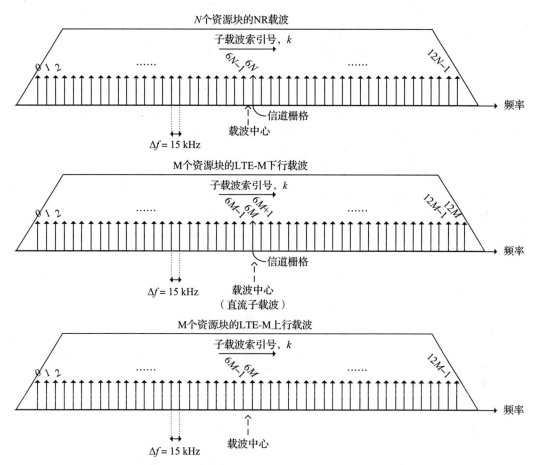

图 3.35　NR 和 LTE-M 信道栅格的位置（假定 NR 载波是采用 15 kHz 子载波间隔）

　　NR 基站可以通过 NR 下行资源保留位图向 NR 设备指示：NR PDSCH 传输禁止使用某些特定资源块或 OFDM 符号。NR 设备将在 NR PDSCH 码率适配中考虑这些限制。这些保留位置用于周期性的 LTE-M 传输，如 PSS、SSS、PBCH、SIB1 和 SI 消息。

　　NR 还支持资源元素（RE）级 LTE-CRS 占用的 RE 预留。如果基站指示在 NR 载波的某些部分用于发射 LTE 或 LTE-M 载波，NR 设备将在 NR PDSCH 码率匹配中考虑 LTE CRS。这种机制使得资源共享更加动态，见图 3.34。部分 NR 系统带宽可以作为资源池由 NR 和 LTE-M 共享，使得在 NR 载波中可以实现与 LTE 载波中相同的 LTE-M 调度灵活程度（见 3.1.2.6 节）。Release 15 的 LTE-M 中引入的 CRS 静音功能（见 3.2.4.3.1 节），特别适合这种情况，因为可以减少 NR 载波内的 LTE CRS 传输量。

　　在 NR 和 LTE-M 共存时，首先预测两者流量比例，再考虑如何配置。LTE-M 系统带宽需要根据流量大小进行配置。如果预计 LTE-M 流量小，那么配置较小的系统带宽；如果平均负载高，或者流量峰值大，需要配置更大的系统带宽。如果配置较大的 LTE-M 系统带宽，那么 LTE-M 和 NR 采用动态资源共享可以充分利用资源（见图 3.33）；而 LTE-M 系统带宽远小于 NR 系统带宽时，静态资源共享（见图 3.33）会比较有效。

参考文献

[1] Third Generation Partnership Project, Technical Report 36.888, v12.0.0. Study on Provision of Low-Cost Machine-Type Communications (MTC) User Equipments (UEs) based on LTE, 2013.

[2] Vodafone Group, et al. RP-140522, Revised Work Item on Low Cost & Enhanced Coverage MTC UE for LTE, 3GPP RAN Meeting #63, 2014.

[3] Ericsson, et al. RP-141660, Further LTE Physical Layer Enhancements for MTC, 3GPP RAN Meeting #65, 2014.

[4] GSM Association. LTE-M Deployment Guide to Basic Feature Set Requirements, June 2019. Available from: https://www.gsma.com/iot/wp-content/uploads/2019/07/201906-GSMA-LTE-M-Deployment-Guide-v3.pdf.

[5] Global Mobile Suppliers Association. NB-IoT and LTE-M: Global Market Status, August 2018.

[6] Ericsson, et al. RP-170532, Revised WID Proposal on Further Enhanced MTC for LTE, 3GPP RAN Meeting #75, 2017.

[7] Ericsson, et al. RP-172811, Revised WID on Even further enhanced MTC for LTE, 3GPP RAN Meeting #77, 2017.

[8] Third Generation Partnership Project, Technical Report 37.910, v1.1.0. Study on Self Evaluation towards IMT-2020 Submission, 2018.

[9] Third Generation Partnership Project, Technical Specification 36.101, v15.6.0. Evolved Universal Terrestrial Radio Access (E-UTRA); User Equipment (UE) Radio Transmission and Reception, 2019.

[10] Third Generation Partnership Project, Technical Specification 36.211, v15.5.0. Evolved Universal Terrestrial Radio Access (E-UTRA); Physical Channels and Modulation, 2019.

[11] Third Generation Partnership Project, Technical Specification 36.306, v15.4.0. Evolved Universal Terrestrial Radio Access (E-UTRA); User Equipment (UE) Radio Access Capabilities, 2019.

[12] Intel Corporation, R1-1611936, Soft Buffer Requirement for feMTC UEs with Larger Max TBS, 3GPP RAN1 Meeting #87, 2016.

[13] Third Generation Partnership Project, Technical Specification 36.300, v15.4.0. Evolved Universal Terrestrial Radio Access (E-UTRA) and Evolved Universal Terrestrial Radio Access Network (E-UTRAN); Overall Description; Stage 2, 2019.

[14] Third Generation Partnership Project, Technical Specification 36.321, v15.5.0. Evolved Universal Terrestrial Radio Access (E-UTRA); Medium Access Control (MAC) Protocol Specification, 2019.

[15] Third Generation Partnership Project, Technical Specification 36.213, v15.5.0. Evolved Universal Terrestrial Radio Access (E-UTRA); Physical Layer Procedures, 2019.

[16] Third Generation Partnership Project, Technical Specification 36.214, v15.3.0. Evolved Universal Terrestrial Radio Access (E-UTRA); Physical Layer; Measurements, 2019.

[17] Third Generation Partnership Project, Technical Specification 36.133, v15.6.0. Evolved Universal Terrestrial Radio Access (E-UTRA); Requirements for Support of Radio Resource Management, 2019.

[18] Third Generation Partnership Project, Technical Specification 36.355, v15.2.0. Evolved Universal Terrestrial Radio Access (E-UTRA), LTE Positioning Protocol (LPP), 2019.

[19] Third Generation Partnership Project, Technical Specification 36.455, v15.2.0. Evolved Universal Terrestrial Radio Access (E-UTRA), LTE Positioning Protocol A (LPPa), 2019.

[20] Third Generation Partnership Project, Technical Specification 36.212, v15.5.0. Evolved Universal Terrestrial Radio Access (E-UTRA), Multiplexing and Channel Coding, 2019.

[21] Third Generation Partnership Project, Technical Specification 24.368, v15.1.0. Non-Access Stratum (NAS) configuration; Management Object (MO), 2018.

[22] Third Generation Partnership Project, Technical Specification 31.102, v15.5.0. Characteristics of the Universal

Subscriber Identity Module (USIM) application, 2019.

[23] Third Generation Partnership Project, Technical Specification 36.331, v15.5.0. Evolved Universal Terrestrial Radio Access (E-UTRA); Radio Resource Control (RRC), Protocol Specification, 2019.

[24] Ericsson. R4-1806756, Simulation results of CGI reading for eFeMTC UE, in: 3GPP RAN4 Meeting #87, 2018.

[25] Third Generation Partnership Project, Technical Specification 36.304, v15.3.0. Evolved Universal Terrestrial Radio Access (E-UTRA); User Equipment (UE) Procedures in Idle Mode, 2019.

[26] Third Generation Partnership Project, Technical Specification 36.413, v15.5.0. Evolved Universal Terrestrial Radio Access Network (E-UTRAN); S1 Application Protocol (S1AP), 2019.

[27] E. Dahlman, S. Parkvall, J. Sköld. 5G NR: The Next Generation Wireless Access Technology, Academic Press, Oxford, 2018.

[28] Third Generation Partnership Project, Technical Specification 38.104, v15.5.0. NR; Base Station (BS) radio transmission and reception, 2019.

[29] M. Mozaffari, Y.-P. E. Wang, O. Liberg, J. Bergman. Flexible and Efficient Deployment of NB-IoT and LTE-MTC in Coexistence with 5G New Radio. Proc. IEEE int. Conf. on Computer Commun., Paris, France, 29 April–2 May, 2019.

第4章

LTE-M 性能

摘　要

基于第3章描述的功能，本章将介绍 LTE-M 性能，包括覆盖率、数据速率、时延和系统容量等方面。所采用的性能评估体系主要遵循 ITU-R 定义的 IMT-2020，以及 3GPP 定义的 5G 评估框架。结果表明，LTE-M 的所有方面都能满足 ITU-R 和 3GPP 定义的 mMTC 的部分性能要求。虽然 LTE-M 支持 HD-FDD、FD-FDD 和 TDD 模式，但本章主要讨论 LTE-M HD-FDD 可以达到的性能。

4.1　性能目标

LTE-M 的工作始于 3GPP 的研究，即提供基于 LTE[1] 低成本机器型通信的用户设备的研究，在本书中被称为 LTE-M 研究项。LTE-M 研究项的最初目标是确定降低设备复杂度的解决方案。后来又增加了第二个目标，提供覆盖增强的解决方案。在 3GPP Release 12 中，以新的 LTE 设备类别（Cat-0）的形式，引入一些降低复杂度的技术。Release 13 以第二种低复杂度设备类别（Cat-M1）的形式，进一步降低了设备成本，并指定了两种 CE 模式。最初的目标是与普通 LTE 覆盖相比至少增加 15 dB 的覆盖。2.2.4 节简单介绍了这项工作，其中 LTE 覆盖参考值是 140.7 dB 的最大耦合损耗（MCL）。

在 Release 15 中，ITU-R 定义了 IMT-2020 的要求，包括增强移动宽带、关键 MTC 和 mMTC。mMTC 的连接密度目标是每平方公里支持 10 万个设备[2]。3GPP 在 5G 中也使用该目标，并在此基础上定义了对 mMTC[3] 的另外四个要求：

- 支持 164 dB MCL 的覆盖性能。
- 在 164 dB MCL 对应的覆盖边缘，持续的数据速率至少为 160 bit/s。
- 在 164 dB MCL 对应的覆盖边缘，小数据包的传输时延应不超过 10 s。
- 在 164 dB MCL 对应的覆盖边缘，在小数据包、非频繁传输场景，电池供电的设备的工作时间至少为 10 年。

这些需求从 3GPP Release 13 的 EC-GSM-IoT 和 NB-IoT 的初始工作中可以找到，对应的研究项是 "Cellular system support for ultra-low complexity and low throughput Internet of Things"[4]，在这本书中被称为 "Cellular IoT study item"。虽然 5G 性能目标符合 EC-GSM-IoT 和 NB-IoT 的要求，但 5G 和蜂窝物联网研究项的评估有所不同。2.3 节和 2.4 节详细介绍了 IMT-2020 和 5G 在蜂窝物联网方面的研究。

本章将基于 LTE-M HD-FDD 介绍每个 5G 性能目标。结果表明，LTE-M 各方面均满足 ITU-R 和 3GPP 规定的大规模 MTC 部分的要求。

4.2　覆盖

3GPP 根据 MCL 来定义覆盖范围。MCL 指发射节点和接收节点的两个天线端口之间的最大可容忍信号衰减。MCL 是发射输出功率（P_{TX}）、信噪比（SNR）、信号带宽（BW）和接收机噪声系数（NF）的函数：

$$MCL = P_{TX} - (SNR + 10 \log_{10}(k \cdot T \cdot BW) + NF) \tag{4.1}$$

其中，T 是假定的环境温度 290 K，k 是波耳兹曼常数（$1.38 \cdot 10^{-23}$ J/K）。3GPP 要求 5G 系统支持 164 dB MCL，这是为了满足宏网覆盖时室内深层的设备部署。

为了评估 LTE-M 的覆盖范围，需要根据表 4.1 的条件评估所有物理信号和信道的性能。抽头延迟线（Tapped Delay Line，TDL）信道模型是基于瑞利衰落的分布，即延迟标准差为 363 ns 和 2 Hz 多普勒扩展。与 LTE-M 循环前缀相比，它足够短，不会影响 OFDM 调制子载波的正交性。假设基站将调制后的信号映射到 2 个发射天线端口，利用 TM2 进行 PBCH、MPDCCH 和 PDSCH 的发射。在评估 PSS 和 SSS 同步性能时，将信号映射到 4 个天线端口上。这种额外的空间分集已被证明对同步性能是有益的。假设 LTE-M 窄带在 10 MHz LTE 载波内传输，配置总输出功率为 46 dBm。那么，每 PRB 的功率为 29 dBm，或者每个窄带的功率是 36.8 dBm。为了降低小区的初始捕获时间，在 PSS、SSS 和 PBCH 发射上增加了 3 dB 的功率提升。

表 4.1　LTE-M MCL 评估的假设条件[5]

参数	值
物理信道和信号	DL：PSS/SSS, PBCH, MPDCCH, PDSCH UL：PUCCH 格式 1a, PRACH 格式 0, PUSCH
频带	700 MHz
抽头延迟线信道模型	TDL-iii
衰落	瑞利衰落
多普勒扩展	2 Hz
设备 NF	7 dB
设备天线配置	1 TX，1 RX

(续)

参数	值
设备功率等级	23 dBm
基站 NF	5 dB
基站天线配置	2 或 4 TX，4 RX
基站功率电平	29 dBm/PRB PSS、SSS 和 PBCH：3 dB 功率提升

基站接收机与 4 路接收分集和 5 dB 的 NF 相关联。设备采用 23 dBm 输出功率、单天线和 7 dB 的 NF。所以，基站和设备都是按照实际的接收机进行模拟的。

表 4.2 给出了 LTE-M 覆盖的误码率：物理控制信道（PRACH、PUCCH 和 MPDCCH）的误码率最大为 1%；物理业务信道（PDSCH 和 PUSCH 的初始 HARQ 传输的误码率，最大为 10%；用于同步和系统信息采集的 PSS/SSS 和 PBCH 的误码率最大为 10%。

表 4.2   LTE-M 覆盖

性能 / 参数	下行覆盖				上行覆盖		
物理信道	PSS/SSS	PBCH	MPDCCH	PDSCH	PRACH	PUCCH	PUSCH
TBS [bit]	—	24	18	328	—	1	712
带宽 [kHz]	945	945	1080	1080	1048.75	180	30
功率 [dBm]	39.2	39.2	36.8	36.8	23	23	23
NF	7	7	7	7	5	5	5
#TX/#RX	4TX/1RX	2TX/1RX	2TX/1RX	2TX/1RX	1TX/4RX	1TX/4RX	1TX/4RX
发射、捕获时间 [ms]	1500 ms	800 ms	256 ms	768 ms	64 ms	64 ms	1536 ms
BLER	10%	10%	1%	2%	1%	1%	2%
SNR [dB]	−17.5	−17.5	−20.8	−20.5	−32.9	−26	−16.8
MCL	164	164	164.2	164	164.7	165.5	164

下行传输分配至整个窄带，优化下行功率分配和实现频率分集。基站通常提供一个均匀且恒定的功率谱密度，即传输的总输出功率与频率数量成正比。MPDCCH 利用最高可用聚合等级 24 来优化码率，以实现尽可能短的传输时间。在上行链路中，尽可能使用最小的资源分配，包括 3.2.5.4 节中提出的 2/3 音调 PUSCH 传输方案。这优化了上行功率谱密度和接收信噪比，这在极端耦合损耗的情况下非常重要。对于所有信号和信道，增加采集时间和重复可以最大限度地扩大覆盖范围。

在 164 dB MCL 时，需要在最长允许的捕获时间内，保证实现下行同步，以及 PUSCH 捕获。MPDCCH 需要配置为 256 个重复，以实现为控制信道传输设置的 1% BLER 目标。这是最大的可配置重复数，因此 MPDCCH 覆盖也是一个限制因素，除非可以接受高于 1% 的控制信道误码率。只有与链路质量一起讨论，MCL 才有意义。根据表 4.2，可以看出 LTE-M 满足 5G 在 164 dB MCL 定义的有关数据速率、时延和电池寿命的性能要求。如果物联网应用可以降低要求，例如大于 10 s 的时延，或者少于 10 年的电池寿命，那么 MCL 可以超过 164 dB。

4.3 数据速率

本节将研究 Cat-M1 和 Cat-M2 的物理层数据速率和 MAC 层吞吐量。结果表明，在 164 dB MCL 下，LTE-M 满足 5G 的 160 bit/s 的要求。

物理层数据速率是通过 PDSCH 和 PUSCH 传输时间间隔来估计的，可以将物理层数据速率作为 LTE-M 频谱效率的指标。如表 4.3 所示，最大物理层数据速率由传输时间间隔 1 ms，以及 Cat-M1 和 Cat-M2 支持的最大 TBS 确定。

表 4.3   LTE-M HD-FDD Cat-M1 和 Cat-M2 的最大 TBS

设备	Rel-13 PDSCH	Rel-13 PUSCH	Rel-14 PDSCH	Rel-14 PUSCH
Cat-M1	1000 bit	1000 bit	1000 bit	2984 bit
Cat-M2	—	—	4008 bit	6968 bit

MAC 层数据速率用于估计 Cat-M1 和 Cat-M2 设备提供的可持续数据速率。它被定义为将 MAC 协议数据单元传递到物理层的数据速率。这是一个简单高效的方法，对应于物理层提供给无线电协议栈中较高层的数据速率。它考虑了访问层的所有相关调度和处理延迟，并将映射到传输块的所有数据视为有用的数据。在此转换中，必须考虑延迟和在 PDCP、RLC 和 MAC 中引入的开销。例如，这需要 RLC 服务数据单元分割和连接到 RLC PDU 的详细模型，只是这超出了本书的范围。一个经验公式是，在用户面上发送的每个传输块的无线电协议栈开销，大约相当于 PDCP 的 1 字节、RLC 的 2 字节和 MAC 的 2 字节。图 4.5 展示了通过 LTE 协议栈的数据流。

4.3.1 下行数据速率

对于 Cat-M1 和 Cat-M2，可以分别实现 1 Mbps 和 4 Mbps 的下行物理层数据速率。

如图 4.1 所示，Release 13 中，当三个 HARQ 进程被安排为背对背调度时，可以获得最大的 Cat-M1 下行 MAC 层数据速率。尽管 LTE-M 在 Release 13 的 FDD 可以支持多达 8 个 HARQ 进程，由于技术的限制，在 HD-FDD 中，3 个 HARQ 进程提供了最大的 PDSCH 数据速率。在本例中，携带下行控制信息的 MPDCCH 被映射到 2 个 PRB 上，并调度 PDSCH。而 PDSCH 包含 1000 bit 的最大传输块（针对 Cat-M1 设备），分布在 4 个 PRB 上。图 4.1 显示了 MPDCCH 到 PDSCH 的调度间隔为 1 ms，下行链路到上行链路的切换间隔为 1 ms，以及 PDSCH 到 PUCCH 的调度间隔为 3 ms。PUCCH 在一个跳频的 PRB 位置上传输。这种配置方式可以提供 10 ms 的调度周期，能够提供峰值为 300 kbps 的 MAC 层吞吐量。

在 Release 14 中，支持将 4 个 HARQ 进程的反馈打包成一个 PUCCH 格式 1a ACK/NACK。这显著地减少了 PUCCH 传输开销，并允许 15 个子帧发送 8 个 PDSCH 传输块，如图 4.2 所示。这种配置使 Cat-M1 的 MAC 层吞吐量峰值为 533 kbps。Release 14 还在

FDD 的下行链路中引入了对 10 个 HARQ 进程的支持，如果这个特性与 HARQ 绑定一起使用，那么 MAC 层的吞吐量峰值将增加到 588 kbps。

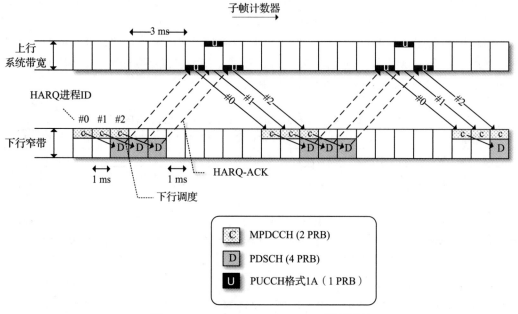

图 4.1   Cat-M1 Release 13 PDSCH 调度循环

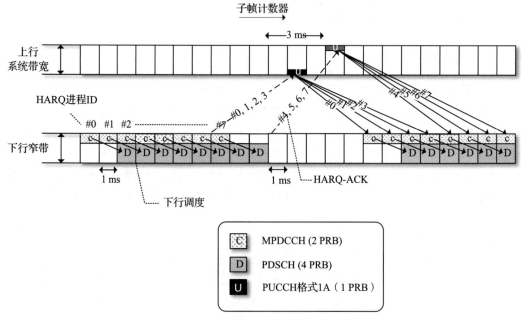

图 4.2   Cat-M1 Release 14 PDSCH 调度循环（使用 HARQ 绑定）

Cat-M2 使用与 Cat-M1 相同的调度策略（见图 4.1 和图 4.2），从而实现了的最人 MAC 层数据速率。由于 Cat-M2 支持高达 5 MHz 的 PDSCH 带宽，系统可以分配一个跨越 15 个 PRB 的 PDSCH，均匀地分布在 3 个窄带上，以承载 4008 bit 的最大传输块。当不使用 HARQ 绑定时，Cat-M2 的 MAC 层吞吐量峰值为 1.202 Mbp；激活 HARQ 绑定时为 2.137 Mbps；同时激活 HARQ 绑定和 10 个 HARQ 进程时，是 2.357 Mbps。

对于 Cat-M1，4.2 节中给出的结果表明，在估计 MCL 处的 MAC 层数据速率时，应考虑以下配置：

- MPDCCH 采用聚合等级 24，传输时间为 256 ms。
- PDSCH 携带一个 328 bit 的传输块，传输时间为 768 ms。
- PUCCH 格式 1a，传输时间为 64 ms。

通过配置 MPDCCH 特定于用户的搜索空间（见 3.3.3.1 节），使用 $R_{max} = 256$ 和 $G = 1.5$ 的参数设置，就可以在每 3 个调度循环内调度 1 次 PDSCH 传输（即每 1152 ms 1 次）。考虑到 328 bit 的 PDSCH TBS 和 2% 的 PDSCH BLER（见表 4.2），MAC 层数据率可以达到 279 bps：

$$\mathrm{THP} = \frac{(1 - \mathrm{BLER}) \cdot \mathrm{TBS}}{\mathrm{MPDCCH} \text{ 周期}} = \frac{0.98 \cdot 328}{1.152} = 279 \text{ bps} \qquad (4.2)$$

表 4.4 总结了 Cat-M1 和 Cat-M2 PDSCH 数据速率。请注意，MCL 上的 Cat-M2 数据速率至少与 Cat-M1 数据速率相同。

表 4.4　LTE-M Cat-M1 的 HD-FDD PDSCH 数据速率

设备类型	164 dB MCL 处的 MAC 层速率	MAC 层峰值速率	Rel-14 HARQ 绑定时的 MAC 层峰值速率	Rel-14 HARQ 绑定且 10 个 HARQ 进程时的 MAC 层峰值速率	物理层峰值速率
Cat-M1	279 bps	300 kbps	533 kbps	588 kbps	1 Mbps
Cat-M2	> 279 bps	1.202 Mbps	2.137 Mbps	2.357 Mbps	4.008 Mbps

4.3.2　上行数据速率

对于 Cat-M1 和 Cat-M2，最大上行物理层数据速率分别为 1 Mbps 和 7 Mbps。

如图 4.3 中 Cat-M1 所示，当 8 个可用的 HARQ 进程中的 3 个被调度时，达到了 MAC 层的最高吞吐量。在示例中，Release 13 对于 Cat-M1，通过 MPDCCH 为 PUSCH 调度分配 4 个 PRB，那么最大传输块是 1000 bit；Release 14 对于 Cat-M1，分配 6 个 PRB，PUSCH 的最大传输块是 2984 bit；对于 Cat-M2，为 PUSCH 分配 24 个 PRB，最大传输块是 6968 bit。

图 4.3 显示了 MPDCCH 到 PUSCH 的调度间隔为 3 ms，上行到下行的切换时间为 1 ms。这种配置为我们提供了一个 8 ms 的调度周期，提供的 MAC 层数据速率峰值为：

- 对于使用 Release 13 的最大 TBS 的 Cat-M1 为 375 kbps。
- 对于使用 Release 14 的最大 TBS 的 Cat-M1 为 1.119 Mbps。
- 对于 Cat-M2 为 2.613 Mbps。

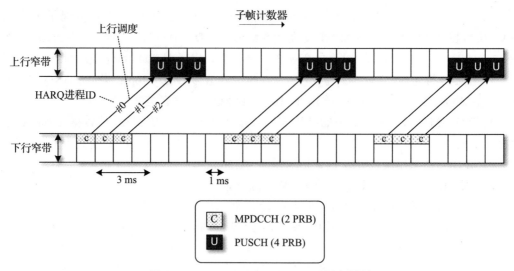

图 4.3   Cat-M1 Release 13 PUSCH 调度循环

Cat-M1 和 Cat-M2 在 MCL 处提供相同的 PUSCH 性能。4.2 节给出的结果表明，在估计 164 dB MCL 数据速率时，应该考虑以下配置：

- 采用聚合等级 24 且传输时间为 256 ms 的 MPDCCH
- 携带一个 728 bit 传输块且传输时间为 1536 ms 的 PUSCH

通过配置 MPDCCH 特定于用户的搜索空间（见 3.3.3.1 节），使用 $R_{max} = 256$ 和 $G = 1.5$ 的参数设置，就可以在每 5 个调度循环内分配一次 PUSCH 传输（即每 1920 ms 一次）。考虑到 728 bit 的 PUSCH TBS 和 2% 的 PUSCH BLER（见表 4.2），MAC 层数据率可以达到 363 bps：

$$\text{THP} = \frac{(1 - \text{BLER}) \cdot \text{TBS}}{\text{MPDCCH 周期}} = \frac{0.98 \cdot 728}{1.920} = 363 \text{ bps} \qquad (4.3)$$

表 4.5 总结了 Cat-M1 和 Cat-M2 PUSCH 数据速率。

表 4.5   LTE-M HD-FDD PUSCH 数据速率

设备类型	164 dB MCL 的 MAC 层速率	Rel-13 TBS 时的 MAC 层峰值速率	Rel-14 TBS 时的 MAC 层峰值速率	Rel-13 时的物理层峰值速率	Rel-14 时的物理层峰值速率
Cat-M1	363 bps	375 kbps	1.119 Mbps	1 Mbps	2.984 Mbps
Cat-M2	363 bps		2.609 Mbps		6.968 Mbps

4.4   时延

LTE-M 旨在支持广泛的 mMTC 用例。对于那些以小数据传输为特征的数据传输，在上一节中介绍的数据速率，远不如在连接建立和执行单个数据传输时所需的时延重要。在本节中，我们将重点讨论交付上行小数据包的时延。我们既考虑了在无差错条件下可实现的最低时延，也考虑了在 164 dB MCL 无线环境下的时延。结果表明，在 164 dB MCL下，5G 的 10 s 时延的要求得到了满足。

对于需要持续低时延的应用程序，建议将设备保持在 RRC 连接模式，并将其配置为半永久调度（SPS）。这提供周期性的传输机会，例如以 10 ms 为周期。SPS 的时延由 SPS 资源的等待时间、MPDCCH 和 PUSCH 传输时间（t_{MPDCCH}、t_{PUSCH}）以及 MPDCCH 到PUSCH 的调度时间决定。在最长等待情况下，SPS 提供的最低时延等于：

$$t_{wait} + t_{MPDCCH} + t_{sched} + t_{PDSCH} = 10 + 1 + 1 + 1 = 13 \text{ ms} \tag{4.4}$$

SPS 支持 CE 模式 A，但不支持 CE 模式 B。此外，将设备保持在 RRC 连接模式下，并不是一种节能策略。接下来，我们将研究，在 RRC 空闲模式下，触发主叫数据传输的设备可以实现的时延。图 4.4 给出了 Release 13 RRC 恢复连接建立过程。对于该过程，设备可以恢复先前挂起的连接，包括恢复访问层安全性和之前配置的数据无线承载。该图还提供了时延的假设条件。

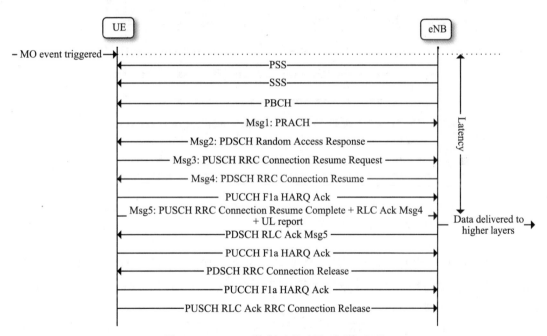

图 4.4　LTE RRC 恢复过程（用于评估时延）

首先，在建立连接之前，设备执行小区捕获，在此过程中，设备获得与下行帧结构的同步，并确认系统信息的状态。自 Release 15 以来，主信息块中的 1 个位标志指出系统信息是否已更新。其次是随机接入过程，进行上行帧同步和冲突协调。最后，该设备可以完成连接建立过程，并在 Message 5 中传递上行数据传输。通过配置 MAC，数据包传输与 RRC Connect Resume Complete 消息进行复用。在 MAC 中，RRC Connect Resume

Complete 消息在逻辑专用控制信道（DCCH）的信令无线承载 1（signaling radio bearer 1）上发送，而数据包在逻辑专用通信信道（DTCH）上的恢复数据无线承载上发送，如图 4.5 所示。该图也说明：

- IP 层包头的 PDCP 层健壮性包头压缩
- 通过 4 字节消息验证码完整性（MAC-I）字段对 SRB SDU 进行 PDCP 层加密
- 在 PDCP、RLC 和 MAC 层附加的包头
- 物理层增加 3 字节 CRC

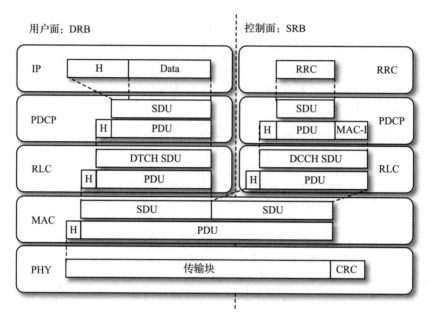

图 4.5　RRC 恢复数据包流：展示 RRC Connect Resume Complete 消息和 Msg5 的
用户数据在 MAC 层的复用方式

　　3GPP 5G 对小数据传输时延的评估要求，是基于 105 字节的 MAC 协议数据单元传输的。基于这些假设和表 4.1 中的 164 dB MCL 的性能，可以使用 RRC 恢复过程[5]实现 LTE-M 的 7.7 s 时延。

　　3GPP Release 15 引入了 RRC 恢复过程和及早数据传输（EDT）过程。在此过程中，专用业务信道上的用户数据与 Message 3 中 RRC 连接恢复请求消息进行 MAC 多路复用。在没有错误的情况下，设备可以根据以下基于 LTE-M 规范的 EDT 定时发送上行报告：

- t_{SSPB}：PSS/SSS 同步信号和 PBCH 主信息块可以在一个无线帧（即 10 ms 内）内获得。
- t_{PRACH}：LTE-M PRACH 是高度可配置的，假设条件是，PRACH 资源至少每 10 ms 可用一次。
- $t_{RAR, wait}$：随机访问响应窗口在 PRACH 传输之后的 3 ms 启动。

- t_{RAR}：随机访问响应传输要求为 3 ms（包括 MPDCCH 和 PDSCH 传输时间，以及跨子帧调度延迟）。
- T_{Msg3}：Message 3 的传输可以在 RAR 之后的 6 ms 开始，并且需要 1 ms 的传输时间，即总共 7 ms。

因此，由上述的论述可知，EDT 的最佳情况时延为 33 ms。在 164 dB MCL 时，使用 EDT 过程[5] 可以为 LTE-M 实现 5 s 的时延。从表 4.6 中总结的结果可以看出，LTE-M 不仅能够满足 5G 的要求，还能够满足更短响应时间要求的应用。

表 4.6　LTE-M 时延

方法	时延
无差错情况的 SPS	13 ms
无差错情况的 EDT	33 ms
164 dB MCL 时的 EDT	5.0 s
164 dB MCL 时的 RRC 恢复	7.7 s

4.5　电池寿命

mMTC 应该支持海量设备无处不在的部署。为了控制成本，设备供电可能需要采取非充电电池，并支持多年运行。

本节对 LTE-M 的 Cat-M1 电池寿命进行评估，结果表明，可以达到 10 年电池寿命的 5G 要求。本研究假设的流量模型，是基于 3GPP 为 5G 评估定义的报告间隔和数据包大小。表 4.7 中所示的包大小，被定义为应用于图 4.5 中所示的 PDCP 层的顶部。

表 4.7　用于评估电池寿命的 PDCP 层顶部的数据包大小[3]

消息类型	上行报告	下行应用确认
大小	200 字节	20 字节
发生频率	每 24 小时一次	

评估中使用的设备功耗电平见表 4.8。它们分为在发送（TX）、接收（RX）、非活动状态（例如，在发送和接收之间）和 RRC 空闲 PSM 时的功率电平。这些功率电平可从蜂窝物联网研究项[4] 中重复使用。

表 4.8　LTE-M 功耗[4]

TX（23-dBm 功率等级）	RX	非活动状态	PSM
500 mW	80 mW	3 mW	0.015 mW

RRC 恢复过程假设为连接建立过程。在这些评估中使用的完整数据包流程如图 4.6 所示，其中没有描述每个传输的 MPDCCH 调度。在每 24 小时触发一次的主叫业务模型中，

假设设备会使用 PSM 来节能。如果不是 200 字节的上行链路数据包要求（含包头开销）已经超出了 EDT 支持的最大上行链路数据包大小 1000 bit，则原则上也可使用 EDT 过程进行评估。

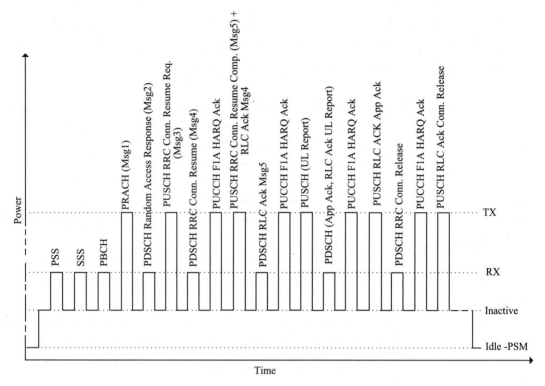

图 4.6　LTE-M RRC 恢复过程的电池寿命评估

在评估中，假设使用 5 Wh 电池电源，在无漏电或其他缺陷的情况下，可实现的 164 dB MCL 时 11.9 年的电池寿命，完全满足 5G 的要求[5]。

4.6　容量

在 ITU-R 定义的 IMT-2020 中，关于 mMTC 的唯一要求就是连接密度，它要求 mMTC 技术能够支持每平方公里 100 万个设备。当然，这是基于一个假设的流量模型，即每个设备每 2 小时访问系统一次，并传输一个 32 字节的消息。因此，系统能够在 2 小时内支持每平方公里 100 万个连接，即每秒约 280 个连接。每个连接在不大于 10 秒的时延内，以 99% 的可靠性成功传输 32 字节的消息。

IMT-2020 要求实现四个不同城市宏观（UMA）场景的连接密度目标：
- 基站之间的距离为 500 m 和 1732 m。

● 两种不同的信道模型，分别为 Urban Macro A（UMA A）和 Urban Macro B（UMA B）

这两种信道模型提供了不同的路径损耗，以及室内到室外的信号穿透损耗模型。结合两种站点间距离，信道模型定义了四种 IMT-2020 场景的耦合增益统计，如图 4.7 所示。

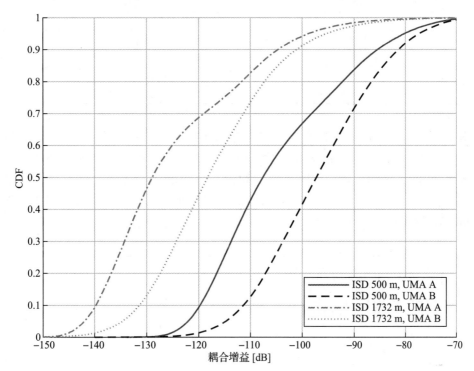

图 4.7　耦合增益的累积分布图（按照 ITU-R 定义的 IMT-2020 mMTC 评估场景）

表 4.9 总结了在评估 IMT-2020 的 LTE-M 系统容量时使用的最重要假设。详细描述见文献 [6]。假设基站配置 46 dBm 发射功率，平均分配给 10 MHz LTE 系统带宽内的 50 个 PRB。通过仿真可知，29 dBm/PRB 或 36.8 dBm/ 窄带。所研究的 LTE-M 窄带被假定位于中心 72 个子载波之外，这意味着窄带在下行不承载 PSS、SSS 和 PBCH。为应对预期的高接入负荷，窄带需要为随机接入预留 10% 的上行资源。

表 4.9　系统级的仿真假设

参数	模型
小区结构	每基站三扇区的蜂窝状网络
站间距	500 m 和 1732 m
频段	700 MHz
LTE 系统带宽	10 MHz
频率复用度	1
基站发射功率	46 dBm

（续）

参数	模型
功率提升	0 dB
基站天线配置	2 TX, 2 RX
基站天线增益	17 dBi
设备发射功率	23 dBm
设备天线增益	0 dBi
设备移动速度	0 km/h
路径损耗模型	UMA A, UMA B

图 4.8 显示了每个窄带支持的连接密度与成功传输 32 字节数据包所需的时延。LTE-M 支持非常高的容量，特别是在 500 m 的站间距离对应的部署中。在这种情况下，一个窄带在不考虑 PSS，SSS 和 PBCH 传输时，可以处理超过 500 万个连接。对于 1732 m 的站间距，小区范围增加 12 倍。所以，在 1732 m 的站间距网络中，连接密度降低与小区范围增加是相同数量级的变化。

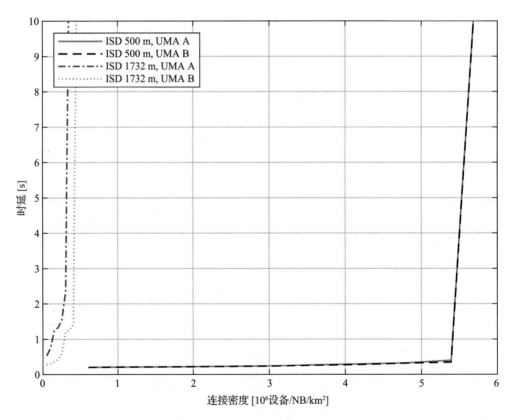

图 4.8　每个窄带的 LTE-M 连接密度

表 4.10 总结了每个仿真的窄带中实现的连接密度，以及满足每平方公里 1 000 000 个连接所需的系统资源。请注意，LTE-M PUCCH 传输配置在 LTE 系统带宽的边缘，通常不属于 LTE-M 窄带。表 4.10 的第三列中增加了 2 个 PRB，说明了这一点。在这些仿真中，PSS、SSS、PBCH 和 SI 传输产生的负荷也没有考虑在内。粗略估计，这些传输在 LTE 系统带宽内的一个窄带内使用了 40% ～ 50% 的可用下行链路资源。可以注意到，通过 Release 15 中引入的 PUSCH 子 PRB 特性可以进一步提高 LTE-M 容量（见 3.2.5.4 节），在本次评估中没有使用该特性。

表 4.10　LTE-M 连接密度[6]

场景	连接密度	资源需求（支持 1 000 000 连接 /km^2）
ISD 500 m, UMA A	5 680 000 设备 /NB	1 NB + 2 PRB
ISD 500 m, UMA B	5 680 000 设备 /NB	1 NB + 2 PRB
ISD 1732 m, UMA A	342 000 设备 /NB	3 NB + 2 PRB
ISD 1732 m, UMA B	445 000 设备 /NB	3 NB + 2 PRB

4.7　设备复杂度

关于 LTE-M 的工作最初是期望降低设备成本，其目标是大幅降低早期 LTE 设备类别的复杂度和成本。这使得蜂窝物联网大规模部署成为可能，且具备与其他物联网技术（如，非授权频谱的 LPWA 物联网）竞争的能力。LTE-M 同时也希望解决 mMTC 场景，包括高吞吐量和低时延的应用。与 EC-GSM-IoT 和 NB-IoT 相比，这对计算复杂度和内存需求提出了更高的要求。

为了更好地理解 LTE-M 的复杂度，表 4.11 总结了 Release 13 中 LTE-M 基本设备 Cat-M1 的重要特性。

为了将表 4.11 中的设计参数放在上下文中，表 4.12 根据 LTE-M 研究项报告[1] 中表 7.1 中的成本降低的估计，估计了 Release 12（Cat-0）和 Release 13（Cat-M1）中引入的 LTE-M 设备类别的调制解调器成本的降低。成本的变化是通过调制解调器成本的降低来表示的，相对于 LTE-M 研究项时可用的最简单的 LTE 设备而言，该 LTE-M 研究项是一个支持单频段的 Cat-1 设备。LTE-M 研究项得出结论：LTE Cat-1 调制解调器的材料需要降低大约 1/3，以达到 EGPRS 的调制解调器水平。从表 4.12 可以看出，Cat-M1 有望达到，甚至低于这一水平。

表 4.11　Release 13 LTE-M 设备类型 M1 的主要参数

参数	取值
双工模式	HD-FDD, FD-FDD, TDD
半双工模式	类型 B
接收天线数量	1
发射功率等级	14 dBm, 20 dBm, 23 dBm
最大 DL/UL 带宽	6 PRB（1.080 MHz）

（续）

参数	取值
最大 DL/UL 调制方式	16QAM
支持的最大 DL/UL 空间层数	1
最大的 DL/UL TBS	1000 bit
物理层 DL/UL 峰值速率	1 Mbps
DL/UL 信道编码类型	Turbo 编码
DL 物理层内存需求	25 344 软信道位
层 2 内存需求	20 000 字节

表 4.12   LTE-M 调制解调器成本降低的主要方法[1]

调制解调器成本降低技术	成本降低
单频段 23 dBm FD-FDD LTE Cat-1 调制解调器 ● LTE-M 研究项的参考调制解调器	0%
单频段 23 dBm FD-FDD LTE Cat-1 bis 调制解调器 ● 接收天线从 2 根减少为 1 根	24% ～ 29%
单频段 23 dBm FD-FDD LTE Cat-0 调制解调器 ● 峰值速率从 10 Mbps 降低至 1 Mbps ● 接收天线从 2 根减少为 1 根	42%
单频段 23 dBm FD-FDD LTE Cat-0 调制解调器 ● 峰值速率从 10 Mbps 降低至 1 Mbps ● 接收天线从 2 根减少为 1 根 ● 全双工改为半双工	49% ～ 52%
单频段 23 dBm FD-FDD LTE Cat-M1 调制解调器 ● 峰值速率从 10 Mbps 降低至 1 Mbps ● 接收天线从 2 根减少为 1 根 ● 带宽从 20 MHz 减为 1.4 MHz	59%
单频段 23 dBm HD-FDD LTE Cat-M1 调制解调器 ● 峰值速率从 10 Mbps 降低至 1 Mbps ● 接收天线从 2 根减少为 1 根 ● 带宽从 20 MHz 减为 1.4 MHz ● 全双工改为半双工	66% ～ 69%
单频段 20 dBm FD-FDD LTE Cat-M1 调制解调器 ● 峰值速率从 10 Mbps 降低至 1 Mbps ● 接收天线从 2 根减少为 1 根 ● 带宽从 20 MHz 减为 1.4 MHz ● 发射功率从 23 dBm 降低为 20 dBm	69% ～ 71%
单频段 20 dBm HD-FDD LTE Cat-M1 调制解调器 ● 峰值速率从 10 Mbps 降低至 1 Mbps ● 接收天线从 2 根减少为 1 根 ● 带宽从 20 MHz 减为 1.4 MHz ● 全双工改为半双工 ● 发射功率从 23 dBm 降低为 20 dBm	76% ～ 81%

当然，应该强调的是，调制解调器基带和射频成本只占设备总成本的一部分。如 B.7 节讨论 EC-GSM-IoT 时所强调的，在计算设备的总成本时，还需要考虑外围设备、实时时钟、中央处理器和电池等。另外，生产规模也非常重要。LTE-M 是基于 LTE 的技术，由于 LTE 的广泛应用且产业链成熟，所以在成本方面具有显著的优势。

参考文献

[1] Third Generation Partnership Project, Technical Report 36.888, v12.0.0. Study on Provision of Low-cost Machine-Type Communications (MTC) User Equipment's (UEs) Based on LTE, 2013.

[2] ITU-R, Report ITU-R M.2410, Minimum requirements related to technical performance for IMT-2020 radio interfaces(s), 2017.

[3] Third Generation Partnership Project, Technical Report 38.913, v15.0.0. Study on Scenarios and Requirements for Next Generation Access Technologies, 2018.

[4] Third Generation Partnership Project, Technical Report 45.820, v13.0.0. Cellular System Support for Ultra-Low Complexity and Low Throughput, Internet of Things, 2016.

[5] Ericsson. Sierra Wireless, R1-1903119, IMT-2020 self-evaluation: mMTC coverage, data rate, latency & battery life, 3GPP RAN1 Meeting #96, 2019.

[6] Ericsson. R1-1903120, IMT-2020 self-evaluation: mMTC non-full buffer connection density, 3GPP RAN1 Meeting #96, 2019.

第5章

NB-IoT

摘 要

本章介绍窄带物联网（NB-IoT）的设计。本章第一部分描述在第三代合作伙伴计划（3GPP）规范中引入 NB-IoT 的背景和该技术的设计原理。

本章的第二部分主要介绍物理信道，重点介绍这些信道的使用方式，说明如何实现 NB-IoT 的目标，即部署的灵活性、无处不在的覆盖范围、超低的设备成本、较长的电池寿命以及足以支持大容量设备的小区。提供关于下行链路和上行链路传输方案的详细描述，以及如何将 NB-IoT 物理信道在频率和时间维度上都映射到无线资源。

本章的第三部分介绍 NB-IoT 空闲和连接模式的工作过程以及在这些模式之间的过渡，包括从初始小区选择到完成数据传输的全部过程。

自从首次引入 NB-IoT 以来，其性能和功能都得到了进一步增强。本章重点介绍 3GPP 规范的 Release 14 和 Release 15 中实现的改进，由于 NB-IoT 设备预计具有较长的使用寿命，网络运营商如何从长期演进项目（LTE）迁移到第五代（5G）新空口（NR），同时继续履行其与 NB-IoT 业务提供者的合同成为重要方面。在本章的最后，我们描述 NB-IoT 和 NR 的共存方式。

5.1 背景

5.1.1 3GPP 标准

2015 年初，低功率广域网络（LPWAN）市场迅速发展。Sigfox 在法国、西班牙、荷兰和英国开始建设超窄带调制网络。它有着明确的目标：提供具有广泛覆盖范围的 IoT 连接，LoRa 联盟在 2015 年 6 月发布了 LoRaWAN R1.0 规范[1]。当时的联盟很快引起了业界的极大兴趣，并且带来强劲的成员增长。直到那时，作为一种成熟的技术且具有较低的调制解调器成本，全球移动通信系统/通用分组无线业务（GSM/GPRS）已成为主要蜂窝技术选择广域网物联网服务的用例。这个新兴的 LPWAN 技术挑战了这一位置，对于许多 IoT 垂直行业，它提出了一种替代 GSM/GPRS 服务的技术选择。

展望新的竞争，3GPP（见 2.1 节）开始了一项可行性研究"关于蜂窝系统对超低复杂性和低吞吐量物联网的支持"[2]，在本书以下各节中简称为蜂窝物联网研究。如本书 2.2.5 节所述，共同制定了覆盖范围、容量和电池寿命的目标，同时具有对最大系统时延的更宽松的要求。所有这些性能目标提供了在当时指定的 GSM 和 GPRS 上的重大改进服务，用于 IoT 垂直领域。另一个目标是希望有可能引入通过软件升级将物联网功能扩展到现有的 GSM 网络中。建立一个国家覆盖范围网络需要很多年，并且需要大量的前期投资。然而，使用软件升级，完善的蜂窝网络可以在一夜之间升级到满足物联网市场的所有关键性能要求。

在蜂窝物联网研究中提出的解决方案中，有些是向后兼容的基于 GSM/GPRS 并基于现有 GSM/GPRS 的演进而开发的规范。附录 A 和附录 B 中描述的 EC-GSM-IoT 的解决方案最终标准化在 3GPP Release 13 中。

历史上，进行这项研究的小组 3GPP TSG GERAN（GSM/EDGE 无线电接入网络技术规范组）致力于 GSM/GPRS 技术的发展，开发满足 GSM 运营商需要的功能。但是，某些 GSM 运营商，当时考虑重耕其 GSM 频谱以部署长期演进项目（LTE）技术以及专用于物联网服务的 LPWAN。这个考虑引发了对无 GSM 向后兼容技术的研究，该技术被称为"从零开始"解决方案。尽管研究中未指定 clean-slate 方案，但完成研究后它提供了崭露头角的窄带物联网（NB-IoT）技术的坚实基础，并在 3GPP Release 13 中完成标准化。如本章稍后所述，整个的 NB-IoT 系统在下行链路和上行链路上均支持 180 kHz 带宽，并且允许在重耕的 GSM 频谱中以及在 LTE 载波中进行部署。这个 NB-IoT 是 3GPP LTE 规范中的一部分，并采用了已为 LTE 定义的许多技术组件。这种方法减少了标准化流程，并利用 LTE 生态系统来确保快速应用于市场。它还可能通过 NB-IoT 的软件升级来将 NB-IoT 引入现有的 LTE 网络中。开发 NB-IoT 核心规范的规范工作仅用了几个月，并于 2016 年 6 月完成[3]。

自 2016 年首次发布以来，NB-IoT 到 2018 年已经发布了另外两个版本，即 3GPP Release 14 和 15。这些更高的 Release 继续提高设备能效。此外，还引入了新的功能：用于改善系统性能和支持客户用例，以及其他部署选项。见表 5.1 中的摘要。这些增强功能进一步提高了 NB-IoT 作为超越 LPWAN 技术的地位。像以前一样，可以通过现有 LTE 或 NB-IoT 网络的软件升级来启用 Release 14 和 15 的所有功能。在 Release 15 中，3GPP 评估了 NB-IoT 针对大规模机器类通信（mMTC）用例所定义的一组第五代（5G）性能要求[4]。如 6.9 节所示，NB-IoT 满足了这些要求，在所有相关方面的要求都可以视为 5G mMTC 技术。

表 5.1　3GPP Release 14 和 15 中引入的 NB-IoT 新功能

目标	Release 14（2017）	Release 15（2018）
设备能耗效率改善	NB2 设备类别（见 5.2.3 节、5.2.4.6 节、5.2.5.2 节） 支持 2 个 HARQ 进程（见 5.3.2.2.3 节）	早期数据传输（见 5.3.1.7.3 节） 唤醒信号（见 5.2.4.8 节和 5.3.1.4 节） 快速 RRC 发布程序 轻度的小区重选监控（见 5.3.1.3 节） 改进的调度请求（见 5.3.2.5 节） 定期缓冲区状态报告（见 5.3.2.5 节） RLC 未确认模式
系统性能改善	多播（见 5.3.1.11 节） 非锚点载波寻呼（见 5.3.1.10 节） 非锚点载波随机接入（见 5.3.1.10 节） 移动性增强 在随机接入过程中的 DL 信道质量报告（见 5.3.1.8 节）	改善接入限制（见 5.3.1.9 节） 改善系统信息获取（见 5.3.1.2.1 节） 提高测量精度（见 5.3.1.3 节） 改善 UE 功率余量报告（5.3.2.3.2 节） UE 差异化
新用例	14 dBm 设备功率等级（见 5.1.2.1 节） 定位（见 5.3.2.6 节）	
支持更多部署选项		TDD 支持（见 5.2.8 节） 支持小型小区部署 扩大小区半径至 120 km（见 5.2.5.1 节） 灵活使用独立载波（见 5.3.2.7 节）

　　GSM 协会是一个代表全球移动网络运营商利益的组织，跟踪 NB-IoT 商业发布的状态。并且在 2016 年 6 月完成首个 Release 的发布后，根据 GSM 协会的资料，截至 2019 年 6 月，在 45 个市场推出了 80 个 NB-IoT 网络[5]。在设备方面，全球移动供应商协会（Global Mobile Suppliers Association）在 2018 年发布了一份研究报告[6]，指出截至 2018 年 8 月，有 106 个模组支持 NB-IoT，其中 43 个还支持 LTE-M。根据参考文献 [7]，全球 NB-IoT 芯片组市场预计在接下来的十年中将以高于 40% 的复合年增长率增长。窄带物联网设备生态系统已经建立，并且可以预计在未来几年将有强劲的增长势头。

5.1.2　无线接入设计原则

　　NB-IoT 专为超低成本 mMTC 设计，支持在一个小区里的海量设备。降低设备复杂度是主要设计目标之一，从而实现了低成本模组。同时，它能够提供比 GPRS 更广的覆盖以及更长的电池寿命。最后，NB-IoT 被设计为提供最大的部署灵活性。在本节中，我们将重点介绍在 NB-IoT 技术中采用的设计原则，以实现这些目标。

5.1.2.1　低设备复杂度及成本

　　设备调制解调器的复杂度和成本主要与基带处理、内存消耗和射频（RF）要求的复杂性有关。关于基带处理，两个最消耗计算的任务是在初始小区选择期间的同步，以及数据接收期间的解调和解码。NB-IoT 设计允许低复杂度的接收机处理来完成这两项任务。对于初始小区选择，设备仅需要搜索一个同步序列即可建立与网络的基本时间和频率的同步。

设备可以使用低采样率（例如 240 kHz），并利用同步序列属性以最小化内存需求和复杂度。

在连接模式下，通过限制下行链路的传输块（TB）大小（TBS）不大于 680 bit 的最低设备类别要求，以及放宽了与 LTE 相比的处理时间要求，来降低设备复杂度。对于频道编码，NB-IoT 在下行链路信道中，没有使用需要迭代接收机处理的 LTE Turbo 代码[8]，而采用简单的卷积码，即 LTE 咬尾卷积码（TBCC）[8]。此外，NB-IoT 不使用高阶调制或多层多输入多输出传输。此外，设备仅需要支持半双工操作，发射在上行链路中时不需要在下行链路中接收，反之亦然。

关于射频，NB-IoT 的所有性能目标可以通过设备中的同一个发射和接收天线来实现。即，下行链路接收机分集和上行链路发射分集都不需要。NB-IoT 设备还允许较宽松的振荡器精度要求。例如，当其振荡器误差高达百万分之 20（ppm）时，设备仍可以实现初始获取。在数据会话期间，该传输方案使设备轻松跟踪其频率漂移。因为不需要设备同时发送和接收，所以设备的射频前端不需要双工器。NB-IoT 的最大发射功率电平在 3GPP Release 13 中为 20 dBm 或 23 dBm。Release 14 引入了更低的设备最大发射功率为 14 dBm 的功率等级。设备功率电平为 14 dBm 或 20 dBm 允许功率放大器（PA）在芯片上集成，这有助于降低设备成本。14 dBm 的设备功率等级允许电池具有较低的峰值电流消耗，因此有助于采用更小尺寸的电池。

规模经济是降低成本的另一个原因。由于其部署灵活性而且最低系统带宽要求低，NB-IoT 已经在全球范围内的许多网络中使用。这将有助于增加 NB-IoT 的规模经济性。

5.1.2.2　覆盖增强

覆盖增强（CE）主要是通过权衡覆盖的数据速率来实现的。像 EC-GSM-IoT 和 LTE-M，重复传送被使用，用于确保在有挑战性的覆盖区域内的设备仍可以与网络进行可靠的通信，不过数据速率会降低。此外，NB-IoT 设计在上行链路中使用近似的恒定包络波形。对于设备在极端的覆盖受限和功率受限场景下，这是一个重要因素情况，因为它尽可能地减少了从最大可配置级别补偿输出功率的需要。最小化功率补偿有助于在给定的功率下保持最佳覆盖范围的可能性。

5.1.2.3　长电池寿命

最小化功率补偿也可以提高功率放大器的功率效率，这有助于延长设备电池寿命。但是，设备电池的寿命在很大程度上取决于设备在没有活动的数据会话时的行为。在大多数情况下，设备实际上将其一生的大部分时间都花在空闲模式上，由于大多数物联网应用仅需要间歇地传输短数据包。传统上，空闲设备需要监测寻呼信道并执行移动性测量。尽管空闲模式下的能耗与连接模式相比要低得多，但仍可以通过简单地提高寻呼时机（PO）的周期或不需要设备持续监测寻呼信道，来节省大量的能耗。如 2.2 节所述，3GPP Release 12 和 13 引入了扩展不连续接收（eDRX）和节电模式（PSM）均支持此类型功能并优化设备功耗。本质上，设备可以关闭它的收发机，并且仅使基本振荡器保持运行，用以粗略参考何时应将其从 PSM 或 eDRX 状态中唤醒。PSM 期间的可达性通过设置跟踪区域更新（TAU）

定时器，最大可设置值超过 1 年[9]。eDRX 模式下可以配置为在 3 h 以下的周期[10]。

在这些节能状态下，设备和网络都维护设备连接的上下文，节省了当设备重新连接时不必要的信令交互。这优化了从空闲模式到连接模式转换过程中的信令和功耗。

除 PSM 和 eDRX 外，NB-IoT 还采用连接模式 DRX 作为主要工具，来实现能源效率。在 Release 13 中，连接模式 DRX 周期对于 NB-IoT 从 2.56 s 扩展到了 10.24 s[11]。

5.1.2.4　支持海量设备

NB-IoT 技术实现了在单个 NB-IoT 载波上支持高容量设备数量。通过引入在极端覆盖受限情况下的设备上行链路的有效传输方案，使该目标成为可能。

香农的著名信道容量定理[12]建立了一个在加性高斯白噪声信道中的带宽、功率和容量的关系为

$$C = W\log_2\left(1+\frac{S}{N}\right) = W\log_2\left(1+\frac{S}{N_0 W}\right) \tag{5.1}$$

其中 C 是信道容量（bit/s），S 是接收的所需信号功率，N 是噪声功率，它由噪声带宽（W）和单侧噪声功率的光谱密度（N_0）的乘积确定。如果采用奈奎斯特脉冲整形功能，则噪声带宽等于信号带宽。在极端覆盖受限的情况下，$\frac{S}{N} \ll 1$。对于 $x \ll 1$，使用 $\ln(1 + x) \approx x$ 的近似值，可以表明信道容量在极低的信噪比（SNR）情形下为

$$C = \frac{S}{N_0}\log_2(e) \tag{5.2}$$

在这种情形下，带宽依赖性消失了，因此信道容量（每秒的比特数）仅由 S 和 N_0 之比率确定。因此，从理论上讲目标数据速率的覆盖 R = C 仅取决于接收信号的功率电平，而不取决于信号带宽。这意味着，因为在极端覆盖受限的情况下的数据速率不根据设备带宽分配而变化，为了频谱效率，为覆盖不良范围内的设备分配小带宽是有利的。NB-IoT 上行链路波形包括各种带宽选项。而带宽较宽的波形（例如，180 kHz）对覆盖范围好的设备有利，从系统的角度来看，带宽较小的波形的频谱效率更高，可为覆盖不良的设备提供服务。这将在第 6 章介绍的覆盖率结果中说明。

5.1.2.5　部署灵活性

为了支持最大的部署灵活性并为频谱重耕做好准备，NB-IoT 支持三种运行模式：Stand-alone、In-band 和 Guard-band。

5.1.2.5.1　Stand-alone 模式部署

NB-IoT 可使用任何带宽大于 180 kHz 的频谱作为 Stand-alone 载波进行部署。这称为 Stand-alone 部署。一个 Stand-alone 部署的场景是供 GSM 运营商通过重耕其部分 GSM 频谱，以在其 GSM 频段中部署 NB-IoT。但是，在这种情况下，需要在 GSM 载波和 NB-IoT 载波

之间的 Guard-band。基于共存要求[13]，建议使用 200 kHz 保护频段，这意味着 GSM 载波应在两个运营商之间的 NB-IoT 载波一侧留空。在同一运营商的情况下，同时部署 GSM 和 NB-IoT，基于参考文献 [2] 建议 100 kHz 的保护频段，因此运营商需要重新分配至少两个连续的 GSM 载波来部署 NB-IoT。如图 5.1 所示。这里 NB-IoT 带宽为 200 kHz。这是因为 NB-IoT 需要满足 GSM 频谱要求，使用重新分配的 GSM 频谱进行部署，并且指定了 GSM 频谱掩码是为了 200 kHz 信道化。

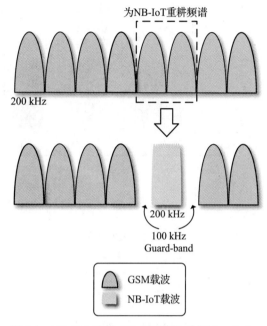

图 5.1   NB-IoT 重耕 GSM 频谱以采用 Stand-alone 模式部署

5.1.2.5.2   In-band 和 Guard-band 模式部署

NB-IoT 也可以部署在现有 LTE 网络中，使用一个 LTE 物理资源块（PRB）或使用 LTE Guard-band。这两个部署方案分别称为 In-band 部署和 Guard-band 部署。如图 5.2 所示，在多个 PRB 的 LTE 载波中，可以使用一个 LTE PRB 或使用 Guard-band 中未使用的频段来部署 NB-IoT。Guard-band 部署利用了以下事实：LTE 信号大约占信道带宽的 90%[14]，剩下大约 5% 的 LTE 信道带宽可用作两侧的 Guard-band。因此当 LTE 载波带宽为 5 MHz、10 MHz、15 MHz 或 20 MHz 时，可以放置 NB-IoT 载波在 LTE 的 Guard-band 中。

另一种可能的部署方案是将 NB-IoT In-band 部署在一个支持 LTE-M 功能的 LTE 载波中。LTE-M 中使用的窄带概念，在 3.2.2.2 节中有说明。这些 LTE-M 窄带中的一部分不用于传输 LTE-M 系统信息（SI）块类型 1（SIB1），因而能够用于部署 NB-IoT。有关此部署方案的更多详细信息，请参见 5.2.1.1 节。

5.1.2.5.3   频谱重耕

NB-IoT 的目标是为 GSM 运营商提供灵活的频谱迁移可能性。运营商可以采取第一步，将一小部分 GSM 频谱重新分配给 NB-IoT，如图 5.3 上部所示。由于 LTE 支持 In-band 部署或 Guard-band 部署，这样的初始迁移不会导致频谱碎片而增加将整个 GSM 频谱迁移到 LTE 的困难。如图 5.3 所示，当整个 GSM 频谱迁移到 LTE 时，NB-IoT 运营商能够将已经在 GSM 网络中运行的 Stand-alone 部署，变成 LTE In-band 或 Guard-band 部署。在将来 LTE 重新引入 5G 新空口（NR）技术时，这种高度的灵活性也可以促进 NB-IoT 部署。实际上，见 5.4 节所述，NB-IoT 可与 NR 一起部署，在这样的部署中，NR 和

NB-IoT 实现了更好的共存性能。

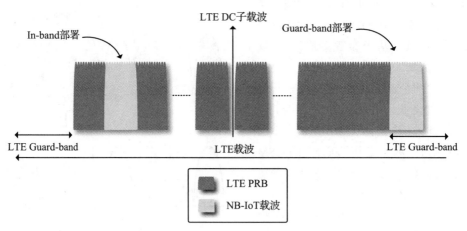

图 5.2   NB-IoT 部署在 LTE 载波，采用 In-band 部署或 Guard-band 部署

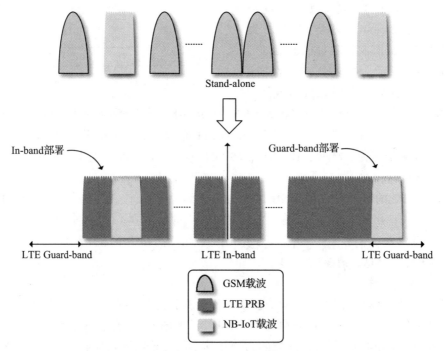

图 5.3   在初始频谱重耕阶段部分引入 NB-IoT 到 GSM 频段，最终过渡到 LTE

5.1.2.6   与 LTE 共存

　　NB-IoT 作为新的接入技术时，从设计之初就有更高的自由度。因此，它只有一些有

限的限制，而以遵循无线接入设计原则为准。

　　虽然它的目标是提供具有高度部署灵活性，以及既能够在重新分配的 GSM 频谱中运行，又可以在 LTE 载波中运行，但是，还是有一些指导原则要加以考虑。

　　尽管在 5.1.2.5 节中讨论了 GSM 频谱中的 Stand-alone 部署，由于在 NB-IoT 和 GSM 载波之间引入了 Guard-band，但还是期望与 LTE 紧密共存。因此 LTE 载波中部署 NB-IoT 时，要求在 NB-IoT 和 LTE PRB 之间没有任何 Guard-band 的情况下也能够被支持。为了最大限度地减少对现有 LTE 部署和设备的影响，这要求 NB-IoT 物理层波形在相邻 PRB 中要与 LTE 信号保持正交性。因为不同的 LTE 物理信道是共享时间频率资源的，所以 NB-IoT 必须能够与 LTE 共享相同的时间频率资源。最后还要说明的一点，因为传统的 LTE 设备不会意识到 NB-IoT 的运行，NB-IoT 信号传输不会与 LTE 传输有实质的冲突。

　　在 LTE 的基本传输中，有一些是在下行链路控制区域的，包括物理控制格式指示符信道（PCFICH）、物理混合 ARQ 指示符信道和下行物理链路控制信道（PDCCH）。PCFICH 用于指示在可用的 PDCCH 的子帧中正交频分复用（OFDM）符号的数量。在 LTE 中，从子帧的开头开始，最多可以将 3 个 OFDM 符号用于 PDCCH 传输。PDCCH 传输可以携带调度信息，寻呼指示符等。如图 5.4 所示，LTE 子帧中的前三个 OFDM 符号的资源元素（RE）不能被 NB-IoT 下行链路信道使用。

　　另外，基本 LTE 物理信道和信号还有特定小区的参考信号（CRS）和多播广播单频网络（MBSFN）信号。被这些信道和信号所使用的 RE 也要保留，并且不会映射到任何 NB-IoT 物理信道。例如，MBSFN 信号在时间维度上跨越一个子帧，而在频率维度上跨越所有 PRB，因此，如果一个子帧配置为 LTE MBSFN 子帧，NB-IoT 就不能使用该子帧。如图 5.4 所示。

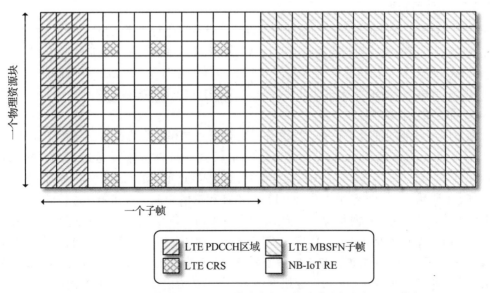

图 5.4　NB-IoT 物理信道在 In-band 模式中的下行链路里如何与 LTE 共享 RE

此外，NB-IoT 还避免使用映射到 LTE 主同步信号（PSS）、辅同步信号（SSS）和物理广播信道（PBCH）的资源。由于这些信道传输在 1.4 MHz、10 MHz 和 20 MHz LTE 载波带宽的情况下使用中间的六个 PRB，以及在 3 MHz、5 MHz 和 15 MHz LTE 载波带宽的情况下使用中间七个 PRB，NB-IoT 载波在 In-band 部署方式时无法使用这些中间 LTE PRB 中的任何一个。

遵循这些指导原则自然意味着物理层受到 LTE 技术的启发得到了很大扩展，但同时也需要进行更改以满足上述设计目标。

可以期待的是，通过实现与 LTE 良好共存性能的目标，在 LTE 到 NR 的迁移之后，NB-IoT 还可以实现与 5G NR 更好的共存性能。NB-IoT 与 NR 的共存将在 5.4 节中描述。

5.2　物理层

本节主要描绘 NB-IoT 的物理层设计，重点介绍如何设计这些信道以满足 NB-IoT 的目标：部署的灵活性、无所不在的覆盖、超低的设备成本、长电池使用寿命和在一个小区内支持海量的设备。NB-IoT 初始设计是支持频分双工（FDD）操作。在 3GPP Release 15 里，时分双工（TDD）操作也被引入。本节里主要集中在 FDD 设计上。虽然有少许的区别，但许多 FDD 的设计也可以应用于 TDD。FDD 和 TDD 的最大设计区别将在 5.2.8 节中描述。

5.2.1　物理资源

5.2.1.1　信道栅格

一个 NB-IoT 载波携带基本的物理信号以运行设备来进行小区选择，被称为锚点载波。NB-IoT 锚点载波的载波频率是通过 E-UTRA 绝对无线频率频点号来确定的[15]。对应于某个 E-UTRA 绝对射频信道号的锚点载波与 LTE 一样，是基于 100 kHz 的信道栅格。但与 LTE 相反，NB-IoT 的锚点载波可以稍微偏离 100 kHz 的信道栅格，这种偏离是为了满足 NB-IoT 部署灵活性的需求。

在不同运营商的部署场景中，当设备首次开机并在其支持的 NB-IoT 频段上进行搜索时，不管 Stand-alone、In-band 或者 Guard-band 模式，对设备来说是透明的。在 Stand-alone 的部署场景里，NB-IoT 的锚点载波始终设置在经过重耕的 GSM 200 kHz 信道上，或者如图 5.1 所示，位于重新分配的 400 kHz GSM 频谱的中间，并带有 100 kHz 的 NB-IoT 两侧的保护频段。无论哪种情况，因为 GSM 使用 200 kHz 信道栅格，不难发现 NB-IoT 载波将落在 100 kHz 栅格上。然而，对 LTE In-band 和 Guard-band 部署场景，NB-IoT 需要依照 LTE 使用的相同子载波网格来维护子载波间的正交性。这样导致无法将 NB-IoT 锚点载波中心频率恰好设置在 100 kHz 栅格网格上。表 5.2 给出了一个基于 3 MHz 带宽的 LTE 载波，具有 15 个 PRB 的例子。PRB 频率偏移就是 PRB 中心相对于 LTE DC 子载波的频点，是 PRB 中心相对于 100 kHz 栅格的指示。表 5.2 中列出的，作为下面讨论的参考。

表 5.2　基于 3 MHz 带宽的相对于 LTE DC 子载波的 PRB 中心频点

PRB 索引	0	1	2	3	4	5	6	7
PRB 频率偏移 [kHz]	−1267.5	−1087.5	−907.5	−727.5	−547.5	−367.5	−187.5	0
PRB 索引	8	9	10	11	12	13	14	
PRB 频率偏移 [kHz]	187.5	367.5	547.5	727.5	907.5	1087.5	1267.5	

注：PRB 索引从 0 开始，基于 PRB 占用的 LTE 载波的最低频点。

可以看出，除了中央 PRB 之外，没有 PRB 的中心频率恰好落在栅格上，即 PRB 中心频率等于 100 kHz 的倍数。如 5.1.2.6 节中所述，因为 LTE 载波上的中央 PRB 与 LTE 的 PSS、SSS 和 PBCH 重叠，所以它不能用于 NB-IoT 部署。因此，尽管中央 PRB 的中心频率恰好落在栅格上，但仍无法用于 NB-IoT 部署。根据表 5.2，此示例中的 PRB#2 和 PRB#12 具有最小的 7.5 kHz 偏栅格移。为了 NB-IoT 的有效初始小区选择，在 LTE In-band 部署的情况下，锚点载波需要配置在栅格偏移最小的 PRB 上。事实证明，对于 LTE 的 3 MHz、5 MHz 和 15 MHz 带宽的载波，最小的栅格偏移量为 7.5 kHz，而对于 10 MHz 和 20 MHz 带宽的 LTE 载波，光栅的最小幅度偏移为 2.5 kHz。表 5.3 列出了 In-band 部署的 PRB 索引的完整列表。

表 5.3　NB-IoT In-band 部署中适用于锚点载波的 PRB 索引值

LTE 带宽	NB-IoT 锚点载波的 PRB 索引允许值		栅格偏移幅度
	DC 子载波以下	DC 子载波以上	
1.4 MHz	不支持		不适用
3 MHz	2	12	7.5 kHz
5 MHz	2, 7	17, 22	7.5 kHz
10 MHz	4, 9, 14, 19	30, 35, 40, 45	2.5 kHz
15 MHz	2, 7, 12, 17, 22, 27, 32	42, 47, 52, 57, 62, 67, 72	7.5 kHz
20 MHz	4, 9, 14, 19, 24, 29, 34, 39, 44	55, 60, 65, 70, 75, 80, 85, 90, 95	2.5 kHz

因为 1.4 MHz 带宽的 LTE 载波只有六个 PRB 和非常小的 Guard-band，所以 1.4 MHz 带宽 LTE 载波不支持 NB-IoT 的 In-band 和 Guard-band 部署。此外，3 MHz 带宽 LTE 载波的保护频段也非常小，它不支持 NB-IoT 的 Guard-band 部署。

与 In-band 部署类似，Guard-band 部署中的 NB-IoT 锚点载波同样需要尽可能小的栅格偏移量。对于 10 MHz 和 20 MHz 的 LTE 载波带宽，Guard-band 部署的栅格偏移的最小幅度为 2.5 kHz。如图 5.5 所示，其中 NB-IoT 紧邻在边缘 LTE PRB 部署，即 10 MHz 带宽 LTE 载波上的 PRB#49。NB-IoT Guard-band PRB 的中心距离 DC 子载波 4597.5 kHz，从而产生 −2.5 kHz 的栅格偏移。对于 3 MHz、5 MHz 和 15 MHz 带宽 LTE 载波，锚点载波不能紧靠在边缘 LTE PRB 放置，因为栅格偏移将变得太大。但是，使 NB-IoT 锚点频率远离边缘 LTE PRB 额外三个子载波会产生 ± 7.5 kHz 的栅格偏移。

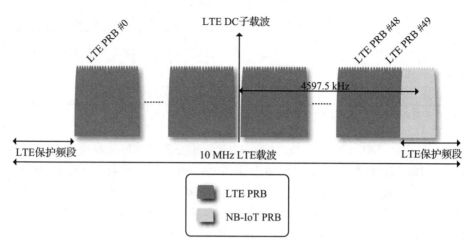

图 5.5   NB-IoT Guard-band 模式部署在 10 MHz 带宽 LTE 载波上

NB-IoT 支持多载波操作。因为 NB-IoT 仅需要一个锚点载波,用于设备的初始小区选择。其他额外载波可以位于 100 kHz 栅格网格外最多 47.5 kHz 偏移量的频率内(总共定义了 21 个偏移值)[15]。这些额外的载波称为非锚点载波。非锚点载波不携带设备初始小区选择所需的物理信道。

如 5.1.2.5 节所述,NB-IoT 可以按照 LTE In-band 模式部署与 LTE-M 部署在同一 LTE 载波上。可用于在不与 LTE-M 窄带冲突的情况下为此类场景部署 NB-IoT 锚点载波的 PRB 索引如表 5.4 所示。可用于部署 NB-IoT 非锚点载波的 PRB 索引也在表 5.4 中说明。如表 5.4 所示,同时部署两个 NB-IoT 锚点载波 In-band 并且在不与 LTE-M 冲突的情况下,无法在 3 MHz 带宽 LTE 载波上使用 LTE-M 窄带。这是因为 LTE-M 在 3 MHz 带宽 LTE 载波上定义了两个窄带,如图 5.6 所示,在中心保留一个 PRB,两个边缘 PRB 未使用。但是,这三个 PRB 都不能用作 NB-IoT 锚点载波。边缘 PRB 不能用作锚点载波,因为它们不满足栅格偏移要求,但是它们仍然可以用作非锚点载波。中心 PRB 不能用作锚点载波,也不能用作非锚点载波,因为它被 LTE PSS、SSS 和 PBCH 所使用。

表 5.4   NB-IoT In-band 部署中适用于共用 LTE-M 载波的 PRB 索引值

LTE 带宽 [MHz]	NB-IoT 载波的 PRB 索引允许值
1.4	不支持
3	锚点载波:无。非锚点载波:0, 14
5	锚点载波:7, 17。非锚点载波:6, 7, 8, 16, 17, 18
10	锚点载波:19, 30。非锚点载波:0, 19, 20, 21, 28, 29, 30, 49
15	锚点载波:32, 42。非锚点载波:0, 31, 32, 33, 41, 42, 43, 74
20	锚点载波:44, 55。非锚点载波:0, 1, 44, 45, 53, 54, 55, 98, 99

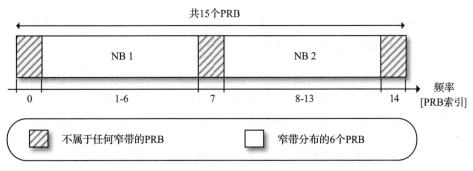

图 5.6   LTE-M 窄带定义在 3MHz LTE 载波上

5.2.1.2   帧结构

NB-IoT 接入层（AS）的整体帧结构如图 5.7 所示。在最高级别上，一个超帧周期具有 1024 个超帧，每个超帧包含 1024 个帧。一帧包含 10 个子帧，每个子帧可分为两个 0.5 ms 的时隙。超帧和帧分别用系统超帧号（H-SFN）和系统帧号（SFN）来标识。因此，可以通过 H-SFN、SFN 和子帧号（SN）的组合来唯一地标识每个子帧。H-SFN、SFN 和 SN 的取值范围分别为 0 ～ 1023、0 ～ 1023 和 0 ～ 9。

在下行链路和上行链路中，NB-IoT 设计支持 15 kHz 的子载波间隔，每个帧包含 20 个时隙，如图 5.7 所示。在上行链路中，技术支持额外的 3.75 kHz 子载波间隔。对于此可选的子载波间隔，每个帧直接分为五个时隙，每个时隙 2 ms，如图 5.8 所示。

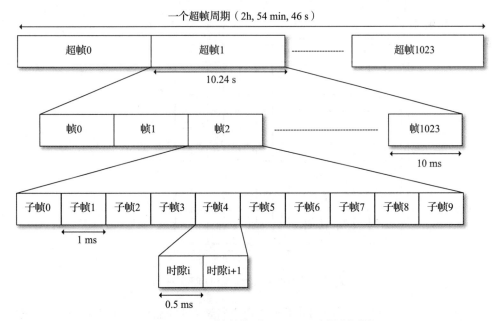

图 5.7   NB-IoT 帧结构采用 15kHz 子载波间隔

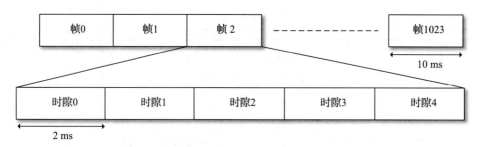

图 5.8   NB-IoT 帧结构采用 3.75kHz 子载波间隔（只适用上行链路）

5.2.1.3   资源网格

在下行链路中，PRB 的概念用于指定物理信道和信号的映射在 RE 上。RE 是最小的物理信道单元，每个物理信道单元可以通过在 PRB 内的子载波索引 k 和符号索引 l 来唯一标识。一个 PRB 在 7 个 OFDM 符号上跨越 12 个子载波，总共 $12 \times 7 = 84$ 个 RE。在大多数下行链路情况下，一对 PRB 是最小的可调度单元，从 Release 15 开始，可放入两个连续的时隙，如图 5.9 所示。

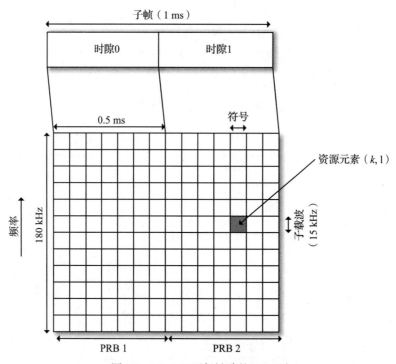

图 5.9   NB-IoT 下行链路的 RPB 对

对于上行链路，资源单元（RU）用于指定上行链路物理信道的映射在 RE 上。RU 的定义取决于配置的子载波间隔和分配给上行链路传输的子载波的数量。在基本情况下，

RU 对应于 PRB 对，分配了使用 15 kHz 间隔的 12 个子载波，见图 5.9。如果子 PRB 调度分配了 6、3 或 1 个子载波，则 RU 在时间上扩大以补偿频率分配的减少。对于单个的子载波分配，也称为单频分配，NB-IoT RU 概念支持额外的 3.75 kHz 子载波间隔。5.2.5.2 节介绍针对不同的上行链路传输配置的可用 RU 格式的详细信息。

5.2.2 传输方案

5.2.2.1 复用模式

　　NB-IoT 最初引入时就支持 FDD 模式。TDD 模式的支持是在 3GPP Release 15 中引入的。有关 FDD 和 TDD 操作的简要说明，请参见 3.2.2.1 节。表 5.5 列出了 Release 15[15] 中 NB-IoT 支持的所有频段。FDD NB-IoT 设备仅需要支持半双工 FDD 类型 B 操作，这只需要单个本地振荡器，用于下行链路和上行链路的载波频率生成。如 3.2.2.1 节所述，半双工 FDD 操作意味着该设备不需要同时在下行链路中接收和在上行链路中发送。此外，HD-FDD 类型 B 允许设备有足够的时间在下行链路和上行链路之间切换。

表 5.5　NB-IoT 使用的频段

频段	复用模式	上行频率［MHz］	下行频率［MHz］
1	FDD	1920 ～ 1980	2110 ～ 2170
2	FDD	1850 ～ 1910	1930 ～ 1990
3	FDD	1710 ～ 1785	1805 ～ 1880
4	FDD	1710 ～ 1755	2110 ～ 2155
5	FDD	824 ～ 849	869 ～ 894
8	FDD	880 ～ 915	925 ～ 960
11	FDD	1427.9 ～ 1447.9	1475.9 ～ 1495.9
12	FDD	699 ～ 716	729 ～ 746
13	FDD	777 ～ 787	746 ～ 756
14	FDD	788 ～ 798	758 ～ 768
17	FDD	704 ～ 716	734 ～ 746
18	FDD	815 ～ 830	860 ～ 875
19	FDD	830 ～ 845	875 ～ 890
20	FDD	832 ～ 862	791 ～ 821
21	FDD	1447.9 ～ 1462.9	1495.9 ～ 1510.9
25	FDD	1850 ～ 1915	1930 ～ 1995
26	FDD	814 ～ 849	859 ～ 894
28	FDD	703 ～ 748	758 ～ 803
31	FDD	452.5 ～ 457.5	462.5 ～ 467.5
41	TDD	2496 ～ 2690	2496 ～ 2690
66	FDD	1710 ～ 1780	2110 ～ 2200
70	FDD	1695 ～ 1710	1995 ～ 2020
71	FDD	636 ～ 698	617 ～ 652
72	FDD	451 ～ 456	461 ～ 466

（续）

频段	复用模式	上行频率［MHz］	下行频率［MHz］
73	FDD	450～455	460～465
74	FDD	1427～1470	1475～1518
85	FDD	698～716	728～746

5.2.2.2 下行操作

NB-IoT 在下行链路中使用正交频分多址技术，使用与 LTE 相同的参数集：子载波间隔、时隙、子帧和在 5.2.1.2 节和 5.2.1.3 节中描述的帧持续时间。时隙格式、OFDM 符号以及循环前缀（CP）持续时间也与 LTE 普通 CP 定义的持续时间相同，即 4.7 μs。下行链路波形定义了 12 个子载波，并且在 Stand-alone、In-band 或者 Guard-band 模式中都是相同的。5.2.6 节详细描述了基带信号的产生。

在下行链路中，支持一个或两个逻辑天线端口。在两个逻辑天线端口的情况下，将调制符号对 s_{2i}, s_{2i+1} 转换为逻辑天线端口 p, $p = 0$ 或 1 的预编码符号集，是基于使用空频分组编码[16, 17] 的发射分集：

$$\begin{bmatrix} y_{2i}^0 \\ y_{2i}^1 \\ y_{2i+1}^0 \\ y_{2i+1}^1 \end{bmatrix} = \frac{1}{\sqrt{2}} \begin{bmatrix} 1 & 0 & j & 0 \\ 0 & -1 & 0 & j \\ 0 & 1 & 0 & j \\ 1 & 0 & -j & 0 \end{bmatrix} \begin{bmatrix} \mathcal{R}(s_{2i}) \\ \mathcal{R}(s_{2i+1}) \\ \mathcal{I}(s_{2i}) \\ \mathcal{I}(s_{2i+1}) \end{bmatrix} = \frac{1}{\sqrt{2}} \begin{bmatrix} s_{2i} \\ -s_{2i+1}^* \\ s_{2i+1} \\ s_{2i}^* \end{bmatrix} \qquad (5.3)$$

这里，$\mathcal{R}(s_{2i})$ 和 $\mathcal{I}(s_{2i})$ 表示复数符号 x 的实部和虚部。

本质上，逻辑天线端口 0 发送（s_{2i}, s_{2i+1}）符号对，而逻辑天线端口 1 发送（$-s_{2i+1}^*$, s_{2i}^*）符号对。每个符号对映射到一个 OFDM 符号中的两个连续可用 RE。

从逻辑天线端口到基站物理天线端口的映射依赖于实现，并且对所支持的物理天线的数量没有限制。当 LTE 可能使用四个或更多天线端口时，这对于 NB-IoT 的 In-band 模式非常重要。许多 NB-IoT 设备预计将固定并配备单个天线，即空间分集低。此外，因为窄的系统带宽，系统还只能支持有限的频率分集，因此，选择发送分集是有益的。

为了支持扩展覆盖范围的操作，单个 TB 最多映射在 10 个子帧上，并与基于重复的链路适配相结合，是可行的。这样单个传输时间间隔可能达到 20 480 个子帧（20.48 s）。

最后，为了设备接收机执行相干合成或跨子帧信道评估，下行链路波形要以连续且稳定的相轨迹方式传输。相干合成或跨子帧信道评估可改善接收性能，并允许设备检测到远低于热噪声底线的接收信号。

5.2.2.3 上行操作

NB-IoT 上行链路使用单载波频分多址（SC-FDMA），也称为离散傅里叶变换（DFT）扩展 OFDM（DFTS-OFDM），具有 15 kHz 子载波多音传输。在这种情况下，使用与 NB-IoT 下行链路相同的参数集。多音传输可以使用 12、6 或 3 个子载波。另外，也支持单音传输，此时，时频资源网格能够是基于 15 kHz 或 3.75 kHz 子载波间隔的。

单音波形的设计具有近似的恒定包络调制，允许发射操作没有任何功率补偿以优化覆盖范围和功率放大器效率。3.75 kHz 子载波间隔能够在扩展覆盖域内提高系统容量，这时的数据速率受功率限制，而不受带宽限制。

子载波间隔为 15 kHz 的单音传输使用与多音传输相同的参数集，从而实现与多音传输以及 LTE 达到最佳的共存性能。相对于下行，上行支持映射一个 TB 在多个连续 RU 上，并结合了大量重复方式以实现扩大覆盖范围。

因为 DFT 预编码可以省略，单音的 SC-FDMA 在数学上与 OFDM 是一致的。

与下行链路一样，上行链路波形也期待在连续且稳定的相轨迹方式上发送，以使基站接收机能够执行接收波形的相干合成或较低信噪比的跨子帧信道评估。

5.2.3 设备类型和能力

NB-IoT 定义了两个设备类型，NB1 类型（Cat-NB1）和 NB2 类型（Cat-NB2）。它们的区别在于表 5.6 中列出的参数。对于每个设备类型，设备需要标识出对射频或基带功能的支持。NB-IoT 设备的主要功能在表 5.7 中列出。对于表 5.7 中列出的设备功能相关的所有特性将在本章中进行描述。

表 5.6 NB1 类型和 NB2 类型的物理层参数

设备类型	NB1	NB2
最大上行传输块大小 [bit]	1000	2536
最大下行传输块大小 [bit]	680	2536
用于解码的软信道位数总数	2112	6400
2 层缓存总体大小 [bit]	4000	8000
半双工 FDD 运行类型	类型 B	类型 B

表 5.7 NB-IoT 设备的主要能力

版本	设备能力	参数值	章节
13/14	设备功率等级 [dBm]	14、20 或 23	5.1.2.1
13	支持多音 NPUSCH 传送	是或否	5.2.5.2
13	多载波支持	是或否	5.3.2.7
14	支持两个同时 HARQ 进程	是或否	5.3.2.2.3
14	支持非锚点随机接入	是或否	5.3.1.10
14	支持多载波寻呼	是或否	5.3.1.10
14	支持连接状态下的干扰随机化	是或否	5.2.4.5 和 5.2.4.6
14	支持 SC-PTM	未注明	5.3.1.11
14	支持下行信道质量报告	未注明	5.3.1.8
15	支持唤醒信号	是或否	5.2.4.8 和 5.3.1.4
15	支持 NPRACH 格式 2	是或否	5.2.5.1
15	支持额外 SIB1-NB 传送	是或否	5.3.1.2.1

（续）

版本	设备能力	参数值	章节
15	支持通过携带 NPUSCH F2 的调度请求	是或否	5.3.2.5
15	支持通过 NPRACH 的调度请求	是或否	5.3.2.5
15	支持定期 NPUSCH 的缓存状态报告	是或否	5.3.2.5
15	支持 EDT	是或否	5.3.1.7.3
15	支持混合模式的多载波运行	是或否	5.3.2.7
15	支持增强的随机接入功率控制	未注明	5.3.2.3.1
15	支持增强的功率余量报告	未注明	5.3.2.3.2
15	支持释放小区的重选监测	未注明	5.3.1.3
14	支持基于 NSSS 的 RRM 测量	未注明	5.3.1.3
15	支持基于 NPBCH 的 RRM 测量	未注明	5.3.1.3
15	TDD 支持	是或否	5.2.8

5.2.4 下行物理信道和信号

NB-IoT 支持图 5.10 所示的一组下行链路的物理信道和信号。在较高层级上，下行链路物理信道和信号是时分复用的，除了窄带参考信号（NRS），它存在于每个携带窄带物理广播信道（NPBCH）、窄带下行物理链路控制信道（NPDCCH）或窄带下行物理链路共享信道（NPDSCH）的子帧中。图 5.11 显示在 20 ms 周期内对不同的强制的下行链路物理信道的时间复用操作。在后续周期重复相同的模式。如图所示，NPBCH 和窄带主同步信号（NPSS）在每个帧的子帧 0 和子帧 5 中发送，窄带辅同步信号（NSSS）在每隔一帧的子帧 9 中发送。其余子帧可用于发送 NPDCCH、NPDSCH、窄带定位参考信号（NPRS）或窄带唤醒信号（NWUS）。

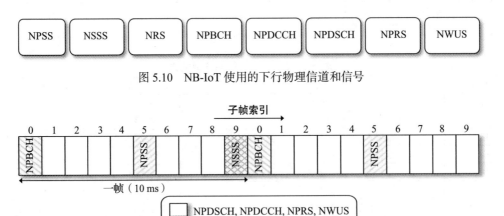

图 5.10 NB-IoT 使用的下行物理信道和信号

图 5.11 FDD NB-IoT 锚点载波上的下行物理信道时分复用模式

5.2.4.1 NB-IoT 子帧

根据在 5.3.1.2 节所述的窄带系统信息块类型 1（SIB1-NB），某些未承载 NPBCH、

NPSS 或 NSSS 的子帧可能被宣布为无效子帧。这些不被认为属于 NB-IoT 子帧集，并且当 NB-IoT NPDSCH、NPDCCH 和 NWUS 被映射到传输子帧上时被跳过（即推迟）。设备监视或接收下行链路时将跳过这些无效的子帧。

当 NB-IoT 部署在 LTE 载波且配置有 MBSFN 子帧[14]时，这些无效子帧的概念是有特别用处的。MBSFN 子帧使用 LTE 载波中的所有 PRB，使子帧中的 RE 无法用于 NB-IoT。当 NB-IoT Guard-band 模式部署在 LTE 载波且配置有 MBSFN 子帧时，无效子帧的概念也很有用。MBSFN 子帧与常规子帧相比具有不同的子帧结构，很难保证在相邻 PRB 上 NB-IoT 和 LTE MBSFN 子帧之间的共存性能。这是因为 MBSFN 子帧中使用的 CP 长于正常 CP，导致与 NB-IoT 相比不同的 OFDM 符号长度。在这种情况下，只需声明用作 LTE MBSFN 子帧的这些子帧是 NB-IoT 的无效子帧，就可避免在这些子帧中发送 NB-IoT 下行链路信号。无效子帧的概念也可用于配置发送 NPRS 的子帧，用于设备执行参考信号时间差（RSTD）测量，见 5.3.2.6 节所述。一个 NB-IoT 有效子帧位图如图 5.12 所示，其中子帧 #7 声明为无效子帧，并且不适用于 NPDCCH、NPDSCH、NRS 或 NWUS。

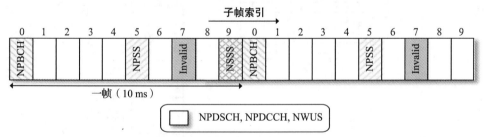

图 5.12   SIB1-NB 无效子帧场景下的下行物理信道时分复用模式（FDD 样例）

5.2.4.2 同步信号

NPSS 和 NSSS 能够让设备同步到 NB-IoT 小区。它们的传输是基于 80 ms 的重复间隔，如图 5.13 所示。通过同步于 NPSS 和 NSSS，设备能够检测到小区标识，并且在 80 ms 的 NPSS 和 NSSS 重复间隔内识别帧信息。

NPSS 和 NSSS 是设计用于在不了解 NB-IoT 运行模式的情况下，设备在初始获取阶段时能使用统一的同步算法。这是通过尽可能避免与 LTE 使用的 RE 发生冲突来实现的。例如编号从 0 到 9 的帧的子帧，LTE 可以使用子帧 1、2、3、6、7 或 8 中的任何一个作为 MBSFN 子帧。但是，在初始小区获取期间，设备不知道运行模式以及是否这些子帧中的任何一个被用作了 MBSFN 子帧。通过使用 NPSS 的子帧 5 和 NSSS 的子帧 9，来避免与任何可能的 LTE MBSFN 子帧的冲突，如图 5.12 和图 5.13 所示。此外，LTE 可以在 PDCCH 的每个子帧中使用最多前三个 OFDM 符号。为了避免与潜在的 LTE PDCCH 冲突，前三个 OFDM 符号不会在承载 NPSS 或 NSSS 的子帧中。这样，每个子帧仅剩下 11 个 OFDM 符号可用于 NPSS 和 NSSS（见图 5.13）。如下面两节所述，这些符号是从频域 Zadoff-Chu（ZC）序列生成的，并最终调制为符合 5.2.6.2 节描述的 OFDM 波形。

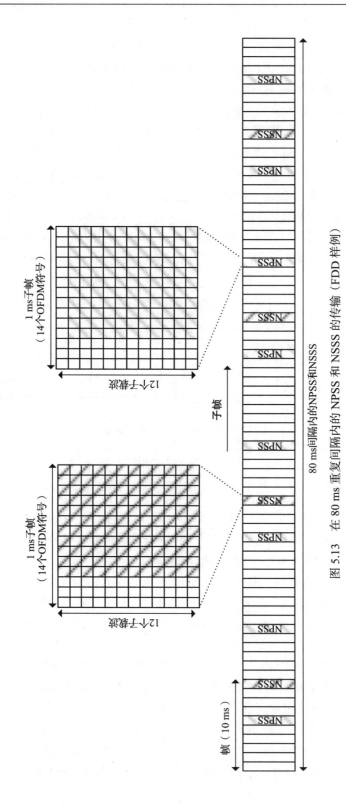

图 5.13　在 80 ms 重复间隔内的 NPSS 和 NSSS 的传输（FDD 样例）

5.2.4.2.1 NPSS

子帧	5
子帧周期	10 ms
序列模式周期	10 ms
基本TTI	1 ms
子载波间隔	15 kHz
带宽	180 kHz
载波	锚点

在 NB-IoT 小区，设备使用 NPSS 在时间和频率上实现同步。设备从长时间的深度休眠中唤醒后，时间基准将不再具有可靠的参考，并且因为低功耗振荡器在深度休眠期间跟踪时间的精度有限，频率基准的偏差可能高达 20 ppm（例如，900 MHz 频段中的 18 kHz）。因此，NPSS 需要设计成即使在很大的频率偏移下也可以检测到同步。

由于考虑到 NPSS 探测所需的设备复杂度，所有 NB-IoT 网络中的所有小区使用相同的 NPSS 序列。这样，设备仅需要搜索一个 NPSS 序列。相比之下，LTE 网络使用三个主同步信号序列。NPSS 是基于基本序列 p 和二进制掩码 c 生成的分层序列。基本序列 p 是一个基于根指数 5 的长度为 11 的频域 ZC 序列，其第 n 个频域元素由下式给出：

$$p(n) = e^{\frac{-j5\pi n(n+1)}{11}}, \quad n = 0, 1, \cdots, 10 \tag{5.4}$$

二进制掩码 c = (1, 1, 1, 1, –1, –1, 1, 1, 1, –1, 1)。

在 NPSS 子帧里的 11 个 OFDM 符号中的每个都携带基本序列的拷贝，基于二进制掩码，p 或者 –p。同样的 NPSS 序列在所有指定发送 NPSS 的子帧中被重复。分层序列的设计减少了设备在搜索 NPSS 子帧上的复杂度。

NPSS 子帧中的资源映射见图 5.14。对应 In-band 模式，一些 NPSS RE 和 LTE CRS 重叠了。那些 RE 上的 NPSS 频域符号将被 LTE CRS 穿孔。但是，进行 NPSS 检测的设备确实不需要意识到这种穿孔。例如，设备可以简单地将接收信号与未打孔的 NPSS 相关联。虽然 In-band 模式里，基站发送的 NPSS 和设备本地生成的 NPSS 会不匹配，但对 NPSS 检测性能的影响很小，因为只有一小部

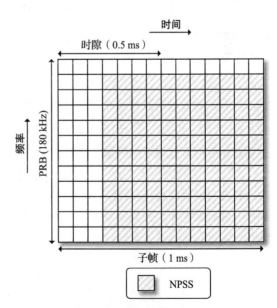

图 5.14　NPSS 子帧的资源映射（Stand-alone 和 Guard-band 模式）

分 NPSS 符号被穿孔。

5.2.4.2.2　NSSS

子帧	9
子帧周期	20 ms
序列模式周期	80 ms
子载波间隔	15 kHz
带宽	180 kHz
载波	锚点

设备通过获取 NPSS 在时间和频率上执行粗同步后，转向 NSSS 来检测小区标识并获取关于帧结构的更多信息。

NB-IoT 支持由 NSSS 指示的 504 个唯一的物理小区标识（PCID[⊖]）。NSSS 有一个 80 ms 的重复间隔，在此间隔内发送四个 NSSS 序列，如图 5.13 所示。在一个 80 ms 的重复间隔内发送的四个 NSSS 序列是完全不同的；但是，相同的四个序列集在每个 80 ms 的重复间隔中重复。如前所述，只有 NSSS 子帧中的最后 11 个 OFDM 符号用于携带 NSSS。但是，与 NPSS 相比，NSSS 映射到 PRB 的所有 12 个子载波，这样，在 NSSS 子帧中有 132 个 RE 用于 NSSS。

对于这 132 个 NSSS RE 的频域符号是通过序列 $s(n)$ 来定义的：

$$s(n) = b_q(n)\, \mathrm{e}^{-\mathrm{j}2\pi\theta_l n}\tilde{z}_u(n), \quad n = 0, 1, \cdots, 131 \tag{5.5}$$

本质上，一个 PCID 为 k 的小区的 NSSS 是由一个扩展 ZC 序列 $\tilde{z}_u(n)$、一个二进制加扰序列 $b_q(n)$ 和一个相移 θ_l 来决定的。这个扩展 ZC 序列 $\tilde{z}_u(n)$ 首先产生一个根为 u 的长度为 131 的 ZC 序列：

$$z_u(n) = \mathrm{e}^{\frac{-\mathrm{j}\pi u n(n+1)}{131}}, \quad n = 0, 1, \cdots, 130 \tag{5.6}$$

这个序列通过重复第一个元素再扩展到 132 长度：

$$\tilde{z}_u(n) = z_u(n \bmod 131), \quad n = 0, 1, \cdots, 131 \tag{5.7}$$

根 u 由小区标识 k 来决定：

$$u = (k \bmod 126) + 3 \tag{5.8}$$

二进制加扰序列 $b_q(n)$ 是从一个长度 128 的 Walsh-Hadamard 序列得到的，这个序列的最后以最前面的 4 个元素来填充，以形成长度 132 的序列。这个序列的索引 q 是基于小区标识 k 得到的：

$$q = \left\lfloor \frac{k}{126} \right\rfloor \tag{5.9}$$

⊖　国内多采用简称 PCI，本书遵重原著采用 PCID。——译者注

这里 $\lfloor x \rfloor$ 是向下取整函数，得到一个小于等于 x 的最大整数值。

在一个小区里，NSSS 传送共用同一个二进制加扰序列和扩展 ZC 序列，因为它们都是由小区标识 k 决定的。在 80 ms NSSS 重复间隔里，这四个 NSSS 的取值 $l \in \{0, 1, 2, 3\}$ 是由定义的相移 θ_l 来区别开的：

$$\theta_l = \frac{33l}{132} \tag{5.10}$$

NSSS 允许设备通过匹配二进制加扰序列和扩展 ZC 序列的方式来明确识别小区标识 k。它还支持通过匹配相移在 80 ms 重复间隔内进行帧同步。需要注意的是，由于无线帧的时长为 10 ms，通过识别 80 ms 成帧信息，设备实质上知道 SFN 的三个最低有效位（LSB）。

NSSS 子帧内的资源映射如图 5.15 所示。与 NPSS 一样，对于 In-band 模式，映射到 LTE CRS 所使用的 RE 的 NSSS 频域符号是被 CRS 穿孔的。和 NPSS 一样，设备可以简单地将接收信号与未打孔的 NSSS 相关联。由于只有很小比例的 NSSS 符号被穿孔，所以穿孔对 NSSS 检测性能的影响很小。

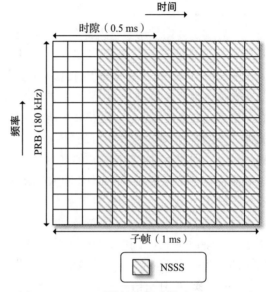

图 5.15　NSSS 子帧的资源映射（Stand-alone 和 Guard-band 模式）

5.2.4.3　NRS

子帧	任何
基本传送时间间隔（TTI）	1 ms
序列模式周期	10 ms
子载波间隔	15 kHz
带宽	180 kHz
载波	任何

NRS 用于设备执行下行链路信道的相干解调并在空闲和连接模式过程中执行下行链路信号强度和质量测量。它被映射到某些子载波的最后两个 OFDM 符号，而这两个 OFDM 符号是在承载 NPBCH、NPDCCH 或 NPDSCH 的子帧内的每个时隙中的。它也可以在没有安排任何 NPDCCH 或 NPDSCH 的子帧中传送。对于信道评估和下行链路测量，重要的是要避免不确定性——关于设备假定 NRS 存在于哪个子帧中。在参考文献 [16] 中，阐述

了不同的操作场景中 NRS 的操作。其重要的一般规则如下：

- 在所有运行模式里，NRS 存在于子帧 0 和 4 中，以及不包含 NSSS 的子帧 9 中。
- 在 Stand-alone 和 Guard-band 模式，NRS 一直存在于子帧 1 和 3 中。
- 在所有运行模式里，NRS 存在于所有有效的 NB-IoT 下行子帧中（见 5.2.4.1 节）。

基于以上原则，设备在获取任何小区信息之前只能假设 NRS 存在于子帧 0 和 4 中，以及不包含 NSSS 的子帧 9 中。同样地，一个在 Stand-alone 和 Guard-band 模式里的设备，但在不知道有效子帧配置的情况下，只能假设 NRS 存在于子帧 0、1、3 和 4 以及不包含 NSSS 的子帧 9 中。

这些基本原则应用于绝大部分场景，但不是全部。特别例外是，在非锚点载波上最小化非必要 NRS 传送。从 3GPP Release 14 开始，一个非锚点载波能被配置为寻呼和随机接入（见 5.4.3 节）。由于寻呼和下行链路信令相关的随机接入的负荷在某些时段可能非常低，最好避免在没有寻呼和下行链路相关的信令需要传送的时段里进行 NRS 传送。因而，对于在非锚点载波上监测寻呼和随机接入响应（见 5.3.1.10 节）的设备，在确定它转换到连接模式前，不能假设 NRS 正在所有的 NB-IoT 下行子帧中传送。在这种情况下，只有子帧真的携带信息，通过 NPDCCH 或 NPDSCH，才会包含 NRS。此外，为了有助于跨子帧信道评估和方便设备准备接收 NPDCCH 和 NPDSCH 的接收机，在 NPDCCH 开始传送前的 10 个有效子帧里，或者在 NPDSCH 开始传送前的 4 个有效子帧里，也将包含 NRS。而且，紧跟 NPDCCH 和 NPDSCH 传送结束的 4 个有效子帧也将包含 NRS。

NRS 如何映射到精确子载波取决于小区标识和逻辑天线端口号。NB-IoT 支持使用空频传送分集（见 5.2.2.1 节）的一或两个逻辑天线端口。NRS 资源映射的例子见图 5.16，其中描述了用于第一天线端口和第二天线端口的 NRS 资源要素。NRS 资源映射模型可以在基于小区标识的频域中上下移动。这能够采用相邻小区使用正交 NRS 资源来避免 NRS 相互干扰。

NRS 符号序列是基于小区标识和端口编号产生的。本质上，伪随机正交相移键控（QPSK）序列用于随机化小区之间的干扰。NRS 序列以 10 ms 无线帧周期重复。

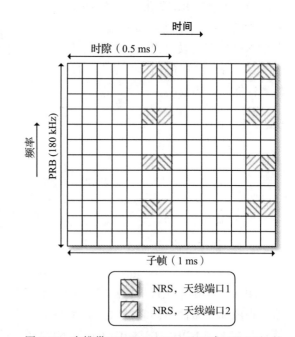

图 5.16　在携带 NPBCH、NPDCCH 或 NPDSCH 的子帧中的，或者有效 NB-IoT 下行子帧中的 NRS 资源映射

5.2.4.4　NPBCH

子帧	0
周期	10
基本TTI	640 ms
子载波间隔	15 kHz
带宽	180 kHz
载波	锚点

NPBCH 用于提供 NB-IoT 主信息块（MIB），它提供给设备在 NB-IoT 网络中运行的基本信息。NPBCH 使用 640 ms TTI，但在 TTI 内，每个无线帧中仅使用子帧 0。资源映射示例如图 5.17 所示。如前所述，用于 NRS 的子载波取决于 NB-IoT 小区标识。因此，NRS RE 可以在频域中上下移动。在 In-band 模式部署的情况下，LTE 可能会保留一些 RE，供 LTE 使用它们。LTE CRS 可以使用潜在 LTE 控制区域之外的 RE，即前三个 OFDM 符号。这些 RE 也可以根据 LTE 小区标识上下移动。NB-IoT 要求 In-band 部署使用对应 NRS 子载波集的小区标识，例如，图 5.17 中的子载波 2、5、8 和 11，其与宿主 LTE 小区的 CRS 所使用的子载波集相同。因此，当设备知道 NB-IoT 小区标识时，它也会知道在 In-band 部署的情况下哪些 RE 用于 LTE CRS。

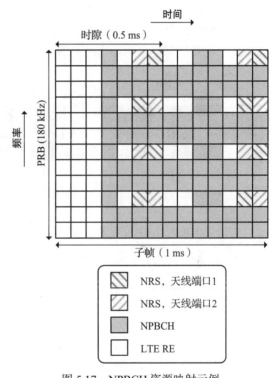

图 5.17　NPBCH 资源映射示例

如图 5.17 中所示，100 个 RE 可用于子帧中的 NPBCH。NPBCH 使用 QPSK 调制方式，因此在一个 NPBCH 子帧内可以传送 200 编码位。

NPBCH 的传输块大小是 34 bit。一个 16 位循环冗余校验码（CRC）附加在传输块中。总共有 50 bit 编码在 LTE TBCC 中[8]，匹配速率将产生 1600 个编码位。这些编码位被分段成 8 个编码子块（CSB），每个子块是 200 bit 长度并被映射为 100 个 QPSK 符号。这些 QPSK 符号的 OFDM 调制将在 5.2.6.2 节中详细描述。

在每个 CSB 上，使用符号级加扰以提供针对小区间干扰的健壮性保护，特别是当小区间干扰恰好是来自另一个小区的 NPBCH 信号时。加扰模式取决于小区标识和 SFN。这是通过在每个无线帧开始时重新初始化加扰模式来实现的，其种子由小区标识和 SFN 模 8 共同决定。结果是，每个 CSB 被加扰到 100 个 QPSK 符号中的八组唯一集，然后映射到八个连续无线帧的子帧 0 中。符号级旋转的加扰可以在接收方进行恢复，因为与 NSSS 同步后的设备知道该小区标识和 80 ms 间隔内的帧结构。因此，它知道如何解扰 NPBCH 符号并通过多次重复的 CSB 获得子帧符号序列。这有助于，例如，重复 CSB 的相干合成。经过解扰后，相关的重复 CSB 也是进行频率偏移评估的有效工具。

NPBCH TTI 中的八个 NPBCH 子块的传输说明如图 5.18 所示。每个 NPBCH 子帧都是可自解码的，但是所有 NPBCH 子帧也可以共同解码。对于某些覆盖良好的设备，一个 CSB 的一次传输基本足以正确解码 NPBCH 信息。

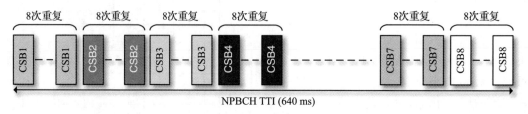

图 5.18 NPBCH CSB 的传送

依附于 NPBCH TB 的 CRC 被一个序列掩码，这个序列取决于 NRS 天线端口的数量（1 或 2）。这样设备可以通过盲解码来检测 NRS 的天线端口数量。如果有两个 NRS 端口，则使用一个空频分块编码（SFBC）[16-18]（见 5.2.2.2 节）。

5.2.4.5 NPDCCH

子帧	任何
基本TTI	1 ms
重复次数	1, 2, 4, 8, 16, 32, 64, 128, 256, 512, 1024, 2048
子载波间隔	15 kHz
带宽	90 kHz或180 kHz
载波	任何

NPDCCH 用于携带下行控制信息（DCI）。设备需要在 NPDCCH 中监测三种类型的信息在。

- DCI 格式 N0：上行授权信息（23 bit）。
- DCI 格式 N1：下行调度信息、NPDCCH 命令和多播控制信道的变化通知（23 bit）。
- DCI 格式 N2：寻呼指示符、SI 更新、和调度或多播控制信道的变化通知（15 bit）。

基于 DCI 中的信息位，生成 16 CRC 位。除了提供错误检测功能，这些 CRC 位还用于区分每个 DCI 格式的不同的信息类型，以及用于标识 DCI 使用的设备。这个通过基于不同的无线网络临时标识符（RNTI）与相关的不同信息类型加扰 CRC 位来完成。5.3 节提供了更多详细描述。

3GPP Release 14 引入了 Cat-NB2 设备类型，以支持两个混合自动重复请求（HARQ）进程（见 5.3.2.2.3 节）。为了支持两个同时活动的 HARQ 进程，将一个 bit 添加到 DCI 格式 N0 和 N1 中，来指示 HARQ 进程号。这时，DCI 格式 N0 和 N1 变为 24 bit。

一个 NPDCCH 子帧被分为两个窄带控制信道元素（NCCE）。NCCE0 占用最低的六个子载波，NCCE1 占用最高的六个子载波。一个 NCCE 可用的 RE 数量取决于 NB-IoT 运行模式和逻辑天线端口数。对于 In-band 部署，它进一步取决于 LTE 小区的配置。图 5.19 给出了两个例子。

选择小区并获取 SI 后，设备将了解到在 NPDCCH 子帧中的 NPDCCH RE 的准确映射（见 5.3.1.2.2 节）。例如，对于 In-band 部署，NPDCCH 没有映射到子帧中的前几个 OFDM 符号。这是为了避开 LTE 下行控制区域。在 NPDCCH 子帧里的起始 OFDM 符号索引取决于 LTE 下行链路控制区域的大小，并通过信令发送给设备。表 5.8 列出了每个 NCCE 里所有可能的 RE 数量，范围是从 50 到 80。

一个 DCI 可以映射到一个 NCCE，称为聚合等级（AL）1，或在同一子帧中的两个窄带控制信道元素，称为 AL2。如前所述，需要生成 16 bit CRC。这些 CRC 位与由 RNTI 确定的一个序列进行加扰。这些加扰的 CRC 位附加到 DCI。CRC 附加后，TBCC 编码和速率匹配用于生成一个码字，它的长度与可用编码位数相匹配。NPDCCH 采用 QPSK 调制，因此码字长度范围对于 AL 1，从 100 到 160，对于 AL 2，从 200 到 320。基带信号的产生在 5.2.6.2 节中描述，它使用 QPSK 符号作为输入并生成基带波形。

NPDCCH AL 2 用于提高 NPDCCH 的覆盖范围。使用更多 RE 传输 DCI 消息会提高每个信息位的能量水平。进一步覆盖增强可以通过子帧级别的重复来实现。图 5.20 显示了使用 AL 2 和 8 次重复的 NPDCCH 传输。NPDCCH 比特流在映射到符号之前被加扰。同一扰码序列用于一组四个连续的子帧，这意味着相同的 NPDCCH 符号在四个连续的 NPDCCH 子帧的每一个里都发送。这使设备可以通过使用包括接收功率评估和频率偏移评估的相干合成，来优化接收性能。如图 5.20 所示，加扰序列在每四次重复发送后被重新初始化，以随机化发送波形。3GPP Release 14 引入了一个选项，以应用额外的符号级加扰用于实现进一步的随机化，并提高了对小区间干扰的健壮性。基于伪随机加扰掩码，将 QPSK 调制的 NPDCCH 符号以 1，−1，j 或 −j 循环。与位级加扰掩码不同，可选的符号级加扰掩码在每个 NPDCCH 子帧中被重新初始化。在这种情况下，设备可以删除符号级加扰掩码，以恢复每四个连续的子帧组中相同的 NPDCCH 符号集。从缓解小区间干扰的角度，重新初始化每个 NPDCCH 子帧中的加扰掩码可确保来自邻居小区的干扰信号的处理增益。

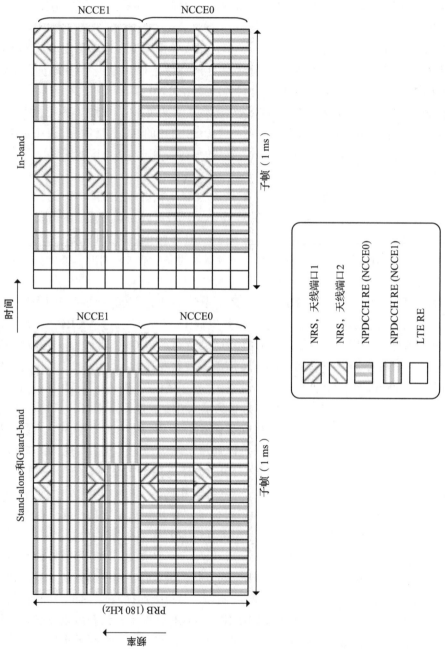

图 5.19 两个 NPDCCH 的资源映射示例。左：Stand-alone 和 Guard-band 模式下，两个 NRS 端口。右：In-band 模式下，两个 NRS 端口、4 个 CRS 端口和 LTE 下行控制区域两个 OFDM 符号

表 5.8　每个 NCCE 的可用 RE 数目

运行模式	LTE CRS 天线端口数	LTE 控制区域的 OFDM 符号数	NRS 天线端口数	每个 NCCE 的 RE 数
Standalone, Guard-band	N/A	N/A	1	80
Standalone, Guard-band	N/A	N/A	2	76
In-band	2	1	1	68
In-band	2	1	2	64
In-band	2	2	1	62
In-band	2	2	2	58
In-band	2	3	1	56
In-band	2	3	2	52
In-band	4	1	1	66
In-band	4	1	2	62
In-band	4	2	1	60
In-band	4	2	2	56
In-band	4	3	1	54
In-band	4	3	2	50

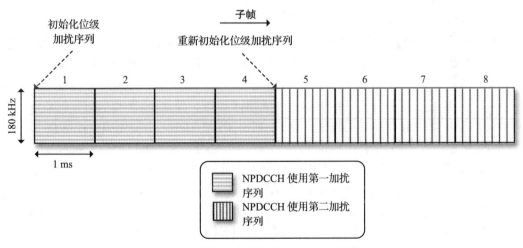

图 5.20　配置 8 个重复的 NPDCCH 传输示例

　　NB-IoT 允许将相同的 NPDCCH 重复最多 2048 次。因此，在最极端情况下，DCI 会在 2048 个子帧中发送。为了避免 DCI 阻塞其他下行链路 NPDCCH/NPDSCH 资源导致延时，传输间隙可以通过无线资源配置（RRC）信令进行配置。有关下行链路传输间隙的更多细节将在 5.2.6.1 节中讨论。

5.2.4.6 NPDSCH

子帧	任何
基本TTI	1, 2, 3, 4, 5, 6, 8, 10 ms
重复次数	1, 2, 4, 8, 16, 32, 64, 128, 192, 256, 384, 512, 768, 1024, 1536, 2048
子载波间隔	15 kHz
带宽	180 kHz
载波	任何

NPDSCH 用于传输单播数据。来自高层的数据包被分割成一个或多个 TB，NPDSCH 一次传输一个 TB。NPDSCH 还用于传输广播信息，例如 SI 消息。

NPDSCH 具有与 NPDCCH 类似的子帧级资源映射，但有两个区别：

- NPDCCH 可以在一个子帧中复用资源以发送两个 DCI 消息。但是，NPDSCH 子帧最多只能携带一个 TB。也就是说，NPDSCH 的 RU 就是一个子帧上的一个 PRB。
- NPDSCH 子帧中的起始 OFDM 符号可能与 NPDCCH 子帧中的不同，如果 NPDCCH 子帧是在 In-band 模式下用于发送 SIB1-NB（有关 SIB1-NB 的说明，请参见 5.3.1.2 节）。与 NPDCCH 一样，在 In-band 模式下基于 LTE 控制区域的大小确定 NPDSCH 子帧中的起始 OFDM 符号。这些信息被携带在 SIB1-NB 中。然而，设备需要能够在不知道 LTE 控制区域大小的情况下获取 SIB1-NB。因此，如果 NPDSCH 子帧用于发送 SIB1-NB，则起始 OFDM 符号位置始终是子帧中的第四个符号。

NPDSCH 使用 QPSK 并在设备最低类别的情况下支持 680 bit 的 TB 大小。一个 TB 被映射到多个 NPDSCH 子帧。LTE TBCC 被用作 NPDSCH 的唯一前向纠错码。NPDSCH TB 的基站处理流程如下。首先，计算 24 位 CRC 并将其附加到 TB。附加 CRC 的 TB 使用 TBCC 编码器进行编码，并根据码字长度进行速率匹配，而码字长度由分配给 TB 的 NPDSCH 子帧的数量和每个子帧的 RE 数量共同确定。因此，TB 大小和分配给 TB 的 NPDSCH 子帧数的组合决定了码率。表 5.9 列出了所有 TB 大小和资源分配的组合。表 5.9 中的最后三行不适用于 In-band 部署模式。这是因为 In-band 部署与 Stand-alone 和 Guard-band 部署相比，在一个子帧中，NPDSCH 可用的 RE 较少。使用表 5.9 中的最后三行在某些 In-band 配置中可能导致太高的码率。如 5.2.3 节所述，3GPP 定义了两个 NB-IoT 设备类别，类别 NB1（Cat-NB1）和 Cat-NB2。Cat-NB1 设备仅需要支持最大 680 bit 的下行链路 TBS，而 Cat-NB2 设备最大支持 2536 bit 的下行链路 TBS。

表 5.9 NPDSCH TBS 和 NPDSCH 子帧数目的组合表

NPDSCH TBS 索引	子帧数 [N_{SF}]							
	1	2	3	4	5	6	8	10
0	16	32	56	88	120	152	208	256
1	24	56	88	144	176	208	256	344
2	32	72	144	176	208	256	328	424

（续）

NPDSCH TBS 索引	子帧数 [N_{SF}]							
	1	2	3	4	5	6	8	10
3	40	104	176	208	256	328	440	568
4	56	120	208	256	328	408	552	680
5	72	144	224	328	424	504	680	872
6	88	176	256	392	504	600	808	1032
7	104	224	328	472	584	680	968	1224
8	120	256	392	536	680	808	1096	1352
9	136	296	456	616	776	936	1256	1544
10	144	328	504	680	872	1032	1384	1736
11	176	376	584	776	1000	1192	1608	2024
12	208	440	680	904	1128	1352	1800	2280
13	224	488	744	1032	1256	1544	2024	2536

为了限制对接收机的要求，仅指定了一个单冗余版本用于 NPDSCH 编码。

对于表 5.9 中列出的每种组合，Stand-alone 部署模式下，具有两个 NRS 端口的码率显示在表 5.10 中。对于一个 TB 大小，通过分配更多的 NPDSCH 子帧来达到更好的覆盖，这样，每个信息比特具有更高的能量水平，并且大多数情况下，编码增益也更高。

如表 5.10 所示，最多可使用 10 个 NPDSCH 子帧（即 N_{SF} = 10）来承载一个 NPDSCH TB。在将编码的 TB 位映射到 QPSK 符号之前，这些位是被加扰的。加扰在每 $\min(N_{REP}$, 4) 次代码字重复后被重新初始化，其中 N_{REP} 是配置的重复次数。最多可以重复 2048 次发送。在子帧上映射了 NPDSCH 码字后，在继续码字的映射之前，子帧被重复 $\min(N_{REP}$, 4) 次。图 5.21 显示了配置了八次重复的两个子帧 TB 的传输场景。第一个子帧在映射继续到第二子帧之前被重复四次。在第二个子帧被重复了四次之后，扰码被重新初始化并且重复了该流程一次，总共完成码字的 8 次重复。

表 5.10　Stand-alone 模式中有两个 NRS 端口的 NPDSCH 码率

NPDSCH TBS 索引	NPDSCH 子帧数 [N_{SF}]							
	1	2	3	4	5	6	8	10
0	0.13	0.09	0.09	0.09	0.09	0.10	0.10	0.09
1	0.16	0.13	0.12	0.14	0.13	0.13	0.12	0.12
2	0.18	0.16	0.18	0.16	0.15	0.15	0.14	0.15
3	0.21	0.21	0.22	0.19	0.18	0.19	0.19	0.19
4	0.26	0.24	0.25	0.23	0.23	0.24	0.24	0.23
5	0.32	0.28	0.27	0.29	0.29	0.29	0.29	0.29
6	0.37	0.33	0.31	0.34	0.35	0.34	0.34	0.35
7	0.42	0.41	0.39	0.41	0.40	0.39	0.41	0.41

(续)

NPDSCH TBS 索引	NPDSCH 子帧数 [N_{SF}]							
	1	2	3	4	5	6	8	10
8	0.47	0.46	0.46	0.46	0.46	0.46	0.46	0.45
9	0.53	0.53	0.53	0.53	0.53	0.53	0.53	0.52
10	0.55	0.58	0.58	0.58	0.59	0.58	0.58	0.58
11	0.66	0.66	0.67	0.66	0.67	0.67	0.67	0.67
12	0.76	0.76	0.77	0.76	0.76	0.75	0.75	0.76
13	0.82	0.84	0.84	0.87	0.84	0.86	0.84	0.84

就像在 NPDCCH 一样，重复的子帧确实允许接收功率评估和频率偏移评估的相干合并。它还允许设备尝试在传输完成之前对码字进行解码。示例如图 5.21 所示，例如，8 个子帧后支持完整码字的解码。像 NPDCCH 的情况一样，3GPP Release 14 引入一个选项，采用额外的符号级扰码来实现进一步的随机化并提高小区间干扰的健壮性。这个可选的符号级加扰掩码在每个子帧中被初始化。

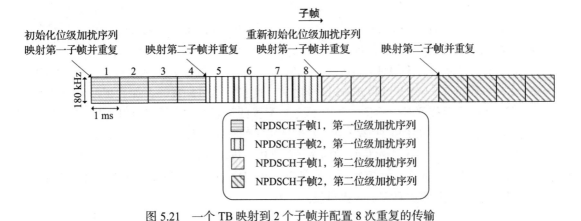

图 5.21　一个 TB 映射到 2 个子帧并配置 8 次重复的传输

由于支持的重复次数很高，当一个 TB 被映射到每个重复的 10 个子帧并配置有 2048 次重复时，一个 NPDSCH TB 将可以被映射到 20 480 个 NPDSCH 子帧上。为了避免长时间的 NPDSCH 传输阻塞了其他 NPDCCH 或 NPDSCH 的传输，可以配置 NPDSCH 传输间隙。这个概念类似于 NPDCCH 传输间隙，将在 5.2.7.1 节中更详细地描述。

如前面已经指出的，NPDSCH 也用于 SIB 的传输。但是，这些传输与刚刚描述的原则相比，遵循的原则略有不同。对于 SIB1-NB，TBS 配置始终为 N_{SF} = 8 个子帧，并且可用的 TBS 限于 {208，328，440，680}bit 的集合。对于其他 SIB，可用的 TBS 被限制于 {56，120，208，256，328，440，552，680}bit 的集合。最低的两个 TBS 使用 N_{SF} = 2 子帧，而六个较大的选项映射到 N_{SF} = 8 子帧。

对于每次重复，携带 SIB 的 NPDSCH 的加扰都被重新初始化。完整的码字在重复开始之前，将映射到已配置子帧 N_{SF} 的整个集合。这样在覆盖良好的情况下，设备在第一次传输后就能够对 SIB 进行解码。

SIB 重复在下行链路帧结构上的映射和调度，遵循 5.3.1.2.3 节中详细描述的特定规则。

NPDSCH 信号的基带生成使用 QPSK 调制符号作为输入并生成传输波形，如 5.2.6.2 节所述。

5.2.4.7　NPRS

子帧	由LPP信令配置
基本TTI	1 ms
TTI	依据高层配置
子载波间隔	15 kHz
带宽	180 kHz
载波	任何

3GPP Release 14 中引入了窄带定位参考信号（NPRS）来提高 NB-IoT 设备的定位精度，超越基于小区标识的位置定位方法可以提供的精度（见 5.3.2.6 节）。NPRS 是一种广播信号，可启用可观测的到达时间差（OTDOA）对设备进行定位估计。它与 RRC 配置的其他信号不同。相反，它是由 LTE 定位协议（LPP）[19] 来配置的。LTE 定位协议信令是特定于设备的，并且在设备和定位服务器（称为位于核心网中的演进服务移动定位中心（E-SMLC））之间传送。基站与 E-SMLC 通过 LPPa 协议协商 NPRS 的配置[20]。

可以通过两种配置方法来指示发送 NPRS 的子帧。它们之间的主要区别是使用方法 1 配置的 NPRS 子帧中不包含 NRS，而 NRS 存在于使用方法 2 配置的 NPRS 子帧中。

- 方法 1：使用长度为 10 或 40 的 NPRS 子帧位图进行配置。NPRS 子帧位图的概念类似于有效子帧位图，见 5.2.4.1 节的描述。这里，位图用于指示哪些子帧配置为 NPRS 子帧。使用此方法配置的 NPRS 子帧不适用于传送 NRS、NPDCCH 或 NPDSCH。因此，所有使用方法 1 配置的 NPRS 子帧需要使用有效子帧位图将其指示为无效子帧。
- 方法 2：使用 NB-IoT 特定载波的 NPRS 参数进行配置，包括配置周期 T，NPRS 应被传送的连续子帧数 N，以及配置周期内 NPRS 子帧的初始偏移。周期 T 属于集合 {160，320，640，1280} 子帧，而子帧的数量 N 从集合 {10，20，40，80，160，320，640，1280} 子帧中选择。

注意，在方法 2 的情况下，NPRS 子帧可以是有效的含有 NRS 的 NB-IoT 子帧。由于 Release 13 中的设备期望在有效的 NB-IoT 子帧中使用 NRS，因此确保 NPRS 不与 NRS 发生冲突是非常重要的。

NB-IoT 小区可以使用上述两种配置方法的组合。在这种情况下，两种配置方法都将采用 NPRS 子帧，即 NPRS 子帧集是由两种配置方法指示的两个子帧集的交集。对于 In-band 模式，必须最少采用方法 1 以保证与 LTE 共存。NPRS 无法在指定用于 NPBCH、NPSS、NSSS 或 SIB1-NB 的子帧中传输。

在 In-band 模式由方法 1 NPRS 子帧位图配置的在 NPRS 子帧中的资源映射，见图 5.22。在 In-band 模式下，NPRS 无法映射到可能被 LTE PDCCH 或 CRS 使用的 OFDM 符号。观察到资源映射模式可以在频率维度上下移动以创建 6 种不同的正交映射模式。这些正交映射模式可以在同步网络中的相邻小区中使用，以避免小区间干扰。小区使用的映射模式由可配置的 NPRS 标识确定，默认值等于小区标识。

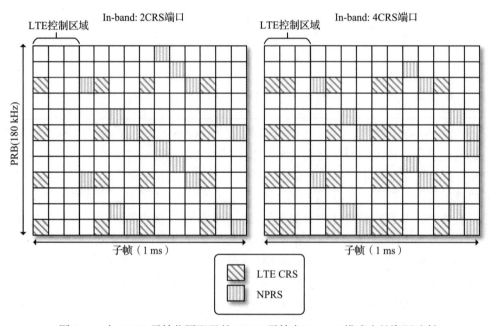

图 5.22　由 NPRS 子帧位图配置的 NPRS 子帧在 In-band 模式中的资源映射

在 Stand-alone 和 Guard-band 模式下，如果配置了方法 1 NPRS 子帧位图，NPRS 可以映射到所有 OFDM 符号。如果小区配置为 Stand-alone 或 Guard-band 操作，并且不发信号通知 NPRS 子帧位图，且仅使用方法 2 来配置 NPRS 子帧，NRS 在 NPRS 子帧中是所有设备都期待的。为了避免 NRS 和 NPRS 之间发生冲突，NPRS 不会映射到每个 NPRS 时隙中的最后两个 OFDM 符号。见图 5.23。

NPRS 子帧中的 NPRS 符号序列是伪随机序列，每个符号经过 QPSK 调制。伪随机序列取决于小区，并且在不同的 NPRS 子帧中是变化的。对于 In-band 运行模式，LTE PRS 和 NPRS 可以被映射到相同的 RE。在这种情况下，因为映射到相同资源元素的 NPRS 符号值和 LTE PRS 的符号值是相同的，那么类型 1 的 NPRS 序列设计成 LTE PRS 序列的子序列。因此，类型 1 的 NPRS 序列必须以与 LTE PRS 有相同的周期，即 10 ms。类型 2 的

NPRS 还是支持 640 ms 的周期。增加的序列长度改善了检测性能，但破坏了与 LTE PRS 的兼容性。

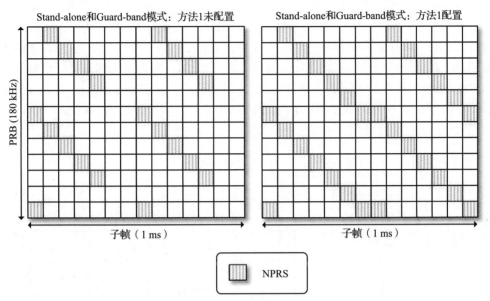

图 5.23   Stand-alone and Guard-band 模式中 NPRS 子帧的资源映射

5.2.4.8   NWUS

子帧	由RRC信令配置
基本TTI	1 ms
重复次数	1, $R_{max}/2$, $R_{max}/4$, $R_{max}/8$, $R_{max}/16$, $R_{max}/32$, $R_{max}/64$, $R_{max}/128$
	R_{max}: 寻呼的NPDCCH重复次数的最大值
子载波间隔	15 kHz
带宽	180 kHz
载波	配置用于寻呼的任何载波

在 3GPP Release 15 中引入了 NWUS，以提高设备能效。一个 NB-IoT 设备大部分时间处于空闲模式，在此期间它会定期唤醒以监视寻呼时机以检查是否被寻呼。有关 NB-IoT 空闲模式流程的更多详细描述将在 5.3.1.4 节中给出。现在，仅需注意寻呼指示符通过使用具有 15 个信息位的 DCI 格式 N2 在 NPDCCH 中发送（见 5.2.4.5 节）。由于在大多数寻呼时机中没有发送寻呼指示，因此设备通常会醒来寻找寻呼信号，却发现没有发送寻呼指示符。在 UE 需要唤醒以寻找寻呼之前，可以传输一个更短的 NWUS 来指示设备是否需要在后续寻呼时机中保持清醒，或者回到睡眠状态而无须监视这些寻呼时机。有关如何使用 NWUS 的更多详细信息在 5.3.1.4 节中讨论寻呼时再涉及。在本节中，我们重点介绍物理层方面。

图 5.24 指示出了子帧内的 NWUS 资源映射。对于 In-band 部署，NWUS 被映射到子帧中的最后 11 个 OFDM 符号，总计 132 个 RE。但是，如图 5.24 所示，LTE CRS 和 NRS 将打孔 NWUS。子帧中的长度 132 NWUS 序列是基于扩展长度 131 ZC 序列生成的，与用于生成 NSSS 序列的式（5.5）和式（5.6）完全相同。扩展 ZC 序列是基于伪随机加扰掩码进行加扰的。加扰掩码中的每个元素采用 $\{1, -1, j, -j\}$ 中的值。当 R_{NWUS} 配置的重复次数超过 1 时，加扰掩码因子帧而异。其实，R_{NWUS} 子帧是相对于为指示寻呼信号的后续的 NPDCCH 传输而配置的最大重复次数 R_{MAX} 来确定的。对于 Stand-alone 和 Guard-band 部署，子帧中的前 3 个 OFDM 符号也可用于 NWUS。在这些情况下，OFDM 符号 #0、#1 和 #2 分别在 OFDM 符号 #7、#8 和 #9 中重复。

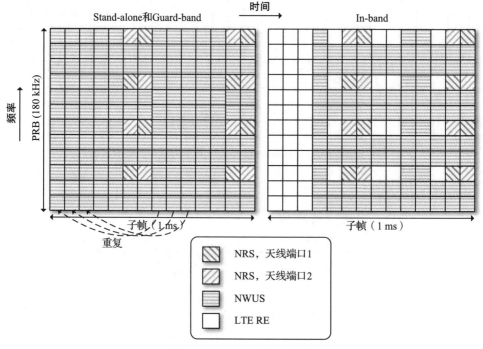

图 5.24   NWUS 的资源映射

5.2.5   上行物理信道和信号

NB-IoT 支持图 5.25 所示的一组上行链路的物理信道和信号。

图 5.25   NB-IoT 中使用的上行物理信道和信号

5.2.5.1 NPRACH

子帧	任何
基本TTI	5.6, 6.4, 19.2 ms（取决于NPRACH格式）
重复次数	1, 2, 4, 8, 16, 32, 64, 128
子载波间隔	3.75 或1.25 kHz（取决于NPRACH格式）
带宽	3.75 或1.25 kHz（取决于NPRACH格式）
载波	锚点见3GPP Release 13，非锚点见3GPP Release 14

像 LTE 中的物理随机接入信道（PRACH）一样，使用 NB-IoT 中的 NPRACH 由设备发起连接，并允许服务基站估算收到的 NPRACH 信号的到达时间（ToA）。收到的 NPRACH 信号的 ToA 反映基站与设备之间的往返传播延迟。因为 NB-IoT 上行链路采用类似 OFDM 的传输方案（例如 SC-FDMA 或使用 CP 的单音传输），重要的是要对齐来自多个设备的接收信号，这样就可以保持住不同频分复用设备之间的正交性。ToA 估算有助于基站确定时间提前量（TA）来校准从每个设备接收到的信号。

LTE PRACH 前导码基于 ZC 序列，使用接近 1 MHz 频率带宽，远大于 NB-IoT 的载波带宽。与 LTE 相比，这样就要使用新的 NPRACH 前导波形。另一个重要的考虑因素是 PA 补偿和效能，对覆盖范围和电池效率分别产生深远的影响。ZC 序列作为时域离散序列，尽管具有恒定的包络，但经过发射链路处理（例如上采样、离散到模拟转换）和滤波后，通常最终会产生一个峰均功率比（PAPR）大于 3 dB 的时间连续波形[21]。也有不少相应的技术在上采样过程中降低 ZC 序列的 PAPR[21-22]；但是，仍然不能使 PAPR 接近 0 dB。这是不理想的，因为期待的结果是保持功率补偿尽可能低。功率补偿会影响上行链路覆盖范围，因为 PA 不能在其最大可配置输出功率电平下使用。功率补偿还会降低 PA 效率，从而损害电池寿命。NPRACH 前导码设计的目标是 PAPR 接近 0 dB 的时间连续波形。如本节中所述，NPRACH 前导码基于单音跳频波形，确实实现了非常接近 0 dB 的 PAPR。

在 NB-IoT 中，一个小区中最多可以使用三个 NPRACH 配置来支持不同的覆盖范围等级的设备。通过使用不同的时间频率资源来分隔不同的配置。在介绍 NPRACH 的配置方式之前，我们先介绍 NPRACH 采用的前导波形。

NPRACH 前导使用带有跳频的单音传输。前导重复单元由多个符号组组成，每个符号组由一个 CP 和多个符号组成。NB-IoT 中有三种 NPRACH 格式。NPRACH 格式 0 和格式 1 在 3GPP Release 13 中定义了，而在 Release 15 中引入了 NPRACH 格式 2。我们先从 NPRACH 格式 0 和 1 的前导码结构开始。格式 0 和 1 的符号组见图 5.26。如图所示，一个符号组由 CP 加上五个音调频率 $n\Delta f_{NPRACH}$ 的单音符号组成，其中 n 是一个整数，$n \in \{0, 1, \cdots, 11\}$，$\Delta f_{NPRACH}$ 为 3.75 kHz，这是 NPRACH 的音调间距。n 在符号组内的值是固定的。因此，NPRACH 符号组的最终波形是基带频率 $n\Delta f_{NPRACH}$ 的连续相位正弦波。NPRACH 格式 0 使用 CP 时长 66.7 μs，NPRACH 格式 1 使用 CP 时长 266.67 μs，分别支持至少 10 km 和 40 km 的小区半径。

图 5.26　NPRACH 格式 0 和格式 1 的符号组（FDD）

当 NB-IoT 部署在农村或偏远地区时，需要支持更大的小区半径。在参考文献 [23] 中，通过利用 Release 13 的 NPRACH 格式的结构，实际上，基站可以使用高级算法来支持 100 km 的小区半径。

但是，3GPP Release 15 仍引入了新的 NPRACH 格式，如图 5.27 所示，不借助高级基站算法即可支持更大的小区半径。这种新的 NPRACH 格式即为 NPRACH 格式 2，它使用更长的 800 μs 的 CP，支持最大 120 km 的小区半径。在这种情况下，符号组由 CP 和三个单音符号组成。与格式 0 和格式 1 相似，每个单音符号的波形是频率为 $n\Delta f_{\mathrm{NPRACH}}$ 的正弦波形，其中 n 是整数。格式 2 的音调间隔 $\Delta f_{\mathrm{NPRACH}}$ 为 1.25 kHz，这会产生 800 μs 的符号长度。

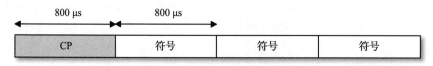

NPRACH前导格式2的符号组

图 5.27　3GPP Release 15 引入的 NPRACH 格式 2 的符号组（FDD）

基本 NPRACH 重复单元由 4 个格式 0 和 1 的符号组，或格式 2 的 6 个符号组组成；在重复单元里，音调频率有特殊的关系，如图 5.28 所示。图 5.28 中的示例在重复单元内的四个符号组之间使用确定的音调跳跃模式；也就是，第二符号组使用的音调正好在第一符号组使用的音调的上方，第三符号组使用的音调比第二符号组使用的音调高六个音调，第四个符号组使用的音调正好在第三符号组的下方。

重复单元内的确定性音调跳跃模式用于帮助基站在存在未知设备残留频偏的情况下评估 TA。如前所述，在一个符号组内使用相同的音调。在本质上，四个符号组之间的时间频率关系可以使基站解决 TA 和设备残留频偏的两个未知数。对于格式 0 和 1，跳频模式使用 12 个连续音调的频带，并且该频段内的这些音调的索引可以用 0，1，…，11 表示。在 NPRACH 重复单元内有四种可能的确定性的跳频模式。这些描述在表 5.11 中。对于格式 2，跳频模式使用 36 个音调的频段，可以用 0，1，…，35 进行索引。在 NPRACH 重复单元中有八种可能的格式 2 的确定性跳频模式，如表 5.11 所示。

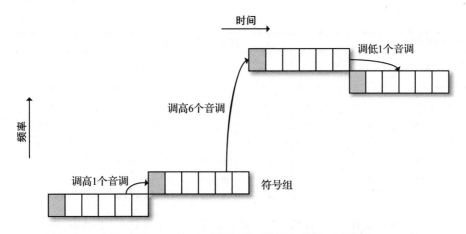

图 5.28 一个 NPRACH 前导重复单元（格式 1）和 4 组符号组的音调关系的示例

表 5.11   NPRACH 重复单元中的确定性跳频模式（FDD）

	第一符号组的音调索引	重复单元中的确定性跳频模式
格式 0 和格式 1	0, 2, 4	{+1, +6, −1}
	1, 3, 5	{−1, +6, +1}
	6, 8, 10	{+1, −6, −1}
	7, 9, 11	{−1, −6, 1}
格式 2	0, 6, 12	{+1, +3, +18, −3, −1}
	1, 3, 7, 9, 13, 15	{−1, +3, +18, −3, +1}
	2, 4, 8, 10, 14, 16	{+1, −3, +18, +3, −1}
	5, 11, 17	{−1, −3, +18, +3, +1}
	18, 24, 30	{+1, +3, −18, −3, −1}
	19, 21, 25, 27, 31, 33	{−1, +3, −18, −3, +1}
	20, 22, 26, 28, 32, 34	{+1, −3, −18, +3, −1}
	23, 29, 35	{−1, −3, −18, +3, +1}

这些确定性的跳跃模式创建了一组正交的 NPRACH 前导码，如表 5.12 和表 5.13 所示。NPRACH 前导码产生的基带信号在 5.2.6.1 节进行详细说明，同时还说明如何使用表 5.12 和 5.13 中列出的参数。

表 5.12   为重复单元定义的 NPRACH 格式 0 和格式 1 前导码的示例（12 个前导码)(FDD)

NPRACH 前导码	符号组 l 的音调索引 $k(l)$			
0	0	1	7	6
1	1	0	6	7
2	2	3	9	8
3	3	2	8	9

（续）

NPRACH 前导码	符号组 *l* 的音调索引 *k*(*l*)			
4	4	5	11	10
5	5	4	10	11
6	6	7	1	0
7	7	6	0	1
8	8	9	3	2
9	9	8	2	3
10	10	11	5	4
11	11	10	4	5

表 5.13　为重复单元定义的 NPRACH 格式 2 前导码的示例（36 个前导码，FDD）

NPRACH 前导码	符号组 *l* 的音调索引 *k*(*l*)					
0	0	1	4	22	19	18
1	1	0	3	21	18	19
2	2	3	0	18	21	20
3	3	2	5	23	20	21
4	4	5	2	20	23	22
5	5	4	1	19	22	23
6	6	7	10	28	25	24
7	7	6	9	27	24	25
8	8	9	6	24	27	26
9	9	8	11	29	26	27
10	10	11	8	26	29	28
11	11	10	7	25	28	29
12	12	13	16	34	31	30
13	13	12	15	33	30	31
14	14	15	12	30	33	32
15	15	14	17	35	32	33
16	16	17	14	32	35	34
17	17	16	13	31	34	35
18	18	19	22	4	1	0
19	19	18	21	3	0	1
20	20	21	18	0	3	2
21	21	20	23	5	2	3
22	22	23	20	2	5	4
23	23	22	19	1	4	5
24	24	25	28	10	7	6
25	25	24	27	9	6	7

（续）

NPRACH 前导码	符号组 *l* 的音调索引 *k(l)*					
26	26	27	24	6	9	8
27	27	26	29	11	8	9
28	28	29	26	8	11	10
29	29	28	25	7	10	11
30	30	31	34	16	13	12
31	31	30	33	15	12	13
32	32	33	30	12	15	14
33	33	32	35	17	14	15
34	34	35	32	14	17	16
35	35	34	31	13	16	17

但是，仅使用一个 NPRACH 重复单元不足以满足 NB-IoT 的覆盖目标。为了确保覆盖具有挑战性位置的基站可以可靠地检测到设备发出的 NPRACH 信号，可以将 NPRACH 前导码配置为 1、2、4、8、16、32、64 或 128 个重复单元。当 NPRACH 重复次数增加时，期待在不同的小区中避免 NPRACH 前导码之间的持续干扰。为了达到这个目的，引入了在不同的重复单元之间的伪随机跳频。这是通过应用伪随机整数音调偏移 χ 来完成的，见表 5.12 和表 5.13 中的所有音调索引。因为跳频的范围需要在 12 或 36 个音调之内，具体取决于 NPRACH 格式，偏移将以 12 模或 36 模的方式应用，将音调索引保持在期待范围内。伪随机音调偏移 χ 由小区标识和重复索引来确定。因此，不同小区中的 NPRACH 前导码最终不会具有在整个传输间隔内相同的调频模式，从而避免持续干扰。

NB-IoT 小区最多可以配置三个 NPRACH 配置，每个配置支持一组前导码和重复单元。每种配置都针对特定的耦合损耗。前导码的数量与支持的接入尝试的数量相对应。系统信息（SI）中提供了有关 NPRACH 配置的信息。NPRACH 配置中的参数包括重复次数、NPRACH 前导码数目、它们重复发生的时间周期和接收到的信号电平阈值等。一些配置将在 5.2.5.4 节中进行说明，这些参数的随机接入流程将在 5.3.1.6 节中描述。

最后，表 5.14 总结了 FDD 系统中使用的三种 NPRACH 格式。

表 5.14　NPRACH 格式 0、1 和 2（FDD）

	格式 0	格式 1	格式 2
支持的小区半径	10 km	40 km	120 km
循环前缀 T_{CP}	66.7 μs	266.7 μs	800.0 μs
符号组长度 T	1400.0 μs	1600.0 μs	3200.0 μs
一个重复单元内符号组的数目	4	4	6
子载波间隔	3.75 kHz	3.75 kHz	1.25 kHz
音调调频范围	12 音调	12 音调	36 音调

5.2.5.2 NPUSCH

子帧	任何
基本TTI	1, 2, 4, 8, 32 ms
重复次数	1, 2, 4, 8, 16, 32, 64, 128
子载波间隔	3.75, 15 kHz
带宽	3.75, 15, 45, 90, 180 kHz
载波	任何

NPUSCH 用于承载更高层的上行链路用户数据或控制信息。另外，NPUSCH 还携带针对 NPDSCH 传输的 HARQ 确认。3GPP Release 15 引入了一项功能，允许设备使用 NPUSCH 发送信号通知调度请求。NPUSCH 采用的波形原则上与 LTE SC-FDMA 波形一致。但是，在 LTE 中，SC-FDMA 支持设备带宽具有一个 PRB 的粒度，即 12 个子载波。设备可能采用 12K 子载波的调度，其中 K 是一个正整数。因此，LTE 中分配的最小设备调度带宽是一个 PRB 或 12 个子载波。但是，由于 NB-IoT 仅使用一个 PRB，所以最大设备调度的带宽也只能是一个 PRB。下面的这些考虑推荐 NB-IoT 包括较低层的设备调度带宽选项：

- NB-IoT 以超低端物联网用例为目标，并且可以预见此类用例通常会有较小的数据包。因此，在许多情况下，设备可能不需要使用一个 PRB（180 kHz）的整个无线资源。

- NB-IoT 也以在覆盖受限的情况下的设备为目标。这些设备运行在功耗受限的机制下，而不是带宽受限的机制，因此无法从更高的设备带宽中受益（请参阅 5.1.2.4 节和 6.2.3 节中对此方面的论述）。

- 如上面的 NPRACH 讨论中所述，主要对于位于网络覆盖边缘范围的设备，具有低 PAPR 波形对于覆盖和电池寿命很重要。NPUSCH 需要包含一个 PAPR 接近于 0 dB 的波形，为在覆盖范围边缘的设备提供最佳服务。

因此，NPUSCH 添加了子 PRB 调度的带宽选项，包括了两种单音传输的特殊情况，它们具有 PAPR 接近 0 dB 的优势。

NPUSCH 根据其携带的数据采用两种传输格式。格式 1 用于上行链路数据传输，并使用与 LTE[8] 相同的 Turbo 代码进行纠错。对于设备类别 Cat-NB1，NPUSCH 格式 1 的最大 TBS 为 1000 bit；对于 Cat-NB2，则为 2536 bit。格式 2 用于发信令通知 NPDSCH 传输以及上行调度请求的 HARQ 反馈。它使用重复码进行纠错。格式 1 和格式 2 均使用包含 DFT 预编码和 CP 插入到波形生成过程中的 SC-FDMA 波形。如前所述，NPUSCH 支持多音和单音设备调度带宽选项。波形产生在单音情况下可能会省略 DFT 预编码。所有多音 NPUSCH 传输均基于 15 kHz 子载波间隔；但是，单音传输使用 15 kHz 或 3.75 kHz 子载波间隔。

适用于 NPUSCH 格式 1 的时隙格式如图 5.29 所示。15 kHz 子载波间隔的 CP 和 OFDM 符号持续时间与 LTE 中的一致，如 5.2.2.2 节所述。用于采用 3.75 kHz 子载波间隔的单音传输，NB-IoT 引入了新的参数集，如图 5.29 所示。这种情况的时隙时长是 2 ms，由七个 SC-FDMA 符号和最后的保护周期（GP）组成。每个 SC-FDMA 符号为 275 μs，包括一个 8.33 μs 的 CP。产生 GP 是为了避免与 LTE 探测参考信号（SRS）发生冲突，后者是 LTE 设备为方便基站评估信道质量而发送的信号。LTE 设备可以配置为在 NB-IoT 载波上的 PRB 上传输 SRS。SRS 只能使用 LTE 子帧中的最后一个 OFDM 符号，并且可以配置为小的 2 ms 周期和大的 320 ms 周期[11]。图 5.30 中说明了一个 SRS 冲突的示例。LTE 设备 1 和 2 配置有 SRS 传输。与 LTE 设备 2 的 SRS 传输的冲突可以通过使用具有 3.75 kHz 子载波间隔的 NPUSCH 时隙格式的 GP 来避免。但是，SRS 冲突可能仍会出现在第四个 OFDM 符号上，见图 5.30。SRS 和 NPUSCH 符号之间的冲突可以通过打孔 NPUSCH 符号来避免。

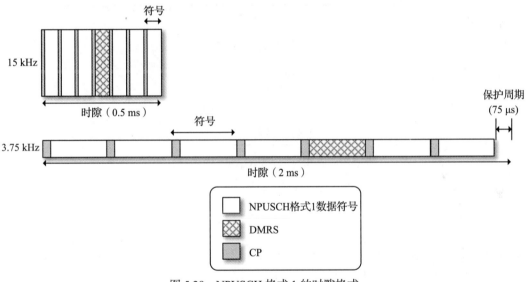

图 5.29　NPUSCH 格式 1 的时隙格式

对于 15 kHz 子载波间隔，每个时隙中的中间 OFDM 符号用作解调参考信号（DMRS），允许基站用于估计上行链路传播条件。DMRS 设计在 5.2.5.3 节中进行描述。对于 3.75 kHz 子载波间隔，DMRS 的位置移至该时隙中的第五个 OFDM 符号。这个也用于避免 SRS 冲突。从图 5.30 可以看出时隙中的第四个符号可能与 SRS 冲突。

NPUSCH 格式 2 使用类似的时隙格式。与 NPUSCH 格式 1 的唯一区别是将三个 OFDM 符号用作 DMRS，每个时隙仅留下四个信息承载符号，如图 5.31 所示。与 NPUSCH 格式 1 一样，DMRS 的位置要避免与 LTE SRS 冲突。对于 15 kHz 副载波使用中间的 3 个 OFDM 符号可以避免与 LTE SRS 的冲突；对于 3.75 kHz，使用前三个 OFDM 符号来达到相同的目标。

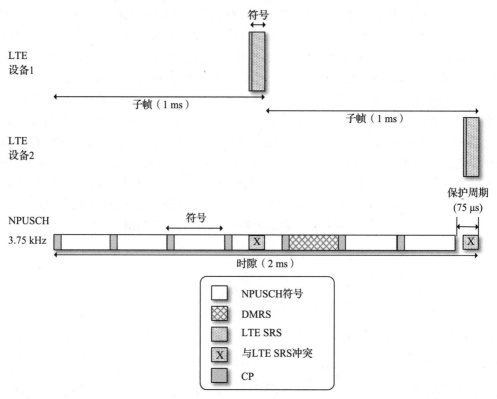

图 5.30　NPUSCH 与 LTE SRS 冲突的示例

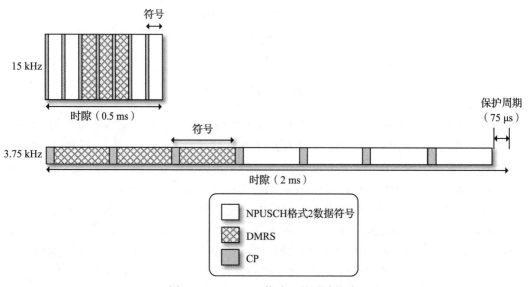

图 5.31　NPUSCH 格式 2 的时隙格式

基本的 NPUSCH 时间调度单元是指一个 RU。它根据时隙数，取决于用户带宽分配和 NPUSCH 格式。表 5.15 总结了各种 NPUSCH 配置的 RU 定义。一个设备可能以每个重复内 1、2、3、4、5、6、8 或 10 个 RU 进行调度，结果是使用一个 180 kHz 调度带宽的 RU，传输每次重复的间隔短至 1 ms，而使用 3.75 kHz 的调度带宽的 10 个 RU，可高达320 ms。表 5.15 中显示了各种 NPUSCH 配置的每个 RU 的数据符号数目。

表 5.15   NPUSCH RU 时隙数目和数据符号数目

NPUSCH 格式	设备调度带宽 [kHz]	每时隙 OFDM 符号数目 N_{SYMB}	时隙长度 [ms]	每 RU 时隙数目 N_{SLOTS}	RU 长度 [ms]	每 RU 数据 RE 的数目
格式 1	180	7	0.5	2	1	144
	90	7	0.5	4	2	144
	45	7	0.5	8	4	144
	15	7	0.5	16	8	96
	3.75	7	2	16	32	96
格式 2	15	7	0.5	4	2	16
	3.75	7	2	4	8	16

表 5.16 中显示了 NPUSCH 格式 1 支持的 TBS。最小的 TBS 是 16 bit，最大为 2536 bit。Cat-NB1 设备仅需支持上行 TBS 最高 1000 bit。表 5.16 的最后三行中给出的 TBS，由于较高的码率，仅用于多音传输。所有其他行都可用于单音和多音传输。一个 24 位 CRC，将被计算出并附加到 TB。而后，LTE Turbo 代码用于编码，采用相同的 LTE 母码和速率匹配方案[8]。NPUSCH 格式 1 支持增量冗余；但是，只能使用 LTE[8] 中定义的冗余版本 0 和 2。冗余版本 0 和 2 的组合产生比版本 0 和版本 1 更高的编码增益。速率匹配是基于调制方案以及每个重复的传输间隔中可用的数据符号的数量来进行的。对于所有多音传输，使用 QPSK。对于单音传输，15 kHz 和 3.75 kHz 参数集，二进制相移键控（BPSK）或 QPSK 被采用，具体取决于 TBS 索引。BPSK 用于 I_{TBS} = 0 或 2，所有其他 I_{TBS} 值都使用 QPSK。将 BPSK 扩展到 I_{TBS} = 2 的原因是允许 BPSK 用于更高的上行链路 TBS，最多 424 bit 用于单音传输。同样，将 QPSK 用于 I_{TBS} = 1 可使 QPSK 扩展为较小的上行链路 TBS，用于单音传输。在单音传输中，BPSK 和 QPSK 调制随后在基带信号生成过程中被转换为 π/2-BPSK 和 π/4-QPSK（见 5.2.6.1 节）。单音传输的 π/2 和 π/4 旋转用于减少PAPR，提高 PA 效率。对于一个 TB 大小，通过分配更多的 RU，使每个信息位具有更高的能量水平，达到更好的覆盖；并且在大多数情况下，也是更高的编码增益。

表 5.16   NPUSCH 格式 1 的 TBS

TBS(I_{TBS})	RU 数目 [N_{RU}]							
	1	2	3	4	5	6	8	10
0	16	32	56	88	120	152	208	256
1	24	56	88	144	176	208	256	344

（续）

TBS(I_{TBS})	RU 数目 [N_{RU}]							
	1	2	3	4	5	6	8	10
2	32	72	144	176	208	256	328	424
3	40	104	176	208	256	328	440	568
4	56	120	208	256	328	408	552	680
5	72	144	224	328	424	504	680	872
6	88	176	256	392	504	600	808	1000
7	104	224	328	472	584	712	1000	1224
8	120	256	392	536	680	808	1096	1384
9	136	296	456	616	776	936	1256	1544
10	144	328	504	680	872	1000	1384	1736
11	176	376	584	776	1000	1192	1608	2024
12	208	440	680	1000	1128	1352	1800	2280
13	224	488	744	1032	1256	1544	2024	2536

NPUSCH 格式 2 的处理过程与 NPUSCH 格式 1 的不同之处在于没有附加 CRC，它仅基于简单的重复码，将 HARQ 反馈比特重复 16 次，如表 5.17 所示。NPUSCH 格式 2 仅使用 BPSK，就像在格式 1 中基带信号将转换为 π/2-BPSK 的情况一样，有助于降低 PAPR。3GPP Release 15 引入了一个选项，使用 NPUSCH 格式 2 信令通知调度请求（见 5.3.2.5 节）。这是通过将掩码应用于对应 NPUSCH 格式 2 码字的 BPSK 调制符号序列上来完成的。当基站检测到掩码的存在时，它就知道该设备除了发出 HARQ 反馈信号外，还指示调度请求。

表 5.17　NPUSCH 格式 2 的重复码

HARQ ACK 位	NPUSCH 格式 2 码字
0	0, 0, 0, 0, 0, 0, 0, 0, 0, 0, 0, 0, 0, 0, 0, 0
1	1, 1, 1, 1, 1, 1, 1, 1, 1, 1, 1, 1, 1, 1, 1, 1

在将编码的 TB 的比特调制为 BPSK 或 QPSK 符号之前，这些比特是被加扰的。如果使用单音传输，则对于每个重复的扰码都重新初始化。对于多音传输，加扰 $\min(N_{REP}/2, 4)$ 码字的重复，重新初始化一次，其中 N_{REP} 是配置的重复数。另外，冗余版本同时更改。最多可以发送 128 个重复。

对于多音 NPUSCH 传输，将代码字映射到一对时隙后，在继续对码字的映射之前，将这对时隙重复 $\min(N_{REP}/2, 4)$ 次。在单音传输的情况下，映射是通过首先将整个码字映射到连续的时隙中，再进行重复来实现的。

图 5.32 显示了在 12 个子载波、2 个 RU 和 8 个重复上配置的 TB 传输。先将第一对时隙 1、2 重复四次，再继续映射第二对时隙 3、4。在 16 个时隙之后，完整的码字已经重复四次，扰码重新初始化，冗余版本也已更新。然后重复此过程一次，以完成总共八次 TB 的重复。

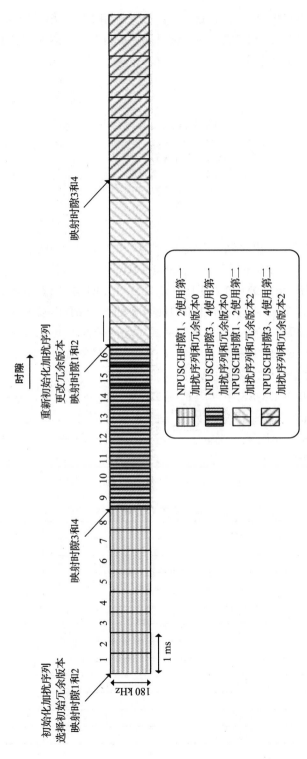

图 5.32 NPUSCH 格式 1 的传输，配置 12 个子载波，2 个 RU 和 8 个重复

就像 NPDCCH 和 NPDSCH 一样,重复的时隙允许相干组合用于接收功率评估和频率偏移评估。它还允许基站在传输完成之前尝试对码字进行解码。图 5.32 中的示例显示了在 16 时隙之后对完整码字进行解码。

5.2.5.3 DMRS

子帧	任何
TTI	与相关的NPUSCH一致
重复次数	与相关的NPUSCH一致
子载波间隔	3.75, 15 kHz
带宽	与相关的NPUSCH一致
载波	任何

DMRS 始终与 NPUSCH 相关联(格式 1 或 2),并在每个 NPUSCH 时隙中传输,如图 5.29 和图 5.31 所示。DMRS 的带宽和相关的 NPUSCH 是一致的。

180 kHz 带宽 的 NB-IoT DMRS 重用定义为一个 PRB 的 LTE DMRS 序列[16]。引入了新的 DMRS 序列以支持具有小于 180 kHz 带宽的 NB-IoT DMRS。对于所有多音格式,DMRS 序列均为 QPSK 序列,对于单音格式,无论带宽为 15 kHz 或 3.75 kHz,使用 BPSK 序列。我们将以 NPUSCH 格式 1 三音调 DMRS 为例来描述 DMRS 的主要功能。有兴趣的读者可以参考文献 [16] 了解更多详情。

用于三音传输的基本 DMRS 序列与长度 3 的频域序列相关联,它的形式为 $e^{j\phi(0)\pi/4}$,$e^{j\phi(1)\pi/4}$,$e^{j\phi(2)\pi/4}$,其中 $\phi(n)$ 由表 5.18 中列出的 12 个基本序列之一来决定。序列的每个元素映射到频域中的一个 RE,即三个传输的音调之一。因为 $\phi(n) \in \{\pm 1, \pm 3\}$,基本序列中的每个元素基本都是 QPSK 符号。设备是通过高层参数给定基本序列索引,或者,如果未提供这样的高层参数,则设备通过 PCID 确定基本序列索引,即 $u = PCID \bmod 12$。

表 5.18   三音调传输的 DMRS 基本序列

基本序列索引 u	$\phi(0)$	$\phi(1)$	$\phi(2)$
0	1	−3	−3
1	1	−3	−1
2	1	−3	3
3	1	−1	−1
4	1	−1	1
5	1	−1	3
6	1	1	−3
7	1	1	−1
8	1	1	3
9	1	3	−1
10	1	3	1
11	1	3	3

基本序列可以与循环移位 α 一起使用。因此，循环移位 α 将产生形式为 $\left(e^{\frac{j\phi(0)\pi}{4}}, \right.$ $e^{j\alpha} e^{\frac{j\phi(1)\pi}{4}}, \left. e^{j2\alpha} e^{\frac{j\phi(2)\pi}{4}} \right)$ 的 DMRS 序列。α 的值由设备的更高层的参数获得。

为了随机化干扰，可以选择伴随 NPUSCH 格式 1 使用 DMRS 序列跳变。在这种情况下，基本序列索引按照伪随机模式随时隙而变化。伪随机模式是指定于小区的，取决于 PCID。如果未激活 DMRS 序列跳变，则 DMRS 符号在 NPUSCH 格式 1 传输的整个长度上重复。

5.2.5.4　NPRACH 和 NPUSCH 复用

NPRACH 和 NPUSCH 的资源是时间和频率复用的。图 5.33 中给出了一个例子，其中为覆盖等级 0、1 和 2 保留的 NPRACH 资源被标识出来。每个覆盖范围等级的起始音调索引和分配的音调数量以 SI 信令发出。这些参数用于配置分配给 NPRACH 的 NB-IoT 载波的频率部分。覆盖等级 0 可以说是对应正常的覆盖，等级 1 和 2 用于在扩展和极端覆盖范围内促进用户的系统接入。覆盖等级 0 可能不需要提供 NPRACH 重复，因此有较短的持续时长。因为大多数设备位于正常覆盖时使用较多的音调或前导码，用较短的周期性可以促进大容量。覆盖等级 1 和 2 被配置为支持 NPRACH 重复以增强系统接入，例如，在室内偏僻处。它们预计比覆盖等级 0 使用更少音调，这是因为扩展和极端覆盖域情况下的设备相对也较少。

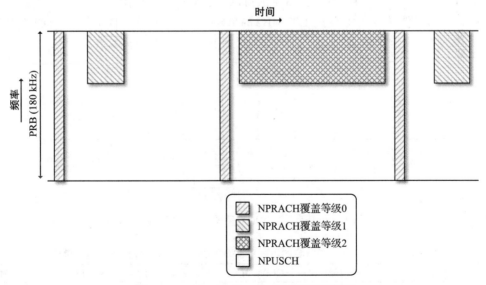

图 5.33　NPRACH 和 NPUSCH 的资源复用

除了为 NPRACH 分配的资源外，大多数上行链路资源可用于 NPUSCH 传输。NPRACH

资源在 SIB 中用信号发送，因此，设备可以准确知道为 NPRACH 预留了哪些资源。在 NPUSCH 传输中，如果与 NPRACH 资源发生重叠，则 NPUSCH 传输需要推迟到第一个可用的没有重叠的上行链路时隙。

在下面的随机接入过程中进一步描述了 NPRACH，见 5.3.1.6 节。

5.2.6　基带信号的生成

5.2.6.1　上行链路

5.2.6.1.1　多音 NPUSCH

多音 NPUSCH 基带信号生成与 LTE PUSCH 基于相同的原理，即数据符号是通过离散傅里叶逆变换预编码到一组频域复合符 $a(k, l)$[16]。但是，DMRS 序列的元素是直接作为频域复合符 $a(k, l)$ 使用的。符号 $a(k, l)$ 定义了发射波形，因为它通过逆离散傅里叶逆变换（IDFT）调制了第 l 个 OFDM 符号的第 k 个音调：

$$s_l(t) = \sum_{k=0}^{11} a(k,l) e^{j2\pi(k-5.5)\Delta f(t-N_{cp}(l)T_s)}, 0 \leqslant t < (N + N_{cp}(l))T_s \qquad (5.11)$$

其中 Δf 是 15 kHz 的子载波间隔，$N_{cp}(l)$ 是第 l 个 OFDM 符号的 CP 的样本数，T_s 为基本时间单位，N 为 2048。图 5.34 中描述的频率网格定义了音调索引 k 和绝对音调频率 $(k - 5.5)\Delta f$。注意在式（5.11）中，如果未将索引 k 的音调分配给设备，则 $a(k, l)$ 为 0。

式（5.11）中的基本时间单位是假设 LTE 的采样率为 30.72 MHz，即 $T_s = 1/30.72$ μs。但实际上，NB-IoT 上行链路基带信号生成可以基于更低的采样率，因为信号带宽不超过 180 kHz。一种简单的方法是使用 1.92 MHz 的采样率，因为在该采样率下在不同 OFDM 符号周期中的 CP 持续时间总计为整数。不同采样率下的 CP 时长以样本数量统计，见表 5.19。

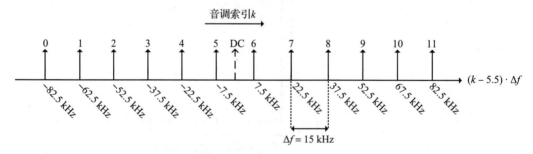

图 5.34　用于上行基带信号生成的频率网格（15 kHz 子载波间隔）

表 5.19　对于 15 kHz 参数集的不同采样率下的 CP 时长（以样本数量为单位）

参数	一个时隙内第一个 OFDM 符号的 CP 时长	一个时隙内其他 OFDM 符号的 CP 时长
时间	5.21 μs	4.69 μs
30.72 MHz 采样率	160 样本	144 样本
1.92 MHz 采样率	10 样本	9 样本

5.2.6.1.2　单音 NPUSCH

对于 $\Delta f = 15$ kHz 的单音 NPUSCH，一种显而易见的方法是仅采用式（5.11）的 k 项作为基带信号。但是，单音基带波形的一个理想特性是较低的 PAPR。为此，在基带信号生成过程中引入了 $\pi/2$ 和 $\pi/4$ 旋转，它将 BPSK 和 QPSK 转换为 $\pi/2$ 偏转的 BPSK 和 $\pi/4$ 偏转的 QPSK 调制位同相和正交相位面。这将使 NPUSCH 避免通过同相和正交相位（IQ）面原点的符号转换，因为这样的转换会提高 PAPR。旋转可以是表示为 BPSK 或 QPSK 用于调制第 k 个音调以及第 l 个 OFDM 符号的调制 $a(k, l)$ 符号的修正：

$$\tilde{a}(k,l) = a(k,l)\,\mathrm{e}^{j\phi_{l'}}$$
$$\varphi_{l'} = \rho \times (l' \bmod 2)$$
$$\rho = \begin{cases} \dfrac{\pi}{2} & \text{对于} BPSK \\[2mm] \dfrac{\pi}{4} & \text{对于} QPSK \end{cases} \tag{5.12}$$

在这里，我们用 l' 表示从 0 到 $N_{REP}N_{RU}N_{SLOT}N_{SYMB} - 1$ 的符号索引，其中 0 为第一个符号，$N_{REP}N_{RU}N_{SLOT}N_{SYMB} - 1$ 为最后一个符号，这个传输是映射到 NPUSCH TB 的 N_{REP} 次重复，每个 TB 是映射到 N_{RU} 个 RU，其每个又对应于 N_{SYMB} 个符号的 N_{SLOT} 个时隙。l 表示在一个时隙内的符号索引，因为 $N_{SYMB} = 7$，$l = l' \bmod 7$。

如果一个 OFDM 符号间隔中的相位旋转正好是 π 的整数倍，那么 $\pi/2$-BPSK 和 $\pi/4$-QPSK 的所预期的符号转换的统计特性可以被保留。但是，由于 CP 的插入，情况并非如此。因此，为了保留在 OFDM 符号边界处根据 $\pi/2$-BPSK 和 $\pi/4$-QPSK 调制进行的符号转换，在基带信号生成中引入了一个附加的相位项。从式（5.11）对于使用音调索引 k 的 NPUSCH 单音传输，由于正弦波 $\mathrm{e}^{j2\pi(k-5.5)\Delta f(t-N_{cp}(l))T_s}$ 导致的相位项在符号 0 的末尾（即 $l = 0$，$t = (N + N_{cp}(0))T_s$）是 $\phi_e(0) = 2\pi(k - 5.5)\Delta f N T_s$，而相位项在符号 1 的开头（即 $l = 1$，$t = 0$）是 $\phi_b(1) = -2\pi(k - 5.5)\Delta f N_{cp}(1)T_s$。因此，需要引入附加相位项来补偿符号 0 和 1 之间边界处的相位不连续性，附加相位项是

$$\phi(1) = \phi_e(0) - \phi_b(1) = 2\pi(k - 5.5)\Delta f(N + N_{cp}(1))T_s \tag{5.13}$$

为了补偿后续符号边界处的相位不连续性，相位项需要在随后的符号周期内累积。因此，$\phi(0) = 0$，并且

$$\phi(l') = \phi(l' - 1) + 2\pi(k - 5.5)\Delta f(N + N_{cp}(l))T_s \tag{5.14}$$

使用音调索引 k 的单音 NPUSCH 的基带波形数学上表述为

$$s_{k,l'}(t) = \tilde{a}(k,l')\,\mathrm{e}^{\phi(i')}\,\mathrm{e}^{j2\pi(k-K)\Delta f(t-N_{cp}(l)T_s)}, \quad 0 \leqslant t \leqslant (N + N_{cp}(l))T_s \tag{5.15}$$

这里 $\tilde{a}(k, l')$ 是根据 $\pi/2$-BPSK 或 $\pi/4$-QPSK 调制的第 l' 个符号的调制值。在 $\Delta f = 15$ kHz 的情况下，$K = 5.5$，音调索引 k 根据图 5.34 来定义。式（5.15）可重用于 $\Delta f = 3.75$ kHz 的单音 NPUSCH，这时 $K = 23.5$，音调指数 k 根据图 5.35 来定义。

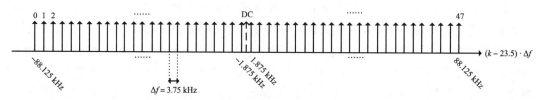

图 5.35　用于上行基带信号生成的频率网格（3.75kHz 子载波间隔）

5.2.6.1.3　NPRACH

对于格式 0 或 1 的符号组 l 的单位功率的 NPRACH 基带信号由下式得出：

$$s_l(t) = e^{j2\pi(k'(l)-23.5)\Delta f(t-T_{cp})}, \ 0 \leqslant t \leqslant T \tag{5.16}$$

其中，$k'(l)$ 是与图 5.35 中所描述的频率网格对应的音调索引，对应在 NPRACH 重复单元中传输的 NPRACH 符号组 l，Δf 等于 NPRACH 格式 0 和 1 子载波间隔 3.75 kHz，长度 T 和 CP 持续时间 T_{CP} 在表 5.14 中列出。在式（5.16）中，$k'(l)$ 由表 5.12 中示例的跳频模式来确定，$k'(l) = k_{start} + k(l)$，其中 k_{start} 是用于配置 NPRACH 的起始音调索引的参数。因此，$k(l)$ 的范围是 0 到 11，但 $k'(l)$ 的范围是从 0 到 47。

类似地，对于格式 2 的单位功率的 NPRACH 基带信号由式（5.17）得出：

$$s_l(t) = e^{j2\pi(k'(l)-71.5)\Delta f(t-T_{cp})}, \ 0 \leqslant t \leqslant T \tag{5.17}$$

根据表 5.14 中给出的参数值：Δf、T 和 T_{CP}。

根据式（5.15）中的 NPUSCH 定义，比较式（5.16）和式（5.17）时，可以看到 NPRACH 没有使用附加相位项 $e^{\phi(l)}$。对于 NPRACH 前导格式 1 和 2，符号组上的相位旋转等于 2π 的整数倍；对于 NPRACH 格式 0，可以看出符号组之间的转换不会穿过 IQ 平面的原点。

5.2.6.2　下行链路

在下行链路中，统一的基带规范适用于 NPSS、NSSS、NPBCH、NPDSCH、NPDCCH、NRS、NPRS 和 NWUS。基带信号的产生基于图 5.34 所示的具有 15 kHz 子载波间隔的频率网格，并且 DC 载波位于两个中心子载波之间。基带波形的所有三种运行模式也是一样的，以确保在任何一种网络运行模式下单个设备接收机的实现。

但是，实际中基带信号生成依赖于不同的部署方案的实现可能会有所不同。对于 Stand-alone 部署模式，基站发射机可能仅产生 NB-IoT 信号，基带的实现可以遵循式（5.11）。式（5.11）也可用于 Guard-band 和 In-band 模式，此时 NB-IoT 小区和 LTE 小区配置不同的小区标识来表示 NRS 与 LTE CRS 之间没有特定的关系。

但是，在 In-band 场景中，很容易共同产生 LTE 和 NB-IoT 信号。这可以通过在一个共享的 IDFT 进程中使用 LTE 基带定义来产生基本的 LTE 和 NB-IoT 信号。考虑这个例子，

20 MHz LTE 载波包含 100 个 PRB 以及位于载波中心的一个额外的子载波来消除 DC 部分的影响。NB-IoT 非锚点载波位于 PRB 0 并将生成 1201 个子载波中的前 12 个，方式如下所示：

$$s_l(t) = \sum_{k=0}^{11} a(k,l) \mathrm{e}^{\mathrm{j}2\pi(k-600)\Delta f(t-N_{\mathrm{cp}}(l)T_s)}, \ 0 \leqslant t \leqslant (N + N_{\mathrm{CP}}(l))T_s \qquad （5.18）$$

比较式（5.18）和式（5.11）时，很明显，式（5.18）中的 LTE 和 NB-IoT 组合针对每个音调 k 引入了频率偏移 $f_{\mathrm{NB\text{-}IoT}} = (5.5 - 600)\Delta f$。当 NB-IoT 载波上变频至其 RF 载频时会自动对此进行补偿。但是频率偏移还是会在每个符号 l 开始时引入相位偏移：

$$\theta_{k,l} = 2\pi f_{\mathrm{NB\text{-}IoT}} \left(lN - \sum_{i=0}^{l} N_{\mathrm{CP}}(i \bmod 7) \right) T_s \qquad （5.19）$$

为了实现 IDFT 组合生成 LTE 和 NB-IoT 信号，此相位偏移必须被补偿。有关补偿的详细说明，请参见参考资料 [16]。它概括了通用的示例，将 $f_{\mathrm{NB\text{-}IoT}}$ 定义为 NB-IoT PRB 的中心频率减去 LTE 中心频率，如图 5.36 所示。

式（5.19）中的相位补偿确定了 In-band 模式操作时系统采用的 NB-IoT NRS 与 LTE CRS 符号间的固定关系。此时，NB-IoT 小区和 LTE 小区配置为相同的小区标识和相同数量的逻辑天线端口以允许设备使用 LTE CRS，除了 NRS 之外，来估计 NB-IoT 下行链路无线信道。

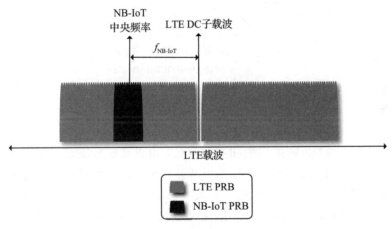

图 5.36　NB-IoT 和 LTE 中央的频率偏移

5.2.7　传输间隙

5.2.7.1　下行传输间隙

由于不同的原因，在下行链路和上行链路中引入了传输间隙。在下行链路中，在极端覆盖范围内 NPDCCH 和 NPDSCH 传输可能需要很长时间。例如，如果最大重复次数 2048 用于 NPDCCH，总传输时间超过 2 s。对于 NPDSCH，如果一次重复需要 10 个子帧，则可能超过 20 s。因此，对于有大量重复的 NPDCCH 和 NPDSCH 传输，它应当定义传输间隙，以便网络可以在传输间隙期间为其他设备提供服务。较高层可以发信令通知一个作用于重复的阈值。如果重复次数小于此阈值，则没有传输间隙配置。见图 5.37 中的一个示例。它显示出，对在极端覆盖范围内的设备，传输间隙是要配置的，因为这些设备需要大量重复用于 NPDCCH 和 NPDSCH 传输。在图 5.37 中，在传输间隙期间，到设备 1 的 NPDCCH 或 NPDSCH 传输被推迟，基站站点在设备 1 的传输间隙内可以为正常覆盖范围内的设备 2 和设备 3 服务。

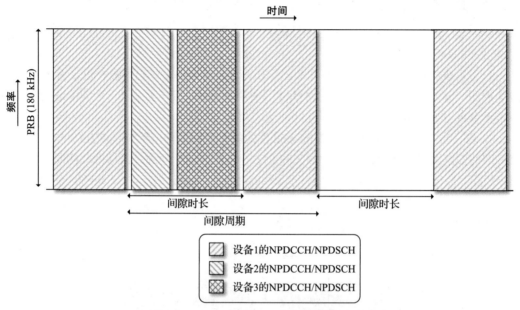

图 5.37   NPDCCH 和 NPDSCH 的传输间隙

传输间隙参数（例如，间隙周期和间隙时长）由更高层来决定。间隙之间的传输时间可以采用"间隙周期减去间隙时长"来计算。传输时间、间隙周期和间隙时长都是依据 NPDCCH 或 NPDSCH 子帧而得出的。因此，其他下行链路物理信道使用的子帧（例如 NPSS、NSSS、NPBCH）或无效子帧不能在 NPDCCH 或 NPDSCH 映射子帧结构时被计入。

5.2.7.2   上行传输间隙

在上行链路中，在极端覆盖范围内最有可能使用单音传输调度。因此，它们不会阻塞整个载波的无线资源，因为其他子载波可以用于服务其他设备。没有温度补偿的低成本振荡器可能因自热而导致频率漂移。因此，经过一定的连续时间传输，自热会引起频率漂移。因此引入了上行传输间隙，它不是出于避免阻塞其他设备的考虑。而是为了使在 FDD 频段中运行的设备有机会通过与下行链路参考信号（例如 NPSS、NSSS 和 NRS）重新同步来重新校准其频率和时间参考信号。对于 NPUSCH 传输，每 256 ms 连续传输，将引入 40 ms 的间隙。格式 0 和 1 的每个 64 NPRACH 前导码重复，或者格式 2 的每 16 次重复，都会引入 40 ms 的间隙。NPUSCH 和 NPRACH 格式 1 的传输间隙如图 5.38 所示。

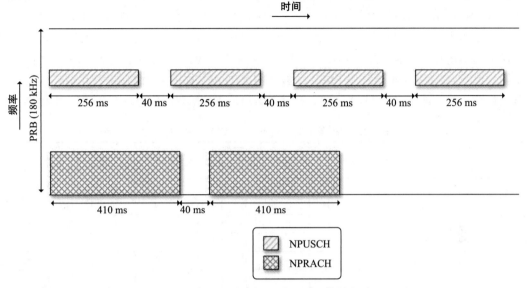

图 5.38   NPUSCH 和 NPRACH 格式 1 的传输间隙（FDD）

5.2.8   TDD

在 3GPP Release 15 中引入了 NB-IoT 对 TDD 频段的支持。NB-IoT TDD 物理层的设计在很大程度上重用了 FDD 的设计。最显著的差异如下：

- 支持 LTE TDD UL-DL 配置 1 到 5。
- 不同的下行链路物理信道和信号的子帧映射。
- 特殊子帧的使用。
- 新的 NPRACH 前导码格式。
- 具有 3.75 kHz 参数集的单音 NPUSCH 不适用于某些特定 TDD 的配置。
- 对包含 NRS 子帧的设备假定。
- 系统信息传输。
- 上行传输间隙。

在本节中，我们重点介绍这些主要的差异。

5.2.8.1   子帧映射

NB-IoT 支持所有 LTE TDD UL-DL 配置，但配置 0 和 6 除外，由于无线帧中的下行链路子帧数量不足。如表 5.20 所示，支持 TDD 的配置在每个无线帧中至少有 4 个下行链路子帧。另外，如表 5.20 所示，子帧 #0、#5 和 #9 是在所有 NB-IoT 支持的配置中的下行链路子帧。因此，这些子帧用于映射初始的捕获信号，例如 NPSS、NSSS 和 NPBCH。

图 5.39 显示了这些信号如何映射到不同的子帧。与 FDD 中的映射相比（见图 5.11），唯一的区别是 NSSS 和 NPBCH 子帧分配的交换。这导致了不同的 NPSS 和 NSSS 时间关系。在 FDD 场景下，NSSS 子帧总是在 NPSS 子帧后的 4 个子帧。在 TDD 场景下，NSSS 子帧总是在 NPSS 子帧之后的 5 个子帧。NPSS 和 NSSS 子帧关系的差异使设备能够检测是否倾向将 NB-IoT 载波配置为 FDD 或 TDD。从表 5.20 也可以看出，子帧 #1 始终是特殊子帧，子帧 #2 始终是上行链路子帧。子帧 #3、#4、#6、#7、#8 可以是下行链路、上行链路或特殊子帧，这取决于 TDD 配置。有关 TDD UL-DL 配置的信息在 SIB1-NB 中提供。

表 5.20　LTE TDD 的配置（D：下行子帧。S：特殊子帧。U：上行子帧）

配置	NB-Iot 是否支持	子帧编号									
		0	1	2	3	4	5	6	7	8	9
0	No	D	S	U	U	U	D	S	U	U	U
1	Yes	D	S	U	U	D	D	S	U	U	D
2	Yes	D	S	U	D	D	D	S	U	D	D
3	Yes	D	S	U	U	U	D	D	D	D	D
4	Yes	D	S	U	U	D	D	D	D	D	D
5	Yes	D	S	U	D	D	D	D	D	D	D
6	No	D	S	U	U	U	D	S	U	U	D

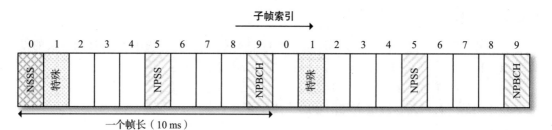

图 5.39　NB-IoT TDD 锚点载波下行物理信道的时分复用

5.2.8.2　特殊子帧的使用

如表 5.17 所示，所有 TDD 配置包括特殊子帧，它们是放置在完整下行链路子帧之后和完整上行链路子帧之前。特殊子帧包括三个部分，下行导频时隙（DwPTS）、GP 和上行导频时隙，如图 5.40 所示。特殊子帧定义了 11 种配置，见表 5.21。SIB1-NB 中提供了有关特殊子帧配置的信息。

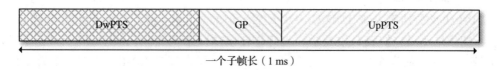

图 5.40　TDD 中的特殊子帧

表 5.21   TDD 特殊子帧的配置，符号中的每部分时长

配置	DwPTS[符号数]	GP[符号数]	UpPTS[符号数]
0	3	10	1
1	9	4	1
2	10	3	1
3	11	2	1
4	12	1	1
5	3	9	2
6	9	3	2
7	10	2	2
8	11	1	2
9	6	6	2
10	6	2	6

在 NB-IoT 中，特殊子帧的下行导频时隙部分可以用于映射 NPDCCH 或 NPDSCH 符号，而不是 NPRS。GP 和上行导频时隙则不可以。

为了支持在特殊子帧中映射 NPDCCH 和 NPDSCH，需要使用 NRS。NRS 在特殊子帧中映射到的子载波与在常规下行链路子帧中的是一致的，如 5.2.4.3 节所述，这些子载波由小区标识和逻辑天线端口号来确定。常规下行子帧中的 NRS 的位置在时间维度上固定为时隙中的最后两个 OFDM 符号。然而，对于特殊子帧而言，并非总是如此。图 5.41 显示在采用配置 #3 的特殊子帧中的 NRS 映射。在这种情况下，NRS 是映射到每个时隙中的第三和第四个 OFDM 符号。NRS 映射到 OFDM 符号是针对基于 DwPTS 部分的 OFDM 符号数量的每个特殊子帧配置进行调整。这从图 5.42 看出，没有 NRS 在采用配置 #0 或 #5 的特殊子帧中发送。

特殊子帧中 NPDCCH 和 NPDSCH 符号的映射取决于重复因子是否大于 1。当 NPDCCH 或 NPDSCH 配置为具有等于 1 的重复因子（即无重复）时，DwPTS 部分的所有可用符号（即未映射到 NRS 或预留给 LTE 的符号）都可以使用；NPDCCH

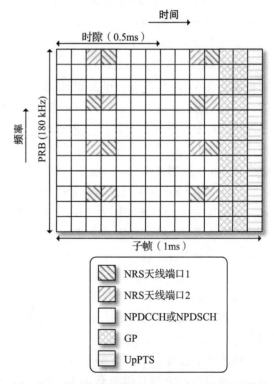

图 5.41   采用特殊子帧配置 #3 的 TDD 特殊子帧的 NRS 映射（Stand-alone 模式示例）

或 NPDSCH 根据可用符号数量确定速率匹配的参数。当重复因子大于 1 时，倾向于组合在常规和特殊子帧中重复的符号。因此，当重复因子大于 1 时，一个特殊子帧用于重复常规下行子帧，并且这个映射基本上遵循常规下行子帧中的映射；而映射到 NPDCCH 或 NPDSCH 上不可用 RE 的符号，是被打孔的。图 5.43 给出了一个示例，常规子帧中的某些符号没有在特殊子帧中重复，因为特殊子帧中的对应 RE 被 NRS 占用，或者不在 DwPTS 部分中。

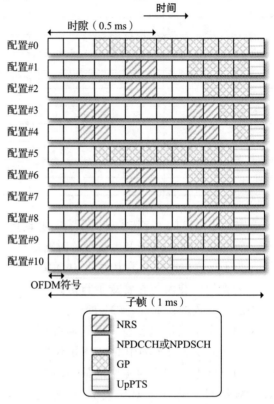

图 5.42   TDD 特殊子帧中 OFDM 符号的资源映射

5.2.8.3   TDD NPRACH

在 TDD 中定义了 5 种格式的 NPR-ACH，如表 5.22 所示。其中哪一种格式被使用，取决于 TDD 配置和小区半径。这些 TDD NPRACH 格式的基本结构与 5.2.5.1 节中介绍的 FDD 格式相同，尽管有些确切参数不同。不过，一个主要区别是，在 FDD 模式下，重复单元内的所有符号组都是时间连续的，TDD 情况并非如此。这是因为，除了 NPRACH 格式 0/0-a 的特定情况以外，由于下行链路和特殊子帧的存在，不可能使一整个重复单元适配到连续的上行链路传输间隔。

请注意，格式 0 和格式 0-a 支持所有 NB-IoT TDD 配置。对于所有 NB-IoT TDD 配置，最小连续上行链路周期为 1 ms（即 1 个子帧），1 ms 帧里只能容纳两个格式 0 的符号组或 3 个格式 0-a 的符号组。因此，NPRACH 格式 0 或格式 0-a 的一个重复单元包含两个子帧，它们可以是连续的或不连续的，具体取决于 NB-IoT TDD 配置。

同样，格式 1 和格式 1-a 也支持 TDD 配置 1 和 4，它们具有 2 ms 的连续上行链路传输间隔。因此，只能容纳两个格式 1 的符号组，或 3 个格式 1-a 的符号组到 2 个连续上行链路子帧。因此，将 NPRACH 格式 1 或格式 1-a 的一个重复单元分为两个连续的部分，因为它总共包含四个子帧。

格式 2 的设计是为了支持 TDD 配置 3，该配置具有 3 ms 的连续上行链路传输间隔。因此，只能将两个符号组拟合到 3 个连续的上行子帧。因此，NPRACH 格式 2 的一个重复单元被分成两个连续的部分，因为它总共包含六个子帧。

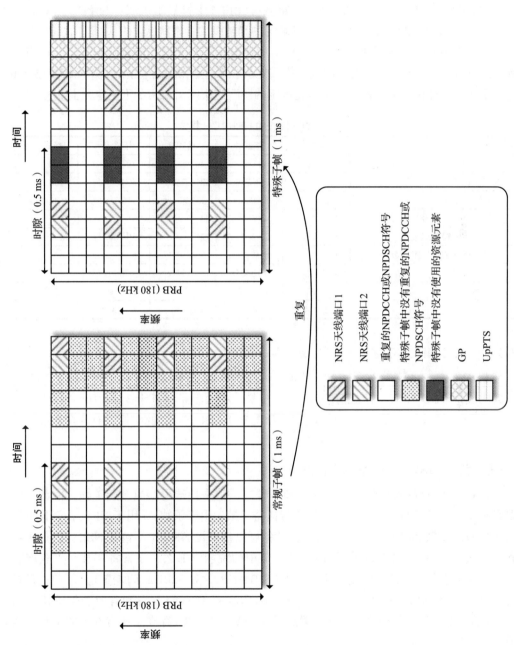

图 5.43 常规子帧中的 NPDCCH 或 NPDSCH 符号如何在配置 #3 的 TDD 特殊子帧中重复（Stand-alone 模式示例）

在 FDD 中，NPRACH 前导码最多可重复 128 次；但是在 TDD 中，NPRACH 前导码最多可重复 1024 次。表 5.22 中列出了对于每个 NPRACH 前导码格式的一个重复单元中的符号组数目。例如，对于格式 0，一个重复单元由 4 个符号组组成。与 FDD 一样，所有为 TDD 定义的 NPRACH 格式同时支持确定的和随机的音调跳跃。有关确定的音调跳跃模式的详细信息在参考文献 [16] 中。表 5.22 中也显示了对于确定的跳跃模式定义的符号组数目。例如，对于格式 0，确定的跳跃模式定义在 8 个符号组上。由于 NPRACH 格式 0 的每个重复单元都包含 4 个符号组，因此确定的跳跃模式定义在两个重复单元上。

表 5.22　TDD 模式的 NPRACH 格式

	格式 0	格式 1	格式 2	格式 0-a	格式 1-a
小区半径	23.3 km	40 km	40 km	7.5 km	15 km
循环前缀 T_{CP}	155.5 μs	266.7 μs	266.7 μs	50 μs	100 μs
符号组长度 T	422.2 μs	800.0 μs	1333.3 μs	316.7 μs	633.3 μs
重复单元里的符号组数目	4	4	4	6	6
时间连续的符号组数目	2	2	2	3	3
确定性跳跃的符号组的数目	8	8	8	6	6
子载波间隔	3.75 kHz	3.75 kHz	3.75 kHz	3.75 kHz	3.75 kHz
音调跳跃区间	12 音调	12 音调	12 音调	12 音调	12 音调
TDD 配置类型	1, 2, 3, 4, 5	1, 4	3	1, 2, 3, 4, 5	1, 4

5.2.8.4　TDD NPUSCH

与 FDD 一样，也支持多音和单音传输，以及 NPUSCH 格式 1 和 2。所有具有 15 kHz 子载波间隔的 FDD NPUSCH 配置在 TDD 中也被支持。但是，基于 3.75 kHz 参数集的单音 NPUSCH 时隙长度为 2 ms，因此仅被 TDD 配置 1 和 4 支持，此时恰好有两个连续的上行子帧。

5.2.8.5　包含 NRS 的子帧的设备假定

设备获取 TDD 配置信息之前，尚不知道哪些子帧是特殊子帧或上行子帧，因此只能根据表 5.20，假设子帧 #0、#5 和 #9 是下行链路子帧。由于子帧 #5 用于 NPSS，而且每隔一个无线帧的子帧 #0 用于 NSSS，因此，设备可以仅假设 NRS 在不包含 NSSS 的子帧 #9 中和子帧 #0 中可用。SI 获取的过程见 5.3.1 节中的说明。那么，设备将在某一点获取有关哪些子帧用于传输窄带系统信息块类型 1（SIB1-NB），见 5.3.1.2 节的描述。因此，设备假定 NRS 在承载 SIB1-NB 的子帧中。SIB1-NB 包含有关 TDD 配置和有效子帧的位图信息。了解了 TDD 配置和有效的子帧配置后，设备就知道 NRS 存在于所有有效的下行链路子帧中。

如 5.2.8.6 节所述，NB-IoT TDD 支持使用非锚点载波的选项来发送 SIB1-NB。当非锚点载波被配置为发送 SIB1-NB 时，设备可以假定 NRS 在非锚点载波的子帧 #0 和 #5 中使用。

5.2.8.6　系统信息传输

在 FDD 系统中，所有系统信息都在锚点载波上传输。但因为一些支持的 TDD 配置中每个无线帧具有很少的下行链路子帧，可能需要使用非锚点载波来传输系统信息。NB-IoT 支持使用非锚点载波传输系统信息。首先，MIB-NB 用来指示 SIB1-NB 是在锚点还是非锚点载波上传输。在锚点载波的情况下，SIB1-NB 可以在子帧 #0 中不携带 NSSS 传输，或在子帧 #4 中传输，这要根据在 MIB-NB 中提供的 SIB1-NB 调度信息。在非锚点载波的情况下，子帧 #0 和 #5 用于 SIB1-NB 的传输，用于 SIB1-NB 传输的非锚点载波的位置在MIB-NB 中指示。

用于传输所有其他类型系统信息块的载波的信息由 SIB1-NB 来提供。

5.2.8.7　上行传输间隙

如 5.2.7.2 节所述，在 FDD 系统中，插入上行传输间隙在长时间的 NPUSCH 和 NPRACH 传输期间，以允许设备同步到下行链路参考信号（例如：NPSS、NSSS 或 NRS），用于重新校准其频率和时间参考。在 TDD 系统中，表 5.20 中列出的 UL-DL 配置在每个无线帧中都有很多下行链路子帧。设备可以使用其中的一些下行链路子帧在必要时执行频率和时间参考校准。因此，在 TDD 系统中不需要上行传输间隙。

5.3　空闲模式和连接模式过程

在本节中，我们描述 NB-IoT 空闲和连接模式过程以及更高层协议，包括从初始小区选择，到发起连接和在连接状态下传输接收数据的所有行为。本节将说明 5.2 节中描述的物理层如何支持空闲和连接模式过程。

和 LTE-M 一样，NB-IoT 中采用的空闲模式过程包括初始小区选择、SI 获取、小区重选、寻呼过程和 PSM 操作。从空闲模式到连接模式的转换涉及随机接入、接入控制、连接建立和多播。连接模式操作包括用于调度、重发、功率控制和定位的过程。空闲模式过程和连接模式过程分别在 5.3.1 节和 5.3.2 节中描述。

NB-IoT 无线协议栈继承自 LTE，并且在 2.2 节中描述。在本节中，我们主要以 FDD 网络为例来描述无线接入过程。

5.3.1　空闲模式过程

5.3.1.1　小区选择

小区选择的主要目的是识别、同步并确定 NB-IoT 小区的适用性。除了初始小区选择，还有以下流程：非初始小区选择和小区重选。对于 NB-IoT，小区重选用于支持空闲模式移动性，参见 5.3.1.3 节。从物理层的角度来看，初始和非初始小区搜索之间的主要区别在于设备与小区同步时必须处理的载波频率偏移（CFO）的大小。

初始小区选择是在设备具备任何网络信息之前及与网络进行任何早期同步之前进行的。这个相当于，例如公共陆地移动网络中，设备在第一次打开时执行的小区搜索。在这种情况下，由于设备的初始振荡器可能不准确，需要在 CFO 较大的情况下完成小区选择。低成本器件模块的初始振荡器误差可能高达 20 ppm。从而，对于 900 MHz 频段，CFO 可能高达 18 kHz（$900 \cdot 10^6 \cdot 20 \cdot 10^{-6}$）。此外，如 5.2.1 节所述，当设备在 100 kHz 栅格网格上搜索小区时，In-band 和 Guard-band 模式部署的光栅偏移为 ±2.5 kHz 或 ±7.5 kHz。这样的话，In-band 和 Guard-band 模式部署的总初始频率偏移的大小可以达到 25.5 kHz。但是，在 100 kHz 栅格网格上进行暴力搜索是一项艰苦的工作，进程缓慢。Release 15 引入了 EARFCN 预配置[15]，其中给设备提供有关 NB-IoT 锚点载波的候选频率列表的信息。这个信息有助于加快设备的初始小区搜索过程。

非初始小区选择，也称为存储信息小区选择，是通过以下方式执行的：在与先前的网络进行同步之后，该设备已经拥有所存储的网络信息。例如，设备同步到网络后，已经解决了栅格偏移，并纠正了其最初的振荡器误差。在这种情况下，与初始小区选择相比，CFO 可能更小。设备执行非初始小区选择过程的示例是：当设备与当前小区的连接失败，需要选择一个新小区时；或者当设备从睡眠中唤醒时。

NB-IoT 小区选择过程的一般步骤如下：

1. 搜索 NPSS 以识别 NB-IoT 小区的存在。

2. 在时间和频率上与 NPSS 同步，以识别载波频率和帧内的子帧结构。

3. 识别 PCID 和 NSSS 使用的 SFN 的三个 LSB。NSSS 和 NPSS 之间相关子帧可以用于识别小区是 FDD 还是 TDD 小区。

4. 获取 MIB-NB 以识别完整的 SFN 以及 H-SFN 的两个 LSB，并解决频率栅格偏移。MIB-NB 还提供有关如何发送 SIB1-NB 的信息。在 TDD 小区中，MIB-NB 包含 SIB1-NB 是在锚点载波还是在非锚点载波上传输的信息。在 FDD 的情况下，SIB1-NB 总是在锚点载波上发送。

5. 获取 SIB1-NB 以识别完整的 H-SFN、PLMN、跟踪区域和小区标识，并准备小区适用性的验证。

接下来的几节将详细介绍这些过程。

5.3.1.1.1　时间和频率同步

初始小区选择过程的前两个步骤是与 NPSS 时间同步并获得 CFO 估算值。原则上，它们可以合并为一个时间和频率同步的联合步骤。但是，时间和频率的联合同步对接收机复杂性而言，成本很高。对于低端物联网设备，在存在 CFO 的情况下，更容易首先实现 NPSS 时间同步，然后一旦 NPSS 时间同步完成，该设备可以使用额外出现的 NPSS 进行 CFO 估算。如图 5.11 和图 5.39 所示，在 FDD 和 TDD 系统的每个帧中的子帧 #5 中发送 NPSS，并且设备通过与 NPSS 时间同步，检测到子帧 #5 和后续帧内的所有子帧编号。NPSS 同步可以通过使接收到的信号与已知的 NPSS 序列相关或通过利用 NPSS 的自相关属性来实现。如 5.2.4.2.1 节所述，NPSS 使用分层序列结构，它采用根据掩码重复的基本序列。NPSS 检测可以设计算法来利用这种结构来实现 NPSS 时间同步。有兴趣的读者可以参考文献 [24]，了解更多详情。一旦设备实现了与 NPSS 时间同步，它可以在下一帧中得到 NPSS，并将其用于 CFO 估计。在覆盖受限的情况下，这两个步骤可以依赖于更多 NPSS 子帧上的累积检测度量值。

如 5.2.1.1 节所述，对于 In-band 和 Guard-band 模式部署，有一个频率栅格偏移，参考作为 100 kHz 栅格网格（设备搜索 NB-IoT 载波的基础）和 NB-IoT 锚点载波的实际中心频率之间的频率隔离。但是，该频率栅格偏移量在初始小区选择之前是未知的。在此阶段，由振荡器误差导致的 CFO 是与栅格网格相关的。如图 5.44 所示，这可能会导致需要对本地振荡器进行校正，将超出振荡器引起的 CFO。额外的校正等同于栅格偏移，因此对应 In-band 和 Guard-band 模式，有 2.5 kHz 或 7.5 kHz 的幅度。这意味着初始的小区选择算法需要在最大 7.5 kHz 的光栅偏移的情况下，保持健壮性。

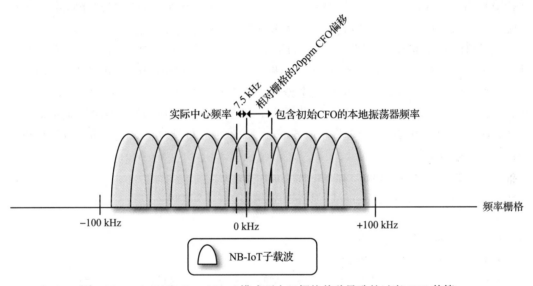

图 5.44　In-band 和 Guard-band 模式下由于栅格偏移导致的过度 CFO 估算

5.3.1.1.2　物理小区识别和初始帧同步

NSSS 的传输在每个偶数无线帧中，被映射到 FDD 小区中的子帧 #9，或者 TDD 小区中的子帧 #0 中。在 NPSS 同步后，设备知道了子帧 #9 或 #0 的位置，但不知道帧是偶数的还是奇数的。如 5.2.4.2.2 节所述，NSSS 波形取决于 SFN，即 SFN mod 8 = 0、2、4 或 6。此外，NSSS 波形也取决于 PCID。一种直接的 NSSS 检测算法是将采用 $504 \times 8 = 4032$ 个假定，其中 504 等于 NB-IoT 网络中使用的 PCID 的数量。每个假定都对应在 NSSS 检测期间假定的 NSSS 波形。基于这些假设关联每一个 NSSS 波形和接收的信号，设备可以检测出 PCID 和 SFN 的三个 LSB，实质上就是 80 ms 成帧结构。在覆盖受限的情况下，

NSSS 检测可采用多个 NSSS 重复间隔内的累积检测指标。对于同时搜索 FDD 和 TDD 两种小区的设备，需要在子帧 #9 和 #0 上重复 NSSS 检测过程。当成功检测到 NSSS 时，设备会知道检测到的小区是否为 FDD 或 TDD 小区。

5.3.1.1.3   MIB 获取

获取 PCID 后，因为 NRS RE 映射到的子载波由 PCID 确定，设备将知道 NRS 在资源块中的位置。因此就可以解调解码 NPBCH，NPBCH 携带的 NB-IoT MIB 通常称为 MIB-NB。MIB-NB 中携带的元素之一是 SFN 的四个最高有效位（MSB）。由于 SFN 的长度为 10 位，所以 SFN 的四个 MSB 每 64 帧（即 640 ms）更改一次。结果，NPBCH 的 TTI 为 640 ms。一个 MIB-NB 编码为一个 NPBCH 代码块，包括八个 CSB，参见 5.2.4.4 节。NPBCH 在 FDD 小区的子帧 #0 中或 TDD 小区中的子帧 #9 中发送，并且每个 NPBCH 子帧携带一个 CSB。一个 CSB 在八个连续的 NPBCH 子帧中重复。因此，通过得到 80 ms 的帧结构（在与 NSSS 同步后），设备知道哪些 NPBCH 子帧携带了相同的 CSB。它可以结合这些重复，在覆盖扩展场景中提高检测性能。但是，设备不知道在特定的 80 ms 间隔里是八个 CSB 中的哪一个？因此在小区选择过程中，设备需要产生八个假定来解码 MIB-NB。这被称为 NPBCH 盲解码。此外，为了正确解码 NPBCH CRC，设备还需要假设是一个还是两个天线端口用于发送 NPBCH。如果有一个 CRC 掩码应用于 NPBCH 的 CRC 位，根据 1 个或 2 个发射天线端口选择这个掩码用于 NPBCH、NPDCCH、NPDSCH 的传输。因此，总共需要 16 次盲解码的判定。获得了正确的 CRC 表示成功的 MIB-NB 解码。当设备可以成功解码 NPBCH 时，它将获取 640 ms NPBCH TTI 边界。之后，该设备还可以从 MIB-NB 获取以下信息：

- 运行模式（Stand-alone、In-band、Guard-band）。
- 对于 In-band 和 Guard-band，频率栅格偏移（±2.5 kHz、±7.5 kHz）。
- SFN 的四个 MSB。
- H-SFN 的两个 LSB。
- 有关 SIB1-NB 调度的信息。
- SI 值标签，本质上是 SI 的版本号。对所有 SIB，除了 SI 块类型 14（SIB14-NB）和 SI 块类型 16（SIB16-NB）之外都是通用的。
- 接入限制（AB）信息，指示是否启用了 AB，以及在这种情况下，设备应先获取特定的 SI（即 SIB14-NB，请参见 5.3.1.2.3 节），再启动 RRC 连接建立或恢复。

在 In-band 情况下，运行模式信息还指示，与 LTE 小区相比，如何配置 NB-IoT 小区。这样的指示被称为相同的 PCI 指示符。如果将相同的 PCI 指示符设置为 true，则 NB-IoT 和 LTE 小区共享相同的 PCID，并且 NRS 和 CRS 具有相同的天线端口数量。这里的含义是，在这种情况下，设备还可以使用 LTE CRS 进行信道估计。结果，相同的 PCI 指示符如果设置为 true，则 MIB-NB 还要提供有关 LTE CRS 序列的信息。另一方面，如果将相同的 PCI 指示符设置为 false，则设备仍需要知道 CRS 位于 PRB 中的哪里。对于 In-band 模式，LTE 和 NB-IoT 的 PCID 需要指向用于 CRS 和 NRS 的相同的子载波索引，因此它们有确定的关系。所以，当设备知道了 NB-IoT 单元的 PCID，就也知道了用于 CRS 的子载波索引。但是，它不知道 LTE CRS 是否具有与 NRS 相同的天线端口数量，或者具有四个天线端口。知道这一点很重要，因为根据 PRB 中的 CRS RE 的数量，NPDCCH 和 NPDSCH 将进行速率匹配。关于 LTE 小区是否使用四个天线端口的信息是携带在 MIB-NB 中的。

5.3.1.1.4　小区标识和 H-SFN 获取

设备获取到 MIB-NB 信息（包括 SIB1-NB 的调度信息）后，能够定位和解码 SIB1-NB。我们在 5.3.1.2.1 节中将描述更多有关设备如何获取 SIB1-NB 的信息。从小区选择的角度来看，了解这些信息很重要：SIB1-NB 承载的 H-SFN 的八个 MSB、PLMN、跟踪区域和一个 28 位长的小区标识（用于明确标识公共陆地移动网络中的小区）。因此，在获取 SIB1-NB 之后，设备已经获得了帧结构的完全信息，如图 5.7 所示。根据小区标识符，设备能够确定是否允许附着到小区上。最终它将根据在 SIB1-NB 中广播的一对最小所需的信号强度和信号质量阈值参数来评估小区的适用性。一个适合的小区是足以驻留的小区，但不必是最好的小区。在 5.3.1.3 节中描述的小区重选程序支持选择最佳可用小区，以优化链路和系统容量。

图 5.45 说明并总结了设备在初始小区选择过程中如何获取完整的成帧信息。

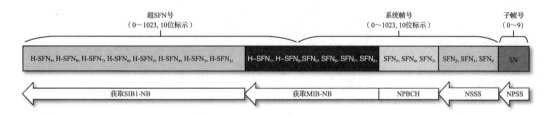

图 5.45　初始小区选择期间设备如何获得完整定时信息

完成初始小区选择后，设备应该具有几微秒内的时间准确性，残留频偏在 50 Hz 以内。本质上，设备已经实现了时间和频率同步，且在空闲和连接模式期间，残留误差不会导致后续传输和接收中的显著性能下降。

5.3.1.2　SI 获取

选择适合的小区后，设备需要获取全套 SI 消息。此过程以及与 11 个 NB-IoT SI 消息相关的信息在接下来的几节中介绍。

5.3.1.2.1　系统信息块类型 1

SIB1-NB 的内容和重要性已在 5.3.1.1.4 节中指出。表 5.23 更详细地列出了设备在读取 SIB1-NB 时获取的信息。

表 5.23　系统信息块

系统信息块	内容
SIB1-NB	超帧信息；网络信息，例如 PLMN、跟踪区域和小区标识、接入限制状态、评估小区适用性的阈值、TDD 配置、有效子帧位图和有关其他系统信息块的调度信息

MIB-NB 中携带的 SIB1-NB 的调度信息描述了 TBS（208、328、440 或 680 bit）和用于 SIB1-NB 传输的重复次数（4、8 或 16）。有了这些信息，设备将知道如何接收 SIB1-NB。

FDD 小区中 SIB1-NB 的传输如图 5.46 所示。在 8 个 SIB1-NB 子帧中携带的 SIB1-NB TB，以 16 帧间隔，每隔一帧，映射到子帧 #4。这 16 帧将重复 4、8 或 16 次。这些重复均匀地在 SIB1-NB 传输间隔上分布，该间隔定义为 256 帧，即 2.56 s。

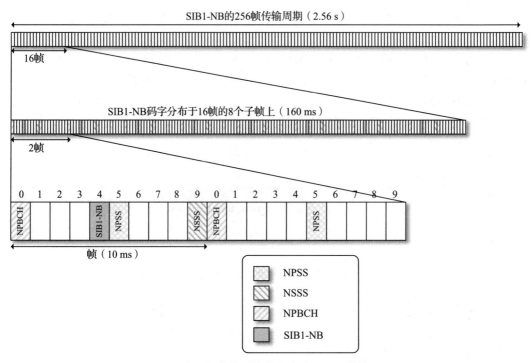

图 5.46　FDD 小区的窄带系统信息块类型 1 的传输（SIB1-NB）

为了减少在极差覆盖情况下设备的 SIB1-NB 采集时间，3GPP Release 15 引入了在 FDD 小区中也将子帧 #3 用于 SIB1-NB 传输的选项。此选项在 MIB-NB 中指示，启用后，紧靠在携带 SIB1-NB 信息的子帧 #4 之前的每个子帧 #3 也被用于 SIB1-NB 传输。映射到子帧 # 3 的码字是基于速率匹配过程获得的，本质上，是通过持续读取循环缓冲区来扩展映射到子帧 #4 的码字，请参见参考文献 [8]。

这里有个 SIB1-NB 修改周期的概念，长度为 40.96 s。SIB1-NB 内容不应在 SIB1-NB 修改周期内更改。因此，在修改周期内的所有 SIB1-NB 发送周期中重复相同的 SIB1-NB TB。在下一个 SIB1-NB 修改周期中，允许被修改。但是，实际上，除了 H-SFN 位的变化外，这种变化很少发生。

传输周期中 SIB1-NB 的起始帧取决于 PCID 以及 MIB-NB 中用信令通知的上述 SIB1-NB 重复因子。在不同小区中具有不同起始帧的目的是使干扰随机化并避免在不同小区中 SIB1-NB 的传输之间的持久性小区间干扰。

5.3.1.2.2 In-band 模式操作的特别信息

对于 In-band 模式，NB-IoT 设备需要获取某些 LTE 载波参数以了解 LTE 已经占用了哪些资源；当 CRS 可以用于辅助测量和信道估计时，设备需要了解 CRS 与 NRS 之间的相对功率以及 CRS 的序列信息。如 5.3.1.1.3 节所述，某些信息由 MIB-NB 提供。额外信息在 SIB1-NB 中携带。通过获取 SIB1-NB，该设备能够拥有 In-band 模式下的 PRB 中资源映射的完整信息。表 5.24 给出了此类信息的列表。

表 5.24   传送信令给 NB-IoT 设备的 LTE 配置参数

信息内容	消息
是否 NB-IoT 小区配置为 In-band 模式	MIB-NB
如果相同的 PCID 用于 NB-IoT 和 LTE 小区	MIB-NB
LTE 天线端口数目（不同 PCID）	MIB-NB
CRS 序列信息	MIB-NB
有效子帧位图	SIB1-NB
LTE 控制域大小	SIB1-NB
NRS 到 CRS 的功率偏置	SIB1-NB

如 5.2.4.1 节所述，有效子帧位图用于指示在 10 或 40 个子帧间隔内的哪个下行链路子帧可用于 NB-IoT。这用于避免与 LTE MBSFN 冲突。

当 Release 15 的小区为其他 SIB1-NB 传输配置子帧 #3 时，子帧 #3 将被声明为无效子帧，以避免旧式设备映射 NPDCCH 或被调度的 NPDSCH 到 SIB1-NB 子帧。但是，Release 15 的设备确切知道哪些子帧 #3 用于 SIB1-NB，而哪些没有。因此，Release 15 的设备仍会将未用于 SIB1-NB 传输的子帧 #3 视为有效，并将 NPDCCH 或其调度的 NPDSCH 映射到它们。

图 5.47 给出了一个例子。NB-IoT 设备使用提供的有关在控制区域、天线端口和 CRS 方面的 LTE 配置，以不占用 LTE 的资源。这样，剩余资源能够用于 NB-IoT 下行链路。

5.3.1.2.3 SI 块 2、3、4、5、14、15、16、20、22、23

在读取 SIB1-NB 中的 SI 调度信息后，设备准备去获取完整的 SI 消息集。除了 SIB1-NB，NB-IoT 还定义了 10 种其他类型的 SIB，列于表 5.25 中。有兴趣的读者可以参考文献 [11] 里有关这些 SIB 的其他详细信息。

在特定时域窗口中定期广播 SIB 2、3、4、5、14、15、16、20、22、23，这个窗口称为 SI 窗口。SIB1-NB 对于所有 SIB 配置公共 SI 窗口长度，并调度 SI 窗口的周期和非重叠出现。

为了支持 SI 消息中的可变内容以及将来的消息扩展，每个 SI 消息都配置从 {56,

120，208，256，328，440，552，680} 位的集合里选择 TBS。而两个最小的映射到两个连续的 NB-IoT 子帧，六个最大的映射到八个连续的 NB-IoT 子帧。

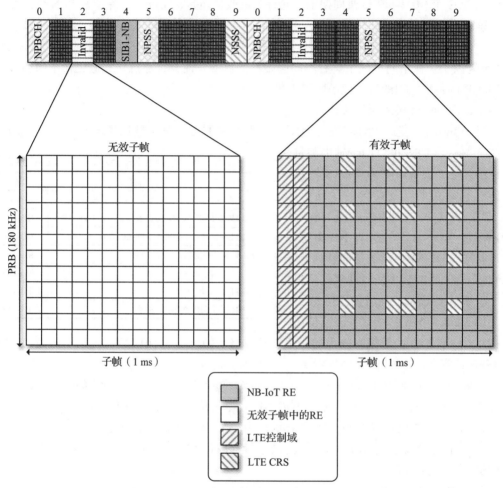

图 5.47 示例：提供给 NB-IoT 设备的用于物理层资源映射的 LTE 配置信息

表 5.25   系统信息块 2、3、4、5、14、15、16、20、22、23

系统信息块	内容
SIB2-NB	对于所有设备的公共物理信道 RRC 信息
SIB3-NB	同频和异频共有的小区重选信息。还提供了同频小区重选的特定的附加信息，例如小区适用性相关信息
SIB4-NB	相邻小区相关信息，例如：小区标识，仅与同频小区重选相关
SIB5-NB	相邻小区相关信息，例如：小区标识和小区适用性相关信息，仅与异频小区重选相关
SIB14-NB	每个 PLMN 的接入类别限制信息。包含：限制特定接入类的特定标志，还有异常报告的限制指示（见 5.3.1.9 节）

（续）

系统信息块	内容
SIB15-NB	SC-PTM 相关信息，包括参与 SC-PTM 传输的小区的适用额外频段的列表。SC-PTM 描述在 5.3.1.11 节
SIB16-NB	与 GPS 时间和世界标准时间（UTC）相关的信息
SIB20-NB	SC-MCCH 配置信息。SC-MCCH 见 5.3.1.11 节
SIB22-NB	非锚点载波上的关于寻呼和随机接入流程的无线资源配置（见 5.3.1.10 节）
SIB23-NB	非锚点载波上的使用前导格式 2 的 NPRACH 资源的无线资源配置（见 5.2.5.1 节）

此外，为了支持扩展覆盖范围内的操作，可配置的重复级别为支持 SIB。每个 SIB 可以配置为每第 2、第 4、第 8 或第 16 个的无线帧。重复的总数取决于配置的 SI 窗口长度和重复模式。对于 160 帧的最大 SI 窗口，最多支持 80 次重复。图 5.48 说明了 NB-IoT SI 消息的传输。

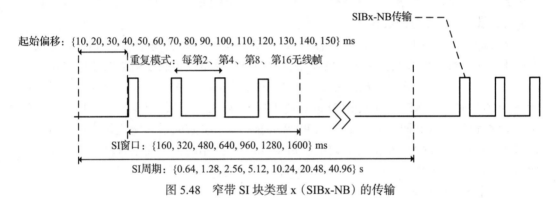

图 5.48　窄带 SI 块类型 x（SIBx-NB）的传输

SIB1-NB 指示出每个调度的 SIB 的最新状态。一个 SIB 内容上的变化在 MIB-NB 中指示，但有一些例外，如 5.3.1.2.4 节所述，它也可以在 SIB1-NB 中指示。这使设备可以确定是否需要重新获得特定的 SI 块。

5.3.1.2.4　SI 更新

MIB-NB 中提供的值标签（5 bit）用作内容版本号，它被设备认为在 24 小时内是有效的。不同的版本号对应不同的 SI 内容。当 SI 已发生变化时，网络可以显式地通知设备。设备在空闲模式并且 DRX 循环短于修改周期的情况下，它可以选择监视寻呼消息以获取 SI 变化通知。寻呼将在 5.3.1.4 节中讨论。在某些情况下，在设备尝试接入网络之前可能不会收到有关 SI 更改的通知，例如：设备已配置为 DRX 周期长于修改周期；如果设备在空闲模式下使用 PSM（见 5.3.1.5 节）；或者基站未发送任何 SI 变化的寻呼信息。可以通过要求设备在接入尝试中始终读取 MIB-NB，来解决此类潜在问题。通过读取 MIB-NB，设备将通过 SI 值标签来发现 SI 变化。这也允许设备获取有关限制状态的信息，如 5.3.1.9 节所述。但是请注意，SIB14-NB（AB 参数）和 SIB16-NB（GPS 时间和 UTC 有关的信息）

将不会导致 SI 值标签的更改。这是因为 SIB14-NB 和 SIB16-NB 中携带的信息变化得更频繁，但与其他系统信息没有关联。因此有利的是，这些变化可以不依赖 SI 值标签。

5.3.1.3   小区重选

选择小区后，设备将配置为最多监视 16 个同频相邻小区和最多 16 个异频相邻小区。简单来说，如果设备检测到相邻小区在 NRS 接收功率（NRSRP）方面变得更强超，过当前服务的小区，则触发小区重选过程。设备处于良好的信号覆盖范围内，即在服务小区中有足够高的 NRSRP 水平，则可以从小区重选的测量中排除。这有助于延长设备的电池寿命。

除了确保设备驻留在信号最佳小区外，小区重选过程还是支持空闲模式移动性的主要机制。在连接模式下，设备不需要在服务或相邻小区上执行移动性测量。如果服务小区的信号质量非常差，导致持续的链路级别故障，设备将调用链路层故障过程，该过程实质上是从连接模式返回到空闲模式。在空闲模式下，设备可以使用小区重新选择机制以查找新的服务小区。建立新的服务小区连接后，设备可以启动随机接入过程（见 5.3.1.6 节）以返回到连接模式进行完整的数据接收和传输。

NB-IoT 情况下的小区重选测量称为 NRSRP 测量，因为它就是参考 NRS 的接收功率电平。对于覆盖信号较差情况下的设备，可能要接受很多下行子帧来获取所需精度的 NRSRP 估计。这会消耗设备电池能量。在 3GPP Release 15 中，引入了增强功能以允许 NRSRP 测量是基于 NSSS 和 NPBCH 的。使用这些额外的信号，减少了获得足够精度的 NRSRP 测量所需的时间。另一个在 3GPP Release 14 中引入的增强功能是，当设备确认在当前小区中 NRSRP 测量值的变化小于阈值后，在 24 小时内，完全省略支持移动性的 NRSRP 测量。这个增强功能是假定大多数 NB-IoT 设备是固定位置放置的，因此不需要进行频繁的小区重选测量。

这些功能有助于提高空闲模式下的设备能效。

5.3.1.4   寻呼、DRX 和 eDRX

在空闲模式下对寻呼的监测会影响设备的电池寿命以及下行数据传输的时延。影响的关键点是设备监测寻呼的频率。NB-IoT 和 LTE 一样使用搜索空间来定义寻呼传输的机会。搜索空间的概念，包括用于寻呼指示的 Type-1 公共搜索空间（CSS），将在 5.3.2.1 节详细介绍。

现在，设备仅需监视由 Type-1 CSS 定义的一组子帧即可，它们用于检测包含格式 N2 的 DCI 的 NPDCCH，这个 DCI 调度了后续的 NPDSCH（其中包含指向该设备的寻呼消息）。P-RNTI 是用于寻呼设备的标识符，并且用于加扰 NPDCCH CRC，具体描述见 5.2.4.5 节。

根据 NB-IoT PO 子帧的位置确定 Type-1 CSS 候选的起始子帧，它是由配置的 DRX 周期确定的[25]。如果开始子帧不是有效的 NB-IoT 下行链路子帧，则在 PO 以后，第一个有效的 NB-IoT 下行链路子帧是 NPDCCH 重复的开始子帧。Type-1 CSS 候选仅基于 5.2.4.5 节中描述的 NPDCCH AL 2。包含 NPDCCH 候选的搜索空间定义的重复级别 R，最大可到配置的最大值 NPDCCH 重复等级 R_{max}。通常将 R_{max} 配置为确保小区内的所有设备都可以被寻呼到，可能的重复级别 R 和配置的 R_{max} 之间的关系见表 5.26。

图 5.49 说明了 NB-IoT 中可能的寻呼配置。DRX 或 eDRX 都可以使用。在 DRX 的情况下，PO 的周期最多为 10.24 s。对于 eDRX，eDRX 最长周期为 2 h 54 min 46 s，对应于一个超帧周期。在每个 eDRX 周期后，都会启动一个寻呼传输窗口，在此期间下行链路可达性要通过配置的 DRX 周期来实现。

表 5.26   NPDCCH 类型 1 公共搜索空间 (CSS) 候选值

R_{max}	R
1	1
2	1, 2
4	1, 2, 4
8	1, 2, 4, 8
16	1, 2, 4, 8, 16
32	1, 2, 4, 8, 16, 32
64	1, 2, 4, 8, 16, 32, 64
128	1, 2, 4, 8, 16, 32, 64, 128
256	1, 4, 8, 16, 32, 64, 128, 256
512	1, 4, 16, 32, 64, 128, 256, 512
1024	1, 8, 32, 64, 128, 256, 512, 1024
2048	1, 8, 64, 128, 256, 512, 1024, 2048

NB-IoT 在 3GPP Release 13 中引入时仅支持锚点载波上的寻呼。为了使 NB-IoT 支持大量移动用户终端的可达性，在 3GPP Release 14 中向非锚点载波添加了寻呼支持。在 SIB22-NB 中提供了用于在非锚点载波上进行寻呼的无线资源配置。设备选择基于其设备标识的寻呼载波。

设备电池寿命是 NB-IoT 最重要的性能目标之一。为了进一步提高设备电池寿命，3GPP Release 15 引入了 NWUS（见 5.2.4.8 节）。NWUS 通过指示以下内容来促进设备节能：是否在相关联的 PO 中发送寻呼指示符。因为这本质上是一个位信息（即是否存在寻呼指示符），总传输时间所需的时间比具有 DCI 格式 N2 的 NPDCCH 所需的时间要短得多。NWUS 的重复次数 R_{NWUS} 是配置的用于寻呼的 NPDCCH 的最大重复次数 R_{max} 的一小部分：

$$R_{NWUS} = \max\{1, \alpha R_{max}\}$$

这里 $\alpha \in \left\{ \dfrac{1}{2}, \dfrac{1}{4}, \dfrac{1}{8}, \dfrac{1}{16}, \dfrac{1}{32}, \dfrac{1}{64}, \dfrac{1}{128} \right\}$。

因此，NWUS 使设备能够更快地返回睡眠状态，从而节约电能。一个 NWUS 可以与多个 PO 关联以实现更大的电量节省。图 5.50 给出了一个示例，其中设备在运行时段 P_0、P_1、P_2 和 P_3 期间定期地唤醒去监视寻呼，但仅在时段 P_2 发现了一个寻呼指示。在 Release 15 中，NWUS 用于指示相关联的 PO 是否存在一个寻呼指示器。如图 5.50 所示，NWUS 在时段 W_2 中被传送以指示一个寻呼指示符将出现在时段 P_2 中。因此，在这种情况下，设备在持续时段 W_0、W_1、W_2 和 W_3 期间唤醒以寻找 NWUS，并在持续时段 W_2 期间检测到 NWUS，它继续在持续时段 P_2 期间接收寻呼指示符。在这种情况下，设备唤醒的总时间还是远短于持续时间 P_0、P_1、P_2 和 P_3 的总和。NWUS 与关联的寻呼时机（NPDCCH 开始的位置）之间的时间间隔是可配置的。当 NWUS 与 DRX 或 eDRX 一起使用时，可以配置 40 ms、80 ms、160 ms 或 240 ms 作为一个"短"间隔长度，但是在 eDRX 情况下，也可以配置"长"间隔长度为 1 或 2 秒。

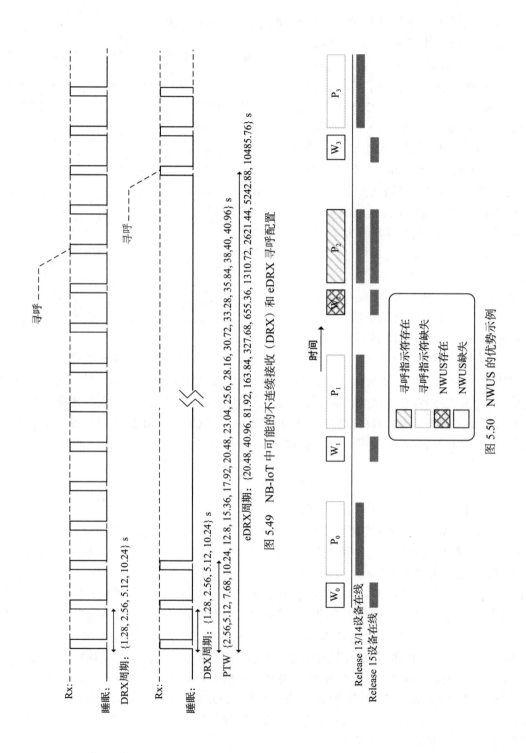

图 5.49 NB-IoT 中可能的不连续接收 (DRX) 和 eDRX 寻呼配置

图 5.50 NWUS 的优势示例

NWUS 的检测非常简单，因此有专门的特殊基带接收机唤醒以进行 NWUS 检测，但同时保持其余硬件（包括普通的接收机）处于深度睡眠状态。前面阐述的在 NWUS 与 eDRX 关联的寻呼时机之间配置一个较长间隔以确保有足够的时间让设备的普通接收机启动，并一旦确实检测到 NWUS，就准备好执行检测 NPDCCH。通过这种唤醒接收机方法，可以提高电能效率。此外，NWUS 的设计波形和重复允许设备在醒来之后执行有效的重新同步，这也可以有助于提高电能效率。

5.3.1.5　PSM

有些应用对移动终端的可达性的要求非常宽松（例如，超过一天），那么可以使用 eDRX 进一步降低功耗，其最大 eDRX 周期接近 3 小时。对于此类设备，最节能的操作状态是节电模式（PSM），它可用于处于 RRC 空闲模式的设备。

在 PSM 中，设备消耗尽可能少的能量。本质上，它只需要保持它的实时时钟运行，以跟踪时间和调度空闲模式事件，例如 TAU 定时器。设备中止空闲模式的耗能操作（例如 PSM 中的移动性测量）而且将不会传输或监测寻呼，并且不需要保持与网络的最新同步。PSM 的持续时间是可配置的，在最极端的配置下可以超过一年。一旦有上行数据要发送或在 TAU 定时器超时被要求发送 TAU，设备将退出 PSM。TAU 是用作跟踪设备的工具，它负责通知网络设备是驻留在哪个小区的。上行传输后，设备可能会在由活动定时器配置的一段时间内进入 DRX 模式，用于监视寻呼以启用移动终端的可达性。在设备监测寻呼的这段较短时间之后，设备进入下一个 PSM 周期，此过程如图 2.6 所示。PSM 在 3GPP Release 12 中引入，是对改进电池寿命具有较高要求的设备的普遍改进，并在 2.3.3 节中有更详细的描述。

5.3.1.6　空闲模式的随机接入

NB-IoT 随机接入过程通常与 LTE 相同。我们将在本节中主要强调 NB-IoT 特有的方面。

随机接入过程见图 5.51 所示。同步到网络后并确认未被禁止接入，设备使用 NPRACH 发送随机接入前导码。

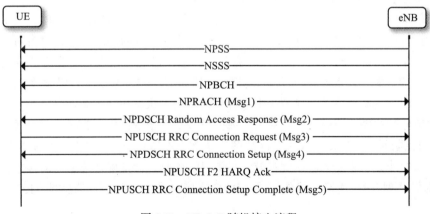

图 5.51　NB-IoT 随机接入流程

设备需要根据其覆盖等级评估来确定适当的 NPRACH 配置。回想一下 SIB2-NB 携带的 RRC 信息，描述见 5.3.1.2.3 节。RRC 信息元素之一是 NPRACH 配置。小区最多可以配置两个 NRSRP 阈值，设备可以使用这些阈值来选择适用于其覆盖等级的 NPRACH 配置。图 5.52 给出了一个例子，其中配置了两个 NRSRP 阈值，因此对于三个 CE 级别有三个各自的 NPRACH 配置。本质上，网络使用这些 NRSRP 阈值以配置与每个不同 CE 级别相关的耦合损耗。如果网络未配置任何 NRSRP 阈值，则该小区仅支持一个所有设备都使用的 NPRACH 配置，无论它们实际到达基站的路径损耗如何。

图 5.52　NPRACH 配置和 NRSRP 阈值

每个 CE 级别的 SIB2-NB NPRACH 配置信息包括时间频率资源分配。频域中的资源分配是一组起始前导码。每个起始前导码等同于第一个 NPRACH 符号组并与特定的 3.75 kHz 或 1.25 kHz 音调相关，具体取决于配置的 NPRACH 格式。起始前导码的集合由子载波偏移和子载波数量确定。时域分配由周期、周期的起始时间以及与 NPRACH 资源相关的重复次数来定义。这从图 5.53 中可以看出，其中的 NPRACH 配置是为了支持大接入量的负载。

前导码的集合可以进一步分为两个子集。第一个子集由不支持消息 3 的多音 NPUSCH 传输的设备使用，而第二子集由能够进行消息 3 多音传输的设备使用。实质上，该设备通过根据其能力选择 NPRACH 前导码来通知它对 NPUSCH 多音的支持。

如果基站检测到一个 NPRACH 前导码，则会发回随机接入响应（RAR），也称为消息 2。RAR 包含一个 TA 参数。RAR 进一步包含指向无线资源的调度信息，设备可以用此资源传输连接请求（也就是消息 3）。请注意，此时基站已经知道设备的多音传输能力，因此对消息 3 的资源分配就说明了设备的多音传输能力。在消息 3 中，设备将包括其标识以及调度请求。设备将始终在消息 3 中包含它的数据量状态和功率余量，以方便基站进行调度和功率分配的决策，保证后续传输。数据量和功率余量报告一起构成了介质接入控制（MAC）的控制元素。在消息 4 中，网络解决由多个设备在第一步中发送相同的随机接入前导码引起的冲突，并发送连接设置或恢复消息。此时，设备确认消息 4 的接收并进行从 RRC 空闲模式到 RRC 连接模式的转换。RRC 连接模式中的第一条消息是 RRC 连接设置完成消息。

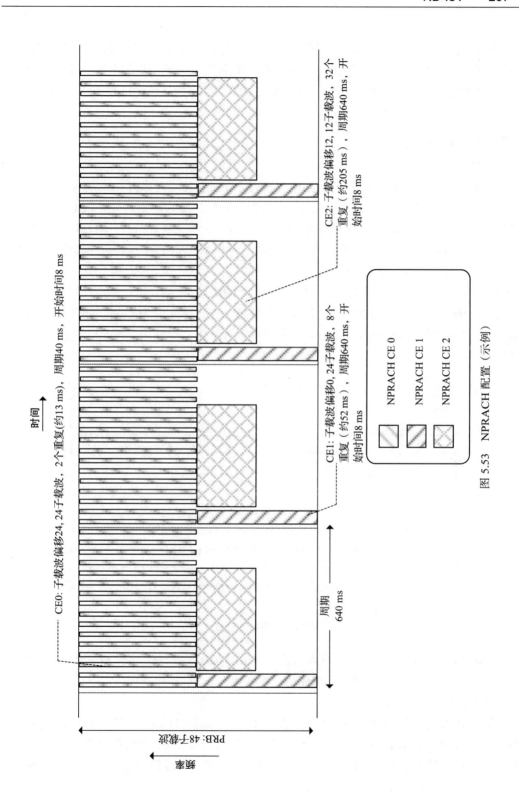

图 5.53 NPRACH 配置（示例）

随机接入过程将启动 RRC 连接建立。典型的 LTE 建立流程在 2.3.2 节中介绍，如图 2.5 所示。它包括 AS 安全性协商和连接的 RRC 配置。对于少量的不频繁数据传输是主要用例的设备，Release 13 和 15 引入了减少连接建立信令的三个优化方案，这些将在下一节中描述。

5.3.1.7　连接建立

5.3.1.7.1　RRC 恢复

用于减少信号的第一种方法称为 RRC 挂起恢复过程，或仅称为 RRC 恢复过程。它是用户面 CIoT EPS 优化的一部分。它允许设备恢复先前暂停的连接，包括 PDCP 状态、AS 安全性和 RRC 配置。这样就无须协商 AS 安全性以及配置无线接口，包括在连接设置阶段通过空中接口承载数据的数据无线承载。它还支持 PDCP 在恢复后的第一次数据传输中有效地利用其健壮性报头压缩。

这个功能是基于恢复标识的，该标识表示一个挂起的连接。当一个连接挂起时，这个标识会在 RRC 连接释放消息中发送信令，从网络发送到设备。当设备想要使用消息 3（包括 RRC 连接恢复）恢复连接请求时，它将把恢复标识发送给网络。图 5.54 说明了完整的过程。

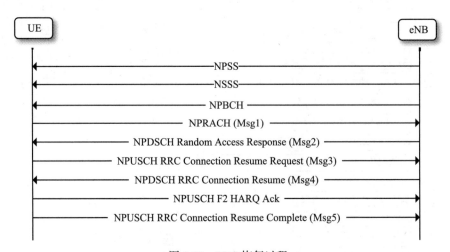

图 5.54　RRC 恢复过程

RRC 恢复过程允许上行链路数据与消息 5 中的 RRC 信令复用。无线链路控制（RLC）分组数据单元所包含的用户数据和控制信令的复用在 MAC 层中实现。

5.3.1.7.2　NAS 信令传递数据

第二种方法称为 DoNAS 过程，代表使用非接入层（NAS）上的数据，它利用 LTE Release 8 连接设置消息流，如图 5.51 所示。它是控制面 CIoT EPS 优化的一部分。在消息 5 "RRC 连接设置完成" 消息中，一个 NAS 容器用于通过控制面传输上行链路用户数据。如图 2.3 所示，这违反了 LTE 协议架构：信令的控制面和数据的用户面，是为了减少信令。

对于终止于移动管理节点（MME）的 NAS 接口，设备连接到网络时需要进行安全性协商。这意味着在 NAS 容器中发送的数据是受到完整性保护和加密的。结果，在建立连接期间，不需要进行 AS 安全性配置。此外，随着 NAS 信令通过默认配置的信令无线电承载（SRB）进行发送，这也意味着用户面数据传输的数据无线电承载不需要配置。为了在连接建立过程后支持上行和下行的传输，Release 13 规定了两个仅承载 NAS 容器的 RRC消息（UL/DL 信息传送）可以插入用户数据。

由于 DoNAS 不提供 AS 之上的安全链路，它不支持重新配置 RRC 参数来配置连接。因此，能够正确评估无线质量，并能为在连接建立时已经存在的无线链路提供准确的 RRC配置，变得非常重要。由于 DoNAS 通过 SRB 传输数据，因此为 LTE DRB 开发的服务质量框架也不适用。这种简化是基于以下假设：DoNAS 主要用于支持少量的和短的数据传输。

对于 Cat-NB 设备，必须支持 DoNAS。支持在用户面上数据传输是可选功能，但建议对超出少量不频繁的数据传输的用例，还应支持提供高效的操作。

5.3.1.7.3　早期数据传输

对于 Release 13 或 14 的设备，最早可以分别在消息 5 和消息 6 中传递上行链路数据和下行链路数据。这留下了进一步增强的空间。3GPP Release 15 引入了一项称为早期数据传输（EDT）的功能，该功能允许设备在消息 3 中传输其上行链路数据。在这种情况下，设备可以完成在空闲模式下的数据传输，无须转换到连接模式。

但是，EDT 仅限于小型载荷数据。上行 EDT 支持 328、408、504、584、680、808、936 或 1000 bit 的 TBS。尽管这些 TB 的大小不是很大，但是它们却比传统（非 EDT）消息 3 中使用的 88 bit 的 TBS 明显更大。小区中的 EDT 配置，包括最大允许的 EDT TBS，是在 SIB2-NB 消息中。仅当有效载荷位数小于允许的最大 TBS 时，设备才能使用 EDT过程发送其上行链路数据。设备从为 EDT 过程配置的一组前导码中随机选择 NPRACH前导码，来启动随机接入过程，表明其试图使用 EDT。在这种情况下，基站一旦检测到NPRACH 前导码，便知道该设备尝试通过 EDT 发送上行数据，因此可以在消息 2 中包含消息 3 的 EDT 上行许可。但是，基站也有可能拒绝设备的 EDT 请求。EDT 上行链路许可包括有关调制和编码方案（MCS）的信息与带有最大 TBS 大小（TBS_{max}）相关的重复次数（R_{max}）。

作为一种选择，网络可以允许设备在一组允许的 TBS 中选择一个 TBS 值。例如，如果配置的最大 EDT TBS 为 936 bit，则允许的 TBS 值的集合可以是 {328, 504, 712, 936}[27]。设备可以根据其数据缓冲区状态，从这个设置中为消息 3 选择一个 TBS。如果设备缓冲区远小于配置的 TBS_{max}，则此选项可减少填充量。当设备选择的 TBS 小于TBS_{max} 时，与上行授权消息中提供的重复次数相比，它需要减少重复次数。例如，如果它选择较低的 TBS（例如 TBS_{max}/K），它将重复次数减少到 R_{max}/K。取决于 R_{max}，减小的重复因子 R_{max}/K 需要四舍五入为最接近的整数或最接近的 4 的倍数的整数。为了支持设备可选 TBS 选项，基站需要盲目检测一组 TBS 假定数量的消息 3 中使用的 TBS。取决于 EDT 配置，TBS 假定的数量可以是 2、3 或 4。

EDT 还支持消息 4 中的下行数据传输。这可用于提供对消息 3 上行传输的应用层确认。

EDT 已在 Release 15 中启用，可用于用户面 CIoT EPS 的优化程序和控制面 CIoT EPS 优化程序。用户面版本基于 RRC 恢复过程并使用消息 3 中的 RRC 连接恢复请求。消息 4（包括潜在的下行链路数据）由 RRC 连接释放消息定义，以防连接被暂停或在上行数据传输之后立即被释放。作为控制面的解决方案，一对新的 RRC 消息是为消息 3 和 4 定义的。它们都包含所需的 NAS 容器，其通过 NAS 在 SRB 上传输数据。

5.3.1.8　随机接入过程的信道质量报告

如 5.3.1.6 节所述，初始化随机接入过程的设备需要根据其覆盖等级估算出适当的 NPRACH 配置。由于网络设置的用于确定设备覆盖率类别的阈值是基于 NRSRP 的，因此覆盖范围估算也要基于 NRSRP。图 5.52 给出了一个示例。在剩余的随机接入和连接建立过程期间所下发的下行链路消息中，使用设备选择的 NPRACH 的盖等级要用于由网络确定 NPDCCH 和 NPDSCH 的重复因子。

该解决方案存在许多问题。首先，最多可以有三个 NPRACH 配置。因此，网络仅粗略地知道设备的下行链路接收信号强度。其次，接收信号强度和下行链路接收信号干扰加噪声比（SINR）之间可能会有明显的差异，而 SINR 在实践中更相关于确定 NPDCCH 和 NPDSCH 所需的重复次数。注意，下行链路 SINR 也可能不同于上行链路 SINR，因为干扰在下行链路和上行链路之间可能是不对称的。无法准确地确定 NPDCCH 和 NPDSCH 所需的重复级别可能会导致在随机接入和连接建立过程期间的下行消息的失败。它也影响网络配置 NPDCCH 设备特定的搜索空间周期性（见 5.3.2.1 节）的能力，这将限制 RRC 连接模式下可达到的数据速率。网络可以使用更积极的方式配置 NPDCCH 和 NPDSCH 重复因子，尽管这会导致下行链路资源利用效率的降低。大部分 NB-IoT 设备基于控制面 CIoT EPS 优化解决方案（见 5.3.1.7.2 节），它不支持在初始配置后重新配置无线链路。因此，在 NB-IoT 中尤为重要是以正确的链路配置开始建立连接。

为了解决这些问题，3GPP Release 14 引入了一项功能，该功能使设备可以在消息 3 和消息 5 中包括下行链路信道质量估计作为 RRC 信息元素，在随机接入和连接建立过程中使用。对于消息 3，此质量报告由设备提供，它根据所需的 NPDCCH 重复次数确保可靠的操作。例如，该设备可以获得这样的估计：它在消息 2 中收到 RAR，因为在该过程中，设备就知道它需要重复多少次 NPDCCH 的解码来调度 RAR。支持两种报告格式。第一个允许设备指示 NPDCCH 重复因子之一，即 1、2、4、8、16、32、64、128、256、

512、1024 或 2048（见 5.2.4.5 节）。设备还可以指示空值，表示未执行任何测量。这需要一个 4 位消息。另外，对于某些消息 3 类型的有限空间，使用短格式。使用短格式，设备指示采用为搜索空间配置的最大 NPDCCH 重复因子 R_{max} 的相对值作为 NPDCCH 重复估计。报告的下行链路信道质量可以是 $R_{max}/8$、R_{max} 或 $4R_{max}$。该设备还可以指示为空，即没有测量报告。因此，短信道质量报告格式需要 2 位消息。

在消息 5 中，其大小不受类似消息 3 的限制，下行链路的信号强度和下行链路信号质量由设备采用 NRSRP，并且 NRSRQ 报告给到网络。此报告的目的是，就长期而言，允许网络以合适的方式配置和规划网络中的小区。

应当注意的是，本节描述的报告，与功率余量报告、HARQ ACK/NACK 和 RLC 确认模式状态报告，这些是从 NB-IoT 设备发送到网络的唯一反馈。

5.3.1.9　接入控制

接入限制（AB）是 NB-IoT 中采用的接入控制机制；它遵循 2.2 节中描述的接入类限制功能，并允许特定的 PLMN 限制 10 个普通接入级别和 5 个特殊接入级别。它还支持对打算发送异常报告的设备进行特殊处理。3GPP Release 13 中引入了例外报告概念，以允许网络对设备发送的高紧急性报告进行优先级化处理。

MIB-NB 中包含了 AB 标志。如果将其设置为 false，则允许所有设备接入网络。如果 AB 标志设置为 true，则设备必须先读取 SIB14-NB，然后才能尝试接入网络，它提供了刚刚介绍的接入特定类别的限制信息。设备需要检查接入类别是否允许其接入网络。如果设备被禁止，则应先退出，然后在稍后的时间点重试。

覆盖范围较差的设备需要为其专用的物理信道配置较高的重复因子。在高网络负载期间，可能需要将覆盖范围较差的位置的设备禁止接入，并使用可用资源为更多覆盖位置较好的设备提供服务。3GPP Release 15 引入了特定的覆盖等级限制以阻止某些覆盖等级更糟的设备接入网络。这是通过提供在 SIB14-NB 中的 NRSRP 阈值来启用的。如果设备测量的 NRSRP 低于此阈值，它被禁止接入网络。它应该先退后，稍后再尝试接入。

应该注意的是，当 MIB-NB AB 标志切换时，对 SI 值标签没有影响。参见 5.3.1.2.4 节中的讨论。

5.3.1.10　非锚点载波的系统接入

NB-IoT 的基本设计目标是至少支持每平方公里 60 680 个设备。由于希望使 NB-IoT 成为 5G 技术，因此从 3GPP Release 14 起，将目标提高到每平方公里支持 1 000 000 个设备。根据 B.6 节中的流量模型描述，可以假定这些负载对应于每秒 6.8 和 112.2 次的接入尝试。为了使竞争的前导码的冲突率保持在较低水平，需要为 NPRACH 保留大量无线资源。

对于诸如 NB-IoT NPRACH 之类的时隙式接入方案，相互竞争的前导码之间的冲突概率可以估算为[26]：

$$Prob(collision) = 1 - e^{-\gamma/L} \tag{5.20}$$

其中，L 是每秒随机接入尝试的总数，γ 是平均随机接入强度。如果将随机接入的冲突概率 1% 定为对于每秒 6.8 次接入尝试的强度，那么系统提供的随机接入尝试机会的总数需要设置为每秒 677 个。NB-IoT 可以通过为 CE 级别 0 配置 NPRACH 资源（跨越 48 个子载波并以 40 ms 的周期重复），最多每秒可提供 1200 次接入机会。很明显，这已经要求 NPRACH 消耗掉大量可用的上行链路资源。如果一个 10% 的冲突率是可以接受的，每个配置每秒 65 个接入机会就足够了。但是为了支持每秒 112.2 次接入尝试，即使 10% 的冲突率也将需要配置每秒 1065 次接入机会。结合在扩展覆盖范围内对设备的必要支持，促使引入了非锚点载波上的随机接入。为了支持对于大量用户移动终端的可达性，在 3GPP Release 14 中还向非锚点载波添加了寻呼支持。寻呼载波除了寻呼之外还要用于消息 2 和 4 的传输，而随机接入载波则用于消息 1 和 3 的传输。无线非锚点载波上的寻呼和随机接入过程的资源配置在 SIB22-NB 中提供（见 5.3.1.2.3 节）。

非锚点载波与锚点载波上的系统接入之间的主要区别是 NRS 的存在。有关此方面的更多详细信息，请参见 5.2.4.3 节。

5.3.1.11　多播

为了提供对固件或软件更新的支持，被称为单小区点对多点（SC-PTM）的一个组消息传输业务类型在 NB-IoT Release 14 中被引入了。它基于多媒体多播服务架构并提供用于单小区广播和多播传输的空中接口。它共享 LTE-M SC-PTM 的设计，如 3.3.1.9 节所述。

SC-PTM 定义了两个逻辑信道：单小区多播控制信道（SC-MCCH）和单小区多播业务信道（SC-MTCH）。这些逻辑信道映射到 NPDSCH。NPDSCH 由 NPDCCH 调度，该 NPDCCH 在与 SC-MCCH 和 SC-MTCH 关联的两个新的公共搜索空间内发送。类型 1A 公共搜索空间（CSS）包含 NPDCCH 候选，由单小区 RNTI（SC-RNTI）加扰 CRC，SC-RNTI 调度承载 SC-MCCH 的 NPDSCH。由于 SC-MCCH 与寻呼类似，即它被广播到一个小区中的一组设备，类型 1A CSS 的设计基于类型 1 CSS，其中 NPDCCH 候选者只能从搜索空间的起始处开始。

类型 2A CSS 包含 NPDCCH 候选，由组 RNTI 加扰（G-RNTI）加扰 CRC，它调度承载 SC-MTCH 的 NPDSCH。为了维持 SC-MTCH 的调度灵活性，类型 2A CSS 遵循类型 2 CSS 的设计原则，其中为 NPDCCH 候选定义了几个起始点。搜索空间概念将在 5.3.2.1 节详细描述。

图 5.55 说明了获取 SC-PTM 业务的过程。如图 5.55 所示，如果设备被高层配置为接收 SC-PTM 服务，则在读取 SIB1-NB 时，设备将标识 SIB20-NB 的调度信息。SIB20-NB 包含获取与在小区中 SC-PTM 的传输相关联的 SC-MCCH 配置所需的信息。在 SC-MCCH 中，设备进而可以找到承载设备感兴趣的多播服务的 SC-MTCH 的配置信息。一个 SC-MCCH 配置在一个小区中，它最多可以配置通过 SC-MTCH 传输的 64 个多播和广播业务。锚点和非锚点载波都可用于携带 SC-MCCH 和 SC-MTCH。

多播包不支持重传，因此在 SC-PTM 会话中，只有 NPDSCH 上的一次传输。由于

NPDCCH 和 NPDSCH 支持的大量重复，164 dB 的 MCL 仍然可以被 NB-IoT SC-PTM 业务支持。

5.3.2　连接模式过程

5.3.2.1　NPDCCH 搜索空间

与连接模式调度以及空闲模式寻呼相关的关键概念是 NPDCCH 搜索空间。搜索空间由一个或多个子帧组成，设备在其中可以搜索到用于寻址该设备的 DCI。搜索空间有三种主要类型定义：

- Type-1 公共搜索空间（CSS），用于监测寻呼。还有一个 Type-1 CSS 的变体，即 Type-1A CSS，用于监测 SC-MCCH 的调度。
- Type-2 CSS，用于监测 RAR、消息 3 HARQ 重传和消息 4 无线资源分配。Type-2 CSS 也有一个变体，即 Type-2A CSS，用于监测 SC-MTCH 的调度。
- 用户设备专用搜索空间（USS），用于监测下行链路或上行链路的调度信息。

然而，设备不需要同时监测多于一种类型的搜索空间。

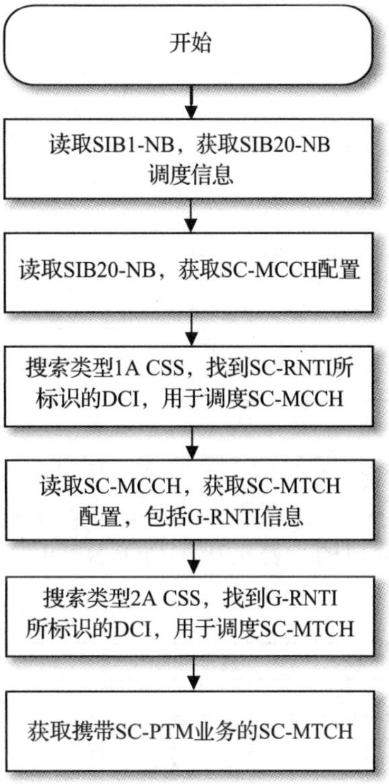

Type-2 CSS 和 USS 在搜索空间配置中具有许多共性。因此，本节将重点介绍 Type-2 CSS 和 USS。5.3.1.4 节已经介绍了 Type-1 CSS。

图 5.55　SC-PTM 业务获取过程

下面列出用于为 Type-2 CSS 和 USS 定义的 NPDCCH 搜索空间的关键参数：

- R_{max}：NPDCCH 的最大重复因子。
- α_{offset}：搜索周期中起始子帧的偏移量。
- G：用于确定搜索周期的参数。
- T：搜索空间周期，以子帧数为单位，$T = R_{max}G$。

对于 Type-2 CSS，参数 R_{max}、α_{offset} 和 G 在 SIB2-NB 中通过信令发出；而对于 USS，要通过设备特定的 RRC 信令来发送这些参数。对于 Type-2 CSS，R_{max} 应根据与其关联的 NPRACH 覆盖等级来进行适配。对于 USS，R_{max} 可以进行优化，以服务于所连接设备的覆盖范围。注意一个限制，即搜索周期必须大于四个子帧，即 $T > 4$。

在一个搜索周期内，设备需要监测的子帧数为 R_{max}，定义的搜索空间候选数也要基于 R_{max}。注意，在搜索时段内设备需要监测的 R_{max} 子帧数必须排除用于传输 NPBCH、NPSS、NSSS 和 SIB1-NB 的子帧。此外，这些子帧必须是根据 5.3.1.2.1 节中所描述的有效子帧位图的 NB-IoT 子帧。表 5.27 显示了对应不同 R_{max} 值和 NCCE AL 的 USS 候选。

表 5.27　NPDCHH 设备特定搜索空间候选者

R_{max}	R	NCCE 监测 NPDCCH 候选者的索引	
		AL = 1	AL = 2
1	1	{0}, {1}	{0, 1}
2	1	{0}, {1}	{0, 1}
	2	—	{0, 1}
4	1	—	{0, 1}
	2	—	{0, 1}
	4	—	{0, 1}
≥ 8	$R_{max}/8$	—	{0, 1}
	$R_{max}/4$	—	{0, 1}
	$R_{max}/2$	—	{0, 1}
	R_{max}	—	{0, 1}

　　如 5.2.4.5 节所述，附加到 DCI 的 CRC 比特也用于区分不同类型的 DCI 并用于标识 DCI 所指向的设备。这是通过对基于不同的无线网络临时标识符（RNTI）加扰 CRC 位来完成的。表 5.28 列出了 NPDCCH 搜索空间、DCI 格式和 RNTI 的不同组合。

表 5.28　NB-IoT 设备监测的 NPDCHH 搜索空间、RNTI 和 DCI 格式

模式	搜索空间	RNTI	使用场景	DCI 格式
	—	SI-RNTI	系统信息广播	—
	Type-1 公共	P-RNTI	寻呼和 SI 更新通知	N2
	Type-1A 公共	SC-RNTI	SC-PTM 控制信道调度	N2
	Type-2 公共	RA-RNTI	随机接入响应	N1
空闲状态		TC-RNTI、C-RNTI	消息 4 的随机接入竞争解决	N1
		TC-RNTI、C-RNTI	消息 3 传送与重传	N0
	Type-2A 公共	G-RNTI	SC-PTM 业务信道调度	N1
	设备特定	C-RNTI	随机接入顺序	N1
连接状态		C-RNTI	动态 DL 调度	N1
		C-RNTI	动态 UL 调度	N0
		SPS-C-RNTI	半持续性 UL 调度	N0

　　最好用一个具体的例子来描述搜索空间的概念。我们将以一个 USS 的示例来说明已经讨论的搜索空间的所有方面。例如处于某覆盖场景下的设备，该覆盖场景要求以最多 2 次重复发送 NPDCCH。在这种情况下，R_{max} 将设置为 2；进一步假设调度周期配置为八倍于最大重复间隔，即 G 设置为 8；最后，α_{offset} 偏移量选择为 1/8。

　　根据这些参数设置，搜索周期为 $T = R_{max}G = 16$ 个子帧。图 5.56 说明了根据此参考案例的搜索周期。对于此参考示例，起始子帧是，当偏移值设置为 0 时，满足（SFN × 10 + SN）mod $T = 0$ 的子帧。根据本示例，偏移值设置为搜索周期的 1/8，即，起始子帧被移位两个子帧。

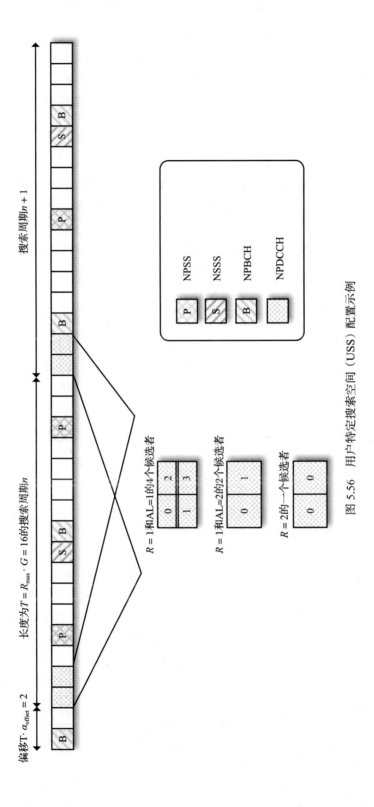

图 5.56 用户特定搜索空间（USS）配置示例

根据表 5.27，在 $R_{max} = 2$ 的情况下，搜索空间可以使用 NPDCCH 重复系数 $R = 1$ 或 2。此外，如表 5.27 所示，对于 $R = 1$，AL 1 可以使用，因此 NCCE0 和 NCCE1（见 5.2.4.5 节中的图 5.19）都可以分别用作搜索空间候选者。对于 AL 2，NCCE0 和 NCCE1 可以一起用作搜索空间候选者。图 5.56 展示了所有搜索空间候选者，包括在一个搜索周期内的以下七个候选集：

- 具有 $R = 1$ 和 AL = 1 的四个候选者。
- 具有 $R = 1$ 和 AL = 2 的两个候选者。
- 具有 $R = 2$ 的一个候选者。

应当注意，设备需要监测一组搜索空间子帧，这些子帧是未被 NPBCH（子帧 #0）、NPSS（子帧 #5）、NSSS（子帧 #9，偶数 SFN）和 SIB1-NB 使用的。

表 5.27 所示的搜索空间候选者在很大程度上也适用于 Type-2 CSS，唯一的区别是 Type-2 CSS 候选者仅基于等于 2 的 AL。此外，Type-2 CSS 和 USS 共享 G，$G \in \{1.5, 2, 4, 8, 16, 32, 48, 64\}$ [11]。考虑到 NPDCCH 的最大重复因子为 2048，Type-2 CSS 和 USS 的搜索周期大小是 $4 < T \leqslant 131\ 072$。

5.3.2.2 调度

在本节中，我们描述上行链路和下行链路传输的调度方式。当网络需要调度设备时，它将使用设备监测的搜索空间候选者之一，发送能寻址到该设备的 DCI。C-RNTI 与 DCI CRC 掩码，用于识别设备。NPDCCH 携带一个 DCI，它包括资源的（在时域和频域中）分配、MCS 和支持 HARQ 操作所需的信息。为了允许低复杂度的设备实现，Release 13 NB-IoT 采用以下调度原则：

- 设备仅需要在下行链路中支持一个 HARQ 进程。
- 设备仅需要在上行链路中支持一个 HARQ 进程。
- 设备无须支持同时传输的上行链路和下行链路的 HARQ 进程。
- 跨子帧调度（即 DCI 和调度的数据传输不会在同一子帧中）并具有宽松的处理时间需求。
- 设备上的半双工操作（即设备上不用同时发送和接收）留出在发送和接收模式之间切换的时间。

3GPP Release 14 引入了在 Cat-NB2 设备的下行链路和上行链路中同时激活两个 HARQ 进程的设备选项；Release 15 引入了 TDD。我们先描述使用 FDD 网络和仅支持 1 个 HARQ 进程的设备的 NB-IoT 基本调度概念。支持两个 HARQ 进程和 TDD 的设备的特定方式，将分别在 5.3.2.2.3 节和 5.3.2.2.4 节中专门阐述。

5.3.2.2.1　上行链路调度

DCI 格式 N0 用于上行链路调度。表 5.29 显示了 DCI 格式 N0 中携带的信息。

表 5.29　用于调度 NPUSCH 格式 1（FDD，一个 HARQ 进程）的 DCI 格式 N0

信息	大小 [bit]	可选配置
DCI 格式 N0/N1 的标志	1	DCI N0 或 DCI N1

（续）

信息	大小 [bit]	可选配置
子载波指示	6	基于子载波索引分配。 3.75 kHz 间隔：{0}, {1}, ···, {47} 15 KHz 间隔： 单音调分配：{0}, {1}, ···, {11} 3 音调分配：{0, 1, 2}, {3, 4, 5}, {6, 7, 8}, {9, 10, 11} 6 音调分配：{0, 1, ···, 5}, {6, 7, ···, 11} 12 音调分配：{0, 1, ···, 11}
NPUSCH 调度延迟	2	8, 16, 32, 64（子帧）
DCI 子帧重复次数	2	表 5.27 中的 R 值
RU 数目	3	1, 2, 3, 4, 5, 6, 8, 10
NPUSCH 重复次数	3	1, 2, 4, 8, 16, 32, 64, 128
MCS	4	0, 1, ···, 13, NPUSCH TBS 表的行索引（见 5.2.5.2 节）
冗余版本	1	0, 2
新数据指示（NDI）	1	为新 TB 转换，不为同样 TB 转换

基于与图 5.56 中相同的 USS 搜索空间配置，图 5.57 给出了一个上行调度的示例。我们将在此重点介绍其中的一些方面，并将它们与表 5.29 中提供的调度信息相关联。

对于上行链路数据传输，在最后一个 DCI 子帧和第一个调度的 NPUSCH 子帧之间需要至少 8 ms 时间间隙的子帧调度。这个时间间隙允许设备解码 DCI、从接收模式切换到传输模式并准备上行链路传输。该时间间隙称为调度延迟，并在 DCI 中指示。设备完成 NPUSCH 传输后，至少有 3 ms 的间隙，以允许设备从传输模式切换到接收模式并准备好监视下一个 NPDCCH 搜索空间候选者。根据此示例，因为它们都在 NPUSCH 传输结束后的 3 ms 间隔之内，设备将跳过两个搜索空间候选者，网络无法使用第 $n + 1$ 搜索周期发送下一个 DCI 到设备。网络调度程序在确定何时将 DCI 发送到设备时，需要遵循此时序关系。

DCI 格式 N0 提供了有关起始子帧以及被调度的 NPUSCH 资源的子帧总数的信息。如前所述，携带 DCI 的最后一个 NPDCCH 子帧和第一个被调度的 NPUSCH 间隙之间的时间间隔在 DCI 中指示出来。但是，设备如何知道哪个子帧是最后一个携带 DCI 的子帧？可以通过在 DCI 中包含 NPDCCH 子帧重复的数目，来解决这个潜在问题。有了此信息，如果设备能够解码使用搜索空间中第一个可用子帧的 DCI，它知道 DCI 将在另一个子帧中重复，然后是最后一个携带 DCI 的子帧。一般来说，利用 NPDCCH 子帧重复次数的信息，如果设备能够解码使用某个搜索空间候选者的任何子帧的 DCI，它就可以明确地确定此特定搜索空间候选者的开始和结束子帧。

调度的 NPUSCH 时隙的总数是由每个重复的 RU 的数量、重复次数和 RU 的长度来共同决定的。RU 的长度由用于 NPUSCH 格式 1 的子载波数目推断而得到（见 5.2.5.2 节）。根据该示例，使用了 12 个子载波，并且 12 音调 NPUSCH 格式 1 的一个 RU 是 1 ms。因此，如图 5.57 所示，通过 2 次重复和每次重复 3 个 RU，总的调度时长为 6 ms。

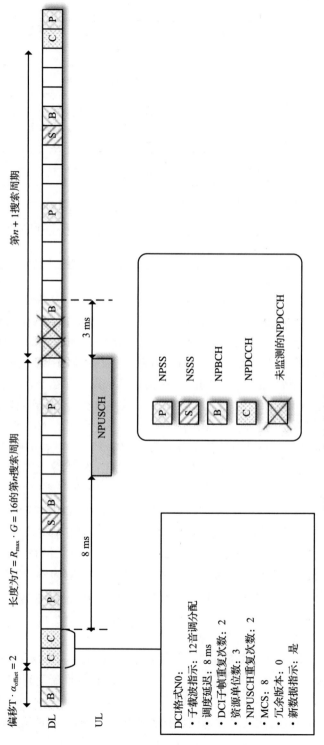

图 5.57 上行链路调度示例（FDD，一个 HARQ 进程）

DCI格式N0：
• 子载波指示：12音调分配
• 调度延迟：8 ms
• DCI子帧重复次数：2
• 资源单位数：3
• NPUSCH重复次数：2
• MCS：8
• 冗余版本：0
• 新数据指示：是

NPUSCH

8 ms

3 ms

P NPSS
S NSSS
B NPBCH
C NPDCCH
⊠ 未监测的NPDCCH

DL

UL

偏移T · a_{offset} = 2

长度为T = R_{max} · G = 16的第m搜索周期

第n + 1搜索周期

根据 MCS 索引确定调制格式，并且基于 MCS 索引、RU 的数量和冗余版本共同确定了编码方案。根据当前示例，使用 MCS 索引 8。参见表 5.30，MCS 索引将被转换为 TBS 索引。因此，MCS 索引 8 映射到 TBS 索引 8，根据表 5.16，该索引与每次重复使用了三个 RU 的信息一起，确定出 TBS 为 392。每个 RU 的数据符号数，由表 5.15 可以确定，在这种情况下为 144 个符号。使用 QPSK 和每次重复三个 RU，则总共有 864 个可用的编码位。综合这些信息：392 位的 TBS、864 位的码字长度和冗余版本 0，使用 LTE 的速率匹配框架，相应的码字就可以得出了，如参考文献 [8] 中所述。

由于 Release 13 仅支持一个 HARQ 进程，因此无须使用信令来通知进程号。对设备来说，它只需要知道是否需要传输相同或新的 TB。使用 DCI 中的新数据指示（NDI）来进行 HARQ 确认。如果 NDI 翻转了，则设备会认为是对先前传输的确认。

表 5.30   NPUSCH 上的 MCS 与 TBS 索引的关系

多音传输													
I_{MCS}	0	1	2	3	4	5	6	7	8	9	10	11	12	13
I_{TBS}	0	1	2	3	4	5	6	7	8	9	10	11	12	13

单音传输											
I_{MCS}	0	1	2	3	4	5	6	7	8	9	10
I_{TBS}	0	2	1	3	4	5	6	7	8	9	10

5.3.2.2.2   下行链路调度

NPDSCH 的调度使用 DCI 格式 N1 通过信令通知，如表 5.31 所示，包括不同信息元素的参数值。下行链路调度的大多数方面与用于上行链路调度的方面相似，尽管精确的参数值不同。例如，跨子帧调度也用于下行链路调度，但最后一个 DCI 子帧与第一个调度的 NPDSCH 子帧之间的最小时间间隔是 4 ms。回想一下上行跨子帧调度的情况，该间隔至少为 8 ms。下行链路情况下的最小间隔较小，表明设备无须在完成接收 DCI 并开始 NPDSCH 接收之间将模式从接收切换为发送。

表 5.31   用于调度 NPDSCH（FDD，一个 HARQ 进程）的 DCI 格式 N1

信息	大小 [bit]	可选配置
DCI 格式 N0/N1 的标志	1	DCI N0, DCI N1
NPDCCH 命令指示	1	是否 DCI 用于 NPDSCH 调度或者 NPDCCH 命令
NPDSCH 的额外时间偏移（处理最小的 4 个子帧间隔）	3	$R_{max} < 128$：0, 4, 8, 12, 16, 32, 64, 128（子帧） $R_{max} \geq 128$：0, 16, 32, 64, 128, 256, 512, 1024（子帧）
DCI 子帧重复次数	2	表 5.27 中的 R 值
每个重复的 NPDSCH 子帧数	3	1, 2, 3, 4, 5, 6, 8, 10
NPDSCH 重复次数	4	1, 2, 4, 8, 16, 32, 64, 128, 192, 256, 384, 512, 768, 1024, 1536, 2048
MCS	4	0, 1, …, 13, NPDSCH TBS 表的行索引（见表 5.9）
NDI	1	为新 TB 转换，不为同样 TB 转换

（续）

信息	大小 [bit]	可选配置
HARQ-ACK 资源	4	15 kHz 子载波间隔： ● 时间偏移：13, 15, 17, 18 ● 子载波索引：0, 1, 2, 3 3.75 kHz 子载波间隔： ● 时间偏移：13, 17 ● 子载波索引：38, 39, 40, 41, 42, 43, 44, 45

这里再次基于一个 NPDSCH 调度的示例来说明，如图 5.58 所示。基于图 5.56 中的同样的 NPDCCH USS 配置示例。首先，DCI 指示没有额外的调度延迟，因此，调度的 NPDSCH 在最后一个载有 DCI 的子帧之后的最小 4 个下行链路子帧的间隔时间后开始传送。DCI 也指示每个 NPDSCH 重复使用一个子帧，并且有两个重复。根据这个信息，设备知道要为其 NPDSCH 接收安排两个子帧。这两个子帧是从 NPDSCH 起始开始的最前面的两个可用的下行链路子帧。这两个可用的子帧是没有被 NPBCH、NPSS、NSSS 或 SIB1-NB 使用的，也未被表示为无效的子帧。如图 5.58 所示，在调度的 NPDSCH 起始点之后的第一个子帧是可用的；但是下两个是用于 NSSS 和 NPBCH 的两个子帧，需要跳过，因此就下行链路调度而言，不被视为下行链路子帧。在 NPBCH 子帧之后，才是下一个可用子帧。

下行和上行调度之间的主要区别在于，下行链路情况下，调度程序还需要调度 NPUSCH 格式 2 资源以用于 HARQ 反馈信令。这个信息在 DCI 中以子载波索引和时间偏移来表示。时间偏移被定义为调度的 NPDSCH 的结束子帧和 NPUSCH 格式 2 的起始时隙之间的偏移。NB-IoT 要求这个时间偏移至少为 13 ms，在 NPDSCH 的结束和 NPUSCH 格式 2 的开始之间至少间隔 12 ms，如图 5.58 所示。这个间隔是为了设备有足够的 NPDSCH 解码时间、从接收切换到传输的时间，以及准备 NPUSCH 格式 2 传输的时间。如 5.2.5.2 节所述，NPUSCH 格式 2 使用单音传输，采用频率为 15 kHz 或 3.75 kHz 的参数集。NPUSCH 格式 2 的 RU 对于 15 kHz 子载波参数集是 2 ms，对于 3.75 kHz 参数集是 8 ms。对于设备是否使用 15 kHz 或 3.75 kHz 参数集来发送 HARQ 反馈信令是通过 RRC 信令来配置的。此外，NPUSCH 格式 2 传输是可以配置多个重复的。但是，此信息不包含在 DCI 中，而是通过高层信令单独发送信号[27]。在图 5.58 中的示例中，设备配置为对 NPUSCH 格式 2 使用四个重复（假设使用 15 kHz 子载波参数集）。

在设备完成 NPUSCH 格式 2 传输后，不需要监测 NPDCCH 搜索空间 3 ms。这是为了使设备从传输模式切换到准备再次接收 NPDCCH。根据图 5.58 中的示例，搜索周期 $n + 2$ 的第一个子帧在 3 ms 间隔内，因此不能用于向设备发送 DCI 信令。紧跟在 NPSS 子帧之后的子帧是另一个 NPDCCH 搜索空间候选者，并且不在 3 ms 间隔内。因此，这个子帧可以用于发送 DCI。

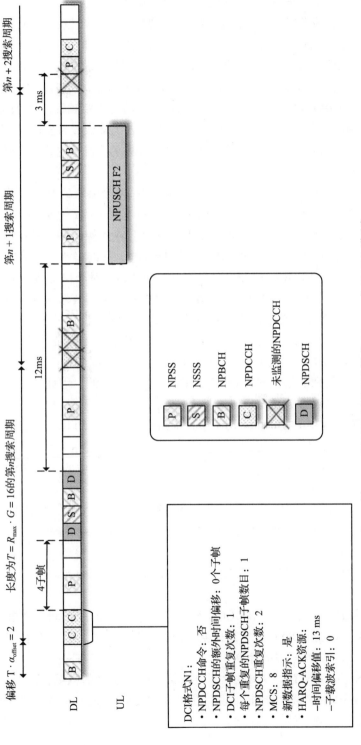

图 5.58　下行链路调度示例（FDD，一个 HARQ 进程）

5.3.2.2.3 支持 2 个 HARQ 进程的 Cat-NB2 设备的调度

对于覆盖条件较差的设备，物理层数据吞吐量受覆盖范围的限制，因为它的 NPDCCH、NPDSCH 和 NPUSCH 都需要较大的重复因子，因此实际传输时间限制了吞吐量。对于覆盖良好的设备，重复因子 1 是足够的，那么它的吞吐量只受调度间隔的限制。如前所述，这用于保证低成本设备的实现。如图 5.57 和 5.58 所示，与 NPDCCH、NPDSCH 或 NPUSCH 所需的实际传输时间相比，完成一个 TB 的传输需要相对较长的时间。尽管 NB-IoT 是专门为较大覆盖范围而设计的，但应注意网络中的大多数设备实际上都处于良好的覆盖范围内。因此，可以期待以提高覆盖范围来增大设备的吞吐量。这就会激励更多功能强大的设备投放市场。

3GPP Release 14 引入了 Cat-NB2 设备，以同时支持两个活跃的 HARQ 进程。该方案允许在两个同时活跃的 HARQ 进程中传输两个 TB。从本质上讲，这减少了多个 TB 传送之间的时间间隔。在图 5.59 中给出了上行链路的示例。在此例中，设备在第 n 个搜索周期的第一 NPDCCH 子帧中接收针对 HARQ 进程 ID#0 的上行链路调度。根据 DCI 中的信息，调度的 NPUSCH 在 NPDCCH 子帧之后的 8 ms 处开始。对于仅支持一个 HARQ 进程的设备，直到最后一个调度的 NPUSCH 子帧之后的 3 ms，不需要对 NPDCCH 进行监测。因此，对于单个 HARQ 进程设备，可以使用第 $n+2$ 个搜索周期中的第一个 NPDCCH 子帧来调度下一个 TB（即图 5.59 所示的最右边的 NPDCCH）。对于支持两个 HARQ 进程的设备，需要监视 NPDCCH 直到已经调度的 NPUSCH 开始前的两个子帧。因此，在该示例中，在第 n 搜索周期的第二 NPDCCH 子帧仍要被设备监测，因此它可以用于调度的 NPUSCH，为了使用 HARQ 进程 ID#1 的另一个 TB。

NPDCCH 监测中的相似处理也适用于下行链路调度。图 5.60 说明了支持 1 个 HARQ 和 2 个 HARQ 的设备之间在 NPDCCH 监测方面的差异。新的时序关系协调了进程间的切换。因而对于每个 HARQ 进程，它的时序关系都与 Release 13 中的一个 HARQ 进程的时序关系相同。

如 5.2.4.5 节所述，对于配置了两个 HARQ 进程的设备，在 DCI 格式 N0 和 N1 中添加了一个位，以指示 HARQ 进程号。在这种情况下，DCI 格式 N0 和 N1 变为 24 位长。

5.3.2.2.4 TDD 调度方法

TDD 小区中的调度方法遵循前面各节中描述的 FDD 小区中的调度方法。区别总结如下：

- 对于 NPDSCH，FDD 中的 NPDCCH 和 NPDSCH 之间的最小间隔是根据下行链路子帧的数量，而在 TDD 中，它是根据子帧数。换句话说，在 TDD 情况下，所有子帧都被用于最小调度间隔的计算。
- 对于 NPUSCH，在 FDD 中调度延迟是根据子帧中子帧的数量，而在 TDD 中，它是根据上行子帧的数量。换句话说，在 TDD 中，下行链路和特殊子帧不计入上行链路调度延迟。

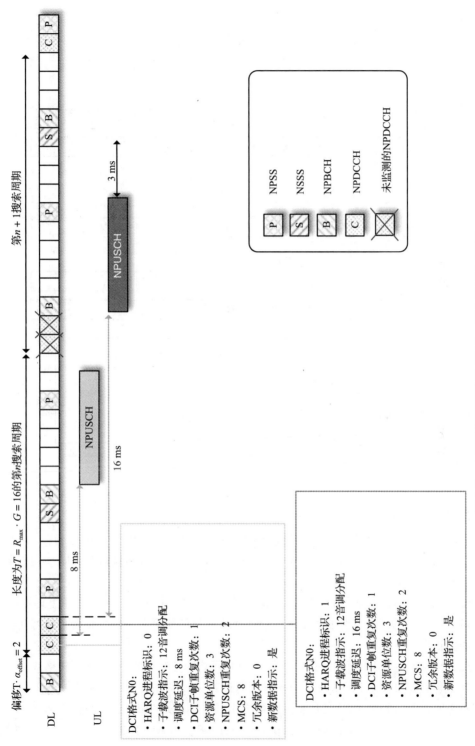

图 5.59　上行链路调度示例（FDD，两个 HARQ 进程）

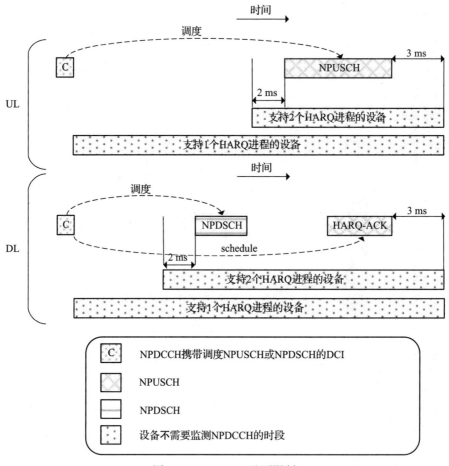

图 5.60 NPDCCH 监测限制

5.3.2.3 功率控制

NB-IoT 支持开环功率控制。不使用闭环功率控制的决定基于以下考虑因素：

- 许多物联网用例的数据会话非常短，因此不适合用于闭环控制机制，闭环控制需要一段时间才能收敛。
- 闭环功率控制需要不断的反馈和测量，而这从设备能耗的角度来看并不是理想的。
- 对于处于极端覆盖情况下的设备，信道质量测量的质量和功率控制命令的可靠性可能会很差。

相反，NB-IoT 使用一组非常简单的规则的开环功率控制。对于 NPUSCH 格式 1 和格式 2，如果重复次数大于 2，则发送功率是配置的最大设备功率 $P_{\max}$。配置的最大设备功率由服务小区设置。如果 NPUSCH 重复次数为 1 或 2，则发射功率由下面公式确定：

$$P_{\mathrm{NPUSCH}} = \max\{P_{\max}, 10 \log_{10}(M) + P_{\mathrm{target}} + \alpha L\} \text{ [dBm]} \tag{5.21}$$

其中 P_{target} 是基站的目标接收功率电平，L 是估计的路径损耗，α 是路径损耗调整因子，M 是与 NPUSCH 波形的带宽有关的参数。带宽相关的调整用于关联目标接收功率电平以保证目标接收 SNR。设备根据其 NPUSCH 传输配置使用 M 值。在表 5.32 中显示了不同 NPUSCH 配置的 M 值。P_{max}、P_{target} 和 α 的值由高层配置信令来提供。

NPRACH 的功率控制遵循相同的一般原则。可能有多种 NPRACH 配置，用于支持不同的覆盖等级。对于这些不同的 NPRACH 配置，NPRACH 前导码重复级别可能有所不同。对于不具有最低重复级别的 NPRACH 前导码，在所有传输中使用配置的最大设备功率 P_{max}。对于具有最低的重复级别的 NPRACH 前导码，根据以下公式确定发送功率。

$$P_{NPRACH} = \max\{P_{max}, P_{target} + L\} \text{ (dBm)} \tag{5.22}$$

其中，P_{target} 是目标 NPRACH 接收功率电平，由较高的层来指示[27]。如果设备没有收到响应并且未使用配置的最大设备功率，它可以在随后的随机接入尝试中提高目标 NPRACH 接收功率电平，直到达到最大的配置设备功率。这被称为功率提升。

表 5.32　开环功率控制中的带宽调整因子

NPUSCH 配置	NPUSCH 带宽 [kHz]	M
单音调，3.75 kHz 子载波间隔	3.75	1/4
单音调，15 kHz 子载波间隔	15	1
3 音调，15 kHz 子载波间隔	45	3
6 音调，15 kHz 子载波间隔	90	6
12 音调，15 kHz 子载波间隔	180	12

5.3.2.3.1　用于发送随机接入前导码的增强型功率控制

如前所述，对于不具有最低重复级别的 NPRACH 前导码，所有传输均使用最大配置的设备功率 P_{max}。在覆盖扩展范围内，如果设备使用较高的重复级别来发送 NPRACH 前导码，则此简单规则还是有意义的。

但是，NB-IoT 允许在随机接入过程中实现 CE 级的提升。有此功能，设备在已达到为最低覆盖范围配置的 NPRACH 前导码的最大尝试次数和最大发射功率后，设备可以切换到为更高覆盖等级配置的 NPRACH 前导码。采用 CE 级提升的原因之一很可能是覆盖范围的情况比最初估计的还要差。但是，CE 级提升的另一个可能原因是在高网络负载期间发生 NPRACH 冲突。在这种情况下，允许设备传输为在其配置的最大功率下具有更高的覆盖范围级别的 NPRACH 前导码，无法解决碰撞问题。更糟糕的是，它可能会导致显著增加小区间干扰。为了解决这个问题，增强型随机接入功率控制在 3GPP Release 14 中被引入。对于支持增强型随机接入功率控制的设备，根据式（5.22）进行开环功率控制，而当随机接入过程从 CE 级别 0 或 1 开始时，功率提升用于 NPRACH 前导码。程序从 CE 级别 2 开始，仍然应用配置的最大发送功率。

5.3.2.3.2　功率余量

设备可以在消息 3（5.3.1.6 节中所述的）的上行链路传输中包含功率余量（PHR）报告。PHR 报告指出了设备配置的最大发送功率电平及其估计的 NPUSCH 格式 1 所需的发送功率电平的区别，这里估计的发送功率电平是采用标称的 NPUSCH 带宽和覆盖范围，对应式（5.21）中 $P_{target} + \alpha L$ 项的。有关 PHR 的信息有助于基站调度程序调整计划的带宽以及设备的 MCS。当设备具有正 PHR 时，它受益于更高的带宽分配和更高的 MCS。在 3GPP Release 13 中，PHR 被量化为 4 个级别，并包含在名为 DPR（数据量状态和功率余量报告）的 MAC 控制元素中。然而，4 级量化导致粒度太大，并留有进一步增强的空间。3GPP Release 15 引入了增强的 PHR，以使设备能够采用 16 级量化报告其功率余量，可以提供更精细的粒度和更详细的信息使基站调度程序进行优化调度决策。

5.3.2.4　连接模式中的随机接入

基站可以通过使用 DCI 格式 N1 发送 NPDCCH 指令，来要求设备在连接模式下发送 NPRACH 前导码。这个流程使基站和设备重新获取上行链路时间对齐。在这种情况下，设备发送 NPRACH 前导码的准确资源在 DCI 中指示。因此，前导码不会发生碰撞。表 5.33 列出了 NPDCCH 指令中包括的信息。

表 5.33　NPDCCH 指令的 DCI 格式 N1 信息

信息	大小 [bit]	可选设置
DCI 格式 N0/N1 标志	1	DCI N0 或 DCI N1
NPDCCH 指令指示	1	DCI 是否用于 NPDCCH 指令或其他目的
前导码格式指示	1	此位只在 3GPP Release 15 引入的新 NPRACH 格式 2 中使用，用于指示是否设备使用格式 2
NPRACH 配置	2	使用哪个 NPRACH 配置，如 5.2.5.4 节所述，每个配置相关于覆盖等级并有特定的重复因子
子载波指示	格式 0 和 1: 6 格式 2: 8	NPRACH 格式 0 和 1 使用子载波间隔 3.75kHz，子载波索引取值为：0, 1, ···, 47。 格式 2 使用 1.25kHz 子载波间隔，子载波索引取值为：0, 1, ···, 143
载波指示	4	使用哪个 NB-IoT 载波

5.3.2.5　调度请求

由于 NB-IoT 最初设计的目标场景是，设备很少发送或接收数据且数据量很小的情况。因此在连接状态下，没有提供调度请求的配置功能。来自设备的调度请求只能遵循随机接入过程，并在随机接入过程中的消息 3 中包含数据量状态报告。为了增加 NB-IoT 的多功能性并在它可以满足的情况下扩大其用途，更好地支持长数据连接会话已经成为人们的关注点。如果一个数据会话时间较长，则设备在连接模式期间可能会有突发数据到达。期待设备能够发送其数据量状态报告而无须再触发一个新的随机接入过程。

3GPP Release 15 引入了一些支持调度请求的传输选项。第一个选项允许处于连接模式的设备通过周期性 NPUSCH F1 资源以缓冲区状态报告的形式发送调度请求。这样的周期性 NPUSCH 资源可通过 NPDCCH 动态信令的方式来激活和停用。第二个选项允许设备通过在 Release 13 NPUSCH F2 波形上应用覆盖码以修改其 NPUSCH F2 的传输。覆盖码的存在用来指示对基站有一个调度请求。另一个选项是设备使用为设备预先配置的 NPRACH 传输发送调度请求。

5.3.2.6　定位

获取设备定位的能力是非常有吸引力的，因为它可以开辟新业务商机：如人员和货物跟踪等。如今，此类服务与基于 GPS 的解决方案相关联，但是由于低成本对于 IoT 设备非常重要，因此希望使用 NB-IoT 蜂窝技术能够支持定位。这有利于促进用于无线连接和定位服务的低成本基于单个芯片的设备的发展。另外，尽管基于 GPS 的解决方案在户外可以很好地工作，但是在室内由于 GPS 覆盖范围有限，它们可能在确定设备位置方面有局限性。

设计用于设备定位的第一个解决方案是增强小区标识，它基本上是由确定设备和基站之间往返时间的估算 TA 来实现，它可以转换为基站与设备之间的距离，与仅根据服务小区的标识对设备进行的定位相比，它改善了定位。图 A.42 说明了增强型小区标识的定位精度以及由设备和基站同步精度带来的影响。

NB-IoT 的第二种解决方案是观测到达时间差（OTDOA）。它是基于在一组设备周围的时间同步基站的下行 NPRS 来测量 ToA。设备报告窄带定位 RSTD 到定位服务器。每个 RSTD 允许定位服务器确定设备在以发射 NPRS 的基站为中心的双曲线中的位置。如果报告了三个或更多基站之间的 RSTD，则定位服务器将能够确定多个双曲线并将设备的位置固定到双曲线的交点。图 5.61 说明了这一点，RSTD 测量的准确性由双曲线的宽度来决定。高定时精度和使用多个双曲线的定位基站会产生更好的定位估算。

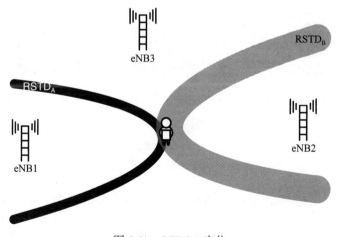

图 5.61　OTDOA 定位

5.3.2.7 多载波操作

为了支持海量设备，从它的第一个版本，NB-IoT 就包括多载波功能。除了承载同步和广播信道的锚点载波，可以提供一个或多个非锚点载波。锚点和非锚点载波的概念在 5.2.1.1 节里介绍了。

由于非锚点载波不承载 NPBCH、NPSS、NSSS 和 SI，因此，Release 13 的设备在空闲模式驻留在锚点载波上，监测锚点上的寻呼消息。当设备需要从空闲模式切换到连接模式时，随机接入过程也发生在锚点载波上。网络可以使用 RRC 配置向设备指定非锚点载波。将有关非锚点载波的基本信息使用专用信令通知到设备。在连接模式的剩余时段内，USS 监测以及 NPDSCH 和 NPUSCH 的活动都分配在非锚点载波上。设备完成数据会话后，它将重新驻留在空闲模式下的锚点载波。

3GPP Release 14 增强了非锚点载波的操作，允许设备监测寻呼，启动随机接入以及监测非锚点载波上的 RAR。有关更多在非锚点载波上系统接入的详细信息在 5.3.1.10 节里说明。设备也可以在非锚点载波上接收小区多播。可以配置最多 15 个下行和上行非锚点载波。

非锚点载波可以被分配用于适应 NB-IoT 的流量负载。许多物联网用例会产生高度延迟容忍的流量。这样的流量可以在网络中的非高峰期传递。当宽带和无线网络负载很大时，多载波功能可以正常保留无线资源，而当宽带或语音服务语音流量低时，用于 NB-IoT 业务传输。例如，在深夜，许多 LTE PRB 可能会被配置给非锚点 NB-IoT 载波，服务于 IoT 流量。另外，网络也可以利用多载波功能在深夜向大规模数量的设备推送固件升级。一个在宽带和语音流量的非高峰时段以非锚点 NB-IoT 载波替换 LTE PRB 的示例如图 5.62 所示。

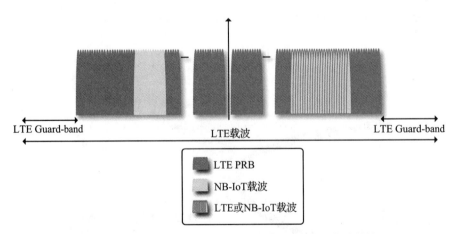

图 5.62   在宽带和语音流量的非高峰时段以非锚点 NB-IoT 载波替换 LTE PRB

在 3GPP Release 13 和 14 中，Stand-alone 锚点载波不能和 In-band 或 Guard-band 非

锚点载波一起配置。同样，Stand-alone 非锚载波不能与 In-band 或 Guard-band 锚点载波一起配置。这个限制在 3GPP Release 15 中被取消了。

5.4　NR 与 NB-IoT 共存

在 3GPP Release 15 中，引入了一种称为 NR 的新无线接入技术。NR 提供了在移动宽带和超可靠低时延通信服务方面的性能优势、更大的部署灵活性以及比 LTE 更高的能效。NR 也有出色的可扩展性使其适合部署在更高的频段，例如有更高频谱可用性的毫米波段。由于 NR 的这些优势，它吸引了现有和新运营商的广泛兴趣。网络从 LTE 到 NR 的真正演进已于 2019 年从美国运营商率先开始。2.4 节介绍了 NR，感兴趣的读者可以参考文献 [28] 中关于 NR 的详细描述。

尽管 NR 的目标在于增强移动宽带和超可靠低时延通信服务的性能，它并非设计用于低功率广域物联网用例。一个主要原因是这些用例已经能够通过现有 3GPP 技术（如 LTE-M 和 NB-IoT）来解决。因此，即使在 LTE 迁移到 NR 后，LTE-M 和 NB-IoT 网络将继续为低功率广域 IoT 用例提供服务。实际上，正如 6.9 节中详细讨论的那样，NB-IoT 可以完全满足国际电信联盟 IMT-2020 和 3GPP 第五代（5G）对大型 MTC 的要求，因此是 5G 无线接入技术的组成部分。所以，重要的是要确保 NB-IoT 与其他 5G 无线接入技术部分的共存。在本节中，我们将介绍这两个重要的 5G 技术部分 NR 和 NB-IoT 的共存。

NB-IoT 定义在 LTE 频段 1、2、3、4、5、8、11、12、13、14、17、18、19、20、21、25、26、28、31，41、66、70、71、72、73、74 和 85（有关这些频段的频率范围，请参见 5.2.2.1 节）。这些频段中的许多频段也定义在 NR [29]。表 5.34 列出了 3GPP Release 15 中为 NR 和 NB-IoT 定义的所有频段。因此，这些频段都可用于部署 NR 和 NB-IoT。值得一提的是，在所有这些频段中，NR 可以使用 15 kHz、30 kHz 或 60 kHz 子载波间隔，并且在这些频段中运行的 NR 设备需要支持 15 kHz 和 30 kHz 子载波间隔。

表 5.34　NR 和 NB-IoT 定义的频段

频段	双工模式	上行频率 [MHz]	下行频率 [MHz]	15kHz 子载波间隔的 NR 信道带宽 [MHz]	NR 信道栅格 [kHz]
1	FDD	1920 ～ 1980	2110 ～ 2170	5, 10, 15, 20	100
2	FDD	1850 ～ 1910	1930 ～ 1990	5, 10, 15, 20	100
3	FDD	1710 ～ 1785	1805 ～ 1880	5, 10, 15, 20, 25, 30	100
5	FDD	824 ～ 849	869 ～ 894	5, 10, 15, 20	100
8	FDD	880 ～ 915	925 ～ 960	5, 10, 15, 20	100
12	FDD	699 ～ 716	729 ～ 746	5, 10, 15	100

（续）

频段	双工模式	上行频率 [MHz]	下行频率 [MHz]	15kHz 子载波间隔的 NR 信道带宽 [MHz]	NR 信道栅格 [kHz]
20	FDD	832 ～ 862	791 ～ 821	5, 10, 15, 20	100
25	FDD	1850 ～ 1915	1930 ～ 1995	5, 10, 15, 20	100
28	FDD	703 ～ 748	758 ～ 803	5, 10, 15, 20	100
41	TDD	2496 ～ 2690	2496 ～ 2690	10, 15, 20, 40, 50	15 或 30
66	FDD	1710 ～ 1780	2110 ～ 2200	5, 10, 15, 20, 40	100
70	FDD	1695 ～ 1710	1995 ～ 2020	5, 10, 15, 20, 25	100
71	FDD	636 ～ 698	617 ～ 652	5, 10, 15, 20	100
74	FDD	1427 ～ 1470	1475 ～ 1518	5, 10, 15, 20	100

在同一频段中部署 NR 和 NB-IoT 有很多选项。我们将在下面的节中描述这些选项。但在此之前，值得先描述一下某些重要方面。显然，这种部署需要满足以下条件：

- NB-IoT 老式设备可以在不知道任何 NR 特定信息的情况下运行。
- NR 设备可以运行，无论是否在网络同一频段中部署了 NB-IoT 载波。
- NR 和 NB-IoT 之间的相互干扰最小，因此如果将 NB-IoT 部署在同一频段中，则对 NR 和 NB-IoT 的性能影响可忽略不计。

为了满足第一个目标，一个基本条件是 NB-IoT 设备可以在初始小区选择过程中识别出 NB-IoT 小区（见 5.3.1.1 节）。因此，NB-IoT 的锚点载波需要根据 100 kHz 信道栅格放置（见 5.2.1.1 节），即中心频率必须为 $100N_{NR}$ kHz，其中 N_{NR} 为整数。如 5.2.1.1 节所述，在 In-band 或 Guard-band 部署情况下存在栅格偏移，并且偏移量为 2.5 kHz、–2.5 kHz、7.5 kHz 或 –7.5 kHz。此外，由于 NPSS、NSSS 和 NPBCH 是设备在小区搜索期间使用的信号，需要保留它们。

同样，为了满足第二个目标，需要根据表 5.34 中的 NR 信道栅格放置 NR 载波。在大多数情况下，NR 信道栅格为 100 kHz。在 NR 和 NB-IoT 之间信道栅格位置有一个重要的区别，如图 5.63 所示。在 NB-IoT 的情况下，信道栅格指向载波的中心，在两个子载波之间的中间（即 7.5 kHz）。但是 NR 信道栅格指向靠近载波中间的子载波。如图 5.63 所示，对于具有 N 个资源块的 NR 载波，有 12 N 个子载波；将所有子载波编号为从 0 索引到 12N–1，信道栅格映射到子载波 6N[29]。

最后，第三个目标表明，如果 NR 载波配置为 15 kHz 子载波间隔，希望在同一子载波栅格上的 NR 和 NB-IoT 子载波对齐，并且 NR 子载波和 NB-IoT 子载波之间的频率相差 15 kHz 的整数倍。这样，如果 NR 和 NB-IoT 网络是同步的，NR 子载波和 NB-IoT 子载波将相互正交。如果 NR 载波配置的子载波间隔不是 15 kHz，则在 NR 和 NB-IoT 之间需要一个保护频段来确保最小的子载波间干扰。

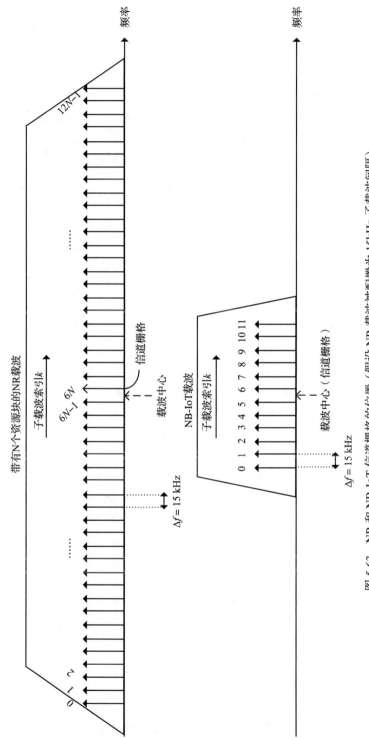

图 5.63　NR 和 NB-IoT 信道栅格的位置（假设 NR 载波被配置为 15kHz 子载波间隔）

在进一步阐述之前，还需要阐明一些重要术语。如 5.1.2.5 节中所述，为 NB-IoT 定义了三种运行模式：Stand-alone、In-band 和 Guard-band 运行模式。这些术语是在 Release 13 中引入的，以描述部署 NB-IoT 载波与 LTE 载波的关系。但从长远看，当运营商将 LTE 频谱重耕并用于 NR 部署时，NB-IoT 继续还在使用中。因为 LTE 载波可能不再存在了，NB-IoT 运行模式失去了相关联的 LTE 载波。这时 NB-IoT 运行模式在没有 LTE 载波时仍然有意义吗？答案是肯定的，并且有趣的是，这三种运行模式提供的部署灵活性仍然是 NR 和 NB-IoT 共存的有用工具。对于 NB-IoT 设备，NB-IoT 运行模式表示：

- Stand-alone 运行模式：NB-IoT 载波中心正好在 100 kHz 信道栅格上。NB-IoT 子帧中的所有 RE 对于 NB-IoT 物理层信道或信令均可用。
- Guard-band 运行模式：NB-IoT 载波中心并非正好位于 100 kHz 信道栅格处。栅格偏移为 –2.5 kHz、+2.5 kHz、–7.5 kHz 或 +7.5 kHz。确切的栅格偏移在 MIB-NB 中通过信令发出。NB-IoT 子帧中的所有 RE 对于 NB-IoT 物理层信道或信令均可用。
- In-band 运行模式：NB-IoT 载波中心并非正好位于 100 kHz 信道栅格处。栅格偏移为 –2.5 kHz、+2.5 kHz、–7.5 kHz 或 +7.5 kHz。确切的栅格偏移在 MIB-NB 中通过信令发出。并非 NB-IoT 子帧中的所有 RE 都可用于 NB-IoT 物理信道或信令，应该是某些 RE 被 LTE CRS 和 PDCCH 所占用。有关 LTE 占用哪些 RE 的信息，请从 MIB-NB 和 SIB1-NB 中获取。尽管没有 LTE 载波，但只要设备是连接状态，这些资源就不适用于 NB-IoT。

因此，以下节中提到的 NB-IoT 运行模式可以被认为是 NB-IoT 设备有关信道栅格位置和 NB-IoT 子帧中资源元素的分配。这与已被 NR 载波取代的传统 LTE 载波和 NB-IoT 载波之间的关系无关，也与 NB-IoT 载波和新的 NR 载波之间的关系无关。

5.4.1 NR 和 NB-IoT 为相邻载波

将 NR 和 NB-IoT 载波部署为相邻载波是最直接的选项，如图 5.64 所示。取决于 NR 载波的子载波配置和两个载波之间是否存在紧密同步，保护频段要以确保相互干扰最小而相应地确定宽度。在特殊情况下，NR 和 NB-IoT 载波是同步的，并且 NR 载波配置为 15 kHz 子载波间隔，可以在 NR 和 NB-IoT 之间实现正交性而不需要保护频段。如前所述，NR 信道栅格被映射到子载波。使用 100 kHz NR 信道栅格，NR 子载波的频率（以 kHz 为单位）为：

$$f_{\text{NR}}(i) = 100N_{\text{NR}} + 15(i - 6N) \tag{5.23}$$

其中 N_{NR} 是一个整数，它指定 NR 信道栅格的位置，i 是 NR 子载波索引。如图 5.63 所示，频率为 $100N_{\text{NR}}$ 的信道栅格映射到的子载波索引为 $6N$。相比之下，NB-IoT 信道栅格映射到中间两个子载波之间的中点，因此 NB-IoT 子载波的频率为：

$$f_{\text{NB-IoT}}(j) = 100N_{\text{NB-IoT}} + 15(j - 5.5) \tag{5.24}$$

其中 $N_{\text{NB-IoT}}$ 是一个整数，用于指定 NB-IoT 信道栅格的位置，j 是子载波索引，$j = 0, 1, \cdots, 11$；并且信道栅格被映射到子载波 5 和 6 之间的中点，如图 5.63 所示。

由式（5.23）和式（5.24）可以看出，由于 NR 以及 NB-IoT 的子载波网格之间存在 7.5 kHz

的额外偏移，NR 和 NB-IoT 之间的完美子载波对齐是无法实现的。这个可以通过使用 NB-IoT 的栅格偏移量来解决。令 f_{offset} 为 NB-IoT 的栅格偏移，那么则 NB-IoT 子载波 j 的频率变为

$$f_{\text{NB-IoT}}(j) = 100N_{\text{NB-IoT}} + 15(j - 5.5) + f_{\text{offset}} \qquad （5.25）$$

可以很容易地证明：用 $f_{\text{offset}} \in \{\pm 2.5, \pm 7.5\}\text{kHz}$，NR 和 NB-IoT 的子载波网格可以对齐，即存在 N_{NR} 和 $N_{\text{NB-IoT}}$，使频率 $f_{\text{NR}}(i)$ 和 $f_{\text{NB-IoT}}(j)$ 相差 15 kHz 的整数倍，因此可以确保在 NR 和 NB-IoT 之间子载波的正交性。

因此，如果将图 5.64 中的 NB-IoT 载波配置为 Guard-band 或 In-band 运行模式，在栅格偏移为 –2.5 kHz、2.5 kHz、–7.5 kHz 或 7.5 kHz 的模式下，如果选择了适当的 $N_{\text{NB-IoT}}$，其子载波将与 NR 载波位于同一子载波网格上。在这种情况下可以实现 NR 和 NB-IoT 子载波之间的正交性。

这种方法的一个主要优点是：图 5.64 中的载波间保护频段可能根本不需要。显然，在两种 NB-IoT 运行模式（Guard-band 和 In-band）中，Guard-band 更被推荐使用；因为在这种场景下 NB-IoT 子帧中的所有 RE 都可用于 NB-IoT 的物理信道或信号。

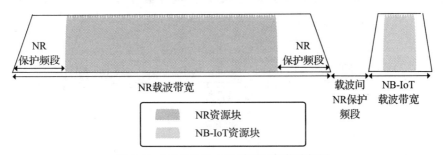

图 5.64　NR 和 NB-IoT 采用相邻载波部署

5.4.2　NB-IoT 在 NR 的保护频段内

如 5.4.1 节所述，存在一种解决方案，可以保持 NR 和 NB-IoT 子载波之间的正交性。实际上，这使得在 NR 载波的保护带中部署 NB-IoT 载波成为可能，如图 5.65 所示。NR 载波的保护带与 LTE 载波相比更小。尽管如此，仍然有可能容纳一个 NB-IoT 载波。表 5.35 显示了 NR 载波（15 kHz 子载波间隔和低于 6 GHz 的频率）的最小保护频段。从中可以看出，在所有情况下保护频段足够容纳下 NB-IoT 载波。

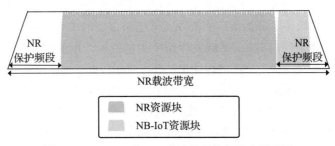

图 5.65　NB-IoT 在 NR 载波的保护频段中的部署

表 5.35   6 GHz 以下 NR 载波的最小保护频段（15 kHz 子载波间隔）

NR 载波带宽 [MHz]	5	10	15	20	25	30	40	50
保护频段 [kHz]	242.5	312.5	382.5	452.2	522.5	592.5	552.5	692.5

此部署选项的一个重要方面是 NR 无用的发射要求，在大多数情况下，这将限制 NB-IoT 载波的功率电平。

和 5.4.1 节中讨论的相邻载波方案一样，在这种情况下，也是首选将 NB-IoT 载波配置为 Guard-band 运行模式，因为这样 NB-IoT 载波上的所有 RE 都可用于 NB-IoT 设备。

5.4.3   NR 资源块内部署 NB-IoT

另一个部署选项是在一个 NR 载波内使用 NR 资源块（RB）来部署 NB-IoT，如图 5.66 所示。类似于在 5.4.2 节中描述的 NR 保护频段选项，必须使用 NB-IoT In-band 和 Guard-band 运行模式的栅格偏移，来将 NB-IoT 子载波与 NR 子载波对齐以实现子载波的正交性。

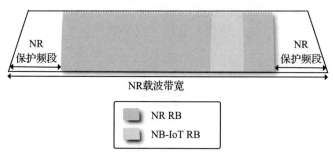

图 5.66   NB-IoT 在 NR 载波的 NR 资源块中的部署

与 5.4.2 节中描述的 NR 保护频带选项相比，因为 NB-IoT 载波远离载波边缘，此选项可以提高 NB-IoT 传输功率电平。因此其功率电平对实现 NR 无用的发射要求（见 4.6 节中的文献 [29]）的影响较小。但是，此选项需要共享 NR 和 NB-IoT 之间的无线资源。共享可以采用半静态配置。NR 具有称为保留资源的功能，用于确保前向兼容性。可以将 NR PDSCH 时频资源声明为保留资源，而不能用于 NR 设备。NR 保留资源配置可以通过使用频域位图和时域位图来完成，如图 5.67 所示。频域位图以资源块的粒度，可以将每个资源块分别表示为保留或不保留。时域位图以 OFDM 符号的粒度，可以分别表示为保留还是不保留。当频域和时域位图都指示一个资源元素已被保留时，它将不会用于 NR 设备。因此，网络可以简单地声明由 NB-IoT 载波保留使用的资源，以使用一个或多个 NR 资源块来部署 NB-IoT。NR 设备要对声明的保留 RE 进行速率匹配。

由于 NB-IoT 的栅格偏移要求以及图 5.63 中所示的 NR 和 NB-IoT 信道栅格的不同映射，在 NR 载波中部署时，NB-IoT 锚点载波可能与一个或两个 NR 资源块重叠，具体取决于两者之间是否资源块对齐。当 NB-IoT 载波与两个 NR 资源块重叠时，需要配置频域位图来保留两个 NR 资源块。有关资源块对齐的详细分析可以参考文献 [30]，它表明可以实现在 NB-IoT 锚点载波和 NR 资源块之间的资源块对齐。

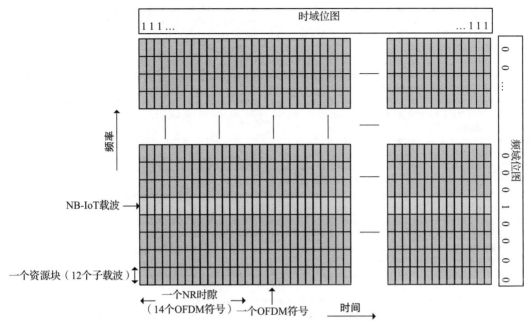

图 5.67   NB-IoT 部署在 NR 载波的 NR 资源块时的 NR 保留资源配置

参考文献

[1] LoRa Alliance. LoRaWAN R1.0 open standard released for the IoT, 2015 [Online]. Available from: https://www.businesswire.com/news/home/20150616006550/en/LoRaWAN-R1.0-Open-Standard-Released-IoT.

[2] Third Generation Partnership Project, Technical Report 45.820, v13.0.0. Cellular system support for ultra-low complexity and low throughput Internet of Things, 2016.

[3] 3GPP News. Standardization of NB-IOT completed, 2016 [Online]. Available from: http://www.3gpp.org/news-events/3gpp-news/1785-nb_iot_complete.

[4] Third Generation Partnership Project, Technical Report 37.910, v1.1.0. Study on self evaluation towards IMT-2020 submission, December 2018.

[5] GSMA. NB-IoT deployment guide to basic feature set requirements. Available from: https://www.gsma.com/iot/wp-content/uploads/2019/07/201906-GSMA-NB-IoT-Deployment-Guide-v3.pdf, June 2019.

[6] Global Mobile Suppliers Association. NB-IoT and LTE-M: global market status, August 2018.

[7] Persistence Market Research. NB-IoT chipset market to expand at a steady CAGR of 40.8% by 2028, February 2019. Available from: https://www.prnewswire.com/news-releases/nb-iot-chipset-market-to-expand-at-a-steady-cagr-of-40-8-by-2028-persistence-market-research-300800261.html.

[8] Third Generation Partnership Project, Technical Specification 36.212, v15.3.0. Evolved universal terrestrial radio access (E-UTRA) and evolved universal terrestrial radio access network (E-UTRAN); multiplexing and channel coding, 2018.

[9] Third Generation Partnership Project, Technical Specification 24.301, v15.5.0. Technical specification group core network and terminals; non-access-stratum (NAS) protocol for evolved packet system (EPS), 2018.

[10] Third Generation Partnership Project, Technical Specification 36.413, v15.4.0. Technical specification group radio access network; evolved universal terrestrial radio access network (E-UTRAN); S1 application protocol (S1AP), 2018.

[11] Third Generation Partnership Project, Technical Specification 36.331, v15.3.0. Evolved universal terrestrial radio

access (E-UTRA) and evolved universal terrestrial radio access network (E-UTRAN); radio resource control (RRC); protocol specification, 2018.

[12] C. E. Shannon. Communication in the presence of noise. Proc. Inst. Radio Eng., 1949, Vol. 37, No. 1, 10−21.

[13] Third Generation Partnership Project, Technical Specification 37.104, v13.3.0. Group radio access network; E-UTRA, UTRA and GSM/EDGE; multi-standard radio (MSR) base station (BS) radio transmission and reception (release 13), 2016.

[14] E. Dahlman, S. Parkvall, J. Sköld. 4G: LTE/LTE-Advanced for mobile broadband. Oxford: Academic Press, 2011.

[15] Third Generation Partnership Project, Technical Specification 36.104, v15.5.0. Evolved universal terrestrial radio access (E-UTRA); base station (BS) radio transmission and reception, 2018.

[16] Third Generation Partnership Project, Technical Specification 36.211, v15.4.0. Evolved universal terrestrial radio access (E-UTRA) and evolved universal terrestrial radio access network (E-UTRAN); physical channels and modulation, 2018.

[17] S.M. Alamouti. A simple transmit diversity technique for wireless communications. IEEE J. Select. Areas Commun, October 1998, Vol. 16, No. 8, 1451−8.

[18] H. Bölcskei, A. J. Paulraj. Space−frequency coded broadband OFDM systems. Proc. IEEE Wireless Commun. Netw. Conf., Chicago, IL, USA, September 2000.

[19] Third Generation Partnership Project, Technical Specification 36.355, v15.2.0. Evolved universal terrestrial radio access (E-UTRA); LTE positioning protocol (LPP), 2018.

[20] Third Generation Partnership Project, Technical Specification 36.455, v15.2.0. Evolved universal terrestrial radio access (E-UTRA); LTE positioning protocol a (LPPa), 2019.

[21] Ericsson. R1-160094, NB-IoT − design considerations for Zadoff-Chu sequences based NB-PRACH, 3GPP TSG RAN1 Meeting NB-IoT#1, 2016.

[22] M. P. Latter, L. P. Linde. Constant envelope filtering of complex spreading sequences. Electron. Lett, August 1995, Vol. 31, No. 17, 1406−7.

[23] Ericsson. R1-1719368, NPRACH range enhancements for NB-IoT, 3GPP TSG RAN1 Meeting #91, 2017.

[24] Qualcomm. R1-161981, NB-PSS and NB-SSS design, 3GPP TSG RAN1 meeting NB-IoT#2, 2016.

[25] Third Generation Partnership Project, Technical Specification 36.304, v15.2.0. Evolved universal terrestrial radio access (E-UTRA) and evolved universal terrestrial radio access network (E-UTRAN); user equipment (UE) procedures in idle mode, 2018.

[26] Third Generation Partnership Project, Technical Report 37.868, v11.0.0. Study on RAN improvements for machine-type communications, 2011.

[27] Third Generation Partnership Project, Technical Specification 36.213, v15.3.0. Evolved universal terrestrial radio access (E-UTRA) and evolved universal terrestrial radio access network (E-UTRAN); physical layer procedures, 2018.

[28] E. Dahlman, S. Parkvall, J. Sköld. 5G NR: the next generation wireless access technology. Oxford: Academic Press, 2018.

[29] Third Generation Partnership Project, Technical Specification 38.104, v15.3.0. New radio (NR); base station (BS) radio transmission and reception, 2018.

[30] M. Mozaffari, Y.-P. E. Wang, O. Liberg, J. Bergman."Flexible and efficient deployment of NB-IoT and LTE-MTC in coexistence with 5G new radio," In Proc. IEEE Int. Conf. on Computer Commun., Paris, France, 29 April−2 May, 2019.

第 6 章

NB-IoT 性能

摘　要

　　本章介绍窄带物联网（NB-IoT）在覆盖范围、数据速率、时延、电池寿命、连接密度和定位精度等方面的性能。对于 NB-IoT 的三种运行模式，所有这些性能都不同。因此，在大多数情况下，每个 NB-IoT 运行模式的性能是分别阐述的。结果表明，NB-IoT 的三种运行模式均达到了第三代合作伙伴计划（3GPP）为蜂窝物联网确定的性能目标。它进一步显示 NB-IoT Release 15 实现了国际电信联盟和 3GPP 第五代（5G）对大规模机器类通信的性能要求。

6.1　性能目标

　　在 3GPP Release 13（2016）中，窄带物联网（NB-IoT）与 EC-GSM-IoT 具有相同的性能目标，包括覆盖范围、最小数据速率、服务时延、设备电池寿命、系统容量和设备复杂性，见 B.1 节中介绍。NB-IoT Release 15（2018）进一步实现了国际电信联盟（ITU）和 3GPP 第五代（5G）对大规模机器类通信（mMTC）的性能要求。另外，如 5.1 节所述，NB-IoT 还要具有部署灵活性，包括：

- Stand-alone 模式，用于重耕 GSM 频谱的 400 kHz 带宽部署，使一个 NB-IoT 载波加上 100 kHz 保护频段可以与周围的 GSM 载波相容。
- 使用长期演进（LTE）物理资源块（PRB）进行 In-band 模式的部署。
- Guard-band 模式，用于使用 LTE 载波的保护频段进行部署。这种运行模式也适用于新空口（NR）载波的操作，见 5.4 节所述。

　　在本章中，我们将介绍这三种运行模式的 NB-IoT 性能。

　　这里将讨论实现 164 dB 的最大耦合损耗（MCL）电平的性能目标，它与 GSM/GPRS 相比有 20 dB 的覆盖增强（CE），并且符合 3GPP 5G 的覆盖要求。此外，本章还讨论以下方面：

- 良好覆盖范围下设备的最佳可实现性能。这是由技术本身决定的。
- 正常覆盖范围下设备的性能，例如，对应于 GSM/GPRS 的 MCL，来自基站的耦合损耗在 144 dB 以内。
- 扩展覆盖范围下设备的中等性能要求，即相比于 GSM/GPRS，有 10 dB 的 CE。

像其他任何系统一样，NB-IoT 的性能在很大程度上取决于设备、基站的实现和评估假设。性能评估在 6.2 ～ 6.7 节中介绍，除非另有说明，否则我们采用常用的 3GPP Release 13 的假设，例如附录 B 中描述和提及的假设。用于 ITU 和 3GPP 5G 性能评估的假设略有不同，将在 6.9 节中介绍。其他任何 NB-IoT 的特定假设都将在本章中描述。

尽管 NB-IoT 性能结果来自 3GPP 贡献和 3GPP 技术报告 45.820 "Cellular System Support for Ultra-low Complexity and Low Throughput Internet of Things" [1]，但大部分结果并未完全根据 Release 13 规范来评估。因此，本章介绍的结果在很大程度上基于作者自身的评估。对于某些在公开文献中提供的性能结果，这里给出的结果可以很好地与文献中的记录结果达成一致，例如参考文献 [2-4]。

6.2 覆盖和数据速率

像 EC-GSM-IoT 和 LTE-M 一样，NB-IoT 的所有三种运行模式都是为了实现最大 164 dB 的 MCL 的覆盖，在此覆盖等级下，数据速率至少为 160 bps。在本章中，我们首先描述用于评估每个 NB-IoT 物理信道的耦合损耗的方法，然后描述实际性能评估以及相应的结果。

6.2.1 评估假设

6.2.1.1 物理信道和信号的需求

NB-IoT 为了满足覆盖要求，所有物理信道都必须在 164 dB MCL 上留有足够的性能空间。在接下来的几节中我们将介绍，对于各种物理信道和信号，什么是足够的性能要求。

6.2.1.1.1 同步信号

同步信号——窄带主同步信号（NPSS）和窄带辅同步信号（NSSS），需要以 90% 的检测率进行检测。成功检测 NPSS 和 NSSS 包括识别物理小区标识，实现约 2.5 μs 精度的下行链路（DL）帧结构的时间同步，以及约 50 Hz 以内的频率同步。2.5 μs 时间同步和 50 Hz 频率同步精度可以认为是足够的，因为这些残余误差只会在设备随后的空闲和连接模式期间导致轻微的性能下降。注意，在小区选择之后，设备可以采用定时跟踪器和自动频率校正，以进一步完善其时间和频率参考。

由于 NPSS 和 NSSS 是定期发送的，因此设备可以延长其同步时间以实现更好的覆盖。这将是与 6.4 节中的时延要求相关的地方。为了达到 90% 的检测率所需的同步时间，必须满足 10 s 的总体业务时延要求。高效的同步还可以延长评估的设备电池寿命，见 6.5 节。

6.2.1.1.2　控制和广播信道

窄带物理广播信道（NPBCH）承载 NB-IoT 主信息块（MIB-NB），需要以 90% 的概率进行检测，即支持 10% 的误块率（BLER）。像同步信号一样，设备原则上可以通过重复尝试解码 NPBCH 来补偿不良的接收机实现，直到成功地接收到 MIB-NB。但是，这会对整体效果产生负面影响。高效的 NPBCH 获取可改善时延和电池寿命。

窄带下行物理控制信道（NPDCCH）承载下行控制信息（DCI），它包含用于窄带上行物理共享信道（NPUSCH）和下行物理共享信道（NPDSCH）调度信息的控制消息。在这些评估中，以 1% 的 BLER 目标评估 NPDCCH，以确保即使在最极端的 CE 级别下也可以稳定运行。

NPUSCH 格式 2（F2）携带用于 NPDSCH 传输的混合自动重传请求确认（HARQ-ACK）。对于这种信令的要求和 NPDCCH 一样，即保证 1% 的 BLER。

对于窄带物理随机接入信道（NPRACH），1% 的漏检率是目标。较高的漏检率目标可能有助于提高 NPRACH 的容量，就像 EC-GSM-IoT 扩展覆盖范围的随机接入信道和 LTE-M 物理随机接入信道是基于冲突的信道。但是，为了确保可靠的根据 NPRACH 估算的时间提前量，从 NB-IoT 连接开始就选择了低漏检率的目标。在 3 μs 范围内的时间提前量估计精度被认为是足够的，因为这将确保基站上较好的 NPUSCH 接收性能。

6.2.1.1.3　业务信道

NPDSCH 和 NPUSCH 格式 1（F1）承载下行链路和上行链路数据，以可获得的数据速率作为合适的标准。对于 NB-IoT，以 164 dB 的 MCL 要求 160 bps 的数据速率。在本章中，将以第一次 HARQ 传输之后评估数据速率达到 BLER 10% 的要求作为目标。它可以通过 HARQ 重传来纠正错误的传输。因此，初始传输的 10% BLER 是满足要求的。

6.2.1.2　无线相关参数

6.2 ~ 6.7 节的 NB-IoT 评估中使用的与无线相关的参数总结在表 6.1 中。这些假设已在 3GPP[1] 中达成共识，其中大多数与 B.2.1 节中概述的用于 EC-GSM-IoT 的评估相同。

表 6.1　仿真的假定条件

参数	取值
频段	900 MHz
传播条件	典型城市（见文献 [5]）
衰减	瑞利，1 Hz 多普勒扩展
设备初始振荡器的误差	20 ppm（适用于初始小区选择）
栅格偏移	Stand-alone：0 Hz。 In-band 和 Guard-band：7.5 kHz
设备频率漂移	22.5 Hz/s

（续）

参数	取值
设备 NF	5 dB
设备天线配置	一个发射天线和一个接收天线
设备功率等级	23 dBm
基站 NF	3 dB
基站天线配置	Stand-alone：一个发射天线和两个接收天线 In-band 和 Guard-band：两个发射天线端口和两个接收天线
基站功率电平	43 dBm (Stand-alone)，35 dBm (In-band 和 Guard-band) 每 180kHz
每个子帧 NPDCCH/NPDSCH 的 RE 数量	Stand-alone：160。In-band：104。Guard-band：152
有效 NB-IoT 子帧	假定所有未承载 NPBCH、NPSS 和 NSSS 的子帧为有效子帧

在设备方面，假定的振荡器精度为百万分之 20（ppm），这反映了超低成本设备中使用的振荡器的预期精度。对于 900 MHz 频段，这样的振荡器精度会导致高达 18 kHz 或 –18 kHz 的初始频率误差。如 5.2.1.1 节所述，对于 In-band 和 Guard-band 模式，还有一个频率栅格偏移会影响初始频率偏移。栅格偏移可以达到 ± 7.5 kHz。同时考虑设备振荡器的不准确性和最坏情况的栅格偏移量，以均匀分布的频率偏移量在 [7.5-18，7.5+18] kHz 间隔内（即 [–10.5，25.5] kHz）或者 [–7.5–18，–7.5+18] kHz 间隔内（即 [–25.5，10.5] kHz）评估初始小区选择。这样的频率偏移不仅会引入基带信号的相位旋转，也会导致时序漂移。例如，900 MHz 的 25.5 kHz 频率偏移（包括栅格偏移）转换为 28.3 ppm 的误差，这意味着每百万采样中设备的时序基准相对于正确的时序参考，可能会有 28.3 个采样漂移。对于初始小区选择评估，根据精确的初始频率偏移对时序漂移的影响进行建模。这样初始小区选择的目标是将这种初始频率偏移降低到较低水平，以便随后在与基站的通信中，其他物理信道的接收或传输不会受到严重影响。考虑到低成本设备中使用的振荡器可能无法保持精确的频率，初始频率偏移校正后的漂移也应被建模。假设的漂移率为 22.5 Hz/s。除此之外，假设的噪声系数（NF）为 5 dB，那么针对有一个发射天线和一个接收天线的设备，完成的所有评估的最大发射功率电平为 23 dBm。

在基站侧，假设 NF 为 3 dB。考虑到天线配置和功率电平，这些假设反映了针对不同运行模式的不同部署方案。Stand-alone 模式主要部署在现有的 GSM 网络中。大多数 GSM 基站使用一个发射天线，发射功率为 43 dBm，这些假设可重复用于 NB-IoT Stand-alone 模式。In-band 和 Guard-band 模式用于部署在 LTE 网络中。LTE 基站通常使用多个发射天线或多个天线端口，每个发射分支的功率放大器的最大功率电平为 43 dBm。天线端口是一个逻辑概念，因为每个天线端口可能与多个物理天线相关联。通常假设不同天线端口的快速衰落信道系数是独立的。因此，天线端口的数量与空间分集的程度有关。3GPP 最终假设使用两个发射天线端口，因此通过两个发射天线端口的最大基站总发射功率电平为 46 dBm。但是，请注意，这样的总发射功率电平是作用在整个 LTE 载波带宽上的。例如，在 10 MHz LTE 载波带宽上的总发射功率为 46 dBm，意味着如果功率均匀分布在 LTE 载波的所有 50 个 PRB 中，一个 PRB 只具有 29 dBm。在 3GPP 标准中，通常的假设是 PRB 功率提升可以应用于 NB-IoT 锚点载波。对于 10 MHz LTE 载波内的 In-band 和 Guard-band 模式部署，假定功率提升为 6 dB。这意味着 NB-IoT 锚点载波有 35 dBm 的功率。对于 5 MHz、15 MHz 和 20 MHz 的 LTE 载波带宽，假设功率提升为 3 dB、7.8 dB 和 9 dB。这导致所有这些 LTE 不同带宽上的 NB-IoT 锚点载波的发射功率电平为 35 dBm。注意，功率提升假设仅用于锚点载波，尽管这对于非锚点载波也是允许配置的。最后，对于所有运行模式，假设基站使用两个接收天线。

此外，NB-IoT 运行的可用资源量还取决于运行模式。显然，对于 In-band 模式，某些下行链路的资源元素（RE）由于被传统 LTE 信道占用，从而减少了可用于 NB-IoT 的资源。这会对性能有所影响。在一个子帧中，有 12 个子载波和 14 个正交频分复用（OFDM）符号，总共产生每个子帧的 168 个资源元素。Stand-alone 运行模式假设一个窄带参考信号（NRS）天线端口，它使用每个子帧的 8 个资源元素，请参见 5.2.4.3 节。因此，可用于每个子帧 NPDCCH 或 NPDSCH 的资源元素的数量为 160。对于 Guard-band 运行模式，假定 2 个 NRS 天线端口，这需要每个子帧 16 个可用于 NRS 的资源元素，剩余的 152 个资源元素可用于每个子帧 NPDCCH 或 NPDSCH。对于 In-band 运行模式，我们考虑以下用例：LTE 下行物理链路控制信道（PDCCH）区域使用每个子帧中的前 3 个 OFDM 符号，并有 2 个特定小区参考信号（CRS）天线端口。由每个子帧 LTE PDCCH 和 CRS 占用的资源元素总数为 48。另外，2 个 NRS 端口占用 16 个资源元素，每个子帧剩下 104 个资源元素可用于 NPDCCH 或 NPDSCH。

针对 In-band 和 Guard-band 运行模式描述的假设也适用于在 NR 载波内运行的 NB-IoT 载波。大部分相关的部署场景是 NB-IoT Guard-band 运行模式。

6.2.2　下行覆盖性能

如 6.2.1 节所述，基站的发射功率电平和天线配置以及某些下行链路信道的资源元素的数量取决于运行模式。因此，我们将介绍所有三种不同的运行模式的下行覆盖性能。三种工作模式达到 164 dB MCL 的下行链路预算见表 6.2。如表所示，Stand-alone 模式所需的信号干扰加噪声功率比（SINR）为 −4.6 dB，In-band 和 Guard-band 模式为 −12.6 dB。因此，我们将讨论在这些 SINR 条件下所有下行链路物理信道的性能。为了完整起见，将显示正常覆盖等级边缘的性能，即 144 dB 耦合损耗和 10 dB CE 水平，也就是 154 dB 的耦合损耗。对于 Stand-alone 模式，154 dB 和 144 dB 的耦合损耗水平所需的下行链路 SINR 分别为 5.4 dB 和 15.4 dB；对于 In-band 和 Guard-band 模式，分别为 −2.6 dB 和 7.4 dB。

表 6.2　NB-IoT 不同运行模式下实现 164 dB MCL 的下行链路预算

链路编号	运行模式	Stand-alone	In-band	Guard-band
L1	整体基站发送功率 [dBm]	43	46	46
L2	每 NB-IoT 载波基站发送功率 [dBm]	43	35	35

(续)

链路编号	运行模式	Stand-alone	In-band	Guard-band
L3	热噪声功率谱密度 [dBm/Hz]	−174	−174	−174
L4	接收机 NF[dB]	5	5	5
L5	干扰余量 [dB]	0	0	0
L6	信道带宽 [kHz]	180	180	180
L7	有效噪声功率 [dBm]=(L3)+(L4)+(L5)+10log10(L6)	−116.4	−116.4	−116.4
L8	所需下行 SINR [dB]	−4.6	−12.6	−12.6
L9	接收机灵敏度 [dBm]=(L7)+(L8)	−121.0	−129.0	−129.0
L10	接收机处理增益 [dB]	0	0	0
L11	耦合损耗 [dB]=(L2)−(L9)+(L10)	164.0	164.0	164.0

6.2.2.1 同步信号

以所需的同步时间计算，初始同步性能显示在表 6.3～表 6.5 中，分别用于 Stand-alone、In-band 和 Guard-band 运行模式。注意由于 Stand-alone 模式的发射功率更高，因此它具有最佳的性能水平。In-band 和 Guard-band 模式具有相同的发射功率电平，因此具有相似的性能。In-band 情况下的同步时间稍长一些，是因为 LTE CRS 会打孔 NPSS/NSSS，导致性能有所下降。但是，如表 6.4 和表 6.5 的结果所示，NPSS/NSSS 打孔的影响很小。

表 6.3 Stand-alone 模式下 NB-IoT 初始同步性能（基于文献 [2] 的 144 dB 和 164 dB 的性能指标）

耦合损耗	144 dB	154 dB	164 dB
50% 设备的同步时间 [ms]	24	24	64
90% 设备的同步时间 [ms]	84	104	264
99% 设备的同步时间 [ms]	144	194	754
平均同步时间 [ms]	36	42	118

表 6.4 In-band 模式下 NB-IoT 初始同步性能（基于文献 [2] 的 144 dB 和 164 dB 的性能指标）

耦合损耗	144 dB	154 dB	164 dB
50% 设备的同步时间 [ms]	24	44	434
90% 设备的同步时间 [ms]	84	124	1284
99% 设备的同步时间 [ms]	154	294	2604
平均同步时间 [ms]	38	64	582

表 6.5 Guard-band 模式下 NB-IoT 初始同步性能

耦合损耗	144 dB	154 dB	164 dB
50% 设备的同步时间 [ms]	24	44	354
90% 设备的同步时间 [ms]	84	124	1014
99% 设备的同步时间 [ms]	154	294	2264
平均同步时间 [ms]	38	60	470

6.2.2.2 NPBCH

NPBCH 携带 MIB-NB 信息。三种运行模式共享相同的资源映射，因而 MIB-NB 采集的性能仅取决于发射功率电平和覆盖范围。NPBCH 具有 640 ms 的传输时间间隔（TTI），其中每个子帧 0 携带一个编码子块，如 5.2.4.4 节所述。如果设备处于覆盖良好的区域，则接收一个 NPBCH 子帧可能足以获取 MIB-NB。回想一下，每个编码子块都是可自解码的，因为设备可以在 10 ms 内接收一个 NPBCH 子帧，所以最小的 MIB-NB 采集时间仅为 10 ms。然而，对于较差覆盖区域内的设备，必须组合多个 NPBCH 重复和多个 NPBCH 编码子块来获取 MIB-NB。在一个 NPBCH TTI 中有 64 个 NPBCH 子帧。因此，设备可以联合多达 64 个 NPBCH 子帧来解码。如果在联合解码 64 个 NPBCH 子帧后设备仍然无法获取 MIB-NB，则最直接的方法是重置解码器内存并开始在下一个 NPBCH TTI 中尝试新的解码。通过这种方法，设备只需用新的 TTI 重试即可，并查看是否可以获取 MIB-NB。这通常称为保持尝试算法。下面描述的结果就是基于保持尝试算法。

当需要进行信道估计时，NB-IoT 物理信道性能在很大程度上取决于接收机如何获取其信道估计。在覆盖受限的情况下，使用一个子帧中的 NRS 可能不足以确保足够的信道估计精度。强烈建议采用跨子帧信道估计，将多个子帧的 NRS 共同用于信道估计。在讨论 NPUSCH 格式 1 性能（见 6.2.3.2 节）时，我们将重点介绍信道估计准确性的影响。目前只需指出以下 NPBCH 的结果，使用跨子帧在 20 ms 窗口内收集 NRS 的信道估计。

表 6.6 和表 6.7 列出了达到高于 90% 成功率所需的 MIB-NB 采集时间，还显示了平均采集时间。由于 In-band 和 Guard-band 模式共享相同的发射功率电平，因此它们也共享相同的 MIB-NB 采集性能。

表 6.6   Stand-alone 模式下 MIB-NB 采集时间

耦合损耗	144 dB	154 dB	164 dB
90% 成功率需要的采集时间 [ms]	10	20	170
平均采集时间 [ms]	10.3	16.2	83.9

表 6.7   In-band 和 Guard-band 模式下 MIB-NB 采集时间

耦合损耗	144 dB	154 dB	164 dB
90% 成功率需要的采集时间 [ms]	10	60	640
平均采集时间 [ms]	11.1	37.5	357.1

保持尝试算法虽然简单明了，但远非最佳。在 MIB-NB 中，肯定会从一个 TTI 变化为下一个 TTI 的信息元素是用于指示系统帧号（SFN）和超级 SFN 的 6 位。该信息是以可预测的方式变化的。如果在一个 NPBCH TTI 中将这些位表示为十进制数 n，则在下一个 TTI 中为 $n + 1 \mod 64$。利用这种关系，可以跨 TTI 边界共同解码 NPBCH 子帧，并显著提高 MIB-NB 采集的性能。除了 SFN 号以外，1 位的接入限制（AB）指示符的更改可能比 MIB-NB 中其他剩余信息元素的变化更频繁。如果要联合解码跨 TTI 边界的 NPBCH 子

帧，MIB-NB 解码器可能先需要假设 AB 指标是否改变。高级的 MIB-NB 解码器的示例参考文献 [6]。结果表明，与保持尝试算法相比，可以获得高达 2 dB 的性能增益，在非常低 SINR 的区域它的采集时间可能需要超过一个 NPBCH TTI。

6.2.2.3 NPDCCH

NPDCCH 的性能见表 6.8 ～ 表 6.10。如 5.2.4.5 节所述，NPDCCH 可以使用取值从 1 至 2048 的重复因子。在三个覆盖范围内和三种运行模式下，在 DCI 接收处获得 1% BLER 时所需的重复因子如表所示。因为 NPDCCH 的每个重复被映射到一个子帧，所以每个重复对应于 1ms 的传输时间。但是，并非所有子帧可用于 NPDCCH。在锚点载波上，NPDCCH 传输需要跳过 NPBCH、NPSS、NSSS 和 NB-IoT 系统信息块类型 1（SIB1-NB）所占用的子帧。例如，对于重复因子 8，没有 8 个连续子帧可用于 NPDCCH。最短的锚点载波上适合 8 个 NPDCCH 子帧的总 TTI 时长是 9 ms。见图 6.1 中的说明。

表 6.8　Stand-alone 模式下锚点载波上的 NPDCCH 性能

耦合损耗	144 dB	154 dB	164 dB
1% BLER 需要的重复因子	1	8	128
1% BLER 需要的总 TTI 时长 [ms]	1	9	182
设备正确接收 DCI 所需平均时间 [ms]	1.0	1.6	18.0

表 6.9　In-band 模式下锚点载波上的 NPDCCH 性能

耦合损耗	144 dB	154 dB	164 dB
1% BLER 需要的重复因子	2	32	256
1% BLER 需要的总 TTI 时长 [ms]	2	44	364
设备正确接收 DCI 所需平均时间 [ms]	1.1	5.4	78.9

表 6.10　Guard-band 模式下锚点载波上的 NPDCCH 性能

耦合损耗	144 dB	154 dB	164 dB
1% BLER 需要的重复因子	2	16	256
1% BLER 需要的总 TTI 时长 [ms]	2	22	364
设备正确接收 DCI 所需平均时间 [ms]	1.0	3.3	51.8

6.2.2.4 NPDSCH

NPDSCH 在不同覆盖等级和三种运行模式下的性能见表 6.11 ～表 6.13。在这里，我们仅显示 3GPP Release 13 中定义的最大 680 位传输块大小（TBS）的性能。通常，TBS 表的同一行（见 5.2.4.6 节）上的条目应该具有大约相同的性能。像 NPDCCH 一样，在锚点载波上，可用于 NPDSCH 的子帧需要排除掉 NPBCH、NPSS、NSSS 和 SIB1-NB 使用的部分。这样导致总传输时长要大于 NPDSCH 需要的子帧总数。我们看到，在 164 dB MCL 时，NPDSCH 的数据速率在整个 NPDSCH 的传输间隔上测量，对应于 Stand-alone、In-

band 和 Guard-band 模式，分别为 2.5 kbps、0.47 kbps 和 0.62 kbps。如 5.3.2.2 节所述，
NPDSCH 传输由在 NPDCCH 中传送的 DCI 来调度，并由 NPUSCH 格式 2 中携带的
HARQ-ACK 位来确认。这些不同信道之间也存在时序关系，因为在这些物理信道之间定
义了特定的时序间隔。考虑到所有这些因素后，有效数据速率是低于只在整个 NPDSCH
传输间隔内进行的测量值的。本质上，这样的有效数据速率是在介质接入控制（MAC）协
议层的出口点观测到的吞吐量。因此，在本章的其余部分中，我们将以这个数据速率作为
MAC 层数据速率。更多详细信息和示例见 6.3 节。在表 6.11～表 6.13 中，给出了考虑到
NPSS、NSSS、NPBCH 和 SIB1-NB 的开销时，基于锚点载波配置的 MAC 层数据速率。

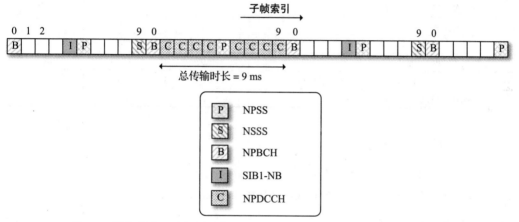

图 6.1　锚点载波上重复因子为 8 的 NPDCCH 最少需要 9ms 的总传输时长

表 6.11　Stand-alone 模式下锚点载波上的 NPDSCH 性能

耦合损耗	144 dB	154 dB	164 dB
TBS[bit]	680	680	680
每次重复的子帧数目	4	6	6
重复次数	1	4	32
用于 NPDSCH 传输的子帧数目	4	24	192
总 TTI 时长 [ms]	4	32	272
NPDSCH TTI 上测量的数据速率 [kbps]	170	21.3	2.5
MAC 层数据速率 [kbps]	19.1	8.7	1.0

表 6.12　In-band 模式下锚点载波上的 NPDSCH 性能

耦合损耗	144 dB	154 dB	164 dB
TBS[bit]	680	680	680
每次重复的子帧数目	10	8	8
重复次数	1	16	128
用于 NPDSCH 传输的子帧数目	10	128	1024

（续）

耦合损耗	144 dB	154 dB	164 dB
总 TTI 时长 [ms]	12	182	1462
NPDSCH TTI 上测量的数据速率 [kbps]	56.7	3.7	0.47
MAC 层数据速率 [kbps]	15.3	2.4	0.31

表 6.13　Guard-band 模式下锚点载波上的 NPDSCH 性能

耦合损耗	144 dB	154 dB	164 dB
TBS[bit]	680	680	680
每次重复的子帧数目	8	5	6
重复次数	1	16	128
用于 NPDSCH 传输的子帧数目	8	80	768
总 TTI 时长 [ms]	9	112	1096
NPDSCH TTI 上测量的数据速率 [kbps]	75.6	6.1	0.62
MAC 层数据速率 [kbps]	15.3	3.8	0.37

6.2.3　上行覆盖性能

与下行链路不同，上行链路预算不取决于运行模式。因此，如果未明确指定运行模式，则下面章节中显示的结果适用于所有三种运行模式。

6.2.3.1　NPRACH

表 6.14 显示了基于三个覆盖等级的 NPRACH 链路预算，是基于 23 dBm 设备功率等级的。链路预算建立在每个覆盖等级的 NPRACH 所需的 SINR 上。根据所需的 SINR，需要合适的重复因子来达到要求的性能。NPRACH 检测算法的描述及其性能见文献 [7]。表 6.15 显示了每个覆盖等级所需的重复级别，以及达到的性能。表 6.15 中的结果基于文献 [7]。

表 6.14　NPRACH 链路预算

链路编号	耦合损耗	144 dB	154 dB	164 dB
L1	整体设备发送功率 [dBm]	23	23	23
L2	热噪声功率谱密度 [dBm/Hz]	−174	−174	−174
L3	基站接收机 NF[dB]	3	3	3
L4	干扰余量 [dB]	0	0	0
L5	信道带宽 [kHz]	3.75	3.75	3.75
L6	有效噪声功率 [dBm]=(L2)+(L3)+(L4)+10 log10(L5)	−135.3	−135.3	−135.3
L7	所需下行 SINR [dB]	14.3	4.3	−5.7
L8	接收机灵敏度 [dBm]=(L6)+(L7)	−121.0	−131.0	−141.0
L9	接收机处理增益 [dB]	0.0	0.0	0.0
L10	耦合损耗 [dB]=(L1)−(L8)+(L9)	144.0	154.0	164.0

表 6.15　NPRACH 性能（采用 NPRACH 格式 1）

耦合损耗	144 dB	154 dB	164 dB
重复次数	2	8	32
总 TTI 时长 [ms]	13	52	205
检测率	99.71%	99.76%	99.16%
误报率	0/100 000	0/100 000	13/100 000
TA 估计误差 [μs]	[−3, 3]	[−3, 3]	[−3, 3]

6.2.3.2　NPUSCH 格式 1

我们已经提到，NB-IoT 物理信道的性能取决于信道估计的准确性。为了获得良好的信道估计精度，强烈建议使用跨子帧信道估计。见图 6.2 所示的例子。可以看出，在基于单子帧（SF）的信道估计和跨子帧信道估计之间存在很大的性能差异。本章其余部分介绍的所有 NPUSCH 结果基于 8 ms 窗口的跨子帧信道估计，除非另有说明。对于总 NPUSCH TTI 低于 8 ms 的情况，跨子帧信道估计基于使用所有 NPUSCH 子帧。

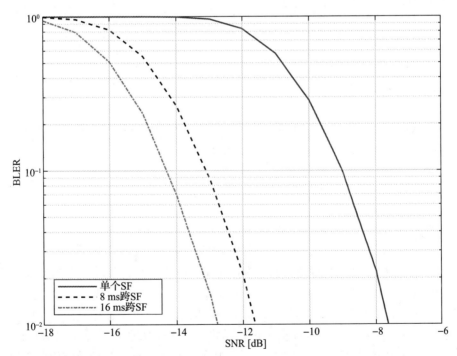

图 6.2　NPUSCH 格式 1 性能：单音传输（15kHz 参数集）、TBS 1000 bit、每次 80 ms 传输时间、64 次重复

如 5.2.5.2 节所述，有几种不同的 NPUSCH 格式 1 传输配置。图 6.3 显示了这些不同配置的性能。此处显示的数据速率是在总 NPUSCH 传输间隔上测得的 NPUSCH 格式 1 数据速率，并没有考虑调度方面。可以看出当耦合损耗很高（例如大于 150 dB）时，所有这

些传输配置能达到大致相同的性能。因此，在这种操作方式中，使用频谱上更有效的单音传输是有利的。但是，对于覆盖良好的范围，多音传输可用于使设备以更高的数据速率进行传输。如图 6.2 所示，当耦合损耗低于 141 dB 时，12 音（即使用一个完整的 PRB）配置可以获得最高的数据速率。

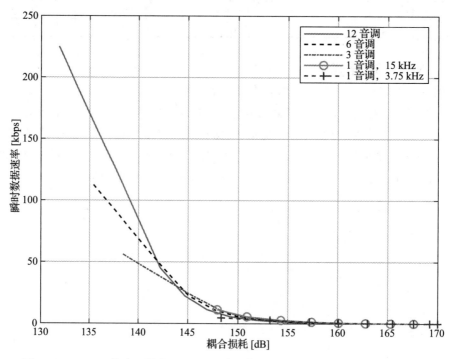

图 6.3　NPUSCH 格式 1 性能：基于不同的传输配置（TBS=1000 bit、8 ms 跨子
帧信道估计）的物理层数据速率与耦合损耗

　　NPUSCH 格式 1 在 144 dB、154 dB 和 164 dB 的耦合损耗下的性能总结见表 6.16。这里，我们为每种耦合损耗水平选择最合适的传输配置。与 6.2.2.4 节中显示的 NPDSCH 的性能类似，表 6.16 中列出了两种类型的数据速率。首先，列出了在整个 NPUSCH 格式 1 传输间隔内测得的数据速率。此外还展示了通过 NPDCCH 发送调度授权时的 MAC 层的数据速率和相应的时序关系。注意，因为 NPDCCH 性能取决于运行模式，所以不同覆盖等级的上行 MAC 层数据速率也取决于运行模式。如表 6.16 所示，要达到 164 dB 耦合损耗时的性能，需要使用改进的具有 32 ms 跨子帧信道估计的信道估计。使用更高程度的跨子帧信道估计需要支持更复杂基带的基站。此外，对于低移动性的设备而言，更积极的跨子帧信道估计所带来的性能改善将更为明显。根据文献 [1] 中的设备耦合分布，只有一小部分设备需要极端 CE 等级。因此，基站有能力使用更高级的信道估计来帮助设备提高性能。此外，需要极端 CE 等级的设备预计位于室内或地下。这些设备具有低移动性，的确

会受益于更积极的跨子帧信道估计。

表 6.16　NPUSCH 格式 1 性能

耦合损耗	144 dB	154 dB	164 dB
TBS[bit]	1000	1000	1000
子载波间隔 [kHz]	15	15	15
音调数量	3	1	1
每次重复的资源单元数量	8	10	10
重复次数	1	4	32
总 TTI 时长 [ms]	32	320	2560
NPUSCH 格式 1 TTI 上测量的数据速率 [kbps]	28.1	2.8	0.371
Stand-alone 模式 MAC 层数据速率 [kbps]	18.8	2.6	0.343
In-band 模式 MAC 层数据速率 [kbps]	18.7	2.4	0.320
Guard-band 模式 MAC 层数据速率 [kbps]	18.7	2.5	0.320

6.2.3.3　NPUSCH 格式 2

NPUSCH 格式 2 用于传输 NPDSCH 的 HARQ-ACK，其性能总结见表 6.17。从中可以看出 164 dB 的耦合损耗的目标需要通过 64 次重复来实现。

表 6.17　基于 1% BLER 的 NPUSCH 格式 2 性能

重复次数	TTI[ms]	MCL[dB]
1	2	152.2
2	4	155.0
4	8	157.2
8	16	159.2
16	32	161.2
32	64	163.6
64	128	165.5
128	256	167.6

6.3　峰值数据速率

6.3.1　Release 13 Cat-NB1 设备

NB-IoT 支持多种数据速率。对于覆盖范围好的设备，可以使用较高的数据速率，从而缩短了接收和传输时间。这允许设备更快地返回深度睡眠状态，从而延长了电池寿命。在本节中，我们讨论 Release 13 Cat-NB1 设备可达到的物理层峰值数据速率和 MAC 层数据速率。物理层数据速率是在 NPDSCH 或 NPUSCH 格式 1 TTI 上测量的。MAC 层数据速率还要额外地算上接收或发送其他控制信令（例如，DCI 或 HARQ-ACK）所花费的时间以及相关的时序关系。这相当于 MAC 层分组数据单元被传递的速率。

物理层数据速率完全由 NPDSCH 和 NPUSCH 配置决定。例如，Release 13 最大 NPDSCH TBS 为 680 bit，映射到 3 个子帧，即在 Stand-alone 和 Guard-band 模式下，为 3 ms。因此，在这些运行模式下，下行链路物理层峰值数据速率为 226.7 kbps。对于 In-band 模式，承载 680 bit 传输块的 NPDSCH 的最短时长为 4 ms，从而获得 170 kbps 的物理层下行链路峰值数据速率。表 6.18 汇总了 NB-IoT 物理层峰值数据速率的信息。物理层峰值数据速率表示通过某种技术可以达到的最佳频谱效率，通常是一个用作跨技术比较的性能指标。

表 6.18　物理层峰值数据速率（Release 13 类型 NB1 设备）

	Stand-alone [kbps]	In-band [kbps]	Guard-band [kbps]
NPDSCH	226.7	170.0	226.7
NPUSCH 多音调	250.0	250.0	250.0
NPUSCH 单音调（15 kHz）	21.8	21.8	21.8
NPUSCH 单音调（3.75 kHz）	5.5	5.5	5.5

物理层峰值数据速率未考虑协议方面，因此可能对于用户体验的数据速率而言，它并不是一个很好的指标。对于 NB-IoT，NPDCCH 搜索空间配置（见 5.3.2.1 节）和时序关系（见 5.3.2.2 节）这两项会影响 MAC 层数据速率。一个 Cat-NB1 设备的非锚定载波调度的示例如图 6.4 所示。该设备接收一系列 680 bit 传输块。每个传输块在 3 个 NPDSCH 子帧中传输。这对应于 Stand-alone 和 Guard-band 模式下的最高物理层数据速率。在这里，NPDCCH 搜索空间配置为 $R_{max} = 2$ 和 $G = 4$，从而搜索周期为 $R_{max} \cdot G = 8$ ms。回想一下，设备在接收 DCI 之后，直到完成其 HARQ 反馈后 3 ms，是不会监测搜索空间候选者的。例如图 6.4 中，设备将不会监测第 24 个子帧中的搜索空间候选者。基站可以向设备发送第二个 DCI 的最早机会是第 25 个子帧。图中所示的时序关系是采用规范中定义的 NPDCCH DCI 和 NPDSCH 之间以及 NPDSCH 和 NPUSCH 格式 2 之间的最小间隙。NPDCCH DCI 之间的时长可以认为是用来传输每个传输块的时间。如图 6.4 所示，完成两个完整的调度周期需要 56 ms，传送了两个 680 bit 的传输块，折合到 MAC 层数据速率是 24.3 kbps。由于存在 NPSS、NSSS、NPBCH 导致的 NPDCCH 和 NPDSCH 传输时延，实际锚点载波的例子会更复杂。在某些情况下，这类时延可能会导致 MAC 层数据速率稍高。这是由于 NPDCCH 的时延延长了某些搜索空间候选者的时间，这在某些情况下使得无须等待额外的 NPDCCH 搜索周期，而直接将 DCI 发送到设备。

表 6.19 总结了 MAC 层峰值数据速率。对于下行链路和上行链路，Cat-NB1 设备的 MAC 层数据速率是配置了用户特定的 $R_{max} = 4$ 和 $G = 2$ 搜索空间来实现的。观察发现 NPUSCH 单音情况下的物理层峰值数据速率和 MAC 层数据速率之间的差异相对较小。这是由于对于单音情况，实际的 NPUSCH 传输需要更长的时间，因此时序关系和 NPDCCH 搜索空间的约束条件对 MAC 层数据速率的影响较小。

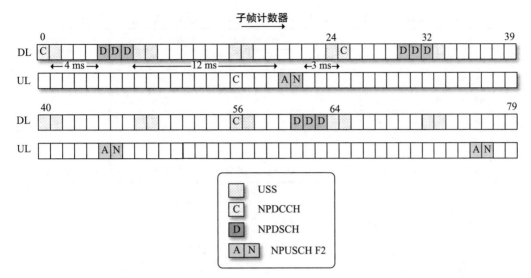

图 6.4　Release 13 设备接收连续传输块的示例：680 bit 大小、每个占用非锚点载波上的 3 个子帧（Stand-alone 模式和 Guard-band 模式）。NPDCCH 搜索空间配置：$R_{max} = 2$ 和 $G = 4$

表 6.19　MAC 层峰值数据速率（Release 13 类型 NB1 设备）

	Stand-alone [kbps]	In-band [kbps]	Guard-band [kbps]
NPDSCH	26.2	24.3	26.2
NPUSCH 多音调	62.6	62.6	62.6
NPUSCH 单音调（15 kHz）	15.6	15.6	15.6
NPUSCH 单音调（3.75 kHz）	4.8	4.8	4.8

6.3.2　Cat-NB2 设备配置一个 HARQ 进程

如第 5 章所述，3GPP Release 14 引入了新的设备类型 Cat-NB2，它支持高达 2536 bit 的 TBS。此外，Release 14 还支持 Cat-NB2 设备配置两个同时活跃的 HARQ 进程，尽管这是一个可选功能。本节中，我们讨论配置一个 HARQ 进程的 Cat-NB2 设备的峰值数据速率。下一节里将讨论配置了两个同时活跃的 HARQ 进程的设备的峰值数据速率。

表 6.20 和表 6.21 分别显示了配置一个 HARQ 进程的 Cat-NB2 设备的物理层峰值速率和 MAC 层数据速率。从中可以看出增加最大 TBS 并不会真正大幅改变物理层峰值数据速率。这是因为在大多数情况下，较大的 TBS 需要更长的传输时间。例如，在 TBS 表的最高行上（例如，见表 5.9），TBS 结果加倍大约使传送传输块所需的传输时间也加倍了。但是，将 TBS 加倍不会导致调度周期加倍，因此这将导致 MAC 层数据速率的显著提高。这可以通过比较表 6.21 和表 6.19 观察到。

表 6.20　物理层峰值数据速率（Release 14 类型 NB2 设备配置一个 HARQ 进程）

	Stand-alone [kbps]	In-band [kbps]	Guard-band [kbps]
NPDSCH	258.0	174.4	258.0
NPUSCH 多音调	258.0	258.0	258.0
NPUSCH 单音调（15 kHz）	21.8	21.8	21.8
NPUSCH 单音调（3.75 kHz）	5.5	5.5	5.5

表 6.21　MAC 层峰值数据速率（Release 14 类型 NB2 设备配置一个 HARQ 进程）

	Stand-alone [kbps]	In-band [kbps]	Guard-band [kbps]
NPDSCH	79.3	54.3	79.3
NPUSCH 多音调	105.7	105.7	105.7
NPUSCH 单音调（15 kHz）	18.1	18.1	18.1
NPUSCH 单音调（3.75 kHz）	5.2	5.2	5.2

6.3.3　设备配置两个同时活跃的 HARQ 进程

如果设备配置了两个 HARQ 进程，则可以进一步提高 MAC 层峰值数据速率，如表 6.22 所示。图 6.5 说明了如何使用两个同时活跃的 HARQ 进程来增加 MAC 层数据速率。类似于图 6.4 中的示例，设备接收一系列 680 bit 的传输块。每个传输块都使用 NPDSCH 的 3 个子帧来发送，这对应于 Stand-alone 模式和 Guard-band 模式下 Cat-NB1 设备的物理层峰值吞吐量。如图 6.5 所示，有两个连续的 NPDCCH 子帧用于调度两个 HARQ 进程，按照 5.3.2.2 节中的描述，每个子帧指定一个时序关系。可以看到，与图 6.4 的示例相比，通过两个同时活跃的 HARQ 进程，设备可在每 64 个子帧总共接收四个 680 bit 传输块，从而产生 42.5 kbps 的 MAC 层数据速率。

表 6.22　MAC 层峰值数据速率（Release 14 类型 NB2 设备配置两个 HARQ 进程）

	Stand-alone [kbps]	In-band [kbps]	Guard-band [kbps]
NPDSCH	127.3	87.1	127.3
NPUSCH 多音调	158.5	158.5	158.5
NPUSCH 单音调（15 kHz）	20.0	20.0	20.0
NPUSCH 单音调（3.75 kHz）	5.2	5.2	5.2

但是，对于单音 NPUSCH 传输，使用两个活跃的 HARQ 进程无法提高 MAC 层峰值数据速率。如前所述，调度延迟和时序关系的约束对单音 NPUSCH 吞吐量没有太大影响，因此，使用两个活动的 HARQ 进程基本上没有带来任何好处。

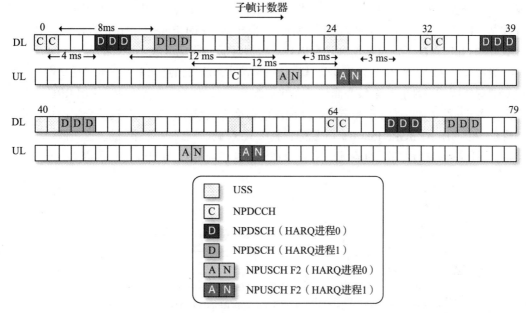

图 6.5   Cat-NB1 设备示例：配置两个同时活跃的 HARQ 进程，收到一系列 680 bit 传输块，每个传输块使用非锚点载波上 3 个子帧（Stand-alone 模式和 Guard-band 模式）。NPDSCH 搜索空间配置：$R_{max} = 2$，$G = 4$

6.4   时延

对于 NB-IoT，重要的用例是少量不频繁数据的传输。对于此场景，接入系统和传送数据包的时延比起无线资源控制（RRC）连接模式中支持的可持续数据速率更有相关性。在本节中，我们重点介绍使用 Release 13 RRC 恢复流程时可达到的 NB-IoT 时延性能。在设计 Release 13 的 NB-IoT 时，目标是支持最高 10 s 的高优先级报告时延。

6.4.1   评估假设

在 NB-IoT 时延评估中假定的数据包大小定义在表 6.23 中。协议开销，包括应用层的受限应用协议、安全层的数据报传输层安全（DTLS）协议、传输层的用户数据报协议和 Internet 协议（IP），与 B.4 节中 EC-GSM-IoT 的假设完全相同。需要注意的是，如果在分组数据汇聚协议（PDCP）上成功应用了健壮性报头压

表 6.23   NB-IoT 数据包定义，包括应用、安全、传输、IP 和无线协议开销

类型	上行报告大小 [字节]
应用数据	20
CoAP	4
DTLS	13
UDP	8
IP	40
PDCP	1
RLC	2
MAC	2
总和	90

缩，可以减少 40 字节的 IP 开销。这些是 IP 层以下的无线协议开销，即 PDCP、无线链路控制（RLC）和 MAC，它们与 LTE-M 的开销相同：PDCP 层有 1 字节的开销；RLC 和 MAC 层的开销取决于消息类型和消息内容。根据经验，假定 RLC/MAC 的开销为 4 字节。

当接入小区时，RRC 连接恢复请求消息中包含建立原因信息元素，它可以通知设备为发送所谓有高度重要性的异常报告而请求无线资源[8]。传送这样消息的过程使用 RRC 恢复流程，见图 6.6 的描述。为了简单起见，在该图中省略了在 NPDCCH 上传送的分配消息。描述的流程基于 NB-IoT 3GPP Release 13 规范，其中 RLC 确认模式为强制性的。这里假设上行链路报告在连接恢复后发送。实际上，它可以在消息 5 中与 RRC 连接恢复完成消息一起发送。

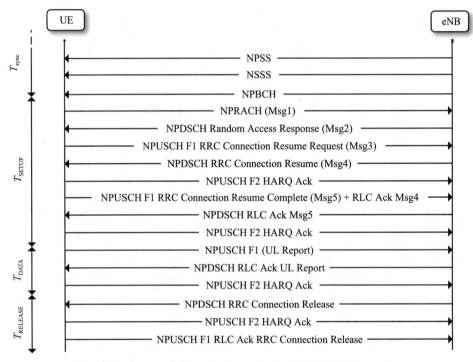

图 6.6　NB-IoT 基于 RRC 恢复流程的数据传输

图 6.6 标识了四个具体部分，即：

- T_{SYNC}：获取同步的时间。
- T_{SETUP}：执行随机接入过程和建立连接的时间。
- T_{DATA}：传输数据的时间。
- $T_{RELEASE}$：连接释放的时间。

与 B.4.1 节中描述的 EC-GSM-IoT 消息流相比，图 6.6 中能看出明显的区别，例如，数据传输在第二个上行链路传输中已经开始。同时注意，在接入系统之前要先读取 MIB-NB（在 NPBCH 中携带的）。这是获取帧同步、AB 信息和系统信息状态所必需的。

　　NPDSCH 和 NPUSCH 格式 1 的传输时间基于选择的调制和编码方案，保证在目标耦合损耗为 10% 的 BLER 时承载消息。对于 NPRACH、NPUSCH 格式 2 和 NPDCCH，假设 BLER 为 1%。对于 NPBCH、NPSS 和 NSSS，第 90 百分位数同步时间在评估中使用。对于 NPUSCH 格式 1，子 PRB 与跨子帧信道估计相结合以优化链路预算为 10% BLER。与这些假设相关的链路级性能在 6.2 节中阐述过了。

6.4.2　时延性能

　　表 6.24 总结了 6.4.1 节中描述的交付异常报告的时长。结果是对 Stand-alone、Guard-band 和 In-band 模式在耦合损耗分别为 144 dB、154 dB 和 164 dB 情况下的报告。对于 In-band 模式，假定 NB-IoT 载波运行在 10 MHz LTE 载波上，以 6 dB 功率提升将下行链路功率限制为每个 PRB 35 dBm。可用资源元素的数量也是由于 LTE CRS 和 PDCCH 的传输而减少。在 Guard-band 模式下，由于 LTE 功率频谱密度和带外的发射要求，下行链路功率也被限制为 35 dBm。在 Stand-alone 和 Guard-band 模式下，与 In-band 模式相比可改善下行链路性能，所以全套资源元素都可用于 NB-IoT。对于 Stand-alone 模式，可以将全部基站功率分配给 NB-IoT 载波，从而进一步提高下行链路性能。使用更高的功率会改善下行链路覆盖，因此降低了交付异常报告所需的时延。在良好的覆盖条件下，获取同步的时间、读取 MIB-NB 和在周期性的 NPRACH 时间频率资源上等待接入机会，这些行为是主要影响时延的。

表 6.24　NB-IoT 使用 RRC 恢复流程的异常报告时延

耦合损耗 [dB]	Stand-alone [s]	Guard-band [s]	In-band [s]
144	0.3	0.3	0.3
154	0.7	0.9	1.1
164	5.1	8.0	8.3

6.5　电池寿命

　　NB-IoT 的目标是支持大量设备的部署。无处不在的部署需要 NB-IoT 设备能够应对所有类型的运行场景，包括不可充电电池供电操作。因此设备的电池寿命被确定为 NB-IoT 技术的一个关键方面，并在 Release 13 中假设了 10 年电池寿命的设计目标。本节介绍 NB-IoT 的电池寿命的评估，包括预期的性能。

6.5.1　评估假设

　　为了验证电池寿命的目标，采用了基于表 6.25 中所示数据包大小的简单流量模型。这些数据包大小包含应用程序、Internet 和传输协议的开销，见表 6.23 中的定义。要估算在空中接口上的 TBS，PDCP、RLC 和 MAC 层的额外开销需要添加到表 6.25 的取值中。

表 6.25　用于电池寿命评估的 PDCP 层之上的数据包大小[10]

消息类型	上行报告		下行应用应答
大小	200 字节	50 字节	65 字节
到达率	每 2 小时或每天一次		

　　假设 NB-IoT 设备可以在如表 6.26 所示的功耗水平下运行。发射机功耗假设功率放大器效率为 45%。除了功率放大器要求的 440 mW 功率外，还有 60 mW 的功耗假定用于基带和其他电路。虽然发射机和接收机的功耗取决于所支持的接入技术的特性，但当设备处于睡眠状态（即处于 RRC 空闲模式，或者处于 RRC 连接模式但没有发送或接收的活动）时，功率电平是与硬件架构和设计有关的。因此，针对 NB-IoT、EC-GSM-IoT 和 LTE-M，关于轻度睡眠和深度睡眠的功耗的假设是一致的。

表 6.26　NB-IoT 功耗[10]

Tx, 23 dBm	Rx	轻度睡眠	深度睡眠
500 mW	80 mW	3 mW	0.015 mW

　　图 6.7 说明了在电池寿命评估中上行链路和下行链路数据包流的建模。它遵循 RRC 恢复过程，包括初始连接建立、上行链路和下行链路数据传输以及连接释放。在连接之间，假定设备处于省电模式。

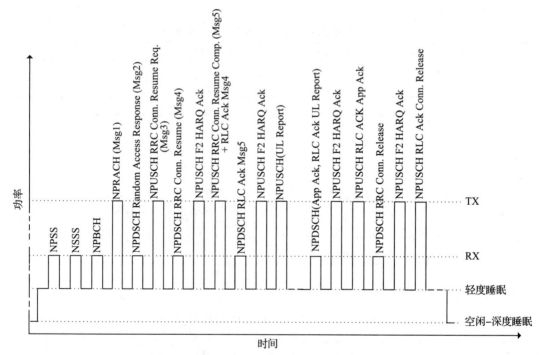

图 6.7　NB-IoT 电池寿命评估中使用的数据包流

图中没有列出的是 NPDCCH 传输以及在上行报告的结尾和下行数据传输的开始之间的 1 s 轻度睡眠周期。假定在连接结束时将有 20 s 的轻度睡眠，然后设备返回省电模式。假设应用活动计时器，在此期间设备使用配置的 DRX 周期来改进下行链路到达能力。与时延评估一样，NPBCH、NPDSCH 和 NPUSCH 格式 1 的目标是 10% BLER。对于 NPDCCH、NPUSCH 格式 2 和 NPRACH，假定为 1% BLER。对于同步时间，使用的是 NPSS 和 NSSS 平均捕获时间，而不是时延评估中使用的第 90 百分位数。与这些假设相关的链路级性能见 6.2 节中的阐述。

6.5.2 电池寿命性能

图 6.7 所示的数据包流的最终电池寿命显示在表 6.27 中。对于不同的运行模式系统，可以看到性能略有不同。由于上行链路的性能级别决定了设备的功耗，不受运行模式的影响，因此差异很小。

表 6.27　NB-IoT Stand-alone(S)、Guard-band(G) 和 In-band(I) 电池寿命[9]

报告间隔 [h]	下行包大小 [字节]	上行包大小 [字节]	电池寿命 [年]								
			144 dB CL			154 dB CL			164 dB MCL		
			S	G	I	S	G	I	S	G	I
2	65	50	22.2	22.1	22.1	13	12.6	12.3	3.0	2.7	2.6
		200	20.0	20.0	20.0	7.9	7.8	7.7	1.4	1.3	1.3
24		50	36.2	36.1	36.1	33.0	32.8	32.6	19.3	18.4	18.0
		200	35.6	35.6	35.6	29.0	28.9	28.7	11.8	11.5	11.3

大体的结论是，报告间隔为 24 h，10 年电池寿命是可行的。同时可以看出，当设备在 164 dB MCL 情况下时，2 h 报告间隔是过于激进的目标。与 EC-GSM-IoT 一样（请参阅 B.5 节），这些评估是假设在理想电池特性下进行的。

6.6　容量

在 3GPP Release 13 中进行 NB-IoT 的初步可行性研究期间，目标是设计一个能够处理 60 680 个设备 /km² 负载的系统[1]，见 B.6 节。后来在 Release 14 中，确定 NB-IoT 也应满足 5G 容量的要求，连接密度为 1 000 000 个设备 /km²[11]。如此极端的负荷是罕见的，可能发生在一大群人聚集在一个较小的区域时，例如，在大型体育赛事中。

在网络负载很高的地方，小区网格可能相当密集，但是在有很大站点间距的小区的宏站部署中，很可能会承担一大部分负载。表 6.28 总结了 3GPP Release 13 和 14 的要求：假设基站位于六边形网格上，站点间距为 1732 m，这样的小区大小为 0.87 km²。

表 6.28　3GPP 关于系统容量的假设[11]

假设场景	设备 /km²	设备 / 小区
3GPP Release 13 假设在伦敦中央区每家 40 个设备	60 680	52 547
3GPP 5G 要求	1 000 000	865 970

6.6.1 评估假设

为了评估 NB-IoT 系统容量, 采用 B.6.1.1 节中描述的流量模型。它主要挑战上行链路, 最多 80% 的用户自动接入系统发送报告。但由于网络命令消息, 还评估了下行链路容量。虽然 B.6 节中的 EC-GSM-IoT 评估出精确负载为 60 680 用户 /km², 但 NB-IoT 的负载可以达到每个 NB-IoT 载波最多承载 100 000 个以上的设备。

采用 B.6.1 节中描述的假设, 大型和小型信道模型, 包括室外到室内的损耗以及快速衰落的特性都是一致的。假设: 宏站使用六角形网格部署; In-band 运行模式在一个 10 MHz LTE 载波上; 基站在 50 个 PRB 上使用 46 dBm 的输出功率, 每个 PRB 意味着 29 dBm; 承载锚点载波的 PRB 功率提升 6 dB, 从而锚点载波的总输出功率为 35 dBm。

表 6.29 总结了最相关的系统仿真假设条件。

表 6.29 系统级仿真的假设 [12]

参数	配置
小区结构	六边形网格, 每站点 3 个扇区
小区站间距离	1732 m
频段	900 MHz
LTE 系统带宽	10 MHz
频率重用	1
基站发送功率	46 dBm
功率提升	锚点载波 6 dB
	非锚点载波 0 dB
基站天线增益	18 dBi
运行模式	In-band
设备发送功率	23 dBm
设备天线增益	−4 dBi
设备移动性	0 km/h
路径损失模型	$120.9 + 37.6 \times \log 10(d)$, d 是基站和设备间距离, 单位为 km
阴影衰落的标准偏差	8 dB
阴影衰落的相关距离	110 m
强制下行传送的锚点载波开销	NPSS、NSSS、NPBCH 映射到下行子帧的 25%
强制上行传送的锚点载波开销	NPRACH 映射到上行资源的 7%

6.6.2 容量性能

假设网络负载为每载波 110 000 个用户, 对 NB-IoT 系统容量进行仿真。对于锚点载波和非锚点载波都达到此指标。图 6.8 显示了随着锚点载波上用户到达强度的变化, 下行 NPDCCH 和 NPDSCH 平均资源利用率是如何线性增加的。这里仅描述了可用于 NPDCCH 和 NPDSCH 传输的资源利用情况。没有考虑用于 NPSS、NSSS 和 NPBCH 的传输的资源。另外, 对于上行链路, 观察到平均 NPUSCH 格式 1 和格式 2 资源利用率是线性增加的。在上行链路上, 对于耦合损耗 144 dB、154 dB 和 164 dB，分配给 NPRACH 的资源也包含在提供的统计信息中。

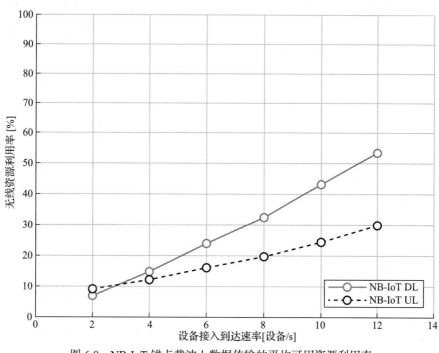

图 6.8　NB-IoT 锚点载波上数据传输的平均可用资源利用率

图 6.8 中的 x 轴是根据系统中的设备接入到达速率定义的。参考表 B.14 中描述的流量模式，是可以得出该速率与绝对负载之间的线性关系的。两个重要的参考点是：

- 每秒 6.8 次到达速率对应于 3GPP Release 13 的 60 680 个用户 /km^2 的目标负载。
- 每秒 11.2 次到达速率相当于 100 000 个用户 /km^2 的负载。

令人惊讶的是，尽管上行链路流量模型很大，但是下行链路容量却限制了性能。可以通过 NPSS、NSSS 和 NPBCH 传输占用了可用下行链路子帧的 25% 来进行解释。其他影响下行链路负载的因素是 NPDCCH 调度机制以及相对来说信号密集的连接建立和释放过程。还应注意强制性窄带系统信息传输以及与寻呼有关的负载没有建模。考虑到这些传输因素，将进一步增加对锚点下行链路容量的压力。

在 3GPP 定义的 5G 工作中，需要在系统容量的高峰期为 99% 的用户提供服务[11]。尽管这似乎是一个严格的要求，但对于设计目标是服务最后一公里的系统而言，这是一个合理的目标。对于锚点载波，1% 的系统中断影响 67 000 个设备 /km^2，相当于影响每秒 7.5 个用户的接入。此处的中断定义为未被系统服务的用户百分比。在图 6.8 中，超越这个点的负载增加是以快速增加的中断为代价的。还应该清楚的是，更宽松的中断需求将直接转化为更高的系统容量。

对于非锚点载波，在该点处发生了 1% 的中断，将影响高达 110 000 个设备 /km^2 的负载。与锚点相比，容量显著增加是因为非锚点载波在同步和广播信道方面没有下行链路开销。那么，非锚点上的资源利用率在上行链路和下行链路之间相对均匀。

　　表 6.30 总结了在此假设下，锚点载波和非锚点载波可达到的系统容量。很明显，如果在一个小区中 NB-IoT 配置了 10 个或更多的载波，则有可能为 1 000 000 个设备 /km² 提供服务。应当注意的是，3GPP Release 14 非锚点载波支持随机接入（见 5.3.1.10 节中的描述）在这些仿真中也被建模了，它必须要应对这么高的负载。

表 6.30　NB-IoT 每载波容量

场景	1% 中断时的连接密度 [设备 /km²]	1% 中断时的接入到达速率 [连接 /s]
NB-IoT 锚点载波	67 000	7.5
NB-IoT 非锚点载波	110 000	12.3

6.6.3　时延性能

　　在研究系统容量时，还应考虑可实现的时延。图 6.9 显示了系统仿真中记录的时延：从设备开始在 NPRACH 上接入系统算起，到基站上层正确解码了接收到的传输包为止。与在 6.4.2 节中进行的时延分析相比，它不包括系统同步和获取 MIB-NB 的时间。但结果还包括如调度时延等方面，而在 6.4 节中假设异常报告具有绝对优先级，不会因调度队列而造成时延。

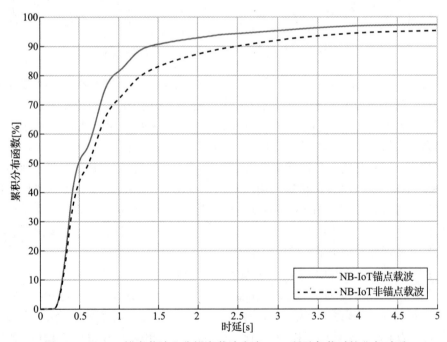

图 6.9　NB-IoT 锚点载波和非锚点载波在表 6.31 所示负载时的业务时延

　　表 6.31 从图 6.9 中获取了一些样本，包括在图中看不到的第 99 百分位数的时延。在这种极端负载下，最后 1% 的设备需要接受相当大的时延。这主要是因为高负载造成了可

用资源的排队。另外，应该记住，在 NB-IoT 设计中，时延是为大覆盖范围和高容量而进行了权衡的因素之一。如果需要较低的时延，则可以向网络指示该消息是异常报告，如6.4 节所述，从而使网络能够优先进行传输。

表 6.31　摘自图 6.9 的极端负载下的业务时延

业务时延	NB-IoT 锚点载波 [s]	NB-IoT 非锚点载波 [s]
第 50 百分位数	0.49	0.62
第 90 百分位数	1.4	2.5
第 99 百分位数	39	35

6.7　定位

本节介绍的 NB-IoT 网络中的定位精度性能基于 5.3.2.6 节所述的观测到达时间差（OTDOA）方法。

图 6.10 描绘了在两种不同无线传播条件（即典型城市（TU）[5] 和扩展行人 EPA[13]）下的完全时间同步网络中仿真的 NB-IoT OTDOA 定位精度。如图 6.10 所示，性能在很大程度上取决于无线环境。典型城市信道的时间分散会显著影响设备确定视线信道抽头的能力，这会影响到性能。NB-IoT 设备使用较高的过采样率，以便能够估计具有高精度的参考信号时间差（RSTD），请参考文献 [14]。

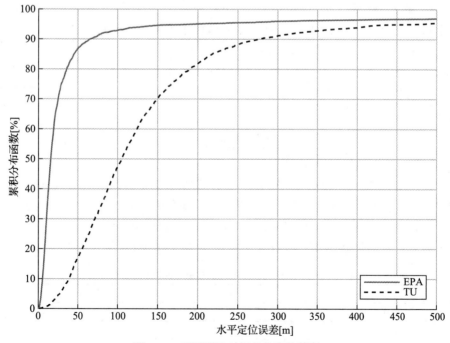

图 6.10　观测到达时间差的定位精度

6.8　设备复杂度

NB-IoT 旨在提供具有竞争力的模块价格。像 EC-GSM-IoT 一样，NB-IoT 模块可以在很大程度上被实现为片上系统，B.7 节中关于片上系统的不同功能的大多数描述也适用于 NB-IoT。表 6.32 中列出了影响设备复杂度的 NB-IoT 设计参数摘要，包括 3GPP Release 13 NB-IoT 设备类别 Cat-NB1 和 Release 14 Cat-NB2 的参数。

Cat-NB1 设备的软信道比特数基于使用的 NPDSCH TBS 最大值 680 比特，并附有 24 个循环冗余校验比特，然后通过 LTE 速率 1/3 咬尾卷积码（TBCC）进行编码，从而产生最大 2112 个编码比特。速率匹配（通过打孔或重复）将编码比特的实际数量与根据 NPDSCH 资源分配的可用比特集进行匹配。这会导致编码率低于或高于原始编码率的 1/3。在小于 1/3 的编码率的情况下，将有比 2112 多的编码比特。但是，可以由设备解码器处理速率匹配过程，首先是组合重复的比特。因此，从根本上说，Cat-NB1 设备的解码器缓冲区可以基于速率 1/3 TBCC 来确定大小，以支持 2112 个软比特，如表 6.32 所示。

关于基带复杂度，最值得注意的操作是连接模式期间的快速傅里叶变换（FFT）和解码操作，以及在小区选择和重选过程中的 NPSS 同步。

在 NB-IoT 中，原则上仅需要 16 点 FFT。N 点 FFT 的复杂度为 $6N\log_2 N$ 个实值运算。每个子帧有 14 个 OFDM 符号，因此 FFT 解调的复杂度约为每个子帧 5376 次实值运算。

这里使用的 TBCC 是一种 64 状态代码，它可以使用 2 次网格环绕来解码[15,16]。对于 Cat-NB1 设备，要解码最大 680 比特的 TBS，实际上是需要处理 $(680 + 24) \times 2 \times 64 = 90\,112$ 个状态度量。处理每个状态所涉及的运算是计算合并到该状态的两个路径度量，然后选择一个幸存路径。这需要进行 3 次实值运算。因此，解码 TBS 680 比特的复杂度约为 270k 次运算。考虑到 Cat-NB1 设备最耗费计算的情况，该设备在 3 个 NPDSCH 子帧中接收 TBS 680 比特，并且在发出 HARQ-ACK 信号之前有 12 ms。FFT 和 TBCC 解码的复杂度大约为：

$$\frac{5376 \times 3 + 270\,000}{(3+12) \times 10^{-3}} \approx 19.1 \text{ MOPS} \qquad (6.1)$$

关于小区选择或重选过程，复杂度由 NPSS 探测来决定，这要求设备在每个采样时间间隔内计算一个相关值。在文献 [17] 中，NPSS 探测的复杂度小于 30 MOPS（每秒百万次运算）。另外注意，设备不需要同时探测 NPSS 并执行其他基带任务。

考虑到上述的最耗费计算的基带功能，NB-IoT 设备的基带实现复杂度可低于 30 MOPS。

表 6.32　NB-IoT Cat-NB1 和 Cat-NB2 设备复杂度

参数	取值
双工模式	半双工
半双工操作	类型 B
设备接收天线数目	1

（续）

参数	取值
功率等级	20 dBm、23 dBm
最大带宽	180 kHz
下行链路最高调制阶数	QPSK
上行链路最高调制阶数	QPSK
最大支持的 DL 空间层	1
最大 DL TBS 大小	Cat-NB1: 680 bit
	Cat-NB2: 2536 bit
HARQ 进程数目	Cat-NB1: 1
	Cat-NB2: 1 或 2
DL 物理层峰值数据速率	Cat-NB1: 226.7 kbps
	Cat-NB2: 258.0 kbps
DL 信道编码类型	TBCC
物理层内存需求	Cat-NB1: 2112 软信道比特
	Cat-NB2: 6400 软信道比特
层 2 内存需求	Cat-NB1: 4000 字节
	Cat-NB2: 8000 字节

6.9 NB-IoT 符合 5G 性能需求

大约 20 年前，宽带码分多址无线接入技术是按照 ITU IMT-2000 的需求发展起来的。宽带码分多址技术通常被称为第三代（3G）蜂窝技术，该技术将蜂窝用例从语音通信和短文本消息的范围扩展到了视频电话和移动互联网。又一个十年，国际电信联盟又提出了一组新需求，即 IMT-Advanced，以反映 LTE 无线接入技术的发展。LTE 是第四代（4G）蜂窝技术，可显著增强在互联网上浏览和传输高分辨率、高保真流媒体等多媒体内容的用户体验。之后的十年，2017 年 11 月，国际电信联盟发布了一系列新需求——IMT-2020[18]，除了进一步增强移动宽带服务外，还将蜂窝技术扩展到机器类通信（MTC）和物联网（IoT）。ITU IMT-2020 的需求通常称为 5G 需求。

如第 5 章所述，NB-IoT 自首次引入以来就增加了许多功能，增强了其在所有相关方面的性能。它已经很好地满足了 5G 对 mMTC 的需求。

本节将展示 NB-IoT 如何满足 5G mMTC 的性能需求。根据文献 [18]，5G mMTC 无线接入技术需要满足连接密度的需求：100 万个设备 /km²。除了连接密度需求，3GPP 还设置了覆盖范围、数据速率、时延和电池寿命方面的需求。实际上，这些需求与 Release 13[1] 中蜂窝物联网的性能目标是相同的，前面的章节已经进行了描述。但是，ITU 和 3GPP 5G 的评估假设与 Release 13 蜂窝物联网研究中使用的内容确实有一些不同。我们将在 6.9.1 节中讨论最主要的差异。评估结果将在 6.9.2 节中介绍。

6.9.1   5G mMTC 评估假设的差异

一个主要区别是基站和设备端的 NF 假设。在文献 [1] 和本章前面介绍的所有结果中，NF 基站和设备分别为 3 dB 和 5 dB。在 5G mMTC 评估中，假定基站和设备的 NF 分别为 5 dB 和 7 dB。基站和设备上 2 dB 的 NF 提升，使得无线性能需求更具挑战性。

信道模型是另一个区别。5G 评估基于新的信道模型，见文献 [19] 中的定义。在国际电信联盟定义的 IMT-2020 mMTC 评估中，采用了城市宏站（UMA）部署方案，包括采用了 500 m 和 1732 m 的站点间距离（ISD）[18, 20]。这个定义的部署方案和大范围的信道模型产生了图 6.11 中所示的 4 种不同的耦合增益分布。此外，还定义了新的小范围快速衰落模型，相比前面假定的典型城市信道，它的方均根值（RMS）延迟扩展大大缩短。

所有的评估均基于基站中下行链路每个 NB-IoT 载波的总发射功率 35 dBm 和设备的上行链路的 23 dBm 功率电平。

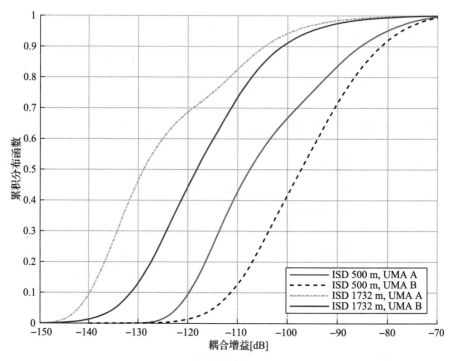

图 6.11   ITU 定义的 IMT-2020 mMTC 评估产生的耦合增益的累积分布函数

6.9.2   5G mMTC 性能评估

如 5.4 节所述，在将 LTE 频谱完全重耕为 5G NR 后，有许多 NB-IoT 和 NR 共存的选项。在众多共存方案中，一个有吸引力的选择是将 NB-IoT 载波配置在 Guard-band 运行模式。首先，Guard-band 运行模式中的栅格偏移选项有助于实现 NB-IoT 和 NR 载波之间的子载波网格对齐。其次，Guard-band 运行模式能够使 NB-IoT 充分利用 NB-IoT 子帧中的所有资源元素。这样当 LTE 载波不再与 NB-IoT 共存时，没有资源元素被 LTE CRS 或者 PDCCH 占用。因此，本节介绍的结果基于将 NB-IoT 载波配置为 Guard-band 运行模式。

6.9.2.1 连接密度

ITU 流量模型是每个用户每 2 小时发送一个 32 字节的层 2 分组数据包。在这种情况下，所需的连接密度需要通过服务质量来实现：保证至少 99% 的数据包会在 10 s 内成功收到。

评估基于图 6.6 中所示的用户面 RRC 恢复流程，时延定义为从设备发起小区获取到上行数据包被基站成功接收的时间。表 6.33[20] 显示了基于动态流量建模的评估结果。对于 500 m 的站点间距离，只需一个 NB-IoT 非锚点载波足以满足所需的连接密度；更稀疏的站点间距离为 1732 m 的基站部署，15 或 11 个 NB-IoT 非锚点载波是必需的。除了非锚点载波之外，还需要配置锚点载波用于 NPSS、NSSS、NPBCH 以及系统信息的传输。

表 6.33   满足 5G mMTC 100 万个设备 /km² 的连接密度所需的 NB-IoT 非锚点载波数目

站点间距离 [m]	所需的 NB-IoT 载波数目	
	UMA-A	UMA-B
500	1	1
1732	15	11

6.9.2.2 覆盖范围

如 6.9.1 节所述，基站和设备的 NF 提升 2 dB，将使覆盖面临挑战。为了解决这个问题，我们假设基站配备了 4 个发送天线和 4 个接收天线。在今天的 LTE 网络中，许多基站使用 4 个或更多的天线。我们还期待在移动宽带容量需求的推动下，先进的天线功能（包括部署更多数量的天线）能够向前发展，并在更多基站上使用。因此，当 NB-IoT 共享用于移动宽带服务的相同基站无线设备时，就像目前大多数 NB-IoT In-band 和 Guard-band 模式的部署一样，它将受益于更多基站天线的部署。尽管使用更多的基站接收天线会使所有 NB-IoT 上行链路受益，但在下行信道中，根据 NB-IoT 规范 NPBCH、NPDCCH 和 NPDSCH，仅限使用两个发射天线端口。因此，对于 NPBCH、NPDCCH 和 NPDSCH，使用两个以上的发射天线不能提供更高的分集度。但是，这样的限制不适用于 NPSS 和 NSSS，因此通过使用两个以上的发射天线，可以提高获取的性能。这些限制和潜力被考虑在我们的覆盖范围评估中。

基于文献 [19] 中指定的信道模型，假设方均根时延为 363 ns，根据文献 [21]，多普勒扩展为 2 Hz，NB-IoT 覆盖性能见表 6.34。当实现所需的同步或误块率（BLER）性能时，所有物理信道均满足 MCL 164 dB 的目标。

表 6.34　NB-IoT 覆盖

性能 / 参数	下行链路覆盖				上行链路		
	NPSS/NSSS	NPBCH	NPDCCH	NPDSCH	NPRACH	NPUSCH F1	NPUSCH F2
TBS[bit]	—	24	23	680	—	1000	1
带宽 [kHz]	180	180	180	180	3.75	15	15
功率 [dBm]	35	35	35	35	23	23	23
NF[dB]	7	7	7	7	5	5	5
发射 / 接收	4/1	2/1	2/1	2/1	1/4	1/4	1/4
发送 / 获取时间 [ms]	1280	1280	512	1280	205	2048	32
BLER	10%	10%	1%	10%	1%	10%	1%
SNR[dB]	−14.5	−14.5	−16.7	−14.7	−8.5	−13.8	−13.8
MCL[dB]	164	164	166.2	164.2	164.8	164	164

6.9.2.3　数据速率

依据表 6.34 中的覆盖结果，考虑 6.3 节中详细讨论的时序关系，并假设传输块包含 5 字节无线协议开销，MAC 层数据速率分别为下行 299 bps 和上行 293 bps。不包括 5 字节的开销，下行链路和上行链路吞吐量变为 281 bps。因此，满足了 160 bps 的最低数据速率要求。

6.9.2.4　时延

对于时延评估，RRC 恢复协议和数据提前传送（EDT）协议都进行了评估。RRC 恢复协议的时延评估遵循 6.4 节中的描述。EDT 协议是 3GPP Release 15 中引入的增强功能，如图 6.12 所示。EDT 协议允许将上行链路数据与 Msg3 中的 RRC 连接恢复请求消息一起发送。因此，在这种情况下，时延的测量为从 NPSS 同步开始到基站在 Msg3 中接收到上行链路数据为止。见文献 [22]，采用 RRC 恢复协议传送 105 字节的 MAC PDU 时时延为 9.0 s，采用 EDT 协议时时延为 5.8 s。两者都低于最大允许时延 10 s。

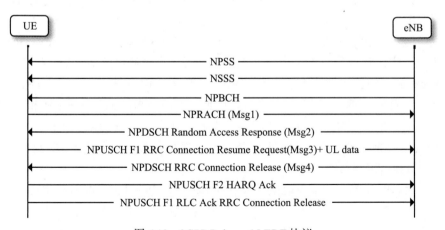

图 6.12　3GPP Release 15 EDT 协议

6.9.2.5　电池寿命

基于用户面 RRC 恢复流程评估 NB-IoT 设备可实现的电池寿命如图 6.6 所示，功耗和流量模型的描述见 6.5 节。在文献 [22] 中，对于假设的电池容量 5 Wh，电池寿命可达 11.8 年。这完全满足所需的 10 年电池寿命的目标。

参考文献

[1] Third Generation Partnership Project, Technical Report 45.820, v13.0.0. Cellular system support for ultra-low complexity and low throughput internet of things, 2016.

[2] A. Adhikary, X. Lin, Y.-P. E. Wang. Performance evaluation of NB-IoT coverage, In: Proc. IEEE Veh. Technol. Conf., Montreal, Canada, September 2016.

[3] R. Ratasuk, N. Mangalvedhe, J. Kaikkonen, M. Robert. Data channel design and performance for LTE narrowband IoT. In: Proc. IEEE Veh. Technol. Conf., Montreal, Canada, September 2016.

[4] R. Ratasuk, B. Vejlgaard, N. Mangalvedhe, A. Ghosh. NB-IoT system for M2M communication, In: Proc. IEEE Wireless Commun. and Networking Conf., Doha, Qatar, April 2016.

[5] Third Generation Partnership Project, Technical Specifications 05.05, v8.20.0. Radio access network; radio transmission and reception, 2005.

[6] Ericsson. R1-1804159, System information acquisition time reduction for NB-IoT, 3GPP TSG RAN1 Meeting #92bis, April 2018.

[7] X. Lin, A. Adhikary, Y.-P. E. Wang. Random access preamble design and detection for 3GPP narrowband IoT systems. IEEE Wireless Commun. Letters, December 2016, Vol. 5, No. 6, pp. 640−643.

[8] Third Generation Partnership Project, Technical Specifications 36.331, v15.3.0. Evolved universal terrestrial radio access (E-UTRA) and evolved universal terrestrial radio access network (E-UTRAN); radio resource control (RRC); protocol specification, 2018.

[9] Ericsson. R1-1705189, Early data transmission for NB-IoT, 3GPP TSG RAN1 meeting #88, 2017.

[10] Ericsson. R1-1701044, On mMTC, NB-IoT and eMTC battery life evaluation, TSG RAN1 Meeting NR #1, 2017.

[11] Third Generation Partnership Project, Technical Report 38.913, v14.1.0. Study on scenarios and requirements for next generation access technologies, 2016.

[12] Ericsson. R1-1703865, On 5G mMTC requirement fulfilment, NB-IoT and eMTC connection density, 3GPP TSG RAN1 meeting #88, 2017.

[13] Third Generation Partnership Project, Technical Specifications 36.104, v15.5.0. Group radio access network; E-UTRA, UTRA and GSM/EDGE; multi-standard radio (MSR) base station (BS) radio transmission and reception, 2018.

[14] Ericsson. R1-1608698, OTDOA Performance for NB-IoT, 3GPP TSG RAN1 Meeting #87, 2016.

[15] Y.-P. Wang, R. Ramesh, A. Hassan, H. Koorapaty. On MAP decoding for tail-biting convolutional codes. In: Proc. IEEE Information Theory Symposium, 1997.

[16] Ericsson. R1-073033, Complexity and performance improvement for convolutional coding, 3GPP TSG RAN1 Meeting #49bis, 2007.

[17] Qualcomm. R1-161981, NB-PSS and NB-SSS design, 3GPP TSG RAN1 NB-IoT meeting#2, 2016.

[18] ITU-R, Report ITU-R M.2410-0. Minimum requirements related to technical performance for IMT-2020 radio interface(s), November 2017.

[19] Third Generation Partnership Project, Technical Report 38.901, v14.3.0. Study on channel model for frequencies from 0.5 to 100 GHz, December 2017.

[20] Third Generation Partnership Project, Technical Report 37.910, v1.1.0. Study on self evaluation towards IMT-2020 submission, December 2018.

[21] ITU-R, Report ITU-R M.2412-0. Guidelines for evaluation of radio interface technologies for IMT-2020, October 2017.

[22] Ericsson. R1-1903119, IMT-2020 self-evaluation: mMTC coverage, data rate, latency and battery life, 3GPP TSG RAN1 Meeting #96, March 2019.

第7章

LTE URLLC

摘　要

本章介绍 LTE 技术如何向超可靠低时延通信进行演进。它先通过背景介绍，说明为什么 LTE 技术会有如此重要的一步演进。接着详细介绍由于演进所导致的物理层设计的变化和对空闲模式及连接模式过程的影响。这涉及从物理信道的详细设计到资源分配的所有方面。本章假设读者具备一些基本的 LTE 知识，主要关注在"传统 LTE"基础上引入的变化。

7.1　背景

在 3GPP RAN 规范 Release 15 中，物联网的工作从专注于底层的物联网频谱（超低设备成本、对时延没有严格要求等），扩展到满足更关键的 IoT 应用。关于这方面的更多背景知识，见第 1 章和第 2 章。LTE 作为迄今为止最先进的 3GPP 技术，已经在全球范围内取得巨大成功，顺理成章，我们可以将该技术进一步扩展以支持更多关键物联网应用。同时，对 NR 的研究也已经开始展开，见第 2 章。另外，对关键物联网应用的介绍，见第 9 章。

为了理解为什么 LTE 规范需要根据 cMTC 应用和业务进行重大改进，让我们首先了解一下 URLLC。URLLC 的意思是超可靠低时延通信（Ultra-Reliable and Low Latency Communication）。从 RAN 的角度，为了使无线链路更加可靠，需要提高无线信号质量（即 SINR），这样将会迅速降低传输的错误率。然而，超可靠业务需要非常高的 SINR，而这将导致蜂窝网络产生很多覆盖漏洞，从而无法实现可靠通信。进一步，如果想利用基于时间的重传（本书中用于提高可靠性的多种技术之一）来提高可靠性，就会直接增大时延。此外，如第 1 章和第 2 章中所述，LTE 规范 Release 14 无法达到 IMT-2020 对低时延的极端要求（1 ms 的上限），因为空口传输的最短时间是 1 ms（IMT-2020 要求还包括对齐延迟和处理时间）。然而，需要指出的是，LTE URLLC 的目标不仅是为了满足 IMT-2020 的苛刻要求，也要能够支持其他不需要低时延或高可靠性的用例。当然，IMT-2020 的要求是最严格的，因此，LTE 演进在很大程度上是要考虑这个要求的。

基于对 LTE Release 14 的限制以及 URLLC 性能目标的了解，3GPP Release 15 将实现 IMT-2020 URLLC 需求的工作分为两个阶段：

- 第一阶段涉及减少空口时延，这部分工作包含在 "Shortened TTI and processing time for LTE" 工作项中[1]。工作内容主要包括缩短现有（3GPP Release 14 以来）基于子帧的空口传输时延，改善设备在连接态的处理时延。为时隙操作和子时隙操作定义了两个新的传输持续时间，也称为短 TTI（sTTI）。这项工作的主要动机是提高类 TCP 应用的用户吞吐量（在启动阶段需要加速周转来提高吞吐量），同时也为满足 IMT-2020 URLLC 要求（见第 1 章和第 2 章）进一步增强 LTE。后者是本书的重点。

- 第二阶段致力于提高可靠性，这将在 "Ultra Reliable Low Latency Communication for LTE" 工作项中完成[2]。

需要注意的是，上面所说的 LTE 增强工作仅限于连接态下的设备，改进工作不涉及 PSS/ 同步信号（主同步信号和辅同步信号）、物理广播信道、物理控制格式指示信道和物理随机接入信道、初始接入过程，以及 SIB（系统信息块）信令和寻呼过程。一个例外是减少控制面时延的工作，见 7.3.1.1 节，通过减少处理次数来达到 IMT-2020 控制面时延要求[3]。

下一章将不区分具体功能在 3GPP 的出处，即源自哪个工作项，但会基于 3GPP Release 15，对 LTE URLLC 功能进行完整介绍，包括 sTTI、URLLC 工作项和改进控制面时延等。

在本章中，术语短传输时间间隔（sTTI）是指将空中接口传输持续时间缩短到时隙或子时隙级别的功能。

这里假定读者具有基本的 LTE 知识，并且对 LTE 有广泛的了解，读者可以参考文献 [4] 来获取有关 LTE 的知识。本章重点解释 URLLC 设计与 Release 14 LTE 规范的区别。后者通常被称为 "传统 LTE"。

7.2　物理层

本节描述 LTE URLLC 的物理层。首先，向读者介绍 LTE 技术向 URLLC 演进的设计原则，然后详细回顾了所选择的最终设计方案。

除了 LTE 重新设计背后的主要思想之外，还向读者详细回顾了物理资源、下行链路和上行链路物理信道的变化，以及缩短传输时间对处理时间轴和时间提前量的影响。

7.2.1　无线接入设计原则

大幅改善空中接口延迟和提高可靠性对整个系统设计有着重大影响，可从后面的章节看出来。因此，需要定义一些设计原则来确保系统正常运行：

- **后向兼容性**：一个原则是 LTE URLLC 与传统 LTE 之间的共存。也就是说，从运营商和最终用户的角度来看，在网络中引入 URLLC 操作应该是尽可能无缝的。在网络中，支持 URLLC 的设备普及率将逐渐增加，因此需要单独的资源来支持 URLLC 功能，而这将对网络运行产生巨大的影响。此外，即使设备支持 URLLC，它也不总是工作在最佳模式，例如，需要考虑在空中接口上使用较短的 TTI 所产生的控制信道开销。也就是说，在支持 sTTI 的网络中采用 sTTI 设备预计将会同时进行子帧操作和 sTTI 操作。
- **回退到子帧操作**：同样重要的是，允许网络从 sTTI 操作回退到子帧操作，例如，允许更健壮的操作、减少控制信令重载运行模式和允许 RRC 重新配置。
- **连接模式的改进**：提高空闲模式的可靠性对系统的设计有很大的影响。在空闲模式下，通常使用广播 / 多播信道，而这将直接影响系统中的所有用户，例如传输持续时间改变。因此，在时延方面，仅对初始接入过程（见 7.3.1.1 节）进行了改进，以满足 IMT-2020 对控制面时延的要求（见第 2 章）。需要注意，所有与可靠性相关的改进都只针对连接模式。

7.2.2　物理资源

为了满足 IMT-2020 对无线协议层的 1 ms 的时延要求（见第 1 章），空口上的延迟需要显著小于 1 ms。考虑到 LTE 中的子帧已经是 1 ms，必须缩短数据信道（PDSCH/PUSCH）的传输持续时间。为了限制 URLLC 引入的网络复杂度，但同时允许足够的灵活性，在下行物理共享信道（PDSCH）和上行物理共享信道（PUSCH）定义了两个附加传输持续时间：时隙传输和子时隙传输。在 LTE 中，时隙已经被定义为由子帧分成的两个相等的部分（每个部分的持续时间为 0.5 ms），但是典型的数据信道传输仍然受限于子帧的持续时间，而这将随着 sTTI 的引入而改变。由于 URLLC 的引入，时隙进一步被分成三个子时隙，每个时隙包含两个或三个符号（symbol）的持续时间（duration）。LTE 中的新的无线帧如图 7.1 所示。

从图 7.1 中可以看出，已经定义了两种不同的子时隙模式，它们的用法取决于传输是在上行链路还是下行链路中进行，如果是下行链路，数据传输在哪个符号中开始（在 3GPP 规范中，此符号索引称为 $l_{DataStart}$），通常取决于 PDCCH 使用的符号数量，见表 7.1。

可以注意到，3GPP 规范并未提及如何使用不同的"子时隙模式"，但实际上从规范中可以看到设计的思路。

图 7.2 表明，对于下行链路，根据数据传输方向和数据起始的符号索引来决定可用时隙。可以看出，根据数据的起始符号索引，下行链路中的子时隙号以"0"或"1"开头。需要注意的是，从子时隙 2 开始，子时隙边界是对齐的。

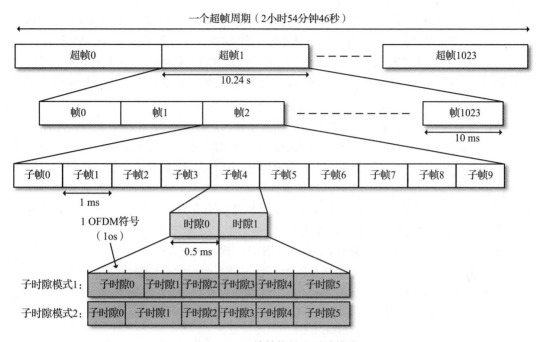

图 7.1　LTE 帧结构的子时隙模式

表 7.1　基于数据符号起始位置和传输方向的子时隙模式用法

方向	子帧的数据符号的起始索引（$l_{DataStart}$）	子时隙模式
上行链路	0	1
下行链路	1	1
	2	2
	3	1

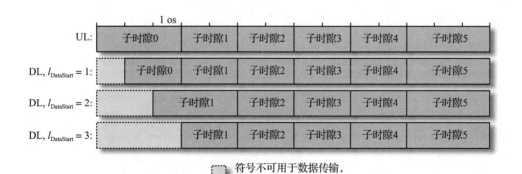

图 7.2　子时隙数据传输与方向有关

这种设计可能看起来很复杂，在子帧中具有不同的子时隙长度，并且根据特定的条件使用不同的子时隙模式。这样做的主要原因是要遵守 7.2.1 节中提到的后向兼容设计原则。在下行链路中，LTE 中的数据传输可以从不同的符号索引开始，不过从第一个符号开始，最多到第三个符号（sTTI 操作中不支持四个符号 PDCCH）有可能会被 PDCCH 占用，从而将使得这些被占用的符号被排除在可能的数据传输之外。由于子时隙边界与时隙边界对齐，因此不可能将一个时隙的七个符号分割为偶数个子时隙。

在传统 LTE 中，通过包含 CFI 的物理控制格式指示信道信令来控制下行链路控制区域的大小。由于跟随在 CFI 之后的下行链路数据的起始位（$l_{DataStart}$）确定了子时隙模式（见图 7.2），并且由于 PDCCH 映射随控制区域的大小而变化，因此需要设备在处理其余子帧之前，需先获取 CFI。虽然引入下行数据重传（见 7.2.3.3 节）和利用多次尝试来动态改变 TTI（DCI）解码会提升可靠性（见 7.2.3.3 节），但是这会导致 CFI 接收成为瓶颈。为避免这种情况，可以由 RRC 为每个设备配置 CFI（然后由 CFI 确定 $l_{DataStart}$）。一旦配置了 CFI，就不再期望该设备从 PCFICH 解码 CFI，从而消除了潜在的瓶颈。

还有一些限制条件来减少复杂性。例如，在子时隙或时隙操作的情况下，不支持使用扩展循环前缀。这是由于 sTTI 操作所带来的链路预算减少（见第 8 章），并且扩展循环前缀主要用于较大的小区范围。

7.2.3　下行物理信道和信号

在启用 sTTI 的情况下，下行链路中使用的物理信道集合如图 7.3 所示。与物理信道相关的传输信道和逻辑信道请参阅 3.2.4 节。

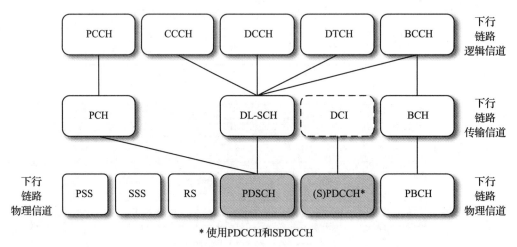

* 使用 PDCCH 和 SPDCCH

图 7.3　LTE URLLC 下行物理信道（与传统 LTE 相比受影响的信道）

随着 LTE URLLC 的引入，下行链路上受影响的信道是下行物理共享信道（PDSCH）和短下行物理控制信道（Short Physical Downlink Control CHannel，SPDCCH），其中 SPDCCH

是全新的物理信道。

使用时隙或子时隙持续时间发送的 PDSCH 分别被称为时隙 PDSCH 和子时隙 PDSCH。类似地，对于下行链路控制，时隙 SPDCCH 和子时隙 SPDCCH 用于特定的传输持续时间。

7.2.3.1　下行参考信号

子帧	DMRS——任意子帧 CRS——不在MBSFN子帧中
子载波间隔	15 kHz
CRS带宽	全系统带宽
DMRS带宽	与关联的SPDCCH/PDSCH相同
CRS频率位置	在每个PRB中，见图3.9
DMRS频率位置	在受影响的PRB中，见图7.4（子时隙）和图7.5（时隙）

可以将用于 PDSCH 和 SPDCCH 的参考信号配置为小区特定参考信号（CRS）或设备特定解调参考信号（DMRS）。

在 LTE URLLC 中，CRS 的定义和到物理资源的映射不会改变，并且与传统 LTE 相同，这在 3.2.4.3 节中进行了介绍。

然而，DMRS 的映射随着时隙和子时隙传输的使用而改变。重新定义 DMRS 的原因主要是为了避免比 DMRS 更早到达的 OFDM 符号在接收机产生延迟和缓冲，并且保证尽可能准确的信道状态信息。

在基于 DMRS 的下行链路传输的情况下，设备可以假定 DMRS 的预编码器和网络使用的有效负载在 PRB 的预定义集合上相同。这被称为预编码器资源组（Precoder Resource Group，PRG），并且对于子时隙 / 时隙 PDSCH 和相关的基于 DMRS 的 SPDCCH，始终将其设置为频率上的两个资源块。使用大于 1 的 PRG 可降低设备的信道估计的复杂度。给定的 PRG 是相对于物理资源网格（而不是相对于资源分配）定义的，因此 PRG k 包含物理资源块（PRB）$2k$ 和 $2k + 1$。使用大小为 2 的 PRG 就可以利用频率上两个连续资源块的 DMRS 模式。这有助于避免在 DMRS 资源的频率范围"超出"资源要素（RE）的情况下，对信道估计进行外推所导致的信道估计误差。同时保持 DMRS 密度较低（与在单个资源块上的 DMRS 模式相比）。例如，在图 7.4 中，DMRS 范围之外的 RE 在基线模式和模式 v2 的频率范围的高端仅有一个。

可能的子时隙 PDSCH DMRS 模式如图 7.4 所示。最多定义四个天线端口（在 MIMO 传输的情况下，每层使用一个端口）。在 2 层传输的情况下，使用正交覆盖码（OCC）在两个 OFDM 符号上复用两个端口 7 和 8。顾名思义，用于重传符号的编码是正交的，有关详细信息，见文献 [4]。

在 4 层传输的情况下，同一时间的 OCC 会利用第二对端口 9 和 10，第二对端口位于频率上的其他位置。

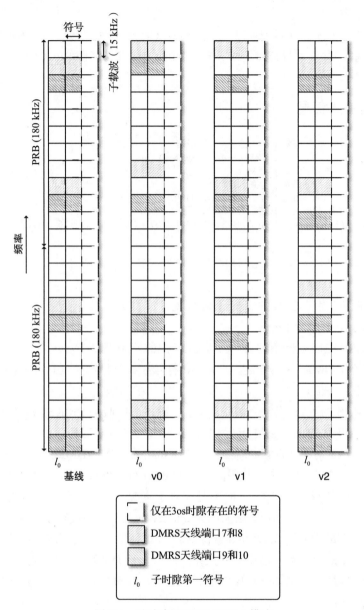

图 7.4   子时隙 PDSCH DMRS 模式

根据预定义的规则选择使用四种 DMRS 模式中的哪一种。确定规则是为了避免对网络配置的过多限制，并确保后向兼容。

请遵循以下规则进行模式选择。

选择基线模式：

- 如果基准模式与在子时隙中既无 CRS 和也无配置 CSI-RS 的 RE 不重叠。

选择模式 v0、v1 和 v2：

- 在正常子帧中，如果基线模式与带 CRS 或配置 CSI-RS 的 RE 重叠。选择的适用模式取决于参数 v_{shift}（CRS 模式的频率偏移，见文献 [5]），其中 $mod(v_{shift}, 3) = x$ 确定要使用的偏移（v0、v1 或 v2）。

选择模式 v0：

- 在 MBSFN 子帧中，如果基线模式与配置 CSI-RS 的 RE 重叠（请注意，MBSFN 子帧中不存在 CRS）。

子时隙 DMRS 模式既用于子时隙 PDSCH 传输，又用于与子时隙或时隙传输相关的基于 DMRS 的 SPDCCH。

时隙 PDSCH DMRS 模式仅跨越一个资源块，如图 7.5 所示。在这种情况下，模式也遵循 v_{shift} 参数，即 $mod(v_{shift}, 3) = x$ 确定正常子帧中要使用的位移（v0、v1 或 v2）。在 MBSFN 子帧中，使用基线模式。

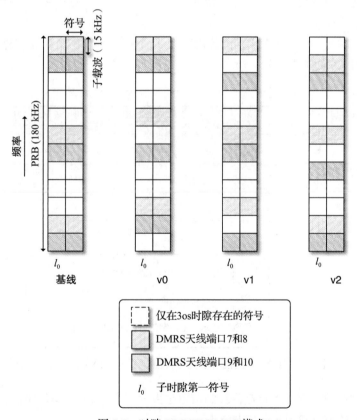

图 7.5　时隙 PDSCH DMRS 模式

如果 PDSCH 传输在子帧的第一时隙，则 DMRS 对被映射到时隙中的符号索引 3 和

4，而如果 PDSCH 传输在第二时隙，则将其映射到时隙的符号索引 2 和 3。

7.2.3.2　时隙 / 子时隙 SPDCCH

子帧	任意子帧
持续时间	1或2个OFDM符号（CRS）
	2或3个OFDM符号（DMRS）
重传	无
子载波间隔	15 kHz
带宽	任意大小——对于CRS粒度是一个PRB
	任意大小——对于DMRS粒度是两个PRB
频率位置	任意位置，要满足DMRS与PRG网格对齐

7.2.3.2.1　概述

对于 sTTI 操作，保持与子帧操作相同的下行链路控制信道将意味着该控制信道仅存在于子帧的第一个符号中。因此，数据传输的下行链路分配和上行链路授权的周期以 1 ms 为基础。这将避免减少设备被调度之前的对齐时间，并且可以对最终的时延施加非必要限制，见图 7.6 的上图。

为了确保低时延，引入了短周期的调度，为每个正在调度的子时隙或时隙引入了新的调度信息，如图 7.6 的下图所示。

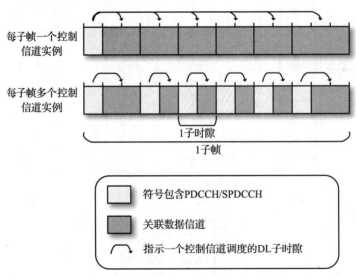

图 7.6　下行链路控制信道的可能选项（仅采用底部方法）

通过采用这样的措施，下行链路控制信道很大程度上为 sTTI 操作而重新设计。

本节介绍新的控制信道——SPDCCH。

然而，应当注意，与 sTTI 操作相关联的控制信息可以由 PDCCH 和 SPDCCH 携带。考虑到子帧中 PDCCH 到第一符号的映射，PDCCH 仅用于调度 sTTI # 0（在时隙和子时隙操作的情况下）。

7.2.3.2.2　SPDCCH 资源集

SPDCCH 包含在 SPDCCH 资源集中，即该 SPDCCH 可以被映射到的一组可能资源。资源集是通过具有以下配置选项的 RRC 信令配置的：

- SPDCCH 资源集所占用的频域中的资源块。
- 如果它是基于 DMRS 或基于 CRS 的参考信号：
  - 可以将基于 DMRS 的资源集配置为应用于所有子帧、仅 MBSFN 子帧或仅非 MBSFN 子帧。
  - 基于 CRS 的资源集仅适用于非 MBSFN 子帧（MBSFN 子帧中没有 CRS 传输）。此外，它可以通过配置映射到一个或两个符号。
- SPDCCH 资源集是分布式的还是局部的。
- 每个聚合等级（AL）的候选 SPDCCH 数以及每个 AL 的起始位置。
- RB 集的速率匹配模式。

本节将详细描述配置的细节。

在设备特定搜索空间中，设备可以为每个子帧类型（MBSFN 和非 MBSFN）配置最多两个 SPDCCH 资源集。在子时隙操作的情况下，配置适用于每个 SPDCCH 资源集的子时隙号。在图 7.7 中，SPDCCH 资源集 0 已配置为应用于子时隙号 0、2 和 5，因此 SPDCCH 资源集 1 应用于子时隙号 1、3 和 4。

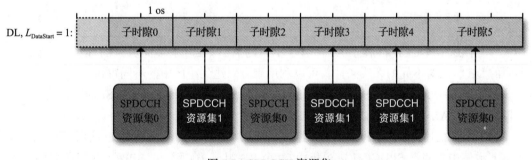

图 7.7　SPDCCH 资源集

可允许根据子时隙号使用不同的 SPDCCH 资源集，这主要是由于 SPDCCH 性能的潜在变化取决于其映射到的子时隙。由于 SPDCCH 围绕例如 CRS、DMRS 和 CSI-RS 进行速率匹配，所以给定 AL 的码率可能随时间变化，这是我们不希望的。为了对此进行补偿，可以使用两个资源集，其中一个资源集可以配置为具有较高的 AL，并且可以配置为应用于开销较大（速率匹配级别较高）的子时隙。

7.2.3.2.3　映射到物理资源

假设我们已为 SPDCCH 资源集配置了物理资源，则有多种方法可以将给定 SPDCCH

映射到资源集。如前所述，映射可以是分布式的也可以是局部的。何时使用哪个映射可能取决于多个因素，例如服务类型和参考信号类型。但是，对于满足 URLLC 要求的 cMTC 服务，使用基于 CRS 的信道估计的分布式映射将在开销和性能之间提供良好的平衡。使用分布式映射将增加分集，从而提高可靠性。

为了辅助映射，引入了短资源要素组（Short Resource Element Groups，SREG）和短控制信道元素（Short Control Channel Elements，SCCE）的概念（类似于传统 LTE 中使用的 REG 和 CCE）。

SREG 可以由在频率上映射到一个资源块的一个 OFDM 符号来定义。即，构成 SREG 的 RE 有 12 个。但是，如已经提到的，不是全部 12 个 RE 都可以用于 SREG，例如，CRS 可映射到相同的物理资源。对于一个给定的 SREG，SPDCCH 资源将被映射到最多 12 个 RE。

SCCE 可以看作 SPDCCH 的最小组成。每个 SCCE 包含一组 SREG。每个 SCCE 的 SREG 数量取决于 SPDCCH 资源集配置，如表 7.2 所示。

表 7.2   每个 SCCE 的 SREG 数量

参考信号类型	每个 SCCE 的 SREG 数量
CRS	4
DMRS	4[1]
	6[2]

[1]对应两符号长的子时隙或时隙操作。
[2]对应三符号长的子时隙。

每个候选 SPDCCH 都属于 AL。对于不同的 AL，聚合了不同数量的 SCCE。考虑到不同的 UE 将面对不同的无线条件，可以利用聚合以达到小区中的不同覆盖水平。

为候选 SPDCCH 定义的 AL 是 1、2、4 和 8。AL 对应于构成候选 SPDCCH 的 SCCE 数量，例如，AL 4 的 SPDCCH 由 4 个 SCCE 组成。

为了能够描述将候选 SPDCCH 映射到物理资源的位置，首先对 SREG 进行逻辑编号。在以下示例中，假设 SPDCCH 资源集由 20 个 RB 组成（实际上，SPDCCH 资源集的大小仅受系统带宽限制）。

根据 SPDCCH 的参考信号类型，以不同的方式对 SREG 进行编号：

● 对于基于 CRS 的 SPDCCH（见图 7.8），映射遵循频率优先、时间第二的原则。这将允许设备在接收映射到单个符号的候选 SPDCCH 后立即开始解码，而这也将有助于减少接收时间。在基于两个符号 CRS 的 SPDCCH 的情况下，编号在第二符号改变方向。对于映射在本地 SPDCCH 资源集的边缘并跨越两个符号的 SCCE 而言，这可以确保将它包含在同一资源块内。例如，如果 SCCE 被映射到 SREG 18 ～ 21，它将被映射到两个最高资源块。

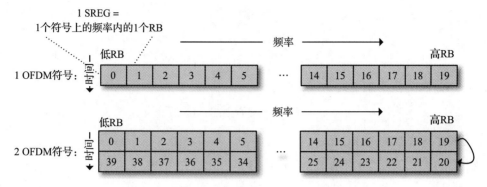

图 7.8　基于 CRS 的 SPDCCH 的 SREG 编号

- 对于基于 DMRS 的 SPDCCH（见图 7.9），该映射遵循时间优先、频率第二的映射原则。因为用于信道估计的 DMRS 符号被映射到整个子时隙，并且考虑到在执行信道估计之前需要接收 DMRS，所以使用频率优先、时间第二的映射不会带来好处。使用时间第一、频率第二映射将有助于获得 SPDCCH 频率的压缩映射。这是很有帮助的，因为当 eNB 了解信道情况并可以执行频率选择性调度时，就使用基于 DMRS 的 SPDCCH。

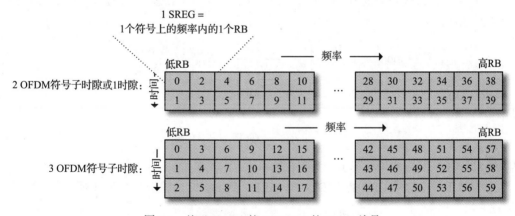

图 7.9　基于 DMRS 的 SPDCCH 的 SREG 编号

构造 SPDCCH 的下一步是 SREG 到 SCCE 的映射。有四种不同的配置会影响映射：
- 基于 CRS 的 SPDCCH，局部映射。
- 基于 CRS 的 SPDCCH，分布式映射。
- 基于 DMRS 的 SPDCCH，局部映射。
- 基于 DMRS 的 SPDCCH，分布式映射。

对于使用局部映射的基于 CRS 的 SPDCCH，与 SCCE 索引 n 对应的 SREG 索引由式（7.1）给出：

$$n \cdot N_{\text{SREG}}^{\text{SCCE}} + j \tag{7.1}$$

其中，

$$n = 0, \cdots, N_{\text{SCCE}} - 1$$

N_{SCCE} 是 SPDCCH 资源集中的 SCCE 数

$$j = 0, \cdots, N_{\text{SREG}}^{\text{SCCE}} - 1$$

$N_{\text{SREG}}^{\text{SCCE}}$ 是每个 SCCE 的 SREG 数。

在图 7.10 中示出了针对基于 2 符号 CRS 的 SPDCCH 的映射。

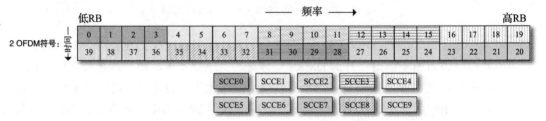

图 7.10   SREG 到 SCCE 的映射，对应 2 符号 SPDCCH 资源集的局部的基于 CRS 的 SPDCCH 示例

对于使用分布式映射的基于 CRS 的 SPDCCH，与 SCCE 索引 n 对应的 SREG 索引由式（7.2）给出：

$$\text{mod}\left(n, \left\lfloor \frac{N_{\text{RB}}}{N_{\text{SREG}}^{\text{SCCE}}} \right\rfloor\right) + \left\lfloor \frac{n}{\left\lfloor \dfrac{N_{\text{RB}}}{N_{\text{SREG}}^{\text{SCCE}}} \right\rfloor} \right\rfloor \cdot N_{\text{RB}} + j \cdot \left\lfloor \frac{N_{\text{RB}}}{N_{\text{SREG}}^{\text{SCCE}}} \right\rfloor \tag{7.2}$$

其中，

$$j = 0, \cdots, N_{\text{SREG}}^{\text{SCCE}} - 1$$

N_{RB} 是 SPDCCH 资源集中频率上的资源块数。

对于基于两个符号 CRS 的 SPDCCH，SREG 到 SCCE 的映射如图 7.11 所示。

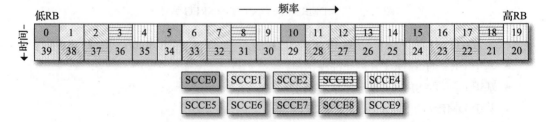

图 7.11   SREG 到 SCCE 的映射，对应 2 符号 SPDCCH 资源集的分布式的基于 CRS 的 SPDCCH 示例

对于使用局部映射或分布式映射的基于 DMRS 的 SPDCCH，对应于 SCCE 索引 n 的

SREG 索引由与基于 CRS 的局部映射（式（7.1））相同的公式给出，但是由于 SREG 编号是以时间优先的方式进行的，因此 SCCE 在频率上更加紧凑（比较图 7.10 和图 7.12），见图 7.12。

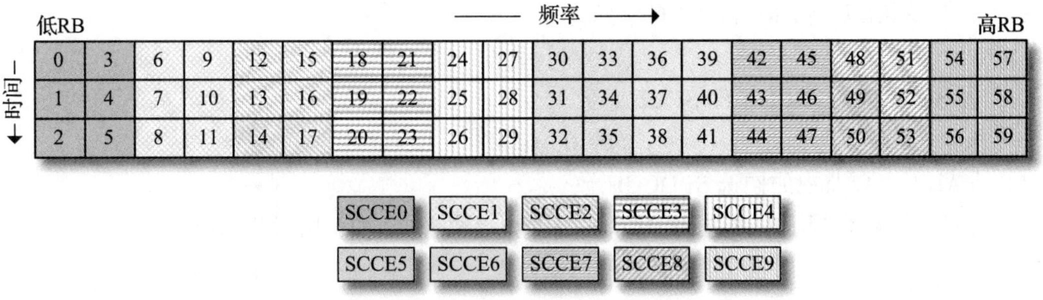

低RB						←——	频率	——→									高RB
0	3	6	9	12	15	18	21	24	27	30	33	36	39	42	45	48	51	54	57
1	4	7	10	13	16	19	22	25	28	31	34	37	40	43	46	49	52	55	58
2	5	8	11	14	17	20	23	26	29	32	35	38	41	44	47	50	53	56	59

（时间 ↓）

SCCE0	SCCE1	SCCE2	SCCE3	SCCE4
SCCE5	SCCE6	SCCE7	SCCE8	SCCE9

图 7.12　SREG 到 SCCE 的映射，对应 3 符号 SPDCCH 资源集的基于 DMRS 的 SPDCCH 示例

应当指出，到目前为止，SREG、SCCE 的构造及其在逻辑域中的映射并未说明将给定 SCCE 索引映射到物理资源的位置。但是，对于给定的 SPDCCH 资源集，这很容易得出。对于在上面的示例中 20 个资源块的 SPDCCH 资源集，只需对每个资源块从低频到高频进行映射。如图 7.13 所示，将基于 DMRS 的局部映射，映射到两个不同连续子带中的物理资源。

因此，可以看到，尽管 SREG 到 SCCE 的映射是局部的，但是根据 SPDCCH 资源集配置，到物理资源的实际映射仍然可以是分布式的。

对于基于 DMRS 的 SPDCCH 来说，需要对 SPDCCH 资源集配置进行限制，即 PRB 的配置实体必须不小于资源块的连续对（即同一 PRG，见 7.2.3.1 节）。

现在，让我们看一下 SCCE 到候选 SPDCCH 的最终映射。对于 AL 1 的候选 SPDCCH，我们已经给出了映射（因为 AL 1 的候选 SPDCCH 包括一个 SCCE，我们已经对其进行了映射），但是对于更高的 AL，我们需要确定构成给定 SPDCCH 的 CCE 索引。

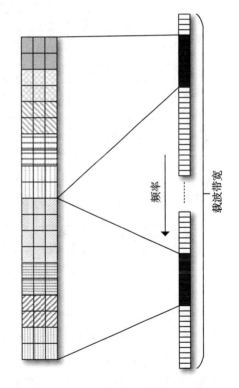

图 7.13　SCCE 到物理资源的映射

对于基于 CRS 的 SPDCCH，在给定时隙 / 子时隙中，对应于 AL L 处的 SPDCCH 搜索空间的候选 SPDCCH m，其逻辑 SCCE 索引由式

（7.3）给出：

$$\mathrm{mod}\left(\gamma^{(L)} + L \cdot \left(\mathrm{mod}\left(\frac{m \cdot N_{\mathrm{SCCE}}}{L \cdot M^{(L)}}, \left\lfloor \frac{N_{\mathrm{SCCE}}}{L} \right\rfloor\right) + i\right), N_{\mathrm{SCCE}}\right) \quad （7.3）$$

其中，$\gamma^{(L)}$ 是 AL L 上 RRC 配置的起始位置，

$$i = 0, \cdots, L - 1$$

N_{SCCE} 是 SPDCCH 资源集中的 SCCE 总数。

$$m = 0, \cdots, M^{(L)} - 1$$

$M^{(L)}$ 是 AL L 上要监视的候选 SPDCCH 数。

针对不同聚合等级的候选 SPDCCH 的结果（不同候选数）见图 7.14。

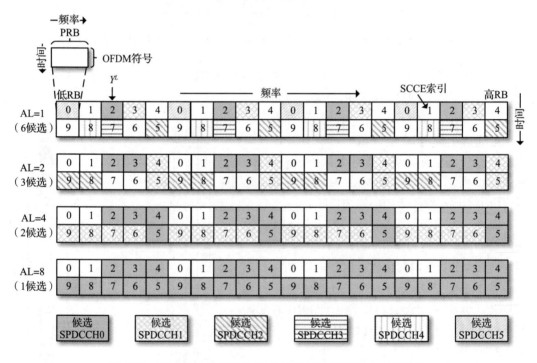

图 7.14 基于 CRS 的 SPDCCH 的候选 SPDCCH 及分布式映射

局部映射在此处未示出，但是可以利用相同的 SCCE 与 SPDCCH 关系推导出来。

对于基于 DMRS 的 SPDCCH 和局部映射，可以利用基于 CRS 的 SPDCCH 的公式来得到 SCCE 到候选 SPDCCH 的映射（式（7.3））。对于基于 DMRS 的 SPDCCH 和分布式映射，根据式（7.4）得到 SCCE 到候选 SPDCCH 的映射：

$$\mathrm{mod}\left(\gamma^{(L)}\left\lfloor \frac{m \cdot N_{\mathrm{SCCE}}}{L \cdot M^{(L)}} \right\rfloor, \frac{N_{\mathrm{SCCE}}}{L}\right) + i \cdot \left\lceil \frac{N_{\mathrm{SCCE}}}{L} \right\rceil \quad （7.4）$$

映射如图 7.15 所示。

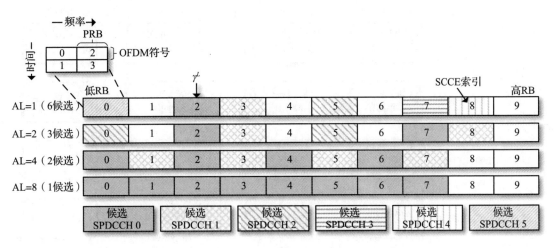

图 7.15　基于 DMRS 的 SPDCCH 的候选 SPDCCH 及分布式映射

候选 SPDCCH 到 RE 的映射遵从频率第一、时间第二的原则。

这意味着对于基于 CRS 的 SPDCCH 和局部映射，较高和较低 AL 之间的 RE 可以完全重叠，请参见图 7.16。因此，设备可能在网络发送的 AL 上存在歧义。

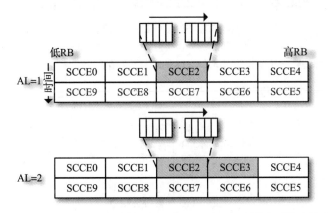

图 7.16　基于 CRS 的 SPDCCH 的不同候选 SPDCCH 的 RE 重叠及无修改位映射的局部映射

为了解决这个问题，引入了 SREG 级的交织器。对于每个候选 SPDCCH，使用具有 L（即聚合等级）行和 4（基于 CRS 的 SPDCCH 的每个 SCCE 的 SREG 数）列的块交织器对 SREG 进行交织。

7.2.3.2.4　总结

为了将所有内容联系在一起，图 7.17 列出了根据 SPDCCH 资源集配置创建候选 SPDCCH 的不同步骤。

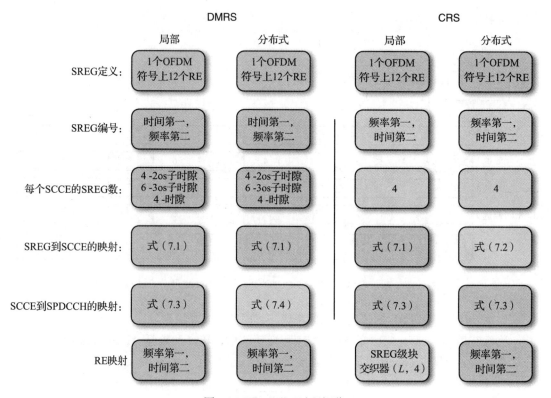

图 7.17 SPDCCH 过程概览

有关更多详细信息，请参见 7.2.3.2.2 ～ 7.2.3.2.3 节。

7.2.3.3 时隙 / 子时隙 PDSCH

子帧	任意子帧
基本TTI	子时隙或时隙
重传	最多6次
子载波间隔	15 kHz
带宽	见7.3.2.9.1节
频率位置	见7.3.2.9.1节

PDSCH 用于传输单播和广播数据。对于 sTTI，重点是单播传输。来自高层的数据包被分为一个或多个传输块（TB），PDSCH 一次传输一个 TB。sTTI 传输的 PDSCH 继承自 LTE，因此在本节中，由 sTTI 带来的差异将是本节的重点。有关 LTE 的 PDSCH 设计的更多详细信息，请感兴趣的读者参阅文献 [4]。

当使用子时隙和时隙操作来缩短传输持续时间时，与子帧传输相比，对于给定带宽的可用资源将大大减少。如果想要达到对不同的调制和编码方案（MCS）实现大致相同的码率，与子帧操作相比，需要减少映射到子时隙 / 时隙的信息位。为了减少对规范的影响，可以通过使用现有 LTE 规范中的 TBS 表来实现，但要根据传输是子时隙还是时隙，将 TBS 值缩放为固定因子 α：

- 时隙：$\alpha = 1/2$
- 子时隙：$\alpha = 1/6$

缩放后，将得到的 TBS 值四舍五入为现有表中最接近的有效 TBS 值。要注意到，这种方法将导致在不同的传输情况下的码率变化，例如，考虑开销和子时隙持续时间的缘故，实现简单的方案被选中。

对于传统 LTE，使用多天线发送或接收（即 MIMO）来支持多种传输模式。对基于 CRS 和 DMRS 的传输，最多支持四个 MIMO 层。无论 MIMO 层的数量如何，都使用单个码字。因此，对于每个接收到的下行链路 TTI，仅需要从设备上报单个 HARQ 位，从而改善了短上行物理控制信道（Short Physical Uplink Control CHannel (SPUCCH)）性能。

表 7.3 中列出了可支持的传输模式。sTTI 的下行链路传输模式与子帧操作分开配置。

表 7.3　时隙 / 子时隙 PDSCH 传输模式

传输模式	描述	备注
TM1	单天线传输	FDD, TDD
TM2	传输分集	FDD, TDD
TM3	基于开环码本的预编码 / 传输分集	FDD, TDD
TM4	基于闭环码本的预编码	FDD, TDD
TM6	基于 1 层闭环码本的预编码	FDD, TDD
TM8	基于非密码本的预编码，最多 2 层	TDD
TM9	基于非密码本的预编码，最多 4 层	FDD, TDD
TM10	基于非密码本的预编码，最多 4 层	FDD, TDD

5G URLLC（见第 8 章）对吞吐量的要求不高，但对可靠性的要求很高。增加分集通常会提高可靠性，因此，当主要关注可靠性时，需要采用传输分集。

PDSCH 到物理资源的映射遵循用于时隙操作的时隙边界和用于子时隙操作的子时隙布局，见图 7.2。

在 TDD 中进行时隙操作的情况下，DwPTS 在第一个时隙中支持 PDSCH 传输，特殊子帧配置 0 和 5 中除外；而在第二子时隙的特殊子帧配置 3、4 和 8 中支持 PDSCH 传输，见图 7.18。DwPTS 和 UpPTS 的两个时隙中的传输都是独立调度的。

对于基于 DMRS 的 PDSCH，当缩短传输持续时间时，自然会增加 DMRS 开销，这是因为至少一个 DMRS 符号应与每个子时隙 / 时隙的数据传输相关联。然而，当将传输持续时间减少到两个或三个符号时，如在子时隙操作的情况下，开销可能变得很大。为了解决这个问题，引入了共享机制以允许多个子时隙共享同一 DMRS。DMRS 可以在两个连续子时隙之间共享。DMRS 是否包含在给定的子时隙中，将通过 DCI 动态指示给设备。

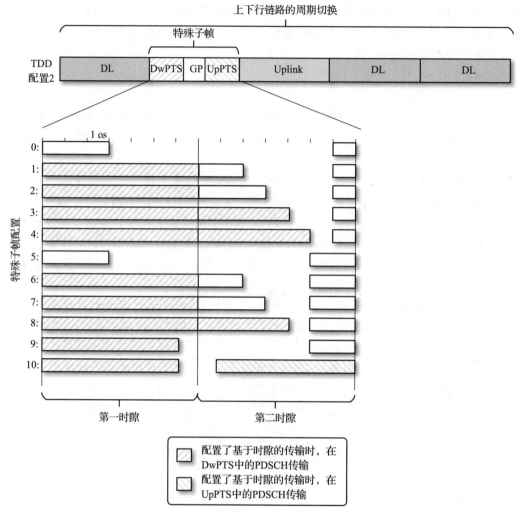

图 7.18　不同特殊子帧配置的时隙 PDSCH 传输

7.2.3.3.1　盲重传

为了提高 PDSCH 传输的可靠性，可以配置盲重传（没有 HARQ 反馈的重传）。这与 CIoT 技术中用于扩展覆盖范围的功能类似（即在给定可靠性要求的情况下降低 SNR）。这允许在设备端快速接收（不等待 HARQ 反馈）。缺点是需要更多资源。而基于 HARQ 的重传是从接收节点提供重发数据包的反馈，相比之下，必须选择盲重传的次数，以确保在最坏情况下的正确接收。如果在较少的重复次数之后接收到数据包，则剩余的重复次数会浪费资源。但是，考虑到某些高端 cMTC 服务所需的高性能，这点代价是可接受的。

为了实现盲重传，一种可行的方案是，由 DCI 指示从该 DCI 开始使用的重传次数。每增加一次重传，重传值就会减少。因此，设备仅需要检测和解码这些 DCI 之一即可了解剩余的重传次数。但是，如果错过了第一个 DCI，则也将错过相关的盲重传。因此，对于网络而言，要确保良好的下行链路控制接收以增加在*初始*传输中接收 DCI 的概率（确保接收所有盲重传），这点很重要。在对 DCI 进行解码之后，设备假定剩余重传的速率匹配和资源分配与收到 DCI 的 TTI 中所指示的相同。

DCI 可以指示传输次数是 1、2、3，以及 4 或 6。对于是 {4，6} 中的哪一个，则是由 RRC 信令配置的。

图 7.19 是一个示例，其中配置了四次传输。DCI 随着 TTI 的增加而减少盲重传的次数。在图的左侧，是网络的行为，而在右侧则是设备行为。在此假定设备错过了初始传输的 DCI，但在第一次盲重传中接到了。DCI 指示剩余两个重传。基于此以及如下知识：即剩余重传的资源分配和速率匹配遵循已解码的 DCI，可以将接收的剩余重传进行合并，以提高可靠性。

在盲重传的情况下，不能使用子时隙之间的 DMRS 共享来减少开销。

在盲重传的情况下，设备要上报的 HARQ-ACK 反馈的处理时间（见 7.2.5 节）要基于序列中的最后一次重传。

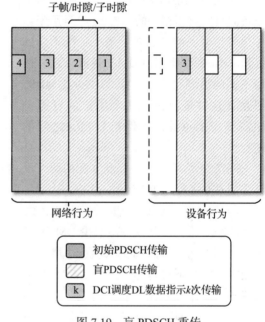

图 7.19 盲 PDSCH 重传

7.2.4 上行物理信道和信号

7.2.4.1 上行参考信号

子帧	任意子帧
子载波间隔	15 kHz
DMRS带宽	与关联的PUSCH/PUCCH相同
DMRS频率位置	与关联的PUSCH/PUCCH相同

对于传统的 LTE 操作，上行链路中的参考信号可利用分配给 UE 的带宽，在发送上行链路控制和上行链路数据的资源上发送。

与上行物理控制信道相关联的解调参考信号（DMRS）重用自传统 LTE。

与上行链路数据传输相关的参考信号可以利用在 OFDM 符号持续时间内在时域中使用的两个重传因子之一。在不使用重传因子的情况下，DMRS 会占用频率上的所有 RE，而如果使用时域重传，则会占用频率上的所有其他 RE。这源于傅里叶变换的特性，时域中的重传将对应于频域中的交织频域多址（Interleaved Frequency Domain Multiple Access，IFDMA）

调制（每个第 N 个子载波将被占用，在时域中转换为 ODFDM 符号内的 N 个重传）。

当使用来自单个用户的多层传输（SU-MIMO）时，不同层的 DMRS 利用循环移位来进行复用。只要传播信道的延迟扩散不超过在未配置 IFDMA 的情况下的循环移位，就可以在相同的物理资源上以正交的序列传输 DMRS。如果配置了 IFDMA，则在 IFDMA 配置中使用不同的循环移位和子载波偏移（也通常称为不同的"梳子"）对这些层进行复用。

是否使用 IFDMA 以及要应用的循环移位分别由 DCI 中的 1 位字段指示。

使用 IFDMA 的主要好处之一是两个设备间可以共享相同的 OFDM 符号用于参考信号传输，但可以在频率上分配不同的资源。如果不使用 IFDMA 调制（通过使用不同的循环移位），也可以共享 DMRS，但是在这种情况下，两个用户的资源分配需要完全重叠，以保持 DMRS 之间的正交性。

图 7.20 是基于不同资源分配的两个设备采用 IFDMA DMRS 传输。

与子时隙 PDSCH 传输一样（见 7.2.3.3 节），为了最大限度地减少 DMRS 开销，也可以在上行链路中跨子时隙共享 DMRS。如在下行链路中一样，DMRS 的共享被动态地指示给设备。但是，不是指示是否存在 DMRS，而是使用两位来提供使用不同子时隙分配的灵活性，从而提供不同级别的 DMRS 开销和调度选项。表 7.4 中显示了子帧中每个子时隙最多有四个组合。DMRS 最多可以在一个时隙的三个连续子时隙之间共享。

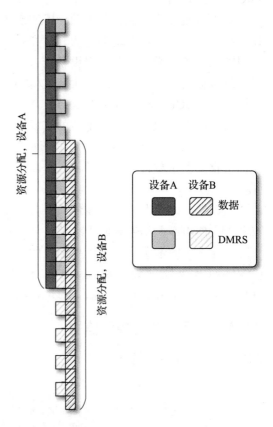

图 7.20　上行链路 IFDMA DMRS 传输

表 7.4　通过上行链路授权进行动态调度的 PUSCH DMRS 模式

比特值	子时隙 #0	子时隙 #1	子时隙 #2	子时隙 #3	子时隙 #4	子时隙 #5
00	R D D	R D	R D	R D	R D	R D D
01	D D R	D R	D D	D R	D R	
10		D D		D D|R	D D	
11		D D|R			D D|R	

注："R"代表 DMRS 符号，"D"代表数据符号，"|"代表子时隙边界。

图 7.21 是信令的图示。

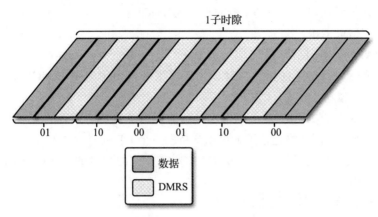

图 7.21　包括 DMRS 模式信令的子时隙 PUSCH DMRS 共享示例

在时隙操作的情况下，DMRS 开销不会改变，并且 DMRS 在每个时隙中是自包含的，其中 DMRS 符号在传统 LTE 子帧中的位置参见图 7.22。

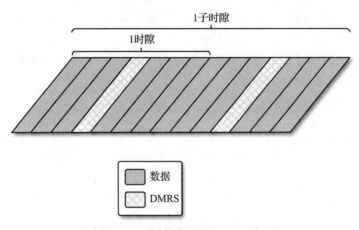

图 7.22　时隙操作时的 DMRS 位置

7.2.4.2　时隙 / 子时隙 SPUCCH

子帧	任意子帧
基本TTI	时隙/子时隙
重传	无
子载波	15 kHz
带宽	1 PRB（SPUCCH格式1/1a/1b/3） 1、2、3、4、5、6、8 PRB（SPUCCH格式4）
频率位置	任意PRB
跳频	如果适用，在两个PRB位置之间

7.2.4.2.1 概述

SPUCCH 用于承载以下类型的上行控制信息（UCI）：

- 上行调度请求（SR）
- 下行 HARQ-ACK 反馈

与 LTE 中的其他 PUCCH 相比，SPUCCH 不携带仅由子时隙 PUSCH 和时隙 PUSCH 携带的下行链路信道状态信息（CSI）。

存在不同的 SPUCCH 格式。不同格式之间的区别主要是所承载的 HARQ 位数和物理信道的复用率（即，在同一物理信道上可以支持多少个 UE 同时发送）。

SPUCCH 格式选择是基于要发送的 HARQ-ACK 位的数量的。HARQ-ACK 位字段的大小取决于多个因素：

- 在载波聚合的情况下所配置的载波数。
- 是否在下行链路中配置了子时隙操作，并且在上行链路中配置了时隙操作（见 7.3.2.1 节和 7.2.5 节），在这种情况下，三个下行链路子时隙的 HARQ-ACK 位由上行链路时隙 SPUCCH 承载。
- 是否在 SPUCCH 上带有子帧 HARQ-ACK 位（见 7.3.2.5 节）。
- HARQ-ACK 位的数量是基于配置的载波还是取决于检测到下行链路控制的载波（通常分别称为固定和动态码本大小）。

设备将结合上述因素来确定由时隙 SPUCCH/ 子时隙 PUCCH 携带的 HARQ-ACK 位的数量，并相应地选择 SPUCCH 格式。

表 7.5 总结了不同的 SPUCCH 格式。

表 7.5　SPUCCH 格式

SPUCCH 格式	应用范围	HARQ-ACK 大小 [bit]	资源块数	跳频
格式 1/1a/1b	子时隙 时隙	1 或 2	1	是 是或否
格式 3	时隙	3 ~ 11	1	否
格式 4	子时隙 时隙	≥ 3	1、2、3、4、5、6 或 8	否 是

对于时隙操作，如果同时配置了 SPUCCH 格式 3 和格式 4，则从第 12 位开始使用 SPUCCH 格式 4。

SPUCCH 所使用的信道编码是根据有效载荷大小确定的，与使用的格式 3 或格式 4 无关。Reed-Muller 码块用于 3 到 11 位的有效载荷。对于 12 ~ 22 位之间的有效载荷，将使用双 Reed-Muller 码（两次应用相同的码块），并且如果有效载荷大小超过 22 位，则使用具有 8 位 CRC 的尾部咬合卷积码。

对于所有 PUCCH 格式，RRC 信令最多可以配置四个时间 – 频率资源。要使用的资源用 DCI 中的 2 个位字段指示给设备。相同功能也存在于传统 LTE 中 PUCCH 格式 3。

7.2.4.2.2 SPUCCH 格式 1/1a/1b
7.2.4.2.2.1 时隙

时隙 SPUCCH 格式 1/1a/1b 与 PUCCH 格式 1/1a/1b 相似，因为它基于对调制参考信号序列的相干解调。在序列的调制中，使用 BPSK（SPUCCH 格式 1a）或 QPSK（SPUCCH 格式 1b）。

但是，与 PUCCH 格式 1/1a/1b 相比，所使用的时间 – 频率资源配置是通过 RRC 信令完成的（如 7.2.4.2.1 节所述），并在 DCI 中动态指示所要使用的资源（见 7.3.2.7.1 节）。可以将其与 PUCCH 格式 1a/1b 进行比较，在 PUCCH 格式中，资源由与下行链路数据传输关联的 CCE 索引隐含给出。

时隙 SPUCCH 格式 1/1a/1b 可以由 RRC 配置为是否应用跳频。

在未启用跳频的情况下，SPUCCH 格式与 PUCCH 格式 1/1a/1b 的单个时隙相同（类似于时隙 SPUCCH 格式 3，见 7.2.4.2.3 节），包括对复用用户使用循环移位（CS）和 OCC。

在跳频的情况下，跳频发生在第三个符号之后（对于子帧中的第一个时隙）或在第四个符号之后（对于子帧中的第二个时隙）。具有不同跳频模式的原因是要与上行链路子时隙模式对齐，请参见图 7.23 和图 7.2。

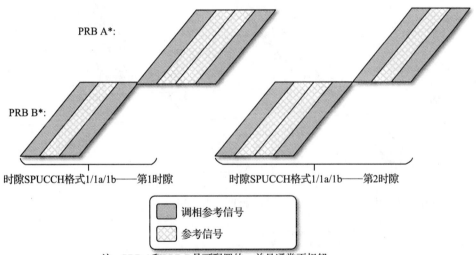

注：PRB A 和 PRB B 是可配置的，并且通常不相邻。

图 7.23 时隙 SPUCCH 格式 1/1a/1b

采用循环移位和 OCC 码随时间改变而不同，而这一变化取决于是否使用跳频。在未启用跳频的情况下，按与传统 LTE 中 PUCCH 格式 1/1a/1b 相同的方式生成循环移位和 OCC。与传统情况一样，允许复用时隙 SPUCCH 和 PUCCH 的用户。在启用跳频的情况下，如子时隙 SPUCCH 的情况一样，循环移位随时间变化的方式与 PUCCH 格式 2/2a/2b

一致（见 7.2.4.2.2.2 节）。

7.2.4.2.2.2   子时隙

子时隙 SPUCCH 格式 1/1a/1b 与传统 LTE 中子帧的 PUCCH 区别很大。

区别主要在于资源的配置方式（与时隙 SPUCCH 格式 1 的配置一致，见 7.2.4.2.2.1 节）以及接收机如何检测 SPUCCH 格式。

检测的时候，由于格式是基于序列选择，而不是基于 DMRS 的相干解调。这意味着不存在用于相位参考 / 解调的 DMRS 符号，但是每个符号可以由接收机独立且非相干地检测出。

使用与 PUCCH 格式 1/1a/1b 所用的相同的序列，即使用循环移位（CS）来分隔序列。最多可以分配 8 个 CS。检测到的 CS 提供 HARQ 反馈和（潜在）SR 信息。使用基于序列的设计主要是为了实现子时隙中符号之间的跳频，因为使用相干解调需要一个参考符号序列和一个在相同频率资源上传输的已调制序列才能进行解调。

从图 7.24 可以看出，在有 2 个 OFDM 符号（2 os）的 SPUCCH 格式 1/1a/1b 中的跳频发生在两个符号之间。对于 3 os 的 SPUCCH 格式 1/1a/1b，跳频发生在第一个符号之后，使得在 SRS 传输的情况下，子帧末尾的 3 os 子时隙仍可以提供频率分集（见图 7.2）。

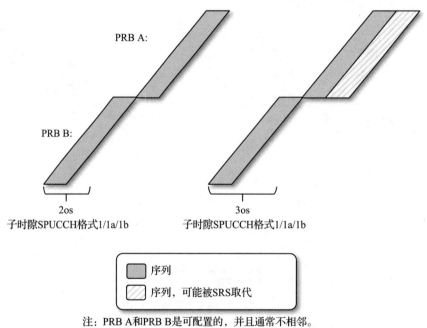

PRB A:

PRB B:

2os
子时隙SPUCCH格式1/1a/1b

3os
子时隙SPUCCH格式1/1a/1b

序列

序列，可能被SRS取代

注：PRB A和PRB B是可配置的，并且通常不相邻。

图 7.24   子时隙 SPUCCH 格式 1/1a/1b

与传统的 PUCCH 格式 1 一样，存在随时间变化的循环移位，以使干扰随机化。但是，由于在每个要发送的 PRB 中只有一个时域符号，因此没有应用 OCC，也就无法利用

OCC 的特性（正交性在跳频中丢失）。由于 PUCCH 格式 1/1a/1b 的传统随机循环移位更加复杂，因此子时隙 SPUCCH 的随机循环移位遵从 PUCCH 格式 2/2a/2b。其结果是，子时隙 SPUCCH 格式 1/1a/1b 不容易与传统 PUCCH 格式 1/1a/1b 复用，而可以与 PUCCH 格式 2/2a/2b 复用。对于所有（S）PUCCH 格式，通过使用不同的循环移位，可以将格式本身复用在同一物理资源上的不同用户。

7.2.4.2.3　SPUCCH 格式 3

SPUCCH 格式 3 与现有的 PUCCH 格式 3 基本相同，传输持续时间减少了一半（以时隙代替子帧）。PUCCH 格式 3 使用时隙之间的跳频来增加分集。但是，由于 SPUCCH 格式 3 的传输仅在单个时隙上进行，因此不使用跳频。类似地，PUCCH 格式 3 最多可以承载 22 位有效载荷，但是由于 SPUCCH 格式 3 仅占用一半的持续时间，因此最大有效载荷大小也减半为 11 位。该格式通过时域 OCC 支持五个同时在同一信道上传输的用户。与 PUCCH 格式 3 一样，该格式映射到单个 PRB 并使用 SC-FDMA 调制，请参见图 7.25。

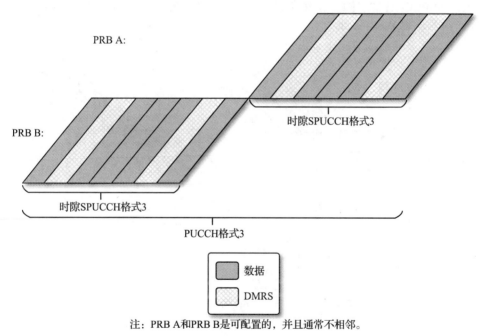

注：PRB A 和 PRB B 是可配置的，并且通常不相邻。

图 7.25　时隙 SPUCCH 格式 3

其他格式通过跳频可以带来性能提升。为什么 SPUCCH 格式 3 不采用跳频呢？跳频是可以带来性能提升，但是，由于跳频无法使用 OCC，实际上会将时隙 SPUCCH 格式 3 转换为时隙 SPUCCH 格式 4（见 7.2.4.2.4.2 节）。因此，时隙 SPUCCH 格式 3 可以作为时隙 SPUCCH 格式 4 的替代（在它们重叠的有效载荷范围上），它实现了更高的用户复用率而不是改善的链路性能。

通过使用与 PUCCH 格式 3 相同的设计, 还可以与现有的 PUCCH 格式 3 用户实现复用。

7.2.4.2.4   SPUCCH 格式 4

7.2.4.2.4.1   概述

与传统 LTE 中的 PUCCH 格式 4 一样, 时隙 / 子时隙 SPUCCH 格式 4 类似于时隙 / 子时隙 PUSCH。它基于 DMRS 的相干解调, 所有可用位用于提供有效的信道编码, 而不是提高用户复用率 (给定资源仅一个用户)。SPUCCH 格式 4 使用的调制为 QPSK, 并且以与 PUCCH 格式 4 相同的方式生成 DMRS 序列。

分配给 SPUCCH 格式 4 的带宽也可以根据 DCI 中的 RRC 配置和动态信令而变化, 允许的 PRB 分配为 1、2、3、4、5、6 或 8。

7.2.4.2.4.2   时隙

时隙 SPUCCH 格式 4 如图 7.26 中所示。对于时隙 SPUCCH 格式 1/1a/1b, 跳频模式取决于发送 SPUCCH 的时隙。在共享相同频率分配的 OFDM 符号的每个序列中使用一个 DMRS 符号, 以实现相干解调。

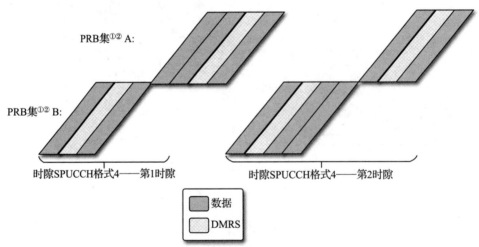

注: ①PRB集由频率为1、2、3、4、5、6或8个PRB的连续集组成。
②PRB A 和 PRB B 是可配置的, 并且通常不相邻。

图 7.26   时隙 SPUCCH 格式 4

7.2.4.2.4.3   子时隙

子时隙 SPUCCH 格式 4 如图 7.27 所示。可以看出, 由于相干解调, 没有使用跳频。而是采用了前载 DMRS 设计 (DMRS 位于第一个符号中), 这可以帮助接收机在接收端执行早期信道估计, 以实现快速解调。

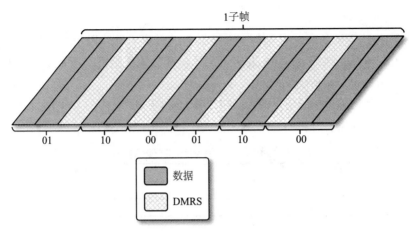

图 7.27 子时隙 SPUCCH 格式 4

7.2.4.3 时隙 / 子时隙 PUSCH

子帧	任意子帧
基本TTI	时隙/子时隙
重传	2、3、4或6（SPS）
子载波间隔	15 kHz
带宽	见7.3.2.9.2节
频率位置	见7.3.2.9.2节

PUSCH 主要用于传输单播数据。来自上层的数据包被分割为一个或多个 TB，PUSCH 一次传输一个 TB。

当通过设置 DCI 中的 CSI 请求位来触发非周期性 CSI 传输时，PUSCH 也可用于 UCI 的传输（见 7.3.2.7.1 节和 7.2.3.10 节）；在 PUSCH 和 PUCCH 之间发生冲突的情况下（该设备不支持且未配置 PUSCH 和 PUCCH 同时传输），PUSCH 还可以用于承载来自 PUCCH 的 HARQ-ACK 位。

与 PDSCH 一样，没有为上行链路定义新的物理共享信道，而是在传输子时隙 PUSCH 或时隙 PUSCH 时缩短了 PUSCH 的传输持续时间。时隙 PUSCH 和子时隙 PUSCH 继承自 LTE，因此在本节中，将重点介绍 sTTI 引入的差异。对于 LTE PUSCH 设计的更多细节，感兴趣的读者可以参考文献 [4]。

与 PDSCH 一样，根据子时隙或时隙传输对 TBS 进行缩放（见 7.2.3.3 节），对时隙使用相同的缩放因子 $\alpha = 1/2$，对子时隙，根据子时隙所包含的是一个还是两个数据符号来分别选取 $\alpha = 1/12$ 或 $\alpha = 1/6$。

对于子帧的 PUSCH，可以将时隙 PUSCH 和子时隙 PUSCH 配置为传输模式 1 和 2，请参见表 7.6。sTTI 的下行链路传输模式与子帧操作分开配置。上行链路还支持 MIMO，最多可配置四个 MIMO 层。而 PDSCH（见 7.2.3.3 节）则使用单个码字，而与 MIMO 层的数量无关。

PUSCH 到物理资源的映射遵循用于时隙操作的时隙边界和用于子时隙操作的子时隙布局，见图 7.2。但是，由于 DMRS 发送可利用全部分配的资源，因此 PUSCH 无法映射到 DMRS 所映射的符号，请参见 7.2.4.1 节。

在 TDD 中进行时隙操作的情况下，仅在特殊子帧的配置 10 中的 UpPTS 才支持 PUSCH，见图 7.18。

表 7.6   时隙 / 子时隙 PUSCH 传输模式

传输模式	描述
TM1	单天线
TM2	传输分集

7.2.5   时间提前量和处理时间

我们已经看到如何通过减少实际的传输时间（对子时隙或时隙操作）来改善通过空口传输数据包的时间。导致整体时延的另一个因素是 eNB 和设备的处理时间。在 eNB 的情况下，处理时间主要取决于实现，尤其是在引入 sTTI 异步操作的情况下，请参见 7.3.2.6 节。但是，在设备侧，必须严格遵循指定的处理时间轴。这涉及对下行链路分配的 HARQ-ACK 响应以及响应上行链路授权的上行链路数据传输。也就是说，为了使网络能正确地调度上行链路资源，并明确何时、何处在上行链路中传输何种内容，处理时间轴是必需的。

对于 cMTC 服务，设备的处理时间轴是一个重要因子，因为它确定了在给定的时延范围内可能进行的盲传输次数或 HARQ 重传次数（更多详细信息请参阅第 8 章），因而也是 5G URLLC 中的一个重要因素。

处理时间轴通常以 TTI 表示。对于 Release 15 之前的设备，使用的处理时间轴为 n + 4。例如，如果下行链路分配是在子帧 n 中发送的，则相关联的 HARQ-ACK 响应将由设备在子帧 n + 4 中发送。

由于传输时间缩短，对于给定的带宽分配，要处理的数据总量随传输持续时间缩短而相应减少。然而，其他方面，例如信道估计将不会改变。与传输持续时间无关而与处理相关的重要参数之一是时间提前量 TA。

时间提前量是设备在上行链路上进行发送时的时间提前量。eNB 接收的上行传输时间提前量要与下行链路帧时间对齐。设备使用的时间提前量设置为对应于信号传播时间的两倍。这是因为与设备同步的下行链路信号将被延迟与 eNB 接收到的上行链路信号相同的量。如图 7.28 所示。

图 7.28 说明了两个 TTI 持续时间（τ_T）为 $n + 4$ 时序的情况，其中一个约为另一个的 1/3。可以看出，由于传播延迟（τ_p）不依赖于传输持续时间，因此设备剩余的处理时间（τ_{Proc}）从大约 $7\tau_p$ 减少到 $1\tau_p$。

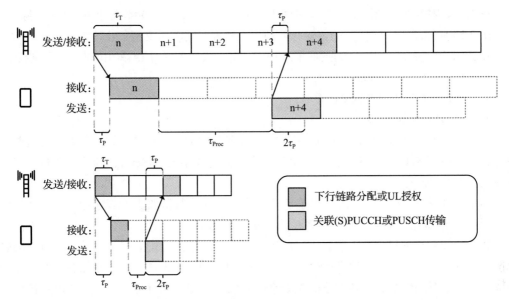

图 7.28　传输时间不同但传播延迟相同的时间提前量（上图：传输时间长；下图：传输时间短）

因此，减少发送时间对设备的处理时间提出了很高的要求，特别是在需要较大的时间提前量的情况下。同时，允许太小的时间提前量将限制传播延迟，从而限制小区大小（包括从数字单元到无线单元的任何光纤延迟）。

在子时隙传输的情况下，上述问题最为明显。在这种情况下，规范通过支持多个最大时间提前量来解决该问题，每个时间提前量都与不同的处理时间轴相关联。设备可以通过信令指示出所支持的两个可能的处理时间轴集合（集合 1 或集合 2）。对于集合 1，时间提前量与 n + 4 或 n + 6 时序相关，而对于集合 2，时间提前量与 n + 6 和 n + 8 时序相关，请参见图 7.29。

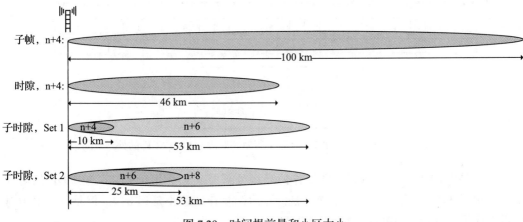

图 7.29　时间提前量和小区大小

在进行时隙操作的情况下，处理时间轴是不可配置的，并且始终等于 n + 4 个时隙。

图 7.29 显示了不同配置下的传输时间和相关处理时间轴所支持的小区大小。

在子时隙操作的情况下，处理时间轴由 RRC 配置。设备支持的 TA 集由能力信令分别指示：

- 1 个基于 CRS 的 SPDCCH 符号
- 2 个基于 CRS 的 SPDCCH 符号
- 基于 DMRS 的 SPDCCH。

PUCCH 组（使用相同（S）PUCCH 的一组载波）中的设备仅使用一个关联的处理时间轴的集合。由于 Set 1 的时序比 Set 2 更为严格，因此如果支持 Set 1，则该设备也隐式支持该配置下的 Set 2。

如果 FDD 操作在下行链路上配置了子时隙，而在上行链路上配置了时隙（见 7.3.2.1 节），则将采用最低的最大定时提前量（对于时隙或子时隙）。

此外，如果在下行链路上配置了子时隙，而在上行链路上配置了时隙，则处理时间轴遵循数据方向（在固定的子时隙和时隙结构上有一些约束），例如，如果数据在下行链路中传输，则处理时间轴基于设备的子时隙处理时间轴。在图 7.30 中显示了对 HARQ-ACK 传输的下行链路分配，在图 7.31 中显示了对 PUSCH 传输的上行链路授权。由于时序遵循数据的方向，因此存在用于 PDSCH 的三个可能的时间轴，每个时间轴与不同的处理时间轴相关联，而对于上行链路则只有一个时间轴（因为时隙传输仅支持 n+4 时序）。

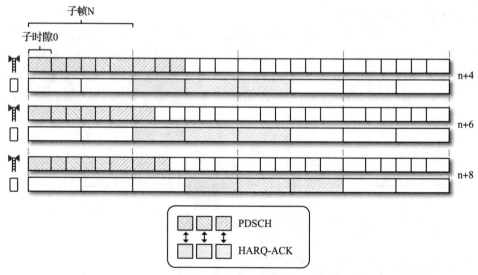

图 7.30　下行链路子时隙 PDSCH 至上行链路时隙 HARQ ACK 的处理时间轴

上面显示的用于子时隙和时隙操作的最小处理时间轴适用于 FDD。在 TDD 的情况下，取决于 TDD 配置的限制，不能总是满足时隙操作的最小延迟 n+4。但是，本书中对此没有介绍。有兴趣的读者请参阅文献 [7]。

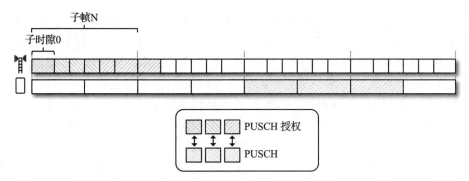

图 7.31　下行链路子时隙和上行链路时隙的处理时间轴以及对 PUSCH 的 PUSCH 授权

7.3　空闲模式和连接模式过程

　　在本节将介绍空闲模式和连接模式过程。由于 LTE URLLC 的工作主要涉及连接模式下的用户面时延和可靠性，因此本节仅简要介绍减少控制面延迟以实现 IMT-2020 的要求。与连接模式过程有关，本节还将介绍一些配置、控制和数据之间的复用选项以及物理信道之间的冲突的处理。

7.3.1　空闲模式过程

7.3.1.1　控制面时延

　　如 7.1 节所述，LTE URLLC 设计的主要工作是在连接模式过程中。但是，有一个例外，这与 IMT-2020 对控制面时延的要求有关，请参阅 2.3 节，要满足最大 20 ms 时延的要求。

　　ITU-R[3] 将控制面等待时间定义为"从最节电的状态（例如，空闲状态）到开始连续数据传输（例如，活动状态）的过渡时间"。因此，需要分析初始接入过程，在该过程中，设备从节电的空闲态变为传输数据的活动态。

　　为了减小对规范的影响，可以通过更改设备处理时间和网络处理时间来降低控制面时延。

　　在 RRC 恢复过程中涉及的消息的主要流程如图 7.32 所示。

　　可以看出，在收到消息后，这个过程涉及设备和 eNB 的多个处理步骤。

　　接收到随机接入响应后的设备处理延迟已从 5 ms 减少到 4 ms，降低了 1 ms。

　　而且，从 RRC 连接恢复的接收以及

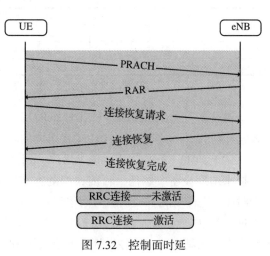

图 7.32　控制面时延

从上行链路授权的接收到相关连接恢复完成的传输的处理延迟已经减小，大约是从 15 ms
减到 7 ms。与在 Release 13 中首次引入该过程相比，我们有理由认为随着设备随时间的
增强，延迟会比之前更有改善。但是，为了保证设备支持，需要额外做一些增强以保证从
15 ms 减到 7 ms。首先，对网络进行限制，因为 RRC 消息应仅包括 MAC 和物理层（重
新）配置，而不包括 DRX、SPS、MIMO 操作或任何辅助小区的（重新）配置。此外，必
须使用公共搜索空间在 PDCCH DCI 格式 0 上发送连接恢复完成的上行链路授权。

支持减少控制面等待时间对设备是可选功能。但是，当设备触发 RACH 前导码传输
时，网络不知道该设备是否支持。因此，在检测到物理随机接入信道并接受 RRC 连接恢
复请求后，网络将不得不假设该设备具有 4 ms 或 5 ms 的处理延迟，并因此为这两个响应
分配资源。为了使网络能够控制设备是否允许使用较短的处理延迟，需要通过广播的系统
信息激活控制面时延减少功能。

在 8.3.2 节中介绍了控制面时延，其中简要描述了每个步骤的产生时延的组件。

7.3.2　连接模式过程

7.3.2.1　配置

允许的配置越多，规范和实现就越复杂。进而导致设备和网络实现更复杂。针对 TDD
有特定的考虑，从 Release 14 开始，LTE 中的现有 TDD 帧结构是基于下行链路子帧、上
行链路子帧和特殊子帧的。在不影响整体帧结构的情况下，将子时隙引入 TDD 结构将
意味着只能带来有限的增益，而更改整体帧结构会对同一地理区域内的后向兼容性和运营
商间共存产生明显影响。因此，在 TDD 操作中不允许子时隙操作，并且在时隙操作的情
况下，采用与子帧操作相同的 TDD 配置（允许对特殊子帧进行一些改变，见图 7.18）。

表 7.7 中显示了时隙和子时隙操作允许的（每小区）配置。

表 7.7　允许的时隙和子时隙（sTTI）组合

下行链路	上行链路	帧结构类型[①]
时隙	时隙	FDD, TDD
子时隙	时隙	FDD
子时隙	子时隙	FDD

① FDD、TDD 在 3GPP 规范中也分别称为帧结构类型 1 和 2。

将设备配置为在每个 PUCCH 组的基础上运行 sTTI 配置（即子时隙或时隙发送和接
收）。因此，不可能在同一 PUCCH 组内的不同载波上配置不同的 sTTI 长度。

对于 sTTI（子时隙或时隙）操作，网络可以在每个子帧的基础上将 sTTI 和子帧传输
互换来调度设备。然而，目前典型的方案不会在两者之间频繁地切换，而是在 TCP 慢启
动时（在这种情况下，响应时间很快，使用 sTTI 主要用来提高 TCP 吞吐量），使用子帧操
作进行 RRC 重配置。然而，sTTI 操作会带来参考信号和控制信道的开销过大，除非与子
帧操作相比具有性能优势，否则不建议使用。

7.3.2.2　PDSCH 和 SPDCCH 复用

7.3.2.2.1　概述

在传统 LTE 中，下行链路数据（PDSCH）和相关联的控制（PDCCH）没有在相同的时域 OFDM 符号中被复用，而是时域中复用。随着 sTTI 的引入，这种情况发生了变化。在这种情况下，因为控制是在子时隙的多个符号中发送的，不允许在同一 OFDM 符号中进行控制和数据的任何复用将严重限制数据容量。在某些配置下，甚至会阻止数据传输（例如，对于基于 DMRS 的控制信令）。

通过 RRC 配置（半静态更改）或 DCI 中的信令，已在两个层级上实现控制和数据的复用。

无论配置的模式如何，设备都将始终围绕调度下行链路数据的自身 DCI 进行速率匹配。

7.3.2.2.2　基于 RRC 的复用

基于 RRC 的数据和控制复用有四种模式。每个 SPDCCH 资源集配置了不同的模式，并且与如何与 SPDCCH 资源集关联以完成 PDSCH 速率匹配的设备行为有关：

- RRC 模式 1：设备围绕调度时隙或子时隙传输的 DCI 进行速率匹配。
- RRC 模式 2：设备围绕整个 SPDCCH 资源集进行速率匹配。
- RRC 模式 3：如果在资源集中找到调度时隙或子时隙传输的 DCI，则设备将围绕整个 SPDCCH 资源集进行速率匹配。
- RRC 模式 4：如果在资源集中未找到调度时隙或子时隙传输的 DCI，则设备将围绕整个 SPDCCH 资源集进行速率匹配。

可以根据小区中的流量情况使用不同的模式。例如，在轻载情况下，当在给定的 TTI 中调度单个设备时，没有理由让它围绕整个 SPDCCH 资源集进行速率匹配，而是围绕其自己的 DCI 进行速率匹配（RRC 模式 1）。在较大的流量负载的情况下，预计将调度多个设备，如果某个设备的 DCI 资源正在被其他设备使用，将无法与这个给定设备进行通信。在这种情况下，推荐围绕整个集合进行速率匹配。

在图 7.33 中列出了不同的速率匹配，其中假设两个 SPDCCH 资源集都具有相同的速率匹配 RRC 模式。

可以看出，不同的模式具有很高的灵活性。但是，由于使用 RRC 信令，因此速率匹配不能经常改变。

因此，有理由引入可以适配突发流量的更灵活的速率匹配。可以通过在每个 sTTI 的 DCI 中包含有关设备的速率匹配的信息来解决此问题。

7.3.2.2.3　基于 DCI 的复用

也可以使用基于 DCI 的数据和控制复用来代替基于 RRC 配置的速率匹配。

基于 DCI 的复用由 RRC 配置，并且设备行为与三种不同的可能模式相关联。

- DCI 模式 0：仅在配置了两个 SPDCCH 资源集的情况下使用此模式。在这种情况下，一位被分配给每个 SPDCCH 资源集，并且在该位被设置的情况下，设备围绕整个 SPDCCH 资源集进行速率匹配。

- DCI 模式 1：将两位分配给两个 SPDCCH 资源集中的第一个。没有位被分配给第二 SPDCCH 资源集合。如果设置了 DCI 中的最高有效位，则将速率匹配应用于 SPDCCH 资源集的前半部分。如果设置了最低有效位，则将速率匹配应用于 SPDCCH 资源集的后半部分。如果两位均被设置，则将速率匹配应用于整个 SPDCCH 资源集。对于第二 SPDCCH 资源集，不进行动态速率匹配（DCI 中没有与 SPDCCH 资源集关联的位），因此应用 RRC 配置的模式。

- DCI 模式 2：该模式与 DCI 模式 1 相同，不同之处在于，将基于 DCI 的速率匹配应用于第二 SPDCCH 资源集，并且将基于 RRC 的速率匹配应用于第一 SPDCCH 资源集。

与基于 RRC 的速率匹配一样，可以根据流量情况及是否配置一个或两个 SPDCCH 资源集来使用不同的 DCI 模式。例如，在高流量负载和两个 SPDCCH 资源集之间资源分配随时间变化较大的情况下，建议使用 DCI 模式 0。

如果仅配置一个 SPDCCH 资源集，则使用 DCI 模式 1 显然会提供最大的灵活性（见图 7.35 的上部）。

不同的模式如图 7.34 ～图 7.36 所示。

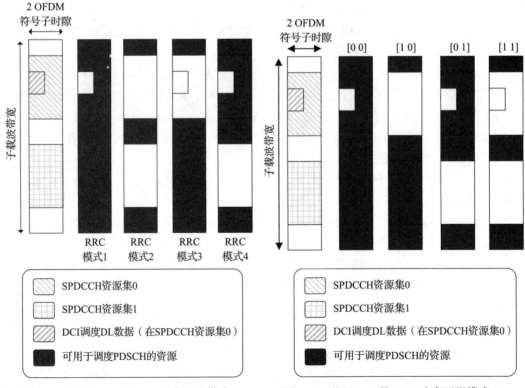

图 7.33　基于 RRC 的 sTTI 速率匹配模式　　　图 7.34　基于 DCI 的 sTTI 速率匹配模式 0

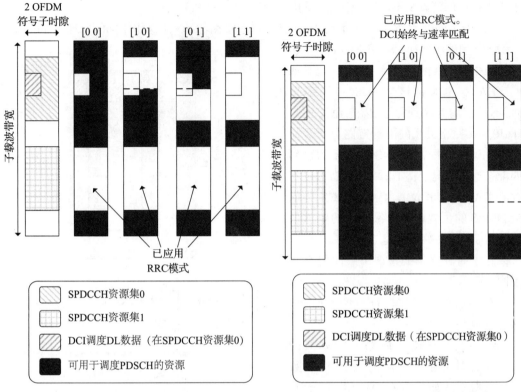

图 7.35   基于 DCI 的 sTTI 速率匹配模式 1   图 7.36   基于 DCI 的 sTTI 速率匹配模式 2

7.3.2.3   调度请求

对于正常的 LTE 操作，如果设备要指示需要从网络进行动态上行链路调度，则可以发送调度请求（SR）。由 SPUCCH 格式 1 承载唯一的 SR 传输。在同一 SPUCCH 中进行 HARQ 和 SR 复用的情况下，可以采用该格式同时承载 SR 和 HARQ 位。由于不能使用 OCC，因此与 PUCCH 相比，子时隙 SPUCCH 的复用能力降低了，因此最多可以使用 12 个循环移位进行复用。

为了尽可能降低时延，允许将给定设备的 SR 周期配置为 1 个 sTTI（子时隙或时隙）。表 7.8 和表 7.9 分别列出了子时隙操作和时隙操作允许的 SR 周期范围。

7.3.2.4   PUSCH 上的 UCI

（S）PUCCH 或 PUSCH 可以承载 UCI，具体取决

表 7.8   调度请求周期——子时隙

子时隙 SR 周期
1 子时隙
2 子时隙
3 子时隙
4 子时隙
5 子时隙
6 子时隙（1 ms）
2 ms
5 ms
10 ms

表 7.9   调度请求周期——时隙

时隙 SR 周期
1 时隙
2 时隙（1 ms）
2 ms
5 ms
10 ms

于物理信道调度以及不同物理信道之间的冲突，请参见 7.3.2.5 节。

在时隙操作的情况下，UCI 到 PUSCH 的映射遵循与 n + 4 操作相同的原理，如图 7.37 所示。与预编码器和 CSI 相关的 PMI/CQI 位与数据速率匹配，秩指示（RI）也是如此。HARQ-ACK 位嵌入 PUSCH 数据里（而不是使用速率匹配），以避免丢失与 HARQ-ACK 相关联的下行链路分配。如果使用速率匹配，则 eNB 和设备的速率匹配在这种情况下将不同（该设备假定不存在 HARQ-ACK 位）。HARQ-ACK 位靠近 DMRS 的位置，以确保良好的信道估计，从而获得更好的性能。

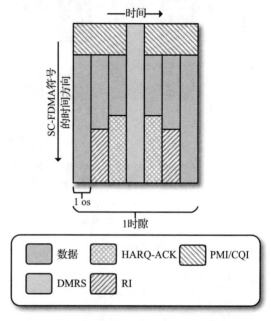

图 7.37   时隙 PUSCH UCI 映射

在子时隙操作的情况下，映射有些不同。

对于包含两个数据符号的子时隙，这些位用于：

- HARQ-ACK 从最靠近 DMRS 的数据符号的末尾嵌入 PUSCH 数据中。如果没有 DMRS（即子时隙仅包含两个数据符号，见 7.2.4.1 节），则 HARQ-ACK 映射到第一个符号。

- RI 与 PUSCH 数据进行速率匹配，并从未与 HARQ-ACK 位映射的数据符号的末尾进行映射。

- PMI/CQI 与 PUSCH 数据进行速率匹配，并按时间优先、频率第二的方式从数据符号的起始进行映射。

对于包含一个数据符号的子时隙，这些位用于：

- RI 与 PUSCH 数据进行速率匹配，并从数据符号的末尾映射。

- HARQ-ACK 嵌入 PUSCH 数据，并在 RI 的位之后进行映射。

- 通过 PUSCH 对 PMI/CQI 进行速率匹配，并从数据符号的起始进行映射。

图 7.38 说明了子时隙操作的不同映射选项。

此外，在子时隙操作的情况下，对于 HARQ-ACK 和 RI，β 偏移（UCI 的基线码速率的缩放比例）允许采用两个值（由 RRC 配置）。这是为了补偿由于设备上的开关瞬态而可能引起的潜在性能下降。开关瞬态源于例如功率上升 / 下降时与 RF 有关的缺陷。在开关瞬态周期中，通常在长达 10 μs 的时间内（通常情况下）信号结构处于未定义状态，因此可以假定不携带任何信息。在第一个符号的开头和最后一个符号的结尾可能会发生瞬变（取决于调度）。在可能发生瞬变（网络已知）的情况下，可以在 DCI 中指定更高的 β 偏移值，以确保正确地接收 HARQ-ACK。

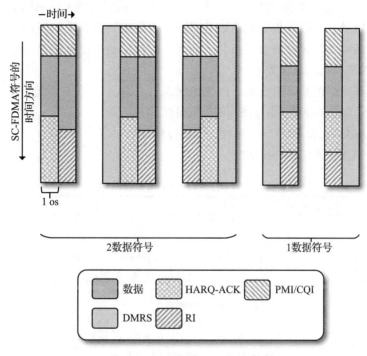

图 7.38　子时隙 PUSCH UCI 映射

β 偏移值可独立配置用于子帧、时隙和子时隙操作。

7.3.2.5　子帧和子时隙冲突

如 7.3.2.1 节所述，可以在不同子帧中通过子帧和子时隙 / 时隙传输来互换地调度设备。此外，由于子帧与子时隙 / 时隙之间的处理时间轴不同（见 7.2.5 节），网络可能会在同一载波上调度不同长度的上行链路传输，以由设备同时传输。

但是，使用相同的功率放大器在同一载波上传输不同长度的两个物理信道会导致信号缺陷，包括相位不连续，这会使得 eNB 无法进行相干解调，请参见图 7.39。因此，需要处理在相同载波上具有不同持续时间的物理信道的冲突。

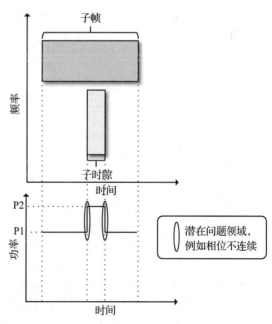

图 7.39　同一功率放大器中不同长度的传输重叠

需要遵循如下原则：

（i）丢弃较长的信道以发送持续时间较短的信道。这背后的主要原因是在网络上安排较短信道的决定是在安排了较长信道之后做出的。因此，当调度较短信道时，网络已经知道了潜在的冲突以及相关的设备行为。此外，较短的信道更有可能与具有高可靠性的 cMTC 服务相关联，因此应优先考虑。

（ii）即使对于正在丢弃的信道，也优先发送 HARQ-ACK 控制信息。在这种情况下，来自较长信道的 HARQ-ACK 信息被加载在较短的信道上。

（iii）与 HARQ-ACK（即 CSI）相比，重要性较低的 UCI 会被删除。

表 7.10 中描述了不同的碰撞情况。

表 7.10　不同持续时间的信道间的冲突

子帧	时隙 / 子时隙	行为
PUSCH	PUSCH	• 时隙 / 子时隙 PUSCH 被发送 • 子帧 PUSCH 被丢弃 • 来自子帧 PUSCH 的 HARQ-ACK 被捆绑在时隙 / 子时隙 PUSCH 上 • 子帧 PUSCH 承载的潜在 CSI 被丢弃
PUSCH	SPUCCH	• 时隙 / 子时隙 SPUCCH 被发送 • 子帧 PUSCH 被丢弃 • 来自子帧 PUSCH 的 HARQ-ACK 被捆绑在时隙 / 子时隙 SPUCCH 上 • 子帧 PUSCH 承载的潜在 CSI 被丢弃
PUCCH	PUSCH	• 时隙 / 子时隙 PUSCH 被发送 • 子帧 PUCCH 被丢弃 • 来自子帧 PUCCH 的 HARQ-ACK 被捆绑在时隙 / 子时隙 PUSCH 上 • 子帧 PUSCH 承载的潜在 CSI 被丢弃
PUCCH	SPUCCH	• 时隙 / 子时隙 SPUCCH 被发送 • 子帧 PUCCH 被丢弃 • 来自子帧 PUCCH 的 HARQ-ACK 被捆绑在时隙 / 子时隙 SPUCCH 上 • 子帧 PUCCH 承载的潜在 CSI 被丢弃

在较短的信道上加载 HARQ-ACK 意味着对性能的影响更大（传输的信息更少，但携带的位数相同）。为了将性能的负面影响最小化，支持捆绑 HARQ-ACK 位。捆绑位意味着，如果被捆绑的一个或多个位表示"NACK"，则被捆绑位表示"NACK"。捆绑是在空间域（即，在同一载波上传输的层）上进行的，并且始终适用于子时隙操作，同时可配置用于时隙操作。

以上所有冲突情况都与给定载波上的冲突有关。但是，有时会在不同的载波上发送不同的长度。例如，当退回到子帧操作时，或者未在所有载波上都配置 sTTI 时，或者在上行链路中一个 PUCCH 组配置了子时隙操作而另一个 PUCCH 组配置了时隙操作时。

在这种情况下，该设备可以具备或者不具备在不同载波上发送不同的传输长度。

• 如果设备不具备，则会丢弃传输时间较长的信道。

- 如果设备具备此功能，则只要不受功率限制，设备就可以同时传输不同的信道。如果受功率限制，则会根据优先级丢弃信道。对携带 HARQ-ACK 的信道和较短的信道，需要遵循一般原则进行优先级排序。有关信道优先级的更多详细信息，请参见文献 [7]。

7.3.2.6　HARQ

在传统的 LTE 中，在上行链路上支持同步 HARQ 操作，即在 PUSCH 的初始传输与其重传之间遵循固定时间。在下行链路，使用异步 HARQ，即网络不必在初始传输和重传之间遵循固定的时间轴。

对于 sTTI，在下行链路和上行链路中均采用异步 HARQ。这也意味着不再需要 PHICH，请参见文献 [4]。

由于传输持续时间较短，使用 sTTI 操作还可以增加 HARQ 进程的总数，以便能够提供最大吞吐量。不论是时隙或子时隙操作，最多支持 16 个进程。

为了允许 sTTI 和子帧操作之间的平滑过渡，可以共享 HARQ 进程。这意味着，在一个传输持续时间中执行的初始传输可以使用另一个传输持续时间重新传输，条件是需要遵守每个传输持续时间的最大 TBS。

7.3.2.7　调度

在本节中介绍上行链路和下行链路传输的调度方式。当网络需要调度设备时，它会在设备监视的搜索空间中，通过 PDCCH 或候选 SPDCCH 之一（见 7.2.3.2 节）向设备发送 DCI。对 DCI CRC 加扰的小区 RNTI 可以用于标识设备。DCI 包括资源分配（在时域和频域中）、调制和编码方案，以及支持 HARQ 操作所需的信息。

在时隙 0 或子时隙 0 的情况下，设备监视 PDCCH 区域中的搜索空间，而对于时隙 1 和子时隙 1 ～ 5，使用 SPDCCH 搜索空间。

与 PDCCH 解码一样，设备需要搜索的候选 SPDCCH 越多，解码过程就变得越复杂，错误的 SPDCCH 解码的风险就越高。因此，有如下一些限制条件。

对于 SPDCCH，限制为：

（i）不同 AL 和 SPDCCH 资源集上的搜索空间限制：
- 如果相关数据使用子时隙操作，则为 16 个 SCCE。
- 如果相关数据使用时隙操作，则为 32 个 SCCE。

（ii）每个 AL 对设备要监视的候选 SPDCCH 的限制：
- 对于 AL 1 和 2，≤ 6
- 对于 AL 4 和 8，≤ 2

（iii）在给定载波上的给定 TTI 中的盲解码应为：
- 用于子时隙操作，≤ 6
- 用于时隙操作，≤ 12

对于 PDCCH，限制为：

（i）对于子时隙操作，整个搜索空间被限制为最多 28 个 CCE。

（ii）在 DCI 被映射到 PDCCH 的情况下，上面的（ii）和（iii）中对 SPDCCH 的限制也适用。

下行链路和上行链路的 DCI 格式被设计为具有相同数量的有效负载位。如果在给定方向上给定格式的有效负载位与另一个方向上的格式的有效负载位不一致，则通过位填充对齐。使用对齐的 DCI 格式将允许在 DCI 内容中使用下行链路 / 上行链路标志，并减少所需的盲解码次数（对下行链路和上行链路 DCI 进行相同的解码）。

7.3.2.7.1　动态下行链路调度

基站使用 DCI 格式 7-1A 至 7-1F 在 PDSCH 上动态调度下行链路传输。

表 7.11 列出了基准格式 DCI 格式 7-1A 应包含的 DCI 字段。

表 7.11　DCI 格式 7-1A

信息	大小 [bit]	可能的设置
DL/UL 区别的标志	1	0：格式 7-0A/B，取决于配置的上行链路传输模式 1：格式 7-1X，其中 X 是传输的 DCI 模式
资源分配	可变	不同的位空间，取决于资源分配类型是 0 还是 2，见 7.3.2.9.1 节
调制和编码方式	5	与指示码率一起使用的调制，见文献 [7]
HARQ 进程数	4	见 7.3.2.6 节
新数据指示	1	当向设备指示软缓冲区将被刷新并且新数据将被发送给 HARQ 进程时，该位被切换。另见文献 [7]
冗余版本	2	指示从编码的位集合中选择用于传输的位集合。另见文献 [7]
TPC 命令	2	见 7.3.2.8 节
下行链路分配索引（DAI）	2 或 4	帮助设备了解由 eNB 发送的下行链路分配的数目，即使仅检测到一个子集。用于统一设备和 eNB 所报告的 HARQ-ACK 比特数。另见文献 [7]
已使用 / 未使用的 SPDCCH 资源指示	2	见 7.3.2.2 节
SPUCCH 资源指示	2	见 7.2.4.2 节
重复数	2	见 7.2.3.3 节

对于除 DCI 格式 7-1A 以外的下行链路 DCI 格式，应将 DCI 格式 7-1A 的字段作为基准包括在内。表 7.12 列出了其他应包含的字段。

其他格式包括与 MIMO 信息有关的其他信息，类似于传统 LTE 操作。有兴趣的读者可以参考文献 [6-7]。

表 7.12　DCI 格式 7-1B 到 7-1G

信息	大小 [bit]	DCI 格式						可能的设置
		B	C	D	E	F	G	
预编码信息	1 或 2	·						1 位用于 2 天线端口的传输 2 位用于 4 天线端口的传输

（续）

信息	大小 [bit]	DCI 格式						可能的设置
		B	C	D	E	F	G	
预编码信息	4 或 6		·					4 位用于 2 天线端口 6 位用于 4 天线端口
预编码信息	3 或 5			·				3 位用于 2 天线端口 5 位用于 4 天线端口
SRS 请求	0 或 1				·	·	·	对于 TDD 操作，如果设备已指示具备该能力并配置了 SRS 请求
加扰标识	1				·			见文献 [6]
预编码信息	2				·			一层或两层（带或不带发射分集）
DMRS 位置指示	1					·	·	见 7.2.3.1 节
天线端口、加扰标识和层数	1 或 3					·	·	见文献 [6]
PDSCH RE 映射和准共位指示	2						·	见文献 [7]

7.3.2.7.2　动态上行链路调度

基站使用 DCI 格式 7-0A 和 7-0B 在 PUSCH 上动态调度上行链路传输。在 MIMO 传输的情况下，使用 DCI 格式 7-0B。

表 7.13 列出了 DCI 字段的列表。

表 7.13　DCI 格式 7-0A 和 7-0B

信息	DCI 格式 7-0A		DCI 格式 7-0B	
	大小 [bit]	可能的设置	大小 [bit]	可能的设置
UL/DL 区别的标志	1	0：格式 7-0A 1：格式 7-1A/B/C/D/E/F/G 取决于配置的下行链路传输模式	1	0：格式 7-0B 1：格式 7-1A/B/C/D/E/F/G 取决于配置的下行链路传输模式
资源块分配	可变	见 7.3.2.9 节	可变	见 7.3.2.9 节
调制和编码方式	5	见表 7.11 和文献 [7]	5	见表 7.11 和文献 [7]
HARQ 进程数	4	见 7.3.2.6 节	4	见 7.3.2.6 节
新数据指示	1	见表 7.11 和文献 [7]	1	见表 7.11 和文献 [7]
冗余版本	2	见表 7.11 和文献 [7]	2	见表 7.11 和文献 [7]
用于调度 PUSCH 的 TPC 命令	2	见 7.3.2.8 节	2	见 7.3.2.8 节
DMRS 模式	2	见 7.2.4.1 节	2	见 7.2.4.1 节
DMRS 的循环移位与 IFDMA 配置	1	见 7.2.4.1 节	1	见 7.2.4.1 节
UL 索引	2	在 TDD 的情况下，对于某些配置，UL 索引用于允许调度来自同一 DCI 的多个 PUSCH。另见文献 [7]	2	在 TDD 的情况下，对于某些配置，UL 索引用于允许调度来自同一 DCI 的多个 PUSCH。另见文献 [7]
下行链路分配索引（DAI）	2	见表 7.11 和文献 [7]	2	见表 7.11 和文献 [7]

（续）

信息	DCI 格式 7-0A		DCI 格式 7-0B	
	大小 [bit]	可能的设置	大小 [bit]	可能的设置
CSI 请求	1、2 或 3	见 7.3.2.10 节	1、2 或 3	见 7.3.2.10 节
SRS 请求	0 或 1	对于 TDD 操作，如果设备已指示具备该能力并配置了 SRS 请求	2	对于 TDD 操作，如果设备已指示具备该能力并配置了 SRS 请求
Beta 偏移指示	1	见 7.3.2.4 节	1	见 7.3.2.4 节
DMRS 循环移位区域映射表	1	见 7.2.4.1 节	1	见 7.2.4.1 节
预编码信息和层数	—	—	3 或 6	见 7.2.4.3 节，取决于设备的天线端口数（2 或 4）

7.3.2.7.3　半永久调度

除了在上行链路和下行链路中进行动态调度外，为减少延迟，还增加了对使用时隙/子时隙传输的半永久调度（SPS）的支持。还定义了一种类似于 PDSCH（见 7.2.3.3 节）的盲重传方案，以提高可靠性。SPS 使用可配置的间隔定期（重复）分配资源，以使设备可以在下行链路上监视和解码并在上行链路上传输。使用这样的资源预分配将消除发送 SR 以触发上行链路中的调度需求（减少等待时间），并且还将使数据传输的控制开销最小化。

使用 SPS 也是满足 5G URLLC 需求的关键，这将在第 8 章中详细介绍。

sTTI 的 SPS 操作与传统 LTE 中子帧操作非常相似，请参见文献 [4]。

DCI 中未承载的信息由 RRC 配置。然后，动态使用 DCI 激活和释放 SPS 操作，例如可以动态更改所选的 MCS。为了使设备了解 DCI 与 SPS 相关，DCI 可由 SPS-C-RNTI 加扰。在下行链路和上行链路上均支持 sTTI 的 SPS。

设备监视子帧中的所有子时隙/时隙，以了解 SPS 激活和释放。

对于下行链路 SPS，需要更改与 DCI 操作有关的行为。如 7.2.4.2 节所述，用于 HARQ-ACK 响应的 SPUCCH 资源由一个 2 位字段表示，可代表四个资源中的一个。对于 SPS 操作，SPS 激活表明将会使用这些资源之一，直到重新配置 SPS 操作为止。

使用 n + 4（子帧）的处理时间轴（见 7.2.5 节），通过与传统 LTE 中相同的 DCI 格式（即 DCI 格式 3/3A）处理 SPS 的功率控制环路。对于 sTTI 和子帧操作，配置给设备的 TPC 索引是分开的。至于 PUSCH 和 PUCCH 的功率控制（见 7.3.2.8 节），功率控制环路对于 sTTI 和子帧操作是独立的。

与动态下行链路调度相反，当配置了 SPS 时，不支持在下行链路的子时隙之间共享 DMRS（见 7.2.3.3 节和 7.3.2.7.1 节）。

但是，在 DMRS 的开销可能高达 50%（在两个符号子时隙带有一个 DMRS 符号的情况下）的上行链路上，可支持两种配置，一种配置在每个子时隙中包含 DMRS，而另一种配置是可以将关联的 DMRS 放在子时隙边界之外。表 7.14 中列出了两种可能的配置（可以与动态上行链路调度中使用的表 7.4 进行比较）。

表 7.14　上行链路 SPS DMRS 配置

比特值	子时隙 0	子时隙 1	子时隙 2	子时隙 3	子时隙 4	子时隙 5
0	R D D	R D	R D	R D	R D	R D D
1	R D D	D D | R	R D	D D | R	R D	R D D

注："R"代表 DMRS 符号，"D"代表数据符号，"|"代表子时隙边界。

为了提供超低时延，对于子时隙和时隙操作，可以将 SPS 周期分别配置为低至 1 个子时隙或 1 个时隙。表 7.15 中列出了可能的配置。

表 7.15　下行链路和上行链路 SPS 周期

sTTI SPS 周期		
sTTI [#]	子时隙[1]操作 [ms]	时隙操作 [ms]
1	0.2	0.5
2	0.4	1.0
3	0.5	1.5
4	0.7	2.0
6	1.0	3.0
8	1.4	4.0
12	2.0	6.0
16	2.7	8.0
20	3.4	10.0
40	6.7	20.0
60	10.0	30.0
80	13.0	40.0
120	20.0	60.0
240	40.0	120.0

[1]要注意到周期将随 CFI 和子时隙数而变化，因此只能粗略估计，见图 7.2。

与传统 LTE 操作的另一个区别是，可以使用可配置的循环移位和可能的 IFDMA 调制将 SPS 配置与 DMRS 关联（见 7.2.4.1 节）。这允许用户使用多用户 MIMO 在同一物理资源上同时进行复用，这种多用户 MIMO 补偿了 sTTI 中使用资源的增加。在 sTTI 中，频率分配通常较大，而对于 cMTC 服务，SPS 周期通常较短。但是，对于 cMTC 服务，应注意，在相同物理资源上提高用户复用率将对可靠性产生影响。

为了提高上行链路 SPS 操作的可靠性，对于子帧、时隙和子时隙操作，可以配置设备发送盲重传。为上行链路 SPS 重传配置的次数可以为 2、3、4 或 6。在空口上发送之前，为了确保数据包传递到较低层的等待时间少，可以配置多种 SPS，每个对应重传的 PUSCH 序列的不同起始位置。最多可以使用六个配置。传输的总耗时（初始传输和所有重复）不能超过配置的周期，否则将导致 SPS 传输重叠。

图 7.40 是一个示例，其中每种配置使用四个传输（一个初始传输和三个重传）。每个配置的周期为四个（s）TTI，并且每个重传序列的起始位置都不同。为了分组到达的延迟

最小化，应当为上行链路传输选择配置 1。

7.3.2.8 上行链路功率控制

用于 PUSCH 和 SPUCCH 的上行链路功率控制遵循与传统 LTE 操作中非常相似的原理。

7.3.2.8.1 PUSCH

路径损耗分量（PL）、目标接收功率（P_0）和与 MCS 相关的功率偏移量（Δ_{TF}）均遵循传统 LTE 操作。使用与传统 LTE 操作相同的小区特定参数 P_{CMAX} 来限制设备的最大功率。另外，保留了带宽分配（就频率上的资源块而言）决定的补偿（M_{PUSCH}）。时隙 / 子时隙 PUSCH 的功率控制方程式见式（7.5）。

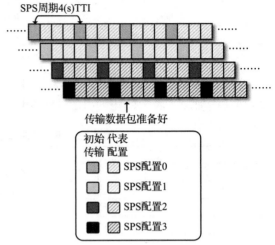

SPS周期4(s)TTI

传输数据包准备好

初始传输	代表配置	
▨	▨	SPS配置0
▨	▨	SPS配置1
▨	▨	SPS配置2
▨	▨	SPS配置3

图 7.40 多种上行链路 SPS 配置

$$P_{PUSCH} = \min \begin{cases} P_{CMAX} \\ 10\log_{10}(M_{PUSCH}) + P_0 + \alpha \cdot PL + \Delta_{TF} + f \end{cases} \tag{7.5}$$

DCI 中由 TPC 命令控制的闭环参数（f）只会影响与子时隙 / 时隙传输相关的功率控制回路。也就是说，它不会对用于子帧的传输的功率控制环路产生影响，因此它们是独立的。

功率余量报告（PHR）向网络提供有关所使用的发射功率和最大允许功率之间差值的粗略指示，这点也类似于常规 LTE 操作。

可以通过基于子帧的 PUSCH 或子时隙 / 时隙 PUSCH 来发送 PHR，向所有激活的载波报告。与传统 LTE 一样，支持类型 1 和类型 2 PHR 报告。

- 类型 1，功率估计仅基于发送的 PUSCH。
- 类型 2，假定同时传输 PUSCH 和 PUCCH。

此外，给定载波的功率余量可以基于调度传输或非调度传输。在未调度传输的情况下，可以假设资源分配是一个资源块（由于分配未知），并且功率估计中不包特定 MCS 的（由于未知）影响。

如果在子帧的 PUSCH 上发送 PHR，对于所有载波，PHR 都是基于子帧的，而不管该载波是否配置了 sTTI。如果在子时隙 / 时隙 PUSCH 上发送 PHR，则未配置 sTTI 的载波遵循子帧的 PHR 报告，而在载波中配置了 sTTI 的情况下，功率余量将基于 sTTI 计算。

7.3.2.8.2 SPUCCH

SPUCCH 的功率控制遵循相应的 PUCCH 的功率控制。与 PUCCH 一样，式（7.6）用于 SPUCCH 格式 1/1a/1b 和 3，式（7.7）用于 SPUCCH 格式 4。

$$P_{PUCCH\,F1/3} = \min \begin{cases} P_{CMAX} \\ P_0 + PL + \Delta_{TxD} + g + \Delta_{F\_PUCCH} + h \end{cases} \tag{7.6}$$

$$P_{\text{PUCCH} F4} = \min \begin{cases} P_{\text{CMAX}} \\ P_0 + \text{PL} + \Delta_{\text{TxD}} + g + \Delta_{\text{F\_PUCCH}} + 10\log_{10}(M_{\text{PUSCH}}) + \Delta_{\text{TF}} \end{cases} \qquad (7.7)$$

- 路径损耗估算（PL）与 PUCCH 操作计算得出的估算值相同。
- 补偿取决于 SPUCCH 携带的有效载荷（h 和 Δ_{TF}）。
- 由于 SPUCCH 格式 4（M_{PUSCH}）的频率分配而导致的功率电平变化，以及由于 Tx 分集（Δ_{TxD}）而产生的补偿都与 SPUCCH 相同。

但是，为了捕获 PUCCH 和 SPUCCH 之间的性能差异，需要修改这些参数之一，这可以通过配置 SPUCCH 格式偏移（$\Delta_{\text{F\_PUCCH}}$）来完成。可以为每个子时隙 SPUCCH / 时隙 SPUCCH 传输配置特定的偏移量（在指定范围内）。

通过 DCI 中的 TPC 更新的闭环功率控制参数（g）被独立地应用于 PUCCH 和 SPUCCH 功率控制环。

7.3.2.9　资源分配

7.3.2.9.1　下行链路

在下行链路中，子时隙和时隙传输支持资源分配类型 0 和 1。这两种资源分配之一是由 RRC 配置的。

- 资源分配类型 0：资源分配可以是不连续的，并通过 DCI 中的位图指示给设备。与传统 LTE 操作相比，增大了最小连续资源分配或资源块组（Resource Block Group，RBG）。这样做的原因是在短传输的情况下希望频率分配更多，并且它还可以减小 DCI，从而提高了可靠性。表 7.16 中显示了资源分配 0 的 RBG 大小。

表 7.16　下行链路资源分配 0 的 RBG 大小

1.4 MHz	3 MHz	5 MHz	10 MHz	15 MHz	20 MHz
1 RB	2 RBs	6 RBs	6 RBs	12 RBs	12 RBs

- 资源分配类型 2：对于资源分配类型 2，分配在频率上是连续的，表 7.17 是使用的 RBG 大小和起点粒度（与传统 LTE 相比也有所增加）。

表 7.17　下行链路资源分配 2 的 RBG 大小和起点粒度

	1.4 MHz	3 MHz	5 MHz	10 MHz	15 MHz	20 MHz
sRBG 大小	2 RB	2 RB	4 RBs	6 RBs	4 RBs	4 RBs
起点粒度	1 RB	1 RB	2 RBs	6 RBs	4 RBs	4 RBs

如果 RBG 不是系统带宽的倍数，则增加最后一个 RGB 的大小，以避免出现未调度的资源。

7.3.2.9.2　上行链路

在上行链路中，仅支持资源分配类型 0。与下行链路上的资源分配类型 2 相似，这是具有起始位置和长度的连续资源分配。分配的粒度和起始位置如表 7.18 所示。至于下行链路分配，与传统 LTE 相比，RBG 已增大。

表 7.18　上行链路资源分配 0 的 RBG 大小和起始位置粒度

	1.4 MHz	3 MHz	5 MHz	10 MHz	15 MHz	20 MHz
RBG 大小	1	1	4	4	4	4
起点粒度	1	1	4	4	4	4

7.3.2.10　CSI 报告

在传统 LTE 操作中，通过对下行链路资源进行测量来完成来自设备的信道状态信息（CSI）报告，以使网络能够应用基于信道的调度。

CSI 由 PUCCH 或 PUSCH 定期或不定期报告。

对于 sTTI 操作，仅支持 PUSCH 的非周期性 CSI 报告。

DCI 的 CSI 报告的触发（见 7.3.2.7.1 节）遵循的处理时间轴，与子时隙 / 时隙 PUSCH 和设备正在基于其中的时隙 / 子时隙进行测量的下行链路参考资源相同（取决于所配置的内容）。

有关 CSI 报告的更多详细信息，请参阅文献 [4]。

7.3.2.11　PDCP 复制

可以在网络的不同级别上执行提高可靠性的措施，以使 LTE 更适合 cMTC 服务并满足 URLLC 要求。例如，我们已经看到在物理信道的盲重传中，通过空口发送的信息可以在接收机中得到最大程度的组合。增加分集的另一种方案是在 PDCP 层复制数据包。这一过程在 LTE 和 NR 中都在使用，有相似的功能，因此读者可参考 9.3.3.7 节了解更多详细信息。

参考文献

[1] Ericsson, SouthernLINC Wireless, SK Telecom, T-Mobile USA, Orange, ITRI, OPPO, TELUS, Telstra, Sony, ETRI, Verizon, KDDI, CHTTL, Interdigital, Fujitsu, Spreadtrum Communicationsm, Nokia, Alcatel-Lucent Shanghai Bell, KT Corp, Sierra Wireless, Telecom Italia, TeliaSonera, Deutsche Telekom, Sprint, Sharp, NEC, CATT, Huawei, HiSilicon, AT&T, Intel, Samsung, ZTE, Qualcomm, LG Electronics. RP-171468, Work Item on shortened TTI and processing time for LTE, 3GPP RAN Meeting, Vol. 76, 2017.

[2] Alcatel-Lucent Shanghai Bell, Deutsche Telekom, Ericsson, Huawei, III, InterDigital, KT, LG Electronics, MediaTek, Nokia, Orange, Qualcomm, Samsung, SK Telecom, Softbank, SouthernLINC Wireless, Telecom Italia, Telefonica, Telenor, Telstra, Verizon, Vodafone, ViaviSolutions, Xilinx. RP-181259, Work item on ultra reliable low latency communication for LTE, 3GPP RAN meeting, Vol. 80.

[3] ITU-R, Report ITU-R M.2410. Minimum requirements related to technical performance for IMT-2020 radio interfaces(s), 2017.

[4] E. Dahlman, S. Parkvall, J. Sköld. "4G, LTE advanced pro and the road to 5G". Elsevier, 2018.

[5] Third Generation Partnership Project, Technical specification 36.211, v15.0.0. Evolved universal terrestrial radio access (E-UTRA); Physical channels and modulation, 2018.

[6] Third Generation Partnership Project, Technical specification 36.212, v15.0.0. Evolved universal terrestrial radio access (E-UTRA); Multiplexing and channel coding, 2016.

[7] Third Generation Partnership Project, Technical specification 36.213, v15.0.0. Evolved universal terrestrial radio access (E-UTRA); Physical layer procedures, 2016.

第 8 章

LTE URLLC 性能

摘 要

本章介绍 LTE URLLC 的性能，并将该技术与 ITU（IMT-2020）提出的现有 5G 需求进行比较，对每个适用 URLLC 的 5G 需求和相关的 LTE 性能进行详细探讨。要满足这些需求，就需要基于现有设计进行分析计算以及系统级和链路级仿真。性能评估包括用户面时延、控制面时延和可靠性评估。结论是 LTE 可以满足 5G URLLC 需求。

在本章中，将介绍 LTE URLLC 的性能。首先，回顾对时延和可靠性的性能需求。然后是满足需求所使用的工具，其中使用了分析计算以及系统级和链接级仿真。最后，通过链路级仿真表明 LTE 如何满足 IMT-2020 的 URLLC 需求，从而最终满足 5G 需求。

8.1 性能目标

如第 2 章所述，URLLC 需求是 ITU-R 声明的 5G 技术需求的一部分。本节对需求进行介绍并探讨如何将其应用于 LTE 技术。

在全部 5G 需求中，URLLC 关注的是用户面时延、控制面时延和可靠性。

为了使读者对实际需求有更好的了解，下面将在单独的节中进行介绍。有关详细的需求规范请参阅文献 [2]。

8.1.1 用户面时延

文献 [2] 中将用户面时延的要求定义为从源节点发送数据包到接收节点接收数据包的时长。时延是在两个节点的第 2 层和第 3 层之间。对于 LTE，是在 PDCP 协议之上。这里假定设备没有排队延迟，处于活动状态。

对 URLLC 而言，时延设定是 1 ms。两个方向（上行链路和下行链路）的时延需求相同。

8.1.2 控制面时延

控制面时延的要求为 20 ms，定义为从节电状态到设备能够连续传输数据的时间。

从本质上讲，时延关注的是设备发起随机接入过程将自身连接到网络。有关不同设备状态以及初始接入期间设备与网络之间的消息传输的更多详细信息，请参阅 7.3.1.1 节。

8.1.3 可靠性

对可靠性的要求定义为在给定的信道条件下，在一定的时延范围内成功传输一定大小的数据包的概率。换句话说，我们希望系统确保在最大时间内以某个 SINR 可靠地传递某个数据包。

IMT-2020 对时延、数据包大小和可靠性的要求分别为 1 ms、32 字节和 99.999%。实现此目标的最低 SINR 是基于特定技术的，并由 8.2 节中所述的方法进行评估。

8.2 仿真框架

为评估可靠性，需要进行仿真，可靠性是基于宏站的覆盖范围，专为广域部署而设计。本节描述 ITU 对系统级仿真和相关链路级仿真的要求如何与 3GPP 对 LTE URLLC 的 IMT-2020 评估对应。

IMT-2020 文件[3] 提供了仿真方法，包括以下步骤：

(i) 在宏站场景中满负荷运行系统级仿真。

(ii) 从仿真中收集 SINR 统计数据，并登记 5% 处的 SINR。

(iii) 在链路仿真中使用 5% 处的 SINR 点来表明可靠性已达到。

人们可能会认为，允许网络中 5% 的设备不在覆盖范围内，而要求覆盖范围内的设备要具有 99.999% 的可靠性，这并不太合理。但是，应该记住，假设网络满负载（见表 8.1），即所有小区中的所有资源始终被占用，这是不现实的。取而代之的是，使用更现实的网络有效负载，SINR 分布将向更高的 SINR 转移（假设网络受到干扰，通常是这种情况），这将降低落在图 8.1 所示目标 SINR 之外的设备的比例。

表 8.1 给出了产生图 8.1 中系统仿真曲线的相关配置。

表 8.1 城市宏观 URLLC——仿真假设

参数	设置
评估的载波频率	700 MHz
站间距	500 m
天线，eNB	两个极化为 +45°、−45° 的定向扇形天线
天线元件，设备	两个 0°、90° 极化的全向天线
设备部署	80% 室外，20% 室内 区域内随机均匀分布
站间干扰建模	显式建模

（续）

参数	设置
eNB 噪声系数	5 dB
设备噪声系数	9 dB
设备天线元件增益	0 dBi
流量模型	全缓冲
仿真带宽	20 MHz
设备密度	每传输接收点 10 个 UE
设备天线高度	1.5 m
eNB 天线高度	25 m
站点	3 扇区
eNB 天线下倾角	8°

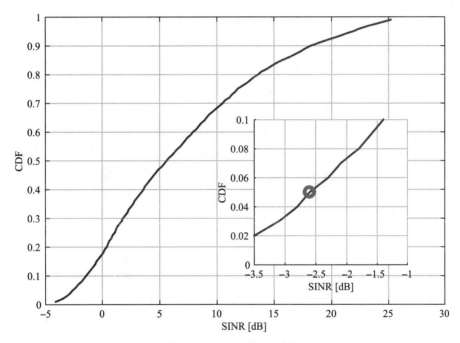

图 8.1　PDSCH SINR 分布

表 8.2 总结了 PDSCH、子时隙 PU-SCH 和子时隙 SPUCCH 在 5% 处记录的 SINR。下行链路 SINR 比上行链路 SINR 差的主要原因是，在上行链路上使用了功率控制，而在下行链路上则没有使用。

表 8.2　记录的 SINR

物理信道	5% 处的 SINR
子时隙[①]PDSCH	−2.6 dB
子时隙[①]PUSCH	−1.7 dB
子时隙 SPUCCH	−1.7 dB

[①]相同的 SINR 值在不考虑传输持续时间的情况下有效，对于时隙操作也有效。

8.3 评估

本节介绍对 8.1.1 ~ 8.1.3 节所描述的每个 URLLC 要求进行的性能评估。

8.3.1 用户面时延

对于数据传输，有三种不同的情况：

- 下行链路数据传输。
- 基于配置授权的上行链路数据传输。
- SR 之后的上行链路数据传输。

如果是下行链路数据，则网络具有完全控制权，可以在准备好要传输的数据包并将其放入传输缓冲区后调度该数据包（假设没有排队延迟）。因此，仅需要考虑处理延迟和将空口与数据传输时间对齐。

对于上行链路，情况有所不同，因为网络将不知道何时设备的缓冲区中有数据。在基于 SR 的上行链路传输的情况下（见 7.3.2.3 节），与数据准备好时已完成授权配置相比，在设备接收到上行链路授权之前会有额外的延迟。这是因为在数据传输开始之前，需要由 eNB 接收 SR，然后才是对设备的上行链路授权。

对于具有超低时延要求的服务，可以采用半永久调度（SPS）（见 7.3.2.7.3 节）来消除发送 SR 和接收上行链路授权而产生的额外延迟。当流量模式可预测时，也可以在周期性流量的情况下使用 SPS。此外，需要子时隙操作才能达到 IMT-2020 URLLC 所要求的 1 ms 时延目标。

为了全面了解用户面时延，下表显示了传统 LTE 的性能（具有 n + 4 处理时间轴的子帧操作，见 7.2.5 节）、短处理时间性能（具有 n + 3 处理时间轴的子帧操作，见 7.2.5 节），以及时隙和子时隙的传输性能。

下面研究两种情况：

- 基于 HARQ 的重传：在这种情况下，假设使用 HARQ 重传数据。这会带来频谱的有效利用，因为仅在出现错误的情况下才重新传输数据包。但是，这种情况下，由于每次重传所产生的额外往返会对时延产生负面影响。
- 盲重传：使用盲重传（此处假定时间连续）时，唯一的额外延迟来自每次重传的传输时间。但是，与基于 HARQ 的重传相比，频谱效率受到负面影响，因为使用了额外的资源却不知道是否能够用更少的资源传送数据包。

表 8.3 列出了与时延计算相关的各种延迟组件。

表 8.3 延迟组件

类型	解释
L1/L2 处理延迟 $T_{L1/L2}$	对于在 eNB 中执行的 L1/L2 处理，当发送和接收数据包时，假设处理延迟等于配置的发送时间间隔。在设备侧也是如此。假设有一个三符号子时隙。在接收端，假设数据可以在 L1/L2 处理之后但在 ACK 反馈发送之前被传送到更高层

（续）

类型	解释
对齐延迟 T_{Align}	对齐延迟是从准备好发射后到可以在空口上发射之间的等待时间
UE/eNB 处理延迟 T_{Proc}	假设接收 SR 和发送上行链路授权之间以及接收下行链路 HARQ NACK 和下一 PDSCH 重传之间的 eNB 延迟与设备的时序相同，即与 PDSCH 接收和下行链路 HARQ 反馈发送以及上行链路授权接收和 PUSCH 发送之间的时间相同。 假设为子时隙操作配置最短的处理时间轴，即 n + 4，见 7.2.5 节。 采用上述配置时，处理延迟包括 L1/L2 处理时间。可以注意到，eNB 处理时间不是指定的，而是由设备商决定的。另一方面，处理延迟设备需要严格遵守，见 7.2.5 节

需要注意，由于 TDD 帧结构而导致的额外延迟尚未考虑。由于时分复用，下行链路和上行链路传输的 TDD 结构会固有地增加延迟。加上仅针对时隙操作而不是子时隙操作定义了 TDD，这将导致产生的延迟与 IMT-2020 要求相差甚远，本章将重点讨论这个问题。

表 8.3 和之后的时延计算均假定为 FDD 操作。

图 8.2 显示了包括相关延迟（忽略传播延迟）的下行链路数据传输的信号图。可以考虑在第一次或第二次尝试中传送数据包（取决于空口的数据包错误）。

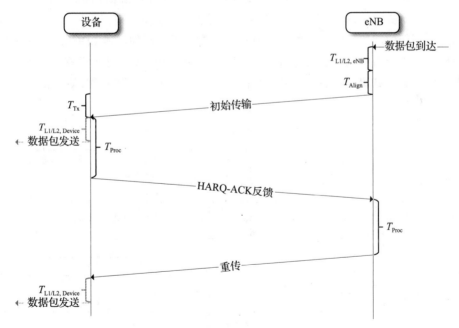

图 8.2　下行链路数据传输——信号图

假设 k 次重传，下行链路数据传输延迟也可以表示为如：

$$T_{Tot} = T_{L1/L2, Device} + T_{L1/L2, eNB} + T_{Align} + 2kT_{Proc} + (1 + 2k)T_{Tx} \tag{8.1}$$

对于一次重传，假设常规时序为 n + 4（T_{Proc} = 2 TTI），并且 $T_{\text{L1/L2}} = T_{\text{Align}} = T_{\text{Tx}}$ = 1 TTI，则延迟变为：

$$T_{\text{Tot}} = 4 + 8k \qquad (8.2)$$

需要注意，设备 HARQ-ACK 响应的处理时间轴（见 7.2.5 节）由规范设定，而实现依赖于 eNB（在异步 HARQ 的情况下）。然而，在式（8.1）和式（8.2）中假定对设备和 eNB 进行相同的处理。此外，对于网络和设备中的不同实现方式，L1/L2 处理时间是不同的，因此不在规范中定义。

与帧结构对齐的时间将由传输粒度给出，即数据包可以通过空口传输的频率。在 LTE 的情况下，使用子帧、时隙或子时隙粒度的固定结构。

对于使用 SR 的上行链路数据，延迟的计算类似于下行链路数据的计算。区别在于，对于上行链路数据，在 eNB 接收到数据包后会将其传递到更高层。另外，在这种情况下，基于接收到的上行链路授权，从 SR 传输到 PUSCH 的传输要计算一个往返时间。因此，正如预期的那样，基于 SR 的第 X 次上行链路数据重传的时延与基于 SPS 的第 X+1 次上行链路数据重传的时延相同。这在表 8.4 中可以看到，该表显示了用户面时延评估的结果。

在所有情况下，均假定使用最坏情况的时延。由于无线帧中的对称性，对基于子帧和基于时隙的操作没有影响。但是，对于子时隙操作，由于子时隙的结构不规则，因此延迟会在子帧上产生变化，请参见图 8.2。对于子时隙操作，表 8.4 和表 8.5 中的延迟是到达数据包的五个可能的起始子时隙中的最大延迟。考虑三种不同的可能 PDCCH 符号配置：一种、两种或三种。因为减少了对齐时间，所以使用单个 PDCCH 符号将减少总体时延。但是，由于使用较少的符号将直接影响 DL 控制能力，因此，在确定 DL 控制范围的大小时需要考虑折中。

表 8.4　用户面时延——基于 HARQ 重传

时延（ms）	HARQ	Rel-14	15 短处理时间（n+3）	Rel-15 时隙	Rel-15 子时隙（1 个 PDCCH 符号）	Rel-15 子时隙（2 或 3 个 PDCCH 符号）
DL 数据	第一次传输	4.0	4.0	2.0	0.86	1.0
	第一次重传	12	10	6.0	2.1	2.4
	第二次重传	20	16	10	3.4	4.0
	第三次重传	28	22	14	4.9	5.4
UL 数据（SR）	第一次传输	12	10	6.0	2.1	
	第一次重传	20	16	10	3.4	
	第二次重传	28	22	14	4.9	
	第三次重传	36	28	18	6.1	
UL 数据（SPS）	第一次传输	4.0	4.0	2.0	0.86	
	第一次重传	12	10	6.0	2.1	
	第二次重传	20	16	10	3.4	
	第三次重传	28	22	14	4.9	

表 8.5　用户面时延——基于盲重传

时延（ms）	盲重传	Rel-14	Rel-15 短处理时间（n+3）	Rel-15 时隙	Rel-15 子时隙（1 个 PDCCH 符号）	Rel-15 子时隙（2 或 3 个 PDCCH 符号）
DL 数据	第一次传输	4.0	4.0	2.0	0.86	1.0
	一次盲重传	5.0	5.0	2.5	1.0	1.1
	二次盲重传	6.0	6.0	3.0	1.1	1.3
	三次盲重传	7.0	7.0	3.5	1.3	1.4
UL 数据（SR）	第一次传输	12	10	6.0	2.1	
	一次盲重传	14	12	7.0	2.4	
	二次盲重传	16	14	8.0	2.9	
	三次盲重传	18	16	9.0	3.1	
UL 数据（SPS）	第一次传输	4.0	4.0	2.0	0.86	
	一次盲重传	5.0	5.0	2.5	1.0	
	二次盲重传	6.0	6.0	3.0	1.1	
	三次盲重传	7.0	7.0	3.5	1.3	

　　由于不规则子时隙结构而导致的对时延的另一个影响是对 L1/L2 处理会产生 1 TTI 时延。应当注意，这是简化后的结果，并且实际时序不需要与空口传输持续时间相关。在该评估中，仍然假定 L1/L2 处理 3 个符号的值，与最长子时隙持续时间相同。

　　表 8.4 和表 8.5 分别显示了使用基于 HARQ 的重传和使用盲重传的用户面时延，表中分别使用了不同的重传和重传次数。

　　如果要遵守 1 ms 的时延设定（在表 8.4 和表 8.5 中以粗体标记），见 8.1.1 节，可以看到以下情况：

- 使用基于授权的传输进行下行链路数据和上行链路数据传输，可以选择单次传输，或者一次盲重传。但是，使用基于 HARQ 的重传将违反时延设定。可以注意到，仅在配置了 1 个 PDCCH 符号的情况下，才可以在 DL 中使用盲重传。
- 基于上行链路 SR 的传输，没有配置条件能够满足时延设定。

8.3.2　控制面时延

　　7.3.1.1 节和 8.1.2 节介绍了控制面时延的背景知识以及对 3GPP 规范的改进。

　　对于如何在空口传输信息的问题，我们没有改变现有的初始接入流程，因为这可能带来实现成本的增加和现有网络的后向兼容问题，而是采用了一种简单的方法来缩短初始接入流程中设备和网络的处理时间。

　　产生的控制面时延如表 8.6 所示。

表 8.6　控制面时延

步骤	描述	时延 [ms]	
		Release 15 前	Release 15
1	RACH 前导码传输（上行链路）	1	

（续）

步骤	描述	时延 [ms]	
		Release 15 前	Release 15
2	eNB 中的前导码检测与处理	2	
3	RA 响应传输（下行链路）	1	
4	设备处理延迟	5	4
5	RRC 连接恢复请求传输（上行链路）	1	
6	eNB 处理延迟	4	3
7	RRC 连接恢复传输（下行链路）	1	
8	RRC 连接恢复和授权接收的设备处理延迟	15	7
9	RRC 连接恢复完成和用户面数据传输（上行链路）	—	
	总延迟	30	20

可以看出，达到了 20 ms 控制面时延的目标，请参见 8.1.2 节。

8.3.3　可靠性

8.3.1 节中时延的计算是假设重传次数不同，并且对调度程序没有排队影响（如要求中所述，见 8.1.1 节），这可以算是一种分析性计算。尽管如此，它仍然可以确定出满足特定时延范围的配置。

在 8.3.1 节中已经得出结论，对于下行链路和上行链路传输，要达到 1 ms 的目标，就没有时间进行 HARQ 重传。相反，需要使用盲重传来降低时延，同时保持较高的可靠性。此外，需要通过使用 SPS 预先配置的上行链路授权来进行上行链路传输（不基于调度请求，这会使总体时延增加一个往返时间）。盲重传（而不是 HARQ 重传）的使用和预配置的上行链路授权（而不是调度请求）都将增加无线资源的使用。这是我们为了能够以低时延达到超可靠的无线链路性能所付出的代价。

在此，进行可靠性估计基于以下假设：假设要传输的某个物理层有效载荷的大小（32 字节），假设某个时延范围（1ms），假设要达到的目标可靠性（99.999%）。这些条件均由 IMT-2020 要求给出。此外，在表 8.2 定义的网络的小区边缘 SINR 点，这些条件要能够得到满足。

8.3.3.1　物理信道可靠性

要了解可靠性性能，我们需要研究如何设计物理信道。相关描述可见第 7 章。IMT-2020 用例的时延范围为 1 ms，可靠性为 99.999%，虽然这可以看作是极端情况。但这是 LTE URLLC 技术的主要设计目标，也是本章评估的基础。

这些评估中涉及的可能物理信道是（S）PDCCH、SPUCCH、PDSCH 和 PUSCH，但是可以看出，并非所有信道都需要评估。

现在，我们的任务是确定一个 SINR，其中需要满足数据传输中涉及的所有信道的总误块率低于 10^{-5} 的目标。为了满足总体可靠性要求，确定的 SINR 应等于或低于表 8.2 中列出的值。

8.3.3.1.1　下行链路

对于下行链路，数据传输中涉及的信道是（S）PDCCH 和 PDSCH。如果考虑 HARQ 重传，则还必须包括 SPUCCH（即携带触发重传的 HARQ-ACK 反馈）。但是，在时延范围之内没有时间余量（见 8.1.1 节），因此可以排除上行链路控制信道。之所以写"（S）PDCCH"的原因是，根据数据在哪个子时隙上调度（见 7.2.2 节和 7.2.3.2.1 节），PDSCH 可以被 PDCCH 或 SPDCCH 调度。但是，在仿真的时候，下行链路数据最早映射到符号索引 3，即始终使用 SPDCCH。这样做的原因是对最坏情况建模，在最坏情况下，PDCCH 不用于调度，并且在给定的时延范围内可以进行较少的盲传输（与数据可以映射到符号索引 1 的情况相比）。

对于两个天线端口的 CRS 配置，图 8.3 中列出了所涉及的信道，一个基于符号 CRS 的 SPDCCH 以及最早映射到符号索引 3 的数据 RE。还列出了两次或三次盲重传情况下，重传序列的五个可能的起始位置。是两次还是三次取决于 1 ms 的时延预算（请注意，表 8.5 仅显示了所有可能的起始位置上的最差的时延，但实际上，它会根据起始位置而有所不同）。图中还显示了频率上的单个物理资源块。取决于如何完成控制和数据的映射，某些资源块将仅包含数据，或者仅包含控制，或者如图 8.3 所示，两者都包含。如表 8.7 所示，在子时隙的第一个符号中 32% 的数据分配与 SPDCCH 重叠。因此，在大约 1/3 的资源块中，PDSCH 围绕 SPDCCH 进行速率匹配。

从图 8.3 中还可以看出，数据的资源数量会随着时间而变化（有些子时隙是三个符号，有些是两个符号；有些 OFDM 符号中的有些 PRB 包含 SPDCCH，有些则不包含；在有些子时隙中该数据与 CRS 冲突，有些则不会）。此外，SPDCCH 性能将因 CRS 开销（以及 DMRS 和 CSI-RS，如果已配置——在此图中未显示）而有所不同。在选择 SPDCCH 的设备的聚合等级（见 7.2.3.2 节）以及为数据传输选择的 MCS 时，网络必须考虑这些因素。

这是最坏情况的仿真配置，其中两个 SPDCCH 传输之一有 CRS 冲突（图 8.3 中的第四或第五配置）。对 SPDCCH 的性能而言，这可以被视为一种限制。对于 PDSCH 性能，其中一个子时隙将具有三个符号持续时间，从而有更多的 RE 用于数据传输（然而，这不会改善 SPDCCH 性能，此处将其配置为一个符号持续时间）。

表 8.7 列出了仿真所使用的配置。

表 8.7　链路级仿真假设——下行链路

参数	设置
载波频率	700 MHz
带宽	20 MHz（100 个资源块）
信道	TDL-C, 363 ns，见文献 [4]
设备速度	30 km/h
TTI 长度	子时隙（2 或 3 个 OFDM 符号，取决于传输在哪里进行）
DL 数据起始	符号索引 3（见 7.2.2 节）
有效负载	32 字节
MCS	MCS-0（占据 55 个资源块）
资源分配	资源分配类型 0（见 7.3.2.9.1 节）

（续）

参数	设置
传输模式	2TX，2RX，1 层 TX 分集
参考信号传输	基于 CRS
信道估计	现实的
SPDCCH	1 个基于符号 CRS 的 SPDCCH（见 7.2.3.2 节） AL8（总带宽为 8 个 SCCE） 第一个符号中大约 32% 的数据分配有重叠 SPDCCH
传输	2（无 HARQ 的盲重传） 两个传输采用同样的冗余版本（RVO），见 7.3.2.7.1 节
DCI 大小	40 比特有效负载 +16 比特 CRC

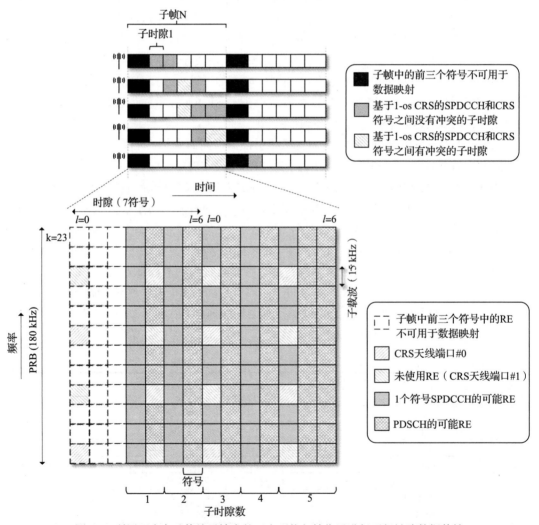

图 8.3　利用两次盲重传从子帧中的五个可能起始位置进行下行链路数据传输

上述仿真结果如图 8.4 所示。

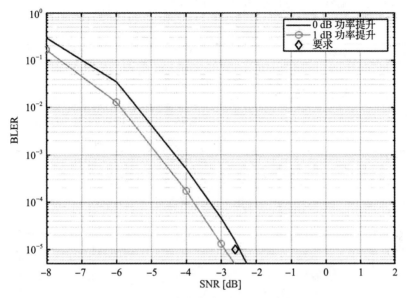

图 8.4　两次盲传输的 PDSCH 性能

可以看出，假设 SPDCCH 资源的功率提升 1 dB，则在 SINR 为 –2.6 dB 时可靠性达到 10^{-5}（见表 8.2）。由于数据和控制信道之间的性能不平衡（数据信道的解码受控制信道的解码限制），因此功率提升是必要的。控制功率提升的含义是，该 OFDM 符号中留给其他资源要素的剩余功率将受到更多限制。

8.3.3.1.2　上行链路

对于上行链路，所涉及的信道仅是 PUSCH。这是因为我们仅对使用预先配置的授权（使用 SPS，见 8.3.1 节中的结论）感兴趣，并且假定已将其预先配置到设备。由于没有时间进行 HARQ 重传，因此下行链路控制信道 SPDCCH 不起作用。

从表 8.5 中可以看出，可以使用两次 PUSCH 传输来满足 1 ms 的时延设定。可能的起始位置和随后的连续传输如图 8.5 所示。与下行链路相比（见图 8.3），重传次数不会随着重传窗口的开始位置而变化。使用三次重传将超出时延范围。

如果使用三个连续的 2 符号子时隙

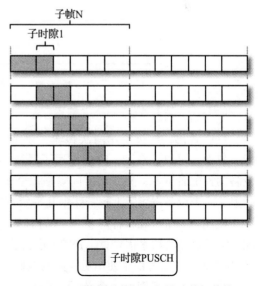

图 8.5　两次盲重传的上行链路数据传输

（图 8.5 中的第二、第三和第四配置）进行两次传输，则可能会出现最差的性能。这是因为较少的资源可用于传输数据，这已被仿真所验证（见表 8.8）。

表 8.8 链路级仿真假设——上行链路

参数	设置
MCS	MCS-1（占据 85 个资源块）
传输模式	1TX, 2RX
传输	1、2 或 3（无 HARQ 的自动重传） 所有传输采用同样的冗余版本（RV0），见 7.3.2.7.1 节
TTI 长度	子时隙（2 个 OFDM 符号）

表 8.8 给出了与下行链路（见表 8.7）不同的链路仿真配置。

相关的性能如图 8.6 所示，更多详细信息，请参见文献 [1]。

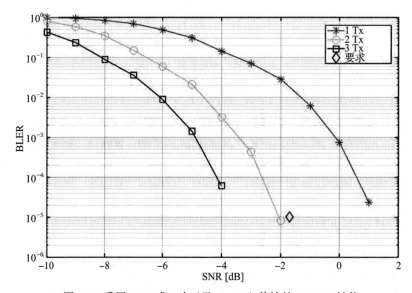

图 8.6 采用 1、2 或 3 次（无 HARQ）传输的 PUSCH 性能

可以看出，通过使用两次传输，以 10^{-5} 的可靠性实现了 –1.7 dB 的 PUSCH SINR 目标。然而，可以注意到，分配占用了载波中的 100 个资源块的 85 个。此外，还假定这是设备的预配置资源，并且调度间隔是每个子时隙。而这对网络操作形成了严格的限制（实际上是一个设备占用了上行链路中几乎所有的资源）。

使用较高的 MCS 将降低所需的频率分配。但是，尽管相同的数据将以较小的分配（使用较高的功率谱密度，PSD）进行传输，但是减少资源分配和减少频率分集会增加 MCS 的码率，另外由于使用更高阶的调制，这些可能会带来一些额外的性能下降。

结果将取决于网络是否受干扰或噪声限制、cMTC 用户的比例等，但是可以预期，在稍微放松的 SNR 要求下，可以减轻对网络资源使用的影响。但是，对于 –1.7 dB 的要求，在两次传输的情况下，性能裕度非常有限，如图 8.6 所示。

参考文献

[1] Ericsson. R1-1807301, URLLC techniques for uplink SPS. 3GPP TSG RAN1 Meeting #92bis, 2018.
[2] ITU-R, Report ITU-R M.2410, Minimum requirements related to technical performance for IMT-2020 radio interfaces(s), 2017.
[3] ITU-R, Report ITU-R M.2412, Guidelines for evaluation of radio interface technologies for IMT-2020, 2017.
[4] Third generation partnership project, Technical specification 38.901, v15.0.0. Study on channel model for frequencies from 0.5 to 100 GHz, 2018.

第9章

NR URLLC

摘 要

在本章中，将对 NR 进行介绍，同时介绍 LTE 的演进。以此为基础，重点探讨为实现超可靠低时延通信而对 NR 所做的增强，包括从物理层设计到空闲模式和连接模式等过程。

9.1 背景

本节简要介绍 5G 和新空口（NR），并讨论其与 LTE 的关系，并介绍超可靠低时延通信（URLLC）及相关的设计原理。

9.1.1 5G 系统

3GPP 5G 系统（5GS）是旨在扩大蜂窝系统用途的新一代蜂窝系统。除了语音和增强型移动宽带（eMBB），5GS 还将支持大规模机器类通信（mMTC）和关键机器类通信（cMTC）的用例领域。

5GS 基于 5G 核心网（5GC）和 NR 无线接入技术，旨在满足 ITU[1] 的 5G IMT-2020 要求。第一个非独立版本（Non-StandAlone（NSA）version）的 NR 于 2017 年在 3GPP 完成标准化。它通过 LTE 双连接（Dual Connectivity，DC）将 NR 连接到 4G 核心网（CN）——演进的分组核心网（EPC），将 NR 小区接入现有 LTE 网络中。将 NR 连接到 5GC 的完整的独立（StandAlone，SA）版本于 2018 年作为 3GPP Release 15 的一部分完成了定稿。

NR 建立在 LTE 成功的基础之上，并在上层和下层设计中重用了 LTE 的理念。在此基础上，引入了新的功能和操作模式以支持新的应用场景。主要优点是 NR 内置的灵活性，与早期的 GSM、WCDMA 和 LTE 系统相比，它具有更好的可扩展性和适应性。能够支持一直到 52.6 GHz 的更宽范围的频段。

本章重点介绍 NR 对 cMTC 服务的支持，其特点是对服务时延和可靠性有严格的要求。在下文中，我们将首先简要介绍 NR，然后介绍超可靠低时延通信（URLLC）功能，该功能旨在为关键服务提供所需的支持。

第 2 章介绍了 5GS 标准化工作以及 NR 物理层（PHY）和更高层的基础知识。第 9 章介绍 NR URLLC 性能。作为参考，URLLC 的 LTE 版本在第 7 章和第 8 章中进行了介绍和评估，在第 12 章中对这两种技术进行比较。

9.1.2　URLLC

从 5G 的概念来看，它旨在解决三个应用场景：

- eMBB
- 大规模机器类通信（mMTC）
- 关键机器类通信（cMTC）

以上这些应用场景分别从频谱效率、连接效率和服务质量等维度展现了 5G 的性能。NR 的结构非常灵活，通过分别向三个维度提供不同 NR 特性，5G 系统能够对所有这些应用场景进行支持。因此，可以通过单个 5G 无线接口提供多种服务的支持，甚至可以在同一载波上共享。

超可靠低时延通信（URLLC）是为支持 cMTC 用例而提出的创新，该用例需要对服务质量（QoS）和可用性有很高要求的通信连接。这种用例场景包括用于变电站的保护服务和工业机器人的工厂自动化（将在第 10 章中进行研究），以及进一步的应用，例如高精度远程控制和触觉通信，例如远程手术。

为了利用 NR 支持 URLLC 业务，系统必须能够以低时延和高可靠性传送数据包，并且必须始终保证服务质量。而这需要利用标准中定义的技术组合来实现，并通过对网络中的无线资源管理来确保。URLLC 功能的工具箱必须足够灵活且功能强大以满足 cMTC 服务的要求。同时，由于 NR 还应该为新的垂直行业提供 eMBB 和 mMTC 服务以及连接性，因此所应用的特定工具需要能够与其他工具和功能很好地配合。这也解释了 NR 中 URLLC 的设计原则。但是，与 LTE URLLC 相比，在 NR URLLC 中无须担心后向兼容性，这减少了设计的限制。

9.1.3　NR——LTE 的继承者

NR 是 LTE 的天然继承者，并且两个 RAT 在许多功能上共享。在此基础上，两者均采用正交频分复用（OFDM），并指定相同类型的物理数据和控制信道。但是，应该注意如下一些重要的设计差异：

- 高频段：与 LTE 相比，NR 的工作频率更高（高达 52.6 GHz），并且载波带宽更高（高达 400 MHz），而 LTE 的载波限制为 20 MHz，支持的最高频段为 5 GHz。由于天线较小，因此高频段还有助于减小设备的外形尺寸，这对许多工业应用而言都很重要。NR 的可伸缩 OFDM 参数集可有效使用更高的频段。

- 精益设计：最小化的一直在线传输使 NR 网络能够通过延长微睡眠时间来大大改善性能。
- 灵活的设计：通过对 NR 时间和频率资源的配置和使用提供高度的灵活性，为将来的增强和功能扩展提供了空间。
- 低时延：NR 提供灵活的调度和更短的处理时间，这是优化服务时延的重要工具。
- 以波束为中心：NR 支持新的非常先进的天线技术，有助于天线以波束为中心的设计，从而支持新的频率范围。还支持在不同节点的波束之间快速切换。

粗略来看，NR 提供了 LTE 的基本功能，同时还通过灵活的设计实现了更高的前向兼容性，并支持更高的频段和更先进的传输方法。NR 采取的主要措施是能够使用单个集成系统支持各种用例。在频谱效率方面，使用类似的无线配置，我们可以预期 LTE 和 NR 的性能大致相同，但是除了这些基本功能之外，NR 还提供额外的特性来实现更高的数据速率、更低的时延和更多的操作选项。从网络功耗来看，由于精益设计且基站始终发送的较少的强制信号，NR 的效率更高。

9.1.4 在当前网中引入 NR URLLC

到目前为止，LTE 已广泛部署在高达 5.9 GHz 的重要频谱范围内。另一方面，NR 支持两个频率范围（frequency range，FR）。FR1 对应现有的 LTE 频率范围，而 FR2 覆盖 24 ~ 52.6 GHz 的范围。传统上，移动网络运营商（mobile network operator，MNO）将逐步重新利用其现有频谱的一部分，以实现新一代的部署。但是，由于 NR 拥有当前 MNO 未使用的一组新频段，因此更有意义的方案是在新的而不是当前的 LTE 频段中部署 NR。因此，预计首批 NR 部署将作为现有 LTE 部署的附加高频载波出现。从一开始，支持大系统带宽和低时延 FR2 频段的使用还使 NR 能够以大流量支持苛刻的 cMTC 服务，例如工厂自动化。此外，由于处理时间短和对短传输的灵活调度，在较低的频段上也可以实现低时延。

从 3GPP Release 15 开始，演进的分组核心网（EPC）除了支持 LTE（称为选项 1）外，还可以支持 NR 作为 RAN 的连接。在这种所谓的非独立（NSA）NR 模式（称为选项 3）中，除了 LTE 主 eNB 在主小区中提供的服务外，来自 NR 基站（称为 gNB）的载波还在辅助小区中提供服务。这种功能基于双连接（DC），也称为 E-UTRA-NR 双连接（EN-DC）。结合 FR2 中新频段的可用性，EN-DC 为在现有 LTE 部署之上无缝引入 NR 提供了方案。

通过部署 5G 核心网络（5GC），可以改为以独立（SA）模式连接 NR（称为选项 2）。然后，可以使用 LTE-NR 动态频谱共享（dynamic spectrum sharing，DSS）的方法将 LTE 频段重新划分为 NR 频段，或者将 NR 部署在现有 LTE 载波的数据区域中。借助 DSS，NR 可动态使用 LTE 载波中的频谱，以确保 NR 设备在较低频段中的覆盖。DSS 还可以用于确保为传统 LTE 设备提供足够的资源。不需要将节点或设备升级到符合 5GC 的 LTE，就可以使共享正常工作，从而使其成为普遍采用的迁移至 NR 的方案。

　　除了这三个主要选项外，其他基于 5GC 的 NR-LTE 组合也是可能的。使用 DC，可以连接 SA NR 和 5GC 兼容的 LTE 节点，在 NR-E-UTRA 双连接（NE-DC）中将 NR 作为主节点，将 LTE 作为辅助节点（称为选项 4），或者将 LTE 作为主节点而 NR 作为 NG-RAN-E-UTRA 双连接（NGEN-DC）中的辅助节点（称为选项 7）。

　　图 9.1 展示了 NR 和 LTE 的主要架构选项 1 ～ 3。通过 DC，服务于主小区的主节点支持控制面信令和用户面数据传输。辅助小区通过用户面上的数据传输来增大容量。以纯 SA 形式，NR 可作为单独的系统在其自己的载波上运行，或者使用 DSS 在 LTE 载波上动态调度。

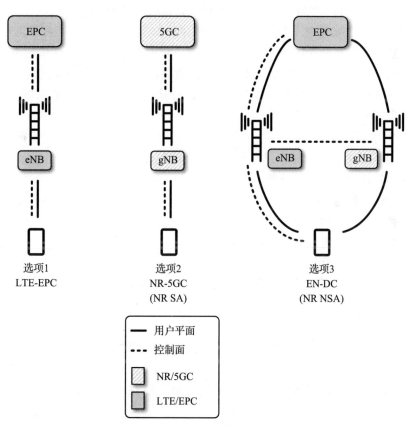

图 9.1　LTE 和 NR 连接选项 1 ～ 3

9.1.5　无线接入设计原则

　　我们希望使用 URLLC 来传输具有非常高的服务质量（QoS）要求的数据包，但是也希望同一系统能够用于其他要求更宽松的场景。通过精细地调度并使用 NR 标准中指定的相关操作机制，这是可以实现的。通过这些调整，可以针对应用场景优化 NR 以支持高 QoS 需求。在本章中，我们将主要关注这些优化功能以及与 URLLC 相关的调整。

我们如何在不断变化的无线条件下实现高可靠性？广义上讲，做到这一点的方法就是通过分集：信息被复制成多个副本，以便至少可以接收到一份副本，或者在频域或码域中将其扩展以确保成功解码。但是分集可能意味着更多的工作，通常会结合使用以下类型的工具来实现 NR 的可靠性：

- 编码分集。较低的编码率意味着可使用更多的编码来承载信息，并且接收到的信息可能带有足够的解码冗余信息。可以通过使用较低的编码率或通过重复消息来实现编码分集，而这会大大降低有效编码率。
- 频率分集。以连续或不连续的方式在较宽的频段上传播消息会增大消息在良好的信道条件下发送的可能性。应用跳频也可以实现相同目标。
- 时间分集。重发消息不仅具有降低编码率的效果，而且还能够在不同时间使用信道，从而可以在时变信道条件较好的情况下增大可靠性。由于在传输时不同的发射机可能处于活动状态，因此在不同时机进行尝试也可以实现干扰分集。
- 空间分集。使用多个发射和接收天线或者发射点可以通过对几个相关性较低的空间信道进行采样来改善接收效果。

我们如何快速发送数据包？为了回答这个问题，我们需要查看在传输数据包时在 RAN 层面真正构成时延的原因。这包括以下方面的时延：

- 数据包发送方对数据包进行编码。
- 等待传输时机（对齐）。
- 空口传输持续时间。
- 数据包接收方解码数据包。
- 等待发送反馈，并传输反馈。
- 数据包发送方对反馈进行解码，在数据包发送失败时进行重传。
- 等待重传时机。
- 重传（传输持续时间和解码）。

对于具有动态授权的上行链路传输，在开始上行链路数据传输之前，需要发送调度请求（SR）和下行链路控制传输。

因此，为减少时延，需要对上面引入的时延进行控制，相应地，为实现 NR 中的低时延而考虑使用的工具是：

- 增强的数据包编码 / 解码。
- 增加更多的传输机会，减少对齐时间。
- 减少传输时间。
- 减少下行链路数据接收和反馈传输之间的时间。
- 缩短上行链路授权和数据传输之间的时间。

URLLC 带来的另一个挑战是，我们希望同时满足两种质量要求：必须在一定时间内可靠地传送数据包。这要求能够在 L ms 的等待时间内以 R 的概率或可靠性传递 P 字节的有效载荷。我们可以用这些术语定义 cMTC 服务要求。覆盖范围是 cMTC 服务在真实系统中的一个重要特征，该覆盖范围可以用特定人群中享用 cMTC 服务的设备的百分比或覆盖率 C 来表示。确保服务覆盖范围就是在特定的部署方案中（例如在工厂大厅或城市中）保证最低级别的 SINR。确保覆盖范围的可用工具涉及发送侧通过波束成形和功率控制提供强信号的能力，以及接收侧过滤干扰的能力。

9.2 物理层

基于这些总体设计目标，我们可以将 NR 中引入的关键技术组件确定下来。这节不会对 NR 设计进行详尽的回顾，因此，除了对 URLLC 特定功能进行详细介绍外，我们仅局限于 NR 的基本功能概述[2]。

本节中的材料基于 NR 物理层[3-6]的 3GPP Release 15 规范。

9.2.1 频段

如上所述，为 NR 载波定义了两组 FR。如图 9.2 所示，FR1 范围为 0.45 ～ 6 GHz，FR2 范围为 24.25 ～ 52.6 GHz。尤其是更高的频段，由于这些频段被现有的无线业务占用较少，因此许多新的频谱资源就可以用于支持更大带宽的蜂窝通信。这不仅使 eMBB 具有更高的数据速率和更大的容量，而且还是 URLLC 的重要推动力。利用更宽的 OFDM 子载波间隔（SCS）可以支持更高的载波带宽，可以成比例地减少符号持续时间，因此也减少了等待时间。

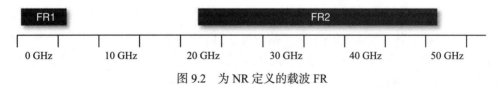

图 9.2 为 NR 定义的载波 FR

自然，由于衰减较高和衍射减小，因此在较高的频率下无线传播更具挑战性。NR 研究的主要成就之一是提供工具来应对这些挑战，从而也使 cMTC 服务成为可能。

9.2.2 物理层参数集

9.2.2.1 灵活的参数集

NR 在下行链路和上行链路中均使用基于循环前缀的 OFDM 调制。还可以在上行链路中使用数字傅里叶变换（digital Fourier transform，DFT）扩展 OFDM 调制，也可以引入单载波频分多址（SC-FDMA），这是 LTE 上行链路中唯一可用的调制。NR 中用于上行链路的两个选项既提高了 OFDM 的调度灵活性，又扩大了 DFT-OFDM 覆盖范围，这归因于其峰均功率比（PAPR）的降低。

OFDM 子载波以 12 组为一组分成资源块（resource block，RB），在频域中由子载波间隔（SCS）隔开。NR 可以配置不同的 SCS，定义不同的参数集，而 LTE 仅在 15 kHz SCS 上进行数据传输。在子载波间隔为 W Hz 的情况下，不包括循环前缀（CP）的 OFDM 符号（OFDM Symbol，OS）的持续时间名义上为 $1/W$ s[7]。在 W = 15 kHz 的基础 SCS 中，包括 CP 在内的 14 个 OS 需要占用 1 ms 进行传输。如在 LTE 中那样，在一个 OS 期间的一个子载波被称为资源要素（RE），并且可以携带一个调制符号。在 NR 中，对于 $N = 2^\mu$，SCS 可以设置为 $N * W$，参数集 μ = {0，1，2，3}，这意味着每毫秒发送 14 * N 个 OS。较短的符号持续时间意味着可以以更多带宽为代价更快地传输数据包。在 NR 中，考虑到频率更高，也可以使用更宽的频段，这种折中对于低延迟应用是合理且有意义的。

表 9.1 列出了可用的子载波配置集，以及可用的 FR 和可支持的最大系统带宽。

表 9.1　数据传输的 NR 参数集

参数集 μ	SCS [kHz]	时隙持续时间 [ms]	符号持续时间 [ms]	正规循环前缀 [μs]	频率范围	最大 RB 数	最大带宽 [MHz]
0	15	1	1/14	4.7	FR1	270	50
1	30	0.5	1/28	2.3	FR1	273	100
2	60	0.25	1/56	1.2	FR1（可选）	135	100
					FR2	264	200
3	120	0.125	1/112	0.59	FR2	264	400

在广域场景下的最高子载波间隔为 60 kHz 时，符号持续时间足够短，以至于无线信道的延迟扩散在远距离场景中成为一个问题（即，延迟扩散超过 CP，这意味着符号之间的正交性会降低，甚至可能丢失）。为了减少符号间干扰的有害影响，可以将 CP 持续时间设置为更长的值（扩展的 CP），代价是每秒使用更少的数据符号，从 14 * N 个符号 /ms 减少到 12 * N 个符号 /ms。

9.2.2.2　帧结构

在时域中，基本单位是长度为 1 ms 的子帧，与使用的参数集无关。取决于所选择的确定符号持续时间的参数集，每个子帧都由一定数量的时隙组成，每个时隙包含一组 14（常规 CP）或 12（扩展 CP）个 OS，如图 9.3 所示。基本传输持续时间是一个时隙，但是传输也可以占用一部分时隙，即所谓的非时隙传输或通常的微时隙，如图 9.4 所示，其中包括频域和不同的 SCS。在下行链路中，微时隙可以从任何符号开始，长度为 2、4 或 7 个 OS，而在上行链路中，它可以以任何符号开始，并且长度可以为不大于时隙长度的任何长度，即 1 至 14 个 OS。

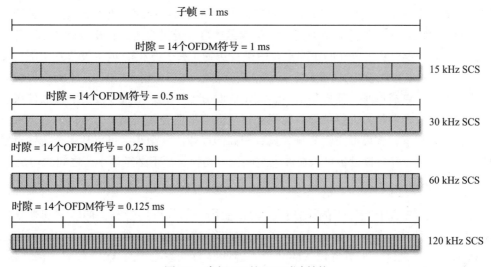

图 9.3   常规 CP 的 NR 时隙结构

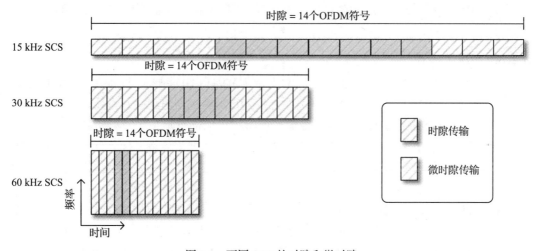

图 9.4   不同 SCS 的时隙和微时隙

在 NR 中，就上行链路和下行链路符号而言，时隙结构是灵活的，因此在 FDD 和 TDD 时隙之间没有原则上的区别，下文将进一步探讨。

9.2.3   传输方案

9.2.3.1   基于波束的传输

NR 中的所有物理信道、数据以及控制信道都可以进行波束成形，以增强覆盖范围并提高速率，从而产生了基于波束的标签。波束形成既可以是模拟的（在数模（D/A）转换之后执行），通常一次将波束转向整个载波，也可以是数字的（在 D/A 转换之前执行），能够同时形成多个波束。在数字波束成形的过程中，预编码器矩阵用于形成从多个天线元件到设备的波束以及从设备到设备的波束。预编码器可以通过报告最佳矩阵的索引（针对上行链路和下行链路）从预定义的矩阵集合中进行选择（基于码本），或由设备基于下行链路测量（非基于码本）（假设 TDD 载波上存在信道互易性）进行选择，以完成上行链路波束成形。使用模拟波束成形时，任务是从一组固定的时分复用波束中选择发射和接收波束，并基于最强的接收参考信号进行选择。模拟波束成形非常适合较高频率下所需的许多天线元件，在这些频率下，波束可能会变窄并具有较高的增益。一个小区可以从多个传输点发送和接收大量波束，并且该设备可以在波束之间无缝切换，而不必经过小区之间的切换。

9.2.3.2   部分带宽

可以将在 NR 载波上运行的设备配置为仅使用一部分可用带宽，即所谓的部分带宽（BWP）。引入此功能是为了使低复杂度的设备能够使用较少的无线功能，并且还可以通过限制监视的带宽来进一步节省设备的功耗。因此，为设备配置的 BWP 构成了活跃带宽，该带宽可以分布在不同的频段上，并使用不同的参数集。在 NR Release 15 中，最多可以配置 4 个 BWP，但是一次只能激活一个 BWP。这意味着该设备不能同时在 FR1 和 FR2 中运行。

9.2.3.3   双工模式

如上所述，NR 中有一种单帧格式同时支持 TDD 和 FDD 配置。设备在已配置的搜索空间（包含在 CORESET 中，如下所述）中查找下行链路控制消息，并将该时隙用于 gNB 动态指示的下行链路接收或上行链路传输。该时隙可以部分地用于下行链路，部分地用于上行链路，并且在切换点周围具有间隙时段，以避免交叉链路干扰。可以用一系列下行链路符号、一组可变符号和一组上行链路符号定义一组时隙格式，请参见图 9.5 中的示例。因此，下行链路和上行链路之间的间隙时段是从可变符号中获取的。利用下行链路时隙中的 TDD 操作，设备可以指示下行链路和可变符号以用于数据接收，而在上行链路时隙中可以将可变符号和上行链路符号用于数据发送。时隙格式既可以通过 RRC 进行配置，也可以动态地指示给 DCI 中的每个设备，也可以通过称为时隙格式指示（Slot Format Indicator，SFI）的特殊下行链路控制信息（DCI）指示给一组设备。向设备指示的时隙格式序列构成下行链路和上行链路时隙的 TDD 模式。由于可以将所有符号灵活表示，这样就可以支持完全动态的 TDD，在设备中，将基于每个时隙为设备分配下行链路和上行链路符号。

混合的下行链路 – 上行链路时隙格式还支持所谓的自包含时隙，利用这个时隙从设备向下行链路时隙的末尾发送混合自动重传请求（HARQ）反馈。此设置可以实现非常短的往返时间，并且可以在短时间内进行大量重传，这是 URLLC 服务的一项关键功能。但是，如果给定必要的间隙时段并允许在设备侧处理，就可以减少数据所用符号的数量，如下文进一步讨论的。

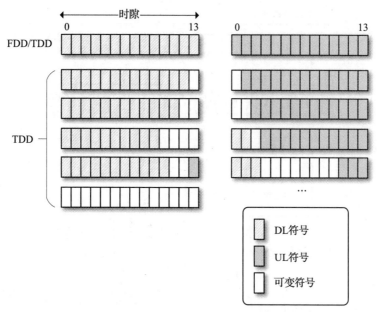

图 9.5　FDD 和 TDD 使用的 NR 时隙格式

　　将 TDD 与 FDD 进行比较，很明显，当方向固定时，对齐延迟必定需要时间更长，因为我们需要等待下一个下行链路或上行链路周期，而不仅仅是 FDD 中的下一个时隙或微时隙。即使 gNB 可以基于时隙指定配置，也是如此，因为上行或下行传输机会是每个时隙一次。请注意，由于存在较长的对齐延迟，因此我们预计在 TDD 中使用微时隙不会显著降低延迟。为了进一步减少等待时间，我们需要每个时隙有更多的下行链路－上行链路切换点，但这在 NR Release 15 中不支持。但是即使有这些限制，NR TDD 操作在延迟方面仍比 LTE 有了很大的改进。在 LTE 中，最短的上行链路－下行链路切换周期为 5 ms，这为 LTE 延迟设置了一个较高的下限，而在 NR Release 15 中，它可能低至 1/8 ms（一个有 120 kHz SCS 的时隙）。

　　从系统效率的角度来看，支持动态 TDD 很有意义。因为可以根据当前需求调整上行链路和下行链路中的资源，这对于固定的时隙分配是不可能的。但是，对于 URLLC 服务，动态 TDD 不会在固定分配之上带来显著的时延增益，因为无论如何该格式都是以时隙为基础且仅通过一个交换点设置的，更重要的是，由于小区可以独立地更改配置，因此可靠性可能会受到影响，进而导致交联（上行链路到下行链路和下行链路到上行链路）干扰，可能会对链路质量造成灾难性影响。因此，实际应用中，动态 TDD 在小区数量有限且干扰低的受控环境中最有效。

　　当在 TDD 频段中运行 URLLC 时，我们可以选择切换点频率尽可能高的固定配置，例如通过使用一系列具有较高 SCS 的下行链路－上行链路时隙格式的混合序列来缩短延迟时间，如图 9.6 所示。

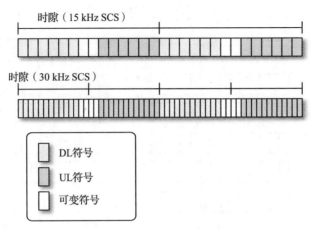

图 9.6　低时延 TDD 配置示例。上图：具有混合下行链路 – 上行链路时隙的较
低 SCS。下图：具有交替下行链路和上行链路时隙的较高 SCS

9.2.3.4　短传输

时隙是 NR 中的基本调度间隔，这意味着作为基准，每个下行链路时隙发送一次下行链路控制信号。这种在时隙块中进行调度的基本类型称为 A 型映射，如图 9.7 所示，在下行链路中可以从符号 0 ～ 3 开始，持续时间为 3 ～ 14 个符号，而在上行链路中可以从符号 0 开始。持续时间为 4 ～ 14 OS。如上所述，也可以使用较短的传输，这就是所谓的非时隙或微时隙，它们可以以较短的间隔进行调度。这些较短的传输可以通过 B 型映射在下行链路和上行链路中进行调度，从任何符号开始，并且持续时间在上行链路中为 1 ～ 14 个 OS，但在下行链路中从符号 0 ～ 12 开始并限制为下行链路中的 {2，4，7} 个符号，如图 9.4 所示。两种类型的分配都不允许跨越时隙边界，如图 9.7 所示。这意味着可以非常灵活地调度传输，但并不总是以 OS 为粒度。当然，灵活性是有代价的。在下行链路中，设备需要监视

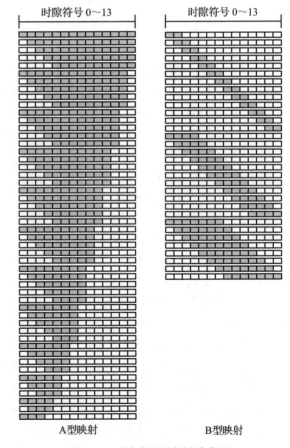

图 9.7　时域内的下行链路分配

更多的下行链路控制时段, 以查看它们是否已被调度。

9.2.3.5 短处理时间

在时序方面, NR 指定了两种情况下设备应管理的最小调度时序:

- 下行链路数据传输接收完成与发送相应的 HARQ 反馈之间的处理时间 d_1。
- 从接收上行链路授权到相应的上行链路数据传输发送完成之间的处理时间, d_2。

这些延迟的长度取决于如下调度因素:

- 下行物理共享信道 (PDSCH) 数据传输使用了多少个解调参考信号 (DMRS) 符号。
- 是否下行物理控制信道 (PDCCH) 和 PDSCH 符号在下行分配中重叠。
- 是否 DMRS 和数据混合在第一个 PUSCH 符号中。
- ·下行链路分配中的 OS 数量。
- 设备处理能力。

设备处理能力因子反映了设备的处理速度, 其中能力 2 针对的是低时延服务 (例如 URLLC), 而能力 1 是基本处理速度。d_1 和 d_2 的定义表达式设置为表 9.2 中针对能力 1 和能力 2 给出的最小处理时序参数 N_1 和 N_2 的总和, 以及与调度有关的延迟。应该注意的是, 对于 120 kHz SCS, 由于 Release 15 中未定义能力 2, 因此采用能力 1 的值。值的范围表明要根据任务的计算难度来优化时延。

表 9.2　能力 1 和能力 2 的最小处理时间参数

SCS	能力 1			能力 2		
	N_1 [OFDM 符号]		N_2 [OFDM 符号]	N_1 [OFDM 符号]		N_2 [OFDM 符号]
	1 DMRS	>1 DMRS		1 DMRS	>1 DMRS	
15 kHz	8	13 (14, 如果在 OS 12 中)	10	3	13	5
30 kHz	10	13	12	4.5	13	5.5
60 kHz	17	20	23	9 (FR1)	20	11 (FR1)
120 kHz	20	24	36	20 (能力 1)	24 (能力 1)	36 (能力 1)

对于 d_1, 总和 (在 OS 中) 为:

$$d_1 = N_1 + d_{1,1}$$

其中,

$$d_{1,1} = \begin{cases} 7 - i & [\text{映射类型 A, } i < 7] \\ 3 & [\text{映射类型 B, 能力 1, 分配 4 个 OFDM 符号}] \\ 3 + d & [\text{映射类型 B, 能力 1, 分配 2 个 OFDM 符号}] \\ d & [\text{映射类型 B, 能力 2, 分配 2 或 4 个 OFDM 符号}] \\ 0 & [\text{其他}] \end{cases}$$

其中, i 是在 PDSCH 分配中的最后一个符号的索引, d 是重叠的 PDCCH 和 PDSCH 符号的数量。从表达式中可以看出，下行和上行控制的位置会影响处理延迟。这里的目的是为设备提供一些额外的余量来处理并行处理任务。

对于 d_2，总和（在 OS 中）为：

$$d_2 = N_2 + d_{2,1}$$

其中，

$$d_{2,1} = \begin{cases} 0 \ [\text{第一个 PUSCH 符号中只有 DMRS}] \\ 1 \ [\text{其他}] \end{cases}$$

在开始解码之前，允许设备有一个额外的符号来执行来自 DMRS 的信道估计。

根据上面的表达式，我们可以计算一些 URLLC 配置的处理延迟，假设设备具有能力 2，请参见表 9.3。在这里，假设在 PDSCH 中配置了 1 个 DMRS，在下行链路中的 4 个和 2 个符号传输中，PDCCH 和 PDSCH 在 1 个符号中重叠，并且将 DMRS 与第一个 PUSCH 符号上的数据混合。在此应注意的是，处理延迟不会随着分配的缩短而减少，这可能与预期相反。

表 9.3　15 kHz 和 120 kHz SCS 能力 2 的处理延迟示例

分配	d_1 [OFDM 符号]		d_2 [OFDM 符号]	
	15 kHz SCS	120 kHz SCS（能力 1 的值）	15 kHz SCS	120 kHz SCS（能力 1 的值）
时隙 [14 符号]	3	20	6	37
7 符号	3	20	6	37
4 符号	4	21	6	37
2 符号	4	21	6	37

考虑指定的最小时序，针对下行链路 HARQ 反馈或上行链路数据，网络会在 DCI 中明确指明设备的上行链路时序（见 9.3.3.1.2 节）。

9.2.3.6　下行链路多天线技术

有许多改善下行链路信号质量的可能方案。也许最明显的方法是为设备配备可接收相同传输的多个交叉极化天线。信号的相干处理可以为接收机提供方向性，以抑制噪声和干扰，从而提高质量。可以合理地预期，更多针对 cMTC 服务的高端 NR URLLC 设备至少具有 4 个接收天线，即 2 对交叉极化元件。

同样，在不为设备配备更多天线的情况下，可以使用更大的阵列在 gNB 侧利用强大的波束成形功能。随着频率的增加，天线元件变得更小，使得制造具有许多元件且尺寸合理的阵列成为可能。由于天线元件的尺寸与波长成正比（通常在 $\lambda/2$ 的范围内），因此载波频率加倍将导致阵列尺寸的减半，如果保持相同的阵列尺寸，则将允许元件加倍。同时，可以预期天线的最大定向增益随元件数量成比例增加。因此，通常可以在 NR 中使用的更高载波频率上实现更高的定向增益。

由于 NR 中与设备相关的 DMRS 已插入下行链路传输，因此波束成形对设备透明。DMRS 以与数据相同的方式进行波束成形，并且当设备根据参考信号进行解调时，将自动处理波束成形。

对于天线阵列，gNB 可以通过两种基本方式选择波束：基于预编码器矩阵（称为数字波束成形）或基于传输权重（称为模拟波束成形）。在模拟设置中，波束是在数模（D/A）转换后形成的主瓣，通常通过扫过网格中的一组波束并让设备报告接收到的信号强度来选择。这种选择方案相当可靠而且开销很低，但缺点是一次只能选择一个波束。

当需要实现高波束成形增益时，具有固定波束的模拟波束成形非常适合更高的载波频率。这是因为更高的载波频率需要更多的元素，从而增加了处理复杂性。一个小区可以具有多个与其相关联的固定波束，每个固定波束都具有自己的一组同步信息和传输到设备的系统信息。该设备在随机接入（波束初始化）期间关联到最佳波束，然后可以根据波束中信号的测量报告，在物理层上同一单元内的波束之间移动（波束调整）。这种移动不像小区改变那样涉及切换过程。

使用带有预编码器矩阵的数字波束成形，设备配置为可接收导频符号，并从码本中选用一组预配置的预编码器。设备报告的预编码矩阵指示（PMI）指示了质量最高的码本索引。使用预编码器使 gNB 可以同时对不同设备使用多个波束，并且还可以实现具有多个数据层的 MIMO 传输。但是，对于 URLLC，我们的目标不是达到高频谱效率，而是要达到健壮性。尽管如此，基于预编码器的波束成形还是 URLLC 的不错选择，因为它比基于波束网格的波束成形更快、更精确。缺点是需要大量的导频和测量报告，以及在条件变化时可能会使用错误的预编码器。

9.2.3.7　上行链路多天线技术

对于上行链路传输，具有多个天线元件的设备可以使用波束成形的 MIMO 方法来改善信道质量。支持非基于码本（仅在 TDD 上下行链路互易性的情况下，给出完整的预编码器矩阵）和基于码本（使用与预编码器矩阵对应的索引）的预编码最多支持 4 个天线端口。对于基于码本的预编码，设备需要具有执行完全相干传输的能力，因此必须能够控制天线的相对相位。gNB 根据来自设备的探测参考信号（SRS）传输情况（见 9.2.5.1.2 节）来估计信道，然后在上行链路授权中指明预编码器。指明预编码器和附加的 SRS 传输意味着增加下行链路和上行链路开销。另一方面，波束成形的使用应该会改善 SINR，从而具有更高的可靠性，但前提是选择正确的预编码器。为确保使用正确的波束，需要高速率的 SRS 传输。

除了波束成形之外，网络还可以使用多点协作接收来改善上行链路质量。这意味着该信号在多个位置（例如，属于同一个三扇区站点的小区）被接收并被联合处理。支持此功能不需要附加的信令。

9.2.4　下行物理信道和信号

在下行链路中，URLLC 最重要的方面是确保控制信道 PDCCH 和数据信道 PDSCH 的高可靠性。由于 gNB 可以立即对寻址到设备的传入数据包做出反应，因此下行链路中的调度比上行链路中的调度要快，并且主要考虑的是以较短的间隔提供调度。

9.2.4.1　同步和广播信号

时隙	周期5～160ms
子载波间隔	{15, 30, 120, 240} kHz
带宽	240个子载波
频率位置	预定义的栅格位置

为了通过长睡眠周期实现低能耗，在 NR 上采用一个统一的广播消息，即同步信号块（Synchronization Signal Block，SSB）。其中包含系统信息和同步信号，两者都在初始接入期间使用。通过使用长周期和不同波束成形的 SSB，可以实现良好的能耗和覆盖。

SSB 由三个信道组成：主同步信号（Primary Synchronization Signal，PSS）、辅同步信号（Secondary Synchronization Signal，SSS）和物理广播信道（PBCH）。PSS 和 SSS 的宽度为 127 个子载波，而 PBCH 的宽度为 240 个子载波，在频域和时域范围内紧紧包围 SSS。通过将三个信道放置在一个有限的时域频域区域中（如图 9.8 所示），并使用更长的周期（最长 160 ms），网络可以通过微睡眠来减少其功耗。同样，可以通过使用 SSB 的一组有限的频域位置来减少设备功耗。

设备从 PSS 和 SSS 导出小区的基本时序以及物理小区标识，并通过 PBCH 接收主信息块（MIB），该信息块包含有关如何读取剩余系统信息的信息，主信息块在下行链路数据信道上的系统信息块 1（SIB1）中发送。

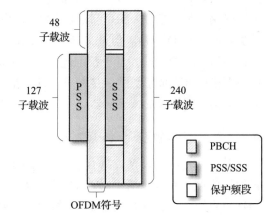

图 9.8　SSB 包括 PSS、SSS 和 PBCH

9.2.4.2　参考信号

9.2.4.2.1　DMRS

时隙	任意时隙
子载波间隔	{15, 30, 60, 120, 240} kHz
时域符号位置	每时隙的[1, 2, 3, 4]个符号中
频率位置	每个资源块中的{4, 6}子载波上

下行链路的数据和控制，使用基于特定设备的 DMRS。就像在 LTE 中一样，DMRS 是设备已知的预定义序列，可以从中估计信道状态。对于 DMRS 资源，在时间和频率上应用不同的正交覆盖码，根据表 9.4 中给出的配置，最多可以支持 12 个不同天线端口的解调。DMRS 被插入数据或控制部分，并且仅在设备接收信息时才发送。

表 9.4　不同 DMRS 配置所支持的天线端口数

# 端口	单 DMRS	双 DMRS
类型 1	4	8
类型 2	6	12

对于 PDCCH（见 9.2.4.3 节），在 PDCCH 的发送区，每四个子载波插入一个 DMRS（见图 9.8）。PBCH（见 9.2.4.1 节）还包含单个 DMRS 用于解调。

为 PDSCH 定义了两种不同的 DMRS 时域映射和两种不同的频域类型（见 9.2.4.4 节）。所使用的映射和类型在下行链路控制 DCI 消息中指明。

映射 A 用于时隙长度传输。在这种情况下，在下行链路控制之后，在时隙的第三或第四符号中插入第一个 DMRS，插入位置与数据所在位置无关。

映射 B 用于微时隙传输。在这里，第一个 DMRS 被插入微时隙分配的第一个符号中，该配置称为前置的 DMRS。如果与 CORESET 重叠，则 DMRS 将移至 CORESET 之后的第一个符号。

在此基本映射之上，还可以插入额外的 DMRS 以用于支持例如更高的速度，并且可以使用双 DMRS 符号来支持更多的天线端口。映射如图 9.9 所示。映射 A 和 B 最多可以配置 4 个单 DMRS 符号或 2 个双 DMRS 符号。

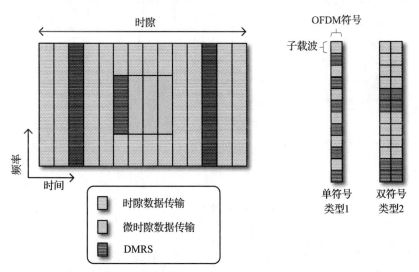

图 9.9　左图：用于 PDSCH 时隙（映射 A，类型 1，2 个单 DMRS）和微时隙（映射 B，类型 1，1 个单 DMRS）的 DMRS 位置。右图：类型 1 和类型 2 DMRS 示例

支持两种 DMRS 类型：类型 1 的 DMRS 插入在符号中的每隔一个子载波上，而类型 2 的 DMRS 插入在符号上 RB 的 12 个子载波中的 4 个子载波上，也如图 9.9 所示。两种类型都可以作为单或双 DMRS 符号发送。

9.2.4.2.2 PT-RS

时隙	任意时隙
子载波间隔	{15, 30, 60, 120}kHz
时域符号位置	每个时隙的每{1～14}个符号中
频率位置	每{2, 4}个资源块中的6个子载波上

作为 DMRS 的补充，可以在上行链路和下行链路中配置附加的相位跟踪参考信号（Phase-Tracking Reference Signal, PT-RS）。它由一个 DMRS 组成，在稀疏频率网格上进行传输，稀疏频率网格由每秒一个子载波或第四个资源块的子载波构成。但为精确测量相位，在每 n 个 OS 的较短周期内进行传输。配置 PT-RS 的主要原因是通过更好地跟踪振荡器相位噪声来辅助 FR2 更高频率的解码。PT-RS 的配置如图 9.10 所示。

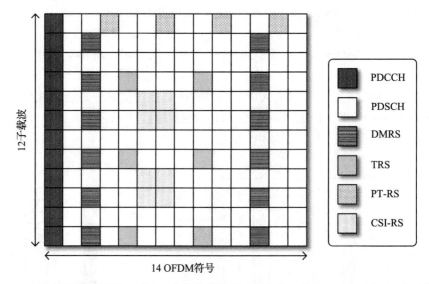

图 9.10　一个下行链路时隙的 1 个 RB 内的物理信道示例配置，其中 CSI-RS 用于 8 个天线端口

9.2.4.2.3 CSI-RS

时隙	每4至640个时隙
子载波间隔	{15, 30, 60, 120} kHz
时域符号位置	任意符号中
频率位置	每个{1, 2}个资源块中的任意子载波上

为了探测下行链路信道质量，使用信道状态信息参考信号（Channel State Information

Reference Signal，CSI-RS）。这包括在设备特定的配置资源上的下行链路载波中发送的导频探测符号。CSI-RS 模式不与 DMRS、SSB 或 PDCCH 重叠，并且可以配置为对多达 32 个不同的天线端口进行质量探测。周期（使用 RRC 配置，见 9.3.1 节）或半永久（配置了 RRC 和介质访问控制（MAC）CE）CSI 资源集的周期可以设置在 4 至 640 个时隙的范围内。除周期探测外，还可以非周期性地发送 CSI-RS 并用 DCI 指示（见 9.3.3.1.2 节）。设备在 CSI-RS 上进行测量，并在上行链路中通过配置好的 CSI 报告资源进行上报，如 9.3.3.6 节中所述。设备既可以配置非零功率 CSI-RS 资源并借助 gNB 发送的伪随机序列来探测信道质量，也可以配置零功率 CSI-RS 资源（不进行传输），用于干扰测量。图 9.10 是为 8 个天线端口配置的 CSI-RS 资源的示例。

9.2.4.2.4　TRS

时隙	每{10，20，40，80}ms
子载波间隔	{15, 30, 60, 120}kHz
时域符号位置	2个连续时隙的2个符号中
频率位置	每{1，2}个资源块中的3个子载波上

　　可以在下行链路中配置一个附加的跟踪参考符号（Tracking Reference Symbol，TRS），以便跟随振荡器的变化。TRS 本质上是具有 4 个 CSI-RS 资源的两个连续时隙的配置，在频率上被 4 个子载波隔开，在时间上被 4 个符号隔开。此模式每 10 ms、20 ms、40 ms 或 80 ms 重复一次。设备使用 TRS 来提高时间和频率跟踪的精度。TRS 配置如图 9.10 所示。

9.2.4.3　PDCCH

时隙	任意时隙
子载波间隔	{15, 30, 60, 120}kHz
时域符号位置	任意符号中，可跨越1~3个符号
带宽	2~96个资源块

　　与 LTE 中一样，NR 中的下行链路控制信道称为 PDCCH，并将如何读取和发送数据的指令传送给设备。NR 中的 PDCCH 可以在时间和频率上灵活配置，周期是每时隙一次或多次，并且可以跨越 1～3 个 OS。设备配置一个或几个在控制资源集（COntrol REsource SET，CORESET）中定义的搜索空间，设备在其中对 DCI 进行盲检测，如 9.3.3.1.2 节所述，有关编码见下面描述的控制信道元素（CCE）。因此，PDCCH 由 CCE 中传输的 DCI 组成，而 CCE 位于 CORESET 中。用于 PDCCH 的信道编码基于极化码。通过对附加的循环冗余校验（CRC）加扰，用无线网络临时标识（RNTI）对 DCI 编码来表示小区中设备的地址。

9.2.4.3.1　CCE

　　用于传输已编码的 DCI 符号的资源是 CCE，由 6 个资源要素组（Resource Element

Group，REG）捆绑组成，每个 REG 在一个 OS 中是一个 RB。通过在每四个子载波上插入 DMRS 和 QPSK 调制，CCE 可以承载 108 位的编码信息。在 NR 中，可以使用 1 个、2 个、4 个、8 个或 16 个 CCE（在 LTE 中最多 8 个）发送一个 PDCCH 消息（DCI），从而形成不同的聚合等级（Aggregation Level（AL）），请参见图 9.11。因而可使用非常低的编码率。较高的聚合等级使得 PDCCH 健壮性更好，这当然是 URLLC 所必需的，因为如果不解码 PDCCH，设备将无法尝试解码下行链路数据或知晓动态上行链路资源。

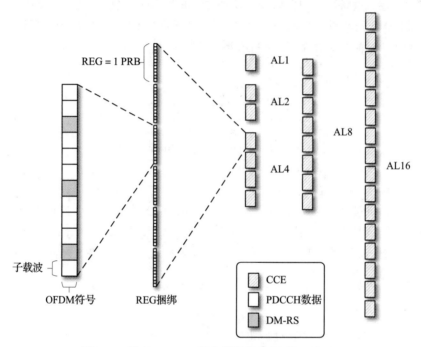

图 9.11   具有 DMRS、聚合等级和 REG 的 PDCCH

PDCCH 可以以非交织的方式发送，即以连续分配的方式发送，也可以以交织的方式发送，其中可利用分布式 REG 增加分集。在非交织的情况下，如上所述，REG 将 6 个 CCE 捆绑在一起，并且在频域中没有间隙地进行映射，而在交织的情况下，通过对 1 ～ 2 个符号 PDCCH 使用 2 个或 6 个 REG 的 REG 捆绑，或对 3 个符号 PDCCH 使用 3 个或 6 个 REG 的 REG 捆绑，可以将 CCE 在频域扩散开。

9.2.4.3.2　CORESET

可以为设备配置多个 CORESET，从而在时域频域网格上构成已配置的资源，在该时域频域网格上，设备将对 CCE 进行盲解码，以得到寻址到该设备的 DCI。基本集 CORESET-0 的位置包含在 PBCH 上的主信息块中，如 9.2.4.1 节中所述，然后用无线资源控制（RRC）配置其他 CORESET。设备可以调度这些资源，并且为了在 NR URLLC 中实现低对齐时延，应将 CORESET 配置为较短的时间间隔。CORESET 的长度为 1 ～ 3 OS

（仅在时隙的第四个符号中使用 DMRS 类型 A 时才为 3，见 9.2.4.2.1 节），并且可以将其放置在具有多个设备特定位置的时隙中的任何地方。CORESET 可以彼此重叠，但不能与 SSB 重叠。

CORESET 间较短的时间间隔会带来低时延，但是配置许多 CORESET 会带来明显的开销。首先，该设备需要监视更多的位置，这增加了对功率和处理的需求。其次，更多的 CORESET 可能意味着设备执行更多的盲解码尝试，从而增加了从噪声中错误地检测到下行链路控制的风险，从而错过了真正的传输。第三，我们要么需要为潜在的下行链路控制保留一些资源（从资源效率的角度来看这个代价很大），要么我们可能被迫中断数据传输以发送下行链路控制（这会干扰数据传输）。后一种选择由 9.2.4.4.3 节中讨论的下行链路抢占功能支持。对于 LTE 中的 sTTI，通过在 DCI 中指明，可以将为设备配置的未使用的 CORESET 重用于 PDSCH 传输。

对于 15/30/60/120 kHz SCS，每个时隙可配置的设备的最大盲解码数量是 44/36/22/20，CCE 的最大数量分别是 56/56/48/32，没有聚合等级限制。

CORESET 代表一个时隙或一个微时隙的开始。通过允许在 NR 时隙的任何符号中配置 CORESET，微时隙可以在任何位置开始，并且位置由调度决定。在 NR Release 15 中可用的下行链路传输长度为 2、4、7 或 14 个符号，gNB 可以配置具有匹配周期的 CORESET，以启用多种调度方案，如图 9.12 所示的 4 个符号传输。

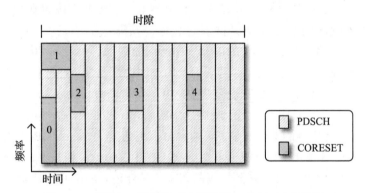

图 9.12　时隙和 4 符号微时隙传输的 CORESET 位置图

9.2.4.4　PDSCH

时隙	任意时隙
子载波间隔	{15, 30, 60, 120}kHz
持续时间	1～14个符号
带宽	任意带宽（见表9.1）

根据三个调制和编码方案（MCS）表中给出的编码率，使用定义的低密度奇偶校验码（Low Density Parity Code, LDPC）对 PDSCH 数据进行编码。当设备接收数据时，它首

先在 PDCCH 上读取寻址到它的 DCI 消息。如果 DCI 正确解码，则设备知道要使用哪个 MCS 表的哪个条目以及在哪些资源上找到数据，然后可以开始解码。数据位置指示为开始符号和消息的持续时间。这种非常灵活的设置几乎可以将消息定位在任何地方，除非传输不会溢出到下一个时隙。

较小的下行链路传输块（<3824 位）受到 16 位 CRC 的保护，而较大的块受到 24 位 CRC 的保护，并在使用设备的 RNTI 加扰之前附加了该保护。

通过用 LDPC 替换 LTE 中用于数据的 Turbo 代码，可以提高更高负载情况的性能。NR 中使用的代码是基于两个最佳构造的矩阵（称为基图）构造的，一个矩阵用于较小的数据包（最多 3840 位），一个用于较大的数据包（最多 8448 位）。较大的传输块（TB）被分割为码块（CB），每个码块都添加了 24 位 CRC，然后再用 LDPC 编码，然后再级联为 PDSCH。可以在 RRC 上定义一组码块，即码块组（Code Block Group，CBG），并且可以针对每个 CBG 分别处理重传，以提高效率。

与 LTE 类似，使用循环缓冲区对数据进行速率匹配，并采用增量冗余发送数据以提高效率。对于每个数据传输指明 {0, 2, 3, 1} 顺序的冗余版本（RV），然后，设备可以将它们放置在接收缓冲区中，并有效地组合来自接收到的传输块的多个副本的编码位的不同集合（来自重传）。

9.2.4.4.1　低速率 MCS 表

在 LTE 中，MCS-0 中的最低编码率约为 0.094，这意味着该编码字比信息位长约 10 倍。使用较长代码的额外冗余提供了健壮性，并降低了错误率。对于 NR URLLC，Release 15 中的设计目标是在某个 SINR 值（即所谓的 Q 值，参见第 10 章中的讨论）处达到 10^{-5} 的误块率（BLER），这是实际部署场景的小区边缘。为了通过一次传输尝试达到此目的，编码率必须非常低，这意味着许多 RE 用于发送消息。为了满足不同的需求，NR 中指定了三个 MCS 表，其中两个用于较高速率的服务（表 1 最高为 64QAM，表 2 最高为 256QAM），并且具有中等的 BLER 要求（通常为 10% 左右），如 eMBB 场景，以及一个较低的速率和较低的 BLER 要求（见表 9.3），如 URLLC 场景，如表 9.5 所示。此 URLLC MCS 表 9.3 包括使用 64QAM 以达到更高的速率，另外还有利用 QPSK 调制使得编码率可以降低到 0.03，这是最低 LTE 速率的三分之一。

表 9.5　低速率 MCS 表（对应于文献 [6] 中的表 5.1.3.1-3）

MCS 序号	调制	目标编码率 Rx[1024]	频谱效率
0	QPSK	30	0.0586
1	QPSK	40	0.0781
2	QPSK	50	0.0977
3	QPSK	64	0.1250
4	QPSK	78	0.1523
5	QPSK	99	0.1934

（续）

MCS 序号	调制	目标编码率 Rx[1024]	频谱效率
6	QPSK	120	0.2344
7	QPSK	157	0.3066
8	QPSK	193	0.3770
9	QPSK	251	0.4902
10	QPSK	308	0.6016
11	QPSK	379	0.7402
12	QPSK	449	0.8770
13	QPSK	526	1.0273
14	QPSK	602	1.1758
15	16QAM	340	1.3281
16	16QAM	378	1.4766
17	16QAM	434	1.6953
18	16QAM	490	1.9141
19	16QAM	553	2.1602
20	16QAM	616	2.4063
21	64QAM	438	2.5664
22	64QAM	466	2.7305
23	64QAM	517	3.0293
24	64QAM	567	3.3223
25	64QAM	616	3.6094
26	64QAM	666	3.9023
27	64QAM	719	4.2129
28	64QAM	772	4.5234
29 ～ 31	保留		

为了告诉设备使用哪个表，使用了 DCI 的不同 RNTI 编码。设备通常通过 RRC 进行配置，以期望 DCI 寻址到默认的高速率 RNTI 表，而对于 URLLC 设备，则需要额外配置低速率 RNTI 表。然后，网络可以根据请求的服务在两个表之间动态切换，并且设备将尝试使用两个 RNTI 中的一个正确地进行解码。

9.2.4.4.2　下行链路重传

除了使用低速率 MCS 表之外，另一种可能性是使用所谓的时隙聚合来重复 TB。在性能方面，这大致等同于在基本 LDPC 之上应用额外的重复码，从而具有降低有效码率并在 MCS 基础上增加健壮性的效果。为了使设备读取重复的消息，gNB 用信号通知 DCI 中的 K 因子。如果 $K > 1$，则重复分配并总共发送 K 次。遵循基本 RV 序列 {0, 2, 3, 1}，根据 DCI 中指示的 RV，将 K 重传序列中第 n 次传输的 RV 设置为 mod(n, 4) 索引。在序列中的每个重传之后，设备可以尝试解码，因此仅在解码尝试失败的情况下，数据包时延才会增加。然而，在 NR Release 15 中，重传只能在时隙级别进行，这意味着将在 K 个后续时隙中重复分配，请参见图 9.13。为了通过重传实现最低的时延，我们需要在一个时隙中重复微时隙，这将提供较低的对齐延迟，但是要等到 Release 16 才支持。

与 HARQ 重传相比，这些重传不是由反馈触发的，因此有时称为盲重传、自动或无 HARQ 重传。与 HARQ 重传相比，无论解码成功与否，这些重传总是被发送，因而重传的频谱效率大大降低。此外，还有一个弱点是 DCI 仅发送一次：如果设备无法解码下行链路控制消息，则多个数据副本就没有意义。但是，通过将足够高的 AL 用于下行链路控制，可以避免此问题。

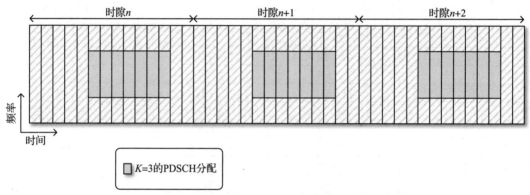

图 9.13   7 符号数据分配的下行链路重传（$K = 3$）的图示

9.2.4.4.3   下行链路抢占

除非我们有足够的关键流量，否则将某个频段专门用于 URLLC 传输是浪费资源。对于下行链路数据也是如此，在这种情况下，我们将需要避免在一部分载波中安排较长的传输，以便在短时间内为较短的传输留出空间。而且由于下行链路控制可以在下行数据之前发送，因此在称为半永久调度的下行链路中，使用配置的授权（见 9.3.3.4 节）不会改善时延。因此，在 NR 中引入了一种新的机制，即下行链路抢占指示，以消除在正在进行的传输中直接插入短数据传输而产生的问题。这解决了两个问题：直接访问下行链路资源以及使用整个载波进行更长的传输。

如果整个下行链路载波已经用于基于时隙的传输，并且 gNB 在缓冲区中接收到一个高优先级数据包，则它可以使用下一个即将配置的 CORESET 简单地抢占时隙中间的高优先级数据。由于第一次传输的资源被占用，自然地这次传输会失败。此外，不仅第一次传输会失败，而且当稍后发送重传以修复第一个数据包时，接收缓冲区将被其他数据污染，从而解码可能会继续失败。为了解决这个问题，控制消息，即抢占指示（Pre-emption Indication，PI）DCI 被发送到接收中断消息的设备，请参见图 9.14。PI 通知设备上次传输资源已经被抢占，设备可以从损坏的位开始清空接收缓冲区，并等待下一次重传，该重传可能已完成或仅涉及受影响的 CBG。

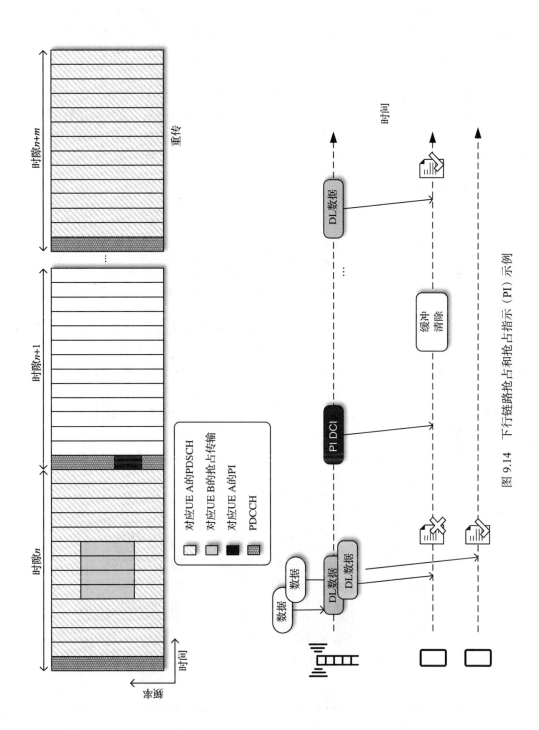

图 9.14 下行链路抢占和抢占指示（PI）示例

因此，下行链路抢占可以快速提供下行链路资源，而代价是可以承受的。只要 URLLC 流量比其他流量低，预先清空的数据包就不会对其他流量造成很大的干扰。

9.2.5 上行物理信道和信号

在上行链路中，与下行链路相比，URLLC 面临两个主要挑战。首先，调度是由 gNB 控制的，而发送缓冲区的状态是设备已知的，这意味着需要以时延或资源利用效率为代价来请求或预分配资源。其次，设备的发射功率范围有限，天线元件更少，天线间距更小，从而使上行链路对恶劣的无线条件更加敏感。

9.2.5.1 参考信号

9.2.5.1.1 DMRS

时隙	任意时隙
子载波间隔	{15, 30, 60, 120}kHz
时域符号位置	每时隙的{1, 2, 3, 4}个符号中
频率位置	每个资源块中的{4, 6}个子载波上

由于上行链路也是基于 OFDM 的，因此 DMRS 的使用方式与下行链路相同（见 9.2.4.2.1 节），可以采用相同配置选项，即在频域中使用类型 1 和 2 以及在时域中使用映射类型 A 和 B。DMRS 资源的配置如图 9.15 所示，并且上行链路 RB 模式示例在图 9.16 中给出。但是在上行链路中，也可以与 DFT 预编码的 OFDM 一起使用以提高覆盖范围。在这种情况下，与 LTE 情况一样，在上行链路频率分配中，DMRS 分布在整个符号内。

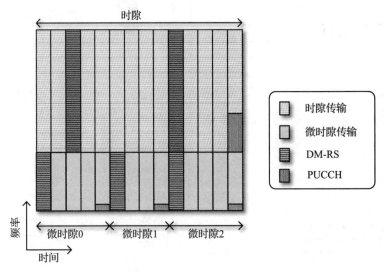

图 9.15 带有时隙传输（DMRS 映射 A，类型 1，2 DMRS，PUCCH 格式 2）和微时隙传输（DMRS 映射 A，类型 1，1 DMRS，PUCCH 格式 0）的上行链路示例

9.2.5.1.2　SRS

时隙	任意时隙
子载波间隔	{15, 30, 60, 120}kHz
时域符号位置	时隙的后6个符号中的{1, 2, 4}个符号中
频率位置	每个资源块中每{2, 4}个子载波上

　　上行链路中信道质量的探测基于 SRS，它是扩展的 Zadoff-Chu 序列，可以在上行链路时隙的后 6 个 OS 中发送。与 CSI-RS 一样，SRS 可以定期（RRC 配置）或非定期（DCI 指示）触发。SRS 资源的长度可以为 1、2 或 4 个符号，并在每两个（2 个梳子）或每四个（4 个梳子）子载波上发送。梳状结构允许在同一 OS 上的最多 4 个设备复用 SRS。通过应用 SRS 序列的相移，可以在一个 SRS 资源上探测多达 4 个天线端口。这些端口可以被配置为对应不同的上行链路波束（用于 PUSCH）。图 9.16 是一个带有 2 个 SRS 符号的示例配置。

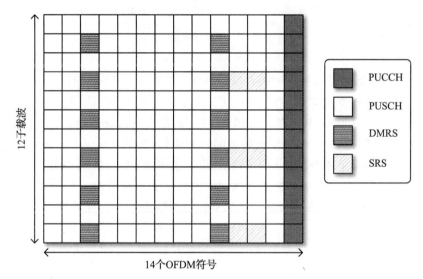

图 9.16　在一个时隙内的 1 RB 中的物理信道的上行链路配置的示例模式，具有 2 符号 4 梳状 SRS，短 PUCCH 和 2 DMRS

9.2.5.2　PRACH

时隙	10～160ms周期的可配置时隙
子载波间隔	{1.25, 5, 15, 30, 60, 120}kHz
持续时间	{1, 2, 4, 6, 12}个符号时间加CP
带宽	{1, 2, 3, 6, 7}资源块中的{139, 839}个子载波

　　设备获取系统信息后，可以通过启动随机接入向 gNB 注册。随机接入的第一步是选择并通过物理随机接入信道（PRACH）发送前导码，然后是来自网络的包含第一 RNTI 和

上行链路授权的随机接入响应。PRACH 在上行链路中的 RACH 资源上发送，该资源是从系统信息中得出的，并且由基于 Zadoff-Chu 序列的前导码组成。定义了两种主要的前导码类型：四种长的前导码格式（序列长度 839），其 SCS 为 1.25 kHz 或 5 kHz，仅在 FR1 中使用；九种短的前导码格式（序列长度 139），用于 FR1 中的 15 kHz 或 30 kHz SCS，以及 FR2 中的 60 kHz 或 120 kHz SCS（与数据相同）。通过使用不同的前导码格式，可以应用不同的 CP 和重复来改善覆盖范围，从而可以将总持续时间设置在 2 ～ 12 OS（短格式）和 1 ～ 4.3 ms（长格式）之间。取决于 PUSCH 和 PRACH SCS 的组合，格式将在 PUSCH 上占用 2 ～ 24 个 RB，而对于短格式，则始终为 12 RB。在频域中，RACH 资源最多可以包含映射到整数 RB 的序列的连续副本的 7 个块。

9.2.5.3 PUCCH

时隙	任意
子载波间隔	{15, 30, 60, 120} kHz
持续时间	{1, 2, 4～14} 个符号
带宽	1 个资源块

由于上行链路数据传输持续时间可以灵活地设置在 1 ～ 14 个符号范围内，因此我们还必须能够调整上行物理控制信道（PUCCH）的长度。为解决此问题，NR 允许使用几种格式和持续时间的 PUCCH，当未与 PUSCH 上的数据一起发送时，它们可以用于发送上行控制信息（UCI）。一共定义了五种不同的 PUCCH 格式（0 ～ 4），请参见表 9.6。最多可以为一个设备配置 4 个映射到不同有效负载范围的 PUCCH 资源集，每个资源集包含至少 4 个 PUCCH 配置，每个配置都指定一种格式和一种资源。然后在 DCI 中指示要在有效负载确定的集合内使用的配置，如 9.3.3.1.2 节中所述。自然地，对于 URLLC 来说，较短的长度更有意义，因为它们可以被更频繁地发送并且可以被更快地解码，从而减少了时延。但是，对于功率受限的设备，更长的传输时间是获得足够好的 SINR 的关键。

表 9.6　NR PUCCH 格式

PUCCH 格式		长度（OFDM 符号）	负载（比特）	带宽（RB）	时隙内跳频	复用容量（设备）	编码
短 PUCCH	0	1 ～ 2	1 ～ 2	1	可以（2 符号）	3 ～ 6	序列选择
	2	1 ～ 2	>2	1 ～ 6	可以（2 符号）	1	Reed-Muller 码（3 ～ 11 b），极化码（>11 b）
长 PUCCH	1	4 ～ 14	1 ～ 2	1	可以	1 ～ 7	块码
	3	4 ～ 14	>2	1 ～ 6	可以	1	Reed-Muller 码（3 ～ 11 b），极化码（>11 b）
	4	4 ～ 14	>2	1	可以	1 ～ 4	Reed-Muller 码（3 ～ 11 b），极化码（>11 b）

除了提供要用于调度的信道质量指示（CQI）值之外，PUCCH 还提供两个关键信息：SR 和 HARQ ACK/NACK（A/N）。这两个消息都必须快速、可靠地传递，而在上行链路中这尤其具有挑战性。这是因为设备具有严格的 0.2 W 发射功率限制，即使在下行链路仍然可以正常工作的位置，设备也因此而受到功率限制。功率受限的设备无法从较低的码率分配范围中受益，因为功率会分配给更多资源。反而有助于提高质量的是，通过延长传输持续时间（即重复），可以在每次传输中积累更多的有效信息。但这直接与低时延目标相矛盾，我们面临着一个艰难的权衡：如何提高速度并保证足够好的质量。

9.2.5.3.1　长 PUCCH

三种 PUCCH 格式 1、3 和 4 通常统称为长 PUCCH。它们可以在 4 ~ 14 个符号范围内灵活配置。PUCCH 格式 1 可以在每隔一个 OS 上发送的 base-12 序列 BPSK 或 QPSK 符号上承载 1 ~ 2 位信息，请参见图 9.17，并且可以使用正交序列进行复用。由于编码率低，因此这种格式具有很高的可靠性。采用时隙内跳频还可以进一步提高可靠性。表 9.7 给出了不同长度和时隙内跳变的 UCI 数据符号的数量。可用于复用的正交序列的数量等于 UCI 数据符号的数量。资源效率和可靠性当然是吸引人的方面，但是由于它需要多个符号，因此存在时延缺陷，既有对齐时延（等待下一个 PUCCH 机会），也有接收时延（等待结束以解码消息）。因此，长 PUCCH 格式不太适合 URLLC，除非我们仍然可以确保低时延，例如通过使用较高的 SCS。

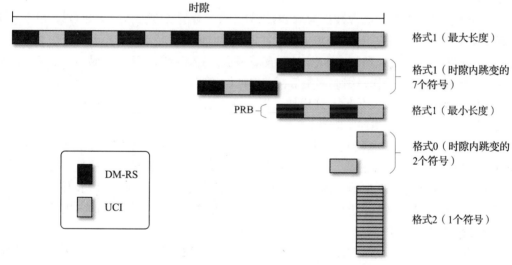

图 9.17　PUCCH 格式 0、1 和 2

表 9.7　PUCCH 格式 1 中 UCI 数据符号的数量

PUCCH 长度	UCI 数据符号的数量		
	无时隙内跳变	时隙内跳变	
		第一部分	第二部分
4	2	1	1

（续）

PUCCH 长度	UCI 数据符号的数量		
	无时隙内跳变	时隙内跳变	
		第一部分	第二部分
5	2	1	1
6	3	1	2
7	3	1	2
8	4	2	2
9	4	2	2
10	5	2	3
11	5	2	3
12	6	3	3
13	6	3	3
14	7	3	4

其他长 PUCCH 格式 3 和 4 可以承载 2 位以上的信息，可用于 CSI 报告和发送多个 HARQ A/N。这些格式也可以通过跳频进行配置。

9.2.5.3.2　短 PUCCH

PUCCH 格式 0 和 2 通常被称为短 PUCCH。格式 0 的长度为 1 ～ 2 个 OS，由在一个 RB 上发送的 base-12 序列组成，该 RB 通过相位旋转最多可传输 2 位信息（使用 QPSK 调制时），正好够一个 A/N 和一个 SR。这种配置显然具有较低的时延，但是由于它使用序列选择并且不使用信道编码，因此利用低覆盖率的设备实现高可靠性非常具有挑战性。为了提高性能，可以连续重复传输。这增加了接收机的总信号功率，这虽然改善了序列检测，但是延长了持续时间并增加了时延。

跳频技术比普通重复能更好地提高质量。通过在不同的频率资源上连续发送相同的消息，有助于信道的频率分集。利用这种方式，可以从重复的格式 0 中构造一个两符号的 PUCCH，请参见图 9.17 中的示例。在可用频段两端的两个后续符号持续期间使用 1 个 RB 资源发送 PUCCH。如果信道的相干带宽足够小，则这种发送是不相关的，因此，可以预期成功概率将大大提高。

尽管如此，由于只有两符号的 PUCCH 的持续时间短，所以很难实现高可靠性。这对于 SR 尤其重要，因为 SR 是设备指示其自身具有未经授权的上行链路数据的唯一方法。下行链路控制和上行链路数据质量再好也没有意义，如果 gNB 不知道它应该发送上行链路授权，则什么也做不了（解决此问题的方法是使用 9.3.3.4 节中讨论的配置上行链路授权）。对于 SR，可以使用两种方法的组合：带有跳频的两个符号的 PUCCH 并结合序列的重传。或者，如果时延允许，则可以使用更长的 PUCCH 来提高可靠性。

HARQ A/N 也是关键信息元素。没有它，gNB 不会知道传输失败，应该重新传输。即使有时间执行多次重传，并且合并这些接收的重传就足够了，但如果未传送 NACK，则传送链条也会中断。但是，与 SR 相比，A/N 不需要完全相同的可靠性。这是因为开始阶段在下行链路中数据传输失败非常罕见，因此仅在这些罕见情况下才需要重传。因此，对于 HARQ A/N，可以允许一些误差而不会损害总体可靠性。但是，请记住，由于长期衰落下降，下行链路和上行链路上的错误可能会有相关性，因此当需要接收 NACK 时，PUCCH 传输可能会失败。

在 NR Release 15 中，对于时隙中的设备使用 2 个 PUCCH 和 1 个 HARQ A/N 进行传输有限制。如果使用短 PUCCH（例如两个符号长），理论上每个时隙可以发送 7 次。但是由于有限制，只能有两次机会，而只有一次用于 A/N，这实际上限制了设备可以在下行链路中接收的低时延数据包的速率。

PUCCH 格式 2 的长度也为 1 ～ 2 个符号，但可以携带大于 2 位的有效载荷，这对于 CSI 报告和多个 HARQ A/N 反馈是必需的。在 3 ～ 11 位范围内，使用 Reed-Muller 码；对于 11 位以上的位，在插入 CRC 之后使用极化码。DMRS 序列在每个第三个子载波上混入。使用的 RB 数量取决于 UCI 的总有效载荷。这种格式的一个例子如图 9.17 所示。

9.2.5.4   PUSCH

时隙	任意
子载波间隔	{15, 30, 60, 120}kHz
持续时间	1～14个符号
带宽	任意（见表9.1）

以与 PDSCH 相同的方式，以 OFDM 波形发送 NR 中的上行链路数据信道，即上行物理共享信道（PUSCH），使用相同的 CRC 附件通过 LDPC 进行编码，并进行可能的 CB 分段。作为一种选择，可以使用 DFT 扩展 OFDM。这与 LTE 不同，在 LTE 中，仅在上行链路中使用 DFT 扩展 OFDM。使用 DFT-OFDM 而不是普通 OFDM 的原因是为了减少所谓的立方度量，这是对功率放大器中为处理信号随时间变化而需要进行的功率补偿的一种度量。高功率补偿意味着降低了发射功率，设备受到了更多功率限制，结果，上行链路覆盖范围也减小了。当 DFT-OFDM 用于低功率补偿的上行链路时，传输需要是连续的，并且不能在频段上扩展。这意味着启用较少的频率分集，此外，PUSCH 和 PUCCH 无法同时发送。

与 PDSCH 一样，将 CRC 添加到上行链路数据 TB，在分段 CB 的情况下添加其他 CRC，然后分别使用 RNTI 进行加扰，并在 PUSCH 上的数据传输中发送 DMRS，或者采用前载方式（映射类型 B）或更后的位置（映射类型 A）。

类似于 PDSCH，可以动态地指示 PUSCH 的持续时间。但是对于 PUSCH，除了分配不能跨越时隙边界之外，对开始和持续时间没有限制。因此，PUSCH 可以从符号 0 ～ 13 开始并且具有 1 ～ 14 个符号的持续时间。

DCI 通知设备应该向何处发送数据的相同原理也适用于上行链路，并且对于 PUSCH，gNB 可以指示使用 K 个重复时隙（时隙聚合）进行分配，以提高可靠性，方法与在 9.2.4.4.2 节中介绍的 PDSCH 相同。但是，对于上行链路，在 Release 15 中不支持与下行链路抢占的低时延功能相对应的机制（见 9.2.4.4.3 节）。

在 PUSCH 数据传输时，如果设备具有 UCI，则可以在 PUSCH 上发送上行控制信息（UCI）。这是为了避免同时进行 PUSCH 和 PUCCH 传输，对于功率受限的设备可能会带来挑战。如在 LTE 中一样，UCI 到 PUSCH 的映射遵循预定的模式，并且 UCI 可以按 beta 因子设置的速率进行编码，该速率包含于 gNB 预先在 RRC 上发出的信号中。beta 因子的值用索引表示，请参见表 9.8。对于 HARQ-ACK，设备分别配置了三个索引 $I_{\text{offset 1}}^{\text{HARQ-ACK}}$（用于 $1 \sim 2$ 位），$I_{\text{offset 2}}^{\text{HARQ-ACK}}$（用于 $3 \sim 11$ 位）和 $I_{\text{offset 3}}^{\text{HARQ-ACK}}$（用于大于 11 位有效负载）。对于 CSI 第 1 部分（CQI，RI，CRI）和 CSI 第 2 部分（PMI，在某些情况下为其他 CQI），设备分别配置有 $I_{\text{offset 1}}^{\text{CSI-1}}$ 和 $I_{\text{offset 1}}^{\text{CSI-2}}$ 用于 $1 \sim 11$ 位有效载荷，而 $I_{\text{offset 1}}^{\text{CSI-1}}$ 和 $I_{\text{offset 1}}^{\text{CSI-2}}$ 用于大于 11 位有效载荷。可以将上行链路调度 DCI（格式 $0 \sim 1$）配置为包含 beta 偏移指示字段，在这种情况下，为上述 7 个参数中的每一个配置 4 个索引。然后，在 DCI 中，网络可以动态指示应使用 4 个索引中的哪一个。

表 9.8　Beta 因子和索引

索引	HARQ-ACK beta 因子	CSI-1 和 CSI-2 beta 因子
0	1.000	1.125
1	2.000	1.250
2	2.500	1.375
3	3.125	1.625
4	4.000	1.750
5	5.000	2.000
6	6.250	2.250
7	8.000	2.500
8	10.000	2.875
9	12.625	3.125
10	15.875	3.500
11	20.000	4.000
12	31.000	5.000
13	50.000	6.250
14	80.000	8.000
15	126.000	10.000
16	保留	12.625
17	保留	15.875
18	保留	20.000
19-31	保留	保留

9.3   空闲模式和连接模式过程

本节将介绍 NR 中的空闲模式和连接模式过程,重点放在与 URLLC 有关的功能和方面,这些都与调度和复制有关。

9.3.1   NR 协议栈

类似于 LTE,NR 定义了协议层,包括 PHY、MAC、无线链路控制(RLC)和分组数据汇聚协议(PDCP)层。在此之上,添加了新的协议层——服务数据适配协议(SDAP)层,用于 Internet 协议的服务质量(QoS)处理。设备侧的 NR 用户面和控制面协议栈如图 9.18 所示。

在用户面(UP)中,数据无线承载可以是三种类型:主小区组(Master Cell Group,MCG)承载(用户面遵循控制面通过主节点的路径);辅小区组(Secondary Cell Group,SCG)承载(其中用户面数据映射到辅助节点);或者拆分承载,其中数据在 PDCP 层上拆分并在主节点和辅助节点中映射两个 RLC 实体。

在控制面(CP)中,NR 定义了与 LTE 紧密相关的协议 Radio RRC,其作用是在 gNB 与设备之间传递控制配置,并作为与 CN 的非接入层接口。

哪些协议和过程与 URLLC 相关? 显然,所有这些都是必要的,但是有两种协议可确保数据包传送:在 RLC 上的 RLC 重传保持对数据传输

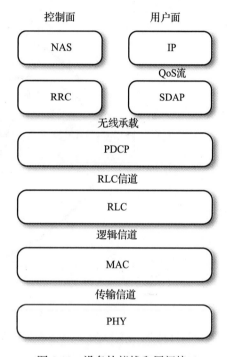

图 9.18   设备协议栈和层间接口

的跟踪;在 MAC 上的 HARQ 触发 PHY 重传。其中,可以将 RLC 排除在 URLLC 讨论之外,因为 RLC 重传通常所用的时间尺度比与 cMTC 服务相关的尺度大得多。为了确保在短时间范围内传送,我们依赖 HARQ 协议,或者完全不依赖协议(只是盲重传)。

我们还依赖于 URLLC 的上行链路调度协议。如上所述,由于 gNB 控制资源,因此对下行链路的调度是直接的,但是对于上行链路数据,设备或者请求资源(使用 SR)或者需要预分配资源(配置上行链路授权)。这两种获取上行链路资源的方式都有优点但也要付出代价,如下所述(见 9.3.3.4 节)。

除了 PHY 层上的分集和多次传输之外,我们还可以利用来自不同链路的分集。如下所述(见 9.3.3.7 节),可以通过在 PDCP 层对数据包进行分支,然后分成两条分支来完成更高层的分集。

9.3.1.1　RRC 状态机

NR 的主要步骤是在 RRC 状态机中进行的，它定义了 IDLE、INACTIVE 和 CONNECTED 三种状态，图 9.19 显示了相应的状态转换。RRC 状态还对应于不同的 CN 状态。通过将设备上下文保存在 gNB 中并保持在 CN CONNECTED 状态，引入了 INACTIVE 状态以减少具有间歇流量的设备的信令和时延。同时，INACTIVE 状态使设备可以通过休眠来节省电池。此方案类似于 LTE Release 13/14 中引入的 RRC 暂停 / 恢复机制，以减少从 IDLE 到 CONNECTED 时的信令，但是 NR 解决方案完全避免了 IDLE，因此可以实现更低的时延。

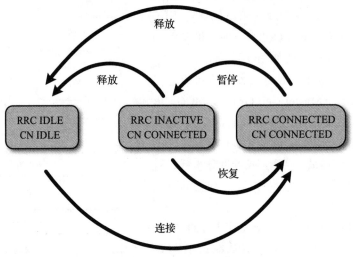

图 9.19　RRC 状态和转换

首先，我们应该明确过程的重点。设备处于 CONNECTED 模式还是 IDLE 模式将对服务时延产生重大影响。设备首先需要唤醒并与网络同步，然后才能接收或传输数据，并且此过程将不可避免地花费时间，因为它涉及交换多个消息。对于处于 INACTIVE 模式的设备也是如此，只是状态转移更加简单快捷。即使对 NR 中引入的 CP 信令进行了增强和加速，也可以简单地认为，对于 URLLC 服务，我们假设的时延足够短，以至于无法将设备置于 IDLE 模式。在将来的 NR 版本中，很有可能状态转换会变得更快或可以更早地传输第一个数据，但是在 Release 15 中，与 UP（用户面）数据时延相比，CP 信令时延将明显更高。如第 10 章所示。因此，在下面的内容中，我们重点介绍 CONNECTED 模式过程，并且仅在切换上下文中讨论 CP 过程。

9.3.2　空闲模式过程

9.3.2.1　控制面信令

如果设备在不同状态或小区之间变化，或者在首次连接到网络期间发生变化，则需要先通过信令设置控制面（CP），然后才能开始通过用户面（UP）发送或接收数据。由于 CP 信令将花费时间，因此不可以将尚未设置 UP 的设备用于 cMTC 服务。因此，就像上面所说，只有处于 CONNECTED 状态的设备才适用于 URLLC，并且必须将设备保持在此状态且不能进入睡眠状态。但是，对于切换和对时延要求较低的关键服务（仍然需要高可靠性），这种严格要求可以放宽。

对于在小区之间移动的设备，需要切换以附着到新小区。切换意味着 CP 需要使用 RRC 信令切换到新小区。如前所述，进行过渡的信号会引起一些时延。但是与 LTE 相比，NR 中的 CP 信令明显更快。在很大程度上，这是因为处理速度更快，导致消息之间的延迟更短，从而消息往返也更快。与数据一样，可以采用更短的传输和更高的 SCS 以进一步减少时间，但需要占用更多带宽。

9.3.3　连接模式过程

9.3.3.1　动态调度

调度设备用于下行链路和上行链路数据传输的基本形式是使用下行链路控制指示进行动态调度。虽然此方法的资源利用率比较高（仅在需要时才为设备分配资源），但在上行链路数据情况下，可靠性（必须为上行链路接收 SR，并且必须解码下行链路控制）和时延（传输 SR 和接收上行链路授权）都受限。

9.3.3.1.1　调度时间轴

在 NR 中，可以通过指定三个单独的延迟参数将传输时序动态地指示给设备，如图 9.20 所示：

- K_0 表示 PDCCH 的开始到 PDSCH 的开始之间的延迟，范围为 0 OS 到 32 个时隙。
- K_1 表示 PDSCH 的结束到 PUCCH/PUSCH 上的 HARQ 反馈的开始之间的延迟，范围为 0 OS 至 15 个时隙。
- K_2 表示 PDCCH 中上行链路授权的结束到 PUSCH 的开始之间的延迟，范围为 0 个符号到 32 个时隙。

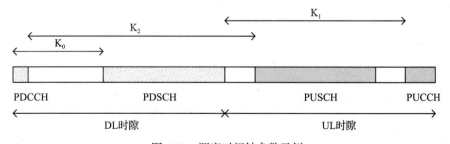

图 9.20　调度时间轴参数示例

参数范围已配置为 RRC 索引，指示是在 DCI 中完成的。此设置允许在调度中具有高度的灵活性。

9.3.3.1.2 DCI

如表 9.9 所示，定义了八种不同的 DCI 格式，分别具有四种不同的大小，这取决于系统配置。

表 9.9 DCI 格式

后备 DCI	格式 0-0（上行链路）
	格式 1-0（下行链路）
非后备 DCI	格式 0-1（上行链路）
	格式 1-1（下行链路）
时隙格式指示（SFI）	格式 2-0
抢占指示（PI）	格式 2-1
上行链路功率控制指示（UPCI）	格式 2-2（用于 PUSCH/PUCCH）
	格式 2-3（用于 SRS）

与用于下行链路和上行链路的完整调度格式相比，后备格式比较小仅使用基本功能，请参见表 9.10 中的内容。在这些格式中，最后四种（SFI、PI、两种 UPCI 类型）也具有相同的大小。DCI 受 CRC 保护，这与 LTE 类似，是在使用 RNTI 加扰之前添加的序列，RNTI 是 DCI 定向到的已配置设备地址。PDCCH 中的 CRC 在 NR 中为 24 位，而在 LTE 中为 16 位。在这 24 位中，有 3 位用于辅助解码极化码。这有助于减少对随机错误进行 CRC 检查而引起的错误检测率，对于 N 位 CRC，随机错误 CRC 检查的发生率约为 2^{-N}。对于 URLLC 服务，错误检测可能会带来额外的问题，因为它会导致不可用和缓冲区污染，从而降低可靠性。

表 9.10 用于寻址到 C-RNTI 的数据传输的 DCI 字段（以位为单位）

DCI 字段	格式 0-0 （上行链路后备）	格式 0-1 （上行链路调度）	格式 1-0 （下行链路后备）	格式 1-1 （下行链路调度）
上行链路 / 下行链路标识符	1	1	1	1
频域资源分配	程式	程式	程式	程式
时域资源分配	4	0～4	4	0～4
跳频标志	1	0～1	1	1
调制和编码方案	5	5	5	5
新数据指示	1	1	1	1
冗余版本	2	2	2	2
HARQ 进程	4	4	4	4
TPC 命令	2	2	2	2
上行链路 /SUL 指示	1	1	—	—
载波指示	—	0～3	—	0～3
带宽部分指示	—	0～2	—	0～2

（续）

DCI 字段	格式 0-0 （上行链路后备）	格式 0-1 （上行链路调度）	格式 1-0 （下行链路后备）	格式 1-1 （下行链路调度）
下行链路分配索引 1	—	1～2	—	0～4
下行链路分配索引 2	—	0～2	—	—
SRS 资源指示	—	程式	—	—
预编码信息和层数	—	0～6	—	—
天线端口	—	2～5	—	4～6
SRS 请求	—	2	—	2～3
CSI 请求	—	0～6	—	—
CBG 传输信息	—	0～8	—	0～8
PTRS-DMRS 关联	—	0～2	—	—
Beta 偏移指示	—	0～2	—	—
DMRS 序列初始化	—	0～1	—	0～1
上行链路 -SCH 指示	—	1	—	—
VRB 与 RB 的映射	—	—	1	0～1
PUCCH 资源指示	—	—	3	3
HARQ 反馈时序	—	—	3	0～3
RB 捆绑大小指示	—	—	—	0～1
速率匹配指示	—	—	—	0～2
ZP CSI-RS 触发	—	—	—	0～2
传输配置指示	—	—	—	0～3
CBG 清理指示	—	—	—	0～1

9.3.3.2　HARQ

HARQ 是处理 PHY 层中触发重传的默认协议。与自动重传消息相比，和前面所描述的下行链路和上行链路重传一样，在 HARQ 中有条件地触发重传大大提高了资源利用效率。当在 HARQ 中未收到 ACK 时会触发重传，由于我们的目标是高可靠性，而大多数数据包的确会产生 ACK，因此仅很少需要重传。因此，HARQ 作为一种方法，首先使用较高的编码率，然后逐渐将其降低到所需的水平。为此，可以使用循环缓冲的增量冗余（如 LTE 中一样）将重传合并为一个较长的代码。这对于提高资源利用率非常有效，但缺点是具有较长时延并依赖于接收的反馈。

在 NR 中，HARQ 反馈在上行链路的 UCI 中发送以用于下行链路数据，并且隐式地通过在下行链路的 DCI 中发送以用于上行链路数据。后者仅适用于 NACK：上行链路传输失败会导致上行链路授权 DCI 进行重传，而接收到的上行链路传输不会导致对下行链路的反馈。在 NR 中，没有类似 LTE PHICH 信道的等价物为上行链路数据传输提供 A/N 反馈的情况。这样做的主要原因是，NR 中不支持具有硬编码时序的同步 HARQ 操作，并且上行链路和下行链路均使用具有指示时序的异步 HARQ 进行操作。

如果将 TB 划分为 CB，通过使用 UCI 和 DCI 中的多个指示位分别处理 HARB 反馈和 CBG 重传，仅重传错误部分，从而可以提高资源效率。

NR HARQ 是完全动态的，这意味着传输和反馈之间没有固定联系。类似于 LTE，对于下行链路数据，从 DCI 中识别发送 HARQ A/N 的 UCI，对于上行链路数据，从 HARQ 进程索引和新数据指示中识别用于重传的 DCI。一个设备有 16 个 HARQ 进程。

使用 HARQ，我们可以触发重传以确保以较低的资源投入获得高可靠性，但是前提是反馈链不会中断。因此，我们无法为传输设置任意高的错误率目标（使用高码率）并依赖于许多重传，因为在某些时候可能无法传递反馈（这也可能需要很长时间）。HARQ NACK 的可靠性不必与数据处于同一级别，因为很少会发生数据传输失败而需要重传的情况。

由于时延和可靠性这两个原因，我们可以用于 URLLC 数据的 HARQ 重传次数是有限的。我们可靠使用的次数越多，效率越好，这对于上行链路数据似乎是一个可靠的选择，但是对于下行链路数据，我们则依赖于 UCI 的安全送达，而当 UE 功率受限时，这显然是无法实现的。更多讨论请见第 10 章。

9.3.3.3   SR

当设备的传输缓冲区中有 URLLC 数据时，如果没有有效的授权，它将触发 SR。这通常称为动态上行链路调度。如果设备仅运行一种服务，这将很简单：它将在 PUCCH 上使用其配置的 SR 资源，然后 gNB 将知道设备需要什么资源。但是，如果设备使用多种服务（例如，视频服务使用 eMBB，位置服务使用 cMTC），则需要将它们分开。

SR 被配置用于逻辑信道，该逻辑信道又被连接到具有由网络定义的特定 QoS 要求的无线承载。通过使用不同的 SR 资源，最多可以在 NR 中配置 8 个，设备可以指示其需要哪种类型的上行链路数据资源。对于 cMTC 服务，我们可以认为 SR 在短 PUCCH 上按短周期配置，以实现低时延。如 9.2.5.3.2 节中所述，快速选项具有覆盖范围受限的缺点。除了在 PHY 层上重复（之间有跳频）之外，还可以执行更高层的 SR 重复。可以通过将延迟参数配置为 0 来启用此功能，该参数的功能是重复 SR 直到设备收到请求的上行链路授权。这是一种以延迟为代价实现可靠性的方法（我们可以认为使用分配的 PUCCH 资源的设备不会产生额外的资源开销）。如前所述，对于动态上行链路调度，这种可能性至关重要：在 gNB 收到 SR 之前，无法传输任何上行链路数据。

9.3.3.4   上行链路配置授权

如上所述，执行上行链路传输的基本方式是通过 SR 的动态调度序列 – 上行链路授权 – 上行链路数据。对于 URLLC，此方案有两个主要缺点：如上所述，由于数据传输开始之前控制信令的额外往返导致的时延以及 SR 的可靠性。调度上行链路传输的另一种方法是使用配置授权（Configured Grant，CG）调度。在此，通过 RRC 通知设备已配置了某个授权，这意味着该授权是持久的并且周期性重复出现。设置 CG 的方法有两种，请参见图 9.21。

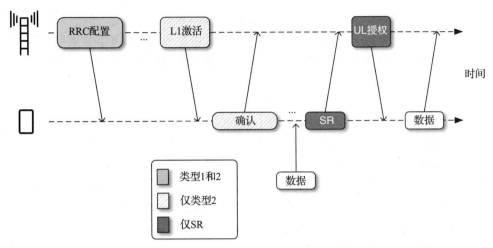

图 9.21　配置上行链路授权类型 1 和 2，以及用于上行传输的基于 SR 的接入

CG 类型 1 仅由 RRC 配置组成，这意味着通常在 DCI 中指定所有通常在 DCI 中发送的信息，而不需其他控制信息。

CG 类型 2 与 LTE 中的半永久调度类似，并且由指向某个 RNTI 地址和重复模式的配置组成。然后，由该 RNTI 加扰的 DCI 会被设备解释为按配置的周期重新出现的上行链路授权。与类型 1 相比，此类型更为灵活，因为 gNB 可以随时更新 PDCCH 中上行链路传输的参数，例如 MCS 和分配。

有了 CG 后，原则上可以在每个符号中为设备提供上行链路数据传输机会，如果其缓冲区中有数据，则可以轻松使用。如果没有上行链路数据，则它不会在 CG 上传输任何内容。实际上，最短的传输持续时间可能是两个 OS，以便为 UCI 和 DMRS 腾出空间，这意味着在避免重叠分配的同时，设备可以在上行链路时隙中的 7 个位置开始传输，而没有任何进一步的延迟。与动态调度相比，这大大减少了延迟。但是，这样做的代价是，上行链路资源会以一种不同于动态调度的方式"锁定"设备。除非设备具有与 CG 相同周期的数据（这确实是可能的），否则将浪费未使用的资源。如果我们要唯一地分配上行链路资源以确保良好的 SINR，则至少会出现这种情况。如果允许设备共享资源，则资源管理会更加有效，但是我们会遇到上行链路传输冲突。因为会损害可靠性，对于 URLLC 数据，这不是一个好的选择。

在上行链路 CG 上进行第一次传输后，数据将成功接收或接收失败。如果传输失败（但已检测到 DMRS），则 gNB 将发出 DCI 进行重传。因此，从第一个重传开始，将使用动态授权调度（当然，gNB 也可以自由指示要重传的 CG）。

如果已指明设备重叠动态并且配置了上行链路授权，它将丢弃 CG 并使用动态指示的 CG。

9.3.3.4.1　HARQ 操作

NR 支持的 HARQ 操作是异步的，这意味着必须在 DCI 中指示进程 ID（PID），设备才能知道要使用哪个缓冲区。激活后，将使用从 0 到 RRC 配置的最大值的 PID 对已配置的上行链路授权资源进行编号，此后编号从 0 重新开始。这样，gNB 和设备都将知道给定的 PID 对应哪个传输。当触发重传时，即使可以指示已配置的资源进行重传，也可以利用 DCI 对设备进行动态调度。

9.3.3.4.2 重复

就像在 9.2.5.4 节中提到的动态 PUSCH 分配一样，在微时隙资源情况下，也可以在 CG 上配置 TB 的重传。但是，正如在下行链路重传的情况（如图 9.13 所示），上行链路中的重传将仅在时隙级别上进行，这意味着将使用相同的资源在 K 个后续时隙中发送 TB。与基于 HARQ 的重传相比，这将在更短的时间内提高可靠性。为了获得最低的时延，需要在时隙的微时隙资源上进行重传，但这在 NR Release 15 中不支持。在上行链路 CG 上的 K 次重传中，根据在 n 次重复处所选择的 RV 序列的第（mod（$n-1$, 4）+1）个值来决定应用的 RV 模式。可配置的 RV 序列为 {0, 2, 3, 1}、{0, 3, 0, 3} 和 {0, 0, 0, 0}，当配置的 RV 序列中的 RV 为 0 时，K 序列可以在任何情况下启动。这意味着，当配置了可变的 RV 序列时，将有一个额外的对齐延迟，以等待重复序列的开始。

9.3.3.5 上行链路功率控制

为了确定用于 PUSCH 传输的功率，使用公式：

$$p_{\text{PUSCH}} = \min\{p_{\text{cmax}}, p_0 + \alpha \cdot PL + 10 \log_{10}(2^{\mu} \cdot M_{\text{rb}}) + \Delta_{\text{TF}} + \delta\}$$

其中 p_{cmax} 是每个载波的最大允许功率，p_0 和 α 是可配置的参数，PL 是路径损耗估计，μ 是参数集（SCS = $2^{\mu} \cdot 15$ kHz），M_{rb} 是上行链路分配，Δ_{TF} 是根据 MCS 计算的，最后 δ 是闭环参数。开环组件（$p_0 + \alpha \cdot$ PL）由设备配置和处理，而闭环组件 δ 在上行链路功率控制 DCI 中指示。PUCCH 功率控制与 PUSCH 相同，但对于 PUCCH，α 固定为 1。

9.3.3.6 CSI 测量和报告

为了让 gNB 知道要在下行链路中为设备使用哪个 MCS，至关重要的是，它需要知道当前信道状况。设备在导频探测信号 CSI-RS 上测量信道质量（在 9.2.4.2.3 节中介绍），然后在 CSI 报告中报告 CQI，作为 UCI 的一部分与 HARQ A/N 和 SR 一起报告。该报告基于对配置的 CSI-RS 资源的测量，并且能够以类似的方式从 DCI 指示中定期（在 PUCCH 上）、半静态（在 PUCCH 或 PUSCH 资源上）或非周期地（在 PUSCH 上）触发。

CQI 的值以如下方式与 MCS 关联：当报告了相应的 CQI 时，使用某个 MCS 的预期 BLER 处于目标范围内。在 LTE 中，预期 BLER 级别设置为 10%，这代表当设备使用与报告的 CQI 相对应的 MCS 进行调度时的预期故障率。在 NR 中，为了满足 URLLC 的需求以及由于存在面向高可靠性的单独 MCS 表，可以为设备配置两个不同的 BLER 级别：10% 错误映射对应 CQI 表 1（最多 64 个 QAM）或 CQI 表 2（最多 256 个 QAM64 QAM）；10^{-5} 错误映射对应 CQI 表 9.3，如表 9.11 所示。该配置是半静态的，这意味着它是通过

RRC 进行配置的，没有动态显示。因此，可能会导致报告的 CQI 与所使用的 MCS 表不匹配，但是由 gNB 决定是否要在两组之间进行转换。

表 9.11   0.001% 错误率的 CQI 表（对应文献 [6] 中表 5.2.2.1-4 ）

CQI 指数	调制	码率 × 1024	效率
0	超出范围		
1	QPSK	30	0.0586
2	QPSK	50	0.0977
3	QPSK	78	0.1523
4	QPSK	120	0.2344
5	QPSK	193	0.3770
6	QPSK	308	0.6016
7	QPSK	449	0.8770
8	QPSK	602	1.1758
9	16 QAM	378	1.4766
10	16 QAM	490	1.9141
11	16 QAM	616	2.4063
12	64 QAM	466	2.7305
13	64 QAM	567	3.3223
14	64 QAM	666	3.9023
15	64 QAM	772	4.5234

在仅使用一个天线端口和一个配置的 CSI-RS 资源的情况下，CSI 报告仅包含 CQI。如果有更多的天线端口和 CSI-RS 资源，该报告还可以包括带有预编码矩阵指示（PMI）、等级指示、层指示以及指示首选波束的 CSI-RS 指示的码本索引。报告可以针对简单的多端口天线的 I 型单面板，或者由多个端口组成的复合天线的 I 型多面板码本，或者多用户 MIMO 的更高粒度的 II 型码本。

9.3.3.7   PDCP 复制

与 LTE 中一样，可以在 PDCP 层中复制数据，以提高两条传输路径上的冗余性，从而提高可靠性。该过程是在 RRC 上为拆分无线承载建立的，并通过添加附加逻辑信道来定义连接到 PDCP 的附加 RLC 实体。在 PDCP 层中，以 PDCP PDU 形式输入的数据包被复制并发送到两个 RLC 实体；如图 9.22 所示，主小区组（MCG）和辅小区组（SCG）。如果 MCG 和 SCG 依次属于同一 MAC 实体，则复制将在两个不同的载波上进行，这意味着载波聚合（CA）；如果它们属于不同的 MAC 实体，则复制将在两个不同的小区上进行，这意味着双连接（DC）。在 CA 的情况下，使用逻辑信道映射限制来防止在同一载波上发送数据包（这不会带来很好的冗余性）。

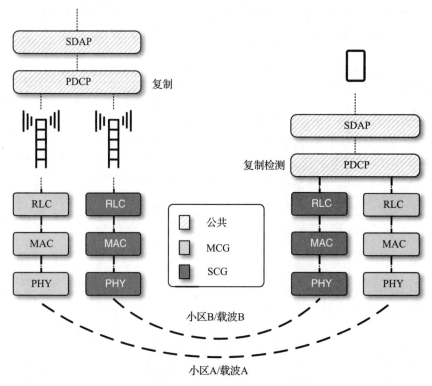

图 9.22 具有双连接功能的 PDCP 数据复制

在接收侧，一直到 PDCP 层，数据包都被分开，在此进行重复检查，以便仅将一个 PDCP PDU 传送到数据缓冲区。

参考文献

[1] ITU-R. Report ITU-R M.2412-0, Guidelines for evaluation of radio interface technologies for IMT-2020, 2017.
[2] E. Dahlman, S. Parkvall, J. Sköld. 5G NR: the next generation wireless access technology. Academic Press, 2018.
[3] Third Generation Partnership Project, Technical specification 38.211, v15.2.0. Physical channels and modulation, 2018.
[4] Third Generation Partnership Project, Technical specification 38.212, v15.2.0. Multiplexing and channel coding, 2018.
[5] Third Generation Partnership Project, Technical Specification 38.213, v15.2.0. Physical layer procedures for control, 2018.
[6] Third Generation Partnership Project, Technical Specification 38.214, v15.2.0. Physical layer procedures for data, 2018.
[7] D. Tse, P. Viswanath. Fundamentals of wireless communication. Cambridge University Press, 2005.

第 10 章

NR URLLC 性能

摘 要

本章展示 NR URLLC 的性能，并与 ITU 提出的 5G 需求进行比较。该性能评估包括用户面和控制面时延、可靠性评估和频谱效率。

本章我们将研究 NR 的 URLLC 性能，其中的细节在第 9 章中进行了介绍，并且评估该性能是否达到了其设计时的严格要求。首先展示的是基于 IMT-2020 规范中的需求对时延和可靠性进行的常规评估。随后是两个 cMTC 服务的用例研究，其中 URLLC 可以用来启用新的无线解决方案。关于技术术语的解释，读者可以参考第 9 章中的描述。

10.1 性能目标

5G 的 URLLC 需求是由 ITU-R 在 IMT-2020 规范中规定的[1]，这意味着无线接入技术如果想要通过 5G 认证，必须满足这些条件。在全部 5G 需求中，对于 URLLC 而言更感兴趣的是用户面（User Plane，UP）时延、控制面（Control Plane，CP）时延和可靠性。在之后的前几节中，这些指标将在 NR 系统中被评估。所选设置遵循 3GPP 中已经完成的评估[2]，该评估的目的是向 ITU 提交建议，建议 NR 作为 5G 接入技术。

10.1.1 用户面时延

关于用户面时延的需求被定义为从源节点发送分组到接收节点收到分组之间的时间。时延被定义为两边节点的层 2 和层 3 接口之间的往返时间，对应 NR 中 QoS 流往返 SDAP 层的时间。假定设备处于激活状态，而且没有排队延迟。

对于 URLLC，设定一个 1 ms 的时延目标，对于 eMBB 则是 4 ms。上行和下行链路两个方向上的需求相同。

10.1.2   控制面时延

控制面的时延需求为 20 ms，定义为从电池有效状态到设备能够连续发送数据时的时间。鼓励进一步将该需求降到 10 ms，但这并不是 ITU 的需求。

对于 NR，电池有效状态被解释为 RRC INACTIVE，因此控制面时延被认为是从 INACTIVE 状态到 CONNECTED 状态的转换时间。

10.1.3   可靠性

可靠性的需求被定义为，在给定信道条件下，特定大小的分组在特定时延范围内被成功传输的概率。尽管听上去复杂，但我们只是希望系统能够保证在时延限制范围内以一定 SINR 将某个分组包可靠地送达。

对于 IMT-2020，时延限制、分组大小和可靠性的需求分别为 1 ms、32 字节和 99.999%。可获得的最小 SINR 与特定技术相关，并依赖于约定的评估场景。尽管如此，上述可靠性目标被规定为在评估场景中的小区边界也可以达到，因而定义为设备 SINR 分布函数的第 5 百分位数。

10.2   评估

对于 10.1.1 ～ 10.1.3 节中描述的每一个 URLLC 需求，本节对其 NR URLLC 性能进行了评估，同时评估了 NR URLLC 的频谱效率。

10.2.1   时延

cMTC 服务的时延可以基于 NR 标准的规定进行直接评估。但是在真实系统中，我们需要越过无线接口来考虑可能来自调度、传输和核心网功能的额外时延，记住这一点很重要。我们还需要假设 gNB 可能导致哪种处理时延，因为标准中并没有对此定义。一种简单有效的假设是，设备和 gNB 拥有相同的处理时延。此外在真实系统中，这可能并不完全正确，特别是在高负载网络中，此处 gNB 需要的高处理负载来自调度过程和处理大量设备。

由于研究的是关键系统中可达到的时延，我们可以将研究限制在给定场景中的最大时延，这意味着当来到下次传输时刻（对齐时延）前的等待时间时，我们可以做一种最坏情况下的假设。

10.2.1.1   处理时延

无线接入网中的处理时延是发送节点在进行传输准备（如协议报头、加密和调制）或接收节点在进行均衡、解码和解密导致的。对于下行数据传输，设备在 PDSCH 上接收下行数据的处理时延包括接收和解码过程。对于 PUSCH 上动态调度的上行数据传输，设备的处理时延是由接收和解码 PDCCH 上携带上行授权的下行控制信息导致的。在 gNB 中，设备同样存在处理时延，此外 gNB 中的处理时延也需要考虑由调度和链路自适应导致的时延。

假定 gNB 中接收调度请求（Scheduling Request，SR）和发送包含上行授权的 PDCCH

之间的响应时间，以及下行 HARQ 接收和下行 PDSCH 重传之间的响应时间是传输时间间隔（Transmission Time Interval，TTI）的整数倍，也就是使用的时隙或微时隙持续时间（PDCCH 之间的时间）。对于更高的子载波间隔（SubCarrier Spacing，SCS）和微时隙中更少的符号，TTI 持续时间会更短，且处理时需要更多的 TTI。假定 gNB 的时延以表 10.1 中的 OFDM 符号（OFDM Symbol，OS）形式给出。该处理包含三个组成部分：

- 上行链路的接收处理（PUSCH 数据处理，用于 SR/HARQ-ACK 的 PUCCH 控制处理）。
- 下行链路的调度和协议。
- PDSCH 和 PDCCH 的物理层处理。

表 10.1　用 OFDM 符号（OS）数目表示的 gNB 处理时间

时间	15/30 kHz 子载波间隔				60/120 kHz 子载波间隔			
TTI[OS]	14	7	4	2	14	7	4	2
gNB 处理时间 t_b[OS]	14	7	4	4	14	14	12	10

为了简便起见，我们把 gNB 处理时间（t_b）称为总处理时间，并且处理时间总是相等的。例如，假定调度第一次传输和重传的处理时间相同。同时假定下行发送和上行接收使用相同的处理时间。

设备在 PDSCH 接收和 PUCCH 下行 HARQ 发送之间的最小响应时间，以及包含上行授权的 PDCCH 接收和 PUSCH 发送之间的最小响应时间在 9.2.3.5 节中进行了讨论。设备能力为 2 时，在下行链路上，设备处理时间是根据 d_1 值（表 10.2）而定的，而上行链路的设备处理时间由 d_2 值（表 10.3）而定。对于 120 kHz 子载波间隔并没有约定的能力 2 配置，因此我们使用能力 1。对于 d_1，假定 PDCCH 和 PDSCH 在一个 OFDM 符号上有重合，并且 PDSCH 中使用了 1 个 DMRS 符号。对于 d_2，假定第一个 PUSCH 符号仅被用于 DMRS。

表 10.2　设备能力为 2 时的 PDSCH 处理时间

分配	d_1 [OFDM 符号]			
	15 kHz 子载波间隔	30 kHz 子载波间隔	60 kHz 子载波间隔	120 kHz 子载波间隔（能力 1）
1 个时隙（14 个符号）	3	4.5	9	20
7 个符号	3	4.5	9	20
4 个符号	4	5.5	10	20
2 个符号	4	5.5	10	20

表 10.3　设备能力为 2 时的 PUSCH 处理时间

分配	d_2 [OFDM 符号]			
	15 kHz 子载波间隔	30 kHz 子载波间隔	60 kHz 子载波间隔	120 kHz 子载波间隔（能力 1）
1 个时隙（14 个符号）	5	5.5	11	36
7 个符号	5	5.5	11	36
4 个符号	5	5.5	11	36
2 个符号	5	5.5	11	36

10.2.1.2　用户面时延

对于数据传输，我们可以选出三种情况：

- 下行数据传输。
- 基于配置授权（Configured Grant，CG）的上行数据传输。
- 基于 SR 的上行数据传输。

很自然地，我们可以期望下行数据传输的速度最快，因为 PDSCH 数据（至少在理论上）可以由 gNB 在下一个可用传输时刻发送，该传输时刻与 PDCCH 上的下行控制有直接关系。在 PUSCH 上进行上行数据传输时，我们可以预计到时延会更高，原因可能是 SR 和上行授权导致的额外信令和时延，也可能是因为相比下行时刻，gNB 为调度时刻配置了更长的间隔。尽管如此，在之后的示例中，可以用数据周期匹配调度时刻（对于周期性业务）或者让设备有机会在每个 TTI 都进行发送（对于随机业务）。此处，我们将研究这个更优化地配置的用例中的上行数据。同样地，对于基于 SR 的上行数据传输，我们假定设备在 PUCCH 上的 SR 时刻位于每一个上行 TTI 内。

上下行数据用户面时延的组成部分被展示在图 10.1 的信令流程图中，包含上一节中讨论过的处理时延，来自 TTI 结构的对齐时延，以及来自传输本身的时延。

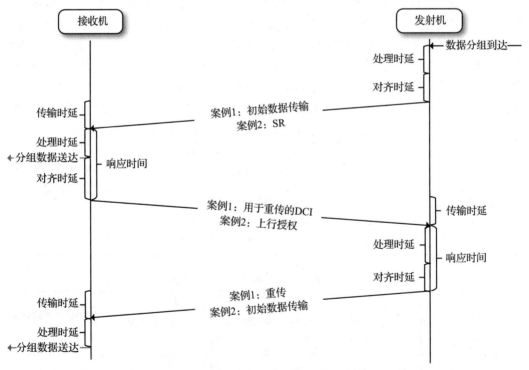

图 10.1　一次重传的下行数据或基于 CG 的上行数据（案例 1），以及基于 SR 的上行数据首次传输（案例 2）的信令流程和时延组成

接下来我们将分析在一次首传和最高三次重传之后最差情况下的用户面时延。我们将遵循如 10.1.1 节中概括的用户面时延的 ITU 定义。由于在 Release 15 中 60 kHz 是 FR1 的可选子载波间隔，此处我们将关注于评估子载波间隔为 15 kHz、30 kHz 和 120 kHz 的用户面时延，这样无论如何都可以展示全部可实现的时延。

对于下行 HARQ 和 SR，我们假定在上行 TTI 末尾放置一个 2 符号的 PUCCH（格式 0）。假定在每一个调度的 TTI 中都有 PDCCH 和 PUCCH。

对齐延迟是准备发送之后直到传输可以开始所需要的时间。我们考虑最坏情况下的时延，即假定对齐时延是给定最长的可能传输时刻。

在设备端，我们假定完整处理时延 d_1 和 d_2，用于没有传输 HARQ 反馈的下行数据解码，以及准备首个基于 CG 的上行数据传输。

10.2.1.2.1　FDD 中的数据时延

表 10.4 展示了 FDD 中子载波间隔为 15 kHz、30 kHz 和 120 kHz 的用户面时延结果。可以看出，子载波间隔为 15 kHz 时可以达到 1 ms 的要求，并且借助微时隙可以达到更高。相比基于 SR 的调度，使用上行配置授权可以大大减小时延。

表 10.4　考虑 HARQ 重传的 FDD 用户面单向数据传输时延。黑体数字表示达到了 1ms 要求

时延 [ms]	HARQ	15 kHz 子载波间隔				30 kHz 子载波间隔				120 kHz 子载波间隔			
		14-OS TTI	7-OS TTI	4-OS TTI	2-OS TTI	14-OS TTI	7-OS TTI	4-OS TTI	2-OS TTI	14-OS TTI	7-OS TTI	4-OS TTI	2-OS TTI
下行数据	首次传输	3.2	1.7	1.3	0.86	1.7	0.91	0.70	0.48	0.55	0.43	0.38	0.31
	第一次重传	6.2	3.2	2.6	1.7	3.1	1.6	1.3	0.96	1.1	0.87	0.76	0.63
	第二次重传	9.2	4.7	3.6	2.6	4.7	2.4	2	1.5	1.6	1.3	1.1	0.96
	第三次重传	12	6.2	4.6	3.4	6.1	3.1	2.7	2	2.1	1.7	1.5	1.3
上行数据（调度请求）	首次传输	5.5	3	2.5	1.8	2.8	1.5	1.3	0.93	1.2	1.1	1	0.89
	第一次重传	9.4	4.9	3.9	2.6	4.7	2.4	2	1.4	1.9	1.7	1.6	1.3
	第二次重传	12	6.4	4.9	3.5	6.2	3.2	2.6	1.9	2.6	2.3	2.1	1.8
	第三次重传	15	7.9	5.9	4.4	7.7	3.9	3.3	2.3	3.2	2.8	2.6	2.2
上行数据（配置授权）	首次传输	3.4	1.9	1.4	0.93	1.7	0.95	0.70	0.48	0.70	0.57	0.52	0.45
	第一次重传	6.4	3.4	2.6	1.8	3.2	1.7	1.4	0.93	1.3	1.1	1.1	0.89
	第二次重传	9.4	4.9	3.9	2.6	4.7	2.4	2	1.4	1.9	1.7	1.6	1.3
	第三次重传	12	6.4	4.9	3.5	6.2	3.2	2.6	1.9	2.6	2.3	2.1	1.8

10.2.1.2.2　TDD 中的数据时延

在 TDD 中，下行和上行时隙的排序会导致额外的对齐时延。依赖于数据何时到达发送缓存，该时延可能会大于或等于 FDD 时延。需要注意的是，上下行的排列模式在 14 个符号的时隙周期内是固定的，并且微时隙调度周期不会影响方向：一个下行时隙可能由 2 个或更多的微时隙组成，但是并没有上行微时隙，如图 10.2 所示。这意味着微时隙只能适当减小来自上下行排列模式的对齐时延。

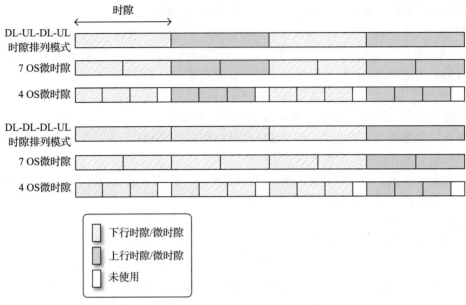

图 10.2　包含微时隙的 TDD 时隙排列模式

对于 DL-UL-DL-UL 这种时隙模式，时延结果如表 10.5 所示。从表中可见，在子载波间隔为 15 kHz 和 7 符号微时隙条件下，eMBB 数据可以达到 4 ms 的时延目标，而当 30 kHz 子载波间隔使用任意时隙长度传输时，这个目标也是可以实现的。对于携带配置授权的下行和上行数据，使用 120 kHz 子载波间隔和微时隙可以达到 URLLC 数据要求的 1 ms 目标。对于像 DL-DL-DL-UL 这种下行时隙模式，额外的对齐延迟将导致时延增加，正如表 10.6 所示。

表 10.5　TDD 中 DL-UL-DL-UL 时隙排列模式下数据传输的用户面单向时延。
黑体数字表示达到 1 ms 的 URLLC 需求

时延 [ms]	HARQ	15 kHz 子载波间隔			30 kHz 子载波间隔			120 kHz 子载波间隔		
		14-OS TTI	7-OS TTI	4-OS TTI	14-OS TTI	7-OS TTI	4-OS TTI	14-OS TTI	7-OS TTI	4-OS TTI
下行数据	首次传输	4.2	2.7	2.3	2.2	1.4	1.2	0.68	0.55	0.51
	第一次重传	8.2	4.7	4.3	4.1	2.4	2.2	1.4	1.1	1
	第二次重传	12	6.7	6.3	6.2	3.4	3.2	2.2	1.6	1.5
	第三次重传	16	8.7	8.3	8.1	4.4	4.2	2.9	2.1	2
上行数据（调度请求）	首次传输	7.5	4.5	4.1	3.8	2.3	2.1	1.5	1.2	1.2
	第一次重传	12	6.9	6.4	6.2	3.4	3.2	2.3	1.9	1.7
	第二次重传	16	8.9	8.4	8.2	4.5	4.2	3.1	2.5	2.2
	第三次重传	20	11	10	10	5.4	5.2	3.8	3.2	2.7
上行数据（配置授权）	首次传输	4.4	2.9	2.4	2.2	1.4	1.2	0.82	0.70	0.64
	第一次重传	8.4	4.9	4.4	4.2	2.5	2.2	1.6	1.3	1.2
	第二次重传	12	6.9	6.4	6.2	3.4	3.2	2.3	1.9	1.7
	第三次重传	16	8.9	8.4	8.2	4.5	4.2	3.1	2.5	2.2

表 10.6　TDD 中 DL-DL-DL-UL 时隙排列模式下数据传输的用户面单向时延。
黑体数字表示达到 1 ms 的 URLLC 需求

时延 [ms]	HARQ	15 kHz 子载波间隔			30 kHz 子载波间隔			120 kHz 子载波间隔		
		14-OS TTI	7-OS TTI	4-OS TTI	14-OS TTI	7-OS TTI	4-OS TTI	14-OS TTI	7-OS TTI	4-OS TTI
下行数据	首次传输	4.2	2.7	2.3	2.2	1.4	1.2	0.68	0.55	0.51
	第一次重传	9.2	6.7	6.3	4.6	3.4	3.2	1.4	1.2	1.1
	第二次重传	13	11	10	6.7	5.4	5.2	1.9	1.7	1.6
	第三次重传	17	15	14	8.6	7.4	7.2	2.4	2.2	2.1
上行数据（调度请求）	首次传输	9.5	8.5	8.1	4.8	4.3	4.1	2	1.5	1.4
	第一次重传	14	13	12	7.2	6.4	6.2	3.1	2.4	1.9
	第二次重传	18	17	16	9.2	8.5	8.2	4.1	3	2.4
	第三次重传	22	21	20	11	10	10	5.1	3.9	2.9
上行数据（配置授权）	首次传输	6.4	4.9	4.4	3.2	2.4	2.2	1.1	0.95	0.89
	第一次重传	10	8.9	8.4	5.2	4.5	4.2	2.1	1.5	1.4
	第二次重传	14	13	12	7.2	6.4	6.2	3.1	2.4	1.9
	第三次重传	18	17	16	9.2	8.5	8.2	4.1	3	2.4

10.2.1.3　控制面时延

如 10.1.2 节所概述，针对控制面时延的研究被认为是研究从 INACTIVE 状态转换到 CONNECTED 状态的时延。该时延贯穿随机接入过程中，并存在于小区间的切换过程，以及状态转换时的 RRC 重配和上行同步，如第 9 章所示。在状态转换中交换的信号序列如图 10.3 所示，并且我们假定时延贯穿从设备等待 PRACH 到 gNB 处理 RRC 连接恢复请求的过程之中。

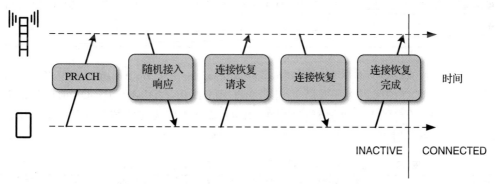

图 10.3　从 INACTIVE 状态转换到 CONNECTED 状态时的控制面信令描述

与控制面信令相关的时延可以从用户面数据使用的相同时延估计得出，也就是如 10.2.1.2 节中假定处理时延（t_b 和 d_2）和时隙对齐时延是相同的。但是我们必须把重要的处理过程与 RRC 更新联系起来，因为假定 RRC 更新在设备和 gNB 侧都有 3 ms 的额外时延[3]。表 10.7 展示了不同的信令流程，以及各组成部分的取值。对于 PRACH，假定使用了在 TTI 内适配的短前导，因此传输时使用了一个完整的 TTI。

表 10.7　控制面信令步骤和设定的时延

步骤	描述	时延
0	设备处理	d_2
1	RACH 调度周期（1 TTI 周期）引起的最差情况下的时延	1 TTI
2	RACH 短前导的传输	1 TTI
3	gNB 侧的前导检测和处理	t_b
4	RA 响应的传输	1 TTI
5	设备处理时延（解码调度授权、时间对齐和 C-RNTI 分配 +RRC 连接请求的 L1 编码）	d_2
6	RRC 连接恢复请求的传输	1 TTI
7	gNB 处理时延（L2 和 RRC） **假定考虑 3 ms 额外处理**	$t_b + 3$ ms
8	RRC 连接恢复（和上行授权）的传输	1 TTI
9	设备处理时延（L2 和 RRC） **假定考虑 3 ms 额外处理**	$d_2 + 3$ ms
10	RRC 连接恢复完成的传输（包括 NAS 服务请求）	1 TTI
11	gNB 侧的处理时延（Uu 到 S1-C）	t_b

这里我们研究了完整时隙（14 个 OFDM 符号）和 7 个 OFDM 符号的微时隙。使用不同的参数集并因此依赖 TTI 持续时间，由于存在许多步骤，控制面时延将有很大的不同，正如表 10.8 中所示 FDD 的情况，其中计算精度达到了 OFDM 符号级别。对于 ITU 要求的时延水平（20 ms）和鼓励的时延水平（10 ms），NR 中所有（20 ms）或大多数（10 ms）可能的配置都能够轻易满足。

表 10.8　FDD 下的控制面时延

控制面时延 [ms]	15 kHz 子载波间隔	30 kHz 子载波间隔	60 kHz 子载波间隔	120 kHz 子载波间隔
时隙（14 符号 TTI）	15.4	10.7	8.4	7.9
微时隙（7 符号 TTI）	10.9	8.4	7.9	7.7

对于 TDD，这些用户面时延的目标全部能够达到，但是如预期的额外下行 – 上行对齐时延一样，TDD 的时延水平要高于 FDD。表 10.9 给出了 DL-UL-DL-UL 时隙模式的结果，而表 10.10 给出了下行占据更多的 DL-DL-DL-UL 时隙模式的结果，此外计算中使用的精度达到了符号级别。

表 10.9　TDD 下的控制面时延，假定时隙排列模式为 DL-UL-DL-UL

控制面时延 [ms]	15 kHz 子载波间隔	30 kHz 子载波间隔	60 kHz 子载波间隔	120 kHz 子载波间隔
时隙（14 符号 TTI）	18.4	12.2	9.2	8.3
微时隙（7 符号 TTI）	12.9	9.4	8.4	7.9

表 10.10　TDD 下的控制面时延，假定时隙排列模式为 DL-DL-DL-UL

控制面时延 [ms]	15 kHz 子载波间隔	30 kHz 子载波间隔	60 kHz 子载波间隔	120 kHz 子载波间隔
时隙（14 符号 TTI）	20.4	13.2	9.7	9.1
微时隙（7 符号 TTI）	18.4	12.2	9.4	8.4

10.2.2　可靠性

谈到可靠性，我们感兴趣的是，在考虑时延上限的情况下，将（特定大小的）特定数据包以高概率成功送达接收机，如 10.1.3 节所示。分组数据送达的总体可靠性可以被视为在时间上随着传输尝试（HARQ 重传）次数而递增。换言之，我们的任务就是能够在时延要求范围内估计接收机成功接收的概率与尝试次数之间的函数关系。然而要做到这些，我们应该将所有关键物理信道的潜在传输失败考虑在内。由于使用一种配置达到可靠性目标就足够了，这里我们将只考虑 FDD。

10.2.2.1　物理信道可靠性

首先，我们需要研究在第 9 章中描述的物理信道成功概率：PDCCH、PDSCH、PUSCH 和 PUCCH。这是通过链路级仿真来实现的，其中 SNR 水平是通过在移动通信关注的范围内改变噪声来实现遍历的。通过收集多次仿真传输的统计数据，我们可以发现对于相关信道而言，错误率是 SNR 的函数。由于我们知道成功概率不仅依赖 SNR，而且依赖码率，因此这里研究了数据信道上不同调制和编码方案（MCS）的性能，以及 PDCCH 下行控制中一组聚合等级（Aggregation Level，AL）的性能。

表 10.11 给出了链路级仿真的假设条件。对于数据、下行控制和上行控制，这里使用了三种不同的仿真数据集合。下行（PDSCH）和上行（PUSCH）数据有可能使用相同的链路级仿真，因为这些信道的编码、信道估计和 MCS 表都相同。对于 PDCCH，假定在不包含 CRC 的情况下，下行控制信息（Downlink Control Information，DCI）消息大小为 40 比特。对于 PUCCH 上的上行控制，在 2 个 OFDM 符号内和跳频情况下，我们假定 PUCCH 的格式 0 携带了 1 比特的上行控制信息（Uplink Control Information，UCI）。

表 10.11　链路级仿真的假设条件

假设	取值	
	配置 A（中频）	配置 B（低频）
信道模型	TDL-C[12.1]，300 ns 时延扩展	
载波频率	4 GHz	700 MHz
带宽	20 MHz	
子载波间隔	30 kHz	
天线配置	2TX 2RX（数据），1TX 2RX（控制）	
发送分集	Rank 1（基于 5 时隙周期 CSI 报告的发送分集预编码）	
移动速度	3 km/h	
信道估计	真实信道，4 OS 微时隙——1 OS 前置 DMRS 类型 2	真实信道，7 OS 微时隙——2 OS 前置 DMRS 类型 2
频率分配	频率分配类型 1（连续）	
时域分配	4 OS 分配，类型 B	7 OS 分配，类型 B

（续）

假设	取值	
	配置 A（中频）	配置 B（低频）
PUCCH	1 A/N 比特，PUCCH 格式 0，持续时间 2 个符号，在频段边缘跳频 从噪声中检测出 NACK（D2N）的概率为 1% 仿真频段 4 GHz	
PDCCH	极化码，40 比特负载（除去 CRC），CCE 分布在载波频率上 聚合等级 {4, 8, 16} 仿真频段 700 MHz	
PDSCH	LDPC 基图 2，256 比特传输块， MCS 表 3（MCS-1 到 MCS-6）（见 9.2.4.4.1 节）	

对于传输失败的 PDCCH 和两种 PUCCH 错误情况——N2A（NACK 被解释为 ACK）和 N2D（没有检测出 NACK），图 10.4 展示了控制信道 BLER 和 SNR 之间的函数关系。需要注意的是，数据能够被正确接收并不需要发送一个 HARQ ACK，因此这一步骤没有被考虑进时延和可靠性计算之中。评估中假定下行和上行控制使用了相同的评估数据来表示配置，由于这两种情况下 PDCCH 都分布在相同的带宽上，考虑到在短 PUCCH 传输中多普勒扩展的预计影响较小，这是一个合理的假设。

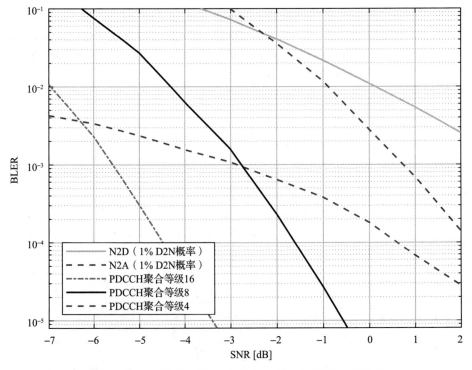

图 10.4 PUCCH 格式 0 和 PDCCH 的 BLER 与 SNR 之间的关系

　　对于 PDSCH 和 PUSCH 在两种配置下的第一次数据传输，图 10.5 展示了在最高 MCS 条件下，BLER 和 SNR 在相关取值范围内的函数关系。相关的 SNR 范围可以从之后介绍的系统仿真中的较低百分位数据中获得。

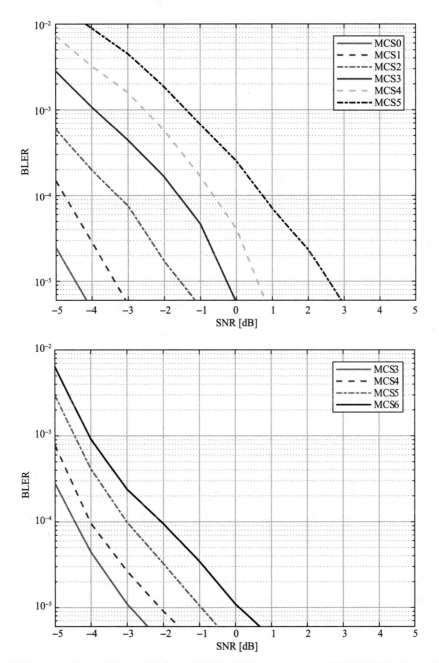

图 10.5　在配置 A（上图）和配置 B（下图）的情况下，不同 MCS 的 QPSK 数据误块率与 SNR 之间的关系

10.2.2.2　SINR 分布

　　基于与 3GPP 针对 5G 需求评估的校正活动中一致的数据，表 10.12 给出了系统级仿真的假设条件，其目的是寻找部署场景中的 SINR 分布。

表 10.12　系统级仿真的假设条件

配置参数	配置 A（中频）	配置 B（低频）
载波频率	4 GHz, FDD	700 MHz, FDD
子载波间隔	30 kHz	
基站天线高度	25 m	
站间距	500 m	
每站点扇区数	3	
带宽	20 MHz（50 RB）	
设备分布	80% 室外，20% 室内	
设备天线单元数	4	
设备噪声系数	7	
设备功率	23 dBm	
路径损耗模型	UMa A 和 UMa B	
gNB 天线 V×H 面板（V×H×P 个单元）	2×8（4×1×2）	4×4（2×1×2）
gNB 发射功率	49 dBm	
gNB 噪声系数	5	
电子下倾角	9º	
业务模型	全缓存	
上行功率控制	Alpha = 1, P0 = −106 dBm	
上行分配	5 RB（10 个设备共享 50 RB）	

　　仿真分别对城区宏基站部署 URLLC 配置 A 和配置 B 中的 UMa A 和 UMa B 信道模型[1]进行了评估。对于配置 A，gNB 天线被设为垂直 × 水平为 2×8 的天线阵列面板，其中每个面板包含 4×1 V×H 个交叉极化的天线单元，而对于配置 B 则设为 4×4 V×H 个阵列面板，每个面板包含 2×1 V×H 个交叉极化的天线单元。每个天线面板每极化（P）对应一个天线端口。

　　对于配置 A 和配置 B，图 10.6 和图 10.7 分别展示了满负载情况下（100% 小区利用率）的 SINR 分布结果。表 10.13 整理了上行和下行链路的小区边缘（第 5 百分位数）SINR 值，并且这些都是 10.1.3 节中所讨论的用于可靠性评估的目标 Q 值。

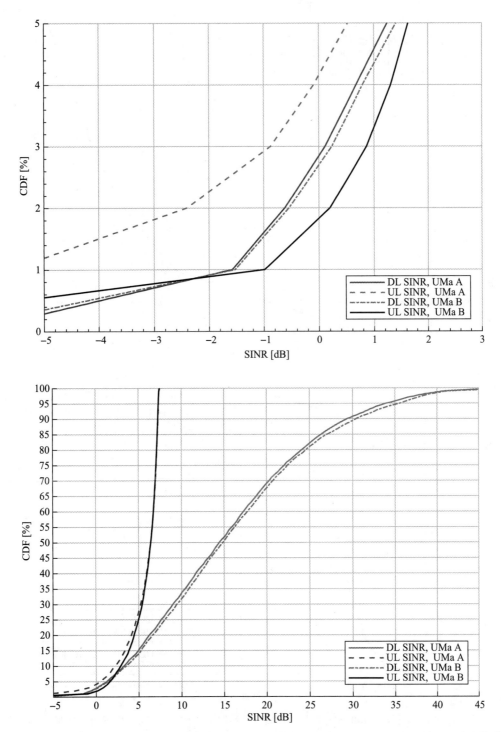

图 10.6　配置 A（4 GHz 频段）在满负载情况下的 SINR 分布。上图为全分布，下图为第 5 百分位数分布

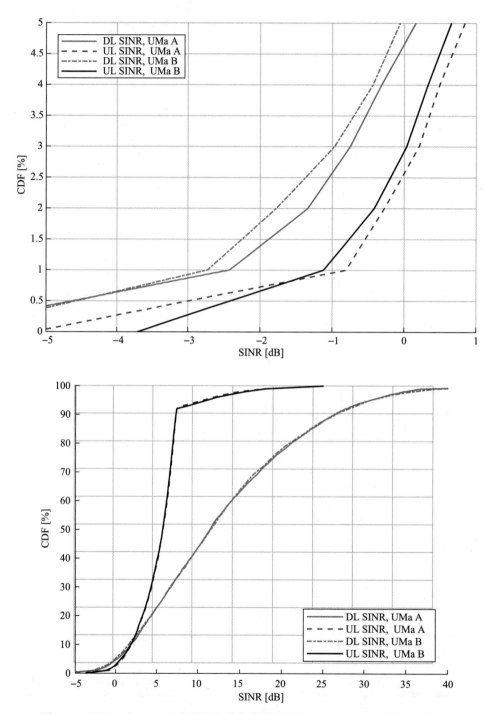

图 10.7　配置 B（700 MHz 频段）在满负载情况下的 SINR 分布。上图为全分布，
　　　　下图为第 5 百分位数分布

表 10.13　配置 A 和配置 B 在路径增益为 UMa A 和 UMa B 时的 SINR 第 5 百分位数取值

	配置 A		配置 B	
	UMa A	UMa B	UMa A	UMa B
下行 SINR [dB]	1.2	1.4	0.16	−0.06
上行 SINR [dB]	0.52	1.6	0.83	0.65

10.2.2.3　总体可靠性

作为最终的结论，在 SINR 分布之后，我们想要估计总体可靠性或成功概率。在接下来的节中，我们得到了总体可靠性的解析表达式。表 10.14 给出了表达式中使用的物理信道成功概率定义，基于此前提我们估计总体成功概率为 $p_t = 1 - \varepsilon$，其中 ε 是残留错误率。

表 10.14　计算整体可靠性的成功概率

成功接收概率	描述
p_0	PUCCH SR
p_1	PDCCH
p_2	PDSCH/PUSCH
p_3	PUCCH NACK 检测
p_4	PUCCH DTX 检测

人们可能马上会想到将总体错误转化为对所有物理信道的要求，这样它们的可靠性就可以超过 p_t。但这是一种简化和夸大，并仅适用于只有一次传输尝试的最简单情形。在这种情况下，对于下行传输数据，在独立错误的假设条件下，我们期望 PDCCH 和 PDSCH 和联合成功概率为：

$$p_t = p_1 p_2$$

该表达式可以被描述为一次尝试的成功概率，其中我们不考虑反馈或之后的尝试。

如何用公式表示多次尝试时的总体成功概率呢？首先，我们必须对如何区分这些尝试进行建模。这里有两种有用的极端情况值得考虑：

- 不相关的传输。在这种情况下，不同的尝试相互独立并且可以被视为单独的概率过程。这与两个传输的情况相似，或者在超过相关时间的时域上进行区分（例如在高速移动时执行重传），这与 URLLC 不太相关，或者在超过相关带宽的频域上进行区分。同时这也可以与不同节点的两个独立信道上发送的数据包复制相对应。因此两个不同的尝试可以经历不同的信道情况，并导致不同的 SINR。
- 完全相关的传输。在这种情况下，信道特性（也就是 SINR）对于所有传输尝试都完全相同。基于给定 SINR 提供的更高成功概率，从一次以上数据传输尝试得来的增益就是降低了累积码率（使用增量冗余）。

在实际场景中，两个传输尝试可以部分相关，这意味着尝试之间的信道情况将会稍微改变，但是信道的主要特性可能在很大程度上保持。通过在尝试之间的时域和频域上对信道进行追踪，我们可以得到这种相关性。信道相关性的影响是，成功概率与之前成功概率和尝试次数产生耦合。

在下行链路上，除了 PDSCH 数据，我们还需要考虑 PDCCH 和 PUCCH 控制，并且我们能将 N 次传输尝试的总体可靠性用公式表示为（使用表 10.14 中的定义）：

$$p_t = \sum_{n=1}^{N} \sum_{i=1}^{n} \left\{ \binom{n-1}{n-i} [(1-p_1)p_4]^{n-i} p_1 p_{2,i} \prod_{j=1}^{i-1} p_1 p_3 (1-p_{2,j}) \right\}$$

其中对于任意正整数 k，$p_{2,k}$ 是一个数据块在 k 次传输被软合并后恰好正确接收的概率。在这个表达式中，下行和上行控制传输被认为相互不相关，且与数据互不相关。这虽是一种近似，但是可以通过切换不同尝试之间的 PDCCH 频域位置来实现。根据之前使用过的信道模型，下行数据尝试之间也是互相关的关系。

使用基于 SR 的上行传输，除了考虑 PUSCH 性能外，我们也需要考虑 PDCCH 和 PUCCH 的性能。对于 N 个上行数据传输尝试之后的 m 个 SR 尝试，总体可靠性可以表示为：

$$p_t = (1 - (1-p_0)^m) \sum_{n=2}^{N} p_1 p_{2,n} \prod_{i=2}^{n-1} (1 - p_1 p_{2,i})$$

使用基于 CG 的上行调度，我们去掉了 PUCCH 上的 SR 操作和用于上行授权的首个下行控制，N 次上行数据传输尝试之后的总体可靠性可以表示为：

$$p_t = p_{2,1} + (1 - p_{2,1}) \sum_{n=2}^{N} p_1 p_{2,n} \prod_{i=2}^{n-1} (1 - p_1 p_{2,i})$$

这里 PDCCH 可靠性从首次重传才开始生效。根据预期，假定在 PUSCH 资源上有完美的能量检测性能，这意味着基于调度好的分配结果，gNB 总会从第一次上行传输中正确识别出设备。

基于这些已有表达式，我们可以从物理信道误块率图表中构建出整体可靠性图表，作为研究场景中 SINR 的函数（此处仅用于 UMa B 路径损耗模型）。如 10.1.3 节中所述，IMT-2020 需求是 SINR 分布的第 5 百分位数能够达到可靠性目标，如表 10.13 所示。为了得到一个简易的图表，我们假设上行和下行 SINR 的百分位数是相等的，这意味着我们假定用户可以同时位于上行和下行 SINR 分布的第 5 百分位数上。这当然是一种巨大的简化，我们并不期望能够普遍应用，但也并非完全不切实际，它使得我们能够研究主要趋势，更重要的则是需求能够被满足。对于下行控制，假定使用聚合等级 8。在下行和上行链路上，假定使用前置的 DMRS。

对于下行数据，图 10.8 给出了配置 A 和配置 B 的总体可靠性，并且图 10.9 给出了使用 CG 的上行数据总体可靠性。在这些图中，我们可以看出在仅进行一次传输尝试的情况下，使用两种配置下的一系列 MCS，上行和下行方向上所要求的可靠性可以在 SINR 分布的第 5 百分位数以下达到。

IMT-2020 需求进一步提出，对于 32 字节大小的分组包，可靠性目标应该在 1 ms 内被满足。使用 QPSK 调制和基于 MCS-1 到 MCS-6，以及下行控制（聚合等级 8）和 DMRS 开销的码率，表 10.15 给出了每一个这种传输所需的资源块（Resource Block，RB）分配数目。然后这些分配应该与使用 30 kHz 子载波间隔并提供 50 个 RB 的 20 MHz 载波带宽相比。此处，TBS 假定恰好为 32 字节，并且不考虑 CRC。

通过研究特定配置，我们能够确认是否总体需求得到了满足：

- 在使用 4 个 OS 微时隙 UMa B 的配置 A 时，使用 MCS-6 的一次传输尝试在下行和上行链路上满足可靠性要求（见图 10.8 和图 10.9）。这就需要下行链路有 40 个

RB，而上行链路需要 31 个 RB，并占据 0.7 ms（见表 10.4）。

- 在使用 7 个 OS 微时隙 UMa B 的配置 B 时，使用 MCS-3 的一次下行传输尝试和使用 MCS-4 的一次上行传输尝试满足可靠性要求（见图 10.8 和图 10.9）。这就要求下行链路有 34 个 RB，而上行链路需要 24 个 RB（见表 10.15），且占据 0.9 ms（见表 10.4）。

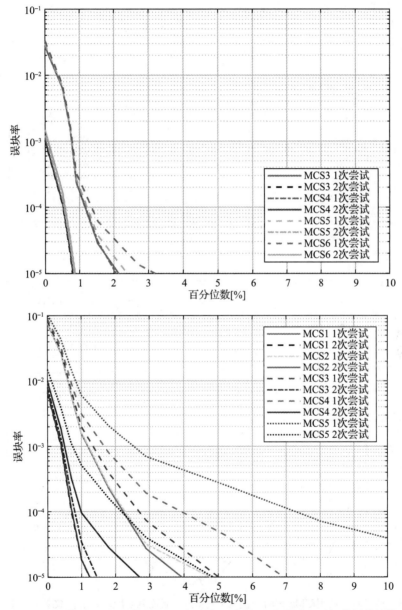

图 10.8　对于使用 UMa B 的配置 A（上图）和配置 B（下图），下行数据的整体可靠性与上行和下行 SINR 百分位数之间的函数关系

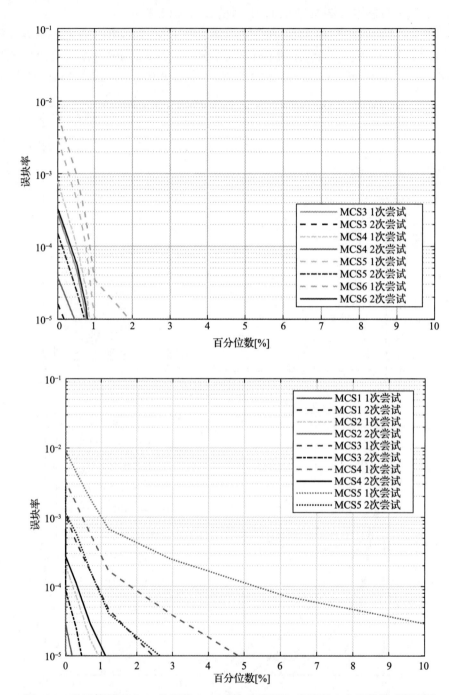

图 10.9　对于使用 UMa B 的配置 A（上图）和配置 B（下图），上行数据（配置授权）的整体可靠性与上行和下行 SINR 百分位数之间的函数关系

表 10.15　32 字节分组包在不同 MCS 下所需的 RB 数目

分配大小 [RB]	14-os TTI		7-os TTI		4-os TTI		2-os TTI	
	DL	UL	DL	UL	DL	UL	DL	UL
MCS-1	24	22	50	46	92	92	215	274
MCS-2	20	17	41	37	77	73	178	219
MCS-3	17	14	34	29	63	57	146	171
MCS-4	14	11	29	24	54	47	126	141
MCS-5	12	9	25	19	46	37	106	111
MCS-6	11	8	22	16	40	31	93	92

由于可靠性、时延和负载需求都能够达到，因此我们可以总结出 NR URLLC 可以满足 IMT-2020 的 5G URLLC 需求。

10.2.3　频谱效率

除了对时延和可靠性有性能要求之外，对于任意无线接入技术，另外一个关键的指标就是频谱效率：即每单位频谱可获得的比特率。至少与 eMBB 相比，URLLC 起初的期望速率应该设置得相对较低。我们知道，由于冗余的存在，可靠性需要付出额外的代价，这自然意味着更低的速率。当 eMBB 数据包以高码率、高调制方式并使用多层 MIMO 发送时，URLLC 数据可以使用强健的传输选择。另一方面，URLLC 分组包预计要远小于标准的 eMBB 分组包并且业务量也更低，因此即便速率较低，网络性能所受到的影响预计有限。

由于分组包较小，控制和参考信令导致的相关开销就相对更高，而且这样也降低了 cMTC 服务的频谱效率，对于下行数据，不管分组包的大小是多少，我们可以依赖于每个数据分组包使用一个 DCI。在上行链路上，对于动态调度也是同样的道理，但是对于配置好的上行授权而言没有额外的下行控制开销。尽管如此，在实际中，如果与实际上行数据相比出现了过度供应，使用 CG 可能导致效率的明显降低，这意味着我们需要预留传输时段，即便我们不确定是否设备会使用这些时段。

当然，所观测的特定 cMTC 服务的频谱效率依赖于其部署场景。良好的覆盖和高 SINR 意味着可以使用更高的 MCS 并得到更高的效率。我们可以估计对于特定 MCS 在特定 SINR 取值时的频率效率。为了能得到简单的图形结果，我们假定 HARQ 反馈使用与数据相同的 SINR 在信道上发送，也就是说下行和上行 SINR 相同。

根据表 10.16 提供的参数，性能评估基于链路级仿真结果。需要注意的是，对于假定的 3.5 GHz 载波频率，并没有定义 FDD 频段，此外 120 kHz 子载波间隔仅定义用于 FR2。然而，这种频率选择可以很好地代表 FDD 在 FR1 和 120 kHz FDD 在 FR2 较低频段的性能。为了评估总体可靠性，基于与调度相同的假设，对于下行数据和使用 CG 的上行数据，我们遵循 10.2.2.3 节中的描述。此处我们研究两种不同的时延需求，1 ms 和 2.5 ms，从而允许在更高时延的用例中进行重传以达到 99.999% 的总体可靠性目标。当允许最高 2

次 HARQ 重传并按照表 10.16 所示参数从 DMRS 和 PDCCH 减去开销后，我们发现使用
最高的 MCS 可以满足时延和可靠性需求。

表 10.16　用于频谱效率研究的链路级仿真参数和假设条件

参数	取值	
载波频率	3.5 GHz，40 MHz 带宽，{FDD，TDD}	
子载波间隔	{30, 120}kHz	
调度配置	30 kHz 子载波间隔 FDD {4, 7}OS TTI	120 kHz 子载波间隔 TDD DL-UL-DL-UL 时隙模式 {7, 14}OS TTI
信道模型	TDL-C[1]	
时延扩展	300 ns	
天线配置	2 TX 2 RX（数据），1 TX 2 RX（控制）	
PDSCH/PUSCH	LDPC，32 字节，MCS{0, 3, 6, 7, 11, 15, 19}（MCS 表 3），1 个前置 DMRS，1～3 次 HARQ 重传	
PUCCH	2 OS 跳频，1 比特	
PDCCH	极化码，除 CRC 外 40 比特，聚合等级 8	

　　在图 10.10 和图 10.11 中，我们分别计算了下行和上行链路的频谱效率，其中 32 字节
分组包使用了 4 种不同的传输长度：2、4、7 和 14 个 OFDM 符号。基于这些结果，我们
可以发现重传带来的效应：允许更高的 MCS 能改善频谱效率，这可以依次通过更高的子
载波间隔、更短的微时隙分配和更宽松的时延要求来实现。

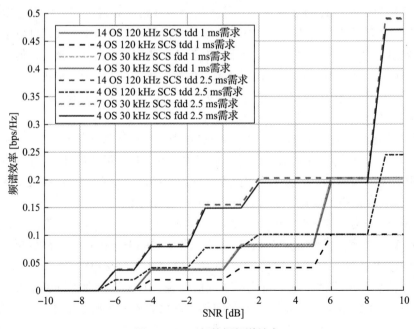

图 10.10　下行数据频谱效率

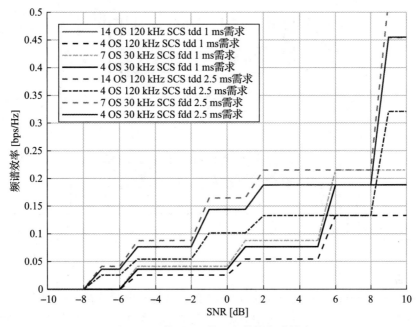

图 10.11　使用 CG 的上行数据频谱效率

10.3　服务覆盖

从 "the delivery of a payload of P bytes within a latency of L milliseconds with a success probability or reliability of R" 需求中定义了特定 cMTC 服务后，我们可以开始研究哪里能提供这样的服务。作为上述需求的补充，我们可以定义服务覆盖为"特定群体中可以服务的设备比例"。在 10.2.2 节中，我们可以看出服务需求是否满足依赖于设备所在位置的 SINR，然后，研究服务覆盖就等同于研究 SINR 有多大的概率高于能够提供服务的最低阈值。

设备的 SINR 依赖于多种因素，比如使用的发射功率、天线配置、信道情况和干扰。因此，SINR 水平依赖网络中的负载，即业务量水平。在空载或低负载系统中，其性能将是噪声受限的（接收机的热噪声在决定性能时是主导因素），并且随着业务量增加，其性能将会变为干扰受限的。

10.3.1　广域服务举例：配电站保护

为描述期望的 cMTC 服务覆盖，我们选择了一种具有代表性的广域服务用例：电力配电站保护。

在这个场景中，连接到电网上的电力变压器和配电站通过 5G 交换采样电流和电压值。图 10.12 展示了这种场景的示意图。

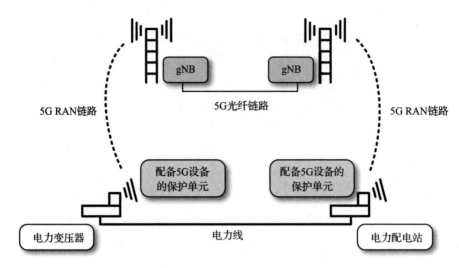

图 10.12　电力配电站场景设置的描述

在每一个电源节点，一个保护单元将接收到的数值与电源链接另一侧的自身数值进行比较，如果两个数值不同则迅速切断电源。在我们的示例中，我们将每个 NR 无线链路上的 cMTC 服务定义为上行和下行链路上每 1 ms 提取的 100 字节数据包采样值，这些数据应该在 4 ms 内以 99.999% 的总体可靠性被送达 gNB。在这种服务规模下，我们能够保证在 20 ms 内以 99.99% 的可靠性交付给另一端的保护单元，同时 gNB 之间的传输（假定花费时间 <12 ms）也会被考虑在内。对于部署场景，使用表 10.17 中提供的参数，我们假定了一种使用 UMa B 信道[1]的 URLLC 城市宏站用例，其中所有节点均位于室外，总体增益分布如图 10.13 所示，其中包含路径增益、波束赋形增益和天线增益。

表 10.17　系统仿真参数

参数	取值
载波频率和带宽	3.5 GHz，40 MHz
5G gNB 站间距	500 m
站点配置	3 扇区（每站点 3 个小区）
gNB 高度	25 m
gNB 天线功率	40 W（每小区）
gNB 噪声系数	5 dB
gNB 天线下倾角	5°
传播模型	ITU UMa B[1]
cMTC 服务业务量	每毫秒 100 字节分组包
cMTC 服务时延需求	4 ms
cMTC 服务可靠性需求	99.999%
设备高度	1.5 m
设备噪声系数	7 dB

（续）

参数	取值
上行功率控制	目标 SNR 10 dB，$\alpha = 0.8$
URLLC 设备部署	100% 室外随机分布 每小区平均 1 个，5000 个位置
eMBB 设备部署	80% 室内，20% 车内，5000 个位置
URLLC 设备天线	全向天线，1 W
eMBB 设备天线	各向同性天线，0.2 W

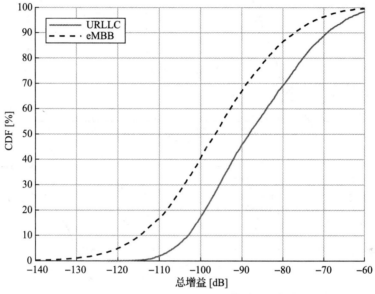

图 10.13　eMBB 和 URLLC 设备的增益分布

在本用例中，"URLLC" 被定义为用于连接到室外固定电力配电站保护单元的设备，而 "eMBB" 则代表可以被部署在建筑内或室外的移动设备。

此处的 NR 系统是根据表 10.18 中的配置来设置的，其中假定 eMBB 服务使用真实 TDD 模式。在使用的 3.5 GHz 频段，图 10.14 展示了空载和满载情况下的 SINR 分布。

表 10.18　RAN 系统参数

参数	取值
gNB 天线（垂直 × 水平单元数）	4 列（8 × 4）
天线端口数	32
5G RAN 配置	NR TDD（DL-DL-DL-UL 时隙模式）
子载波间隔	30 kHz
TTI 长度	0.5 ms（14 个 OFDM 符号）
载波频率	3.5 GHz
载波带宽	40 MHz

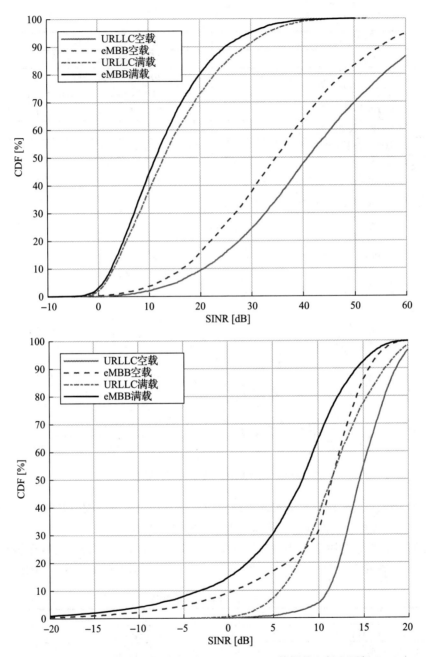

图 10.14 空载和高负载场景中 eMBB 和 URLLC 数据的上行和下行 SINR

可以看出，当系统负载很高时，干扰受到的影响非常明显，在下行和上行链路上将 SINR 分布的中位数分别推移了大约 20 dB 和 3 ~ 4 dB。上行链路影响较低是因为有效的功率控制限制了干扰水平。

系统的活动水平，即利用率，将主要由系统中的 eMBB 用户业务量决定，因此会不断变化。同时我们期望服务能够在不考虑业务量水平的情况下仍能正常运行，并且无须在小区之间进行协调传输来最小化干扰。

现在我们已经准备好在所选场景中研究所选 NR 系统的配电站保护服务性能。基于表 10.19 中的链路级仿真参数，像之前章节一样计算总体可靠性与 SINR 之间的函数关系并且与服务定义比较，服务覆盖性能如图 10.15 所示。结果显示在高小区负载条件下（高达 90% 小区利用率）所研究设备的位置，NR URLLC 能以超过 99.9% 的概率持续提供 cMTC 保护服务，这意味着在所研究配置下，1000 个配电站站点中只有一个不能被可靠地保护。由于配电站位置是固定的，我们可以期待覆盖性能随着时间变化会保持不变，并且对于接近覆盖边缘的配电站，可以采取额外的措施（比如方向性天线）来改善覆盖。

表 10.19　链路级仿真参数

参数	取值
载波频率	3.5 GHz，40 MHz 带宽
信道模型	TDL-C[1]
时延扩展	300 ns
PDSCH/PUSCH	LDPC，32 字节，MCS{0, 3, 6, 7, 11, 15, 19}（MCS 表 3），传输长度 14 个 OFDM 符号，1 个前置 DMRS 1 ～ 3 次 HARQ 重传
PUCCH	2 OS 跳频，1 比特
PDCCH	极化码，除 CRC 外 40 比特，聚合等级 8

10.3.2　区域服务举例：工厂自动化潜力

同时我们还想研究 NR URLLC 是否有潜力来处理更多具有挑战性的 cMTC 场景。为了得悉结果，我们可以考虑工厂自动化的用例，特别是以无线方式与工业机器人交互动态命令和传感器更新信息。在本例中，我们将 cMTC 服务定义为在上下行链路上以每毫秒 32 字节数据包的形式提供传感器和执行器数据。这些关键分组包应该以 99.999% 的可靠性在 1 ms 内被送达。假定安装了 NR 设备的工业机器人在工厂中随机移动，因此能够执行关键性任务和实现全覆盖是我们所期望的。

工厂环境被建模为大约 10 条装配线和 1 条中央通道。装配线大约 3 m 高并装有 0.2 m 宽的金属护栏，不同装配线间隔 0.2 m 排列。如图 10.16 所示，其他类型的设备和物品被建模为随机分布在工厂区域内的金属块。这些金属块的高度和宽度分别在 1 ～ 3 m 和 1 ～ 2 m 内均匀分布，且围绕垂直轴随机旋转，其在工厂内的随机分布密度为每平方米 0.1 个金属块。模型中包含金属块和护栏，它们会对工厂中的无线覆盖情况产生影响，并给部署场景增加更多的真实性。

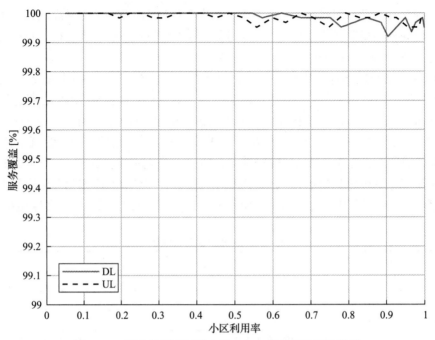

图 10.15　配电站研究场景中的 cMTC 保护服务覆盖性能

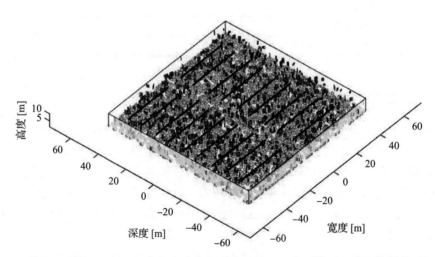

图 10.16　带金属护栏（黑色，打印版本中为深灰色）的工厂大厅模型，随机金属块（红色，
打印版本中为淡灰色），以及设备位置（蓝色，打印版本中为灰色）

在工厂大厅的天花板上安装了不同排列的 NR 基站。在这个场景中，如图 10.17 所示，
所研究的配置是 1、2、4 或 6 个基站。其他系统级参数和链路级参数分别如表 10.20 和
表 10.21 所示。

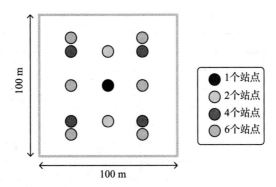

图 10.17　工厂天花板上的 gNB 站点部署情况

表 10.20　工厂场景的系统级仿真参数

参数	取值
频段 [GHz]	30
无线接入技术	NR
带宽 [MHz]	200
复用方式	TDD，DL-UL 时隙模式
调度	下行和上行链路 7 OS 微时隙 配置的上行授权，周期为 1 个 TTI
站点配置	3 扇区（每站点 3 个小区）
gNB 发射功率 [dBm]	33
gNB 天线单元增益 [dBi]	8
gNB 天线阵列 V×H×（V×H×P）	4×8，1×2，2×2，1×4，2×4，4×4，2×8 和 4×8 通道，（2×1×2）天线单元
gNB 噪声系数 [dB]	7
天线倾角	优化以改善容量
设备发送功率 [dBm]	23
设备天线增益 [dBi]	9
设备天线配置	全向天线
设备噪声系数 [dB]	10
上行功率控制	基于 SNR：目标 SNR 为 10 dB，$\alpha = 0.8$

表 10.21　工厂场景的链路级仿真参数

参数	取值
频段 [GHz]	30
子载波间隔 [kHz]	120
每 TTI 的 OFDM 符号数	7
TTI 长度 [μs]	63
设备处理时延 [OS]	$N_1 = 20$，$N_2 = 36$
消息负载 [字节]	32（下行和上行）

(续)

参数	取值
时延要求 [ms]	1
可靠性要求	99.999%
信道模型	视距条件下的 TDL-D[1]
时延扩展 [ns]	30
设备速度 [km/h]	3
业务量	周期性
调制方式	QPSK，16 QAM，64 QAM
编码率	{30, 64, 120, 251, 340, 438, 449, 490, 567}/1024

所使用的载频为 30 GHz，其中 TDD 时隙模式使用的配置是 DL-UL-DL-UL，其余配置还包括 120 kHz 子载波间隔和 7 OS 微时隙。遵循 10.2.1.2.2 节中的时延评估，假定使用 CG，我们发现 1 ms 内在下行和上行链路上可以完成 1 次传输尝试。

基于图 10.18 中最终包含波束赋形增益的总体增益分布，我们可以分别得到空载和满载情况下 30 GHz 频段上的 SINR 分布，如图 10.19 所示。

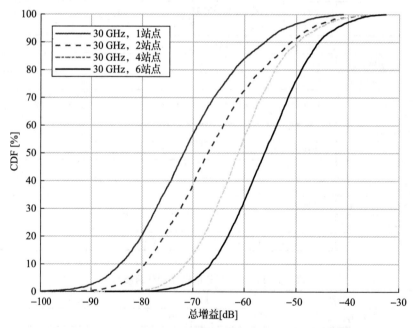

图 10.18　工厂场景中包含波束赋形增益在内的总增益情况

在 SINR 分布之后，我们可以研究该场景内工厂自动化 cMTC 服务在 NR 系统上的性能。使用之前章节中描述的方法来计算总体可靠性与 SINR 之间的函数关系，并且与服务定义（负载、可靠性和时延要求）相比，我们可以发现服务覆盖结果，即工厂不同位置上

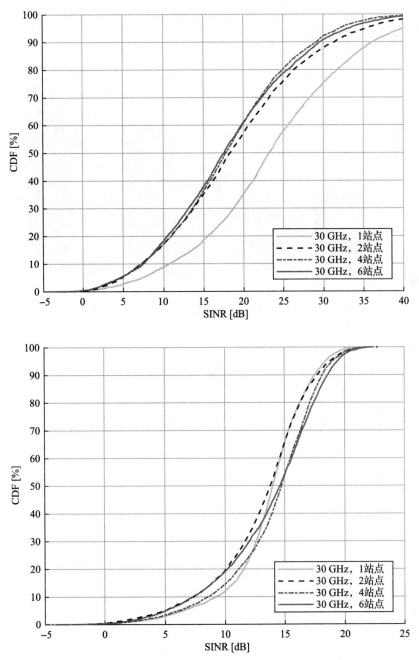

图 10.19　工厂场景中，空载和满载情况下对于不同 gNB 站点部署的下行和上行链路 SINR

能够提供 cMTC 服务的比例。如果要求工厂中 cMTC 服务的覆盖率为 100%，我们则可以得到系统以每秒数据分组包总数形式所支持的最大业务量。两个频段下的结果被展示在

图 10.20 中。很明显在工厂场景中，NR URLLC 可以在上下行两个方向上提供 cMTC 服务全覆盖，并且支持高数据速率。

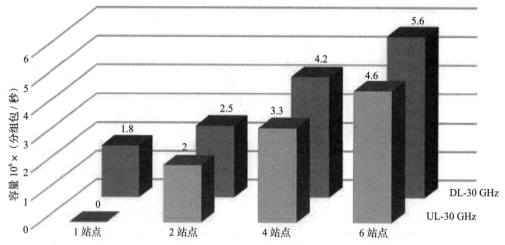

图 10.20   工厂场景 gNB 密集化部署时，100% 服务覆盖情况下的下行和上行系统容量

参考文献

[1] ITU-R M.[IMT-2020.EVAL].
[2] 3GPP TR37.910, "study on self evaluation towards IMT-2020 submission".
[3] 3GPP R2-1802686, "RRC device processing time for Standalone NR", Ericsson.

第 11 章

无人机的 LTE 连接性增强

摘 要

本章介绍 3GPP LTE Release 15 中引入的用于视距外无人机的广域连接性增强新特性。首先介绍高空无人机的不同传播信道特性，并与传统陆地网络信道模型进行比较。从设备以及网络的角度出发，这些不同的传播信道特性对于向无人机提供蜂窝连接提出了一些独特的挑战。本章继续介绍如何通过 3GPP LTE Release 15 中引入的新特性来应对这些挑战。

11.1 性能目标

无人机，也被称为无人驾驶飞行器（Unmanned Aerial Vehicles，UAV），近年来从业余爱好者的玩具逐渐变为拥有众多创新用例的核心设备，并展现出带来关键社会经济收益的潜力。例如，无人机被越来越多地用于协助搜索、救援以及自然灾害（如台风[1]、森林火灾[2]和飓风[3]等）之后的恢复任务。无人机的商业用例也在迅速发展，包括包裹投递、关键基础设施检查、监控农业等[4]。广域连接性被认为是全面发掘无人机应用潜力的一种最关键的技术组件。其中一个重要的方面就是使用无人机的视线（Visual Line-Of-Sight，VLOS）外指挥与控制通信。可靠的指挥与控制通信对于无人机运行安全和执行航空规则极为重要。此外，上述很多无人机用例都需要连接性来提供实时图像或视频服务。

意识到有机会将蜂窝网络用例扩展用于飞行器后，3GPP 在 2017 年启动了对"Enhanced LTE Support for Aerial Vehicles"的研究[5]。相比于连接地面设备，该研究专注于与连接飞行器相关的新领域。这些领域包括：

- 传播信道特性
- 下行干扰——飞行器被干扰
- 上行干扰——飞行器作为干扰源
- 切换性能

● 飞行器识别

本章将对所有这些特性进行讨论。

该研究生成了一项技术报告[6]并且得出 Release 15 之前的 LTE 网络已经有能力服务无人机；尽管如此，无人机数量的增加也催生了一些特定的挑战。3GPP 随后在 Release 15 中引入了更有效地服务无人机和更好地管理对地面设备影响的增强特性，以应对未来更多的无人机会连接到 LTE 网络的情况。11.4 节描述了这些增强特性。Release 15 将飞行器相对地面（Above Ground Level，AGL）的最大高度和最高速度分别设为 300 m 和 160 km/h[6]。在整章中，无人机、UAV 和飞行器等名称可以互换使用。尽管如此，本章中的大多数描述一般都适用于所有飞行器的蜂窝连接性，这些飞行器能够满足之前所提到 AGL 和速度条件。

11.2　传播信道特性

相比而言，无人机经历的传播信道特性与地面设备有很大的不同。因此，了解传播信道特性的不同对处理潜在的无人机通信问题有重要的指导意义。

当无人机处在建筑物和树木以上的高度时，它与基站天线之间的视距（Line Of Sight，LOS）概率就越高。基于文献 [7] 中的信道模型，图 11.1 展示了农村地区宏小区环境下不同高度的视距概率与离基站距离之间的关系。可以看出，视距概率随着无人机飞行高度的增加而增大。当无人机飞离基站时，无人机和基站天线之间的仰角随之减小。这样就增加了信号路径上存在其他物体的概率，因此减小了视距概率。图 11.1 中也可以观察到这种现象。

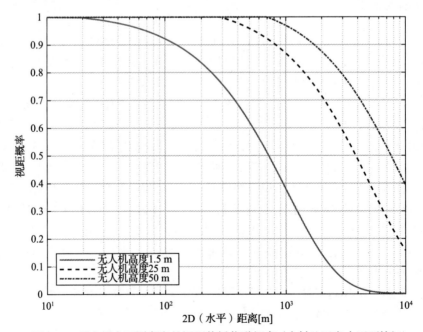

图 11.1　无人机在不同高度的视距传播信道概率（农村地区宏小区环境）

使用视距传播信道，信号路径上没有物体可以造成穿透、折射、衍射和反射损耗。因此，总的路径损耗在相同距离情况下要小于非视距（Non-Line-Of-Sight，NLOS）信道。图 11.2 展示了一个基于文献 [7] 中信道模型的示例。比较一个高度为 50 m 且拥有视距信道的无人机与农村宏小区环境中拥有非视距信道的地面设备的路径损耗可以进一步说明这个道理。可以看出无人机视距用例的路径损耗斜率较小。距离基站 680 m 的地面设备经历的路径损耗为 110 dB。相比之下，无人机在距离基站 7380 m 时才经历相同的路径损耗。

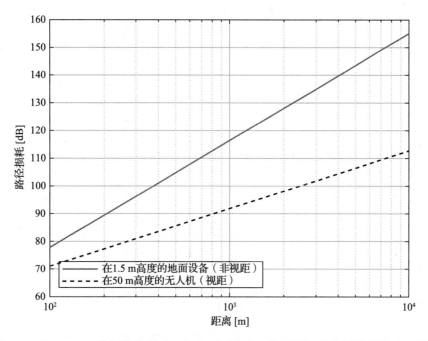

图 11.2　在 700MHz 载频的农村地区宏小区环境中，使用非视距传播信道的地面设备（高度 1.5 m）与使用视距传播信道的无人机（高度 50 m）的路径损耗比较

为了完成无人机传播信道特性的全面情况，研究基站的天线模式也同样重要。在蜂窝网络中，基站天线通常要下倾来提供好的地面覆盖。天线下倾同时可以帮助减轻小区间干扰，基于一列 8 个天线单元的配置，图 11.3 和图 11.4 展示了基站天线模式的示例。图 11.3 展示了天线增益与方位角 ϕ 之间的关系。该示例中的天线模式是一个扇区天线，因此天线模式被设计为在目标扇区覆盖区域内拥有足够的天线增益，该区域包括以瞄准线（0°）为中心的以一定方位角水平覆盖的范围。扇区天线模式还被设计为与相邻扇区拥有重叠区域，在某种意义上扇区边界上的天线增益就不会过低。在当前服务扇区的信号强度降低太多之前，地面设备需要这种模式来切换到相邻扇区。图 11.3 中的天线模式示例适用于 120 度扇区。扇区边界，也就是距离瞄准线 60° 之处的天线增益大约比峰值低 7 dB。

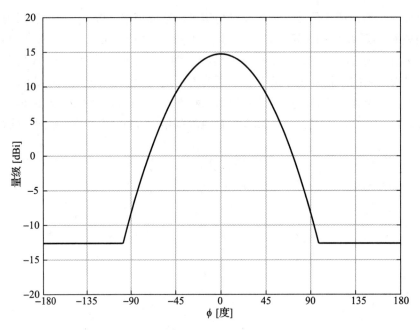

图 11.3　水平（方位角）基站天线模式（扇区天线使用一列 8 个天线单元）

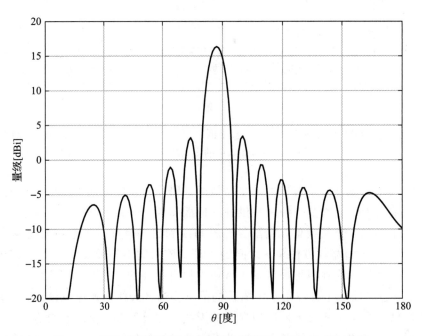

图 11.4　基站垂直天线模式（扇区天线使用一列 8 个天线单元）

图 11.4 展示了一系列仰角 θ 设置下的天线增益模式。在本示例中天线下倾了 3°，因

此瞄准线指向了 87 度仰角方向（对于地面和地平线，参考方向分别为 0° 和 90°）。我们观察到在瞄准线上小于 10 度的仰角范围内没有数据，该方向上的天线增益比峰值天线增益低 35 dB。从空值区域开始进一步增加仰角，天线增益相比空值区域有所增加，尽管仍然比瞄准线方向上的最高天线增益低 15 dB 以上。空值之间的仰角，并不在瞄准线方向上的主瓣内，可以被认为是垂直天线旁瓣。这些垂直旁瓣可以覆盖到基站天线上方飞行的无人机。尽管旁瓣中的天线增益相比主瓣要低 10 ～ 25 dB，无人机经历的视距路径损耗减少可以抵消这些天线增益的降低。例如，从图 11.2 中可以观察到在距离基站 1 km 时，无人机和地面设备之间路径损耗的差距为 24 dB。这个差距可以补偿很多天线增益的减少。

尽管如此，在特定仰角上的天线模式空值仍提出了一个更大的挑战。当无人机在某一高度飞行一段距离之后，仰角会发生变化并且无人机可能进入其当前服务小区的天线空值区域。图 11.5 描述了一种这样的示例，其中天线模式标记为暖色（例如橘色和黄色），代表较高的天线增益，而冷色（如蓝色和绿色）则表示较低的天线增益。

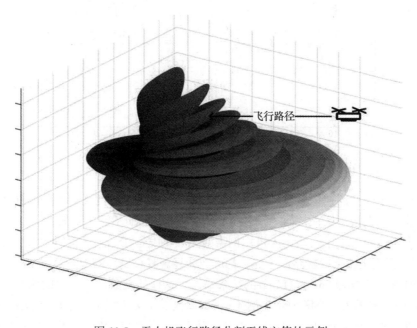

图 11.5　无人机飞行路径分割天线空值的示例

11.3　挑战

在将无人机连接到蜂窝网络中时，11.2 节介绍的传播信道特性带来了一些挑战。

- 由于较高的视距概率和减小的路径损耗，在特定高度飞行的无人机可能从大量小区接收到信号强度较高的下行信号。这些信号中的一个将对应服务小区；然而所有其他信号可能就会变为干扰。因此，无人机可能成为显著小区间干扰的受害者，因而对保持下行的较好信号干扰加噪声比（SINR）带来挑战。图 11.6 描述了一种示例。其中分别展示了无人机和地面设备的 SINR 分布。该场景是根据文献 [6] 中 A.1 节描述的农村宏小区场景来配置的。此外还假定了一种最坏的场景，即所有小区都处于满载情况。可以看出，与地面设备相比，无人机的 SINR 要明显更低。

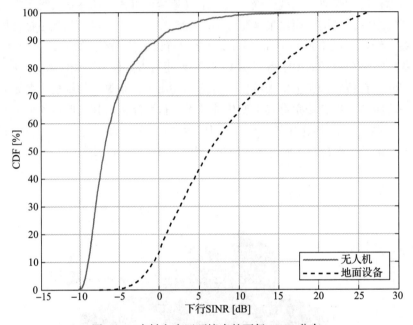

图 11.6　农村宏小区环境中的下行 SINR 分布

- 同样由于较高的视距概率和减小的路径损耗，在特定高度飞行的无人机的上行信号可能到达大量小区，从而对很多小区造成干扰。因此在上行链路上，无人机可能是一个干扰源。由于一些无人机用例需要无人机发送相当大的上行负载（比如视频业务），无人机在上行链路产生的干扰可能会显著减小网络的上行容量。

表 11.1 中来自文献 [6] 的 D.2 节的结果描述了这样的现象。网络中的无人机密度从案例 1（网络中没有无人机）增加到案例 4（每个扇区 3 个无人机）。然而，每小区提供的业务量固定在 3.85 Mbps 或 7.45 Mbps。因此，随着无人机密度增加，无人机侧会出现更多的业务融合。

表 11.1　文献 [6] 中定义的农村宏小区场景中，无人机对地面设备上行链路性能的影响
（案例 1：网络中没有无人机。案例 2：每 10 个扇区有 1 个无人机。案例 3：
每个扇区有 1 个无人机。案例 4：每个扇区有 3 个无人机）

每小区提供的业务量	3.85 [Mbps]				7.45 [Mbps]		
无人机密度	案例 1	案例 2	案例 3	案例 4	案例 1	案例 2	案例 3
资源利用率 [%]	20.00	20.00	22.14	28.30	50.00	51.06	70.27

（续）

每小区提供的业务量	3.85 [Mbps]				7.45 [Mbps]		
地面用户吞吐量的第 5 百分位数 [Mbps]	7.59	7.59	6.64	4.50	2.91	2.71	1.11
地面用户吞吐量中位数 [Mbps]	20.20	20.00	18.22	13.74	10.80	10.32	5.73
地面平均吞吐量 [Mbps]	18.17	18.06	16.69	13.32	11.79	11.37	7.28

所提供的业务量表示到达小区的业务在时间和所有小区上的平均速率。当一个分组包到达时，该分组包多快被送达取决于无线资源的可用性以及设备和服务基站之间的链路 SINR。表 11.1 中一个用户的分组吞吐量统计被称为用户吞吐量。可以看出，随着无人机业务混合的增加，网络中的无线资源利用率也会增长。这主要是由于网络中上行链路的干扰水平上升了。此外，当网络提供的业务负载很高且无人机密度很高时，地面用户性能受到的影响将变得显著。

- 对于上行容量的影响使得蜂窝网络运营商要求能够控制空中连接性。例如，运营商可能在涉及空中通信时要求特殊的注册来对网络连接进行鉴权。此外在一些管制区域，未经授权的空中飞行器是不被允许连接到蜂窝网络的。为了能够执行管制和支持授权，网络需要能够识别空中飞行器并拥有一种机制来验证飞行器的注册或授权状态。
- 当无人机处于天线旁瓣的覆盖中时，由于天线增益模式会急剧下降，相比地面设备，无人机可能需要在更短的时间帧内完成从当前服务小区到新小区的切换。

其中的一些挑战可以使用基于实现的解决方案或者利用现有 LTE 特性来处理。例如，下行干扰问题可以通过第 5 章中描述的 LTE-M 覆盖扩展特性来处理。此外，无人机无线接收机可以实现接收机波束赋形来将接收波束对准有用信号的方向。基于此方法，与有用信号方向不同的来自其他小区的干扰将不会导致明显的性能下降。上行干扰问题可以使用文献 [8] 中描述的功率控制技术和文献 [9] 中描述的多点协作方法来解决。

空中飞行器识别问题同样可以通过基于实现的解决方案来解决。文献 [10] 中提供了一些示例，其中机器学习方法被应用在设备测量报告中来区分设备是否处在飞行模式。这些无线测量可以是比如接收信号强度指示或参考信道接收功率。

在下一节中，我们将描述 3GPP Release 15 中规定的用于处理本节中所述挑战的 LTE 特性。

11.4　3GPP Release 15 中引入的 LTE 增强

11.4.1　干扰和飞行模式检测

为了协助网络识别无人机在无线资源控制（Radio Resource Control，RRC）连接模式时产生上行干扰的情况，LTE 的 Release 15 增加了两个报告事件 H1 和 H2。

- H1 事件：飞行器高度高于某阈值。

- H2 事件：飞行器高度低于某阈值。

该阈值由网络配置。3GPP Release 15 支持高度阈值高达海平面以上 8880 m。这两个事件可以触发无人机报告自身高度和定位信息。无人机可能额外将其水平和垂直速度信息包含在此报告中。这类上报可以协助确定无人机是处于网络设定的高度阈值之上还是之下。很明显，该特性可以被直接用于飞行模式检测。此外，如 11.3 节所讨论的，当无人机在特定高度飞行时，它可能在下行方向上是小区间干扰的被干扰者，而在上行方向上则是干扰源。因此该特性也可以用于干扰检测。

除了这两种新引入的事件 H1 和 H2 之外，现有事件还进行了扩展，引入了诸如 A3、A4 和 A5 等事件来协助干扰和飞行模式检测。事件 A3、A4 和 A5 都是定义在 RRC 连接模式下的移动性事件。这些事件的定义描述如下：

- 事件 A3：邻小区质量高于主要服务小区。
- 事件 A4：邻小区质量高于某阈值。
- 事件 A5：主要服务小区质量低于第一阈值，邻小区高于第二阈值。

Release 15 的扩展指的是网络能够进一步配置一个阈值 N 来表示满足其中的一个事件邻小区的数目。例如，如果满足 A3 事件的邻小区数目大于 N，无人机上报将会被触发。这种触发条件对应的无人机会经历如下状况，即大量邻小区的信号强度，如参考信号接收功率（reference signal received power）或信号质量，如参考信号接收质量（reference signal received quality），高于主要服务小区。这种迹象表明无人机受到来自很多邻小区的严重干扰，这也意味着来自无人机的上行信号将对这些邻小区产生干扰。类似地，当一个无人机的很多邻小区满足了 A4 或 A5 事件，该无人机可能会遇到干扰问题。当无人机遇到这种干扰问题时，此无人机很可能位于空中。因此，该特性可以用于飞行模式检测。

本节描述的特性均允许网络检测无人机正在经历或产生巨大的其他小区干扰这种场景。通过检测哪些无人机出现了干扰问题，网络可以采取合适的措施来处理这些问题。这些行为的一个示例是基于 11.4.4 节中描述的特性来设置合适的设备专用功率控制参数。

11.4.2 用于移动性增强的飞行路径信息

为了改善 RRC 连接模式的移动性性能，3GPP Release 15 引入了一项特性来支持网络请求无人机通过 RRC 信令向网络提供飞行路径信息。飞行路径信息可以被网络用于为无人机确定一个合适的新服务小区。

飞行路径信息包含无人机计划飞行路径上的路标列表。其中可以包含高达 20 个路标。该飞行路径信息可能进一步包含每个路标的计划到达时间的时间标识。

11.4.3 基于订阅的 UAV 识别

为了支持无人机的 LTE 连接鉴权，3GPP Release 15 引入了基于订阅的 UAV 识别。无人机订阅的信令流程如图 11.7 所示。订阅信息被存储在归属用户服务器（Home Subscriber

Server，HSS）。归属用户服务器为移动管理节点（Mobility Management Entity，MME）提供订阅信息，其中移动管理节点知道哪个基站正在为无人机提供服务，因此可以将订阅信息转发到无人机连接到的基站。基于订阅信息，如果基站确定无人机处于飞行模式但是并没有进行 UAV 订阅，基站可能拒绝为该无人机提供服务。对于基于 X2 接口的切换，当前基站可以通过 X2 接口将订阅信息转发到新的服务基站。

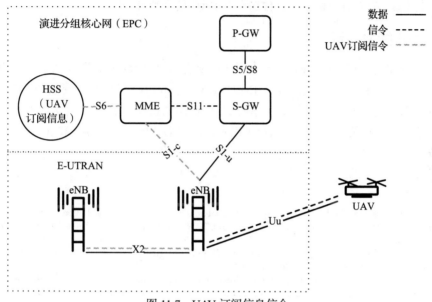

图 11.7　UAV 订阅信息信令

11.4.4　上行功率控制增强

11.3 节中曾提到，飞行模式的无人机可能在很多小区内产生明显的上行干扰，因此可能对网络容量造成显著影响。3GPP Release 15 中通过引入上行功率控制增强解决了该问题。

7.3.2.8.1 节描述了用于上行物理共享信道（Physical Uplink Shared CHannel，PUSCH）的 LTE 开环功率控制。开环功率控制基于以下参数决定了 PUSCH 上的发射功率电平。

- PUSCH 的带宽。PUSCH 带宽越大，发射功率越高。
- 调整用于 PUSCH 的调制和编码方案（Modulation-and-Coding Scehme，MCS）。更高频谱效率的 MCS 需要更高的发射功率。
- 一个参数与基站的目标接收功率电平相关。我们称之为 P_0。
- 路径损耗补偿因子。如果服务基站和设备之间的路径损耗估计为 L dB，则路径损耗补偿为 αL dB，其中 α 被称为部分路径损耗补偿因子。

在 LTE 中，直到 3GPP Release 14，部分路径损耗补偿因子 α 的设置都是小区特有的，而不是设备特有的。

可以观察到，飞行的无人机倾向于使用不同的路径损耗斜率（见图 11.2）并且相比地面设备可能产生明显的上行干扰，受此观察驱使，3GPP Release 15 使得基于特定设备来配置部分路径损耗补偿因子 α 成为可能。

在 Release 15 之前，参数 P_0 已经可以基于特定设备来配置。这是通过发送设备特有 P_0 调整因子来实现的。然而它的取值范围是 $-8 \sim +7$ dB。为了增加无人机 PUSCH 功率控制的灵活性，Release 15 将设备特有 P_0 调整因子的取值范围扩展为 $-16 \sim +15$ dB。

设备特有 P_0 调整因子和 α 被包含在专有 RRC 信令消息中。

11.4.5　UE 能力指示

如本节所描述，3GPP Release 15 中引入的所有 UAV 特性对于普通 LTE 设备而言都是可选的。设备可以在 RRC 信息元素 UE-EUTRA-Capability[11] 中指示是否支持这些特性。尽管如此，对于进行过 11.4.3 节中所述的 UAV 订阅的设备而言，必须支持 11.4.1 节中描述的两个新的高度相关事件（H1 和 H2）以及扩展移动性事件 A3、A4 和 A5。

参考文献

[1] Drones in disasters: Eyes in the air play key role in Alabama tornado zone — and beyond. USA Today, March 6, 2019. https://www.usatoday.com/story/news/nation/2019/03/06/drones-disasters-alabama-tornado-recovery-relief/3077948002/.

[2] California's fires face a new, high-tech foe: Drones. CNET, August 27, 2018. https://www.cnet.com/news/californias-fires-face-a-new-high-tech-foe-drones/.

[3] These drones and humans will work together in hurricane florence recovery efforts. Forbes, September 16, 2018. https://www.forbes.com/sites/jenniferhicks/2018/09/16/these-drones-and-humans-will-work-together-in-hurricane-florence-recovery-efforts/#30703b38b714.

[4] X. Lin, V. Yajnanarayana, S. D. Muruganathan, S. Gao, H. Asplund, H.-L. Maattanen, M. Bergstrom, S. Euler, Y.-P. E. Wang. "The sky is not the limit: LTE for unmanned aerial vehicles". IEEE Commun. Mag., July 2017, Vol. 56, No. 4, pp. 204—210.

[5] NTT DOCOMO INC., Ericsson. RP-170779, New SID on enhanced support for aerial vehicles, 3GPP TSG RAN meeting #75, 2017.

[6] Third generation partnership project, Technical Report 36.777, v15.0.0. "Study on enhanced LTE support for aerial vehicles", 2017.

[7] Third generation partnership project, Technical Report 38.901, v15.0.0. "Study on channel model for frequencies from 0.5 to 100 GHz", 2018.

[8] V. Yajnanarayana, Y.-P. E. Wang, S. Gao, S. Muruganathan, X. Lin. "Interference mitigation methods for unmanned aerial vehicles served by cellular networks,". 2018 IEEE 5G World Forum (5GWF), Silicon Valley, CA, 2018, pp. 118—122.

[9] H.-L. Määttänen, K. Hämäläinen, J. Venäläinen, K. Schober, M. Enescu, M. Valkama. System-level performance of LTE Advanced with joint transmission and dynamic point selection schemes. EURASIP J. Appl. Signal Process, November 2012, Vol. 2012, No. 1, 247.

[10] H. Rydén, S. B. Redhwan, X. Lin. "Rogue drone detection: a machine learning approach", 2019 IEEE Wireless Commun. and Networking Conf., Marrakech, Morocco, April 15—19, 2019.

[11] Third generation partnership project, Technical Specifications 36.331, v15.3.0. "Evolved universal terrestrial radio access (E-UTRA) and evolved universal terrestrial radio access network (E-UTRAN); radio resource control (RRC); protocol specifications", 2018.

[12] Third generation partnership project, Technical Specifications 36.306, v15.3.0. "Evolved universal terrestrial radio access (E-UTRA) and evolved universal terrestrial radio access network (E-UTRAN); user equipment (UE) radio access capabilities", 2019.

第12章

物联网技术选择

摘 要

本章讨论物联网通信技术的各种选项。在第一部分中，对蜂窝物联网与非蜂窝物联网解决方案的选项进行评估。

在第二部分中，比较各种蜂窝物联网技术选项。首先，分析用于大规模物联网的蜂窝物联网解决方案，包括 LTE-M 和 NB-IoT。对这些技术在部署、可达到的数据速率、时延、频谱效率和电池效率等方面的特性进行了比较。其次，分析关键物联网的蜂窝解决方案，包括长期演进 URLLC 和 NR URLLC。

在第三部分中，从移动网络运营商和物联网服务提供商的角度描述如何评估各种蜂窝物联网技术。

12.1 蜂窝物联网与非蜂窝物联网

附录 A、附录 B 和第 3 章至第 11 章介绍了 3GPP 蜂窝物联网解决方案。附录 C 和附录 D 是有关 IoT 的非授权无线连接解决方案的概述。在本节中，我们将讨论蜂窝物联网解决方案与非授权连接解决方案的区别以及它们可以提供的好处。有关物联网连接选项的进一步讨论，请参见文献 [1]。

与非授权连接相比，蜂窝物联网连接的区别之一是，它将物联网连接配置与物联网服务实现脱钩。蜂窝物联网建立的基础要求更高，即独立的物联网运营商基本上要能够在实现物联网服务的任何地方提供合适的物联网连接。这意味着，当开始新的物联网服务时，无须投入任何精力来安装、管理和操作物联网连接解决方案。相反，连接是由运营商的网络来实现的。这与非授权的物联网连接解决方案不同，在非授权连接方案情况下，需要安装配置基础设施以在要实现 IoT 服务的位置提供连接。这包括安装基站或接入点，建立回程连接，提供认证、授权和记账基础设施，安全地维护和更新连接网络等。此外，在物联网的整个生命周期中都需要监视和管理连接服务。为各种物联网服务提供和管理连接基础设施的总成本有可能低于为每种物联网服务提供单独连接解决方案的总成本。尤其是当 IoT 服务和参与的设备分布在更大的区域并且不局限于有限的部署时。从非授权连接的技术中可以看到，Sigfox 提供了基于 Sigfox 的端到端连接的运营商模型，运营商可以建立专用的 Sigfox 基础设施，并且可以由最终用户购买连接。

对于提供关键机器类通信（cMTC）服务的关键物联网解决方案，连接通常更紧密地集成到关键系统中。关键系统可以是本地的（例如工厂），通常需要专门部署网络组件以保证容量、时延、可靠性和可用性等。即使对于关键的物联网解决方案，蜂窝物联网部署和操作也可能与端到端系统的服务实现相分离（例如生产系统的自动化）。但是，由于蜂窝关键物联网解决方案与服务性能和服务保证之间的紧密关系，因此需要通信服务提供商与最终用户之间的紧密协作。这可以通过严格的服务级别协议与服务性能审核相结合的方式来完成。但是，也可以通过最终用户直接提供通信系统，并自己安装和操作蜂窝物联网系统。

蜂窝物联网解决方案的一个主要优点是，它们提供了可靠的、长期的和面向未来的解决方案。蜂窝物联网基于全球标准，并得到众多供应商、网络和服务提供商的巨大行业支持。蜂窝物联网技术前景与个别市场参与者的前景无关。与此形成鲜明对比的是，专有技术由于需要长期支持而具有高风险。蜂窝物联网解决方案已嵌入到蜂窝通信网络中，而蜂窝通信网络将成为社会必不可少的基础设施。蜂窝通信网络的部署要考虑数十年发展，并根据高可用性标准构建高度可靠的系统。蜂窝物联网系统是为全球市场构建的，并允许在多个运营商网络上漫游。蜂窝物联网网络完全支持设备的移动性，由于其广泛的覆盖范围和高可用性，因此也可以在较大的区域中进行处理。蜂窝物联网功能的发布以及未来的更新主要是通过对已安装的网络基础设施进行软件更新来实现的。

蜂窝物联网连接的一个极其重要的好处是，它还为将来的运营提供了可靠且可预测的服务性能。对于无线关键物联网服务，只有蜂窝物联网才能保证大规模情景下可靠、低时延的服务。蜂窝物联网使用专用频谱。它能够管理无线资源，协调干扰，并保证服务质量。对任何基于非授权频谱的解决方案而言，要提供长期保证都很有挑战性。预计移动宽带服务以及物联网服务都将继续增长。尤其是对于物联网设备，预计将出现非常强劲的增长，在十年内会有数千亿个物联网通信设备。那些移动宽带和物联网服务中的许多服务将以非授权频谱提供，这意味着可以预期，非授权频谱的利用率将大大提高。如 C.1.2 节和附录 D 所述，这将特别给远距非授权技术带来挑战；对于要求低时延和高可靠性的关键物联网服务也是如此。

蜂窝物联网随着蜂窝网络技术的演进而不断发展，新的功能不断被添加到网络中。演进的技术具有向后兼容性，因此无法升级到新功能的设备可以按原有功能继续长期运行，而新服务和设备可以同时受益于新功能。

蜂窝物联网的一个缺点是授权频谱资源的成本。这是非授权频段解决方案不需要承担的费用。对于物联网服务提供商而言，蜂窝物联网的另一个潜在缺点可能是蜂窝物联网的覆盖范围不足以用于特定的物联网用例。在这种情况下，可能需要额外的连接性和对网络进行相应的扩展以覆盖整个 IoT 服务区域。如果在少数封闭区域中需要扩展额外的覆盖范围，则可以通过更简单、更灵活的专用部署来完成，而不需要运营商参与。非授权的远距无线技术的一项优势是其快速的推出时间。任何专有技术都比需要在整个行业进行协调的标准化解决方案具有时间优势。非授权 LPWAN 与蜂窝物联网相比，非授权 LPWAN 已经在使用，而蜂窝物联网标准还在开发。自从 3GPP Release 13 中确定了第一个蜂窝物联网标准以来，相关产品的应用就变得越来越广泛，而非授权 LPWAN 的时间优势已经消失。取而代之的是，优势已转向蜂窝物联网部署，由于可以重用已安装的蜂窝通信网络基础设施，蜂窝物联网方案可以快速且低成本地实现广泛覆盖。

12.2　蜂窝物联网技术选择

12.2.1　大规模物联网的蜂窝技术

大规模物联网用例的特点是低复杂度、低成本、节能以及无处不在的大量设备部署。部署规模要求在最具挑战性的条件下实现无线覆盖，并且设备可以使用非充电电池运行多年。许多大型物联网应用的流量特征是数据传输很少且不频繁。大规模物联网部署的一个很好的例子是英国智能电表实施计划，英国政府已决定为该国的每个家庭和小型企业配备先进的电表和煤气表。到 2018 年年底，已部署了 1280 万个智能电表[2]。

为了支持可满足大规模物联网需求的蜂窝物联网技术设计，3GPP 一致同意以下一组性能目标：

- 支持最大 164 dB 的耦合损耗（MCL）。与 3GPP 非蜂窝物联网技术相比，这相当于提高了 20 dB 的覆盖范围。
- 支持在不充电的电池上进行少量且不频繁的数据传输，最长可达 10 年。
- 支持的连接密度高达每平方公里 1 000 000 个连接。
- 支持低到超低的设备复杂度。

结合服务质量要求与覆盖范围的考虑。3GPP 还要求蜂窝物联网系统应能够：

- 在 164 dB MCL 的情况下，提供至少 160 bps 的可持续 MAC 层数据速率。
- 在 164 dB MCL 的情况下，发送小数据包时允许最多 10 s 的等待时间。

本书前面的章节详细介绍了 3GPP 蜂窝物联网技术 EC-GSM-IoT、LTE-M 和窄带物联网（NB-IoT）。还介绍了在 MFA 中为在非授权频段中使用 LTE-M 和 NB-IoT 技术所做的工作。自从 NB-IoT 和 LTE-M 在 2019 年 3 月的 3GPP Release 13 中被引入，已经在欧洲、北美、南美、非洲、亚洲和澳大利亚的 89 个网络中进行了商业部署[3]。商业网络的数量不断增加，许多运营商正在选择部署这两种技术。这些技术得到了主要基础设施供应商以及大量芯片组、模块和设备提供商的支持。EC-GSM-IoT 仍在等待商业应用，而 MFA 技术在 2019 年 3 月编写本书时仍在进行 RF 规范工作。因此，以下各节自然将重点放在 LTE-M 和 NB-IoT 的功能和性能上。

12.2.1.1　频谱

LTE-M 和 NB-IoT 都是 LTE 技术，因此支持从 450 MHz 到 3 GHz 以下的一长串频段。Cat-M1 和 Cat-M2 设备能够以半双工（HD）和全双工（FD）FDD 模式在 E-UTRA FDD 频段 1、2、3、4、5、7、8、11、12、13、14、18、19、20、21、25、26、27、28、31、66、71、72、73、74 和 85 下工作或者在时分双工（TDD）频段 39、40 和 41 下工作。Cat-NB1 和 Cat-NB2 能够以 HD-FDD 模式支持 E-UTRA 频段 1、2、3、4、5、8、11、12、13、14、17、18、19、20、21、25、26、28、31、41、65、66、70、71、72、73、74 和 85，以 TDD 模式支持频段 41。在 3GPP TS 36.101[4] 中可以找到相关频率范围的频段列表。由于 3GPP 根据市场需求指定了对新频段的支持，因此对于该规范的每个新版本，这些列表都在不断增长。两种技术都可以在对应于相同 E-UTRA 频段列表的 NR 频段中使用。这要归功于为 NR 指定的前向兼容共存功能，这些在第 3 章和第 5 章中进行了详细描述。归功于可配置的运行模式以及较小的频谱覆盖范围，NB-IoT 技术支持在 GSM 频谱中使用。

LTE-M 本身支持 1.4 MHz、3 MHz、5 MHz、10 MHz、15 MHz 和 20 MHz 的 LTE 系统带宽。Cat-M1 设备在最大 1.4 MHz 的信道上运行，而 Cat-M2 可以在传输中使用最大 5 MHz。这些 RF 带宽是根据 99% 的信号能量所处的频谱确定的。就物理资源块（PRB）而言，1.4 MHz 窄带对应于 6 个 PRB，而 5 MHz 对应于 25 个 PRB。NB-IoT 在 200 kHz 的最小 RF 系统带宽下运行，相当于 1 PRB 对应 180 kHz。可以通过增加载波数量来扩展系统容量。NB-IoT 不支持载波聚合（CA），因此，系统容量而不是链路容量会随部署的载波数量而扩展。

LTE-M 有限的频谱占用空间使其成为在狭窄或零碎频段中进行部署时极具吸引力的选择，但它也可以有效且动态地利用更大的系统带宽（如果可用）。NB-IoT 能够利用有限的频谱范围，使其成为 3GPP 中部署最灵活的系统。NB-IoT 能够在 LTE 载波的保护频段中使用，这一点非常吸引人，因为它允许 LTE 运营商更好地利用其极有价值的频谱资产。5.1.2.5 节提供了 NB-IoT 使用模式的详细说明，即可以支持 Stand-alone、In-band 和 Guard-band 模式。

LTE-M-U 和 NB-IoT-U 技术对缺少授权频谱的运营商而言非常重要。根据 FCC 和 ETSI 的规定，当前的设计能够支持在美国和欧洲的使用。但是需要强调的是，LTE-M-U 和 NB-IoT-U 提供的覆盖范围、链路质量、可靠性和容量无法与 LTE-M 和 NB-IoT 相提并论。

12.2.1.2　功能和能力

LTE-M 和 NB-IoT 有许多相似之处，这是这两种技术在 3GPP 内多年并行发展的结果。但是它们之间也有很多重要区别。在设备和系统方面，低复杂性和简单性贯穿 NB-IoT 设计的各个方面。NB-IoT 面向低成本大规模的 IoT 运营商，在系统可用性、设备能效和系统容量方面具有优势。因此，NB-IoT Release 15 不支持语音、连接模式下的移动性、连接模式下的设备测量和报告以及闭环功率控制等功能，这些功能与 NB-IoT 的应用场景无关。Cat-NB 设备必需的控制面蜂窝物联网 EPS 优化功能（见 5.3.1.7 节）不支持设备在 RRC 连接模式下对接入层的 RRC 重新配置，也不支持能够确保目标服务质量的 MAC 层数据无线承载调度和优先级。这是在信令无线承载上通过控制面对数据进行传输的结果。作为 NB-IoT 的可选功能，Cat-NB 设备也可以支持用户面数据传输。

LTE-M 作为 LTE 系统，自然支持比 NB-IoT 更丰富的功能集。LTE-M 使用多达四个天线端口以支持更高级的传输模式。它支持宽带传输、语音、连接模式下的移动性和全双工操作。在许多情况下，运营商支持的大量物联网用例不限于少量且不频繁的数据传输。这是 LTE-M 比 NB-IoT 在功能和先进性上领先的原因。话虽如此，但我们知道 LTE-M 支持两种覆盖增强（CE）模式 A 和 B，其中 CE 模式 B 提供最大的覆盖范围是可选功能。因此，在支持极端覆盖的操作方面，可以说 NB-IoT 是功能更强大的系统。

12.2.1.3　覆盖

3GPP 5G 目标之一是用于大规模物联网，以支持 164 dB MCL 的覆盖范围[5]。在 4.2 节和 6.9 节中，我们提供了 LTE-M 和 NB-IoT 覆盖范围的详细评估。在两种情况下，都使用与 ITU-R 所同意的 IMT-2020 评估[6]一致的评估假设。结果表明，LTE-M 和 NB-IoT 满足 164 dB 的要求。对于这两种技术，PUSCH 都可以视为限制信道，即需要最长传输时间才能达到 164 dB 覆盖目标的信道。对于 LTE-M，MPDCCH 需要配置 256 次重传，以实现为控制信道传输所设置的 1% BLER 的目标。这是 MPDCCH 的最大可配置重传次数。因此，对于 LTE-M，MPDCCH 覆盖范围也是一个限制因素。

除 MPDCCH 以外，所有信道达到 164 dB 的传输时间并未使用最大可配置传输时间。因此，如果我们可以接受减少后面章节中介绍的数据速率、时延和电池寿命，那么我们可以将覆盖范围扩展到 164 dB 以上。

与用于 5G 的假设相比，附录 B 描述的 EC-GSM-IoT 的性能评估遵循略有不同的假设。结果表明，EC-GSM-IoT 可提供与 NB-IoT 和 LTE-M 相似的小区边缘覆盖和性能。回顾附录 D 中介绍的 NB-IoT-U 和 LTE-M-U，我们可以得出结论，NB-IoT-U 的覆盖范围比 164 dB 低 10 ~ 20 dB。对于仅支持 CE 模式 A 的 LTE-M-U，可以得出类似的结论。

12.2.1.4　数据速率

表 12.1 和表 12.2 总结了 NB-IoT 和 LTE-M 可达到的数据速率范围，为简单起见，我们重点介绍在 164 dB MCL 下可达到的 MAC 层数据速率以及在无错误条件下观察到的 MAC 层数据速率。我们还介绍物理层数据速率。请记住，MAC 层数据速率对应于设备的

有效数据速率，而物理层数据速率则是 PDSCH 或 PUSCH 在实际传输时间间隔内的吞吐量。当通过信号带宽归一化时，物理层数据速率应被视为可实现的最大频谱效率。

表 12.1　LTE-M 和 NB-IoT HD-FDD PDSCH 数据速率

技术	164dB MCL 下的 MAC 层速率	MAC 层峰值速率	物理层峰值速率
Cat-M1	279 bps	300 kbps	1 Mbps
Cat-M2	> 279 bps	1.2 Mbps	4 Mbps
Cat-NB1	299 bps	26.2 kbps	227 kbps
Cat-NB2	299 bps	127.3 kbps	258 kbps

表 12.2　LTE-M 和 NB-IoT HD-FDD PUSCH 数据速率

技术	164dB MCL 下的 MAC 层速率	MAC 层峰值速率	物理层峰值速率
Cat-M1	363 bps	375 kbps	1 Mbps
Cat-M2	363 bps	2.6 Mbps	7 Mbps
Cat-NB1	293 bps	62.6 kbps	250 kbps
Cat-NB2	293 bps	158.5 kbps	258 kbps

这两个表列出了 Cat-NB1 和 Cat-M1 Release 13 的性能，以及 Cat-NB2 和 Cat-M2 Release 14 的性能。与表中的数字相比，借助 Release 14 中引入的较大的上行链路 TBS 可以进一步提高 Cat-M1 PUSCH 数据速率，对于 Cat-M1/M2 PDSCH，提高数据速率可以利用 Release 14 中下行链路的 HARQ 捆绑和采用 10 个 HARQ 进程来达到。NB-IoT 的结果是基于 Guard-band 模式。第 4 章和第 6 章给出了更多的性能结果，包括刚才提到的在 LTE-M 功能和 NB-IoT 所有三种操作模式下的数据速率。

结果不言而喻：NB-IoT 和 LTE-M 的小区边缘 MAC 层数据速率相似，并且满足 5G 所要求的 160 bps[5]。LTE-M 可以通过更大的设备带宽和更少的处理时间来提供更高的数据速率。在这里，我们关注的是无错误情况下的速率，但是对于除小区边缘的其他部分也适用。

12.2.1.5　时延

如前所述，许多大规模的物联网用例都具有小数据传输的特点。对于这些情况，上节中介绍的数据速率的重要性被建立连接和发送有限大小的数据包所需的等待时间所掩盖。

表 12.3 显示了基于两种过程——"早期数据传输（EDT）"和"RRC 恢复"在 164 dB MCL 下 LTE-M 和 NB-IoT 的小数据传输时延。对于 EDT，数据与消息 3 中的 RRC 连接恢复请求进行 MAC 复用。对于 RRC 恢复流程，数据与消息 5 中的 RRC 连接恢复完成进行复用。图 4.4 说明了此 MAC 层对数据和 RRC 消息的复用。在这里，我们重点介绍通过用户面传输数据的过程。在控制面上也支持消息 3 和消息 5 的数据传输。希望这些方法可以提供与用户面类似的时延。

表 12.3　LTE-M 和 NB-IoT 在 164 dB MCL 下的时延

技术	方法	时延 [s]
LTE-M	EDT	5.0 s
	RRC 恢复	7.7 s
NB-IoT	EDT	5.8 s
	RRC 恢复	9.0 s

可以看到 LTE-M 的性能要比 NB-IoT 更好。原因是在 256 ms 的传输时间内，MPDCCH 可以设法实现 164 dB MCL。而对于 NPDCCH，相同的传输时间会导致 MCL 略低于 164 dB。在 512 ms 的传输时间内，NPDCCH 传输可支持 166 dB 的 MCL。因此，表 12.3 中提出的性能差异实际上应该可以忽略不计。

这两种技术都可以满足 5G 的要求，即具有 10 s 的时延裕度[5]。第 4 章和第 6 章介绍了这些结果背后的详细假设。此外还针对不同的无线条件增加了更多结果，以更全面地了解小数据传输所需的物联网时延。

12.2.1.6　电池寿命

5G 大型物联网设备需要支持 5 Wh 的不可充电电池运行超过 10 年[5]。表 12.4 列出了假设每天发送 200 字节的上行报告到网络时，在 164 dB MCL 下工作时 Cat-M 和 Cat-NB 设备的估计电池寿命。在这些评估中使用了 RRC 恢复过程。如果不是为了将消息 3 数据传输的最大 TBS 限制为 1000 位，则原则上可以使用 EDT 过程。这两种技术都可以满足 5G 要求的 10 年电池寿命。

表 12.4　LTE-M 和 NB-IoT 在 164 dB MCL 下的电池寿命

技术	方法	电池寿命 [年]
LTE-M	RRC 恢复	11.9 年
NB-IoT	RRC 恢复	11.8 年

这些结果背后的评估假设可在第 4 章和第 6 章中找到。值得注意的是，假设设备发射功率为 500 mW，这是 3GPP 认可的[7]。在商用 NB-IoT 和 LTE-M 设备上进行的实验室和现场测量表明，这可能是一个较为乐观的假设。较高的发射功率电平自然会减少支持的电池寿命，除非通过重新设计电池电源进行补偿。

12.2.1.7　连接密度

5G 要求大规模的物联网系统每平方公里最多可提供 1 000 000 个连接，在这个流量模型中，每个设备每隔一小时就会触发一次发送 32 字节的上行链路报告[8]。实际上，这意味着系统应在 2 小时内支持 1 000 000 个连接，或支持平均每秒 139 个连接建立。

图 12.1 给出了 LTE-M 和 NB-IoT 可以支持的每小区 / 秒 / PRB 的连接数量与系统提供的 99% 的时延[9]的对应关系。根据 5G 要求，所支持的连接密度是指 99% 的连接的等待

时间为 10 s 或更短时的负载。文献 [10] 定义了在四种不同的城市宏观场景下的结果：

- 站点间距离为 500 m 和 1732 m 的基站。
- 两种不同的信道模型，分别称为 Urban Macro A（UMA A）和 Urban Macro B（UMA B）。

对于 LTE-M，最小系统带宽是由 6 个连续 PRB 定义的窄带。为了估算每个窄带的 LTE-M 容量，应将图 12.1 中的结果放大 6 倍。

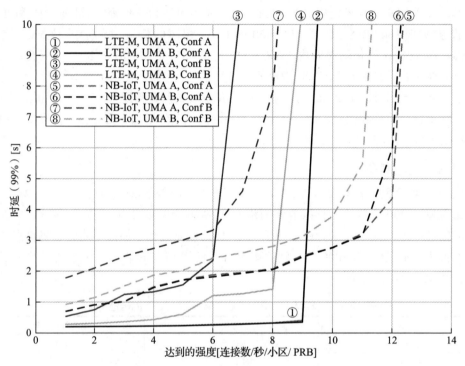

图 12.1 每个 PRB 的 LTE-M 和 NB-IoT 连接建立率

了解到 1 000 000 个连接相当于每秒 139 个连接，这使我们可以用图 12.1 中的仿真结果来计算支持 1 000 000 个连接产生的数据流量所需的资源。表 12.5 显示了计算结果，即支持 5G 要求的连接密度所需的资源。LTE-M 为窄带增加了两个 PRB。这些 PRB 承载在靠近 LTE 系统带宽的小区边缘的窄带之外发送的 PUCCH。

表 12.5 LTE-M 和 NB-IoT 连接密度

技术	站间距	信道模型	连接密度 [连接 /NB 或 PRB]	支持 1 000 000 个设备 / km² 的带宽 [NB，PRB]
LTE-M	500 m	UMA A	5 680 000 连接 /NB	1 NB + 2 PRBs = 8 PRBs
		UMA B	5 680 000 连接 /NB	1 NB + 2 PRBs = 8 PRBs
	1732 m	UMA A	342 000 连接 /NB	3 NBs + 2 PRBs = 20 PRBs
		UMA B	445 000 连接 /NB	3 NBs + 2 PRBs = 20 PRBs

（续）

技术	站间距	信道模型	连接密度 [连接/NB 或 PRB]	支持 1 000 000 个设备/ km² 的带宽 [NB，PRB]
NB-IoT	500 m	UMA A	1 233 000 连接/PRB	1 PRBs
		UMA B	1 225 000 连接/PRB	1 PRBs
	1732 m	UMA A	68 000 连接/PRB	15 PRBs
		UMA B	94 000 连接/PRB	11 PRBs

从图 12.1 和表 12.5 中的显示结果得出的一般结论是，根据应用场景，LTE-M 和 NB-IoT 均满足 1 至 20 个 PRB 带宽的 5G 要求。1 PRB 对应于 180 kHz 的带宽，利用站点间距为 500 m 的密集部署可以承载比 1732 m 情况高得多的负载。两种配置之间的容量差异与两种情况下的小区面积差异相同。通过在充满挑战的无线条件下有效使用子载波 NPUSCH 传输，NB-IoT 被证明可以提供更高的容量。而 LTE-M 可以提供更好的时延，这是由于在良好的无线条件下可以使用更高的带宽。通过使用 Release 15 中引入的 PUSCH 子 PRB 功能，可为处于恶劣无线条件下的用户进一步提高 LTE-M 容量。

12.2.1.8　设备复杂度

大规模的物联网技术已经引入了类似的功能，以降低设备的复杂度，从而实现低成本的物联网设备。为了降低设备复杂度，要满足以下设计目标：

为了避免宽带前端的高成本，对设备用于发送和接收的频率带宽进行了限制。对于 LTE-M，设备需要支持的 RF 带宽为 1.4 MHz，大大小于 20 MHz 的最大 LTE 信道带宽。对于 NB-IoT，设备需要支持的 RF 带宽为 200 kHz。

物理层峰值数据速率已受到限制，以减少设备的处理和内存要求。对于 Cat-M1，峰值速率已降低至 1 Mbps；对于 Cat-NB1，峰值速率已限制在 300 kbps 以下。

采用这两种技术的设备无须使用多个天线即可满足性能要求。

通过支持半双工操作技术，避免了设备集成一个或多个昂贵的双工滤波器的需求。可以在支持半双工频分双工或 TDD 操作的情况下实现 LTE-M 和 NB-IoT 设备，并且可以在支持全双工频分双工的情况下实现 LTE-M 设备。

这些技术定义了具有较低功率等级的用户设备类别。这使设备可以使用更便宜的功率放大器。在调制解调器芯片上实现功率放大器是一种选择，这可以避免单独组件的成本。标准支持三种设备功率等级，分别为 14 dBm、20 dBm 和 23 dBm 输出功率。

以上功能可降低 IoT 设备的成本。但是，必须注意，设备成本并不仅取决于通信标准。设备的成本还取决于设备上添加了哪些外围设备，例如电源、CPU 或实时时钟。

最后，设备的成本取决于市场的成功程度和设备的市场需求量。规模经济将有助于降低生产成本。因此，许多芯片组供应商已决定开发一种支持 LTE-M 和 NB-IoT 的多模式方案。对于成本要求最低的设备，仅支持 NB-IoT 似乎是主要选择。当涉及 EC-GSM-IoT

时，蜂窝物联网市场上目前仍无法获得商用芯片组和模块支持。

12.2.2 关键物联网的蜂窝技术

关键物联网或关键机器类通信（cMTC）的用例主要出现在工业物联网领域（另见第 13 章），并且通常可以分为广域和局域用例。3GPP 对几种用例特性进行了总结，并在文献 [11-14] 中列出了相应的需求。广泛的用例包括车辆的远程驾驶和智能运输系统中的自动化、自动火车和轨道交通，或者中高压电力分配自动化。对于较远距离的可靠通信，最大允许端到端等待时延的上限在约 100 ms 甚至约 500 ms 的范围内（对于某些火车通信而言），对于智能电网场景在 50 ~ 100 ms 的范围内。而远程驾驶需要 5 ms 的端到端时延，2 km 距离内关键铁路通信需要 10 ms，约 30 km 的距离内电网快速切换和隔离需要 5 ms（见图 12.2）。

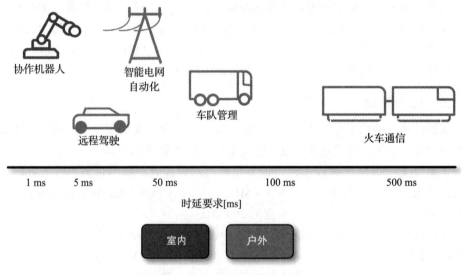

图 12.2 关键物联网用例示例

其他 cMTC 用例集中在本地。最突出的是智能工厂制造：运动控制、分布式控制和移动机器人应用场景的超可靠通信要求端到端时延在 0.5 ~ 10 ms 之间。在这些情况下，通信范围在封闭区域内（例如工厂），通常在室内。对于过程工业（例如化学工业、采矿、石油和天然气工业）中使用的过程控制，与制造相比，时延要求要稍微宽松一些。闭环过程控制的时延要求可以低至 10 ms，而过程监控的时延要求则是 100 ms 或几秒。对于过程控制，封闭区域更大，包括室外区域在内，最大可达 10 km^2。

在上面的 cMTC 用例中，时延扮演着至关重要的角色，并且需要保持在最大时延范围内。超过 cMTC 服务的最大时延可能会导致严重后果，例如生产系统停止运行，或者未及时发现和隔离电网中的短路。

蜂窝物联网用于 cMTC 服务时，需要考虑适当的频谱部署，请参阅表 12.6。移动网络部署在不同的频段上，包括低于 1 GHz 的低频段以及 1 ～ 6 GHz 的较高频段（称为中频段）。对于 5G NR，还添加了 6 GHz 以上的高频段，最初主要在 24 ～ 40 GHz 范围内。移动网络运营商通常被授权多个频段，并在部署中使用了这些频段。为了有效地使用它们，移动网络利用两个定义好的机制[15]集成多个频段以与用户设备进行传输。双连接（DC）允许建立和聚合两条通信路径，这些路径可以使用不同载波的无线链路，并在网络侧为每个载波使用单独的调度实体。CA 允许汇集多个载波的无线资源以用于用户的传输和调度；联合调度实体分配载波资源，从而与 DC 相比具有更高的资源效率。对于 DC 反馈，需要分别为每个载波发送信号，从而在这些控制信道之间分配设备的传输功率。控制信道可以此来限制覆盖范围。对于 CA，在单个控制信道上提供了组合反馈，与 DC 相比，该反馈提供了更好的覆盖范围。

表 12.6　关键物联网业务频段

	低频段（最高 1 GHz）	低中频段（1 ～ 2.6 GHz）	高中频段（2.6 ～ 6 GHz）	高频段（6 GHz 以上）
双工方案	主要是 FDD	FDD 和 TDD	主要是 TDD	TDD
载波带宽	通常很小（≤ 20 MHz）	大多数比较小	中等（20 ～ 100 MHz）	大（>100 MHz）
候选关键 cMTC 技术	LTE 或 NR	NR 或 LTE（仅用于 FDD）	NR	NR
cMTC 服务	广域（主要是郊区或农村）	广域（郊区、热点）局部地区（城市、热点）	广域（郊区、热点）本地（城市、热点）	本地（城市、热点）

在郊区和农村地区，移动网络站点通常不会那么密集。1 GHz 以下的低频段提供了良好的覆盖。然后可以用中频段载波来补充，但是对于这些中频段，由于无线传播的特性，要完全覆盖很难。在较密集的网络部署中，使用中频段频谱，而在非常密集的部署中，还将使用高频段毫米波频谱，这些频谱的特性各不相同。在 2.6 GHz 以下的频段中，FDD 分配占主导地位，虽然在较低的中频段频谱中也可以找到一些 TDD 分配。在这些频段中，运营商可用的载波带宽通常很小，很少超过 20 MHz，甚至更低。2.6 ～ 6 GHz 频谱中较高的频段是基于 TDD 的，此处可用的带宽高达 100 MHz。5G 的高频段毫米波频谱也基于 TDD，并提供远大于 100 MHz 的载波带宽。

LTE 只能部署在低频段和中频段中。NR 涵盖了所有提及的频谱范围，并且已经为低频段、中频段和高频段的 5G 确定了新的频谱。各国在可用频段方面存在一些地区差异，频谱拍卖的时间表也各不相同。在 2019 年，在低、中、高频段都有 NR 网络的商业部署。另外，NR 可以在已经分配的移动通信频谱中使用，从而可以将频谱载波从 2G、3G 或 LTE 迁移到 NR。一种非常有效的快速推广 NR 的方法是重用 LTE-NR 频谱，该方法可以重用已有的网络基础设施并快速达到较大的 NR 覆盖范围[16]。NR 和 LTE 规范允许在两种技术之间高效共享载波的无线资源，从而使同一载波对于 NR 设备表现为 NR 载波，对于 LTE 设备表现为 LTE 载波。可以对无线资源进行合并，并且可以根据需求在 LTE 和 NR

之间动态分配。LTE-NR 频谱共享是一种技术迁移的方法，它对于传统频谱重新分配具有显著的灵活性，在传统频谱重新分配过程中，在引入新的无线接入技术之前，首先停止使用旧的无线接入技术的载波。对于 NR，与 LTE 的频谱共享允许在低频段载波上引入（窄）NR 载波，以更快提供广域覆盖，并应用 CA 将低频覆盖与中高频段 NR 的大容量相结合。

一些 cMTC 用例仅限于本地区域，例如工厂。对于此类用例，通常需要专用网络部署，以便为高 QoS 要求提供足够的服务覆盖范围和可用性。这样的专用部署限于对室外宏网络进行扩展的无线网络。但是最常见的网络部署是，蜂窝物联网的大部分甚至整个网络是本地部署的。促使用户面路由在本地终结的原因是：通过本地终结网关与通过宏网路由相比，端到端的等待时间大大减少。可以将这种本地分流与边缘计算相结合，在边缘计算中，应用可以运行在蜂窝 IoT 网关上或附近，如 5G 核心网的用户面。这样的好处是，工业系统的业务关键信息不会离开工业系统本身，同样，蜂窝系统与现有通信系统和 IT 基础设施的集成也更加简单。文献 [17-18] 中提供了有关本地工业部署的进一步信息。

对于 cMTC 服务，出于多种原因，需要更宽的带宽分配。能够在短时间内传输到达的数据包意味着需要即时访问无线资源，并且不能有时延。但是在某些 cMTC 用例中，例如在制造业中，数百个工业控制器和工业机器人可能需要以超低时延进行实时通信，因此对流量的需求也很高。对于那些用例，需要中高频段频谱，因为它们能够提供更大的频谱分配，请参见表 12.6。在低频段或者低中频段，通常只有较小的载波带宽可用，这限制了支持 cMTC 服务的能力。特别是如果需要支持更高的 cMTC 容量。可以利用诸如载波聚合之类的方法来得到额外的频谱带宽。

如第 8 章和第 10 章所示，LTE 和 NR 都能够满足 IMT-2020 要求的超可靠和低时延通信（URLLC），即在 1 ms 内通过 RAN 实现 32 字节的数据传输，而可靠性为 99.999%。由于 NR 的设计，可以实现比 LTE 低得多的时延，特别是如果使用更高的子载波间隔（SCS）。SCS 的选择与网络部署和载波频率有关。在高频段，相位噪声要求更高的 SCS。同时，较高的 SCS 意味着 OFDM 符号的循环前缀较短，从而使通信对无线信号的时间分散更加敏感。因此，如同在低频段一样，具有较大小区的宏站部署需要较低的 SCS。表 12.7 列出了合适的 NR SCS 值。

表 12.7   不同频段的 NR 参数集

	低频段（最高 1 GHz）	低中频段（1～2.6 GHz）	高中频段（2.6～6 GHz）	高频段（6 GHz 以上）
合适的 NR SCS	15, 30	30, 60	30, 60	60, 120

表 12.8 列出了不同频段的 LTE 和 NR 在高可靠的情况下可获得的时延，根据第 7 章和第 9 章中的描述选择实现最低时延的配置，其结果来自第 8 章和第 10 章中进行的评估。NR 配置假定 FDD 为 30 kHz SCS 和 2 符号微时隙，而 TDD 为 120 kHz SCS、4 符号微时隙和交替的上下行链路 TDD 时隙配置。

表 12.8 最低的可保证时延

	低中频段 FDD		中高频段 TDD	
	下行	上行	下行	上行
LTE	0.86 ms	0.86 ms	—	—
NR	0.48 ms	0.48 ms	0.51 ms	0.64 ms

除了可以实现较低时延外，NR 还具有在 FDD 和 TDD 频段或两者的组合频段中支持 URLLC 的优势。如第 8 章和第 10 章所述，因为 NR 的配置更灵活，因此比 LTE 具有更高的频谱效率和更大的 URLLC 服务覆盖范围。有关 URLLC 的 LTE 和 NR 性能的其他分析请见文献 [19]。

许多 cMTC 服务具有更高要求，而不仅仅是传输时延。用于工业系统的 cMTC 通常需要与工业以太网或 IEEE 802.1 时间敏感网络（TSN）互通，另见 13.2 节。其他要求是通信系统必须能够向设备提供高精度定时信息，以便能够以 1 μs 的精度同步设备。LTE 为 3GPP Release 15 中的设备提供了基本的时间同步。对于 NR 和 5G 核心网络，在 3GPP Release 16 中添加了高级同步功能，该功能使设备能够与多个外部时域进行时间同步，这是工业自动化场景所需的。而且，标准正在定义用于为整个核心网中的设备启用冗余传输路径的机制。当前还没有将类似功能引入 LTE 和 4G 演进分组核心网。

总之，LTE 和 NR 都满足 ITU-R（IMT-2020）对 URLLC 提出的 5G 要求，并且能够在 1 ms 内可靠地传输小数据包。NR 在设计上比 LTE 更灵活，并且性能更高。NR 不仅可以在 FDD 中支持 URLLC，而且可以在 TDD 频段中支持。此外，NR 可以实现比 LTE 低得多的时延，尤其是在本地部署中，并且还具有更高的频谱效率。最后，NR 在其发展过程中更具前瞻性，可提供许多 cMTC 用例所需的功能，例如支持冗余传输路径、无线空口上的时间同步以及与 TSN 网络的互通。

12.3 选择哪种蜂窝物联网技术

蜂窝物联网解决方案的选择由不同的市场参与者决定。一方面，移动网络运营商必须决定将哪种蜂窝物联网技术引入其现有网络中。另一方面，物联网设备制造商和服务提供商必须选择物联网连接方案以发展物联网业务。最后，最终客户可能会要求使用哪种技术。对于需要关键物联网服务的企业客户而言，后者尤其重要。可以预料，不同解决方案将共存。

12.3.1 移动网络运营商的观点

对于移动网络运营商而言，有关部署和运营哪种蜂窝物联网技术的决定受多个因素影响。特别需要考虑以下两个方面：
- 长期的移动网络战略和现有资产。
- 物联网市场细分策略。

　　典型的移动网络运营商一般部署一个或多个蜂窝网络。越来越多的无线技术通过一个采用多种无线技术的网络提供，例如，同一基站可用于 GSM、UMTS/HSPA、LTE 或 NR 传输，但也有一些 2G、3G、4G 和 5G 网络的部署和操作相当独立。

　　此外，移动网络运营商通常从国家监管机构获得频谱许可，该许可授予运营商在指定频谱中运营网络的权利。频谱许可证是持久的，例如 20 年，这保证网络运营商能够在很长的一段时间内对新技术进行合理规划，从而获得相应的投资回报。频谱许可到期后，监管机构将发起频谱许可竞标，例如频谱拍卖，以提供新的频谱许可。通常，运营商的任何网络发展路线图都是一项长期决策，至少需要考虑以下要素：

- 现有频谱许可证的有效期为多长时间，频谱中允许使用哪些技术，监管机构何时计划进行新的频谱重新分配？
- 对于不同的无线技术，特别是 GSM 和 LTE，现有网络构架如何？每种特定技术的移动设备数量和预计增长量是多少？
- 竞争运营商的网络建设规划是什么，它们的市场份额是多少？
- 运营商在物联网方面的战略意图是什么？
- 计划提供哪些服务，以及运营商打算扮演什么样的角色（例如，作为连接提供者或作为服务提供者 / 启用者）？
  - 物联网服务的市场成熟度是多少？
  - 运营商想解决何种物联网领域的问题？

　　应当注意，上述问题是从特定国家的运营商网络运营的角度提出的。但是，一些运营商活跃于多个国家，甚至遍布多个大洲。即使决策主要是根据每个国家 / 地区的情况做出，运营商也希望对其在多个区域内的运营网络的决策进行统一。

　　蜂窝物联网技术方案的以下特征将影响运营商的决策。

　　作为基准，我们认为运营商有很大的动机重用现有的移动网络基础设施来部署任何蜂窝物联网技术。EC-GSM-IoT 可以基于 GSM 基础设施并使用 GSM 频谱进行部署。GSM 网络资源和 GSM 频谱将在 GSM 和 EC-GSM-IoT 之间共享。可以基于 LTE 基础设施并使用 LTE 频谱来部署 LTE-M 和 NB-IoT，LTE 网络和频谱资源将在 LTE、LTE-M 和 NB-IoT 之间共享。在大多数网络配置中，EC-GSM-IoT、LTE-M 和 NB-IoT 可以通过对已部署的 GSM 或 LTE 网络进行软件升级来实现。这意味着运营商可以迅速地以较低的成本将蜂窝物联网推向市场。NR 被设计为允许与 LTE（包括 LTE-M）和 NB-IoT 进行有效的互通。这意味着如同将 LTE-M 和 NB-IoT 集成到 LTE 载波中一样，也可以将它们集成到 NR 载波中。通常，可以在 NR 和 LTE 之间共享载波，可以动态调整用于 LTE 或 NR 传输的资源[16]。由于 LTE-NR 可以共存，根据这一灵活性可以将 LTE 载波迁移到 NR，同时继续使用具有较长设备寿命的 LTE-M 或 NB-IoT 设备，以在迁移后在 NR 载波内继续运行。对于物联网，可以预期许多服务的使用寿命很长，例如十年。而这更需要蜂窝物联网才能解决。蜂窝物联网技术的决策还与运营商针对移动电话的长期战略（专注于电话和移动宽带服务）

有关。如果运营商打算将 GSM 过渡到未来的 LTE 或 NR 中，引入 EC-GSM-IoT 似乎有问题，因为任何长期的 EC-GSM-IoT 用户都需要长时间保持 GSM 基础设施的正常运行。从全球范围来看，总体趋势是 2G 和 3G 频谱分配逐步迁移到 LTE[20]。随着 NR 的推出以及 NR 出色的功能，预计将来会向 NR 重新分配频谱。在这一过程中，LTE 和 NR 的兼容性允许 LTE-NR 频谱共享[16]，而这将使从 LTE 到 NR 的过渡非常顺畅，并且可以根据具有 NR 功能的设备的逐步增加来灵活地进行调整。在迁移过程中，可以注意到，迄今为止，EC-GSM-IoT 尚未引起市场关注，而近两年来，NB-IoT 和 LTE-M 却已经大量部署[3]。

虽然重用现有网络基础设施和频谱对于运营商而言很重要，但 NB-IoT 的频谱灵活性具有特殊优势。运营商通常期望将现有频谱扩展到也包括 LTE-M，因此 IoT 业务频谱可以与用于电话和移动宽带服务的频谱相同。对于 NB-IoT，窄系统带宽使其也适合在当今移动宽带服务不使用频谱中进行部署。现实情况是运营商的频谱分配不符合 LTE 提供的确切载波带宽，从而导致剩余频谱资源未被使用。NB-IoT 提供了灵活利用运营商拥有的一小部分空闲频谱资源的能力，空闲频谱甚至可以来自运营商现有资源，例如通过从 GSM 网络中清空单个 GSM 载波，然后将其重新用于 NB-IoT。

对于关键物联网服务，NR 在广域和本地（通常是工业）用例中均优于 LTE。这些优势源于在 URLLC 场景中，NR 比 LTE 具有更高灵活性、更好的性能和频谱效率。由于关键蜂窝物联网服务的市场细分尚处于起步阶段，随着该细分市场的发展，可以期待蜂窝物联网的广泛创新和优化。现在，已经为未来的 NR 标准版本确定了一些新功能，例如通过在无线空口上提供时间同步或与 IEEE 802.1 TSN 互通来更好地满足工业用例要求。可以预见，随着 NR 演进将在未来的标准版本中提供这些功能。

一部分蜂窝物联网服务对性能和功能的要求比大规模物联网服务更高，但不需要关键物联网服务所需的 URLLC。这部分物联网被称为宽带物联网（见文献 [21] 和图 1.5），它将对高数据速率的要求与庞大的物联网功能（如扩展覆盖范围和省电）结合在一起。有许多此类示例，如第 11 章和文献 [22-23] 中所述的高级可穿戴设备、连接的车辆和远程信息处理、视频监控系统、增强和虚拟现实系统或连接的无人机。LTE 和 NR 都非常适合这一细分市场。此处应注意，第 3 章和第 4 章中描述的用于扩展覆盖范围和省电的 LTE-M 功能不仅可以通过庞大的 IoT 设备类别 Cat-M1 和 Cat-M2 实现，而且可以通过性能更高的普通 LTE 设备实现。并且 LTE-M 可以与 LTE 和 NR 无缝共存，因此对于需要扩展覆盖范围并省电的用例，LTE-M 可以被视为适用于大型物联网和宽带 IoT 细分市场的合适解决方案。

移动网络运营商选择蜂窝物联网技术的考虑是基于运营商将来使用或计划使用的频谱和无线接入技术。在这方面，驱动力是重用现有或计划中的移动网络，以低资本支出和运营支出实现部署和运营蜂窝物联网。运营商评估蜂窝物联网的另一个主要组成部分是运营商的物联网服务策略。运营商是否针对特定的物联网细分市场吗？如果是的话，该网段中的服务要求是什么，连接要求是什么？在这种情况下，运营商的策略主要取决于蜂窝物联网技术满足服务要求的程度，如 12.2 节所述。

12.3.2   物联网服务提供商的观点

物联网服务提供商的产品通常针对一组特定的物联网服务。例如，重点可能放在智慧城市应用或精确农业上。物联网服务的目标依赖于所实现服务的物理位置，即物联网设备的位置。对于智慧城市服务，设备位于城市地区；对于精确农业，设备将主要在农村地区；对于工业物联网解决方案，设备将在工业现场。物联网服务特征决定了需要支持哪种流量的配置文件。对于智慧城市，可能是对可用停车位的定期监控，或者在垃圾箱达到一定填充量时发出通知。对于精确农业，它可以是田间或温室中的湿度和对施肥的监测，或者对牛的追踪。对于工业物联网解决方案，它可以监视和控制工业流程和操作。除了流量配置文件外，其他物联网服务特征还可以是设备所依靠的电池运行的最长时间。

根据对目标物联网服务的分析，服务的连接要求很明确：

- 通信需要支持哪些数据速率？
- 是否针对关键物联网服务？所需的时延范围以及可靠性和可用性水平是什么？
- 设备是否需要长时间依靠电池供电？
- 预期的设备密度是多少？
- 设备在哪里？
- 设备是否特别难以安装（例如，在地下机柜中）？
- 设备是否可以在更大范围内移动，甚至可能跨越国界？

根据以上要求，服务提供商可以确定：

- 哪些蜂窝物联网技术可为目标服务提供足够的性能，请参见 12.2 节。
- 在什么位置需要网络覆盖。

可以预期，一个或多个网络运营商在不同位置将提供多种蜂窝物联网技术的覆盖。在越来越多的移动网络中将会发现 LTE-M 和 NB-IoT 的应用。对于 URLLC，NR 已经开始部署，但是可用性在不同位置会有所不同。物联网服务提供商将希望选择一个网络运营商，以合理的价格通过适当的蜂窝物联网技术在目标区域提供覆盖和连接。

由于物联网设备可能会长时间部署和运行，因此在重新选择网络提供商方面需要灵活性。能够远程重新配置设备和重新选择网络提供商的嵌入式用户身份模块将在蜂窝物联网设备中扮演越来越重要的角色，请见文献 [24]。

对于关键物联网系统，一些物联网用例需要专门的部署和安装。物联网服务提供商可以是系统集成商、潜在的移动网络运营商或工业企业最终用户，甚至可以责任共享。系统解决方案的具体计划是必需的，它详细分析了需求和期望的功能。另外需要特定的解决方案，该方案应考虑频谱的本地可用性，并以标准蜂窝物联网组件为基础。

参考文献

[1] S. Andreev, O. Galinina, A. Pyattaev, M. Gerasimenko, T. Tirronen, J. Torsner, J. Sachs, M. Dohler,

Y. Koucheryavy. Understanding the IoT connectivity landscape: a contemporary M2M radio technology roadmap. IEEE Commun. Mag., September 2015, Vol. 53, No. 9, 32—40.

[2] Department for Business. Energy & industrial strategy, smart metering implementation programme, progress report for 2018. London Crown copyright, 2018.

[3] GSMA. Mobile IoT commercial launches, 2019. Available: https://www.gsma.com/iot/mobile-iot-commercial-launches/.

[4] Third Generation Partnership Project, TS 36.101, v16.0.0. E-UTRA UE radio transmission and reception, 2019.

[5] Third Generation Partnership Project, Technical report 38.913, v15.0.0. study on scenarios and requirements for next generation access technologies, 2018.

[6] ITU-R, Report ITU-R M.2412-0. Guidelines for evaluation of radio interface technologies for IMT-2020, October 2017.

[7] Third Generation Partnership Project, Technical report 45.820, v13.0.0. cellular system support for ultra-low complexity and low throughput internet of things, 2016.

[8] ITU-R, Report ITU-R M.2410. Minimum requirements related to technical performance for IMT-2020 radio interfaces(s), 2017.

[9] Ericsson. R1-1903120. IMT-2020 self-evaluation: mMTC non-full buffer connection density. In: 3GPP RAN1 meeting #96, 2019.

[10] ITU-R, Report ITU-R M.2412-0. Guidelines for evaluation of radio interface technologies for IMT-2020, October 2017.

[11] Third Generation Partnership Project, Technical Specifications 22.261, v16.7.1. Service requirements for the 5G system, March 2019.

[12] Third Generation Partnership Project, Technical Specifications 22.104, v16.1.0. Service requirements for cyber-physical control applications in vertical domains, March 2019.

[13] Third Generation Partnership Project, Technical Specifications 22.186, v16.1.0. Enhancement of 3GPP support for V2X scenarios, December 2018.

[14] Third Generation Partnership Project, Technical specifications 22.289, v16.1.0. Mobile communication system for railways, March 2019.

[15] J. Sachs, G. Wikstrom, T. Dudda, R. Baldemair, K. Kittichokechai. 5G radio network design for ultra-reliable low-latency communication. IEEE network, Vol. 32, March-April 2018, 24—31. https://doi.org/10.1109/ MNET. 2018.1700232.

[16] T. Cagenius, A. Ryde, J. Vikberg, P. Willars Simplifying the 5G ecosystem by reducing architecture options, Ericsson Technology Review, November 2018. https://www.ericsson.com/en/ericsson-technology-review/archive/2018/simplifying-the-5g-ecosystem-by-reducing-architecture-options.

[17] J. Sachs, K. Wallstedt, F. Alriksson, G. Eneroth Boosting smart manufacturing with 5G wireless connectivity, Ericsson Technology Review, February 2019. https://www.ericsson.com/en/ericsson-technology-review/archive/2019/boosting-smart-manufacturing-with-5g-wireless-connectivity.

[18] K. Gold, K. Wallstedt, J. Vikberg, J. Sachs Wireless connectivity for industries, book chapter. In: Dastbaz, M. Cochrane, P. editors. Industry 4.0 and engineering for the future. Springer, 2019. ISBN-13: 978-3030129521.

[19] Next Generation Mobile Networks (NGMN). 5G extreme requirements: radio access network solutions, June 2018. https://www.ngmn.org/fileadmin/ngmn/content/downloads/Technical/2018/180605_NGMN_5G_Ext_Req_TF_D2_1_v2.5.pdf.

[20] Ericsson. Ericsson mobility report, 2018. November 2018, [Online]. Available: https://www.ericsson.com/assets/local/mobility-report/documents/2018/ericsson-mobility-report-november-2018.pdf [March 2019].

[21] Ericsson. Cellular IoT evolution for industry digitalization, white paper, 2019. January 2019, [Online]. Available: https://www.ericsson.com/assets/local/trends-and-insights/consumer-insights/reports/wp_evolving-iot-forindustrialdig_jan-312019_revised.pdf [March 2019].

[22] Ericsson. Drones and networks: ensuring safe and secure operations, white paper, 2019. November 2018, [Online]. Available: https://www.ericsson.com/en/white-papers/drones-and-networks-ensuring-safe-and-secure-operations [March 2019].

[23] X. Lin, V. Yajnanarayana, S. D. Muruganathan, S. Gao, H. Asplund, H.-L. Maattanen, M. Bergstrom, S. Euler, Y.-P. E. Wang. The sky is not the limit: LTE for unmanned aerial vehicles. IEEE Commun Mag, July 2017, Vol. 56, No. 4, 204—10.

[24] GSMA. Remote SIM provisioning for machine to machine. Website, 2017 [Online]. Available: http://www.gsma.com/connectedliving/embedded-sim/ [March 2019].

第 13 章

物联网的技术驱动力

摘　要

本章概述支持物联网的技术要素，对物联网各个领域的技术进行介绍：普适计算，嵌入式系统，数据分析和机器学习，云计算和网络物理系统。它回顾了物联网领域的通信技术的发展以及互联网工程任务组的相应工作，最后总结了工业物联网的活动。

本章概述了哪些技术组件有助于物联网。物联网的技术起源可以归结为几项学科，如图 13.1 所示。后续的节对图中的不同技术进行了介绍：（1）设备、计算和输入 / 输出技术；（2）通信技术；（3）用于物联网的互联网技术；（4）高级服务功能和算法。

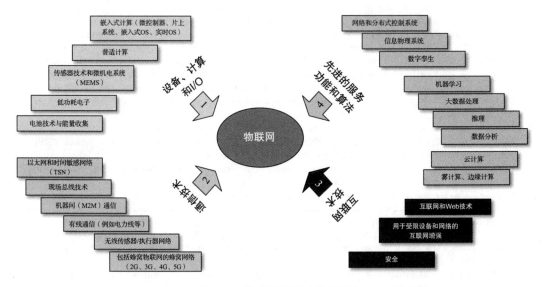

图 13.1　技术发展推动物联网

13.1　设备、计算和输入 / 输出技术

在20世纪90年代，对物联网的研究开始于普适计算，其愿景是可以将计算平台小型化并集成到物理对象中[1-4]。正如Mark Weiser在他的标志性文章[1]中所说，"最深刻的技术是那些消失了的。它们将自己融入日常生活中，以至于无法与之区分。"物联网设计目标是可以随时随地访问信息服务，而传感和计算设备的存在应该是透明的。无处不在的计算建立在嵌入式系统的发展和部署之上。嵌入式系统出现在20世纪60年代，当时第一批集成电路和微处理器被集成到工程系统中。早期的应用领域是航空航天工业以及汽车工业。如今，嵌入式系统在所有领域无处不在：消费电子设备、娱乐系统、工业系统、汽车、航天航空、电信系统等。嵌入式系统由嵌入到大型电子或机械系统中的硬件和软件组成[5]。硬件平台基于微控制器或片上系统解决方案。从20世纪90年代左右开始，嵌入式系统的专用操作系统被引入，通常作为支持时间关键型计算的实时操作系统。尽管无处不在的计算的概念从一开始就是互连和网络计算功能，但是嵌入式系统的重点始终是针对特定任务进行优化计算，这些任务通常是本地化的。嵌入式系统经常面临一些非功能性需求（例如实时处理能力和高可靠性），或者由于存储空间、尺寸或成本限制而导致的存储器大小的限制，或者能耗限制以及潜在的恶劣操作条件。因此，嵌入式系统通常是根据目标进行优化，而不是基于通用计算平台。用于高效计算的通信技术和数据中心技术的进步导致分布式嵌入式系统的使用越来越多，而这有力推动了IoT的发展。

物联网的一个重要特征是与物理世界的对象或"事物"的交互。在这方面的关键技术是：传感器，它测量对象的某些物理特性（例如，测量温度）；以及执行器，它可以改变对象的行为（例如，接通通风设备）。微观传感器和执行器的开发取得了重大进展，可以低成本生产并且可以有效地集成到物理对象中。微机电系统（Micro-ElectroMechanical System，MEMS）是用于小型传感器和执行器的关键技术。基于MEMS的传感器可测量压力、振动、声发射、陀螺仪[6-8]、加速度、力、化学传感器和光谱仪[9]。基于微机电系统的执行器可以用来驱动例如微夹具或微电机、可控微镜、微谐振器、微开关等[9-10]。

低功耗电子技术和电池技术的发展带来了更高的能量密度和更长的电池寿命，这些技术的发展将使普适计算以及传感器和执行器得到更广泛的应用。不断发展的能量收集技术可以为嵌入设备提供更多机会，从而减少对本地能源供应的依赖[11]。

13.2　通信技术

在过去的二十年中，已经开发了许多通信技术，这些技术对物联网产生了重大影响。这包括有线和无线通信技术。特别是，开发了机器间（M2M）通信解决方案以将设备与应用程序连接起来。大多数M2M通信解决方案都是专门为满足特定应用和通信需求而设计

的。例如，用于遥控照明、婴儿监视器、电器等的物联网连接。对于许多这些系统，整个通信栈都是出于单一目的而设计的。即使从更广泛的意义上讲，它可以用于具有广泛连接的设备和对象的环境，但它仍基于 M2M 技术孤岛，通常没有端到端互联网协议（IP）连接，而是通过专有网络协议。这在图 1.3 的左侧进行了描述。它与 IoT 的愿景（图 1.3 右侧所示）完全不同，后者基于连接设备和智能对象的通用且可互操作的基于 IP 的连接框架，从而可以全面推动 IoT 的发展。

对于无线通信系统，随着无线局域网、无线传感网络（Wireless Sensor Network，WSN）或无线传感器和执行器网络[12]的发展，包括工业无线网络[13]，从 20 世纪 90 年代中期开始了一些重要的研究和开发工作。这些无线网络技术将在附录 C 中进行进一步讨论。近年来，3GPP 已经发展了蜂窝技术，以针对本书前面各章中所述的各种 IoT 用例。

针对机器间通信的有线通信系统包括电力线通信的最新标准，电力线通信通过用于电力传输的导线进行通信。电力线通信的 M2M 用例包括家庭自动化（例如 HomePlug 或 LonWorks）、智能电表或智能电网中的通信。工业 M2M 通信通常用于时间紧迫的控制通信，并且要求超高的可靠性和可用性。已经开发出了许多典型的专有现场总线技术，并已在当今的工业网络中使用[14-18]。以太网不断发展，目前对以太网通信的要求是增加了对 TSN[19]的支持。TSN 为优先流量提供确定性的通信。预计随着时间的流逝，以太网 TSN 将取代用于工业通信的现场总线技术[20]。

13.3 物联网中的互联网技术

13.3.1 一般功能

物联网的发展与通用互联网和 Web 技术的进步密切相关。这包括为了向智能对象和设备提供连接而引入的优化，这些轻量级的优化对于处理能力和内存大小受限制的简单设备非常有意义。物联网发展的一个推动力是实现从目标构建（通常是专有的）机器到机器系统解决方案（如图 1.3 左侧所示）向标准化、开放、可互操作的具有内置安全的通信平台演进。见图 1.3 右侧的描述，这是物联网智能对象和应用程序互连扩展到十亿级设备的基础。

互联网通信和 Web 协议被选为物联网的基础。事实证明，基于 IP 堆栈的通信为将互联网扩展到全球连接提供了开放的技术基础。随着 IPv6 的引入，互联网上可寻址主机的地址空间已从 IPv4 中的 40 亿个设备增加到 10^{38} 多个地址，基于 IPv6 的物联网似乎可以提供数量不受限制的连接。互联网上的终端主机和服务器之间的通信通常是通过万维网（World Wide Web，WWW）进行的，WWW 是通过互联网分配的 Web 资源的信息空间。WWW 的最初重点是使人们能够访问互联网上分布的信息，例如通过 Web 浏览器在网站上显示不同的信息对象。Web 服务通过 WWW 提供不同电子设备之间的通信来扩展该概念，其中信息以机器可读文件格式编码。访问 Web 资源的最常见 Web 协议是超文本传输协议（HyperText Transfer Protocol，HTTP）。HTTP 遵循具有请求 – 响应交互的客户端 – 服务器计算模型，其中客户端将请求发送到服务器，服务器对请求消息进行响应。请求可以包含诸如 GET、PUT、POST、DELETE 之类的方法，以访问或修改资源，其中资源是通过统一资源标识符来标识的。术语"资源[⊖]"在这里是指可以通过 URI 寻址的任何内容，例如信息或服务[21]。在物联网的上下文中，资源可以是通过 GET 请求从客户端访问的传感器的测量值，也可以是通过 PUT 请求发送给执行器的控制值。

　　为支持物联网服务，对 IP 套件进行了重大改进。图 13.2 是基于分层协议栈的通用互联网模型。作为经典 IP 堆栈的一种变体，我们添加了文献 [22-24] 中所述的转移层，文献描述了传输数据对象及为操作提供语义的协议。模型的核心是网络层，其中 IPv6 提供了网络互联和路由功能。互联网数据包可以通过各种传输系统（如蜂窝网络、短距离无线技术或固定传输技术（如以太网或电力线通信））进行传输，这些传输系统在 IP 模型中称为链接层和物理层。网络层之上是互联网传输协议：用于可靠传输的传输控制协议（Transmission Control Protocol，TCP）和用于不可靠传输的用户数据报协议（User Datagram Protocol，UDP）。传输层安全（Transport Layer Security，TLS）和数据报传输层安全（Datagram Transport Layer Security，DTLS）分别为 TCP 和 UDP 提供安全的端到端传输连接。快速 UDP 互联互连是一种正在开发的新传输协议，它基于 UDP 并具有集成的安全性。预计在物联网中也将扮演越来越重要的角色[23-25]。

　　有关 IP 套件优化的详细概述，请参见文献 [22-24，26]。

13.3.1.1　物联网传输协议

　　HTTP 版本 1.1[27] 和版本 2[28] 是当今 WWW 中最常见的传输协议。它们通过 TCP 进行传输，可以利用 TLS，并且在某些物联网应用程序中也很常见。IETF CoRE 工作组已经开发了一种新的传输协议：受限应用协议（CoAP）[23-24, 29-30]，见图 13.2。目标是拥有一个轻量级且代码量小的传输协议，即使在功率、内存和处理能力受限的设备上也可以安装和操作，并且与 HTTP 相比，具有更紧凑的消息格式。CoAP 还可以高效地通过约束节点网络进行通信，其中底层的受约束 IP 网络可能受到最大数据包大小的限制，可能会有较高的数据包丢失，并且设备可能会偶尔处于节电睡眠模式。基于 IEEE 802.15.4 的多跳传感器网络就是这样的受限 IP 网络。

　　CoAP 基于类似于 HTTP 的表示状态传输设计，它采用文献 [22，29，31，32] 的架构设计：

⊖　应注意，术语"资源"在物联网的上下文中具有不同的含义。它可能是"网络资源"，指的是可以读取或操作的 URI 寻址的信息。该术语的另一种用法是指设备可用的计算、内存或电池等资源，或者是进行通信时所需的物理资源。后一含义是在谈论资源受限的物联网设备时应用的。

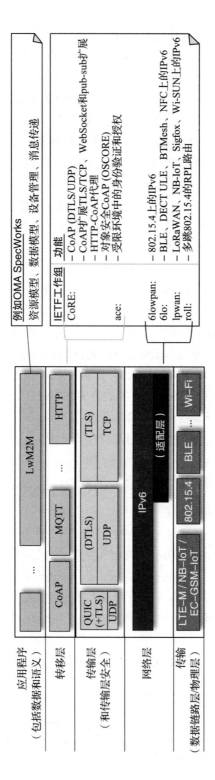

图 13.2 IP 堆栈中的 IoT 功能

- 客户端 / 服务器架构

数据托管在服务器上，数据的用户界面位于客户端中。客户端与服务器进行交互，以请求通过计算机网络访问服务器资源。客户端应用程序与服务器上的资源进行交互所需的唯一信息是资源标识符和要对该资源执行的操作。

- 无状态

服务器在客户端请求之间不维护任何客户端的状态或上下文。任何会话状态仅在客户端内部维护。从客户端到服务器的服务请求中包含在服务器上处理该请求所需的所有信息。

- 统一的接口

系统中组件之间存在统一的接口。识别资源的典型接口是统一资源标识符。

- 缓存能力

来自服务器的响应必须指定为可缓存或不可缓存。这使客户端可以在将来的请求中重用该信息，从而部分消除某些客户端 / 服务器的交互。这提高了扩展性和性能，尤其是对于受限设备。

物联网设备实现了 CoAP 服务器。"服务器"这个名字可能会给人一种需要高端计算平台进行大量处理的感觉。但是，CoAP 服务器可以运行在简单设备的非常小的计算平台上，例如具有几千字节内存的 8 位微控制器（见文献 [22]）。图 13.3 描绘了 CoAP 请求 – 响应机制。CoAP 服务器运行在可能具有一个或多个传感器或执行器的物联网设备上。CoAP 客户端可以请求对传感器 / 执行器提供的 Web 资源进行操作，定义了与 HTTP 类似的方法：GET/PUT/POST/DELETE。HTTP 使用 TCP/TLS 作为可靠的传输协议，可通过重传确保成功传递消息。相比之下，CoAP 定义为使用更轻量的 UDP/DTLS 协议，该协议不能保证成功传递消息。因此，CoAP 实现了自己的重传机制。每个 CoAP 消息都可以标记为可确认或不可确认。可确认的消息在默认超时后重新传输，并在重新传输之间以指数回退，直到从 CoAP 接收端接收到确认为止。与使用 TCP 作为协议提供的可靠性相比，此重传方案更轻量级。应用程序可以选择使用不可靠的 CoAP 消息传递，例如采用多个传感器进行数据读取，这样应用程序可以容忍丢失某些读数。

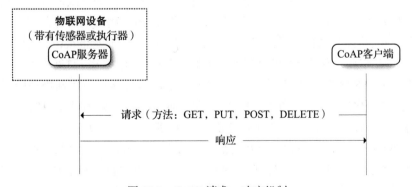

图 13.3　CoAP 请求 – 响应机制

物联网应用中经常使用的另一种传输协议是消息排队遥测传输（Message Queuing Telemetry Transport，MQTT），它在 OASIS [33] 中指定。MQTT 遵循发布 – 订阅消息传递机制（见图 13.4）[24, 34]。MQTT 发布者（作为信息源）通过将某些信息发送到 MQTT 代理来发布某些信息。MQTT 订阅者（作为信息接收者）可以通过订阅 MQTT 代理来订阅某些信息。订阅者感兴趣的信息是通过主题名称指定的。每当发布有关某个主题的信息时，代理都会将此信息转发给已订阅该主题的所有订阅者。MQTT 需要有序的无损传输协议，通常利用 TCP/TLS。

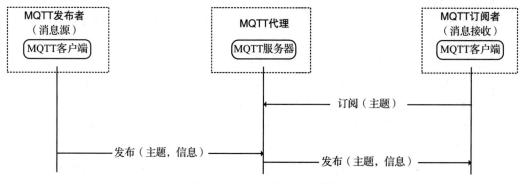

图 13.4   MQTT 发布 – 订阅

除了 CoAP、MQTT 和 HTTP，还有其他用于物联网服务的传输协议。这些协议包括 WebSockets、可扩展通信和表示协议（eXtensible Messaging and Presence Protocol，XMPP）、高级消息排队协议和数据分配服务 [24, 34]。开放移动联盟（OMA）SpecWorks 对传输协议进行了全面的比较 [24]。通常，MQTT 和 CoAP 都是物联网应用程序的主要协议，也是最灵活的协议。两种协议都在不断增加新功能，这使它们更加相似。

CoAP 已经指定了通过 TCP/TLS 和 WebSockets 进行 CoAP 传输的扩展名 [35]，与通过 UDP/DTLS 进行的传输相比，通常可以实现更好的防火墙穿越。CoAP 增加了两个方法：FETCH 和 PATCH [36]，可进一步使客户端能够访问部分资源，如复杂的数据结构。还指定了 OBSERVE 方法 [37]，它允许 CoAP 服务器在一定时间内利用通知使客户端在资源上持续更新。这与发布 – 订阅模型中的资源预订很相似。发布 – 订阅代理的规范正在制定中 [22, 38]，它允许 CoAP 从请求 – 响应交互模型扩展到类似于 MQTT 的发布 – 订阅模型。此外，已经指定了 HTTP-CoAP 网络代理 [22, 39]，它可用于在混合网络场景中实现物联网服务，其中某些设备通过非约束 IP 网络（通过 HTTP）连接，而其他设备则通过受限的 IP 网络（通过 CoAP）连接。CoAP 还定义了一个资源目录，CoAP 服务器可以在其中注册其资源。它充当 CoAP 客户端识别 CoAP 服务器及其资源的集合点。专为可扩展物联网设计的数据模型可用于有效地在受限设备和云服务之间传递信息 [22, 23]，如传感器测量列表 [40]。

MQTT 也在不断发展，以更好地支持物联网用例。文献 [24] 描述了用于传感器网络的一种 MQTT 变体，它针对受限传感器网络进行了优化，并使用 UDP 作为传输协议。

近年来，物联网的安全性受到越来越多的关注。目前是在 UDP 和 TCP 传输连接之上通过 DTLS 和 TLS 提供安全。对于 CoAP，还开发了用于受限 RESTful 环境的对象安全。即使在使用代理或将端到端路径拆分为多个传输段的用例中，它也能提供端到端的安全。IETF 负责约束环境下的认证和授权的工作组[41]开发了相应的解决方案，以实现对在约束环境中工作的物联网资源的授权访问[42]。有关物联网环境中安全请参见文献 [23，43-44]。

13.3.1.2　物联网应用框架

物联网应用程序可以使用物联网协议栈（包括上述转移层、传输层和网络层）来实现 IoT 服务。为了进行信息交换和信息解释，端点之间需要一个通用的数据结构和语义。应用程序框架有助于为物联网应用程序提供标准化且可重用的规范（见图 13.2）。OMA SpecWorks[⊖]为物联网应用程序指定了轻量级的机器间（LwM2M）数据和设备管理协议，该协议以 CoAP 为传输协议[22-23，45-47]。LwM2M 定义了对象和资源模型，如图 13.5 所示。一个设备可以具有多个对象，这些对象代表传感器、执行器或控制器。每个对象可以具有一个或多个描述对象属性的资源。例如，对于传感器，它们可以描述传感器的上限和下限测量范围、电流读数以及在特定时间段内测得的最大值。对象还可以包含设备配置参数，作为设备管理的一部分。IPSO 联盟[⊖]为智能对象及其资源定义了数据模型[22-23，48]。LwM2M 指定设备在整个生命周期内的操作。自动化引导通过引导服务器来定义。注册到 LwM2M 服务器后，LwM2M 服务器可以与设备的对象和资源进行交互，例如进行读取、写入、执行等操作[22，45]。并为信息报告（例如传感器）、设备管理和服务启用定义了交互流程。LwM2M 还定义了设备上运行的固件对象，并允许从固件更新服务器对设备进行固件更新[22，45]。要将大型固件包加载到设备上，可以将固件包划分为多个块，例如 128 字节大小，可以通过 CoAP 的逐块传输将其传输到设备。OMA LwM2M 是物联网应用程序框架的一个突出示例，并且存在多种实现。尽管无须使用 LwM2M 来开发物联网应用程序，但它提供了众多的功能使基于标准化和开放框架的物联网应用程序的开发更简化。

13.3.1.3　物联网链路层适应

物联网设备使用的传输技术通常在功能和性能上受到限制。这主要是由于 IoT 设备要求简单、小型和电池高效。LwM2M 采用例如基于 IPv6 和 UDP/DTLS 的优化的 IP 协议栈，与基于标准 Web 服务的 IP 协议栈相比，大大简化了软件和内存占用，减少了通信开销和处理要求。对于较低端的设备，可能需要将 IoT-IP 堆栈运行在简单的 8 位微控制器上，其中代码大小可能需要大大小于 100 KB，RAM 内存小于 10 KB[22，49-50]。但是，即使进行了这样的优化，某些传输技术（例如 WSN 或某些非授权的低功率广域无线技

⊖　OMA SpecWorks 最初是开放移动联盟。它于 2018 年 3 月与 IPSO 联盟合并，成立了 OMA SpecWorks。

⊖　IPSO 联盟致力于将用于智能对象和 IoT 通信的 IP 推广到非常简单的设备。IPSO 联盟于 2018 年 3 月与开放移动联盟（OMA）合并，组成了 OMA SpecWorks。

术）可能仍然难以支持 IoT 通信。这是由于传输技术可以处理的最大数据包大小明显小于 IPv6 数据包的潜在大小（例如 IEEE 802.15.4 为 127 字节，SigFox 为 12 字节或更小[51]）。IETF 在 IETF 工作组 6lowpan[52]（专注于 IEEE 802.15.4 传输技术）、6lo[53]（研究低功耗蓝牙、蓝牙网状网络以及其他传输技术）、lpwan[54]（研究低功耗广域网技术，例如 SigFox、LoRa、WI-SUN 和 NB-IoT[55]）中指定了支持通过不同传输技术进行物联网服务的 IPv6 数据传输的功能。有关优化见图 13.2 中 IPv6 和相应的传输技术之间的可选适配层。适配层具有以下特征[22-23, 26, 34, 56]：

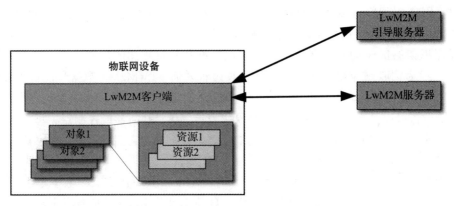

图 13.5　LwM2M 架构协议[22, 45, 47]

- IPv6/UDP[57-59] 和 CoAP[60] 的静态头压缩。
- IPv6 数据包的分段和重组为较小的帧，以便于由底层传输技术处理[57, 59]。

像 IEEE 802.15.4 这样的 WSN 会在短距离内传输。为了提供足够的连接，应用了多跳传输技术。在 IETF 有损和低功耗网络中的路由（Routing Over Lossy and Low-power networks，ROLL）工作组[62]中为此指定了路由协议 RPL[61]。

13.3.2　高级服务功能和算法

推动物联网发展的技术因素是新服务功能和算法的出现，见图 13.1。如果物联网主要是为了连接智能设备并让它们交换数据，那么物联网的好处并没有真正体现出来。它真正的意义在于从物联网连接和信息交换中创造新的价值。物联网服务的重要推动力是数据分析和推理。提供简单和低成本连接意味着可以轻松收集有关实物资产的信息。许多物联网服务利用此功能进行资产状况监视和跟踪，并从中获得价值。例如，可以监视租赁自行车队，可以跟踪自行车的位置和使用情况。数据还可以用于健康监控，其中可以将收集的数据与参考测量的大数据集进行比较，以识别异常。它可以用于监视牲畜、工业设备或其他用例。例如，罗尔斯·罗伊斯（Rolls Royce）在 2018 年推出了一项新服务，用于在运行过程中监控喷气发动机，以进行预测性维护（根据健康状况数据估算何时需要维护）和优化运行[63-64]。过去几年中，数据分析、推理和机器学习的巨大进步使在不断增长的应用领域中开发更有意义的物联网服务成为可能。存在着不同的机器学习技术[65-68]，如监督学习、无监督学习或强化学习等。总体原则是，机器学习算法会建立样本数据的数学模型，该模型可用于预测或决策，而无须经过明确编程即可执行任务。尽管在过去的几十年中已经部分地开发了机器学习的原理，但随着数据可用性的提高以及计算能力的巨大提高，机器学习在近几年取得了长足的进步。从大数据集的统计分析到社会行为的决策学习，应用领域非常广泛[69]。在实际实现中，可以区分出机器学习的复杂性和动态性。一方面，可以在大型数据集中收集同类型的数据，并将其输入数据模型以挖掘深层次的价值，例如检测异常模式或异常（如用于预测性维护）。在其他用例中，对大型系统进行分析通常需要进行一些层次分解。可以在不同位置收集数据，数据可以是异构的，并且可以进行多种目的的数据分析。大型系统通常是分布式的，例如制造系统和工厂、智能运输系统或大型网络的运行[66-67, 70-71, 107-108]。在这样的系统中，机器推理和机器学习通常被用来得出决策以操作或控制系统的各个部分[72]。此类系统通常称为信息物理系统，我们将在后面介绍。某些数据处理可能会在本地进行，需要在本地合并数据；其他数据可能是集中的；本地学习可以融入更多的全球综合数据[71]。这样的系统建立在分布式计算架构上。从离线分析到实时推理和控制，可以在系统的不同级别上获得对数据的洞察，并且可以具有不同的动态属性。文献 [71] 中描述了一些机器学习的挑战和研究方向。在实时决策中，必须对实时流数据进行预测、模型更新和推断。集中式云中的处理通常不够有效，处理必须更接近数据生成的位置。在分布式分散智能中，推理是在不同的级别和位置进行的。本地学习可能因数据集较小而产生偏差。通过例如联邦学习，可以通过对齐多个本地数据模型来增加本地级别的数据集规模[71]。机器学习的新服务有广泛的应用场景。物联网是收集和分发数据点以及推断控制决策的驱动因素。

在分析、操作和过程优化中，信息物理系统的概念受到了广泛关注。对于信息物理系统，将为物理组件创建基于模型的虚拟表示，并使用来自实际系统的传感器测量值进行实时更新。这种数字化表示通常被称为数字孪生[73-74]。物理系统的控制和操作可以很大程度上转移到数字化表示中，并且通过嵌入到实际系统中的执行器来执行转向和控制。数字孪生和信息物理系统的概念在制造领域即信息物理生产系统中首次提出来[73, 75-76]。它可以应用于生产系统的不同生命周期阶段，在虚拟空间而不是物理世界中更有效地执行操作。在生产计划阶段，为了验证配置并优化资源使用，可以在虚拟域中对生产系统的各种配置进行仿真，以对应真实的生产过程，从而选择在物理世界中应用的最佳方案。在生产过程中，将监视虚拟模型与物理系统之间的一致性。不仅可以识别故障，而且可以对模型进行完善和校准，并且可以调整生产过程。生产后，可以维护基于虚拟模型的产品历史记录，以便以后进行维护或故障分析。基于数字孪生的信息物理系统是一个活跃的研究领域，例如，如何实时控制和优化生产（文献 [77] 中给出了一个示例），或者如何将机器学习应用于故障分析，其中从生产过程中收集的数据训练了故障诊断模型[78]。

数字孪生的概念正在扩展到生产系统以外的其他领域。其他示例包括智能电网的管理和控制或远程操作[79-82]。

最后，支持物联网开发和应用的一种技术趋势是云计算。这主要归因于两个方面：实现物联网服务的简便性和可扩展的且易于访问的高级服务的计算能力。对于广泛的物联网应用程序，需要部署、集成解决方案，尤其是能够以轻量级的方式进行操作以实现经济可行性。对于主要基于感知和监视某些状态的物联网服务，例如监视免费停车位、跟踪租赁的自行车车队等，如果提供物联网服务需要物联网终端用户安装并运行服务器来托管后端服务，而且要求该服务器需要不间断地连接到互联网并通过系统升级、安全补丁等进行维护。这对许多用例而言是不可行的。对于计算能力和内存存储需求通常需要控制在适度范围的用例，这就更困难了。云计算作为可扩展的即服务模型提供了对计算和存储的访问，包括与互联网的连接。这大大减少了新物联网服务的引入障碍。通过使用 13.3.1.2 节中所述的物联网应用程序框架，可以进一步简化服务引入。例如，如果物联网协议栈顶部的 LwM2M 服务层（可能还带有集成的数据分析工具箱）随时可用，就可以与云服务产品一起作为软件包提供。

云计算用于物联网服务的另一个领域是高级计算功能。数据分析的能力在不断增长，基于模型的机器学习的大数据分析为物联网提供了新的价值服务。但是，其中一些对计算和内存有很高的要求，而云计算解决方案可以很好地解决这些需求。物联网用例不仅需要数据收集、数据分析和推理方法，还需要高级计算功能，但物联网用例还可以提供控制并与物理系统（如信息物理系统）直接交互。在这样的系统中，计算基础设施对于系统操作至关重要，并且它正从一种将大多数计算作为嵌入式计算分布的计算方式迁移到将某些计算集中在云平台上的方式。云计算平台本身也在不断发展。最初的云计算范例是建立在数量有限的高度集中的云计算数据中心上的，可以以最有效和最具成本效益的方式组织计算和存储。但是，分布式云平台的趋势仍在持续，这一方面是由于云计算能力的增长和扩展以满足不断增长的需求，另一方面是由于对云服务的新要求。此类要求是实时交互功能，其中计算平台需要与物理系统接近，而且还要有可用性和可生存性，但不能依赖数据中心的高可用性网络连接。从一些大型数据中心到许多分布式小型数据中心，甚至单个设备（如网关）的方式通常称为边缘计算或雾计算。分布式云计算的一个示例是云机器人技术，它将机器人的实时控制转移到云计算平台[83-84]。

13.4   工业物联网

工业物联网（IIoT）是物联网中受到广泛关注的一个领域。它可以广义地描述为在工业环境中应用 IoT 方法，即支持工业部门的数字化转型，例如制造业、流程工业、能源分配等。通用电气的 Annunziata 和 Evans 在 2012 年 11 月发表了具有里程碑意义的白皮书[85]。在白皮书中，他们将计算、连接和分析技术与工业系统（即"旋转的事物"）相结合来定义工业互联网。他们描述了"1%的力量",即如果工业互联网可以使航空、电力、医疗保健、铁路、石油和天然气等领域的工业系统实现1%的效率提升,那么全球15年的总节省积累起来将是2760亿美元。2012—2030年期间工业互联网的全球总收益估计为15万亿美元。2014年,AT & T、思科、通用电气、IBM和英特尔成立了工业互联网联盟(Industrial Internet Consortium,IIC),以促进工业互联网,IIC致力于发展生态系统,建立通用的参考架构,输出相应文档[86]。截至2019年3月,IIC拥有200多个创始和贡献会员,它涵盖了广泛的工业领域,例如能源、医疗保健、采矿、制造业、零售、运输和智慧城市。工业互联网起始于2011年4月德国发起的工业4.0或第四次工业革命。2015年,在德国政府以及信息和电信行业(Bitkom)、机械工程行业(VDMA)以及电气和电子制造商(ZVEI)行业协会的领导下,建立了工业4.0平台[87]。工业4.0的范围与上面为工业互联网描述的范围相似,但重点在于制造领域的工业。2018年4月,5G工业互联和自动化联盟(5G Alliance for Connected Industries and Automation,5G-ACIA)成立,作为全球中央论坛,讨论如何将5G移动通信应用于工业物联网[88]。5G-ACIA汇集了来自运营领域和信息与通信领域的成员。

　　IIoT与面向消费者的IoT的不同之处在于,在许多工业用例中,IIoT是关键系统操作的一部分。错误操作的后果最坏可能导致生产停顿、断电等。因此,超高的可靠性和可用性、弹性以及网络安全是成功采用IIoT的前提条件。许多IIoT用例对实时功能也有苛刻的要求,例如实时控制操作或安全警报的情况、工业制造或智能电网中的故障保护。如今,许多工业系统于外界都是隔离的,并且在未来将部分延续下去,因而单独实现工业内联网是可能的。

但是,即使对于隔离的系统,采用标准化的IIoT协议栈也是有益的。标准化的IIoT协议栈可以被许多行业参与者使用,从而成为开放互操作标准,并实现规模经济而又不会造成市场分散。可以预见,IIoT的确会增加企业内部原本隔离的工业系统的互连互通。例如,可以将入库和出库物流集成到生产计划流程中。

　　IIC和德国Plattform Industrie 4.0都分别为工业物联网[89]和工业4.0(后者为DIN规范91345[90])开发和发布了参考体系结构。工业4.0参考体系结构模型(Reference Architecture Model Industry 4.0,RAMI4.0)从3个维度(体系结构、生命周期和层级结构)分别描述了其中的系统元素,请参见图13.6。

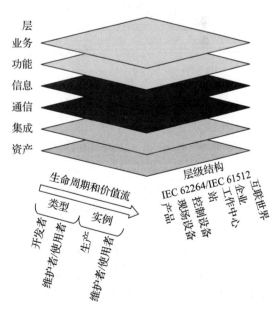

图13.6　根据文献[90]的工业4.0参考体系结构模型

- 体系结构将资产或资产组合的功能分类，并包含以下层：业务（业务流程等）、功能（资产提供的功能）、信息（资产提供的信息）、通信（如何访问信息）、集成（数字表示）和资产（物理对象）。资产层表示物理资产，集成层表示物理对象与一组描述物理世界资产的信息之间的映射，从而从物理世界过渡到数字世界。
- 生命周期描述了资产在生命周期的特定时刻的状态，生命周期从资产的开发、生产、使用和维护到最终的报废和退役。
- 层级结构基于工厂的现有体系结构模型并对其进行扩展，该结构模型在历史上曾经进行自动化结构改造。它包含要制造的产品、工厂中的现场设备、控制设备、工作站和工作中心，直至集成了企业控制系统，以及超出企业边界的互联世界，通过这个互联世界可以与其他工厂的设施进行互通。

RAMI4.0 中的一个重要元素是管理壳[90]，见图 13.7。它是物理对象和工业 4.0（I4.0）系统之间的接口。管理壳程序存储有关资产的数据和信息，并用作与其他资产的通信接口。换句话说，管理壳将组件转移到 I4.0 兼容组件中。具有管理壳的所有组件都可以根据 I4.0 定义的方法和语义在它们之间进行通信和交互。

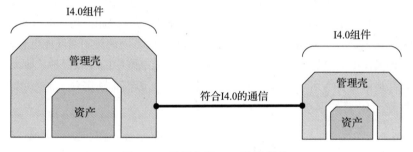

图 13.7   根据文献 [90] 的管理壳

IIC 定义的工业互联网参考体系结构与 RAMI4.0 不同，因为工业互联网的范围比 RAMI4.0 中的范围要广得多，RAMI4.0 的重点是制造业。文献 [91] 对两种参考体系结构进行了比较和总结。

IIC 和 Plattform Industrie 4.0 描述了 IIoT 的连接和组网。IIC 定义了连接框架[92]，并总结了 IIoT 的工业联网[93]。Plattform Industrie 4.0 在几本白皮书中对 IIoT 网络[94-96]进行介绍。如图 13.2 所示，工业物联网与（更面向消费者的）物联网协议栈之间的区别是，工业物联网需要一些额外的通信技术支持。在网络和传输方面，工业物联网使用了许多不同的工业现场总线技术。这些功能可以在工业实时控制中以非常低的时延实现可靠的通信，而不同的现场总线技术无法互通。引起广泛关注的一项技术是时间敏感网络（TSN），它对 IEEE 802.1 和 802.3 中定义的标准以太网技术进行了扩展。TSN 在标准以太网之上提供确定性通信，具有非常低的时延，避免了与拥塞有关的数据包丢失并具有高可靠性[97-104]。因此，可以在工厂范围的以太网网络之上提供关键的实时工业通信，而无须在工厂的不同部分中部署特定的现场总线。同时，TSN 作为 IEEE 以太网标准的一部分，是开放和可互操作的。TSN 有望在未来取代许多现场总线技术[92, 104-105]。

　　另外的对工业物联网特别重要的通信技术是在传输层和应用层方面（见图 13.2）。经常提及的两种此类技术分别是数据分发服务[92]和开放平台通信统一架构（Open Platform Communications Unified Architecture，OPC UA）。特别是 OPC UA 被公认为工业通信的领先通信技术之一，尤其是它可与 TSN 结合使用来完成确定性实时传输[104-106]。OPC UA 通常用于自动化要求较高的制造业中的数据访问，例如企业资源计划、制造执行系统或监督控制和数据采集[104]。OPC UA 允许通过基于客户端 - 服务器模型进行数据交换，并且最近又增加了发布 - 订阅功能。此外，OPC UA 还定义了数据模型和其他服务[104]。

参考文献

[1] M. Weiser, R. Gold, J. S. Brown. The origins of ubiquitous computing research at PARC in the late 1980s. IBM Syst. J., December 1999, Vol. 38, No. 4.

[2] S. Kurkovsky. Pervasive computing: past, present and future. In: Proceedings 5th international conference on information and communications technology, Cairo, Egypt, 2007.

[3] A. Schmidt. Ubiquitous computing: are we there yet? Computer, February 2010.

[4] M. Weiser. The computer for the twenty-first century. Scientific American, September 1991.

[5] T. A. Henzinger, J. Sifakis. The discipline of embedded systems design. Computer. October 2007. https://doi.org/10.1109/MC.2007.364.

[6] R. Gao, L. Zhang. Micromachined microsensors for manufacturing. IEEE Instrumentation & Measurement Magazine. June 2004. https://doi.org/10.1109/MIM.2004.1304562.

[7] A. A. Barlian, W. Park, J. R. Mallon, A. J. Rastegar, B. L. Pruitt. Semiconductor Piezoresistance for Microsystems. Proceedings of the IEEE 2006, Vol. 97, No. 3, 513—52, March-April 2009. http://ieeexplore.ieee.org/stamp/stamp.jsp?tp=&arnumber=4811093&isnumber=4808261.

[8] D. K. Shaeffer. MEMS inertial sensors: a tutorial overview. IEEE Commun. Mag, April 2013. https://doi.org/10.1109/MCOM.2013.6495768.

[9] J. Bryzek et al. Marvelous MEMS, IEEE circuits and devices magazine, March—April 2006. https://doi.org/10.1109/MCD.2006.1615241.

[10] L. Li. Applications of MEMS actuators in micro/nano robotic manipulators. In: Proceedings 2nd international conference on computer engineering and technology, Chengdu, China, 2010. https://doi.org/10.1109/ICCET.2010.5485670.

[11] M. Ku, W. Li, Y. Chen, K. J. Ray Liu. Advances in energy harvesting communications: past, present, and future challenges. IEEE Communications Surveys & Tutorials, Second quarter 2016. https://doi.org/10.1109/COMST.2015.2497324.

[12] I. F. Akyildiz, W. Su, Y. Sankarasubramaniam, E. Cayirci. A survey on sensor networks. IEEE Commun. Mag., August 2002, Vol. 40, No. 8.

[13] A. Willig. Recent and emerging topics in wireless industrial communications: a selection. IEEE Transactions on Industrial Informatics, May 2008, Vol. 4, No. 2, 102—24.

[14] B. Galloway, G. P. Hancke. Introduction to industrial control networks. IEEE Communications Surveys & Tutorials, Second Quarter 2013. https://doi.org/10.1109/SURV.2012.071812.00124.

[15] P. Gaj, J. Jasperneite, M. Felser. Computer communication within industrial distributed environment—a survey. IEEE Transactions on Industrial Informatics, February 2013. https://doi.org/10.1109/TII.2012.2209668.

[16] P. Danielis et al. Survey on real-time communication via ethernet in industrial automation environments. In: 2014 IEEE emerging technology and factory automation (ETFA), Barcelona, 2014. https://doi.org/10.1109/ETFA.2014.7005074.

[17] T. Sauter, M. Lobashov. How to access factory floor information using internet technologies and gateways. IEEE Transactions on Industrial Informatics, November 2011. https://doi.org/10.1109/TII.2011.2166788.

[18] M. Wollschlaeger, T. Sauter, J. Jasperneite. The future of industrial communication: automation networks in the era of the internet of things and industry 4.0. IEEE Industrial Electronics Magazine, March 2017. https://doi.org/10.1109/MIE.2017.2649104.

[19] J. L. Messenger. Time-sensitive networking: an introduction. IEEE Communications Standards Magazine, June 2018. https://doi.org/10.1109/MCOMSTD.2018.1700047.

[20] D. Bruckner, et al. "An introduction to OPC UA TSN for industrial communication systems," in Proceedings of the IEEE. doi: 10.1109/JPROC.2018.2888703

[21] Internet Engineering Task Force (IETF). Request for comments 3986, uniform resource identifier (URI): generic syntax, January 2005. https://datatracker.ietf.org/doc/rfc3986/.

[22] V. Tsiatsis, S. Karnouskos, J. Höller, D. Boyle, C. Mulligan. Internet of things — technologies and applications for a new age of intelligence. 2nd ed. Academic Press, 2019, ISBN 978-0-12-814435-0.

[23] C. Lundqvist, A. Keränen, B. Smeets, J. Fornehed, C. R. B. Azevedo, P. Von Wrycza. Key technology choices for optimal massive IoT devices. Ericsson Technology Review, January 2019. https://www.ericsson.com/en/ericsson-technology-review/archive/2019/key-technology-choices-for-optimal-massive-iot-devices.

[24] Open Mobile Alliance SpecWorks (OMA SpecWorks). Report, internet of things protocol comparison, October 2018. Available at: https://www.omaspecworks.org/develop-with-oma-specworks/ipso-smart-objects/ip_for_smart_object_publications/.

[25] Internet Engineering Task Force (IETF). Internet-Draft, QUIC: a UDP-based multiplexed and secure transport, draft-ietf-quic-transport-19, March 11, 2019. https://datatracker.ietf.org/doc/draft-ietf-quic-transport/.

[26] I. Ishaq, D. Carels, G. K. Teklemariam, J. Hoebeke, F. Van den Abeele, E. De Poorter, I. Moerman, P. Demeester. IETF standardization in the field of the internet of things (IoT): a survey. J. Sens. Actuator Netw, April 2013, Vol. 2, No. 2, 235–87.

[27] Internet Engineering Task Force (IETF). Request for comments 2616, hypertext transfer protocol – HTTP/1.1, June 1999. https://datatracker.ietf.org/doc/rfc2616/.

[28] Internet Engineering Task Force (IETF). Request for comments 7540, hypertext transfer protocol version 2 (HTTP/2), May 2015. https://datatracker.ietf.org/doc/rfc7540/.

[29] Internet Engineering Task Force (IETF). Request for comments 7252, the constrained application protocol (CoAP), June 2014. https://datatracker.ietf.org/doc/rfc7252/.

[30] C. Bormann, A. P. Castellani, Z. Shelby CoAP: an application protocol for billions of tiny internet nodes. IEEE Internet Computing, March-April. https://doi.org/10.1109/MIC.2012.29.

[31] R. T. Fielding. Architectural styles and the design of network-based software architectures. Doctoral dissertation. Irvine: University of California, 2000. https://www.ics.uci.edu/~fielding/pubs/dissertation/fielding_dissertation.pdf.

[32] Wikipedia, Representational state transfer. https://en.wikipedia.org/w/index.php?title=Representational_state_transfer&oldid=884405762, February 25, 2019.

[33] OASIS standard, message queuing Telemetry transport (MQTT) version 3.1.1 plus errata 01. December 2015. http://docs.oasis-open.org/mqtt/mqtt/v3.1.1/mqtt-v3.1.1.html.

[34] A. Al-Fuqaha, M. Guizani, M. Mohammadi, M. Aledhari, M. Ayyash Internet of things: a survey on enabling technologies, protocols, and applications. IEEE Communications Surveys & Tutorials, Fourthquarter 2015. https://doi.org/10.1109/COMST.2015.2444095.

[35] Internet Engineering Task Force (IETF). Request for comments 8323, CoAP (constrained application protocol) over TCP, TLS, and WebSockets. February 2018. https://datatracker.ietf.org/doc/rfc8323/.

[36] Internet Engineering Task Force (IETF). Request for comments 8132, PATCH and FETCH methods for the constrained application protocol (CoAP), April 2017. https://datatracker.ietf.org/doc/rfc8132/.

[37] Internet Engineering Task Force (IETF). Request for comments 7641, observing resources in the constrained application protocol (CoAP), September 2015. https://datatracker.ietf.org/doc/rfc7641/.

[38] Internet Engineering Task Force (IETF). Internet-Draft, publish-subscribe broker for the constrained application protocol (CoAP), draft-ietf-core-coap-pubsub-08. March 11, 2019. https://tools.ietf.org/html/draft-ietf-core-coap-pubsub-08.

[39] Internet Engineering Task Force (IETF). Request for comments 8075, guidelines for mapping implementations: HTTP to the constrained application protocol (CoAP), February 2017. https://datatracker.ietf.org/doc/rfc8075/.

[40] Internet Engineering Task Force (IETF). Request for comments 8428, sensor measurement lists (SenML). August 2018. https://datatracker.ietf.org/doc/rfc8428/.

[41] Internet Engineering Task Force (IETF), Working Group. Authentication and authorization for constrained en-

vironments (ace). March 2019. https://datatracker.ietf.org/wg/ace/about/.

[42] Internet Engineering Task Force (IETF). Internet-Draft, authentication and authorization for constrained environments (ACE) using the OAuth 2.0 framework (ACE-OAuth), draft-ietf-ace-oauth-authz-24. March 27, 2019. https://tools.ietf.org/html/draft-ietf-ace-oauth-authz-24.

[43] K. Mononen, P. Teppo, T. Suihko. End-to-end security management for the IoT, Ericsson Technology Review. November 2017. https://www.ericsson.com/en/ericsson-technology-review/archive/2017/end-to-end-security-management-for-the-iot.

[44] Ericsson. White paper, IoT security − protecting the networked society. June 2017. https://www.ericsson.com/en/white-papers/iot-security-protecting-the-networked-society.

[45] OMA SpecWorks. Technical specification, lightweight machine to machine technical specification: core, approved version: 1.1. July 10, 2018. Available at: http://openmobilealliance.org/wp/index.html.

[46] OMA SpecWorks. Technical specification, lightweight machine to machine technical specification: transport bindings, approved version: 1.1. July 10, 2018. Available at: http://openmobilealliance.org/wp/index.html.

[47] J. Prado. OMA lightweight M2M resource model. In: Position paper, internet architecture board − IoT semantic interoperability workshop, San Jose, USA, March 17−18, 2016. Available at: https://www.iab.org/activities/workshops/iotsi/.

[48] J. Jimenez, M. Kostery, H. Tschofenig. IPSO smart objects. In: Position paper, internet architecture board − IoT semantic interoperability workshop, San Jose, USA, March 17−18, 2016. Available at: https://www.iab.org/activities/workshops/iotsi/.

[49] Internet Engineering Task Force (IETF). Request for comments 7228, terminology for constrained-node networks. May 2014. https://datatracker.ietf.org/doc/rfc7228/.

[50] Internet Engineering Task Force (IETF). Internet draft, terminology for constrained-node networks, version 03. July 2018. https://tools.ietf.org/html/draft-bormann-lwig-7228bis-03.

[51] Internet Engineering Task Force (IETF). Internet-Draft, SCHC over Sigfox LPWAN, version 5, draft-zuniga-lpwan-schc-over-sigfox-05. November 05, 2018. https://datatracker.ietf.org/doc/draft-zuniga-lpwan-schc-over-sigfox/.

[52] Internet Engineering Task Force (IETF). Working Group, IPv6 over Low power WPAN (6lowpan), March 1, 2019. https://datatracker.ietf.org/wg/6lowpan/about/. https://datatracker.ietf.org/wg/lpwan/about/.

[53] Internet Engineering Task Force (IETF). Working Group, IPv6 over networks of resource-constrained nodes (6lo), March 1, 2019. https://datatracker.ietf.org/wg/6lo/about/.

[54] Internet Engineering Task Force (IETF). Working Group, IPv6 over low power wide-area networks (lpwan), March 1, 2019.

[55] Internet Engineering Task Force (IETF). Request for comments 8376, low-power wide area network (LPWAN) overview. May 2018. https://datatracker.ietf.org/doc/rfc8376/.

[56] M. R. Palattella, N. Accettura, X. Vilajosana, T. Watteyne, L. A. Grieco, G. Boggia, M. Dohler, Standardized protocol stack for the internet of (important) things, IEEE Communications Surveys & Tutorials (Third Quarter 2013). https://doi.org/10.1109/SURV.2012.111412.00158.

[57] Internet Engineering Task Force (IETF). Request for comments 4944, transmission of IPv6 packets over IEEE 802.15.4 networks. September 2007. https://datatracker.ietf.org/doc/rfc4944/.

[58] Internet Engineering Task Force (IETF). Request for comments 6282, compression format for IPv6 datagrams over IEEE 802.15.4-based networks. September 2011. https://datatracker.ietf.org/doc/rfc6282/.

[59] Internet Engineering Task Force (IETF). Internet-Draft, LPWAN static context header compression (SCHC) and fragmentation for IPv6 and UDP, version 18, draft-ietf-lpwan-ipv6-static-context-hc-18. December 14, 2018. https://datatracker.ietf.org/doc/draft-ietf-lpwan-ipv6-static-context-hc/.

[60] Internet Engineering Task Force (IETF). Internet-Draft, LPWAN static context header compression (SCHC) for CoAP, version 6, draft-ietf-lpwan-coap-static-context-hc-06. February 05, 2019. https://datatracker.ietf.org/doc/draft-ietf-lpwan-coap-static-context-hc/.

[61] Internet Engineering Task Force (IETF). Request for comments 6550, RPL: IPv6 routing protocol for low-power and lossy networks. March 2012. https://datatracker.ietf.org/doc/rfc6550/.

[62] Internet Engineering Task Force (IETF). Working Group, Routing over Low power and Lossy networks (roll), March 1, 2019. https://datatracker.ietf.org/wg/roll/about/.

[63] https://www.flightglobal.com/news/articles/insight-from-rolls-royce-pioneering-the-intelligent-450103/, March 2019.

[64] https://www.rolls-royce.com/media/press-releases/2018/05-02-2018-rr-launches-intelligentengine.aspx, March 2019.

[65] P. Louridas, C. Ebert. Machine learning. IEEE software, September—October 2016, Vol. 33, No. 5.

[66] Z. M. Fadlullah, et al. State-of-the-Art deep learning: evolving machine intelligence toward tomorrow's intelligent network traffic control systems. IEEE communications surveys & tutorials, Fourthquarter 2017, Vol. 19, No. 4, p. 2432—55. https://doi.org/10.1109/COMST.2017.2707140.

[67] D. Rafique, L. Velasco. Machine learning for network automation: overview, architecture, and applications [Invited Tutorial]. IEEE/OSA journal of optical communications and networking, October 2018, Vol. 10, No. 10, p. D126—43. https://doi.org/10.1364/JOCN.10.00D126.

[68] I. Arel, D. C. Rose, T. P. Karnowski. Deep machine learning - a new frontier in artificial intelligence research [research frontier]. IEEE computational intelligence magazine, November 2010, Vol. 5, No. 4, p. 13—8. https://doi.org/10.1109/MCI.2010.938364.

[69] Y. Chen, C. Jiang, C. Wang, Y. Gao, K. J. R. Liu. Decision Learning: data analytic learning with strategic decision making. IEEE signal processing magazine, January 2016, Vol. 33, No. 1, p. 37—56. https://doi.org/10.1109/MSP.2015.2479895.

[70] A. V. Feljan, A. Karapantelakis, L. Mokrushin, R. Inam, E. Fersman, C. R. B. Azevedo, K. Raizer, R. S. Souza. Tackling IoT complexity with machine intelligence. Ericsson Technology Review April 2017. Available at: https://www.ericsson.com/en/ericsson-technology-review/archive/2017/tackling-iot-complexity-with-machine-intelligence.

[71] Ericsson white paper. Artificial intelligence and machine learning in next-generation systems. available at: https://www.ericsson.com/en/white-papers/machine-intelligence, May 2018.

[72] X. Xu, Q. Hua. Industrial big data analysis in smart factory: current status and research strategies. IEEE Access, 2017, Vol. 5, p. 17543—51. https://doi.org/10.1109/ACCESS.2017.2741105.

[73] F. Tao, M. Zhang. Digital twin shop-floor: a new shop-floor paradigm towards smart manufacturing. IEEE access, 2017, Vol. 5, p. 20418—27. https://doi.org/10.1109/ACCESS.2017.2756069.

[74] K. M. Alam, A. El Saddik. C2PS: a digital twin architecture reference model for the cloud-based cyber-physical systems. IEEE access, 2017, Vol. 5, p. 2050—62. https://doi.org/10.1109/ACCESS.2017.2657006.

[75] M. Grieves. Digital twin: manufacturing excellence through virtual factory replication. White Paper, 2014 [Online]. Available: https://research.fit.edu/media/site-specific/researchfitedu/camid/documents/1411.0_Digital_Twin_White_Paper_Dr_Grieves.pdf.

[76] Q. Qi, F. Tao. Digital twin and big data towards smart manufacturing and industry 4.0: 360 degree comparison. IEEE access, 2018, Vol. 6, p. 3585—93. https://doi.org/10.1109/ACCESS.2018.2793265.

[77] R. Zhao et al. Digital twin-driven cyber-physical system for autonomously controlling of micro punching system. IEEE access, 2019, Vol. 7, p. 9459—69. https://doi.org/10.1109/ACCESS.2019.2891060.

[78] Y. Xu, Y. Sun, X. Liu, Y. Zheng. A digital-twin-assisted fault diagnosis using deep transfer learning. IEEE access, 2019, Vol. 7, p. 19990—9. https://doi.org/10.1109/ACCESS.2018.2890566.

[79] J. Sachs et al. Adaptive 5G low-latency communication for tactile internet services. Proceedings of the IEEE, Februay 2019, Vol. 107, No. 2, p. 325—49. https://doi.org/10.1109/JPROC.2018.2864587.

[80] O. Holland, et al. The IEEE 1918.1 "tactile internet" standards working group and its standards. Proceedings of the IEEE, February 2019, Vol. 107, No. 2, p. 256—79. https://doi.org/10.1109/JPROC.2018.2885541.

[81] H. Laaki, Y. Miche, K. Tammi. Prototyping a digital twin for real time remote control over mobile networks: application of remote surgery. IEEE access, 2019, Vol. 7, p. 20325—36. https://doi.org/10.1109/ACCESS.2019.2897018.

[82] A. El Saddik. Digital twins: the convergence of multimedia technologies. IEEE MultiMedia, April—June 2018, Vol. 25, No. 2, p. 87—92. https://doi.org/10.1109/MMUL.2018.023121167.

[83] M. Puleri, R. Sabella, A. Osseiran. Cloud robotics: 5G paves the way for mass-market automation. Ericsson Technology Review, June 2016. https://www.ericsson.com/en/ericsson-technology-review/archive/2016/cloud-robotics-5g-paves-the-way-for-mass-market-automation.

[84] R. Sabella, A. Thuelig, M. Chiara Carrozza, M. Ippolito. Industrial automation enabled by robotics, machine intelligence and 5G, Ericsson Technology Review. February 2018. https://www.ericsson.com/en/ericsson-technology-review/archive/2018/industrial-automation-enabled-by-robotics-machine-intelligence-and-5g.

[85] M. Annunziata, P. C. Evans. General electric, industrial internet: pushing the boundaries of minds and machines. November 26, 2012. https://www.ge.com/docs/chapters/Industrial_Internet.pdf.

[86] Industrial internet consortium. https://www.iiconsortium.org/, March 2019.

[87] Plattform industrie 4.0. https://www.plattform-i40.de/, March 2019.

[88] 5G alliance for connected and industries and automation (5G-ACIA). https://www.5g-acia.org/, March 2019.

[89] Industrial Internet Consortium. The industrial internet of things, reference architecture. January 2017. Available at: https://www.iiconsortium.org/IIRA.htm.

[90] DIN specification 91345, reference architecture model industrie 4.0 (RAMI4.0), English translation. April 2016. Available at: https://www.din.de/en/about-standards/din-spec-en/current-din-specs/wdc-beuth:din21:250940128.

[91] Industrial internet consortium and industrie Plattform 4.0, white paper, architecture alignment and interoperability - an industrial internet consortium and Plattform industrie 4.0 joint whitepaper. December 2017. Available at: https://www.iiconsortium.org/iic-i40-joint-work.htm.

[92] Industrial Internet Consortium. The industrial internet of things, connectivity framework. February 2018. Available at: https://www.iiconsortium.org/IICF.htm.

[93] Industrial Internet Consortium. White paper, industrial networking enabling IIoT communication. August 2018. Available at: https://www.iiconsortium.org/white-papers.htm.

[94] Plattform industrie 4.0, network-based communication for industrie 4.0. April 2016.

[95] Plattform industrie 4.0, network-based communication for industrie 4.0 — proposal for an administration shell. November 2016.

[96] Plattform industrie 4.0, secure communication for industrie 4.0. November 2016.

[97] N. Finn. Introduction to time-sensitive networking. IEEE communications standards magazine, June 2018, Vol. 2, No. 2, p. 22−8. https://doi.org/10.1109/MCOMSTD.2018.1700076.

[98] J. L. Messenger. Time-sensitive networking: an introduction. IEEE communications standards magazine, June 2018, Vol. 2, No. 2, p. 29−33. https://doi.org/10.1109/MCOMSTD.2018.1700047.

[99] C. Simon, M. Maliosz, M. Mate. Design aspects of low-latency services with time-sensitive networking. IEEE communications standards magazine, June 2018, Vol. 2, No. 2, p. 48−54. https://doi.org/10.1109/MCOMSTD.2018.1700081.

[100] W. Steiner, S. S. Craciunas, R. S. Oliver. Traffic planning for time-sensitive communication. IEEE communications standards magazine, June 2018, Vol. 2, No. 2, p. 42−7. https://doi.org/10.1109/MCOMSTD.2018.1700055.

[101] M. Wollschlaeger, T. Sauter, J. Jasperneite. The future of industrial communication: automation networks in the era of the internet of things and industry 4.0. IEEE industrial electronics magazine, March 2017, Vol. 11, No. 1, p. 17−27. https://doi.org/10.1109/MIE.2017.2649104.

[102] W. Steiner et al. Next generation real-time networks based on IT technologies. In: 2016 IEEE 21st international conference on emerging technologies and factory automation (ETFA), Berlin, 2016, p. 1−8. https://doi.org/10.1109/ETFA.2016.7733580.

[103] S. Kehrer, O. Kleineberg, D. Heffernan. A comparison of fault-tolerance concepts for IEEE 802.1 Time Sensitive Networks (TSN). In: Proceedings of the 2014 IEEE emerging technology and factory automation (ETFA), Barcelona, 2014. p. 1−8. https://doi.org/10.1109/ETFA.2014.7005200.

[104] D. Bruckner et al. An introduction to OPC UA TSN for industrial communication systems. Proceedings of the IEEE, 2019. https://doi.org/10.1109/JPROC.2018.2888703.

[105] P. Drahoš, E. Kučera, O. Haffner, I. Klimo. Trends in industrial communication and OPC UA. In: 2018 cybernetics & informatics (K&I), lazy pod makytou, 2018. p. 1−5. https://doi.org/10.1109/CYBERI.2018.8337560.

[106] A. Eckhardt, S. Müller, L. Leurs. An evaluation of the applicability of OPC UA publish subscribe on factory automation use cases. In: IEEE 23rd international conference on emerging technologies and factory automation (ETFA), Turin, 2018. p. 1071−4. https://doi.org/10.1109/ETFA.2018.8502445.

[107] H. Xu, W. Yu, D. Griffith, N. Golmie. A survey on industrial internet of things: a cyber-physical systems perspective. IEEE access, 2018, p. 78238−59. https://doi.org/10.1109/ACCESS.2018.2884906.

[108] V. K. L. Huang, Z. Pang, C. A. Chen, K. F. Tsang. New trends in the practical deployment of industrial wireless: from noncritical to critical use cases. IEEE industrial electronics magazine, June 2018, Vol. 12, No. 2, p. 50−8. https://doi.org/10.1109/MIE.2018.2825480.

第 14 章

5G 与未来

摘　要

本章对 5G 之后的移动网络进行展望。探讨了后 5G 时代的标准化演进和时间表。讨论了蜂窝物联网的发展，包括大规模物联网、关键物联网、宽带物联网和工业物联网等领域。

目前（2019 年 4 月）遵从 3GPP 规范的移动通信网络，除了为网络社会提供增强型移动宽带服务之外，还为蜂窝物联网奠定了坚实的基础。长期演进（LTE）技术将在未来许多年内继续作为全球移动网络中的主要无线接入技术，但是预计基于 5G 新型无线接入技术的网络将快速引入，到 2024 年将有 15 亿 5G 用户[1]。这些网络可满足广泛的蜂窝物联网（IoT）场景和要求，从而支持大规模 IoT 应用程序以及关键 IoT 服务。LTE-M 和窄带物联网（NB-IoT）是蜂窝网络中大规模物联网的技术解决方案，如第 2、3 ～ 6 和 12 章中所述。LTE-M 和 NB-IoT 可以很好地组合并集成到 LTE 和 NR 网络，如第 3 章和第 5 章中所示。对于关键物联网，LTE 和 NR 都能提供如第 7 ～ 10 章和第 12 章中所述的超可靠低时延通信（URLLC）的功能。关键物联网所带来的新服务将影响许多新的市场领域，如互联能源网络、工业系统等。但是，由于相关标准直到最近才完成，因此尚不存在针对关键物联网的商业部署，到目前为止，实际部署仅限于用于技术验证的试用系统。随着 LTE URLLC 和 NR URLLC 同时准备向市场推出，我们可以预见，NR 由于具有更高的灵活性甚至更好的性能，将成为关键蜂窝物联网的主要技术。

在此基础上，移动网络将继续发展。3GPP 标准一直在不断发展演进。3GPP 规范的每个版本持续 12 到 18 个月。LTE 移动网络已经从 2008 年 3GPP Release 8 的原始规范发展到 2018 年年中最终的 Release 15。在 Release 15 中，还指定了第一个 5G 新空口系统。目前，3GPP Release 16 正在制定，该版本将于 2019 年底准备就绪。下一个版本 Release 17 的定义尚处于初期准备阶段，预计将持续到 2021 年上半年。此后，会有更多演进版本发布。

对于大规模物联网，3GPP 不会在 NR 的第一个发行版中支持机器类通信，该 NR 模式可解决低功耗广域网（LPWA）中的大规模 IoT 应用[2]。另一方面 LTE-M 和 NB-IoT 已经应用于这个物联网领域，并且已经在标准化中确保了 LTE-M 和 NB-IoT 与 NR 载波的紧密集成。因此，NR 与 LTE-M 和 NB-IoT 的结合满足了 LPWA 大规模 IoT 的 5G 需求。只有在能够实现 LTE-M/NB-IoT 的显著改进并且有巨大的市场需求的情况下，才能激发出一种独特的基于 NR 的大规模物联网 LPWA 通信模式。例如，技术动机可以是解决新的 NR 频段或定义一种大规模的机器类通信模式，从而可以充分利用 NR 的 TDD 灵活性。但这种新的技术进步在未来几年内很难完成。蜂窝物联网面向的是一个理想的细分市场，它需要支持苛刻的传感器。这些传感器设备不是仅偶尔发送少量数据，而是发送更大的数据量。例如，用于机器视觉或声音感应等高级监控的工业传感器。另外还有一种 IoT 类别不经常发送数据但需要可靠的低时延（如警报）。这个 IoT 类别在数据速率、时延、可靠性方面的要求比大规模 IoT 类别要高，但同时又要尽量采用廉价设备，并争取降低复杂性和延长电池使用寿命。该类别的传感器处于图 1.4 大规模 MTC、关键 MTC 和增强移动宽带所围成的三角中，在文献 [3] 中被描述为宽带物联网。这一类别可以利用 NR 技术，例如灵活的参数集、灵活的 TDD、波束管理，并可利用所有 NR 频段[4-5]。

对于关键蜂窝物联网服务，Release 15 已为 LTE 和 NR 奠定了基础，并支持超可靠和低时延通信（URLLC），该功能可通过无线网络以不超过 1 ms 的时延传输小消息且可靠性为 $1-10^{-5}$。在 Release 16 中，针对 NR 进行了进一步的改进，从而将可靠性提高到 $1-10^{-6}$，时延在 0.5 ms 的范围内[6]，并为具有不同服务需求的 URLLC 流量复用提供了更好的支持。其他标准工作的目标是制定 NR 关键物联网解决方案，以更好地支持不同垂直用例的通信。许多垂直用例会将 5G 作为无线通信解决方案引入现有的通信系统中。以工业通信为例，已经有基于现场总线技术和以太网的通信解决方案。5G 将作为补充方案集成到现有系统中。NR Release 16 指定了 NR 系统如何集成到这样的工业局域网中[7, 10-12]。此外，5G 系统应能够提供非公共网络，这些网络面向非公共场景，并使用特有的设备。例如，如果 5G 系统用于连接设备以进行能源网的监视和自动化，则 5G 系统应提供对这些设备的非公共网络接入。对于工业系统（例如智能矿山、智能港口或智能工厂）的设备监视和自动化，也能够利用 5G 非公共网络。可以通过不同的方式来设置非公共网络。它可以是独立非公共网络，也可以是集成到公共 5G 网络基础设施中的非公共网络。后者可以通过公共和非公共网络服务的逻辑分离来实现，例如，通过网络切片或网络共享，其中需要确保非公共网络服务对传输资源的使用，防止未经授权的设备进行访问。为了提高 5G 系统的可靠性和可用性，在 Release 16[8, 9]中还指定了用于冗余数据传输的方法。

与垂直行业领域中已经存在的通信技术进行互通是 5G 增强的一部分。关键物联网通信中最重要的有线通信技术是时间敏感网络，它是以太网的扩展。要想将 5G 引入工业通信系统，与时间敏感网络的互通是前提。3GPP 正在制定互通的规范[7, 9]，包括时间敏感通信方案，在方案中要能够支持传输时延尽量小，并且是确定的。此外，必须能够通过通信系统向设备提供一个或多个参考时钟以保证时间同步。

扩展 3GPP 解决方案以在非授权频段中应用一直是人们关注的话题。在 Release 16 中，3GPP 在非授权频谱引入基于 NR 的无线接入。此功能通常称为 NR-U。尽管 NR-U 在 Release 16 中的重点是增强的移动宽带用例，但我们预计 NR-U 将在 Release 16 之后得到进一步增强，从而支持 IoT 用例。

5G 系统需要长期演进[14-15]。从无线角度来看，5G 演进可能会解决更多频谱问题。可能会超出 Release 16 中为 5G 定义的 52.6 GHz，一直到 100 GHz，从长远来看甚至可能达到太赫兹。对于后者，可能需要对基础无线接入设计进行重新评估。另一个演进是拓展 5G 系统的拓扑。集成接入回传已在进行标准化研究，其中相同的频段用于基站的回传连接和设备的接入连接。还可以进一步扩展到多跳和网状拓扑。一种好处是能够通过网状拓扑的固有冗余来提供极高的可靠性，还可以在范围有限的非常高的频谱范围内提供有效的系统覆盖。灵活的拓扑、更高的可靠性和效率可以促进设备到设备通信的引入。通过协作，多个设备可以形成虚拟天线阵列。这可以显著扩展 LTE 定义的设备到设备通信方案的功能。但副作用是，由于设备可能成为其他设备的网络节点，因此网络和设备之间的明确边界变得模糊了。

在过去的几年中，人们越来越想将 3GPP 的覆盖范围从地球扩展到天空。从 Release 15 开始，LTE 已经可以支持无人机通信，并且 NR 有望支持类似的功能。3GPP 目前正在研究通过 NR 为近地轨道、中地球轨道和地球同步轨道上的卫星提供统一的非地面网络通信解决方案。在提供地面网络覆盖比较困难的区域，NR 的这种扩展使其可以提供更好的通信覆盖[16]。

最后，将机器学习引入通信系统是未来研究的一个领域[13]。第一步，机器学习将在网络和设备的优化和配置中发挥作用。移动网络以及设备包括数百甚至数千个可配置参数。无线资源管理算法可有效分配无线资源、执行切换以及将设备分配给不同的频段。机器学习的使用能够改善网络配置和优化无线资源管理算法，尤其是对多种算法相互作用的场景。第二步，5G 网络的不断发展可以促进机器学习的广泛应用。机器学习本质上取决于用于训练和分析的数据。未来的 5G 系统可以提供增强报告机制，以支持基于机器学习的算法。

参考文献

[1] Ericsson. Ericsson mobility report. November 2018. Available at: https://www.ericsson.com/en/mobility-report/reports/november-2018.

[2] Ericsson. Interim conclusions on IoT for rel-16, RP-180581, 3GPP TSG RAN meeting #79, Chennai, India, March 19-22, 2018.

[3] Ericsson. Cellular IoT evolution for industry digitalization. 2018. website, [Online]. Available at: https://www.ericsson.com/en/white-papers/cellular-iot-evolution-for-industry-digitalization.

[4] Ericsson. New SID on NR MTC for industrial sensors, RP-190432, 3GPP TSG RAN meeting #83, Shenzhen, China, March 18—21, 2019.

[5] Ericsson. Motivation for new SID on NR MTC for industrial sensors, RP-190433, 3GPP TSG RAN meeting #83, Shenzhen, China, March 18—21, 2019.

[6] Huawei HiSilicon Nokia and Nokia Shanghai Bell. New SID on physical layer enhancements for NR ultra-reliable and low latency communication (URLLC), RP-182089, 3GPP TSG RAN meeting #81, Gold Coast, Australia, September 10—13, 2018.

[7] Third Generation Partnership Project. New WID: 5GS enhanced support of vertical and LAN services, SP-181120, 3GPP TSG SA meeting #82, Sorrento, Italy, December 12—14, 2018.

[8] Third Generation Partnership Project. New WID on enhancement of ultra-reliable low-latency communication support in the 5G core network, SP-181122, 3GPP TSG SA meeting #82, Sorrento, Italy, December 12—14, 2018.

[9] Nokia and Nokia Shanghai Bell. New WID: support of NR industrial internet of things (IoT), RP-190728, 3GPP TSG RAN meeting #83, Shenzhen, China, March 18-21, 2019.

[10] 5G Alliance for Connected Industries and Automation (5G-ACIA). 5G non-public networks for industrial scenarios, white paper. March 2019. Available at: https://www.5g-acia.org/index.php?id=6958.

[11] 5G Alliance for Connected Industries and Automation (5G-ACIA). 5G for Automation in Industry - primary use cases, functions and service requirements, white paper. March 2019. Available at: https://www.5g-acia.org/index.php?id=6960.

[12] 5G Alliance for Connected Industries and Automation (5G-ACIA). 5G for connected industries and automation - second edition, white paper. February 2019. Available at: https://www.5g-acia.org/index.php?id=5125.

[13] Dahlman, E. Parkvall, S. Peisa, J. Tullberg, H. Murai, H. and Fujioka, M. Artificial intelligence in future evolution of mobile communication. In: 2019 international conference on artificial intelligence in information and communication (ICAIIC), Okinawa, Japan, 2019. Available at: http://doi.org/10.1109/ICAIIC.2019.8669012.

[14] Dahlman, E. Parkvall, S. Peisa, J. Tullberg, H. Murai, H. and Fujioka, M. Future evolution of mobile communication. In: IEICE general conference, Tokyo, Japan, March 19—22, 2019.

[15] Dahlman, E. Parkvall, S. Peisa, J. Torsner, J. and Tullberg, H. Wireless access evolution. In: 6G wireless Summit, Levi, Lapland, Finland, March 24—26, 2019.

[16] Third Generation Partnership Project. New Study item: Study on solutions evaluation for NR to support non-terrestrial network, RP-181370, 3GPP TSG RAN meeting #80, La Jolla, USA, 2018.

技术缩略语表

英文全称	英文缩略语	中文全称
Absolute Radio-Frequency Channel Number	ARFCN	绝对射频信道号
Absolute RF carrier number	ARFCN	绝对射频信道号
Access Barring	AB	接入限制
Access burst	AB	接入突发脉冲
Access class barring	ACB	接入等级限制
Access stratum	AS	接入层
Actuator		执行器
Additive white Gaussian noise channel	AWGN	加性高斯白噪声信道
Aggregation level	AL	聚合等级
Bandwidth	BW	带宽
Bandwidth Part	BWP	部分带宽
Bandwidth-reduced Low-complexity device	BL device	带宽减小的低复杂度设备
Bandwidth-reduced System Information Block Type 1	SIB1-BR	精简带宽系统信息块类型 1
Base Station Controller	BSC	基站控制器
Base Station Identity Code	BSIC	基站识别码
Base Transceiver Station	BTS	基站收发台
Binary phase shift keying	BPSK	二进制相移键控
Bit stealing for USF		上行链路状态标识的比特借用
Block Error Rate	BLER	误块率
Bluetooth Low Energy	BLE	低功耗蓝牙
Bluetooth Special Interest Group	BT SIG	蓝牙技术联盟
Broadcast Control Channel	BCCH	广播控制信道
Broadcast/Multicast Service Center	BM-SC	广播 / 多播服务中心
Carrier aggregation	CA	载波聚合
Carrier frequency offset	CFO	载波频率偏移
Carrier-sense multiple access with collision avoidance	CSMA-CA	具有冲突避免功能的载波侦听多路访问
Category M1	Cat-M1	M1 类型

（续）

英文全称	英文缩略语	中文全称
Category M2	Cat-M2	M2 类型
Category NB1	Cat-NB1	NB1 类型
Category NB2	Cat-NB2	NB2 类型
Cell Global Identity	CGI	小区全球标识
Cell Identity	CID	小区标识
Cell RNTI	C-RNTI	小区无线网络临时标识
Cell-specific Reference Signal	CRS	小区特定参考信号
Cellular Internet of things	CIoT	蜂窝物联网
Channel quality index	CQI	信道质量指示
Channel Quality Information	CQI	信道质量信息
Channel State Information	CSI	信道状态信息
Channel state information-reference signal	CSI-RS	信道状态信息参考信号
Circuit switched service	CS service	电路交换服务
Clean Slate solution		"从零开始" 解决方案
Clear channel assessment	CCA	空闲信道评估
Code block group	CBG	码块组
Code subblock	CSB	编码子块
Common Control Channel	CCCH	公共控制信道
Common Search Space	CSS	公共搜索空间
Configured grant	CG	配置授权
Constrained application protocol	CoAP	受限应用协议
Control channel element	CCE	控制信道元素
Control plane latency	CP latency	控制面时延
Control resource set	CORESET	控制资源集
Core network	CN	核心网
Coupling loss	CL	耦合损耗
Coverage class	CC	覆盖等级
Coverage enhancement	CE	覆盖增强
Critical Machine-Type Communications	cMTC	关键机器类通信
Crystal oscillator	XO	晶体振荡器
Cumulative distribution function	CDF	累积分布函数
Cyclic prefix	CP	循环前缀
Cyclic prefix based OFDM	CP-OFDM	循环前缀 – 正交频分复用
Cyclic redundancy check	CRC	循环冗余校验
Cyclic shifts	CS	循环移位
Data over Non-Access Stratum	DoNAS	通过 NAS 的数据传输
Datagram transport layer security	DTLS	数据报传输层安全
Dedicated Control Channel	DCCH	专用控制信道

（续）

英文全称	英文缩略语	中文全称
Demodulation Reference Signal	DMRS	解调参考信号
Device-specific reference signal	DMRS	设备特定参考信号
Digital signal processor	DSP	数字信号处理器
Digital-to-analogue conversion	D/A conversion	数模转换
Direct current subcarrier	DC subcarrier	直流子载波
Direct-sequence spread spectrum	DSSS	直接序列扩频
Discontinuous Reception	DRX	不连续接收
Discrete Fourier transform	DFT	离散傅里叶变换
Discrete Fourier transform-Orthogonal Frequency-Division Multiplexing	DFT-OFDM	离散傅里叶变换扩频正交频分复用
Downlink	DL	下行链路
Downlink Control Information	DCI	下行控制信息
Downlink EC-PACCH	EC-PACCH/D	下行扩展覆盖分组随路控制信道
Downlink EC-PDTCH	EC-PDTCH/D	下行扩展覆盖分组数据业务信道
Downlink Extended Coverage Common Control Channel	EC-CCCH/D	下行扩展覆盖公共控制信道
Downlink Pilot Time Slot	DwPTS	下行导频时隙
Dual connectivity	DC	双连接
Dummy burst	DB	空闲突发脉冲
Dynamic spectrum sharing	DSS	动态频谱共享
Early Data Transmission protocol	EDT protocol	数据提前传送协议
EC-CCCH/U	EC-CCCH/U	上行扩展覆盖公共控制信道
EC-PACCH/U	EC-PACCH/U	上行扩展覆盖分组随路控制信道
EC-PDTCH/U	EC-PDTCH/U	上行扩展覆盖分组数据业务信道
Effective Radiated Power	ERP	有效辐射功率
eMTC-U	eMTC-U	非授权频段增强机器类通信
Enhanced Cell Identity	E-CID	增强小区标识
Enhanced control channel element	ECCE	增强控制信道元素
Enhanced Data Rates for GSM Evolution	EDGE	增强数据速率 GSM 演进技术
Enhanced GPRS	EGPRS	增强通用分组无线业务
Enhanced Mobile Broadband	eMBB	增强移动宽带
Enhanced Physical Downlink Control Channel	EPDCCH	增强下行物理链路控制信道
Enhanced resource element group	EREG	增强资源元素组
Equivalently Isotropically Radiated Power	EIRP	等效全向辐射功率
European Conference of Postal and Telecommunications Administrations	CEPT	欧洲电信管理组织
European Telecom Standards Institute	ETSI	欧洲电信标准化协会
E-UTRA Absolute Radio Frequency Channel Number	EARFCN	E-UTRA 绝对射频信道号
E-UTRA-NR Dual Connectivity	EN-DC	E-UTRA 和 NR 双连接

（续）

英文全称	英文缩略语	中文全称
Evolved Node B	eNB	演进型基站
Evolved Packet Core	EPC	演进分组核心网
Evolved Packet System	EPS	演进分组系统
Evolved Serving Mobile Location Center	E-SMLC	演进服务移动定位中心
Extended access barring	EAB	扩展接入限制
Extended clear channel assessment	eCCA	扩展空闲信道评估
Extended Coverage Access Grant Channel	EC-AGCH	扩展覆盖接入准许信道
Extended Coverage Broadcast Control Channel	EC-BCCH	扩展覆盖广播控制信道
Extended Coverage Common Control Channel	EC-CCCH	扩展覆盖公共控制信道
Extended Coverage Global System for Mobile Communications Internet of Things	EC-GSM-IoT	扩展覆盖 GSM 物联网
Extended Coverage Packet Associated Control Channel	EC-PACCH	扩展覆盖分组随路控制信道
Extended Coverage Packet Data Traffic Channel	EC-PDTCH	扩展覆盖分组数据业务信道
Extended Coverage Paging Channel	EC-PCH	扩展覆盖寻呼信道
Extended Coverage Random Access Channel	EC-RACH	扩展覆盖随机接入信道
Extended Coverage Synchronization Channel	EC-SCH	扩展覆盖同步信道
Extended coverage system information	EC SI	扩展覆盖系统信息
Extended coverage temporary block flow	EC TBF	扩展覆盖临时块流
Extended Discontinuous Reception	eDRX	扩展不连续接收
Extensible messaging and presence protocol	XMPP	可扩展通信和表示协议
Fast Fourier transform	FFT	快速傅里叶变换
Finite Impulse Response	FIR	有限长单位冲激响应
5G alliance for connected industries and automation	5G-ACIA	5G 工业互联和自动化联盟
5G Core network	5GC	5G 核心网
5G mMTC	5G mMTC	5G 海量机器类通信
5G System	5GS	5G 系统
Fixed Uplink Allocation	FUA	固定上行资源分配
Forward error correction	FEC	前向纠错
Fourth industrial revolution	Industry 4.0	工业 4.0
Frequency correction burst	FB	频率校正突发脉冲
Frequency Correction Channel	FCCH	频率校正信道
Frequency division duplex	FDD	频分双工
Frequency hopping spread spectrum	FHSS	跳频扩频
Frequency range	FR	频率范围
Front-loaded DMRS		前置 DMRS
Full-duplex	FD	全双工
Full-duplex FDD	FD-FDD	频分全双工
Further Enhanced MTC	feMTC	进阶增强机器类通信

（续）

英文全称	英文缩略语	中文全称
Gaussian Minimum Shift Keying modulation	GMSK modulation	高斯最小移位键控调制
General Packet Radio Service	GPRS	通用分组无线业务
Global System for Mobile Communications	GSM	全球移动通信系统
Group RNTI	G-RNTI	无线网络临时标识组
GSM EGPRS RAN	GERAN	增强型通用分组无线业务的 GSM 接入网
Guard period	GP	保护间隔
Half-duplex	HD	半双工
Half-duplex frequency-division duplex	HD-FDD	半双工频分双工
Hybrid Automatic Repeat reQuest	HARQ	混合自动重传请求
Hybrid automatic repeat request acknowledgments	HARQ-ACK	混合自动重传请求确认
Hyper system frame number	H-SFN	系统超帧号
Hypertext transfer protocol	HTTP	超文本传输协议
Implicit reject	IR	隐式拒绝
Incremental redundancy	IR	增量冗余
Industrial internet consortium	IIC	工业互联网联盟
Industrial internet of things	IIoT	工业物联网
Industrial, scientific and medical bands	ISM bands	工业、科学和医疗的频段
In-phase and quadrature-phase plane	IQ plane	同相和正交相位面
Interleaved frequency domain multiple access	IFDMA	交织频域多址接入
International Mobile Subscriber Identity	IMSI	国际移动用户识别码
International Mobile Telecommunication 2020	IMT-2020	5G 的法定名称
International Telecommunications Union	ITU	国际电信联盟
International Telecommunications Union Radiocommunication	ITU-R	国际电信联盟无线电通信组
Internet Engineering Task Force	IETF	互联网工程任务组
Internet of Things	IoT	物联网
Internet protocol	IP	互联网协议
Intersymbol interference	ISI	码间干扰
Inverse DFT	IDFT	离散傅里叶逆变换
IPv6 over low power wireless personal area network	6LoWPAN	IPv6 低功率无线个人区域网
Least significant bit	LSB	最低有效位
Lightweight machine-to-machine	LwM2M	轻量级的机器类通信
Line of sight	LOS	视距
Listen-before-talk	LBT	对话前监听
Logical Link Control	LLC	逻辑链路控制
Long-Term Evolution	LTE	长期演进
Long-Term Evolution for Machine-Type	LTE-M	LTE 机器类通信
LoRa	LoRa	一种低功耗局域网无线标准

（续）

英文全称	英文缩略语	中文全称
Low density parity code	LDPC	低密度奇偶校验码
Low power wide area	LPWA	低功率广域
Low power wide area network	LPWAN	低功率广域网络
Machine-to-machine communication	M2M communication	机器间通信
Machine-Type Communication	MTC	机器类通信
Massive machine-type communications	mMTC	大规模机器类通信
Master Cell Group	MCG	主小区组
Master Information Block	MIB	主信息块
Maximum coupling loss	MCL	最大耦合损耗
Maximum path loss	MPL	最大路径损耗
Medium Access Control	MAC	介质访问控制
Medium utilization	MU	介质利用率
Message Authentication Code	MAC	消息验证码
Message Queuing Telemetry Transport	MQTT	信息队列遥测传输
Micro-electromechanical systems	MEMS	微机电系统
Mobile Originated data transfer	MO data transfer	主叫数据发送
Mobile Originated traffic	MO traffic	主叫业务
Mobile Terminated service	MT service	被叫服务
Mobility Management Entity	MME	移动管理节点
Modulation and coding scheme	MCS	调制和编码方案
Most significant bit	MSB	最高有效位
MTC Wake-Up Signal	MWUS	MTC 唤醒信号
MTC Physical Downlink Control CHannel	MPDCCH	MTC 下行物理控制信道
Multicast-broadcast single-frequency network signal	MBSFN signal	单频多播网络信号
Multimedia Broadcast Multicast Service	MBMS	多媒体多播业务
Narrowband	NB	窄带
Narrowband Internet of Things	NB-IoT	窄带物联网
Narrowband Physical Broadcast Channel	NPBCH	窄带物理广播信道
Narrowband Physical Downlink Control Channel	NPDCCH	窄带下行物理控制信道
Narrowband Physical Downlink Shared Channel	NPDSCH	窄带下行物理共享信道
Narrowband Physical Radom Access Channel	NPRACH	窄带物理随机接入信道
Narrowband Physical Uplink Shared Channel	NPUSCH	窄带上行物理共享信道
Narrowband Positioning Reference Signal	NPRS	窄带定位参考信号
Narrowband Primary Synchronization Signal	NPSS	窄带主同步信号
Narrowband Reference Signal	NRS	窄带参考信号
Narrowband reference signal received power	NRSRP	窄带参考信号接收功率
Narrowband Secondary Synchronization Signal	NSSS	窄带辅同步信号
Narrowband System Information Block Type 1-NB	SIB1-NB	窄带系统信息块类型 1

（续）

英文全称	英文缩略语	中文全称
Narrowband System Information Block Type 14-NB	SIB14-NB	窄带系统信息块类型 14
Narrowband System Information Block Type 16-NB	SIB16-NB	窄带系统信息块类型 16
Narrowband System Information Block Type 20-NB	SIB20-NB	窄带系统信息块类型 20
Narrowband Wake Up Signal	NWUS	窄带唤醒信号
Negatively acknowledge	Nack	否定确认
Neutral Host Network	NHN	中立主机网络
New Radio	NR	新空口
New Radio Ultra-Reliable Low-Latency Communication	NR URLLC	新空口的超可靠低时延通信
Next-Generation RAN	NG-RAN	下一代 RAN
NG-RAN-E-UTRA Dual Connectivity	NGEN-DC	NG-RAN-E-UTRA 双连接
Noise figure	NF	噪声系数
Non-Access Stratum	NAS	非接入层
Non-line-of-sight	NLOS	非视距
Non-Standalone Architecture	NSA	非独立架构
Non-standalone version	NSA version	非独立组网版本
Normal burst	NB	普通突发脉冲
NR-E-UTRA Dual Connectivity	NE-DC	NR-E-UTRA 双连接
Number of RUs	NRU	RU 数目
Observed Time Difference	OTD	观测时间差
Observed time difference of arrival	OTDOA	观测到达时间差
Observed Time Difference of Arrival multilateration positioning method	OTDOA multilateration positioning method	到达时间差多点定位法
OFDM symbol	OS	OFDM 符号
Open Mobile Alliance	OMA	开放移动联盟
Open platform communications unified architecture	OPCUA	开放平台通信统一架构
Orthogonal cover code	OCC	正交掩码
Orthogonal frequency-division multiplexing	OFDM	正交频分复用
Overlaid Code Division Multiple Access	OLCDMA	重叠码分多址
Packet Data CHannel	PDCH	分组数据信道
Packet Data Convergence Protocol	PDCP	分组数据汇聚协议
Packet Data network Gateway	P-GW	分组数据网关
Packet Downlink Ack/Nack	PDAN	分组下行确认 / 非确认
Packet switched service	PS	分组交换业务
Packet Uplink Shared CHannel	PUSCH	分组上行共享信道
Paging occasion	PO	寻呼时机
Paging Occasion Window	POW	寻呼时机窗口
Paging RNTI	P-RNTI	寻呼无线网络临时标识

（续）

英文全称	英文缩略语	中文全称
Peak-to-average power ratio	PAPR	峰均功率比
Phase-tracking reference signal	PT-RS	相位跟踪参考信号
Physical Broadcast CHannel	PBCH	物理广播信道
Physical Cell IDentity	PCID	物理小区标识
Physical Data CHannel	PDCH	物理数据信道
Physical Downlink Control CHannel	PDCCH	下行物理控制信道
Physical Downlink Shared Channel	PDSCH	下行物理共享信道
Physical HARQ Indicator Channel	PHICH	物理 HARQ 指示信道
Physical layer	PHY layer	物理层
Physical Random-Access Channel	PRACH	物理随机接入信道
Physical resource block	PRB	物理资源块
Physical Uplink Control Channel	PUCCH	上行物理控制信道
Physical Uplink Shared Channel	PUSCH	上行物理共享信道
Positioning Reference Signal	PRS	定位参考信号
Power amplifier	PA	功率放大器
Power Efficient Operation	PEO	节能运行
Power Head Room report	PHR report	功率余量报告
Power Saving Mode	PSM	节电模式
Power spectral density	PSD	功率谱密度
Precoder resource group	PRG	预编码器资源组
Precoding Matrix Indicator	PMI	预编码矩阵指示
Pre-emption indication	PI	抢占指示
Presence Detection Reference Signal	PDRS	存在检测参考信号
Primary Synchronization Signal	PSS	主同步信号
Process ID	PID	进程 ID
Project Coordination Group	PCG	项目协调组
Public land mobile network	PLMN	公共陆地移动网
Puncturing scheme	PS	打孔方案
QoS Flow Identifier	QFI	QoS 流标识符
Quadrature Amplitude Modulation	QAM	正交幅度调制
Quadrature phase shift keying	QPSK	正交相移键控
Quality of Service	QoS	服务质量
Radio Access Network	RAN	无线接入网
Radio frequency	RF	射频
Radio link control	RLC	无线链路控制
Radio Network Temporary Identifier	RNTI	无线网络临时标识符
Radio Resource Control	RRC	无线资源控制
Radio transceiver	TRX	无线收发机

（续）

英文全称	英文缩略语	中文全称
Random Access CHannel/Extended Coverage Random Access CHannel	RACH/EC-RACH	随机接入信道 / 扩展覆盖随机接入信道
Random access response	RAR	随机接入响应
Rank indication	RI	等级指示
Real Time Clock	RTC	实时时钟
Real Time Difference	RTD	真实时间差
Received Signal Strength Indication	RSSI	接收信号强度指示
Reduced TLLI	rTLLI	精简的 TLLI
Redundancy version	RV	冗余版本
Reference architecture model industrie 4.0	RAMI 4.0	工业 4.0 参考架构模型
Reference Signal Received Power	RSRP	参考信号接收功率
Reference Signal Received Quality	RSRQ	参考信号接收质量
Reference signal time difference	RSTD	参考信号时间差
Reference signal	RS	参考信号
Resource Block Group	RBG	资源块组
Resource block	RB	资源块
Resource element	RE	资源要素
Resource unit	RU	资源单元
Restricted access window	RAW	限制接入窗口
Round-trip time	RTT	往返时延
Scheduling request	SR	调度请求
Secondary Cell Group	SCG	辅小区组
Secondary Synchronization Signal	SSS	辅同步信号
Semi-persistent scheduling	SPS	半永久调度
Service Data Adaptation Protocol	SDAP	服务数据适配协议
Serving Gateway	S-GW	服务网关
Short control channel element	SCCE	短控制信道元素
Short Physical Downlink Control Channel	SPDCCH	短下行物理控制信道
Short Physical Uplink Control Channel	SPUCCH	短上行物理控制信道
Short Range Device	SRD	短距设备
Short resource element group	SREG	短资源元素组
Short transmission time interval	sTTI	短传输时间间隔
Short-Range Device frequency band	SRD frequency band	短距设备频段
SIB-A	SIB-A	系统信息块 -A
Signaling radio bearer	SRB	信令无线电承载
Signal-to-interference-plus-noise ratio	SINR	信号干扰加噪声比
Signal-to-noise-power ratio	SNR	信噪比
Single Cell Multicast Control Channel	SC-MCCH	单小区多播控制信道

（续）

英文全称	英文缩略语	中文全称
Single Cell Multicast Traffic Channel	SC-MTCH	单小区多播业务信道
Single Cell Point to Multipoint	SC-PTM	单小区点对多点
Single-Carrier Frequency-Division Multiple-Access	SC-FDMA	单载波频分多址
Slot format indicator	SFI	时隙格式指示
Sounding Reference Signal	SRS	探测参考信号
Space-Frequency Block Coding	SFBC	空频分块编码
Standalone	SA	独立模式
Subcarrier spacing	SCS	子载波间隔
Subframe number	SN	子帧编号
Sub-Network Dependent Convergence Protocol	SNDCP	子网相关汇聚协议
Synchronization burst	SB	同步突发脉冲序列
Synchronization signal block	SSB	同步信号块
Synchronization Signal/Physical Broadcast Channel	SS/PBCH	同步信号 / 物理广播信道
System Architecture Evolution Temporary Mobile Subscriber Identity	(S-TMSI)	系统架构演进临时移动用户标识
System Aspects	SA	系统方面
System frame number	SFN	系统帧号
System Information	SI	系统信息
System Information Block Type 1	SIB1	系统信息块类型 1
System Information Block Type 14	SIB14	系统信息块类型 14
System Information Block Type 1-NB	SIB1-NB	窄带系统信息块类型 1
System Information Block Type 14-NB	SIB14-NB	窄带系统信息块类型 14
System Information Block Type 16-NB	SIB16-NB	窄带系统信息块类型 16
System Information Block Type 20-NB	SIB20-NB	窄带系统信息块类型 20
System on chip	SoC	片上系统
Tail-biting convolutional code	TBCC	咬尾卷积码
Technical Report	TR	技术报告
Technical Specification	TS	技术规范
Temporary Cell-RNTI	TC-RNTI	临时小区无线网络临时标识
Temporary Flow Identity	TFI	临时流标识
Temporary Logical Link Identity	TLLI	临时逻辑链路标识
Terminal	CT	终端
Time division multiple access	TDMA	时分多址
Time of arrival	ToA	到达时间
Time sensitive networking	TSN	时间敏感网络
Time to acquire synchronization	T_{SYNC}	获取同步的时间
Time to perform the Random Access	T_{RA}	执行随机接入的时间
Time-division duplex	TDD	时分双工

（续）

英文全称	英文缩略语	中文全称
Timing advance	TA	时间提前量
Tracking area update	TAU	跟踪区域更新
Tracking reference symbol	TRS	跟踪参考符号
Training sequence code	TSC	训练序列码
Transmission	TX	发送
Transmission control protocol	TCP	传输控制协议
Transmission time interval	TTI	传输时间间隔
Transmitted output power	PTX	发射输出功率
Transport block size	TBS	传输块大小
Transport block	TB	传输块
Transport layer security	TLS	传输层安全
TSs Group	TSG	技术规范组
Type-0 common search space	Type0-CSS	0 型公共搜索空间
Type-1 common search space	Type1-CSS	1 型公共搜索空间
Type-1A common search space	Type1A-CSS	1A 型公共搜索空间
Type-2 common search space	Type2-CSS	2 型公共搜索空间
Type-2A common search space	Type2A-CSS	2A 型公共搜索空间
Typical Urban	TU	典型城市
UE-specific search space	USS	UE 专用搜索空间
Ultra-Narrow Band	UNB	超窄带
Ultra-Reliable and Low Latency Communication	URLLC	超可靠低时延通信
Universal Mobile Telecommunications System	UMTS	通用移动电信系统
Unmanned aerial vehicle	UAV	无人机
Uplink control information	UCI	上行控制信息
Uplink Pilot Time Slot	UpPTS	上行导频时隙
Uplink State Flag	USF	上行链路状态标志
Urban macro A model	UMA A model	城市宏站模型 A（UMA A 模型）
Urban macro B model	UMA B model	城市宏站模型 B（UMA B 模型）
User datagram protocol	UDP	用户数据报协议
User Equipment	UE	用户设备
User plane	UP	用户面
Visual line-of-sight	VLOS	视线
Wireless Local Area Network	WLAN	无线局域网
Wireless sensor networks	WSN	无线传感网络
Working Group	WG	工作组
Zadoff-Chu sequences	ZC sequences	Zadoff-Chu 序列（ZC 序列）